全国高等学校中药资源与开发、中草药栽培与鉴定、中药制药等专业
国家卫生健康委员会“十三五”规划教材

生物化学与分子生物学

主　编　李　荷
副主编　宋永波　冯晓帆　杨奕樱　于　光

编　者（以姓氏笔画为序）

于　光（南京中医药大学）
冯晓帆（辽宁中医药大学）
李　荷（广东药科大学）
李玉芝（成都中医药大学）
李志红（三峡大学）
杨奕樱（贵州中医药大学）
宋永波（沈阳药科大学）
张　莉（河南中医药大学）
范新炯（安徽医科大学）
郑　纺（天津中医药大学）
姜　颖（黑龙江中医药大学）
翁美芝（江西中医药大学）
崔炳权（广东药科大学）
扈瑞平（内蒙古医科大学）

人民卫生出版社

图书在版编目（CIP）数据

生物化学与分子生物学 / 李荷主编．—北京：人民卫生出版社，2020

ISBN 978-7-117-29448-5

Ⅰ.①生… Ⅱ.①李… Ⅲ.①生物化学—高等学校—教材②分子生物学—高等学校—教材 Ⅳ.①Q5②Q7

中国版本图书馆 CIP 数据核字（2020）第 039749 号

人卫智网	**www.ipmph.com**	**医学教育、学术、考试、健康，购书智慧智能综合服务平台**
人卫官网	**www.pmph.com**	**人卫官方资讯发布平台**

版权所有，侵权必究！

生物化学与分子生物学

主　　编：李　荷
出版发行：人民卫生出版社（中继线 010-59780011）
地　　址：北京市朝阳区潘家园南里 19 号
邮　　编：100021
E - mail：pmph @ pmph.com
购书热线：010-59787592　010-59787584　010-65264830
印　　刷：天津安泰印刷有限公司
经　　销：新华书店
开　　本：850 × 1168　1/16　**印张：**26
字　　数：631 千字
版　　次：2020 年 10 月第 1 版　2020 年 10 月第 1 版第 1 次印刷
标准书号：ISBN 978-7-117-29448-5
定　　价：78.00 元
打击盗版举报电话：010-59787491　E-mail：WQ @ pmph.com
质量问题联系电话：010-59787234　E-mail：zhiliang @ pmph.com

全国高等学校中药资源与开发、中草药栽培与鉴定、中药制药等专业
国家卫生健康委员会“十三五”规划教材

出版说明

高等教育发展水平是一个国家发展水平和发展潜力的重要标志。办好高等教育，事关国家发展，事关民族未来。党的十九大报告明确提出，要“加快一流大学和一流学科建设，实现高等教育内涵式发展”，这是党和国家在中国特色社会主义进入新时代的关键时期对高等教育提出的新要求。近年来，《关于加快建设高水平本科教育全面提高人才培养能力的意见》《普通高等学校本科专业类教学质量国家标准》《关于高等学校加快“双一流”建设的指导意见》等一系列重要指导性文件相继出台，明确了我国高等教育应深入坚持“以本为本”，推进“四个回归”，建设中国特色、世界水平的一流本科教育的发展方向。中医药高等教育在党和政府的高度重视和正确指导下，已经完成了从传统教育方式向现代教育方式的转变，中药学类专业从当初的一个专业分化为中药学专业、中药资源与开发专业、中草药栽培与鉴定专业、中药制药专业等多个专业，这些专业共同成为我国高等教育体系的重要组成部分。

随着经济全球化发展，国际医药市场竞争日趋激烈，中医药产业发展迅速，社会对中药学类专业人才的需求与日俱增。《中华人民共和国中医药法》的颁布，“健康中国2030”战略中“坚持中西医并重，传承发展中医药事业”的布局，以及《中医药发展战略规划纲要（2016—2030年）》《中医药健康服务发展规划（2015—2020年）》《中药材保护和发展规划（2015—2020年）》等系列文件的出台，都系统地筹划并推进了中医药的发展。

为全面贯彻国家教育方针，跟上行业发展的步伐，实施人才强国战略，引导学生求真学问、练真本领，培养高质量、高素质、创新型人才，将现代高等教育发展理念融入教材建设全过程，人民卫生出版社组建了全国高等学校中药资源与开发、中草药栽培与鉴定、中药制药专业规划教材建设指导委员会。在指导委员会的直接指导下，经过广泛调研论证，我们全面启动了全国高等学校中药资源与开发、中草药栽培与鉴定、中药制药等专业国家卫生健康委员会“十三五”规划教材的编写出版工作。本套规划教材是“十三五”时期人民卫生出版社的重点教材建设项目，教材编写将秉承“夯实基础理论、强化专业知识、深化中医药思维、锻炼实践能力、坚定文化自信、树立创新意识”的教学理念，结合国内中药学类专业教育教学的发展趋势，紧跟行业发展的方向与需求，并充分融合新媒体技术，重点突出如下特点：

1. 适应发展需求，体现专业特色　本套教材定位于中药资源与开发专业、中草药栽培与鉴定

专业、中药制药专业，教材的顶层设计在坚持中医药理论、保持和发挥中医药特色优势的前提下，重视现代科学技术、方法论的融入，以促进中医药理论和实践的整体发展，满足培养特色中医药人才的需求。同时，我们充分考虑中医药人才的成长规律，在教材定位、体系建设、内容设计上，注重理论学习、生产实践及学术研究之间的平衡。

2. 深化中医药思维，坚定文化自信 中医药学根植于中国博大精深的传统文化，其学科具有文化和科学双重属性，这就决定了中药学类专业知识的学习，要在对中医药学深厚的人文内涵的发掘中去理解、去还原，而非简单套用照搬今天其他学科的概念内涵。本套教材在编写的相关内容中注重中医药思维的培养，尽量使学生具备用传统中医药理论和方法进行学习和研究的能力。

3. 理论联系实际，提升实践技能 本套教材遵循“三基、五性、三特定”教材建设的总体要求，做到理论知识深入浅出，难度适宜，确保学生掌握基本理论、基本知识和基本技能，满足教学的要求，同时注重理论与实践的结合，使学生在获取知识的过程中能与未来的职业实践相结合，帮助学生培养创新能力，引导学生独立思考，理清理论知识与实际工作之间的关系，并帮助学生逐渐建立分析问题、解决问题的能力，提高实践技能。

4. 优化编写形式，拓宽学生视野 本套教材在内容设计上，突出中药学类相关专业的特色，在保证学生对学习脉络系统把握的同时，针对学有余力的学生设置“学术前沿”“产业聚焦”等体现专业特色的栏目，重点提示学生的科研思路，引导学生思考学科关键问题，拓宽学生的知识面，了解所学知识与行业、产业之间的关系。书后列出供查阅的相关参考书籍，兼顾学生课外拓展需求。

5. 推进纸数融合，提升学习兴趣 为了适应新教学模式的需要，本套教材同步建设了以纸质教材内容为核心的多样化的数字教学资源，从广度、深度上拓展了纸质教材的内容。通过在纸质教材中增加二维码的方式“无缝隙”地链接视频、动画、图片、PPT、音频、文档等富媒体资源，丰富纸质教材的表现形式，补充拓展性的知识内容，为多元化的人才培养提供更多的信息知识支撑，提升学生的学习兴趣。

本套教材在编写过程中，众多学术水平一流和教学经验丰富的专家教授以高度负责、严谨认真的态度为教材的编写付出了诸多心血，各参编院校对编写工作的顺利开展给予了大力支持，在此对相关单位和各位专家表示诚挚的感谢！教材出版后，各位教师、学生在使用过程中，如发现问题请反馈给我们（renweiyaoxue@163.com），以便及时更正和修订完善。

人民卫生出版社

2019 年 2 月

全国高等学校中药资源与开发、中草药栽培与鉴定、中药制药等专业
国家卫生健康委员会"十三五"规划教材

教材书目

序号	教材名称	主编	单位
1	无机化学	闫　静 张师愚	黑龙江中医药大学 天津中医药大学
2	物理化学	孙　波 魏泽英	长春中医药大学 云南中医药大学
3	有机化学	刘　华 杨武德	江西中医药大学 贵州中医药大学
4	生物化学与分子生物学	李　荷	广东药科大学
5	分析化学	池玉梅 范卓文	南京中医药大学 黑龙江中医药大学
6	中药拉丁语	刘　勇	北京中医药大学
7	中医学基础	战丽彬	南京中医药大学
8	中药学	崔　瑛 张一昕	河南中医药大学 河北中医学院
9	中药资源学概论	黄璐琦 段金廒	中国中医科学院中药资源中心 南京中医药大学
10	药用植物学	董诚明 马　琳	河南中医药大学 天津中医药大学
11	药用菌物学	王淑敏 郭顺星	长春中医药大学 中国医学科学院药用植物研究所
12	药用动物学	张　辉 李　峰	长春中医药大学 辽宁中医药大学
13	中药生物技术	贾景明 余伯阳	沈阳药科大学 中国药科大学
14	中药药理学	陆　茵	南京中医药大学
15	中药分析学	李　萍 张振秋	中国药科大学 辽宁中医药大学
16	中药化学	孔令义 冯卫生	中国药科大学 河南中医药大学
17	波谱解析	邱　峰 冯　锋	天津中医药大学 中国药科大学

续表

序号	教材名称	主编	单位
18	制药设备与工艺设计	周长征 王宝华	山东中医药大学 北京中医药大学
19	中药制药工艺学	杜守颖 唐志书	北京中医药大学 陕西中医药大学
20	中药新产品开发概论	甄汉深 孟宪生	广西中医药大学 辽宁中医药大学
21	现代中药创制关键技术与方法	李范珠	浙江中医药大学
22	中药资源化学	唐于平 宿树兰	陕西中医药大学 南京中医药大学
23	中药制剂分析	刘　斌 刘丽芳	北京中医药大学 中国药科大学
24	土壤与肥料学	王光志	成都中医药大学
25	中药资源生态学	郭兰萍 谷　巍	中国中医科学院中药资源中心 南京中医药大学
26	中药材加工与养护	陈随清 李向日	河南中医药大学 北京中医药大学
27	药用植物保护学	孙海峰	黑龙江中医药大学
28	药用植物栽培学	巢建国 张永清	南京中医药大学 山东中医药大学
29	药用植物遗传育种学	俞年军 魏建和	安徽中医药大学 中国医学科学院药用植物研究所
30	中药鉴定学	吴啟南 张丽娟	南京中医药大学 天津中医药大学
31	中药药剂学	傅超美 刘　文	成都中医药大学 贵州中医药大学
32	中药材商品学	周小江 郑玉光	湖南中医药大学 河北中医学院
33	中药炮制学	李　飞 陆兔林	北京中医药大学 南京中医药大学
34	中药资源开发与利用	段金廒 曾建国	南京中医药大学 湖南农业大学
35	药事管理与法规	谢　明 田　侃	辽宁中医药大学 南京中医药大学
36	中药资源经济学	申俊龙 马云桐	南京中医药大学 成都中医药大学
37	药用植物保育学	缪剑华 黄璐琦	广西壮族自治区药用植物园 中国中医科学院中药资源中心
38	分子生药学	袁　媛 刘春生	中国中医科学院中药资源中心 北京中医药大学

全国高等学校中药资源与开发、中草药栽培与鉴定、中药制药专业规划教材建设指导委员会

成员名单

主任委员　黄璐琦　中国中医科学院中药资源中心

段金廒　南京中医药大学

副主任委员（以姓氏笔画为序）

王喜军　黑龙江中医药大学

牛　阳　宁夏医科大学

孔令义　中国药科大学

石　岩　辽宁中医药大学

史正刚　甘肃中医药大学

冯卫生　河南中医药大学

毕开顺　沈阳药科大学

乔延江　北京中医药大学

刘　文　贵州中医药大学

刘红宁　江西中医药大学

杨　明　江西中医药大学

吴啟南　南京中医药大学

邱　勇　云南中医药大学

何清湖　湖南中医药大学

谷晓红　北京中医药大学

张陆勇　广东药科大学

张俊清　海南医学院

陈　勃　江西中医药大学

林文雄　福建农林大学

罗伟生　广西中医药大学

庞宇舟　广西中医药大学

宫　平　沈阳药科大学

高树中　山东中医药大学

郭兰萍　中国中医科学院中药资源中心

唐志书　陕西中医药大学
黄必胜　湖北中医药大学
梁沛华　广州中医药大学
彭　成　成都中医药大学
彭代银　安徽中医药大学
简　晖　江西中医药大学

委　　员（以姓氏笔画为序）

马　琳　马云桐　王文全　王光志　王宝华　王振月　王淑敏
申俊龙　田　侃　冯　锋　刘　华　刘　勇　刘　斌　刘合刚
刘丽芳　刘春生　闫　静　池玉梅　孙　波　孙海峰　严玉平
杜守颖　李　飞　李　荷　李　峰　李　萍　李向日　李范珠
杨武德　吴　卫　邱　峰　余伯阳　谷　巍　张　辉　张一昕
张永清　张师愚　张丽娟　张振秋　陆　茵　陆兔林　陈随清
范卓文　林　励　罗光明　周小江　周日宝　周长征　郑玉光
孟宪生　战丽彬　钟国跃　俞年军　秦民坚　袁　媛　贾景明
郭顺星　唐于平　崔　瑛　宿树兰　巢建国　董诚明　傅超美
曾建国　谢　明　甄汉深　裴妙荣　缪剑华　魏泽英　魏建和

秘 书 长　吴啟南　郭兰萍

秘　　书　宿树兰　李有白

前　言

《生物化学与分子生物学》在教材定位、知识体系建设和内容安排上，紧紧围绕中医药人才专业培养目标，在保持和发挥中药特色优势的前提下，重视现代科学技术、方法的融入，以促进中药理论和实践的整体发展，满足培养特色中医药人才的需求。教材编写遵循“三基、五性、三特定”的教材建设总体要求，理论知识深入浅出，难度适宜，在确保学生掌握基本理论、基本知识和基本技能的同时，注重理论与实践的结合，帮助学生培养创新思维，提高实践能力；在适应本教材的专业要求，突出基本理论的同时，适当介绍了生物化学与分子生物学的新发展趋势和动态，并增加了生物化学与分子生物学相关技术的介绍。在编写形式上大胆创新，每章配置了与中医药密切相关的 1~2 个案例，理论联系实际，凸显案例教学的优势；同时每章还设置有“学习目标”“小结”“思考题”等模块，并配套有数字化资源共享，以满足学生自主性学习的需求。

本版教材主要供全国高等学校中药资源与开发、中草药栽培与鉴定、中药制药等相关专业使用。本教材共有十五章，第一章为绪论，由广东药科大学李荷和崔炳权撰写；第二章由江西中医药大学翁美芝编写，第三章由南京中医药大学于光编写，第四章由沈阳药科大学宋永波编写，第五章由安徽医科大学范新炯编写，第六章由三峡大学李志红编写，第七章由辽宁中医药大学冯晓帆编写，第八章由天津中医药大学郑纺编写，第九章由广东药科大学崔炳权编写，第十章由贵州中医药大学杨奕樱编写，第十一章由黑龙江中医药大学姜颖编写，第十二章由内蒙古医科大学扈瑞平编写，第十三章由河南中医药大学张莉编写，第十四章由广东药科大学李荷编写，第十五章由成都中医药大学李玉芝编写。

本教材由来自全国 13 所高等院校的多位教学经验丰富、理论水平高的专家、教师共同编写。在教材编写过程中，所有编者兢兢业业、精挑细选、字斟句酌、反复磋商，付出了巨大的心血；内蒙古医科大学教务处和生物化学与分子生物学系的同仁，热情承担并玉成教材定稿会的圆满召开；多位同行对教材编写提出了建设性的意见，在此一并表示由衷的感谢。

尽管所有编者殚精竭虑、精益求精，志在打造特色精品教材，但由于水平有限，缺憾或瑕疵在所难免，恳请同行、专家、各院校师生理解和原宥，期盼得到诸位的宝贵意见和建议，使教材日臻完善。

《生物化学与分子生物学》编委会

2020 年 2 月

目　　录

第一章 绪论

学习目标

掌握:生物化学、分子生物学的概念;生物化学与分子生物学的主要研究内容。

熟悉:生物化学与分子生物学的发展简史。

了解:生物化学与分子生物学和医药学的关系。

生物化学(biochemistry)是研究生物体的化学组成和化学变化规律的一门科学。它是从分子水平来探讨生物体内基本物质的化学组成、结构与生物学功能,阐明生物物质在生命活动中的化学变化规律及生命现象本质的一门科学,即生命的化学。生物化学早期的研究主要采用化学、物理学和数学的原理与方法,侧重生物体化学组成和结构的研究,随着研究的发展,逐渐融入了生理学、细胞生物学、遗传学和免疫学等学科的理论和技术,使之成为与多个学科有广泛联系的交叉学科。20 世纪 50 年代以来,生物化学飞速发展,特别是以 1953 年 Watson 和 Crick 提出 DNA 双螺旋结构模型为标志,生物化学进入分子生物学(molecular biology)阶段。分子生物学主要研究核酸、蛋白质等生物大分子的结构、功能及基因结构、基因表达与调控等,是在分子水平揭示生命现象的高度有序性和一致性。一般认为分子生物学是生物化学的组成部分,是生物化学的延续和发展。但近几十年来,分子生物学的发展日新月异,新的研究成果层出不穷,既为生物化学注入了发展的生机和活力,也促进了相关交叉学科的形成与发展。

一、生物化学与分子生物学的主要研究内容

生物化学与分子生物学的研究内容十分广泛,其研究主要集中在以下几方面:

1. 生物分子的结构与功能　组成生物体的化学成分,包括核酸、蛋白质、糖类、脂类、无机盐和水等,另外还有含量较少而对生命活动极为重要的维生素、激素和微量元素等。其中核酸、蛋白质、糖类和脂类属于生物大分子。它们是由某些结构单位按一定顺序和方式连接而形成的多聚体(polymer),如蛋白质是由基本组成单位——氨基酸,通过肽键连接形成肽链而成的多聚体;核酸是由核苷酸通过磷酸二酯键连接而成的多聚体;糖类、脂类也是由一定的基本单位聚合而成。生物大分子的特征之一是具有信息功能,因此,生物大分子也称为生物信息分子。

生物大分子的研究除了要揭示其一级结构(包括基本组成单位的种类、排列顺序和连接方式)

外，更重要的是研究其空间结构和功能的关系。生物大分子的结构是其功能的基础，而功能则是其结构的体现，另外生物大分子的信息功能需通过分子间的相互识别和相互作用才得以实现，因此，生物大分子的结构、分子识别和相互作用是其执行生物信息分子功能的基本要素。此领域是现代生物化学与分子生物学研究的热点之一。

2. 物质代谢及其调节　生命体的基本特征之一是新陈代谢，即生物体不断地与外环境进行有规律的物质交换。从外界吸收物质，用于体内物质的合成；分解体内的物质并将废物排出体外，在这些物质代谢过程中同时伴随着能量变化。如蛋白质、核酸和糖原等的合成都需要能量；而糖类、蛋白质、脂类等的分解都会释放能量。物质代谢有条不紊的进行是正常生命过程的必要条件，否则就可能引发疾病。体内各反应和各代谢途径之间在复杂的调控机制作用下，通过调节酶的催化活性，彼此协调和制约，从而保证各组织器官乃至整体正常的生理功能和生命活动。目前对人体内进行的主要代谢反应和代谢途径虽已基本阐明，但代谢调控的分子机制和规律尚需进一步探讨。此外，细胞信号传递与多种物质代谢及相关的生长、增殖、分化等生命过程的调控密切相关，这也是现代生物化学与分子生物学研究的热点之一。

3. 遗传信息传递及其调控　核酸是遗传信息的携带者，遗传信息按照中心法则来指导蛋白质的合成，从而控制生命现象，使生物性状能够代代相传。研究基因表达和调控的机制与规律是分子生物学的重要内容，这一过程与细胞的正常生长、发育和分化以及机体生理功能的完成密切相关。阐明基因信息表达及其调控的规律，就能使在分子水平上改造生物的表型特征成为可能。目前，基因表达调控的研究主要集中于细胞信号转导机制、转录因子结构与功能、RNA 编辑等方面，随着诸如 DNA 克隆、基因重组、基因敲除等分子生物学技术的发展及“人类基因组计划”的初步完成和后基因组计划的逐步实施，将大大推动这一领域的研究进展。

二、生物化学与分子生物学的发展简史

生物化学启蒙于 18 世纪，经过逐步发展，在 19 世纪末至 20 世纪初才形成一门独立的学科。近几十年来，随着研究技术的发展和研究瓶颈的突破，新的研究成果不断涌现，生物化学与分子生物学已成为生命科学中发展最迅速的前沿学科之一。

生物化学与分子生物学发展大致可以分为静态生物化学、动态生物化学和分子生物学 3 个阶段。

(1) 静态生物化学阶段：从 18 世纪中叶至 19 世纪末，是生物化学的初级发展阶段，主要研究生物体的化学组成，客观描述组成生物体的物质含量、分布、结构、性质与功能。1828 年，Wohler 首次用无机物氰酸铵合成生物体内发现的有机物——尿素，彻底推翻了有机化合物只能在生物体内合成的错误观点。1877 年，Seyler 首次提出“biochemistry”这个名词，并创办了《生理化学》杂志。1897 年，Buchner 等证明了无细胞的酵母提取液也具有发酵作用，可以使糖生成乙醇和二氧化碳，为近代酶学的发展奠定了基础。与 Buchner 同时代的科学家 Fischer 对酶与底物的关系提出了“锁钥学说”，这一学说仍是现代酶学的一个重要理论。

(2) 动态生物化学阶段：从 20 世纪初期开始。这个阶段主要研究生物体内各种分子的代谢变化。例如：利用化学分析及放射性核素示踪技术对体内主要物质代谢进行研究，尤其是阐明了物

质分解代谢途径，如三羧酸循环、脂肪酸β-氧化、糖酵解及鸟氨酸循环等过程；在生物能学研究中，提出了生物能产生过程中的 ATP 循环学说。

(3)分子生物学阶段：20 世纪 50 年代，细胞内两类重要的生物大分子——蛋白质与核酸成为研究的焦点，揭示了核酸的结构和蛋白质生物合成的途径。尤其具有里程碑意义的是 Watson 和 Crick 提出了 DNA 双螺旋结构模型理论以及遗传中心法则(the central dogma)，标志着生物化学发展进入分子生物学时代。1973 年，Cohen 建立了体外重组 DNA 方法，这标志着基因工程的诞生。1981 年，Cech 发现了核酶(ribozyme)，从而打破了酶的化学本质都是蛋白质的传统观念。1985 年，Mullis 发明了聚合酶链反应(PCR)技术，使人们能够在体外高效率地扩增 DNA。1990 年开始实施的人类基因组计划(Human Genome Project，HGP)是生命科学领域有史以来最庞大的全球性研究计划，2000 年宣布人类基因组"工作框架图"完成。2003 年 4 月，科学家宣布人类基因组序列图绘制成功，人类基因组计划的所有目标全部实现。此成果无疑是人类生命科学史上的一个重大里程碑，在此基础上，后基因组计划将进一步深入研究各种基因的结构、功能与调节，它将为人类健康和疾病的研究带来根本性变革。

公元前 21 世纪，我国人民就有用"曲"酿酒的实践。20 世纪以来，中国生物化学家在营养学、临床生化、蛋白质变性学说、人类基因组等研究领域都做出了积极的贡献。1929 年，我国生物化学的奠基人吴宪(1893—1959 年)提出了蛋白质变性学说，该学说对研究蛋白质等生物大分子的结构具有重要价值；1965 年，我国科学家首次采用人工方法合成了具有生物活性的结晶牛胰岛素；1971 年又完成了用 X 线衍射法测定牛胰岛素的空间结构的研究；1981 年人工合成了酵母丙氨酸转运核糖核酸；1990 年研制了第一例转基因家畜。值得指出的是，我国于 1999 年 9 月跻身于人类基因组计划研究行列，虽然参与时间较晚，但是我国科学家提前于2000年4月绘制完成"中国卷"，赢得了国际生命科学界的高度评价。

三、生物化学与分子生物学和医药学的关系

生物化学与分子生物学和医学密切相关。其理论和技术不仅使人们对许多疾病的本质有了更深入的认识，而且可建立新的诊治技术，特别是基因诊断和基因治疗技术，必将推动医学的大发展和人类健康水平的不断提高。

生物化学与分子生物学同样显著促进了药学的发展。生物化学与分子生物学在现代药学科学发展中起了先导作用，使药学从化学模式为主体迅速转向以生物学和化学相结合的新模式。各种组学技术，如基因组学、蛋白质组学、转录组学、代谢组学等，以及系统生物学的迅速发展，为新药的发现和研究提供了重要的理论基础和技术手段。

生物化学与分子生物学也促进了中医药的发展。在中医证候中必然存在着生物化学与分子生物学的变化规律，同时也需要生化指标加以量化。在中药研究和制药方面也是如此，如中药有效成分的分离纯化及药理研究、中药资源利用与开发、中草药栽培与鉴定、中药制药等也常常需要应用生物化学与分子生物学的原理与技术，例如：DNA 指纹图谱技术应用于中药资源的开发与鉴定等。

因此，生物化学与分子生物学是现代医药学的重要理论基础，是医药院校学生学好专业课，从

事医学临床应用及药物研究、开发、生产、质量控制等的基础学科。

四、生物化学与分子生物学的学习方法与建议

生物化学与分子生物学是揭示生命本质的交叉学科，其内容抽象而复杂。随着生命科学的飞速发展，生物化学与分子生物学的理论、研究方法、技术手段不断推陈出新，且日益呈现多学科高度融合的趋势，这就显著增加了学习的难度。怎么才能学好生物化学与分子生物学？以下提供一些学习方法和建议，供同学们参考。

1. 探寻规律　生物多样性与各种神奇的生命现象均由蛋白质、核酸、糖类、脂类的复杂多样化引起。而这些生物大分子在结构上有着共同的规律，即生物大分子均由基本结构单位（或称为构件）通过共价键聚合成链状，其主链骨架呈现周期性重复。掌握这个规律有助于学习生物大分子的结构和理解其功能的变化和多样性。如生物体的蛋白质的基本组成单位是氨基酸，氨基酸间通过肽键连接呈链状，肽链具有方向性（N 端→ C 端），主链骨架呈现“肽单位”重复；核酸也类似，核苷酸是其基本组成单位，通过磷酸二酯键连接成链状，核酸链也具有方向性（$5' \rightarrow 3'$），核酸主链呈现“磷酸 - 核糖（或脱氧核糖）”的重复结构；多糖的基本组成单位是单糖，单糖间通过糖苷键连接，像淀粉、糖原、纤维素的糖链骨架都是葡萄糖基的重复；脂类的基本组成单位是甘油、脂肪酸和一些取代基，其非极性烃长链也是一种重复结构。生物大分子主链的重复性是生物大分子稳定性的基础。

2. 紧抓主线　生物化学与分子生物学的主要内容前文已经介绍，各部分知识都有其主线。

生物分子结构与功能部分要抓住“组成 - 结构 - 功能”这条主线，就易于理解和掌握蛋白质、核酸、酶、糖类、脂类的结构与功能等内容。如蛋白质由氨基酸组成，有一级结构和空间结构，结构是功能的基础，功能是结构的体现，各级结构有着不同的生物学意义。核酸（如 DNA）也是如此，藉此线索，可将纷杂的知识体系化、简单化，而且能理解和掌握生物化学与分子生物学的主要知识点。

物质代谢与调节部分的主线是“物质变化、能量变化和关键酶”。物质代谢的反应复杂多样，其中分解代谢一般都遵循大分子降解为小分子，其碳骨架的氧化绝大多数通过三羧酸循环完成这一规律；生物大分子的合成代谢一般具有“基本组成单位的活化、合成具有方向性”的共同特征。如蛋白质的分解，先在酶的作用下降解为氨基酸；核酸降解为核苷酸；多糖降解为单糖；脂质降解为甘油、脂肪酸等，其碳骨架多转入三羧酸循环氧化。以氨基酸为原料合成蛋白质，氨基酸先要活化为氨基酰 -tRNA；以葡萄糖合成糖原，葡萄糖要被活化为尿苷二磷酸葡萄糖（UDPG）；以核苷酸（dNMP 或 NMP）合成核酸，也要活化为 dNTP 或 NTP；以乙酰 CoA 合成脂肪酸，乙酰 CoA 被活化为丙二酰 CoA。生物大分子合成的方向性前文已介绍，在此不再赘述。而物质代谢的调节往往通过调节代谢途径中的关键酶来完成。另外，分解代谢一般伴随着能量释放，而合成代谢伴随着能量吸收。

遗传信息传递及其调控部分是以遗传信息传递的中心法则及其保真性机制为主线展开。遗传物质具有 3 种属性：能荷载遗传信息；能精确地自我复制；能指导功能分子的生物合成。DNA 分子中的碱基序列荷载着遗传信息，通过复制、转录，指导蛋白质的生物合成，实现遗传信息的传递

和表达，这些就是中心法则的核心环节，看似复杂的遗传信息传递和表达过程，却通过简单的碱基配对和密码子破译的方式实现，不能不感叹生命过程的精妙！纵观遗传信息传递和表达的过程，都存在着多种调控机制，使得基因表达具有高度的有序性、整体性和保真性。

3. 补强基础　生物化学与分子生物学是一门交叉学科，涉及化学、物理学、数学、生理学、细胞生物学、遗传学、免疫学等众多学科。因此，要很好地理解和掌握生物化学与分子生物学的内容，就必须有较好的多学科基础知识。如酶的立体异构专一性，就涉及有机化学的含手性碳原子化合物的构型等知识；氧化磷酸化产生 ATP 就涉及物理学的能量守恒定律等知识；遗传信息的传递和表达就涉及遗传学、细胞生物学等学科知识。在学习过程中要结合教学内容，对相关学科的知识拾遗补缺，夯实基础，才能取得较好的学习效果。

4. 强化记忆　生物化学与分子生物学的内容丰富、复杂，许多知识点需要记忆，这是理解和掌握的基础与前提。在学习中要注意强化记忆，综合运用多种记忆方法，提高记忆效果，与此同时，也要加强对纷繁复杂知识的理解，化繁为简、化难为易，要把记忆和理解结合起来，以提高学习效率。

5. 联系实际　生物化学与分子生物学所涉及的内容与人类生活息息相关，无处不在，学习中要理论联系实际。生老病死、食品营养、卫生与健康、临床医学检验与药物治疗、基因工程与安全、环境污染与治理等都和生物化学与分子生物学的内容密切关联；还有像危害人类生存的重大疾病，如癌症、艾滋病等，其致病机制、药物开发、临床治疗等的研究取得突破，都有赖于生物化学与分子生物学研究的新进展。因此，在学习中要用所学的生物化学与分子生物学知识去剖析生命现象中的一些环节，联系生活实际，用所学知识分析发生在自己身边的生命科学问题。

生物化学与分子生物学是生命科学各分支学科共同的基础，所涉及的内容是生命科学核心的知识。因此，无论从认识生命本质的角度，还是从健康生活的角度，较好地理解和掌握这些知识都是十分必要的。

（李　荷　崔炳权）

第二章　蛋白质化学

第二章　课件

学习目标

掌握：蛋白质的元素组成；基本结构单位；分子结构及其与功能的关系。

熟悉：蛋白质的理化性质；常用分离纯化技术的基本原理。

了解：体内重要的活性肽；蛋白质的分类。

蛋白质(protein)是一类生物大分子，是有机体的重要组分，是生命活动的物质基础。蛋白质具有复杂的空间结构，其多种多样的生理功能承载着几乎所有的生命活动。其重要性一方面体现在其存在的普遍性，无论是从简单的低等生物，如病毒、细菌到复杂的高等动植物，都毫无例外含有蛋白质，是生物体内含量最丰富的有机化合物。蛋白质约占人体干重的45%、细胞干重的50%~70%，是细胞内除水外含量最高的生命物质。大肠埃希菌有3 000多种蛋白质，酵母有5 000多种蛋白质，哺乳动物细胞则有上万种蛋白质。其重要性另一方面体现在蛋白质生物学功能的多样性，许多重要的生命现象和生理活动都是通过蛋白质来实现的。例如：有些蛋白质是生物催化剂，具有催化活性；蛋白质激素和受体参与信号转导，调节代谢；免疫球蛋白参与机体防御。此外，蛋白质在物质运输、营养储存、肌肉收缩、血液凝固、组织更新、损伤修复、生长和繁殖、遗传和变异，甚至识别和记忆、感觉和思维等方面均发挥核心作用。因此，生命活动离不开蛋白质。

在药学领域已经开始大规模地生产和应用生物药，其有效成分多为蛋白质或多肽(如酶、激素等)。生物药可从动植物和微生物体内直接提取制备，也可采用现代生物技术合成。

第一节　蛋白质的分子组成

19世纪30年代以前，蛋白质的研究主要集中在化学元素组成及原子间的结合比例等方面。1935年，经过一百多年的不懈努力后，组成生物体蛋白质的20种氨基酸的分离和结构鉴定工作最终完成。1953年，英国科学家F.Sanger确定了牛胰岛素的完整氨基酸序列，证实了“蛋白质具有固定氨基酸序列”的假说，并因此获得1958年的诺贝尔化学奖。

一、蛋白质的元素组成

组成蛋白质的主要元素是碳(50%~55%)、氢(6%~7%)、氧(19%~24%)、氮(13%~19%)以及少量硫(0~4%)。有些蛋白质还含有少量的磷或金属元素铁、铜、锌、锰、钴、钼等,个别蛋白质还含有碘。氮是蛋白质的特征元素,各种蛋白质的含氮量很接近,平均值约为16%,即每克氮相当于100/16=6.25g蛋白质。由于蛋白质是体内的主要含氮物质,因此测定生物样品的含氮量就可以按下式推算出蛋白质的大致含量:

$$样品中蛋白质含量(g) = 样品含氮量(g) \times 6.25$$

案例分析

案例

患儿,2岁3个月,近日尿少并出现血尿,B超检查发现双侧肾结石,询问后,得知其出生后一直服用某品牌奶粉,结合其他病例报告,考虑为“三聚氰胺中毒”。试分析乳制品企业为什么要在奶粉中添加三聚氰胺?

分析

三聚氰胺($C_3H_6N_6$)俗称密胺、蛋白精,是一种三嗪类含氮杂环有机化合物,常被用作化工原料。三聚氰胺性状为纯白色单斜晶体,几乎无味,微溶于水,可溶于甲醇、甲醛、乙酸、热乙二醇、甘油、吡啶等,对身体有害。凯氏定氮法(Kjeldahl determination)是分析样品中总氮的经典方法。含氮样品与硫酸、催化剂一同加热消化,使样品总氮转化成铵盐,然后加碱将铵盐转化为氨,随水蒸气馏出,用硼酸吸收后再用标准碱滴定,即可计算出样品总氮。该方法的优点是不需要提纯蛋白质,缺点是掺入非蛋白氮会使测定值偏高。食品工业中常用凯氏定氮法测定食品中的氮,从而推算食品中蛋白质的含量。由于三聚氰胺分子中含有6个非蛋白氮,当三聚氰胺被掺入食品时,待测样品氮含量测定值偏高,从而推算出较高的“蛋白质”含量。因此,向食品(如乳制品)中添加三聚氰胺会提高食品的含氮量,从而使劣质食品通过食品检验机构的检测。

二、蛋白质的基本结构单位——氨基酸

氨基酸(amino acid)是蛋白质的基本结构单位,不同蛋白质的氨基酸组成和排列顺序不同。自然界的氨基酸有300多种,但用于合成蛋白质的氨基酸只有20种,这20种氨基酸称为标准氨基酸。

(一) 氨基酸的结构

20种标准氨基酸(脯氨酸除外)在结构上的共同点是α-碳原子(羧酸分子中与羧基碳成键的碳原子称为α-碳原子)上都有1个氨基,因此称为α-氨基酸。α-碳原子还连接有1个氢原子和

1 个可变的侧链，称 R 基团（简称 R 基），各种氨基酸的区别就在于 R 基的不同。脯氨酸的 α- 碳原子上无氨基，称为 α- 亚氨基酸。除甘氨酸外，19 种氨基酸的 α- 碳原子都结合了 4 个不同的原子或基团，所以是手性碳原子，它们是手性分子。甘氨酸的 α- 碳原子不是手性碳原子，因而甘氨酸不是手性分子，没有构型。手性分子有 D 型与 L 型之分（以 D- 甘油醛为参考物，α- 碳原子连接的—NH_3 具有与 D- 甘油醛 C_2—OH 相同的取向，则称为 D 型氨基酸，反之则为 L 型氨基酸），标准氨基酸均为 L- 氨基酸，D- 氨基酸只发现于细菌细胞壁的部分肽及某些肽类抗生素中。

氨基酸的碳原子有 2 种编号规则：一种是用希腊字母编号，将碳原子按照与羧基碳原子的距离依次编号为 α、β、γ、δ 等；另一种是用阿拉伯数字编号，羧基是主要官能团，其碳原子编为 1 号，其他碳原子依次编为 2 号、3 号等。

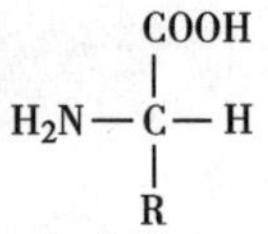

COOH
|
H_2N—C—H
|
R
L-氨基酸

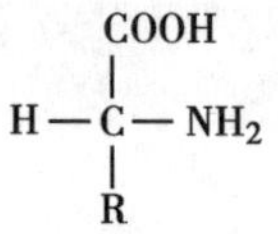

COOH
|
H—C—NH_2
|
R
D-氨基酸

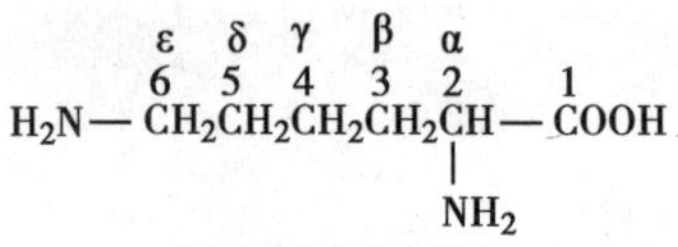

ε δ γ β α
6 5 4 3 2 1
H_2N—$CH_2CH_2CH_2CH_2CH$—COOH
|
NH_2
氨基酸碳原子编号

（二）氨基酸的分类

根据氨基酸的结构、性质、人体内能否合成及分解产物的转换等，氨基酸可分为不同类型。①根据 R 基化学结构分类：脂肪族氨基酸、芳香族氨基酸、杂环族氨基酸；②根据 R 基酸碱性分类：酸性氨基酸、碱性氨基酸、中性氨基酸；③根据人体内能否自身合成分类：必需氨基酸、非必需氨基酸；④根据分解产物的进一步转化分类：生糖氨基酸、生酮氨基酸、生糖兼生酮氨基酸。

本章根据氨基酸的结构和性质，综合考虑将氨基酸分为 5 类。

1. 非极性脂肪族 R 基氨基酸　这类氨基酸有 7 种（表 2-1），其 R 基是非极性疏水的。其中丙氨酸、缬氨酸、亮氨酸和异亮氨酸的 R 基在蛋白质分子内可以借助疏水作用结合在一起，以稳定蛋白质结构。甘氨酸的结构最简单，其 R 基太小，因而与其他氨基酸的疏水作用较弱。甲硫氨酸（又称蛋氨酸）是两个含硫氨基酸之一（另一个是半胱氨酸），它的 R 基含有非极性甲硫基。脯氨酸的 R 基与 α- 氨基形成具有刚性的环状结构，在蛋白质的空间结构中具有特殊意义。

表 2-1　非极性脂肪族 R 基氨基酸

结构式	中文名	英文名	缩写	符号	等电点
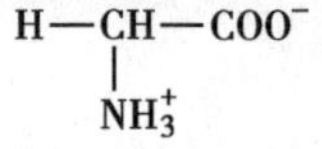 H—CH—COO^- （CH 上连 NH_3^+）	甘氨酸	Glycine	Gly	G	5.97
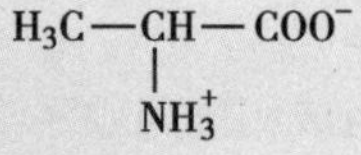 H_3C—CH—COO^- （CH 上连 NH_3^+）	丙氨酸	Alanine	Ala	A	6.00
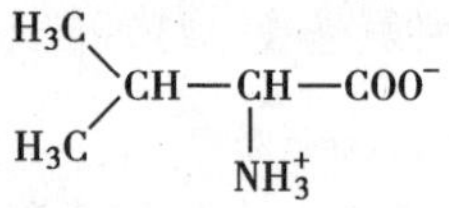 $(H_3C)_2$CH—CH—COO^- （第二个 CH 上连 NH_3^+）	缬氨酸	Valine	Val	V	5.96
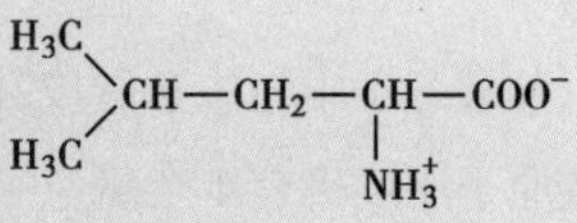 $(H_3C)_2$CH—CH_2—CH—COO^- （第二个 CH 上连 NH_3^+）	亮氨酸	Leucine	Leu	L	5.98

续表

结构式	中文名	英文名	缩写	符号	等电点
$H_3C-CH_2-CH(CH_3)-CH(NH_3^+)-COO^-$	异亮氨酸	Isoleucine	Ile	I	6.02
吡咯烷环（$\overset{+}{N}H_2$）$-COO^-$	脯氨酸	Proline	Pro	P	6.30
$CH_3-S-CH_2-CH_2-CH(NH_3^+)-COO^-$	甲硫氨酸	Methionine	Met	M	5.74

2. 极性不带电荷 R 基氨基酸　这类氨基酸有 5 种(表 2-2),含有极性亲水 R 基,除半胱氨酸外,其余可与 H_2O 形成氢键。因此,与非极性疏水 R 基氨基酸相比,它们易溶于水。丝氨酸和苏氨酸的极性源于其 R 基羟基,半胱氨酸源于其巯基,天冬酰胺和谷氨酰胺源于其酰胺基。

表 2-2　极性不带电荷 R 基氨基酸

结构式	中文名	英文名	缩写	符号	等电点
$HO-H_2C-CH(NH_3^+)-COO^-$	丝氨酸	Serine	Ser	S	5.68
$HS-H_2C-CH(NH_3^+)-COO^-$	半胱氨酸	Cysteine	Cys	C	5.7
$H_2N-C(=O)-CH_2-CH(NH_3^+)-COO^-$	天冬酰胺	Asparagine	Asn	N	5.41
$H_2N-C(=O)-CH_2-CH_2-CH(NH_3^+)-COO^-$	谷氨酰胺	Glutamine	Gln	Q	5.65
$H_3C-CH(OH)-CH(NH_3^+)-COO^-$	苏氨酸	Threonine	Thr	T	5.60

3. 芳香族 R 基氨基酸　这类氨基酸有 3 种(表 2-3),其 R 基都含有苯环结构,所以称为芳香族氨基酸。酪氨酸是 R 基含羟基的 3 种标准氨基酸之一(另两种含羟基的标准氨基酸为丝氨酸和苏氨酸)。

表 2-3　芳香族 R 基氨基酸

结构式	中文名	英文名	缩写	符号	等电点
$C_6H_5-H_2C-CH(NH_3^+)-COO^-$	苯丙氨酸	Phenylalanine	Phe	F	5.48
$HO-C_6H_4-CH_2-CH(NH_3^+)-COO^-$	酪氨酸	Tyrosine	Tyr	Y	5.66

续表

结构式	中文名	英文名	缩写	符号	等电点
$H_2C-CH(NH_3^+)-COO^-$ 连接于吲哚环（N—H）	色氨酸	Tryptophan	Trp	W	5.89

4. 带正电荷R基氨基酸　这类氨基酸有3种(表2-4),其中赖氨酸R基所含的氨基、精氨酸R基所含的胍基和组氨酸R基所含的咪唑基均为碱性基团,在生理条件下可以结合H^+而带正电荷,故又称碱性氨基酸。组氨酸咪唑基的pK_a=6,接近生理pH,所以在酶促反应中咪唑基既可以作为H^+供体,也可以作为H^+受体,发挥酸碱催化作用。

表2-4　带正电荷R基氨基酸

结构式	中文名	英文名	缩写	符号	等电点
$H-N(C(=NH_2^+)NH_2)-CH_2-CH_2-CH_2-CH(NH_3^+)-COO^-$	精氨酸	Arginine	Arg	R	10.76
$H_2C(NH_3^+)-H_2C-CH_2-CH_2-CH(NH_3^+)-COO^-$	赖氨酸	Lysine	Lys	K	9.74
$CH_2-CH(NH_3^+)-COO^-$ 连接于咪唑环（HN、NH^+）	组氨酸	Histidine	His	H	7.59

5. 带负电荷R基氨基酸　这类氨基酸有2种(表2-5),在生理条件下,天冬氨酸和谷氨酸的R基所含的羧基可以给出H^+而带负电荷,又称酸性氨基酸。

表2-5　带负电荷R基氨基酸

结构式	中文名	英文名	缩写	符号	等电点
$^-OOC-CH_2-CH(NH_3^+)-COO^-$	天冬氨酸	Aspartic acid	Asp	D	2.97
$^-OOC-CH_2-CH_2-CH(NH_3^+)-COO^-$	谷氨酸	Glutamic acid	Glu	E	3.22

(三) 氨基酸的理化性质

1. 紫外吸收特征　芳香族氨基酸的R基含有苯环共轭双键系统,具有紫外吸收特性,在紫外波长范围有最大吸收值。分析吸收光谱可知,含有共轭双键的色氨酸、酪氨酸的最大吸收峰在280nm波长附近(图2-1)。由于大多数蛋白质含有色氨酸和酪氨酸残基,且含量相对恒定,所以测定蛋白质溶液对280nm紫外线的吸光度(A_{280})可以快速、简便地分析溶液中的蛋白质含量。

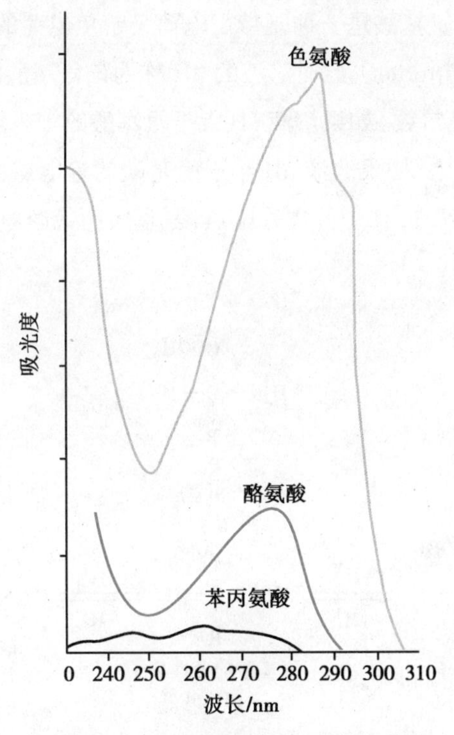

● 图 2-1　芳香族氨基酸的紫外吸收峰

2. 茚三酮反应　水合茚三酮与氨基酸在弱酸性溶液中共热，引起氨基酸氧化脱氨、脱羧反应，水合茚三酮则被还原。水合茚三酮再与反应产物氨和还原茚三酮发生缩合反应生成蓝紫色化合物(图 2-2)，其在 570nm 波长处存在吸收峰，该蓝紫色化合物颜色的深浅与氨基酸的浓度成正比。因此，茚三酮反应可用于氨基酸的定性和定量分析。

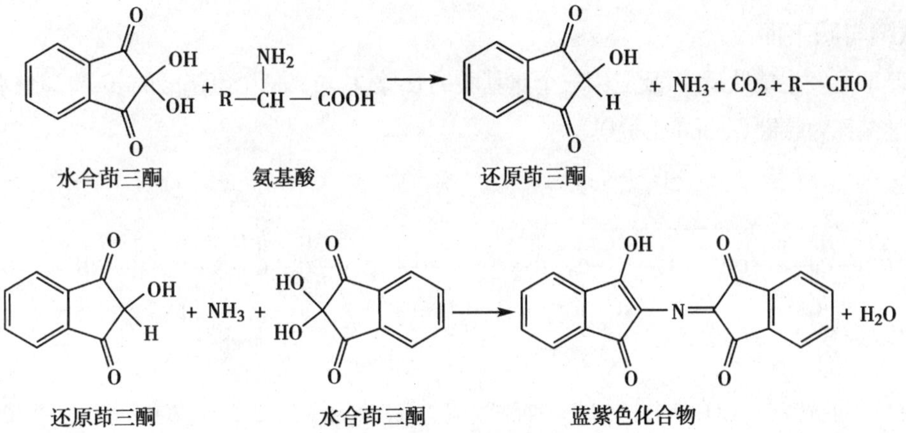

水合茚三酮 + 氨基酸（$R—CH(NH_2)—COOH$）→ 还原茚三酮 + NH_3 + CO_2 + R—CHO

还原茚三酮 + NH_3 + 水合茚三酮 → 蓝紫色化合物 + H_2O

● 图 2-2　茚三酮反应

3. 两性解离与等电点　氨基酸含有氨基和羧基，氨基可以结合 H^+ 成为阳离子，羧基可以给出 H^+ 成为阴离子，因此氨基酸是一种两性电解质（ampholyte），氨基酸的这种解离特性称为两性解离(图 2-3)。

氨基酸在溶液中的解离受 pH 影响，在某一 pH 条件下，氨基酸解离成阳离子和阴离子的趋势及程度相等，溶液中的氨基酸是一种既带正电荷又带负电荷的电中性离子（净电荷为零），这种离子称为兼性离子（zwitterion），此时溶液的 pH 称为该氨基酸的等电点（isoelectric point，pI）。等电点是氨基酸的特征常数。如果溶液 pH 大于氨基酸的等电点，则氨基酸的净电荷为负，在电场中将向正极移动；反之，如果溶液 pH 小于氨基酸的等电点，则氨基酸的净电荷为正，在电场中将向负极移动。溶液的 pH 越偏离等电点，氨基酸所带净电荷越多，在电场中的移动速度就越快。

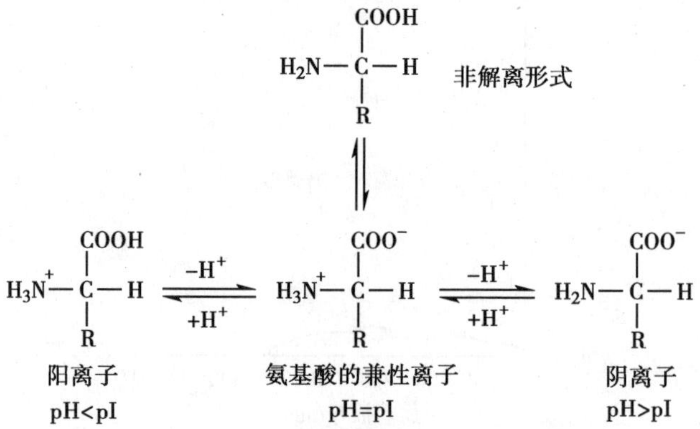

$$H_2N-CH(R)-COOH \quad \text{非解离形式}$$

$$\rightleftharpoons$$

$$H_3N^+-CH(R)-COOH \underset{+H^+}{\overset{-H^+}{\rightleftharpoons}} H_3N^+-CH(R)-COO^- \underset{+H^+}{\overset{-H^+}{\rightleftharpoons}} H_2N-CH(R)-COO^-$$

阳离子 pH<pI　　氨基酸的兼性离子 pH=pI　　阴离子 pH>pI

● 图 2-3　氨基酸的两性解离与等电点

三、肽键和肽

1890—1910 年，德国化学家 Fischer 证明蛋白质中的氨基酸经肽键连接形成肽。肽可根据所含氨基酸的多少，分为寡肽和多肽。

（一）肽键与肽平面

氨基酸可发生成肽反应，反应中一个氨基酸的 α- 氨基与另一个氨基酸的 α- 羧基脱水缩合形成的化学键称为肽键（peptide bond）。

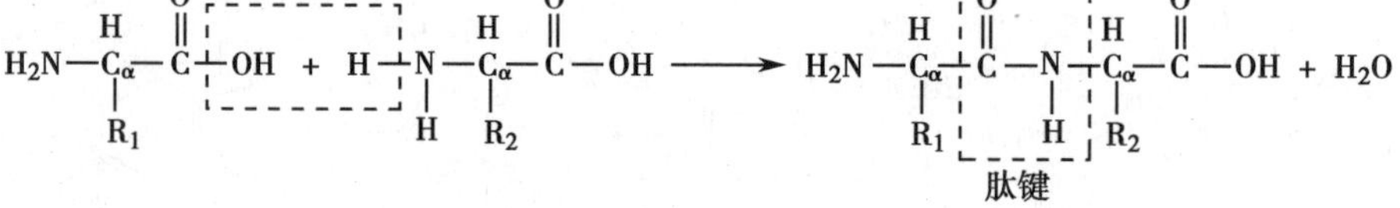

$$H_2N-C_\alpha H(R_1)-CO-OH + H-NH-C_\alpha H(R_2)-COOH \longrightarrow H_2N-C_\alpha H(R_1)-\underbrace{CO-NH}_{\text{肽键}}-C_\alpha H(R_2)-COOH + H_2O$$

肽链中的肽键（—CO—NH—）是一种酰胺键，其 4 个原子与 2 个 C_α 构成一个肽单位（peptide unit，—C_α—CO—NH—C_α—）。在肽单位中，羰基（C=O）键的 π 电子与氮原子（N）的孤电子对存在部分共享（共振，图 2-4a），C—N 键的键长（0.132nm）介于 C—N 单键（0.147nm）和 C=N 双键（0.124nm）之间，具有部分双键性质，不能自由旋转。因此，形成肽键的 4 个原子（C、O、N、H）和与之相连的两个 α- 碳原子处在同一个平面上，此刚性结构形成的平面称肽平面。在肽平面上，2 个 C_α 处于反式位置（即处于肽键两侧），N—C_α 键和 C_α—C 键可以旋转，肽链主链构象的形成与改变就是通过肽平面围绕 C_α 旋转来实现的（图 2-4b）。

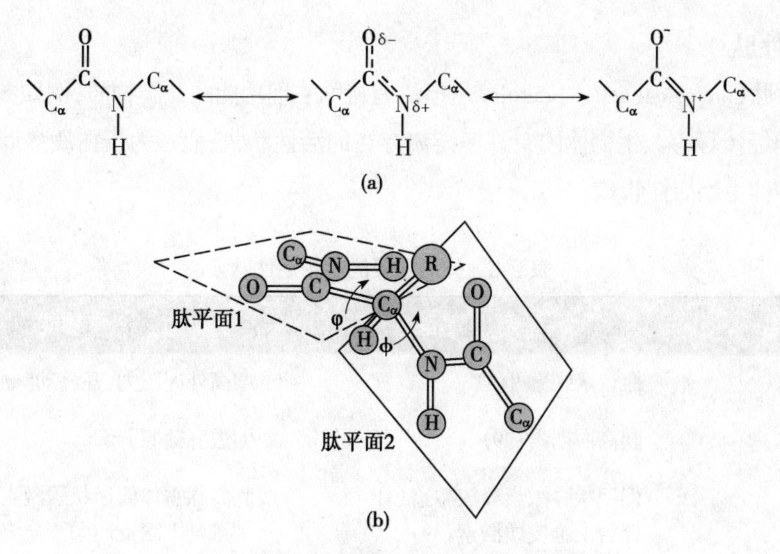

● 图 2-4 肽键共振结构和肽平面

(二) 肽

肽(peptide)由两个或多个氨基酸通过肽键连接而成。肽分子中的氨基酸是不完整的,氨基失去了氢,羧基失去了羟基,因而称为氨基酸残基(amino acid residue)。

1. 肽是氨基酸的链状聚合物　由 2 个氨基酸残基构成的肽是二肽,二肽通过肽键与另一个氨基酸缩合生成三肽,此反应继续进行,可依次生成四肽、五肽……一般来说,由 10 个以内氨基酸残基连接而成的肽称为寡肽(oligopeptide),由 10 个以上氨基酸残基连接而成的肽称为多肽(polypeptide)。因多肽的化学结构呈链状,所以也称为多肽链。多肽链中由—N—C_α—C—重复构成的长链称为主链(main chain),也称骨架(backbone)。而氨基酸的 R 基相对很小,称为侧链(branch, side chain)。

主链含有游离 α- 氨基的一端称为氨基端或 N 端(N-terminal),含有游离 α- 羧基的一端称为羧基端或 C 端(C-terminal)。多肽链主链有方向性,通常将 N 端视为肽链的起始端,这与多肽链的合成方向一致,即多肽链的合成起始于 N 端,终止于 C 端。书写肽链时,习惯上把 N 端写在左侧,C 端写在右侧。也可用中文简称或英文缩写表示,如 H- 丙 - 甘 - 半 - 丙 - 丝 -OH、Ala-Gly-Cys-Ala-Ser 或 AGCAS。

$$\underset{\text{N端}}{H_2N}-CH(R_1)-CO-NH-CH(R_2)-CO-NH-CH(R_3)-CO\cdots\cdots NH-CH(R_{n-2})-CO-NH-CH(R_{n-1})-CO-NH-CH(R_n)-\underset{\text{C端}}{COOH}$$

2. 蛋白质是大分子肽　蛋白质是具有特定构象的多肽。不过,并非所有多肽都是蛋白质。虽然两者没有严格界限,但可以从以下几方面区分:①由 11~ 50 个氨基酸残基连接而成的多肽不是蛋白质,一般长度大于 50 个氨基酸残基的多肽是蛋白质。②一个多肽分子只含有一条肽链,而一个蛋白质分子可含有不止一条肽链。③多肽的活性可能与其构象无关,而蛋白质则不然,改变构象会改变其活性。④许多蛋白质含有辅基成分(非氨基酸成分),而多肽一般不含辅基成分。

（三）生物活性肽

生物活性肽（biological active peptide）是指具有特殊生理功能的肽类物质，例如参与代谢调节、免疫调节和神经传导等。生物体内有许多游离存在的活性肽，它们多为蛋白质多肽链降解产物。人体内存在各种生物活性肽（表 2-6）。

表 2-6　体内重要的生物活性肽

分类	举例（氨基酸数）	功能
血浆活性肽	血管紧张素Ⅱ(8) 胰高血糖素(29)	增高外周阻力，升高动脉血压 促进肝糖原分解
脑组织活性肽	促甲状腺激素释放激素(3) 促肾上腺皮质激素(39) 加压素(9) 催产素(9) β- 促黑素(18)	刺激腺垂体促甲状腺激素的分泌 刺激肾上腺皮质激素分泌 增强肾脏钠水重吸收，刺激血管收缩 促进子宫收缩 调节黑色素细胞代谢
神经肽	脑啡肽(5)	神经传导，痛觉抑制
胃肠道活性肽	胃泌素(14、17、34) 胰泌素(27)	调节消化道运动、消化腺分泌 调节消化道运动、消化腺分泌

谷胱甘肽（glutathione）是机体内重要的生物活性肽，还原型谷胱甘肽是由谷氨酸、半胱氨酸和甘氨酸组成的三肽，其中谷氨酸通过 γ- 羧基与半胱氨酸的 α- 氨基形成酰胺键（也称异肽键），分子中半胱氨酸的巯基是主要功能基团，所以常用缩写 GSH 表示还原型谷胱甘肽。GSH 的巯基具有还原性，可作为体内重要的抗氧化剂保护体内蛋白质或酶分子中的巯基免遭氧化，使蛋白质或酶处于活性状态。在谷胱甘肽过氧化物酶（glutathione peroxidase）的催化下，GSH 可还原细胞内产生的 H_2O_2，使其变成 H_2O，与此同时，GSH 被氧化成氧化型谷胱甘肽（GSSG），后者在谷胱甘肽还原酶（glutathione reductase）的催化下，再生成 GSH（图 2-5）。

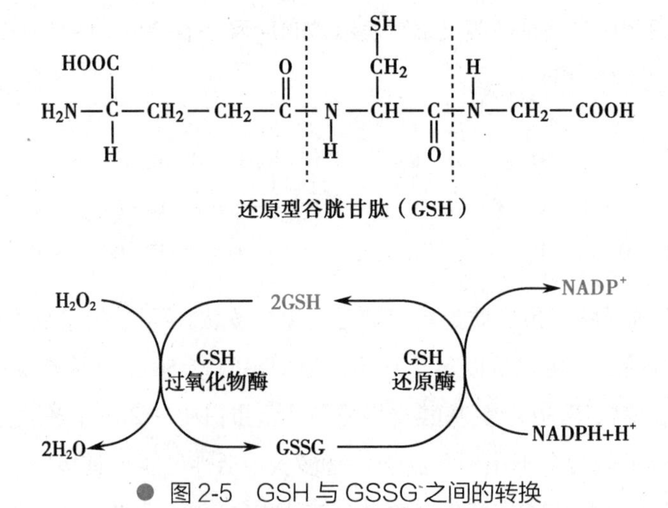

图 2-5　GSH 与 GSSG 之间的转换

第二节　蛋白质的分子结构

蛋白质是由氨基酸残基通过肽键连接而成的大分子化合物，具有复杂的空间结构。蛋白质特定的氨基酸组成与结构是其具有独特生理功能的分子基础。在研究蛋白质的结构时，通常将其分为四级结构，包括一级结构、二级结构、三级结构和四级结构（图 2-6），其中二级结构、三级结构和四级结构称为蛋白质的空间结构或构象。

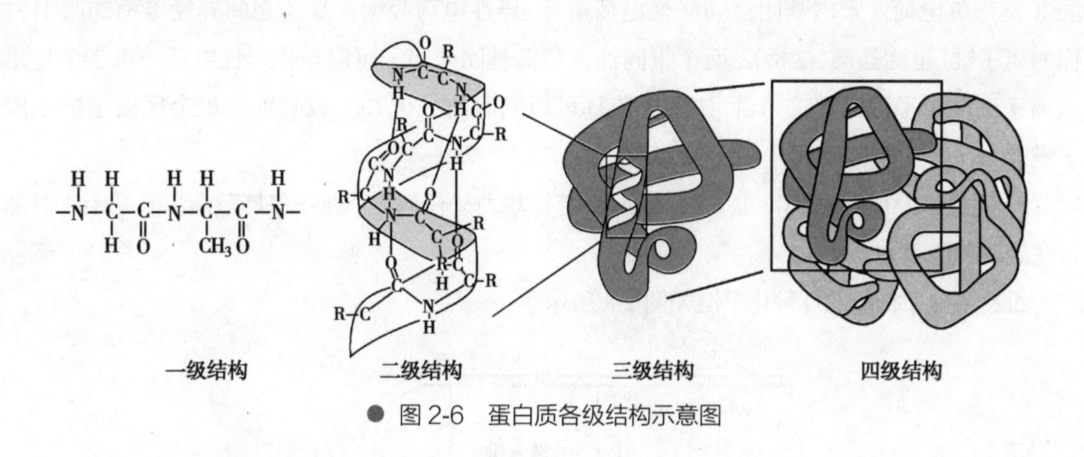

● 图 2-6　蛋白质各级结构示意图

一、维持蛋白质结构的化学键

蛋白质各级结构需化学键来稳定和维系，这些化学键分为共价键和非共价键。一级结构又可称为共价结构，肽键是主要化学键，其次是二硫键。维系空间结构的化学键主要是非共价键，如氢键、疏水作用、离子键和范德华力等，也会有少量共价键，如二硫键。疏水性氨基酸残基通过疏水作用聚集于分子内部，不与水接触；除少量极性氨基酸残基或带电荷氨基酸残基因形成氢键或离子键而位于分子内部外，多数极性氨基酸残基都位于分子表面。认识这些化学键特别是非共价键，有助于我们理解蛋白质构象的形成。

1. 二硫键（disulfide bond）　如果一个蛋白质分子内存在多个半胱氨酸残基，其巯基就可以通过氧化脱氢形成二硫键，反之二硫键也可以通过还原被断开（图 2-7）。二硫键对稳定蛋白质三级结构起重要作用。

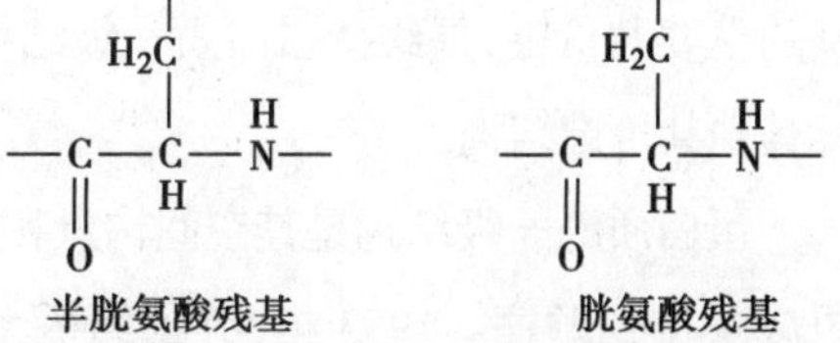

● 图 2-7　半胱氨酸与二硫键

2. 疏水作用（hydrophobic interaction）　是指疏水分子或基团为减少与水的接触而彼此缔结在一起的一种相互作用力。蛋白质结构的特征是疏水 / 亲水间的平衡，其结构的稳定在很大程度上有赖于分子内的疏水作用。且有假说认为，这种疏水作用在蛋白质肽链的自发折叠中亦起到了重要作用。

3. 氢键(hydrogen bond) 是指羟基氢或氨基氢与另一个氧原子或氮原子形成的化学键。当H与N、O等共价结合时，由于N、O电负性较强，使成键电子云偏离氢原子核，氢原子核附近呈现净正电荷，因而与其他电负性较强的原子(如N或O)之间产生吸引力而形成氢键。氢键既可以是分子间的，也可以是分子内的。其键能比一般的共价键、离子键小，但强于静电引力。氢键是蛋白质分子中数量最多的非共价键。

4. 离子键(ionic bond) 多肽链上存在着可解离基团，碱性氨基酸R基带正电荷，酸性氨基酸R基带负电荷。带电基团之间同性电荷排斥、异性电荷吸引。基团之间异性电荷的吸引力称为离子键(也称盐键、盐桥)。两个带同性电荷的基团或离子可以与带异性电荷的第3个基团或离子形成离子键而间接结合，如两个羧基可以同时与一个Ca^{2+}或其他二价金属离子形成离子键。

5. 范德华力(van der Waals interaction) 范德华力是任何2个原子保持范德华半径距离时都存在的一种作用力。

维持蛋白质构象的几种化学键如图2-8所示。

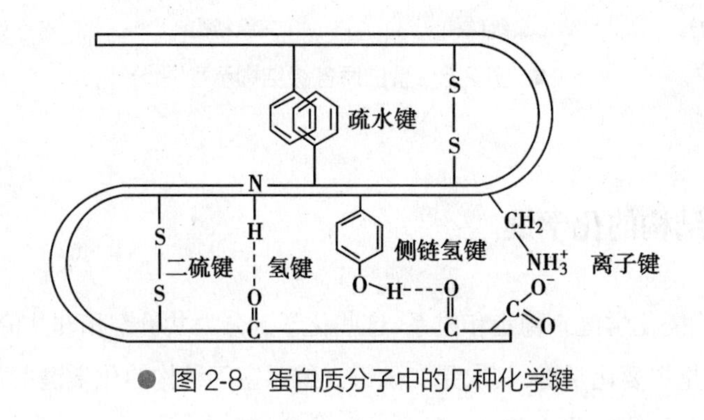

● 图2-8 蛋白质分子中的几种化学键

二、蛋白质的一级结构

蛋白质的一级结构(primary structure)通常描述为蛋白质多肽链中氨基酸残基的组成和排列顺序，简称氨基酸序列。蛋白质的一级结构反映蛋白质分子的共价键结构。肽键是连接氨基酸残基的主要共价键，是维持蛋白质一级结构的主要化学键。此外，蛋白质分子中还可能存在二硫键等其他共价键结构。

蛋白质的一级结构是其空间构象和特定生物学功能的基础，每种蛋白质都有其一定的氨基酸组成及排列顺序。1953年，英国剑桥大学Sanger报道了牛胰岛素的一级结构(图2-9)：牛胰岛素由A、B两条肽链构成，A链有21个氨基酸残基，含4个半胱氨酸残基；B链有30个氨基酸残基，含2个半胱氨酸残基。6个半胱氨酸残基的巯基形成3个二硫键，其中2个在A、B链之间，1个在A链内。牛胰岛素是第一个被阐明一级结构的蛋白质，也是第一个人工合成的蛋白质。

研究蛋白质一级结构的意义：①一级结构是蛋白质活性的分子基础。②一级结构是蛋白质构象的基础，包含了形成特定构象所需的全部信息。③众多遗传病的分子基础是基因突变，导致其所表达的蛋白质一级结构发生变化。④研究蛋白质的一级结构可以阐明生物进化史，不同物种的同源蛋白的一级结构越相似，它们之间的进化关系越近。

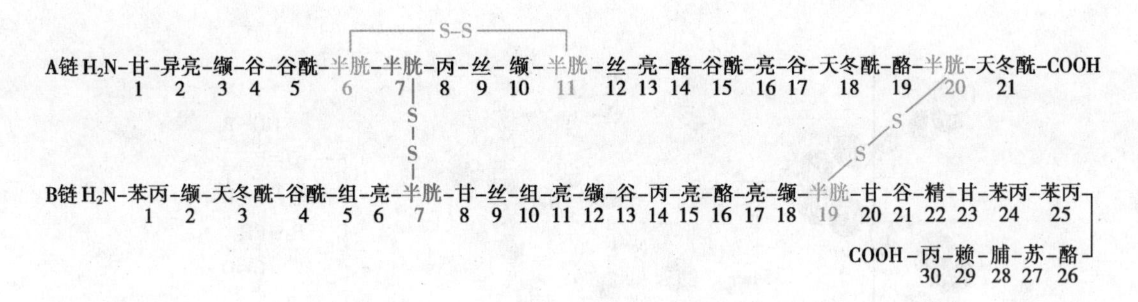

● 图 2-9 牛胰岛素的一级结构

三、蛋白质的高级结构

（一）蛋白质的二级结构

蛋白质的二级结构（secondary structure）是指多肽链主链局部肽段通过氢键作用形成的构象，该片段的氨基酸序列是连续的，不涉及侧链的空间排布。在蛋白质的多肽链上，氨基酸残基通过肽键连接。肽单位是肽链主链可以卷曲折叠的基本单位。由于肽单位相对旋转的角度和程度不同，多肽链主链可以形成各种二级结构，如 α 螺旋、β 折叠、β 转角、环和无规卷曲等，还可以在此基础上进一步形成超二级结构。

1. 二级结构的类型

（1）α 螺旋（α-helix）：是指多肽链主链局部肽段通过肽单位旋转形成的一种右手螺旋结构。螺旋涉及多肽链的主链围绕中心轴呈有规律的螺旋式上升，每上升 1 圈大约需要 3.6 个氨基酸残基，螺距为 0.54nm，螺旋的直径为 0.5nm（图 2-10a），氨基酸的 R 基分布在螺旋的外侧（图 2-10b）。在 α 螺旋中，每一个肽键的羰基氧（C=O）与后面第 4 个肽键的亚氨基氢（N—H）形成氢键（图 2-10c），从而稳定 α 螺旋结构。

（2）β 折叠（β-strand）：又称 β 片层（β-pleated sheet），是指多肽链上局部肽段的主链呈锯齿状伸展状态，数段平行排列形成的裙褶样结构（图 2-11a）。1 个 β 折叠单位包含 2 个氨基酸残基，其 R 基交错排列在 β 折叠平面的两侧，相邻肽段的肽单元之间形成的氢键是维持 β 折叠稳定性的主要作用力。β 折叠中的肽段有同向平行和反向平行 2 种构象，2 种构象基本相似，但折叠单位的长度不同：同向平行的 β 折叠单位为 0.65nm（图 2-11b），反向平行的 β 折叠单位为 0.7nm（图 2-11c）。此外，一条肽链通过回折可以形成链内反向平行的 β 折叠。

（3）β 转角（β-turn）：是指蛋白质分子中用于连接其他二级结构的一种刚性回折肽段。β 转角位于肽链进行 180° 回折时的转折部位，由 4 个氨基酸残基组成，其中第 1 个氨基酸残基的羰基氧（C=O）与第 4 个氨基酸残基的亚氨基氢（N—H）形成氢键以维持其稳定，第 2 个氨基酸残基常为脯氨酸（图 2-12）。

(4)环(loop):是指蛋白质分子中用于连接其他二级结构的一种柔性肽段,所含氨基酸数多于β转角。

(5)无规卷曲(random coil):是指蛋白质多肽链中的一些尚未阐明规律性的肽段构象。

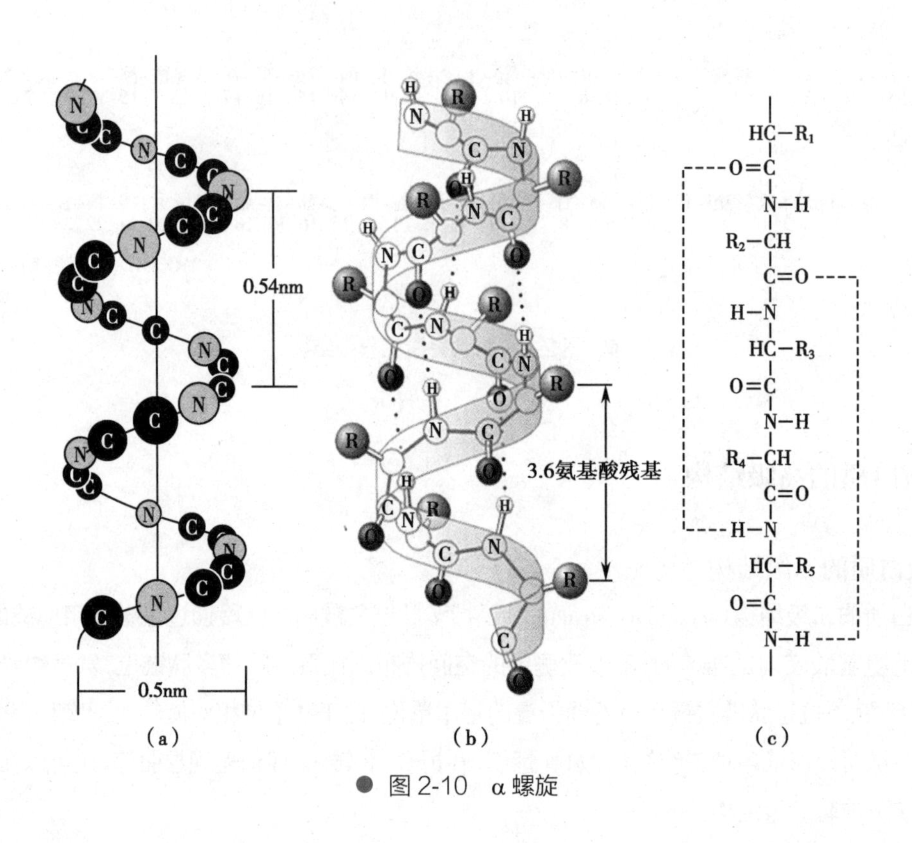

● 图2-10 α螺旋

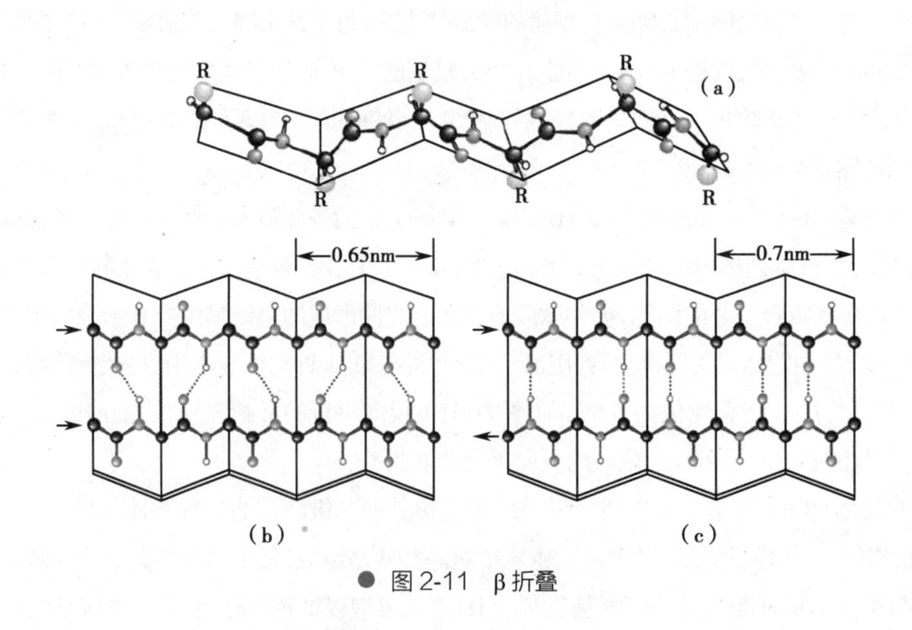

● 图2-11 β折叠

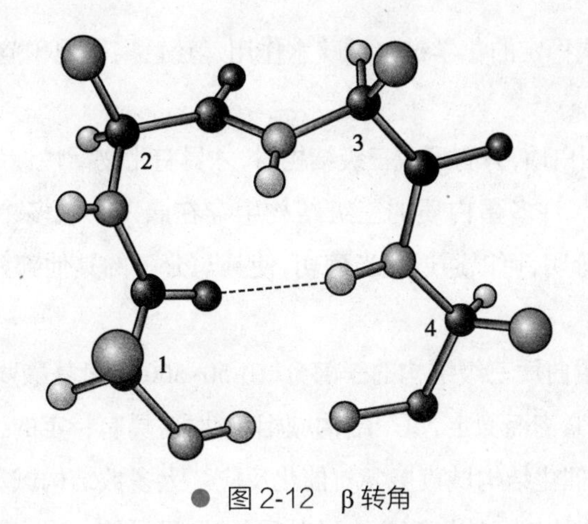

● 图 2-12　β 转角

2. 超二级结构(super-secondary structure)　又称基序或模体(motif),是指由 2 个或 2 个以上的二级结构单元进一步聚集和组合在一起,形成规则的二级结构聚集体,如 αα、βαβ、βββ、螺旋 - 转角 - 螺旋(图 2-13a)等。超二级结构的形成可以降低蛋白质分子的内能,使之更加稳定,它是蛋白质从二级结构形成三级结构时经过的一个过渡结构。

超二级结构的特征性构象是其特殊功能的结构基础。如钙结合蛋白分子中通常有结合钙离子的基序,是由 α 螺旋、环、α 螺旋 3 个二级结构肽段组成的 αLα,在环中有几个恒定的亲水侧链,侧链末端的氧原子通过氢键结合钙离子。又如锌指结构由 1 个 α 螺旋和 2 个反向平行的 β 折叠组成,形似手指,具有结合锌离子的功能(图 2-13b),从而稳定 α 螺旋并使其能嵌入 DNA 大沟中,因此含锌指结构的蛋白质能与 DNA 或 RNA 结合。

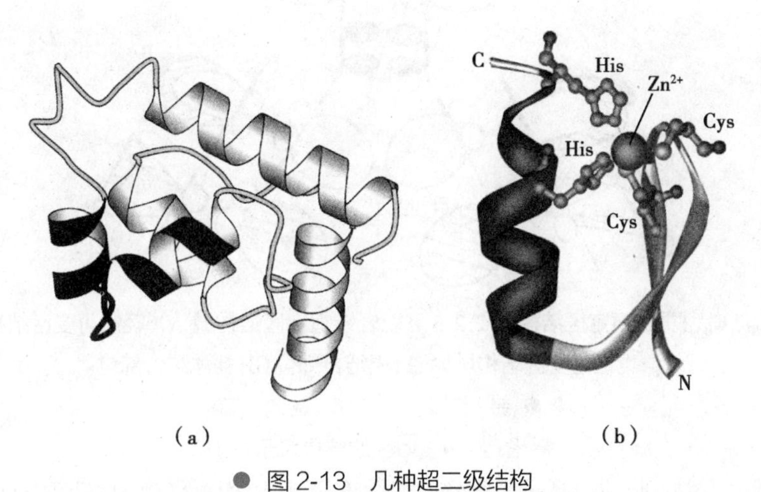

● 图 2-13　几种超二级结构

(a)螺旋 - 转角 - 螺旋　(b)锌指结构

(二)蛋白质的三级结构

1. 三级结构(tertiary structure)　是指蛋白质分子整条肽链的空间结构,描述其所有原子的空间排布。蛋白质的三级结构的形成是整条肽链在二级结构基础上进一步折叠的结果。在三级结构中,疏水基团主要位于分子内部,亲水基团则位于分子表面。

维持蛋白质三级结构稳定的化学键包括疏水作用、氢键、离子键和范德华力等非共价键及二硫键等少量共价键。

由1条肽链构成的蛋白质，只有形成三级结构时，才具有生物活性。

2. 结构域（domain） 许多蛋白质的三级结构中存在着1个或多个近似球形的折叠区，有时与其他部分之间界限分明，可以通过适当酶切，使其与分子的其他部分分开，这种结构称为结构域。

一个结构域是一个蛋白质三级结构的一部分，由50~300个氨基酸残基的多肽链（可含基序）折叠形成，其肽链的缠绕紧密而稳定，每个结构域相对独立，具有特定的生物活性，例如配体结合域（LBD）可以结合配体、催化结构域直接参与催化反应。大多数结构域具有模块性（modular），其一级结构和构象都具有连续性。结构简单的蛋白质（特别是只结合一个配体的蛋白质）常只有一个结构域。相比之下，结构复杂的蛋白质不止一个结构域。如免疫球蛋白（IgG）由12个结构域组成，其中两个轻链上各有2个，两个重链上各有4个；补体结合部位和抗原结合部位处于不同的结构域上（图2-14）。一般来说，较小蛋白质的短肽链如果仅有1个结构域，则此蛋白的结构域和三级结构即为同一结构层次。较大的蛋白质为多结构域，它们可能是相似的，也可能是完全不同的。

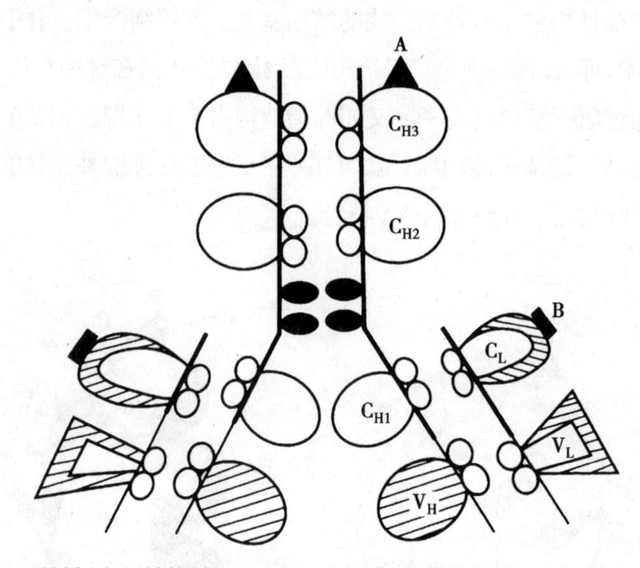

C_{H1}，C_{H2}，C_{H3}：重链恒定区结构域1，2，3；C_L：轻链恒定区结构域；V_L：轻链可变区结构域；V_H：重链可变区结构域；A：抗原结合部位；B：补体结合部位。

●●：链间二硫键 ○○：链内二硫键

● 图2-14 IgG的结构域示意图

结构域之间相对松弛，常常通过无规卷曲柔性连接，可以相对移动，因而可以有轻度或广泛的相互作用，对蛋白质功能的表达极为重要。

（三）蛋白质的四级结构

许多有生物活性的蛋白质由两条或两条以上的肽链构成，肽链与肽链之间并不是通过共价键相连，而是由非共价键维系。每条肽链都有自己的一、二和三级结构，每条肽链被称为该蛋白质的一个亚基（subunit）。由2个或2个以上的亚基之间相互作用，彼此以非共价键相连而形成更复杂的构象，称为蛋白质的四级结构（quaternary structure）（图 2-15）。四级结构的稳定力来自不同亚基上一些氨基酸残基 R 基的相互作用，包括疏水作用、氢键、离子键和范德华力等非共价键。

具有四级结构的蛋白质根据所含亚基数不同，分为二聚体（dimer）、四聚体（tetramer）等，由一种亚基构成的蛋白质称为同二聚体（homodimer）、同四聚体（homotetramer）等，由几种不同亚基构成的蛋白质称为异二聚体（heterodimer）、异四聚体（heterotetramer）等。

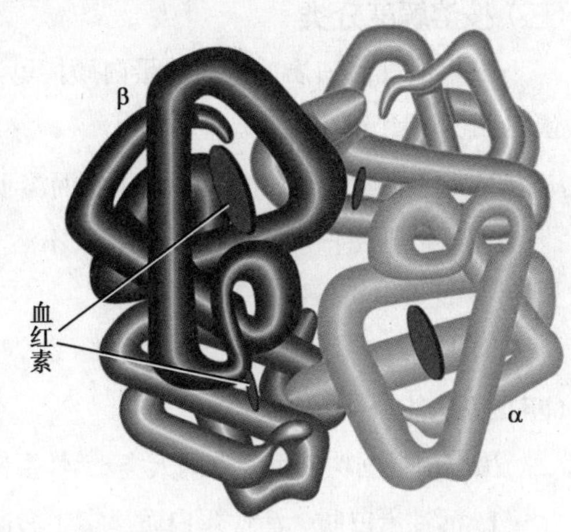

● 图 2-15　血红蛋白的四级结构

具有四级结构的蛋白质，亚基独立存在时一般没有生物学功能。如血红蛋白由 2 个 α 亚基和 2 个 β 亚基组成，4 个亚基通过 8 个离子键相连形成四聚体蛋白，具有运输 O_2 和 CO_2 的功能。但每一个亚基单独存在时，虽可结合氧且与氧的亲和力增强，但难以释放氧，不能为机体组织供氧。

如果一个蛋白质分子内的肽链之间存在着共价键连接，则每一条肽链都不具有独立的三级结构，不能称为亚基，该蛋白质也不具有四级结构。以胰岛素为例，它虽然含有 2 条肽链，但 2 条链之间存在 2 个二硫键，所以胰岛素没有四级结构。

四、蛋白质的分类

蛋白质结构复杂，种类繁多，分类方法也多种多样。

（一）按化学组成分类

根据蛋白质的化学组成，可将蛋白质分为单纯蛋白质和结合蛋白质。

1. 单纯蛋白质（simple protein）　分子组成中，除了氨基酸再无别的组分的蛋白质称为单纯蛋白质。自然界中许多蛋白质都属于此类，如清蛋白、球蛋白、精蛋白、组蛋白等。

2. 结合蛋白质（conjugated protein）　分子组成中，除含有氨基酸构成的多肽链外还含有非氨基酸组分的蛋白质称为结合蛋白质。其中非蛋白质部分称为辅基（prosthetic group），构成蛋白质辅基的种类很多，常见的有寡糖基、色素化合物（如血红素）、磷酸基、金属离子及核酸等。细胞色素 c（cytochrome c）是含有色素的结合蛋白质，其铁卟啉中的铁离子是细胞色素 c 的重要功能基团。免疫球蛋白是一类糖蛋白，作为辅基的数支寡糖链通过共价键与蛋白质部分连接。

（二）按分子形状分类

根据其分子形状的不同，可将蛋白质分为球状蛋白质和纤维状蛋白质。

1. 球状蛋白质　蛋白质分子长短轴之比小于 10，多可溶于水，如酶、血红蛋白、肌红蛋白、免疫球蛋白、血浆清蛋白等。

2. 纤维状蛋白质　蛋白质分子长短轴之比大于 10，多不溶于水，而成为生物体的结构材料，如指甲、毛发、皮肤中的角蛋白，构成细胞间质及分布于皮肤、肌腱、骨骼、血管和角膜的胶原蛋白，蚕丝中的丝蛋白等。

（三）按溶解度分类

1. 可溶性蛋白质　可溶性蛋白质指可溶于水、稀中性盐和稀酸溶液的蛋白质，如清蛋白、球蛋白、组蛋白和精蛋白等。

2. 醇溶性蛋白质　一类不溶于水而溶于 70%~80% 乙醇的蛋白质，如醇溶谷蛋白。

3. 不溶性蛋白质　此类蛋白质既不溶于水和稀盐溶液，也不溶于有机溶剂，如角蛋白、胶原蛋白、弹性蛋白和谷蛋白等。

（四）按功能分类

蛋白质根据功能可分为两大类：活性蛋白质和非活性蛋白质。

1. 活性蛋白质　活性蛋白质是指生命运动中一切有活性的蛋白质及其前体。活性蛋白质占蛋白质的绝大部分，如酶、激素蛋白质、运输和储存蛋白质等。

2. 非活性蛋白质　非活性蛋白质多担负生物保护及支持作用，如胶原蛋白、角蛋白、丝心蛋白等。

五、蛋白质结构与功能的关系

蛋白质的组成和结构是其生理功能的基础。蛋白质的氨基酸序列决定其构象，并最终决定其活性。不同结构的蛋白质具有不同的功能，改变蛋白质的结构将影响其功能。

（一）蛋白质的一级结构与功能的关系

蛋白质的一级结构决定其高级结构，进而决定其生物学功能。

1. 蛋白质的氨基酸序列决定其构象　1956—1958 年，Anfinsen（1972 年诺贝尔化学奖获得者）等在研究牛胰核糖核酸酶时提出了“蛋白质一级结构决定高级结构”这一著名论断。牛胰核糖核酸酶是由 124 个氨基酸残基组成的一条多肽链，分子中 8 个半胱氨酸残基的巯基形成 4 个二硫键，形成具有一定空间结构的球状蛋白质（图 2-16a）。用 β- 巯基乙醇（还原二硫键）和尿素（破坏非共价键）处理牛胰核糖核酸酶溶液，使肽链完全伸展，牛胰核糖核酸酶空间结构被破坏，酶的催化活性完全丧失，但其一级结构仍保持完整。用透析法去除 β-巯基乙醇和尿素后，分子内重新形成二硫键和非共价键，并形成活性构象，催化活性和理化性质也完全恢复（图 2-16b）。

根据数学计算，如果通过随机配对形成 4 个二硫键，8 个半胱氨酸残基有 105 种配对方式。只有一种配对方式与天然牛胰核糖核酸酶分子完全相同，可以形成活性构象，具有催化活性，其形成率为 1/105，而实际形成率却为 100%。显然，在牛胰核糖核酸酶形成天然构象时，半胱氨酸残基配对形成二硫键的过程不是随机的，而是由其氨基酸序列决定的。这充分证明，蛋白质的一级结构中包含了指导其形成天然构象所需的全部信息。

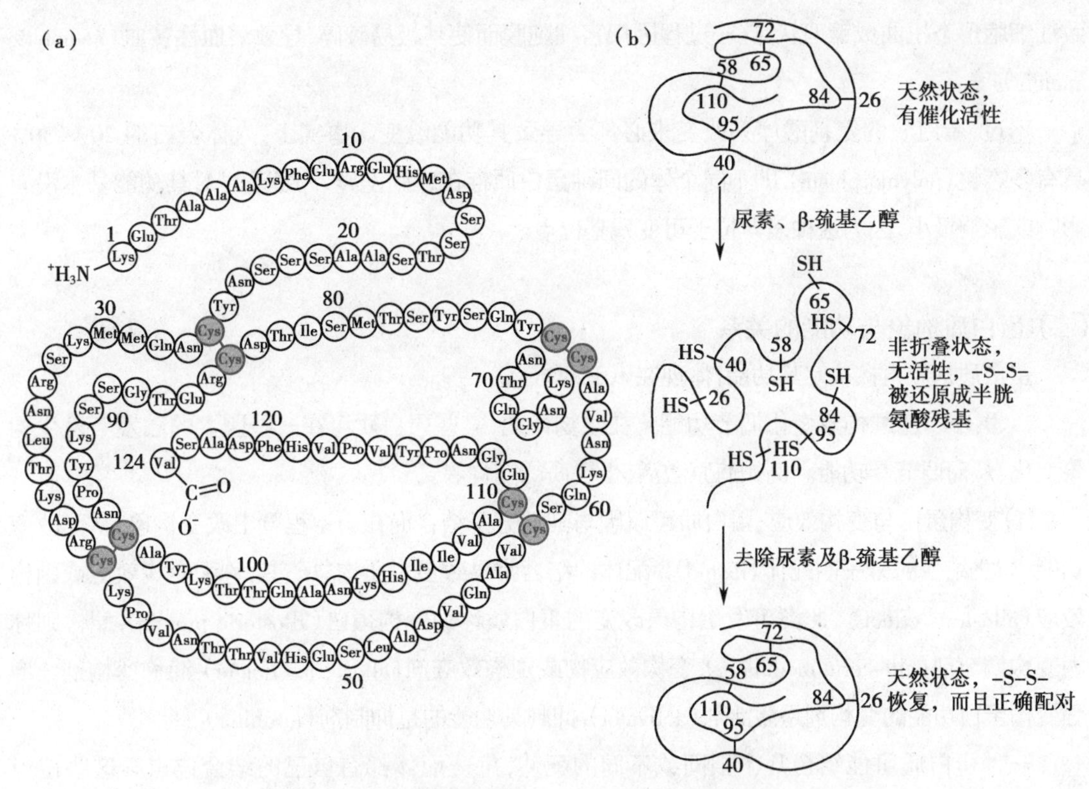

● 图 2-16　牛胰核糖核酸酶一级结构与空间结构及功能的关系

(a)牛胰核糖核酸酶的氨基酸序列　(b)β- 巯基乙醇及尿素对牛胰核糖核酸酶的作用

2. 同源蛋白质存在序列相似现象　不同种属来源的一些蛋白质的氨基酸序列非常相似，构象也相似，功能也一致，这些蛋白质称为同源蛋白质(homologous protein)。同源蛋白质氨基酸序列的相似性称为序列同源现象(homology)。在同源蛋白质的氨基酸序列中，有许多位置的氨基酸残基是相同的，这些氨基酸残基称为不变残基(又称保守残基)。不变残基大多是维持蛋白质构象和活性所必需的氨基酸。相比之下，其他位置的氨基酸残基差异较大，这些氨基酸残基称为可变残基。

例如，哺乳动物的胰岛素都由 A 链和 B 链组成，兔、巨头鲸和人胰岛素的 A 链完全相同，山羊、牛和人胰岛素的 B 链完全相同。这些动物胰岛素的二硫键配对和分子构象也极为相似，只有个别氨基酸残基不同。这些差异不影响胰岛素的基本功能。

3. 蛋白质的一级结构改变可直接影响其功能　基因突变可以改变蛋白质的一级结构，从而改变其生物活性甚至生理功能而发生疾病。由基因突变引起蛋白质结构或合成量异常而导致的疾病称为分子病。例如，镰状细胞贫血(sickle cell anemia)是由血红蛋白分子结构异常而导致的分子病。正常成人血红蛋白(HbA)是由 $\alpha_2\beta_2$ 4 个亚基组成，其 β 亚基的第 6 位氨基酸是谷氨酸。而镰状细胞贫血患者的血红蛋白(称为镰状血红蛋白，HbS)中此氨基酸变成了缬氨酸，即酸性氨基酸被中性氨基酸替代：

HbA　N 端　缬 - 组 - 亮 - 苏 - 脯 - 谷 - 谷

HbS　N 端　缬 - 组 - 亮 - 苏 - 脯 - 缬 - 谷

仅此一个氨基酸残基的改变，使本为水溶性的血红蛋白溶解度降低，聚集成丝，相互黏着，导致红细胞形态扭曲成镰刀状，这一过程因损害细胞膜而使其极易破碎，导致溶血性贫血（hemolytic anemia）。

不过，蛋白质的氨基酸序列改变未必都会导致其功能改变。事实上，人体蛋白的 20%~30% 具有多态性（polymorphism），即不同个体的同种蛋白质存在序列差异，许多差异对其功能基本没有影响或影响极小，因为这种差异位于可变残基位点。

（二）蛋白质构象与功能的关系

蛋白质构象直接决定其功能，体现在以下两方面。

1. 蛋白质通过构象变化调节功能　在生物体内，某些蛋白质可在一些因素的触发下发生构象变化，从而调节其功能。例如酶原激活、蛋白质的变构等。

（1）变构蛋白与变构效应：蛋白质可以因与其他分子结合而在一定程度上改变构象，从而改变功能，与之结合的分子叫配体（ligand）。配体的结合常导致蛋白质构象改变，称为变构效应或别构效应（allosteric effect）。此类可发生构象改变的蛋白质称为变构蛋白（allosteric protein），配体则称为变构调节剂（allosteric modulator）、变构效应物或别构效应剂（allosteric effector），简称变构剂。增强变构蛋白功能的变构剂是激活剂（activator），抑制其功能的是抑制剂（inhibitor）。

一种蛋白质可能结合几个相同或不同的配体，每一配体都有自己的结合位点。这些位点可以位于同一亚基或不同亚基。一个配体与蛋白质的结合改变了蛋白质的构象，改变了其余结合点的亲和力，从而影响与其他配体的结合。与同一蛋白质分子结合的几个配体之间因变构效应而产生的相互影响称为协同效应（cooperativity）。如果是促进结合，称为正协同效应（positive cooperativity），反之为负协同效应（negative cooperativity）。同类配体之间的协同效应称为同促效应（homotropic effect）；异类配体之间的协同效应称为异促效应（heterotropic effect）。有些蛋白质可以同时具有同促效应与异促效应。

（2）氧合蛋白；构象与功能：氧合蛋白包括肌红蛋白（myoglobin）与血红蛋白（hemoglobin，Hb）。肌红蛋白是存在于肌肉细胞内的一种能结合氧气的球蛋白，功能是储存氧气，并在迅速收缩的肌肉组织中加快氧气的运输。血红蛋白是红细胞的主要成分，在红细胞内浓度高达 34%，功能是运输氧气和二氧化碳。氧气在动物血液循环中几乎完全由红细胞携带并运输。

肌红蛋白与血红蛋白是最早确定构象的蛋白质，均为结合蛋白，其多肽链部分称为珠蛋白（globin），血红素是它们共同的辅基。肌红蛋白与血红蛋白已经成为认识蛋白质功能的经典模型，研究体现了生物化学的重要内容：配体与蛋白质的可逆结合。

肌红蛋白分子量为 16 700，是由 153 个氨基酸残基构成的单一肽链，约有 75% 的肽链构成 α 螺旋，分为 8 段，通过 β 转角及其他方式连接。各类氨基酸残基在肌红蛋白构象中的定位充分反映出非共价键所起的作用：多数疏水性氨基酸残基都在分子内部，不与水接触；除了 2 个组氨酸之外，所有极性氨基酸残基都在分子表面并且与水结合。1 个肌红蛋白分子中有 4 个脯氨酸，有 3 个处在弯曲的位置，第 4 个处在一段螺旋中，造成了整个螺旋的弯曲，而这种弯曲正是形成三级结构所必需的。

血红蛋白是四亚基蛋白，HbA 的 α- 亚基含 141 个氨基酸残基，β- 亚基含 146 个氨基酸残基，分子量为 64 500。在人血红蛋白 α、β- 亚基的一级结构中，有不到一半的氨基酸残基是相同的，与肌红蛋白一级结构比较，只有27个氨基酸残基是相同的，但其三级结构却非常相似。1分子血红蛋白最多可结合4个氧分子，未结合氧分子的血红蛋白称为脱氧血红蛋白，其亚基之间亲和力强，四级结构致密，其构象称为紧张态或T态（tense，紧张），氧合力弱。结合氧分子的血红蛋白称为氧合血红蛋白，其亚基之间亲和力弱，四级结构松弛，其构象称为松弛态或R态（relaxed，松弛），氧合力强。当第一个亚基与氧分子结合时，该亚基的构象发生微小改变，与其他亚基的作用改变，主要是离子键断裂，亲和力下降，导致亚基的空间布局即血红蛋白的四级结构改变，从紧张态转变为松弛态，使其余亚基氧合力增强。所以两种构象的差别主要在四级结构，即亚基之间的排布，而每个亚基的构象改变不大。T态转变成R态是逐个结合氧而实现的。

2，3-二磷酸甘油酸（BPG）是糖酵解的中间产物，是血红蛋白的异促调节剂。1分子血红蛋白能结合1个BPG，BPG的结合使血红蛋白氧合力降低为正常的1/26，起到了稳定T态的作用，从而使血红蛋白能在外周组织有效地释放氧。

血红蛋白在不同发育期由不同的亚基组成。胎儿血红蛋白主要为HbF，亚基组成是$\alpha_2\gamma_2$；成人血红蛋白主要为HbA，亚基组成为$\alpha_2\beta_2$。BPG对血红蛋白氧合力的调节对胎儿发育尤为重要。胎儿只能从母血获得氧，母血氧分压低于大气，所以胎儿血红蛋白HbF的氧合力必须高于母血。HbF的亚基组成是$\alpha_2\gamma_2$，与成人不同，其对BPG的亲和力低于成人，所以氧合力也就高于成人。

2. 蛋白质构象改变与疾病　生物体内蛋白质的合成、加工和成熟是一个复杂的过程，其中多肽链的正确折叠对其正确构象的形成和功能的发挥至关重要。尽管蛋白质一级结构不变，但若其折叠发生错误，使其构象发生改变仍可影响其功能，严重时可导致疾病发生，有人将此类疾病称为蛋白质构象病。

疯牛病是由朊病毒蛋白（prion protein，PrP）引起的一组人和动物神经退行性病变。这类疾病具有传染性、遗传性或散在发病的特点，其在动物间的传播是由PrP组成的传染性蛋白颗粒（不含核酸）完成的。PrP是存在于正常哺乳动物脑组织细胞膜上的一种糖蛋白，有2种构象：一种是正常的PrP^C构象，以α螺旋为主；另一种是致病的PrP^{Sc}构象，以β折叠为主。PrP^{Sc}分子能“催化”——将其他PrP的PrP^C构象转变成PrP^{Sc}构象。该疾病是由于患者的PrP基因存在突变所致，其一个氨基酸被另一个氨基酸取代，突变PrP蛋白比正常PrP蛋白更容易形成PrP^{Sc}构象。疯牛病和人类Creutzfeldt-Jakob病（克-雅病）等都与此有关。Prusiner因发现朊病毒蛋白而获得1997年诺贝尔生理学或医学奖。

第三节　蛋白质的理化性质

蛋白质是由氨基酸通过肽键连接而成的生物大分子，其具有和氨基酸相似的理化性质，如两性解离、等电点及紫外吸收等一般性质。但蛋白质是生物大分子，又表现出与氨基酸不同的大分子特性，如胶体性质、变性及复性等。

蛋白质的理化性质既是分析和研究蛋白质的基础，也是诊断和治疗疾病的基础。

一、蛋白质的紫外吸收特征

单纯蛋白质本身不吸收可见光，是无色的。一些结合蛋白质的辅基能吸收不同波长的可见光，所以呈现不同颜色，如血红素使血红蛋白呈红色。不过蛋白质因以下两个因素而使其在紫外线范围内有两处吸收峰：一是由于其所含色氨酸残基和酪氨酸残基分子内存在的共轭双键，在 280nm 处有一吸收峰；二是所含肽键结构导致其在 200~220nm 处有紫外吸收峰。此两处吸收峰都可用于蛋白质的定量测定，但以前者为主。在一定条件下，蛋白质溶液对 280nm 紫外线的吸光度与其浓度成正比，实际应用中常根据这一特征进行蛋白质定量分析。

二、蛋白质的两性解离和等电点

蛋白质肽链除主链末端有自由的 α- 氨基和 α- 羧基外，许多氨基酸的侧链上还有可解离的基团，如谷氨酸和天冬氨酸的非 α- 羧基，可以给出 H^+ 而带负电荷；除肽链主链 N 端的 α- 氨基外，赖氨酸的 ε- 氨基、精氨酸的胍基和组氨酸的咪唑基，均可以结合 H^+ 而带正电荷。这些基团的解离状态决定了蛋白质的带电荷状态，而解离状态又受溶液的 pH 影响。在某一 pH 的溶液中，蛋白质解离为正、负离子的程度及趋势相等，即成为兼性离子，蛋白质的净电荷为零，此时溶液的 pH 称为蛋白质的等电点（pI）。如果溶液 $pH<pI$，则蛋白质带正电荷，在电场中向负极移动；如果溶液 $pH>pI$，则蛋白质带负电荷，在电场中向正极移动。

各种蛋白质等电点不同，但大多数小于 6.0，所以在人体溶液 pH 7.4 的环境下，大多数蛋白质解离成阴离子。少数蛋白质含碱性氨基酸较多，其等电点偏于碱性，称为碱性蛋白质，如溶菌酶（pI=11.0）、细胞色素 c（pI=10.7）等。也有少数蛋白质含酸性氨基酸较多，其等电点偏于酸性，称为酸性蛋白质，如胃蛋白酶（$pI<1.0$）、清蛋白（pI=4.9）等。

三、蛋白质的呈色反应

以下呈色反应常用于蛋白质定量分析：

1. 茚三酮反应　蛋白质分子内含有游离氨基，可与水合茚三酮反应呈蓝紫色。

2. 双缩脲反应　两分子尿素脱氨缩合生成双缩脲，在碱性溶液中双缩脲可与 Cu^{2+} 作用呈紫红色，称双缩脲反应。三肽及以上的肽链（含蛋白质）中的肽键也能发生双缩脲反应。

3. 酚试剂反应　酚试剂含有磷钼酸 - 磷钨酸，与蛋白质的呈色反应比较复杂，包括以下反应：①在碱性条件下，蛋白质与 Cu^{2+} 作用生成螯合物。②蛋白质分子内酪氨酸的酚基在碱性条件下将磷钼酸 - 磷钨酸试剂还原，呈深蓝色（磷钼蓝和磷钨蓝混合物），颜色深浅与蛋白质的量成正比，此法是测定蛋白质浓度的常用方法，主要的优点是灵敏度高，比双缩脲反应灵敏度高 100 倍，可测定微克水平的蛋白质含量。缺点是酚试剂只与蛋白质中的酪氨酸反应，受蛋白质中氨基酸组成的特异影响，即不同蛋白质所含酪氨酸不同而显色强度有所差异，要求作为标准的蛋白质其显色氨基酸的量应与样品接近，以减少误差。

四、蛋白质的胶体性质

蛋白质分子的直径已经达到胶体颗粒大小的范围(1~100nm),之所以能够形成稳定的胶体溶液,主要因为两个因素:同性电荷与水化膜。生理 pH 条件下,蛋白质绝大多数带负电荷,同性电荷使蛋白质分子互相排斥,不易形成可以沉淀的大颗粒;蛋白质多肽链中的极性氨基酸残基大多处于分子表面,它们可以与水形成氢键,从而在分子表面包裹了一层结合水,在蛋白质分子之间起到了隔离作用。

五、蛋白质的变性和复性

天然蛋白质的构象与其生物学功能密切相关。某些理化因素可以破坏稳定蛋白质构象的化学键,使蛋白质构象发生变化,引起蛋白质理化性质的改变、生物学活性的丧失,这种现象称为蛋白质变性(denaturation)。

变性效应:变性蛋白质与天然蛋白质最明显的区别是生物学活性丧失。此外,变性蛋白质由于分子内部疏水基团的暴露、肽链展开、分子的不对称性增加,使其在水中的溶解度降低、黏度增加、结晶能力丧失,且更易被蛋白酶消化水解,对 280nm 紫外吸收增强。

引起蛋白质变性的因素:包括各种物理因素和化学因素。促使蛋白质变性的物理因素有:高温、高压、紫外线和 X 射线等;化学因素有:强酸、强碱、重金属离子、有机溶剂(甲醛、乙醇、丙酮等)、去污剂(十二烷基硫酸钠等)、盐酸胍和尿素等。

蛋白质的变性在实际应用上具有重要意义。如临床工作中经常用高温、高压、紫外线照射、乙醇等物理或化学方法进行消毒灭菌,使细菌或病毒的蛋白质变性。而蛋白质制剂(如胰岛素、尿激酶、链激酶、干扰素、人血浆清蛋白、γ- 球蛋白等)以及疫苗、菌苗应在适当低温下保存,以防止变性。

蛋白质的变性主要涉及非共价键和二硫键的破坏,并不涉及肽键和一级结构的改变。因此,若引起变性的因素比较温和,蛋白质构象的变化较小,则去除造成蛋白质变性的因素,使其重新处于维持天然构象时的生理条件下,则会自发恢复天然构象,生物学活性部分或完全恢复,该过程称为蛋白质复性(renaturation)。生命科学史上一个经典实验就是牛胰核糖核酸酶(图 2-16)的变性与复性。但是绝大多数情况下(如强酸、强碱、高温、紫外线等因素)蛋白质的变性不可逆。

蛋白质变性后,仍能溶解于强酸或强碱溶液中。但若将蛋白质溶液的 pH 调至其等电点,则蛋白质变性后立即结成絮状的不溶物,加热则可使絮状物变成比较坚固的凝块,不再溶于强酸和强碱中,这种现象称为蛋白质凝固(solidification)。如鸡蛋煮熟后蛋清形成凝块。凝固是蛋白质变性后进一步发展的不可逆结果。

第四节　蛋白质的分离、纯化与鉴定

一、蛋白质沉淀

蛋白质分子从溶液中析出的现象称为蛋白质沉淀(precipitation)。凡能破坏蛋白质溶液稳定因素的方法都可以使蛋白质分子聚集成颗粒而析出。如果将蛋白质溶液的pH调至等电点,使蛋白质分子净电荷为零,此时虽然分子之间的同性电荷排斥作用消失了,但是因为还有水化膜起保护作用,蛋白质可能还不会析出,但溶解度已经降低。如果再加入脱水剂(如乙醇)破坏水化膜,则蛋白质分子就会聚集成颗粒而析出;或者,如果先加入脱水剂破坏水化膜,然后再将溶液的pH调至等电点,同样也会使蛋白质聚集成颗粒而析出。蛋白质沉淀常用于蛋白质溶液浓缩或蛋白质纯化。

沉淀作为分离、提纯蛋白质的常用方法,包括盐析、有机溶剂沉淀法、重金属盐沉淀法、生物碱试剂和某些酸沉淀法等。

1. 盐析　蛋白质的溶解度受pH、温度、离子强度等因素影响。在蛋白质溶液中加入大量中性盐以增加离子强度,会中和蛋白质表面电荷并破坏水化膜,导致蛋白质溶解度降低,从不饱和到过饱和而析出,称为盐析(salting out)。中性盐又称正盐,是指除酸式盐、碱式盐之外的盐。盐析常用的中性盐有硫酸铵、硫酸钠和氯化钠等。不同蛋白质盐析时所需盐的浓度及pH不同,例如在血清中加硫酸铵使之达到50%饱和度,则血清中的球蛋白会沉淀出来;如果加硫酸铵使之达到100%饱和度,则血清中的白蛋白(又称清蛋白)会沉淀出来。因此,盐析法可以用于分离蛋白质组分。调节溶液pH至蛋白质的等电点之后再进行盐析,则蛋白质沉淀的效果会更好。盐析得到的蛋白质沉淀经透析脱盐后仍保持生物活性。

2. 有机溶剂沉淀法　利用不同蛋白质在不同浓度有机溶剂中溶解度的差异进行分离的方法称为有机溶剂沉淀法。有机溶剂能降低水的介电常数,增加蛋白质分子上不同电荷的引力,导致蛋白质溶解度降低;另外,乙醇和丙酮等有机溶剂是脱水剂,与水的亲和力很强,可破坏蛋白质分子表面的水化膜,在等电点时沉淀蛋白质。故蛋白质在一定浓度的有机溶剂中可沉淀析出。常用的有机溶剂有丙酮和乙醇。

在常温下,有机溶剂沉淀蛋白质往往引起蛋白质变性(这正是酒精消毒灭菌的化学基础)。因此,采用有机溶剂沉淀法制备有活性的蛋白质时,应在0~4℃下操作,先冷却有机溶剂,在不断搅拌下加入冷却的有机溶剂防止局部浓度过高,并及时对样品进行后处理,可在很大程度上解决蛋白质变性问题。

3. 重金属盐沉淀法　蛋白质在pH>pI的溶液中呈负离子,可与重金属离子(Cu^{2+}、Hg^{2+}、Pb^{2+}、Ag^{+}等)结合成不溶性蛋白盐而沉淀。重金属盐沉淀蛋白质往往会使蛋白质变性。临床上抢救误食重金属盐中毒患者,常常灌服大量蛋白质如牛奶、豆浆等,能与重金属离子形成不溶性络合物,从而减轻重金属离子对机体的损害。长期从事重金属作业的人员,提倡多吃高蛋白食物,以防止重金属离子被机体吸收而造成损害。

4. 生物碱试剂和某些酸沉淀法　生物碱试剂如苦味酸、鞣酸、磷钨酸、磷钼酸、三氯乙酸等的酸根离子可与带正电荷的蛋白质结合形成不溶性盐而沉淀。蛋白质在 pH<pI 时呈正离子，可与生物碱试剂的酸根离子结合形成不溶性的盐而沉淀。该沉淀法常引起蛋白质变性，可用于去除非蛋白样品中的杂蛋白。此类反应在实际工作中有许多应用，在临床检验中，常用三氯乙酸和磷钨酸沉淀血液中的蛋白质以制备去蛋白滤液，或者用苦味酸检验尿蛋白以及中草药注射液中的蛋白质等。

蛋白质变性、沉淀与凝固的关系：变性导致蛋白质构象破坏，活性丧失，黏度增大，易沉淀；沉淀是蛋白质溶液稳定因素被破坏的结果，但空间构象不一定改变，活性也不一定丧失，所以不一定变性；蛋白质凝固是变性的特殊类型，是变性蛋白质进一步形成较坚固的凝块的过程。

二、离心技术

离心（centrifugation）是利用离心机转子高速旋转时产生强大的离心力，使置于转子中的悬浮颗粒按密度差异或质量差异进行分离，是生命科学研究的常规技术。常用离心方法如下。

1. 超速离心（ultracentrifugation）法　既可以用来分离纯化蛋白质，也可以用作测定蛋白质的分子量。蛋白质在离心场中的行为用沉降系数（sedimentation coefficient，S）表示，沉降系数与蛋白质的密度和形状相关。因为沉降系数 S 大体上和分子量成正比关系，故可应用超速离心法测定蛋白质分子量，但对分子形状高度不对称的大多数纤维状蛋白质则不适用。

2. 密度梯度离心（density gradient centrifugation）法　是指蛋白质颗粒的沉降速度取决于它的大小和密度，当其在具有密度梯度的介质中离心时，质量和密度大的颗粒比质量和密度小的颗粒沉降得快，并且每种蛋白质颗粒沉降到与自身密度相等的介质梯度时即停滞不前，可分步收集进行分析。在离心中使用密度梯度具有稳定作用，可以抵抗由于温度变化或机械振动引起区带界面的破坏而影响分离效果。

三、透析与超滤技术

1. 透析（dialysis）　是根据大分子不能透过半透膜的原理，将小分子与生物大分子分开的一种分离纯化技术。蛋白质分子属于生物大分子，不易透过半透膜。在分离纯化蛋白质时，我们可以利用这一性质，将含有小分子杂质的蛋白质溶液封入半透膜制成的透析袋内，浸入流动水或缓冲液中，小分子杂质皆从透析袋中透出，蛋白质保留在袋内而得以纯化（图 2-17）。透析常用于样品蛋白的脱盐，但需要较长的时间。

2. 超滤（ultrafiltration）　又称超过滤，是利用超滤膜在一定的压力或离心力的作用下使蛋白质溶液透过具有一定截留分子量的超滤膜，达到浓缩蛋白质溶液的目的。选择不同孔径的超滤膜可截留不同分子量的蛋白质。此法的优点是可选择性地分离所需分子量的蛋白质、超滤过程无相态变化、条件温和、蛋白质不易变性，常用于蛋白质溶液的浓缩、脱盐和分级纯化等。

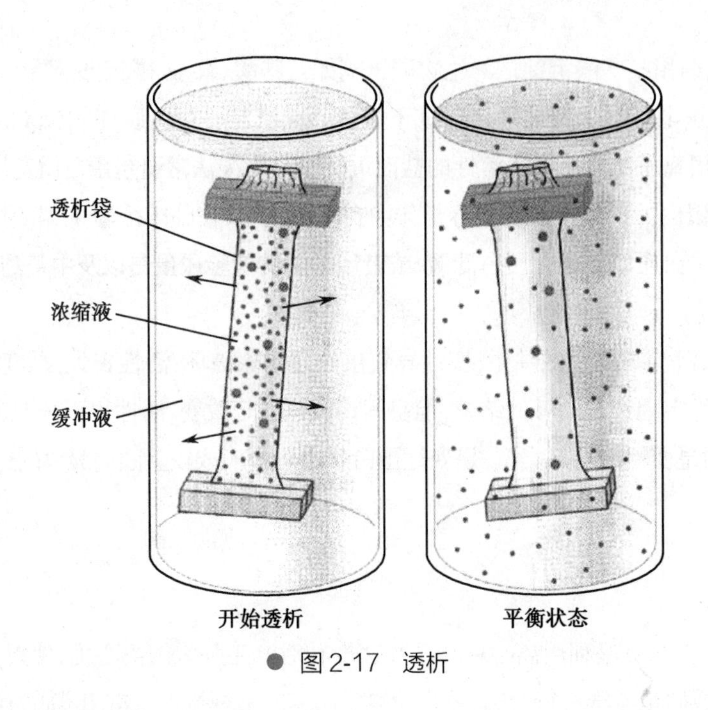

● 图2-17 透析

四、层析技术

层析(chromatography)是以物质在两相(固定相和流动相)之间的分配差异为基础建立的一类技术。所有层析系统都由固定相(stationary phase,通常以一种多孔材料为载体,可以交联带电基团、疏水基团或配体)和流动相(mobile phase,通常是缓冲液)组成。当待分离的混合物随流动相通过固定相时,由于各组分的理化性质存在差异,与两相发生相互作用(吸附、溶解、结合等)的能力不同,在两相中的分配(含量比)不同,且随流动相向前移动,各组分不断地在两相中进行再分配。分步收集流出液,可得到样品中所含的各单一组分,从而达到将各组分分离的目的。

层析可用于蛋白质的分离纯化。待分离蛋白质溶液(流动相)经过一个固态物质(固定相)时,根据溶液中待分离的蛋白质颗粒大小、电荷多少及亲和力强弱等,使待分离的蛋白质在两相中反复分配,并以不同速度流经固定相而达到分离的目的。常见的层析方法有离子交换层析、凝胶过滤层析和亲和层析等。

1. 离子交换层析(ion-exchange chromatography) 分为阴离子交换层析和阳离子交换层析。这种技术主要是根据蛋白质所带的净电荷不同进行分离。采用具有离子交换性能的物质作固定相,利用它与流动相中的离子能进行可逆交换的性质来分离离子型化合物。蛋白质是两性电解质,由于各蛋白质分子量及等电点各不相同,在某一特定pH时其所带电荷种类也不同。以阴离子交换层析为例(图2-18),其固定相交联有大量带正电荷基团,可以与流动相中带负电荷的蛋白质结合,导致其移动速度慢于带正电荷的蛋白质及中性分子,因而最后流出。

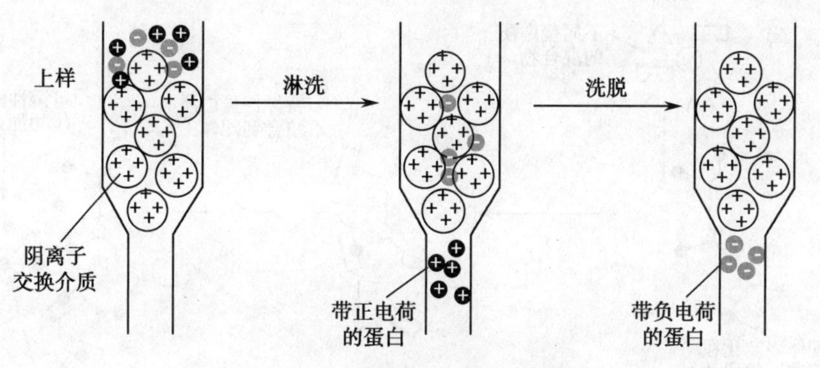

图 2-18　阴离子交换层析示意图

2. 凝胶过滤层析(gel filtration chromatography)　又称分子筛层析(molecular sieve chromatography)。其固定相是多孔凝胶，蛋白质溶液各组分的分子大小不同，小分子蛋白能进入凝胶小孔内，因而在层析柱中停留时间长，大分子蛋白质不能进入小孔而径直流出。本法的优点是所用凝胶属于惰性载体，吸附力弱，操作条件温和，不需要有机溶剂，对蛋白质有很好的分离效果(图 2-19)。凝胶过滤层析常用于样品蛋白的分子量测定或脱盐。

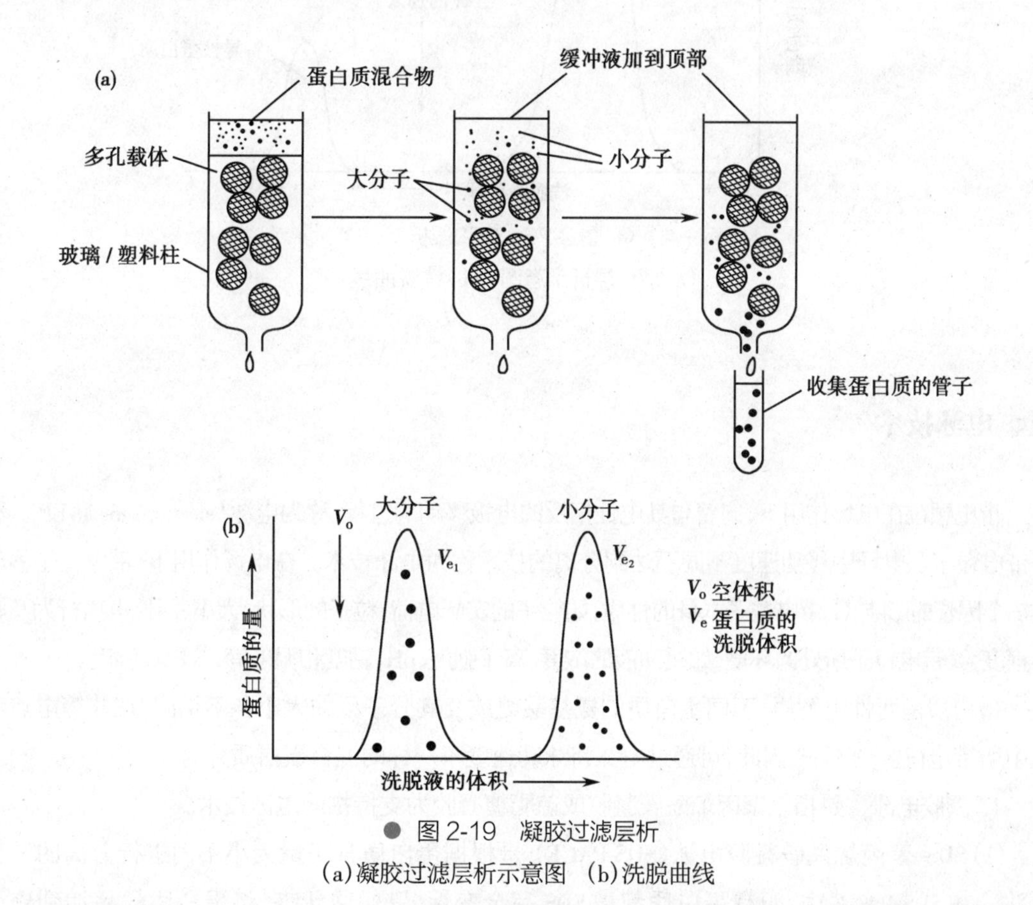

图 2-19　凝胶过滤层析

(a)凝胶过滤层析示意图　(b)洗脱曲线

3. 亲和层析(affinity chromatography)　利用待分离蛋白质与其特异性配体间具有特异亲和力的性质，分离纯化蛋白质。将可与某蛋白质亲和的分子以共价键形式与不溶性载体相连作为固定相吸附剂，当含混合组分的样品通过此固定相时，只有和固定相分子有特异亲和力的蛋白质才能被固定相吸附结合，无关组分随流动相流出。再改变流动相组分，将结合的亲和蛋白质洗脱下来(图 2-20)。

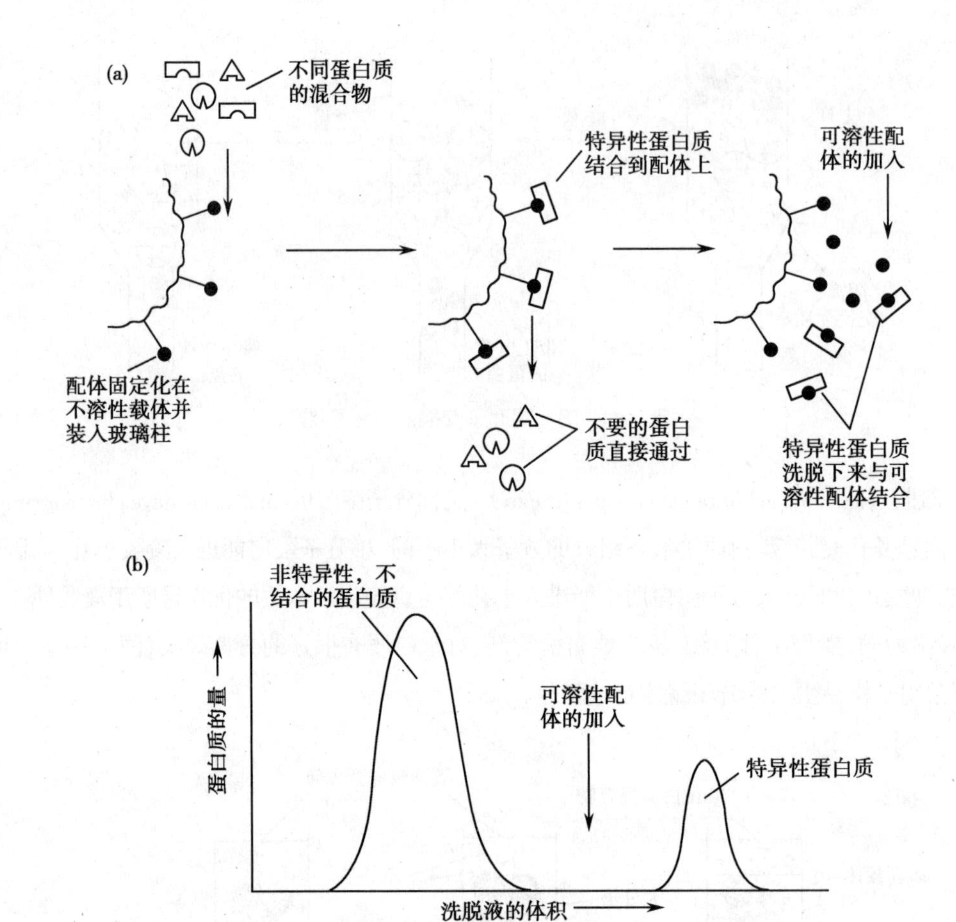

● 图 2-20　亲和层析

(a)亲和层析示意图　(b)洗脱曲线

五、电泳技术

带电颗粒在电场作用下,向着与其电性相反的电极移动的过程,称为电泳(electrophoresis,EP)。利用带电粒子在电场中移动速度不同而达到分离的技术称为电泳技术。在电场作用下,带电粒子移动受3个因素的影响:①带电粒子本身的性质,如粒子的实际电荷,粒子的形状、大小、两性电离行为及解离程度;②带电粒子所处的环境,如缓冲液的浓度、离子强度、pH、黏度和温度等;③电场强度。

蛋白质是两性电解质,不同蛋白质的氨基酸组成及其分子量的大小各不相同,在非等电点环境中所带电荷多少不一,因此,可通过电泳将泳动速度不一样的混合蛋白质分离。

1. 凝胶电泳　是指以聚丙烯酰胺凝胶或琼脂糖凝胶为支持物的电泳技术。

(1) SDS-聚丙烯酰胺凝胶电泳(SDS-PAGE):是根据蛋白质分子量大小不同进行分离的一种方法。在SDS-PAGE中,所有蛋白质都被SDS完全变性,呈伸展状态,将蛋白质样品加到聚丙烯酰胺凝胶的加样孔中,然后进行电泳,带负电的SDS-蛋白复合物向凝胶底部的正极开始移动(图2-21a)。蛋白质在电场中的移动速度完全取决于其分子质量,小分子量的蛋白质移动得最快,凝胶的分子筛效应使得这些蛋白质分子被高效分开(图2-21b)。电泳结束后,凝胶经考马斯亮蓝染色或银染之后,每条蛋白质带的近似分子质量可在已知分子质量的标准样品指示下获得(图2-21c)。

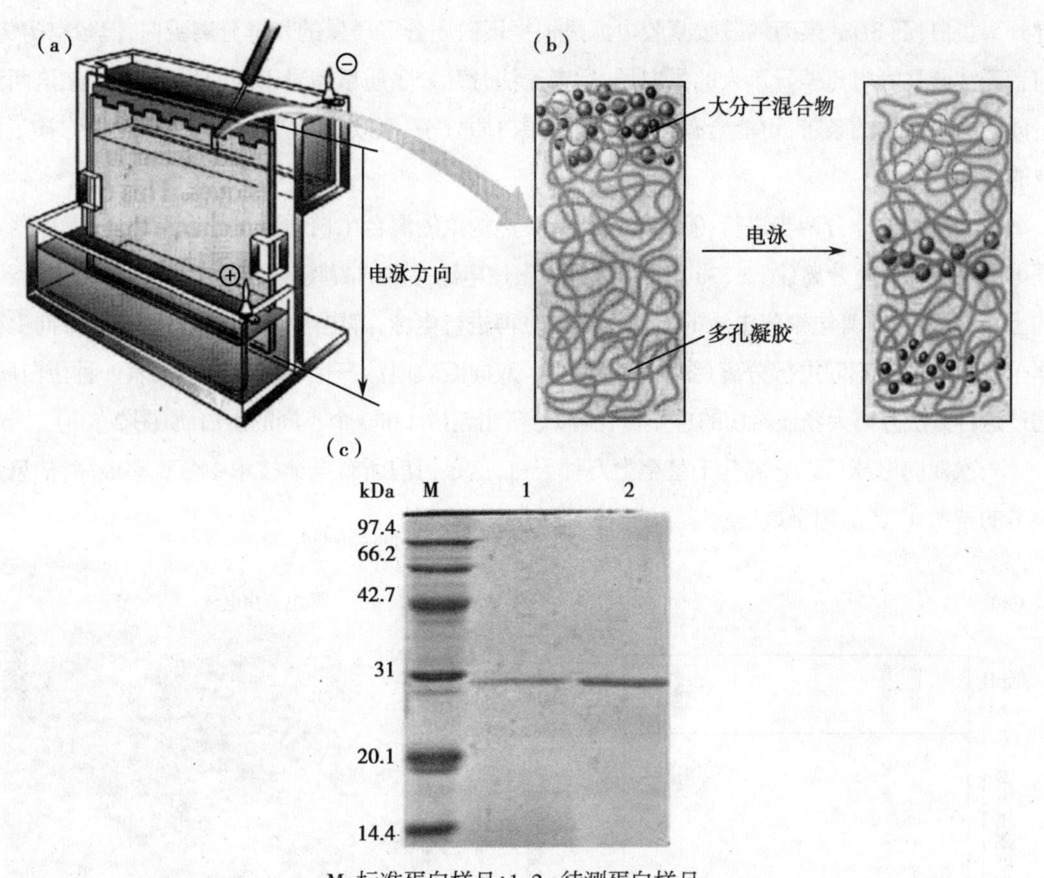

M:标准蛋白样品;1、2:待测蛋白样品。

● 图 2-21　SDS-聚丙烯酰胺凝胶电泳

(2)等电聚焦(isoelectric focusing,IEF)电泳:是根据蛋白质等电点不同进行分离的一种方法。在 IEF 电泳中,上样之前已经在凝胶中建立一个连续的 pH 梯度(图 2-22a);而后加入蛋白质样品,在电场作用下,带电的蛋白质在 pH 梯度中移动,当进入与其 pI 相等的区域后蛋白质净电荷变为零,蛋白质不再移动形成条带(图 2-22b),从而实现将不同等电点的蛋白质进行分离的目的。

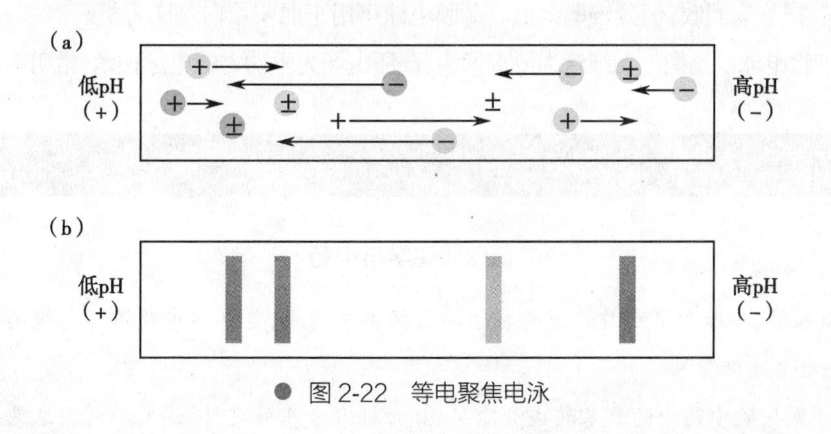

● 图 2-22　等电聚焦电泳

(3)双向凝胶电泳(two-dimensionalgel electrophoresis,2-DE):又称为二维凝胶电泳,是根据蛋白质等电点和相对分子质量的特异性进行分离。双向凝胶电泳的第一向为等电聚焦电泳(等电点信息),第二向为 SDS-聚丙烯酰胺凝胶电泳(分子量信息)。等电聚焦电泳是根据蛋白质等电点的差异分离蛋白，而 SDS- 聚丙烯酰胺凝胶电泳是根据蛋白质分子质量的差异分离蛋白，但各有劣势：前者无法分开等电点差异不大的蛋白质，后者无法分开分子质量差异不大的蛋白质，即在这两种电泳结果中看到的条带，可能含有多种不同的蛋白质分子，而双向凝胶电泳方法的建立弥补了各自的缺陷。

双向凝胶电泳分两步进行：①首先将保持天然构象的混合蛋白质通过等电聚焦电泳，即将不同等电点的蛋白质分离(图 2-23a 上图)；②等电聚焦电泳完成的凝胶放置在 SDS- 聚丙烯酰胺凝胶的上端，在垂直于等电聚焦电泳的方向(第二向)再进行电泳，等电点相同的蛋白质在第二向上根据分子量的大小不同进行分离(图 2-23a 下图)。双向凝胶电泳产生的每一个点代表一种蛋白质，通过这种方法分离大肠埃希菌的总蛋白，能够分辨出超过 1 000 个不同的蛋白质(图 2-23b)。

一次双向电泳可以分离几千甚至上万种蛋白，这是目前所有电泳技术中分辨率最高，信息量最多的技术，广泛应用于蛋白质组学的研究。

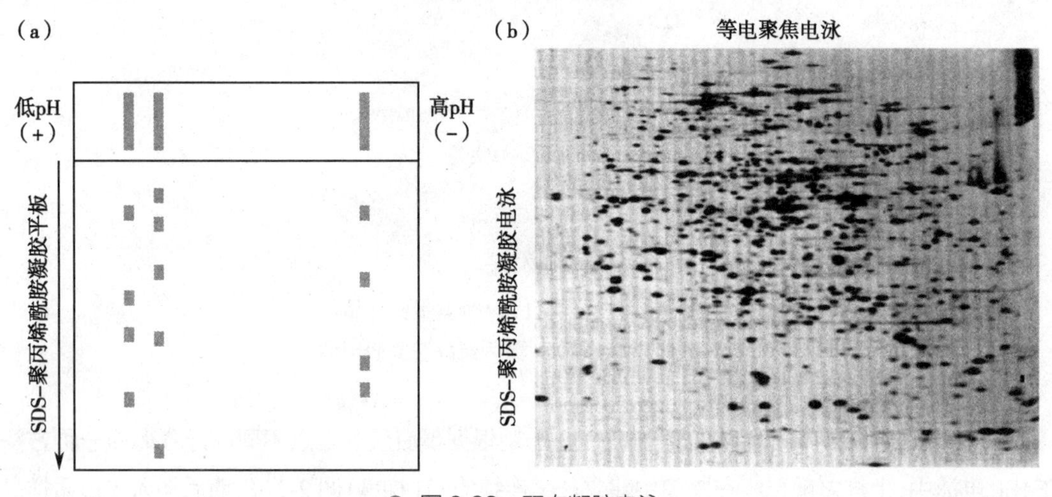

● 图 2-23　双向凝胶电泳

2. 薄膜电泳　是指以醋酸纤维薄膜等膜材料为支持物的电泳技术，其特点是操作简单、条带清晰无拖尾、样品易回收，但分辨率太低。薄膜电泳可用于血浆蛋白临床分析。

3. 毛细管电泳　是指以毛细管为分离通道、高压电场为驱动力的电泳技术，常用于 DNA 测序。

知识拓展

蛋白质化学与中药

氨基酸、多肽和蛋白质广泛存在于动植物类中药中，是许多中药不可忽视的有效成分之一。

1. 氨基酸中药中的氨基酸成分除了 20 种标准氨基酸之外，还有非标准氨基酸和氨基酸的衍生物，具有各种药理作用。如使君子中含有使君子氨酸，有驱蛔虫的作用；南瓜子中含有南瓜子氨酸，有驱血吸虫、驱绦虫的作用；三七中含有三七素，有止血作用；黄芪中含有 γ- 氨基丁酸，有降压作用；大蒜中含有蒜氨酸，有抗菌、抗癌的作用。

2. 多肽中药中所含的多肽多是中药原植物或原动物合成蛋白质的中间体或由氨基酸合成的游离肽，有些是在中药加工过程中其蛋白质成分不完全水解的产物，其中一些多肽是中药的有效成分。如牛黄含有的一种多肽具有降压作用，水蛭含有的一种多肽具有抗凝血作用。

3. 蛋白质中药中具有生物活性的蛋白质不断被发现，有些已经应用于临床，并取得较好的疗效。如天花粉蛋白（trichosanthin，TCS）是一种从葫芦科植物栝楼的块根中提取出来的单体蛋白质，由224个氨基酸残基组成，分子量为24kDa，用于引产、治疗恶性葡萄胎和绒毛膜癌，此外还具有抗病毒的作用，对人类免疫缺陷病毒（HIV）也具有抑制作用。

小结

蛋白质是生物大分子，有机体的重要组分，是生命活动的物质基础。

参与蛋白质组成的主要元素是碳、氢、氧、氮以及少量硫，其中氮是蛋白质的特征元素。

蛋白质的基本结构单位是氨基酸。用于合成蛋白质的是20种标准氨基酸，包括非极性脂肪族R基氨基酸、极性不带电荷R基氨基酸、芳香族R基氨基酸、带正电荷R基氨基酸、带负电荷R基氨基酸，除甘氨酸和脯氨酸外，其他18种标准氨基酸都属于L-α-氨基酸。

氨基酸通过肽键连接形成肽，包括寡肽和多肽，其中蛋白质属于多肽。人体内存在各种生物活性肽。谷胱甘肽是重要的抗氧化剂。

蛋白质的结构包括一级结构、二级结构、三级结构和四级结构。蛋白质的一级结构通常描述为蛋白质多肽链中氨基酸残基的组成和排列顺序，一级结构反映蛋白质分子的共价键结构。肽键是连接氨基酸残基的主要共价键，是维持蛋白质一级结构的主要化学键。蛋白质一级结构是其空间构象和特定生物学功能的基础。蛋白质的二级结构是指多肽链主链局部肽段通过氢键作用形成的构象，有α螺旋、β折叠、β转角、环和无规卷曲等。蛋白质的三级结构是指蛋白质分子整条肽链的空间结构，描述其所有原子的空间排布。三级结构的稳定作用力是各种非共价键及二硫键，由一条多肽链组成的蛋白质具有正确的三级结构即具有生物学活性。蛋白质的四级结构是指由两条或两条以上肽链组成的蛋白质所含亚基的数目、种类和空间布局。稳定蛋白质四级结构的作用力来自不同亚基上一些氨基酸残基R基的相互作用，包括疏水作用、氢键、离子键和范德华力等非共价键。

蛋白质可根据分子组成，分为单纯蛋白质和结合蛋白质，生物体内多数蛋白质是结合蛋白质。可根据分子形状，分为球状蛋白质和纤维状蛋白质等。

蛋白质的一级结构决定其高级结构（构象），进而决定其生物学功能。改变一级结构可以直接影响其功能。蛋白质构象直接决定其功能。

蛋白质是由氨基酸通过肽键连接而成的生物大分子，其具有和氨基酸相似的理化性质，如两性解离、呈色反应、等电点及紫外吸收等一般性质。但蛋白质是生物大分子，故又表现出与氨基酸不同的大分子特性，如胶体性质、变性及复性等。氨基酸和蛋白质是两性电解质，所以在溶液中发生两性解离，解离度受所处溶液的 pH 影响，等电点是氨基酸和蛋白质的特征常数。蛋白质溶液属于胶体溶液，同性电荷与水化膜是其主要稳定因素。如果这两种因素被破坏，蛋白质就会从溶液中析出。在一些物理因素或化学因素的作用下，导致蛋白质空间结构改变，生物学活性丧失，引起蛋白质变性，有些蛋白质的变性是可逆的，如果去除变性因素，变性蛋白质可恢复天然构象，生物学活性得以恢复，即蛋白质得以复性。

常用的蛋白质研究技术有沉淀技术、离心技术、透析与超滤技术、层析技术、电泳技术等。

思考题

1. 什么是蛋白质的一、二、三、四级结构？维系各级结构稳定的主要化学键各有哪些？
2. 何谓蛋白质的等电点？蛋白质的带电性质与其等电点及所处溶液的 pH 有何关系？
3. 举例说明蛋白质的一级结构、空间结构与功能的关系。
4. 概述蛋白质的分离纯化技术。
5. 何为蛋白质沉淀？常用的沉淀方法有哪几种？变性与沉淀的关系如何？

第二章　同步练习

（翁美芝）

第三章　核酸化学

第三章　课件

学习目标

掌握：核酸的分子组成；DNA 双螺旋结构；核酸的理化性质。

熟悉：核苷和核苷酸的成键方式；RNA 的分类与功能。

了解：戊糖、碱基、核苷、核苷酸的结构；核酸的空间结构。

核酸（nucleic acid）属于生物大分子，是核苷酸缩聚物。绝大多数生物都含有两类核酸，即脱氧核糖核酸（deoxyribonucleic acid，DNA）和核糖核酸（ribonucleic acid，RNA）。病毒例外，一种病毒只含有 DNA 或 RNA，因此病毒可以分为 DNA 病毒和 RNA 病毒。

DNA 是遗传的物质基础，主要分布于细胞核的染色体上，称为染色体 DNA。线粒体及植物叶绿体含有少量环状 DNA，分别称为线粒体 DNA 和叶绿体 DNA。原核生物除含染色体 DNA 之外，还含一种小的环状 DNA，称为质粒。

RNA 功能多样，目前已经阐明的主要 RNA 有 3 类。①信使 RNA（messenger RNA，mRNA）：从 DNA 复制遗传信息，指导蛋白质翻译；②转运 RNA（transfer RNA，tRNA）：在蛋白质合成过程中转运氨基酸；③核糖体 RNA（ribosomal RNA，rRNA）：是核糖体的结构成分，而核糖体是蛋白质的合成场所。

第一节　核酸的分子组成

一、核酸的元素组成

核酸的元素组成包括碳、氢、氧、氮和磷，其中磷含量相对恒定。一般 RNA 含磷量为 9.0%，DNA 含磷量为 9.2%。

二、核酸的基本组成单位——核苷酸

核苷酸（nucleotide）是核酸的水解产物，也是核酸的基本组成单位。核苷酸可以进一步水解

成磷酸、戊糖(ribose)和碱基(base)(表 3-1)。

表 3-1 核苷酸的组成

核酸	核苷酸	磷酸	戊糖	碱基
DNA	脱氧核糖核苷酸	磷酸基	脱氧核糖	腺嘌呤(A)、鸟嘌呤(G)、胞嘧啶(C)、胸腺嘧啶(T)
RNA	核糖核苷酸	磷酸基	核糖	腺嘌呤(A)、鸟嘌呤(G)、胞嘧啶(C)、尿嘧啶(U)

1. 磷酸　每个核苷酸都含有磷酸基。磷酸基使核酸带大量负电荷,可以与带正电荷的蛋白质结合。

2. 戊糖　组成核酸的戊糖包括 D- 核糖(D-ribose)和 D-2′- 脱氧核糖(D-2′-deoxyribose)。组成 DNA 的是脱氧核糖,组成 RNA 的是核糖。生物体内的脱氧核糖都是 2′- 脱氧核糖,所以命名时通常省略“2′-”。

3. 碱基　DNA 和 RNA 均含有 4 种常规碱基,包括 2 种嘌呤碱和 2 种嘧啶碱。嘌呤碱(purine)为腺嘌呤(adenine,A)和鸟嘌呤(guanine,G);嘧啶碱(pyrimidine)为胞嘧啶(cytosine,C)、胸腺嘧啶(thymine,T)和尿嘧啶(uracil,U),T 只在 DNA 中,U 只在 RNA 中。

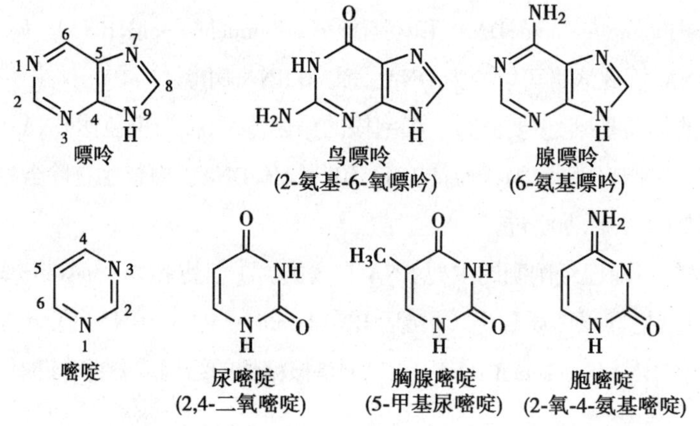

嘌呤　鸟嘌呤(2-氨基-6-氧嘌呤)　腺嘌呤(6-氨基嘌呤)

嘧啶　尿嘧啶(2,4-二氧嘧啶)　胸腺嘧啶(5-甲基尿嘧啶)　胞嘧啶(2-氧-4-氨基嘧啶)

核酸还含有少量其他碱基,称为稀有碱基(minor base),具有特定的生物学功能。DNA 中的稀有碱基多数是常规碱基的甲基化产物(如:5- 甲基胞嘧啶、*N*-6- 甲基腺嘌呤、*N*-2- 甲基鸟嘌呤)。某些病毒 DNA 含有羟甲基化碱基(如:5- 羟甲基鸟嘌呤)。RNA 特别是 tRNA 含有较多的稀有碱基(如:5,6- 二氢尿嘧啶、7- 甲基鸟嘌呤)。

三、核苷酸的类型与命名

在核苷酸成键过程中,为了便于命名和表述,通常要对核苷酸中碱基和戊糖基的杂环原子进行编号,其中戊糖基中的碳原子编号加撇(′),以区别于碱基中的原子编号。

1. 核苷酸嘌呤碱基的 *N*-9 或嘧啶碱基的 *N*-1 与戊糖基的 C-1′ 以 *N*-β- 糖苷键连接,形成核苷(nucleoside)。核苷包括核糖核苷(表 3-2)和脱氧核糖核苷(表 3-3)。

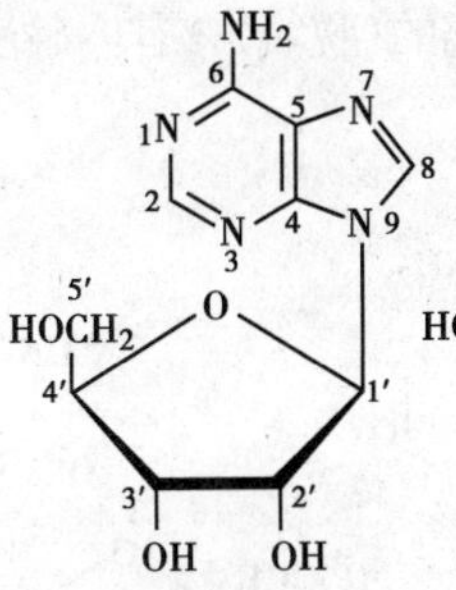

腺苷 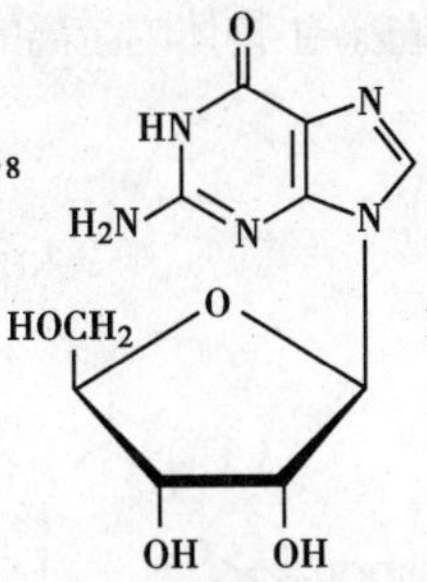　鸟苷 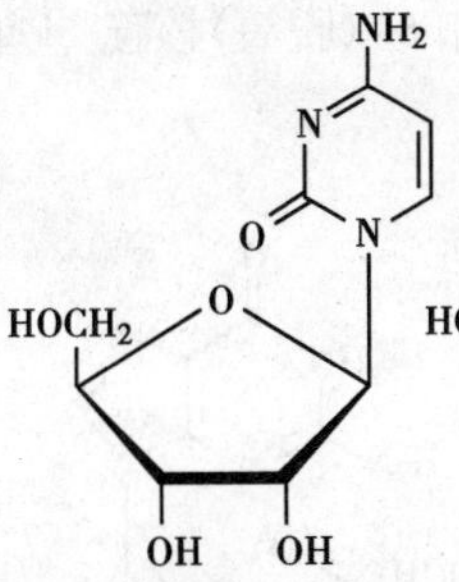　胞苷 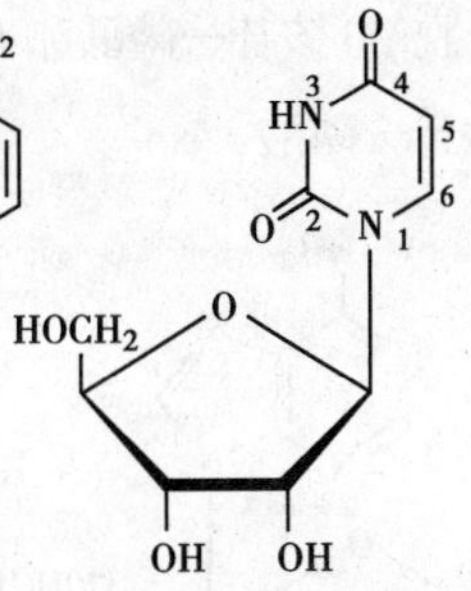　尿苷

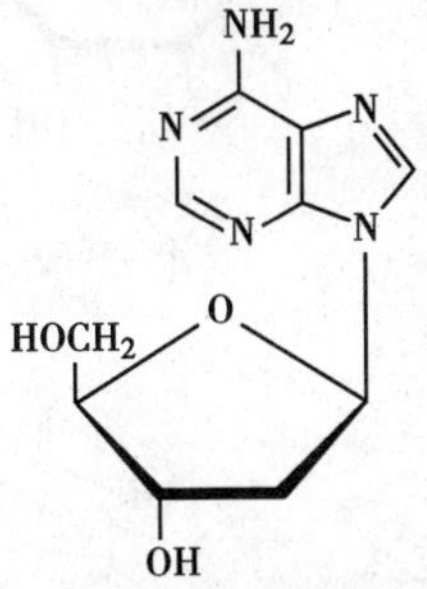

脱氧腺苷 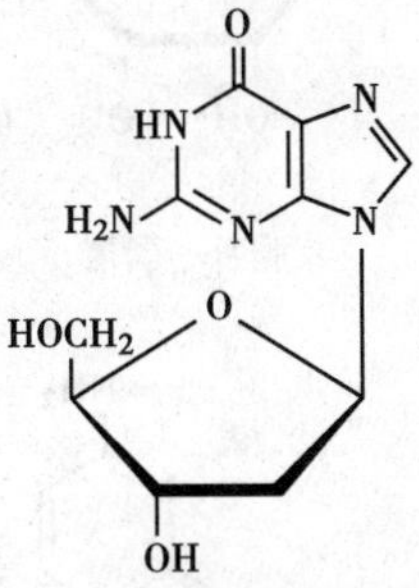　脱氧鸟苷 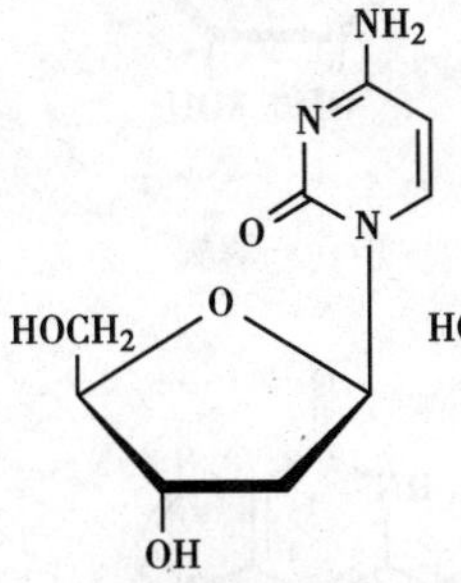　脱氧胞苷 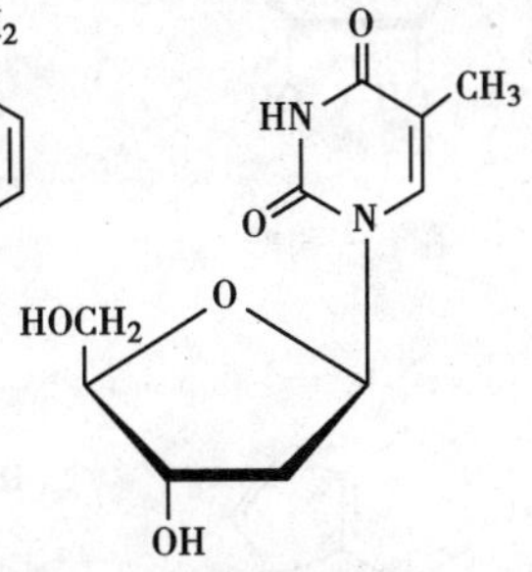　脱氧胸苷

表 3-2　核糖核苷与核糖核苷酸名称和符号

碱基	核糖核苷	核苷一磷酸 NMP	核苷二磷酸 NDP	核苷三磷酸 NTP
腺嘌呤，A	腺苷	腺苷一磷酸 AMP	腺苷二磷酸 ADP	腺苷三磷酸 ATP
鸟嘌呤，G	鸟苷	鸟苷一磷酸 GMP	鸟苷二磷酸 GDP	鸟苷三磷酸 GTP
胞嘧啶，C	胞苷	胞苷一磷酸 CMP	胞苷二磷酸 CDP	胞苷三磷酸 CTP
尿嘧啶，U	尿苷	尿苷一磷酸 UMP	尿苷二磷酸 UDP	尿苷三磷酸 UTP

表 3-3　脱氧核糖核苷与脱氧核糖核苷酸名称和符号

碱基	脱氧核 糖核苷	脱氧核苷一磷酸 dNMP	脱氧核苷二磷酸 dNDP	脱氧核苷三磷酸 dNTP
腺嘌呤，A	脱氧腺苷	脱氧腺苷一磷酸 dAMP	脱氧腺苷二磷酸 dADP	脱氧腺苷三磷酸 dATP
鸟嘌呤，G	脱氧鸟苷	脱氧鸟苷一磷酸 dGMP	脱氧鸟苷二磷酸 dGDP	脱氧鸟苷三磷酸 dGTP
胞嘧啶，C	脱氧胞苷	脱氧胞苷一磷酸 dCMP	脱氧胞苷二磷酸 dCDP	脱氧胞苷三磷酸 dCTP
胸腺嘧啶，T	脱氧胸苷	脱氧胸苷一磷酸 dTMP	脱氧胸苷二磷酸 dTDP	脱氧胸苷三磷酸 dTTP

2. 核苷酸磷酸与核苷的戊糖基以磷酸酯键连接，形成核苷一磷酸（nucleoside 5′-monophosphate，NMP，RNA 的基本组成单位）和脱氧核苷一磷酸（deoxy nucleoside 5′-monophosphate，dNMP，DNA 的基本组成单位）。磷酸与戊糖基的不同羟基连接形成不同的（脱氧）核苷一磷酸，包括 2′-（脱氧）核苷

一磷酸、3′-(脱氧)核苷一磷酸和5′-(脱氧)核苷一磷酸。生物体内游离的(脱氧)核苷一磷酸大多是5′-(脱氧)核苷一磷酸。

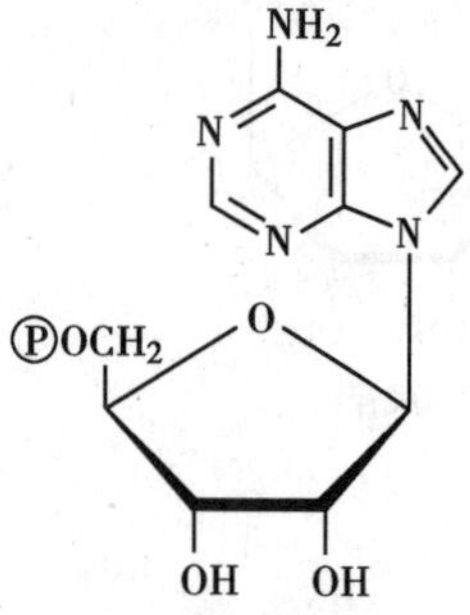

腺苷一磷酸 　　鸟苷一磷酸 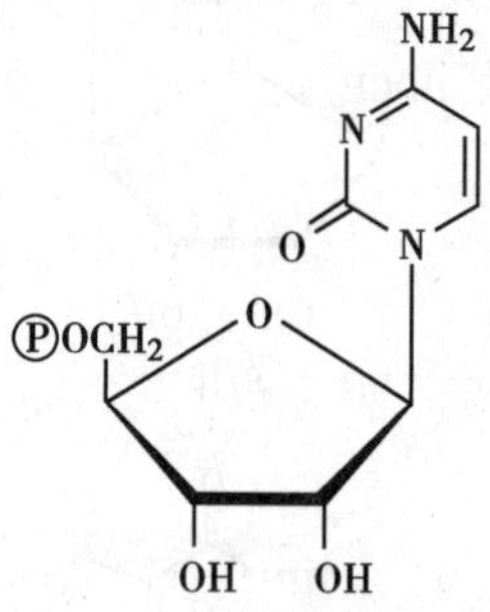　　胞苷一磷酸 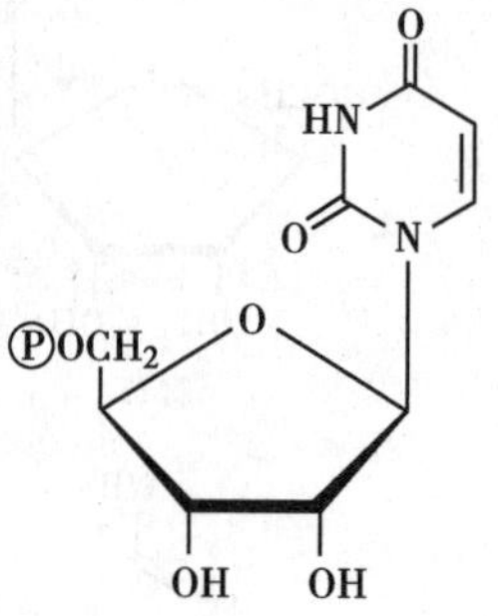　　尿苷一磷酸

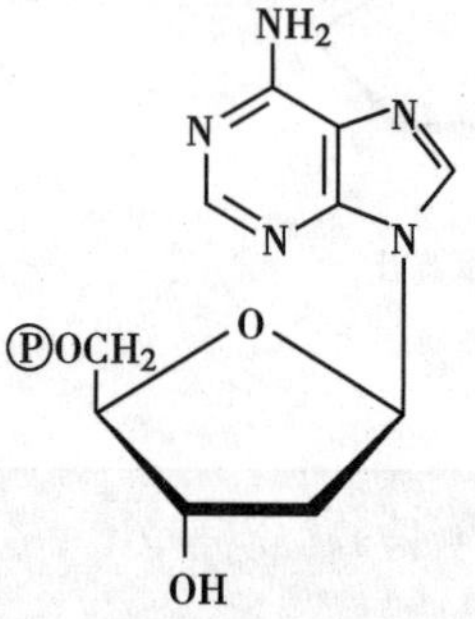

脱氧腺苷一磷酸 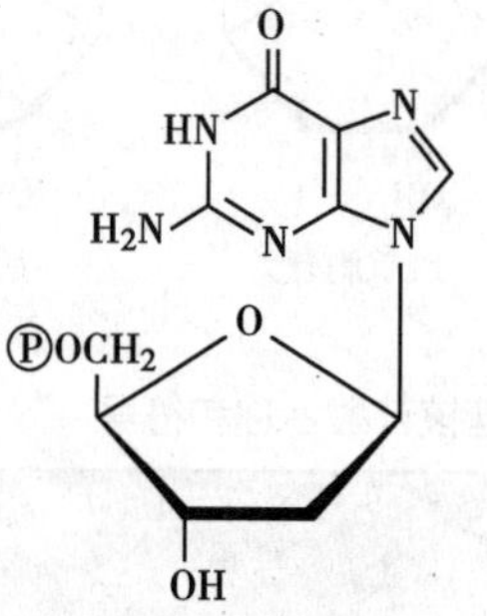　　脱氧鸟苷一磷酸 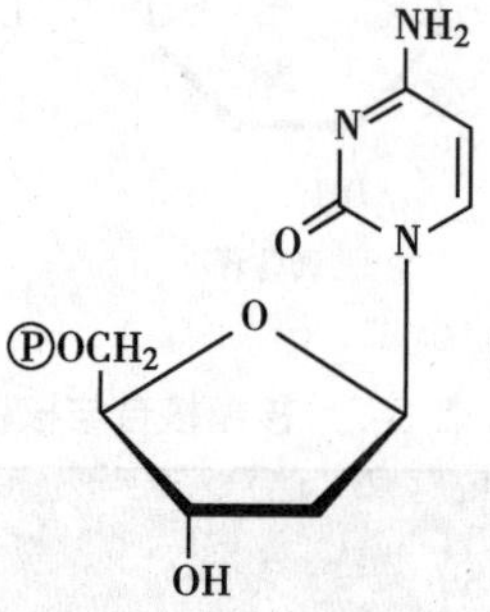　　脱氧胞苷一磷酸 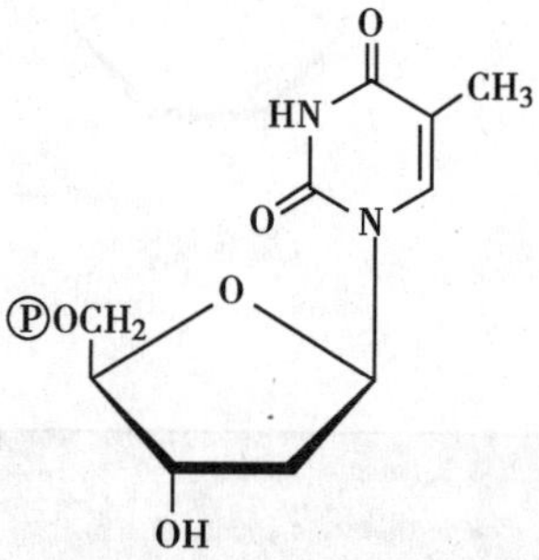　　脱氧尿苷一磷酸

除了上述常规核糖核苷酸与脱氧核糖核苷酸之外,体内还存在由稀有碱基构成的核苷酸,如次黄嘌呤核苷酸(inosine monophosphate,IMP)等。

3. 高能磷酸化合物(脱氧)核苷一磷酸可以通过酸酐键结合第2个、第3个磷酸基,形成(脱氧)核苷二磷酸(nucleoside 5′-diphosphate,NDP/deoxy nucleoside 5′-diphosphate,dNDP)和(脱氧)核苷三磷酸(nucleoside 5′-triphosphate,NTP/deoxy nucleoside 5′-triphosphate,dNTP)(表3-2,表3-3),如腺苷三磷酸(ATP)是体内主要的能量存在形式。核苷三磷酸的3个磷酸基依次编号为α、β、γ-磷酸基。连接磷酸基的酸酐键是高能磷酸键,β-磷酸基和γ-磷酸基是高能磷酸基团,含有高能磷酸键、高能磷酸基团的化合物是高能化合物。

4. 环核苷酸由腺苷或鸟苷的磷酸基与游离3′-羟基以磷酸二酯键连接构成环腺苷酸和环鸟苷酸,是体内重要的激素作用的第二信使。

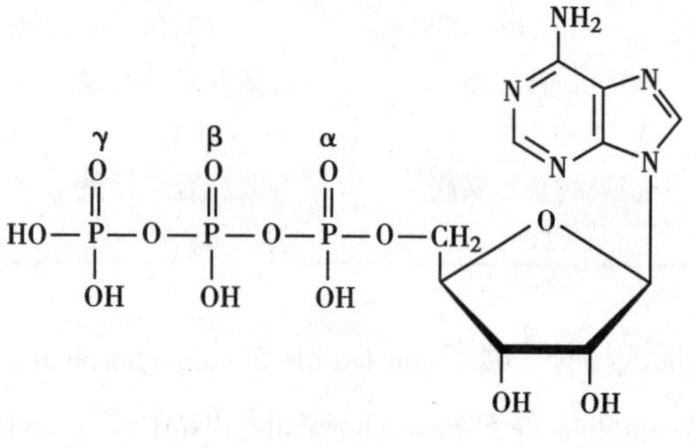

腺苷三磷酸 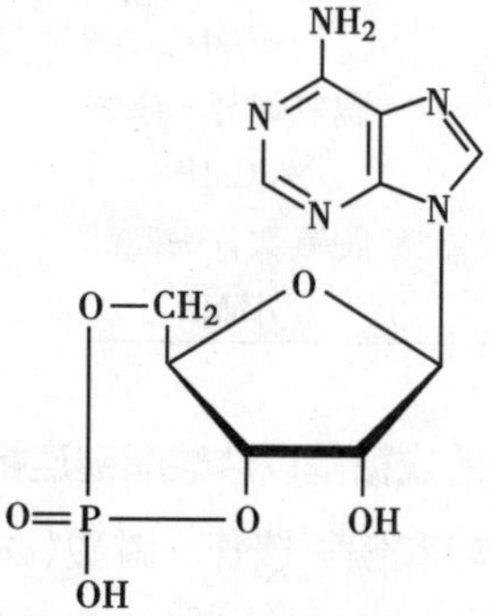　　环腺苷酸 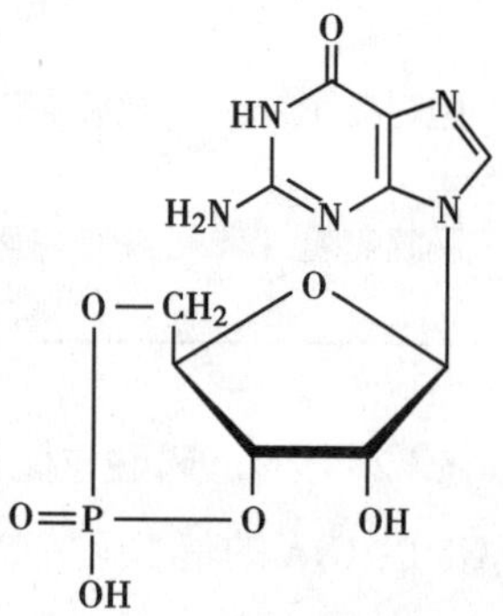　　环鸟苷酸

四、核苷酸的功能

核苷酸除了是核酸的基本组成单位外，还涉及其他多种功能（表 3-4）。

表 3-4　核苷酸的功能

功能	列举
核酸合成原料	NTP，dNTP
为生命活动提供能量	ATP，GTP
合成代谢中间产物	UDP-葡萄糖，CDP-甘油二酯
构成酶的辅助因子	NAD^+，$NADP^+$，FAD，CoASH
代谢调节	
①化学修饰调节	ATP
②变构调节	ATP，AMP
③第二信使	cAMP，cGMP

第二节　DNA 的分子结构与功能

核酸的结构和蛋白质类似，通常将其分成不同结构层次，包括一级结构，以及在此基础之上形成的二级和三级结构。在一级结构基础之上形成的核酸的二级结构主要研究核酸中规则、稳定的局部空间结构；核酸的三级结构研究核酸在二级结构基础上进一步形成的超级结构，例如超螺旋结构、染色体结构。

一、DNA 的一级结构

一级结构是组成核酸的核苷酸残基的排列顺序，由于核酸分子中核苷酸残基的不同主要在碱基，因此核酸的一级结构又称碱基序列。

核酸是核苷酸的缩聚物。通常把长度小于 50nt（nt：单链核酸长度单位，1nt 为 1 个核苷酸）的核酸称为寡核苷酸（oligonucleotide），更长的则称为多核苷酸（polynucleotide）。

在核酸分子中，核酸主链由磷酸基与戊糖基交替连接构成，碱基相当于侧链。一个核苷酸的 3′-羟基与相邻核苷酸的 5′-磷酸基缩合，形成 3′，5′-磷酸二酯键。核酸链有两个不同的末端，5′端有游离磷酸基，3′端有游离羟基。核酸具有方向性，在表示核酸链时，规定从 5′→3′端，与核酸的合成方向一致（图 3-1）。

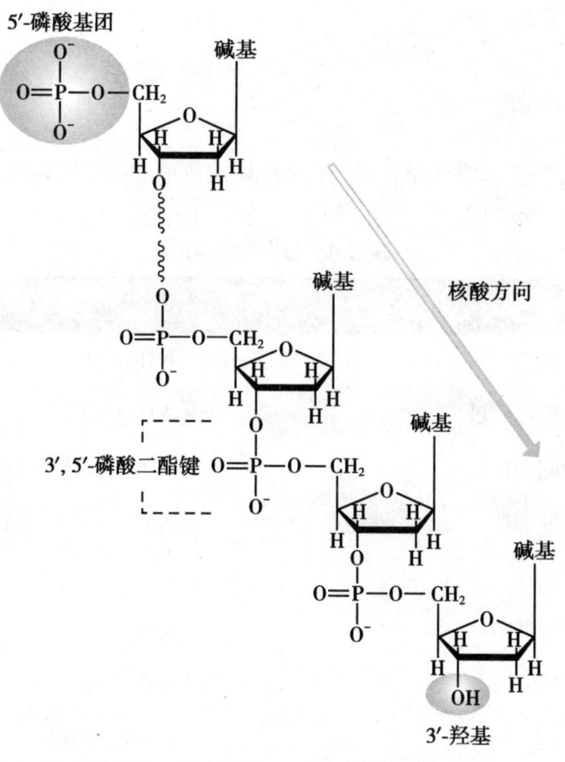

● 图 3-1　DNA 的一级结构和书写方式

二、DNA 的二级结构

DNA 典型的二级结构为右手双螺旋结构。此外，DNA 分子还存在局部左手双螺旋结构、十字结构和三股螺旋结构等。

1. 右手双螺旋结构　20 世纪 40 年代，Chargaff 等通过研究不同生物 DNA 碱基组成，提出了关于核酸碱基组成规律的 Chargaff 法则：① DNA 的碱基组成有物种差异，没有组织差异。不同物种 DNA 的碱基组成不同，同一个体不同组织 DNA 的碱基组成相同。② DNA 的碱基组成不随个体的年龄、营养和环境改变而改变。③不同物种 DNA 的碱基组成均存在以下摩尔量关系：A = T，G = C，A+G = T+C。1951 年，Franklin 回到英国，在剑桥大学国王学院取得了一个职位并加入了研究 DNA 结构的行列，Franklin 成功地拍摄了 DNA 晶体的 X 射线衍射照片，对于 DNA 双螺旋模型的提出具有重要参考价值。

1953 年，Watson 和 Crick 结合 Chargaff 法则及 Franklin 和 Wilkins 对 DNA 纤维的 X 射线衍射图谱的研究，提出 DNA 二级结构模型——DNA 双螺旋模型（double helix model，图 3-2）。

DNA 双螺旋模型的主要特征为①两股 DNA 链反向互补：脱氧核糖与磷酸交替连接构成主链，位于双螺旋结构外侧，碱基位于内部。碱基之间按照配对原则形成氢键，A 以两个氢键与 T 配对，G 以三个氢键与 C 配对，两股 DNA 链称为反向互补链。②右手双螺旋结构：碱基平面与螺旋轴垂直，糖基平面与碱基平面接近垂直，与螺旋轴平行。双螺旋结构直径为 2nm，每 10bp（bp：双链核酸长度单位，1bp 为 1 个碱基对）螺旋上升 1 圈，螺距为 3.4nm，相邻碱基对之间的轴向距离为

0.34nm。③双螺旋表面有两条沟槽：相对较深、较宽的为大沟(轴向沟宽 2.2nm)，相对较浅、较窄的为小沟(轴向沟宽 1.2nm)。④氢键和碱基堆积力是维系 DNA 双螺旋结构稳定性的主要作用力：碱基对平面之间堆积力主要维系双螺旋结构的纵向稳定性，而碱基对形成的氢键主要维系双链结构的横向稳定性。

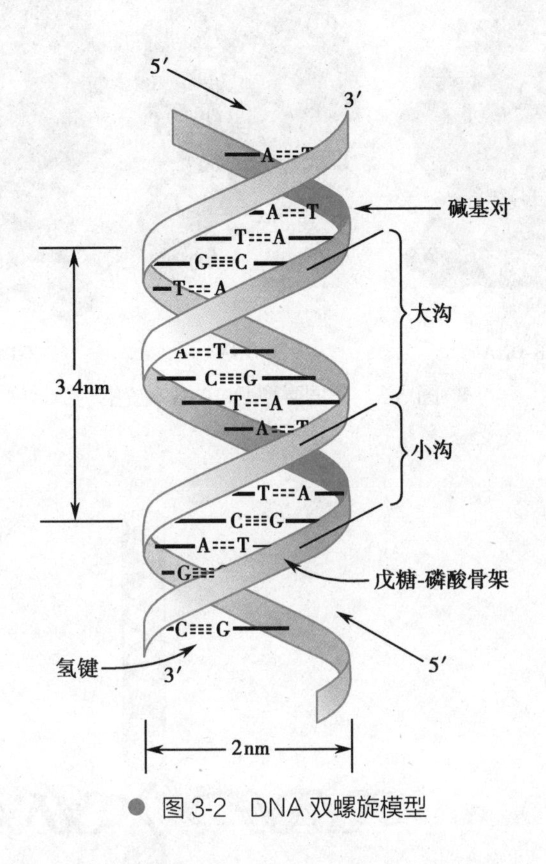

图 3-2 DNA 双螺旋模型

上述右手双螺旋结构是细胞内 DNA 的典型二级结构，称为 B-DNA 双螺旋。生物体内的 DNA 几乎都以 B-DNA 结构存在。

2. DNA 其他螺旋结构　B-DNA 是生理条件下的主要二级结构，此外还存在少量其他二级结构，例如 A-DNA、Z-DNA、十字结构、三股螺旋结构(图 3-3)。

(1) A-DNA：为右手双螺旋结构，只有高盐或脱水(75% 的相对湿度下)的 DNA 样本中才会出现。A-DNA 双螺旋直径为 2.6nm，每一螺旋包含 11bp，螺距为 2.9nm。螺旋较短、较紧密，与 B-DNA 相比大沟变深，小沟变浅。不过目前尚未发现细胞内存在 A-DNA。

(2) Z-DNA：为左手双螺旋结构，是 1979 年 Rich 等用 X 射线衍射技术分析人工合成的 DNA 片段 CGCGCG 的晶体时发现的。Z-DNA 双螺旋呈锯齿状，其表面只有一条窄而深的沟槽，类似于 B-DNA 的小沟。Z-DNA 双螺旋直径为 1.8nm，每一螺旋包含 12bp，螺距为 4.5nm。研究表明：生物体内 DNA 分子中富含 CpG 的序列容易形成 Z-DNA 结构，其功能可能与基因表达调控或基因重组相关。

(3) 十字结构：双链 DNA 中的反向重复序列称为回文序列(palindrome)，这种序列可以形成十字结构。这种结构可能有助于 DNA 与 DNA 结合蛋白(DBP)结合，影响基因表达(图 3-4)。

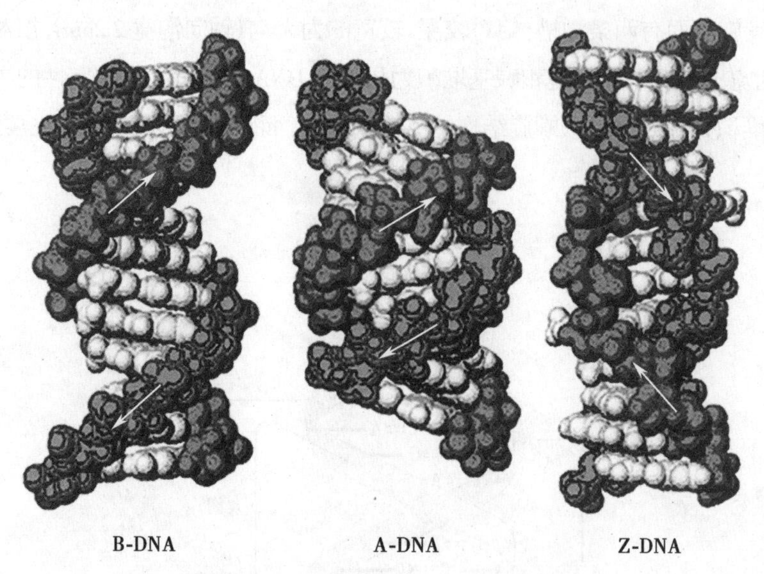

● 图 3-3 不同类型 DNA 双螺旋结构

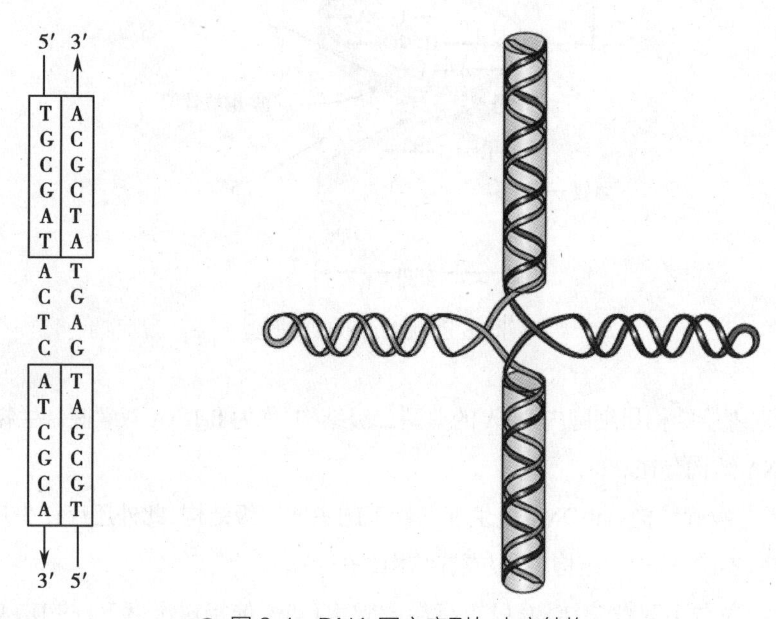

● 图 3-4 DNA 回文序列与十字结构

(4)三股螺旋结构:DNA 中存在镜像重复序列(mirror repeat),即其每一股的碱基序列都是对称的。当镜像重复序列的一股为嘌呤碱基,另一股为嘧啶碱基时,可以形成一种特殊的 H-DNA 结构,该结构中存在三股螺旋。有的 DNA 中还存在多股螺旋结构。(图 3-5)。

三、DNA 的三级结构

DNA 双螺旋进一步螺旋折叠,形成更加复杂的空间结构,称为 DNA 的三级结构。

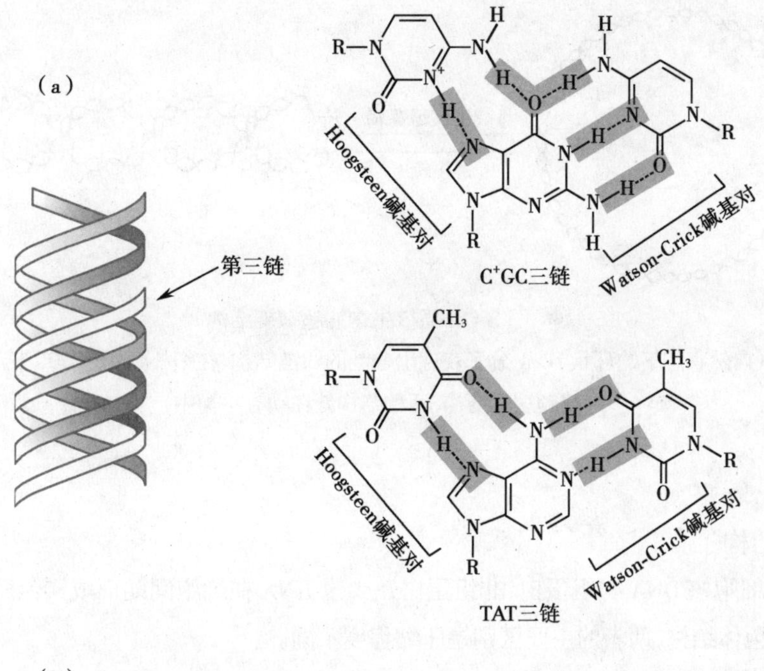

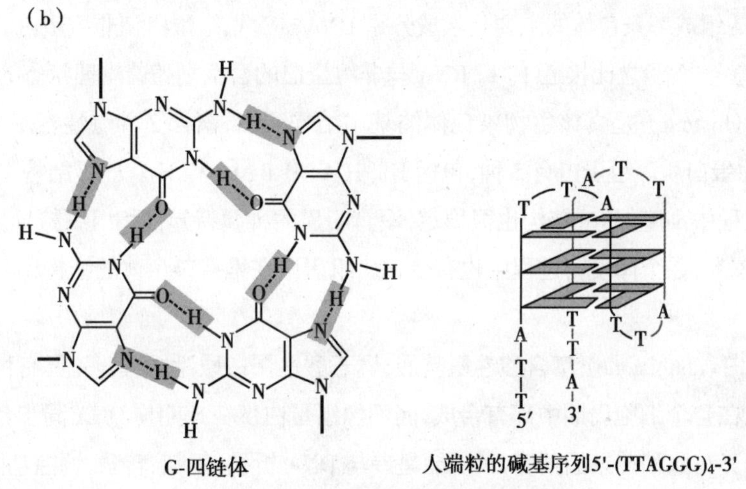

● 图 3-5 DNA 多股螺旋结构

(a)由 Watson-Crick 氢键和 Hoogsteen 氢键共同构成的三链结构

(b)由 Hoogsteen 氢键构成的四链结构

(一) 超螺旋结构

真核生物的线粒体及某些病毒、细菌等的 DNA 具有死循环结构，即其两股链均呈环状，这种 DNA 称为死循环 DNA。死循环 DNA 的三级结构是在双螺旋结构基础上进一步形成的超螺旋结构。超螺旋有正超螺旋(图 3-6)和负超螺旋两种。增加双螺旋的螺旋数(绕数)使每一螺旋包含少于 10bp，则形成正超螺旋；减少双螺旋的螺旋数使每一螺旋包含多于 10bp，则形成负超螺旋。两股 DNA 形成的正超螺旋为右手超螺旋、负超螺旋为左手超螺旋。四股 DNA 形成的正超螺旋为左手超螺旋、负超螺旋为右手超螺旋。DNA 在细胞内通常处于负超螺旋状态，这有利于其复制与转录。

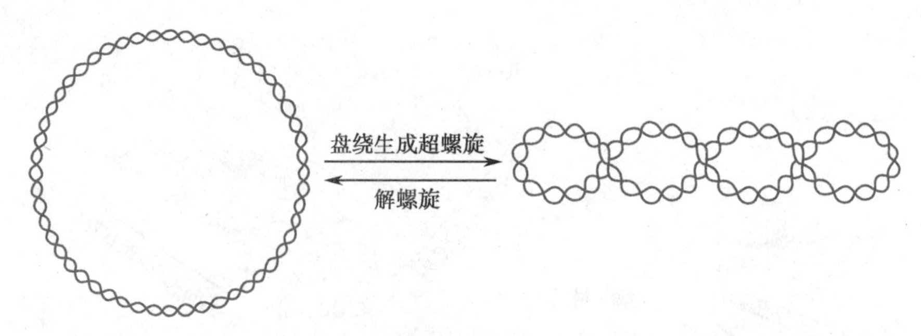

● 图 3-6　原核生物的超螺旋结构
（自然状态下的环状 DNA 分子表现出松弛的双链结构，在拓扑异构酶作用下
形成超螺旋结构，两种结构处在动态平衡中）

（二）染色体结构

真核生物细胞核 DNA 与组蛋白、非组蛋白及少量 RNA 在细胞间期形成染色质结构，在细胞分裂期形成染色体结构，两者的主要区别是压缩程度不同。

1. 染色体的组成　染色体的主要化学成分是 DNA、RNA、组蛋白和非组蛋白，其中 DNA 与组蛋白的含量最稳定，含量之比接近 1∶1；RNA 与非组蛋白的含量则随着生理状态的变化而变化。

（1）组蛋白（histone）：是真核生物染色体的基本结构蛋白，富含 2 种碱性氨基酸（精氨酸和赖氨酸），属于碱性蛋白质。组蛋白有 5 种，包括 H_1、H_2A、H_2B、H_3 和 H_4。一级结构上，H_2A、H_2B、H_3 和 H_4 在进化过程中高度保守，结构也很稳定，没有明显的种属特异性和组织特异性；H_1 在不同生物体内的差异较大，在个体发育过程中也有变化。组蛋白在维持染色体的结构和功能方面起关键作用。

（2）非组蛋白（nonhistone）：富含酸性氨基酸，属于酸性蛋白质，种类繁多，具有种属特异性和组织特异性，并且在整个细胞周期中都有合成，而不像组蛋白仅在 S 期与 DNA 同步合成。非组蛋白既有骨架蛋白，又有酶和转录因子等，其功能是参与 DNA 折叠、复制、转录，调控基因表达。

（3）RNA：占染色体质量的 1%~3%，含量最少，变化较大，可能通过与组蛋白、非组蛋白相互作用而调控基因表达。

2. 染色体的结构　真核生物 DNA 双螺旋结构经过多级压缩形成染色体结构（图 3-7）。

（1）核小体（nucleosome）：是染色体的基本结构单位，由组蛋白和 180~200bp DNA 构成，在结构上可以分为染色质小体和连接 DNA 两部分。约 146bp DNA 以左手螺线管方式缠绕在组蛋白八聚体（含 H_2A、H_2B、H_3、H_4 各两分子）形成的核心蛋白上不到 2 圈，再与 H_1 及其结合的约 20bp DNA 构成染色质小体（chromatosome），另有 15~55bp 为连接 DNA（linker DNA）。若干个核小体呈串珠状排列，形成直径约为 10nm 的串珠纤维结构（图 3-8）。

（2）30nm 纤维：串珠纤维经过螺旋化形成直径约为 30nm、螺距约为 12nm 的螺线管（solenoid），称为 30nm 纤维，其每一螺旋含 6 个核小体。H_1 对螺线管的稳定起重要作用。

（3）300nm 纤维：30nm 纤维进一步螺旋化，形成直径约为 300nm 的超螺线管（supersolenoid）结构，称为 300nm 纤维。

（4）染色单体：在细胞分裂中期，300nm 纤维凝缩，形成直径约为 700nm 的染色单体。

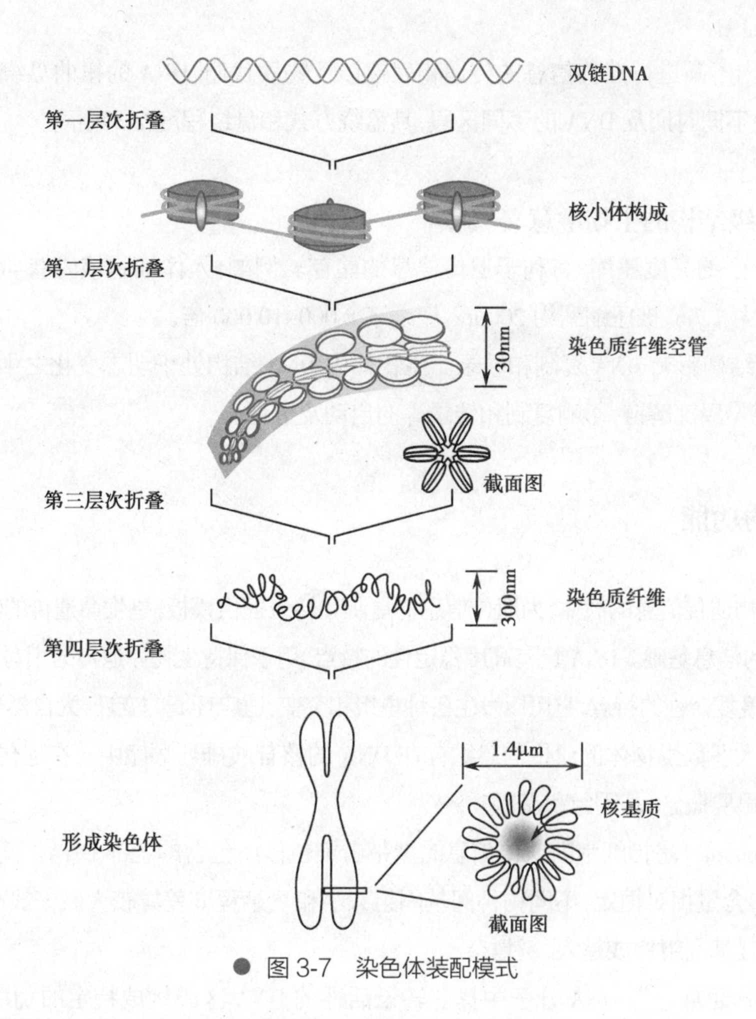

● 图 3-7 染色体装配模式

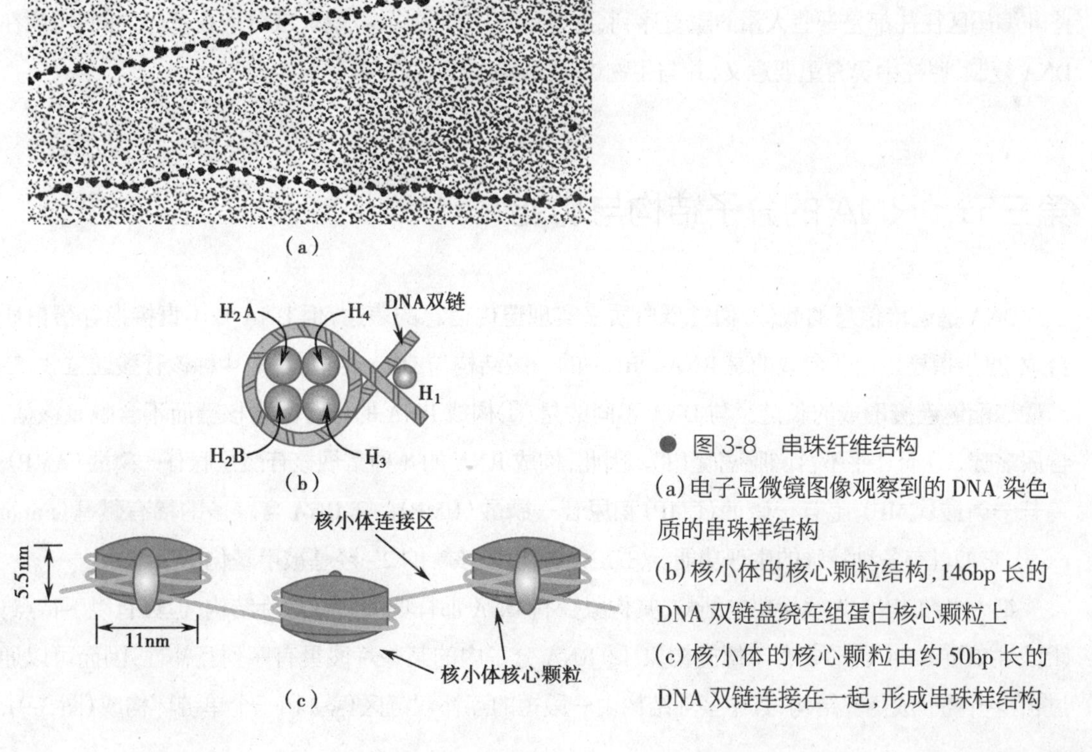

● 图 3-8 串珠纤维结构

(a) 电子显微镜图像观察到的 DNA 染色质的串珠样结构

(b) 核小体的核心颗粒结构，146bp 长的 DNA 双链盘绕在组蛋白核心颗粒上

(c) 核小体的核心颗粒由约 50bp 长的 DNA 双链连接在一起，形成串珠样结构

由于细胞内不断进行遗传信息的传递和表达以及物质代谢,DNA 的扭曲盘绕过程是一个动态过程,所以在不同时期及 DNA 的不同区段,其盘绕方式和盘绕程度都不相同。

(三) DNA 三级结构的生物学意义

1. DNA 分子的高度压缩,有利于遗传信息的储存。例如:人体细胞核内有 46 条染色体,其 DNA 总长度约为 1.7m,被压缩到约 200μm,压缩了 8 000~10 000 倍。

2. 超螺旋结构影响 DNA 复制和转录。生物体内 DNA 结构处于动态变化之中。超螺旋的改变可以协调 DNA 局部解链,影响复制和转录等的启动及进程。

四、DNA 的功能

DNA 是生物遗传信息的载体,为遗传信息的复制和转录提供模板,是生命遗传的物质基础,也是个体生命活动的信息基础。DNA 具有高度稳定性的特点,用于保持生物体遗传的相对稳定性。同时,DNA 又具有高度复杂性的特点,它可以发生各种重组和突变,适应环境的变迁,为自然选择提供机会。

自然界绝大多数生物体的遗传信息贮存在 DNA 的核苷酸排列顺序中。在遗传信息的描述过程中涉及两个重要概念:基因组和基因。

基因组(genome)是指细胞内遗传信息的携带者染色体所包含的全部 DNA。同一物种的基因组 DNA 组成和含量相对恒定,不同物种间基因组大小和复杂程度差异较大。一般而言,进化程度越高的生物体其基因组构成越大、越复杂。

基因(gene)通常是指 DNA 分子中具有转录活性的 DNA 区段构成特定的功能单位,亦即一段具有功能性的 RNA 序列。基因的功能主要取决于 DNA 的一级结构。人类基因组含 3×10^9bp DNA,基因只占全部基因组的很小一部分,80%~90% 属于非编码区,没有直接的遗传学功能。这些非编码区往往都是一些大量的重复序列,这些重复序列或集中成簇,或分散在基因之间,可能在 DNA 复制、调控中具有重要意义,并与生物进化、种族特异性有关。

第三节　RNA 的分子结构与功能

DNA 是遗传信息的载体,通过蛋白质来实现遗传信息的表达,但 DNA 并不直接指导蛋白质合成,直接指导蛋白质合成的是 RNA。RNA 的一级结构与 DNA 相似,是由 4 种核苷酸通过 3′,5′-磷酸二酯键连接形成的长链。与 DNA 不同的是:①构成 RNA 的核苷酸含核糖而不含脱氧核糖,含尿嘧啶(U)而几乎不含胸腺嘧啶(T)。因此,构成 RNA 的 4 种常规核苷酸是腺苷一磷酸(AMP)、鸟苷一磷酸(GMP)、胞苷一磷酸(CMP)和尿苷一磷酸(UMP)。② RNA 含较多的稀有碱基(minor base),它们具有各种特殊的生理功能。③ RNA 有较多核糖的 2′- 羟基被甲基化了。

绝大多数 RNA 为线性单链结构,其构象少有 DNA 那样典型的双螺旋结构,但具有以下特点:①线性单链 RNA 也形成右手螺旋构象;② RNA 分子内的某些片段具有序列互补性,因而可以通过自身折叠形成茎环结构,其中茎环结构由一段短的互补双链区(茎)和一个单链环构成(图 3-9),

互补双链区碱基配对原则是A对U、G对C，但含非Watson-Crick碱基对，特别是G—U碱基对；③各种RNA具有复杂的三级结构。

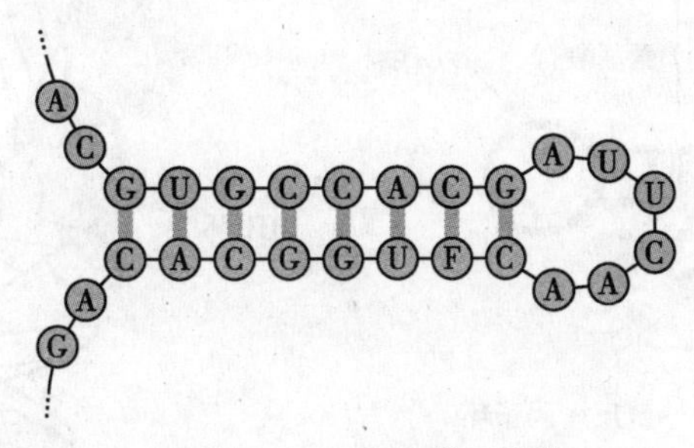

● 图3-9 RNA茎环结构

与DNA相比，RNA种类繁多，分子量较小，易降解。RNA可以根据结构和功能的不同分为信使RNA和非编码RNA。非编码RNA包括转移RNA、核糖体RNA、核酶、核内小RNA等。

一、信使RNA的结构与功能

信使RNA（mRNA）是在蛋白质合成过程中负责传递遗传信息、直接指导蛋白质合成的RNA，具有以下特点：

1. 含量少　占细胞内RNA总量的2%~5%。

2. 种类多　可达10^5种。不同的基因表达不同的mRNA。

3. 寿命短　细菌mRNA的平均半衰期（也称为半寿期）约为1.5分钟。脊椎动物mRNA的平均半衰期约为3小时。脊椎动物终末分化细胞的mRNA非常稳定，平均半衰期可达几天、十几天。

4. 大小差异极大　哺乳动物mRNA大小范围为5×10^2~1×10^5nt。

原核生物与真核生物的mRNA虽然在结构上有所差异，但功能一样，都是指导蛋白质合成的模板。

二、转移RNA的结构与功能

转移RNA（tRNA）在蛋白质合成过程中负责转运氨基酸、解读mRNA遗传密码。在蛋白质合成过程中，tRNA不仅负责转运氨基酸，更重要的是直接参与解读mRNA的遗传密码。tRNA占细胞内RNA总量的10%~15%，绝大多数位于细胞质内。

1. tRNA一级结构具有以下特点：①是一类单链小分子RNA，含73~93nt；②含7~15个稀有碱基，分布在非配对区；③5′端核苷酸往往是鸟苷酸；④3′端是CCA序列，其3′-羟基是氨基酸的负载位点。

2. tRNA二级结构呈三叶草形（图3-10）。在该结构中存在四臂三环，即氨基酸臂、二氢尿嘧啶（DHU）臂和DHU环（以含DHU为特征）、反密码子臂和反密码子环、TΨC臂和TΨC环（以含胸腺嘧啶T和假尿嘧啶Ψ为特征）。

3. tRNA三级结构呈倒“L”形，氨基酸臂位于其一端，反密码子环位于其另一端，DHU环和TΨC环虽然在二级结构中位于两侧，但在三级结构中却相邻（图3-11）。

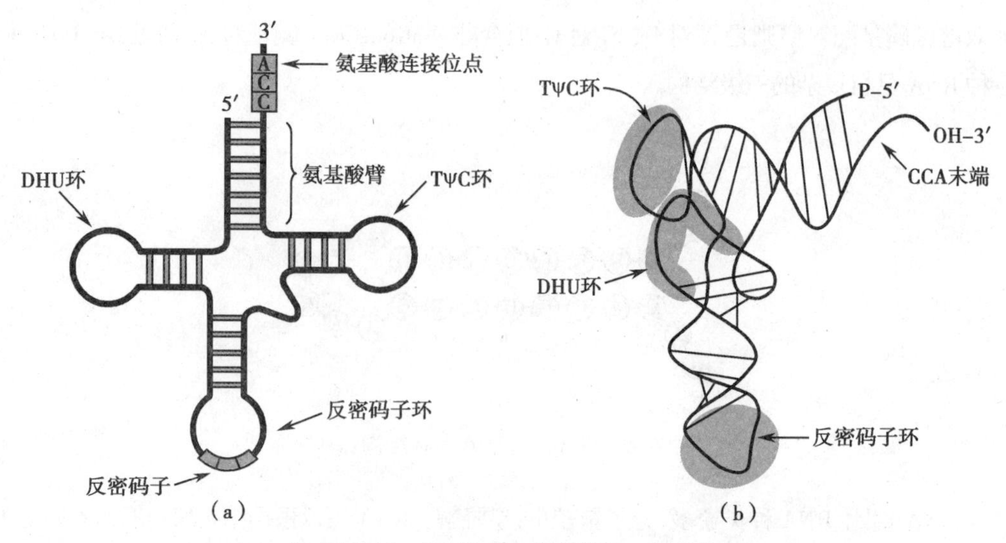

● 图 3-10　tRNA 的二级结构和三级结构

(a)tRNA 的二级结构形似三叶草　(b)tRNA 的三级结构是一个倒"L"形

三、核糖体 RNA 的结构与功能

原核生物和真核生物的核糖体(ribosome)都由一个大亚基和一个小亚基构成,两个亚基都由核糖体 RNA(rRNA)和核糖体蛋白构成。核糖体、核糖体亚基及 rRNA 的大小一般用沉降系数 S 表示(表 3-5)。rRNA 具有以下特点:

1. rRNA 是细胞内含量最多的 RNA,占细胞内 RNA 总量的 80%~85%。

2. rRNA 更新慢,寿命长。

3. 原核生物有 5S、16S、23S 三种 rRNA,真核生物有 5S、5.8S、18S、28S 四种 rRNA。

表 3-5　原核生物与真核生物核糖体比较

类型	核糖体沉降系数	亚基种类	亚基沉降系数	RNA 种类	亚基蛋白种类
原核生物核糖体	70S	大亚基	50S	23S、5S	34
		小亚基	30S	16S	21
真核生物核糖体	80S	大亚基	60S	28S、5.8S、5S	~49
		小亚基	40S	18S	~33

四、其他小分子 RNA

除了上述 RNA 之外,真核细胞内还存在许多小分子 RNA,其分子大小为 100~300nt。

1. 核内小 RNA(small nuclear RNA, snRNA)　位于细胞核内,与蛋白质构成核内小核蛋白(small nuclear ribonucleoproteins, snRNP),参与 RNA 前体的加工。其中位于核仁内的 snRNA 称为核仁小 RNA(small nucleolar RNA, snoRNA),参与 rRNA 前体的加工及核糖体亚基的装配。

2. 细胞质小 RNA(small cytoplasmic RNA, scRNA)　主要位于细胞质内,种类较多。其中称为信号识别颗粒 RNA(又称 7SLRNA)的 scRNA 与 6 种蛋白质一起构成信号识别颗粒(SRP),参与分泌蛋白的转运。

五、核酶

科学家在研究 RNA 的转录后加工时发现,某些 RNA 具有催化活性,可以完成 RNA 的剪接,这些由活细胞合成的、具有催化作用的 RNA 称为核酶(ribozyme)。许多核酶的底物也是 RNA,甚至就是其自身,也具有特异性。如何评价核酶的理论意义与实际意义,如何看待核酶与传统意义上的酶在生命代谢中的地位,都有待于进一步研究。

第四节　核酸的理化性质

核酸是生物大分子,具有与蛋白质类似的大分子特性,包括胶体特性、沉降特性、黏滞度、变性和复性等。

一、核酸的一般性质

DNA 水溶液具有高黏性,结构稳定。微溶于水,盐溶液中 DNA 的溶解度有所增加,不溶于乙醇、三氯甲烷等有机溶剂。可在 -20℃条件下长时间保存。RNA 稳定性较差,易降解。

二、核酸的紫外吸收特征

因为碱基有共轭双键,所以核苷酸和核酸都有特征性紫外吸收光谱,吸收峰在 260nm 附近(图 3-11,图 3-12)。这一性质常用于核苷酸和核酸的定性、定量分析。

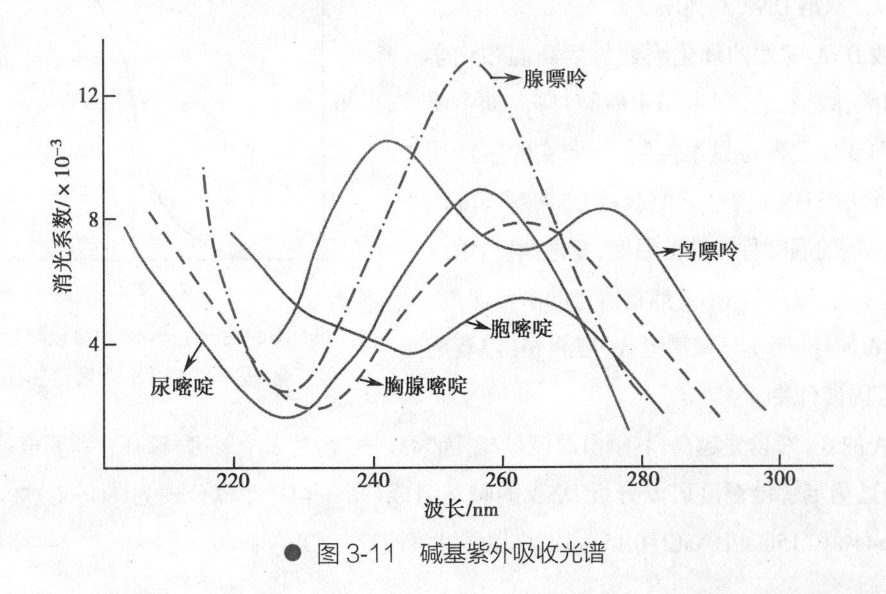

● 图 3-11　碱基紫外吸收光谱

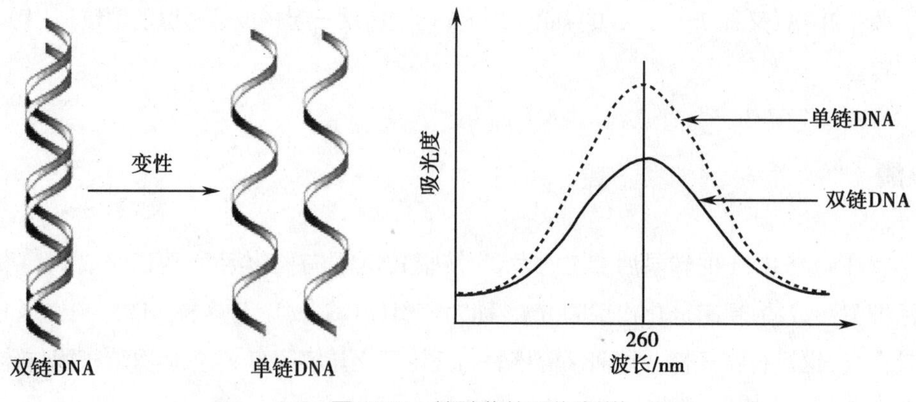

● 图 3-12　核酸紫外吸收光谱

三、核酸的变性、复性与杂交

在一定条件下，破坏碱基对氢键可以使双链核酸局部解链，甚至完全解离成单链，形成无规线团，称为核酸的变性（denaturation）。最常见的是加热使核酸变性，也叫热变性。

如果两股单链核酸的序列部分互补甚至完全互补，则在一定条件下可以自发形成双链结构，称为复性（renaturation）。热变形的核酸可以通过缓慢冷却的方式使其重新形成双链结构，称为退火（annealing）。同一来源变性核酸的退火称为复性（renaturation），不同来源单链核酸的退火称为杂交（hybridization）。

1. 变性　生物体内的 DNA 几乎都是双链的，而 RNA 则几乎都是单链的。因此，核酸变性主要是指 DNA 变性。当然，许多 RNA 分子中可以配对的单链自发形成局部双链，不能配对的单链成环，成为发夹结构，并且这些结构往往影响其生理功能。因此，核酸变性也包括 RNA 变性。变性导致核酸的一些理化性质改变，例如黏度下降、沉降速度加快、紫外吸收增强。其中变性导致其紫外吸收增强的现象称为增色效应（hyperchromic effect），这是因为单链 DNA 的碱基暴露更加充分，紫外吸收比双链 DNA 高 40%。

导致 DNA 变性的理化因素包括高温和化学试剂（如酸、碱、乙醇、尿素和甲酰胺）等。其中温度较其他变性因素更易于控制，因此实验室常用加热的方法使 DNA 变性。使双链 DNA 解链度达到 50% 所需的温度称为解链温度、变性温度、熔点（T_m，图 3-13）。每一种 DNA 都有自己的解链温度，它与 DNA 的分子大小、碱基组成、溶液 pH 以及离子强度等因素有关。

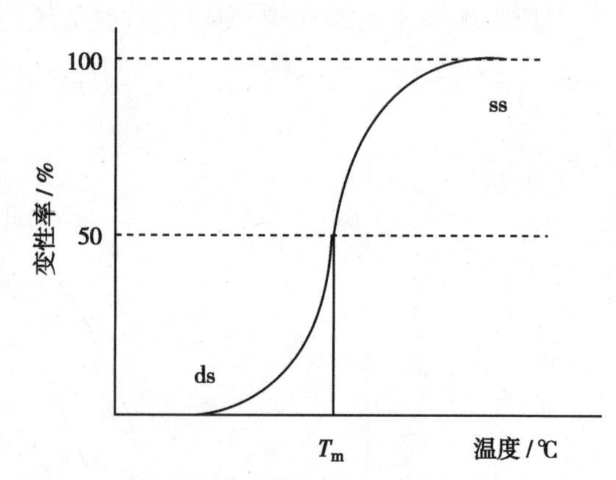

ds：双链核酸分子；ss：单链核酸分子。

● 图 3-13　DNA 解链曲线

DNA 的 G—C 含量越高，其解链温度越高，因为 G—C 含有 3 个氢键，解开它需要更多的能量。因此，通过测定解链温度可以分析 DNA 的碱基组成（图 3-14），计算公式为：(G—C) % = (T_m − 69.3) × 2.44%（0.15mol/L NaCl–0.15mol/L 枸橼酸钠溶液）。

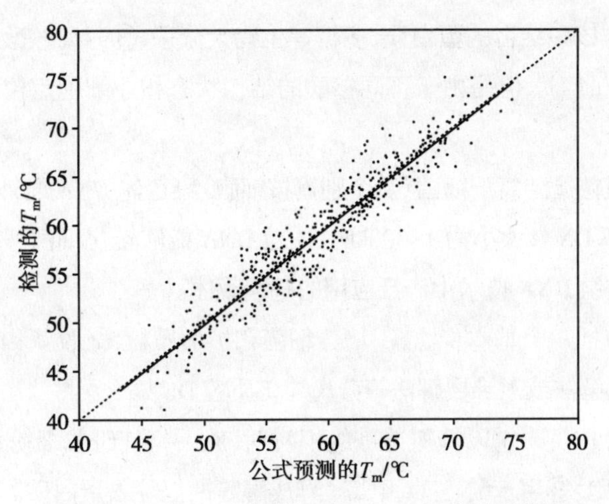

● 图 3-14 DNA 解链温度 G—C 组成关系曲线

2. 复性 缓慢降温可以使热变性 DNA 复性，即重新形成互补双链结构。DNA 的最适复性温度通常比解链温度低 20~25℃。复性导致 DNA 的紫外吸收降低，这一现象称为减色效应（hypochromic effect）。因此，通过检测 DNA 紫外吸收的变化可以分析其变性和复性。

DNA 复性并不是简单的逆变性过程，复性速度受多种因素影响①DNA 浓度：DNA 浓度越高，两股互补链相遇的可能性就越大，因而复性越快；②DNA 序列复杂性：在一定条件下，序列简单的 DNA（例如重复序列）复性快，序列复杂的 DNA（例如单一序列）复性慢，因而可以通过测定复性速度分析 DNA 序列的复杂性；③DNA 大小：DNA 片段越大，寻找完全互补序列的难度就越大，因而复性越慢；④离子强度：DNA 溶液的离子强度越高，两股互补链重新结合的速度就越快，因而复性越快。

3. 杂交 不同来源的单链核酸，只要其序列有一定的互补性即可杂交，利用该特性可以从不同来源的 DNA 中寻找相同序列。这就是核酸分子杂交技术的分子基础。杂交既包括 DNA 与 DNA 杂交，也包括 DNA 与 RNA 杂交、RNA 与 RNA 杂交。

核酸分子杂交技术是将已知序列的单链核酸片段进行标记以便检测，再与另一种未知序列的待测核酸样品进行杂交，从中鉴定互补序列。核酸分子杂交技术可以用于分析样品中是否存在特定基因序列、基因序列是否存在变异，或研究目的基因的表达情况，因而广泛应用于基因组研究、遗传病检测、刑事案件侦破及法医鉴定等领域，是分子生物学的核心技术。

四、核酸的提取与定量测定

核酸是生物化学与分子生物学的重要研究对象。在研究核酸的结构和功能时，首先要进行的就是提取核酸并进行定性和定量。核酸样品的纯度和核酸结构的完整性也将关系到后续研究结果的科学性和准确性。

（一）核酸提取

核酸提取的总原则是保证核酸一级结构的完整性，避免杂质污染。核酸提取的主要步骤包括：

①破碎细胞；②除去与核酸结合的蛋白质、多糖等生物大分子；③分离核酸；④除去杂质（无机盐、不需要的其他核酸分子等）。但是由于不同核酸的结构状态和亚细胞定位不同，所用的具体提取方法也不尽相同。

1. 质粒DNA　质粒是游离于细菌（及个别真核细胞）染色体DNA之外、能自主复制的遗传物质，多数是一种死循环DNA，大小为1~300kb。质粒DNA能够转化细菌，并利用细菌的酶系统进行扩增和表达，是在重组DNA技术中广泛应用的基因载体。

提取质粒DNA包括3个基本步骤：①培养细菌和扩增质粒；②收获和裂解细菌；③用氯化铯密度梯度分离法、碱裂解法或煮沸裂解法等分离纯化质粒DNA。

2. 真核生物基因DNA　①以液氮冷冻组织材料，然后将其研成细粉；②用EDTA、去污剂和蛋白酶K共同裂解细胞；③用苯酚、三氯甲烷/异戊醇等抽提除去蛋白质。经过数次抽提之后，通常应检测不到蛋白质和RNA，否则可以用蛋白酶K和苯酚再处理一次。最后可制得100~200kb的DNA片段，适用于基因组文库构建、DNA印迹分析。

3. 真核生物RNA　RNA容易被RNase降解，而RNase无处不在，并且耐高温，可以抵抗长时间煮沸。因此，RNA的提取条件要比DNA的严格，必须采取措施建立无RNase环境。

（1）总RNA提取：提取真核细胞总RNA可以用异硫氰酸胍-三氯甲烷法、异硫氰酸胍-氯化铯密度梯度分离法、氯化锂-尿素法和热酚法。

（2）mRNA提取：真核生物mRNA绝大多数都有poly（A）尾，在高离子强度条件下与oligo（dT）结合。提取真核细胞mRNA可以用一种亲和层析技术——oligo（dT）-纤维素柱层析法。然后逐渐降低洗脱液的离子强度，可以将mRNA洗下，浓缩得到高纯度mRNA。mRNA可用于研究基因表达或构建cDNA文库。

（二）核酸定量测定

核酸由磷酸基、戊糖基、碱基以等摩尔量构成，因此通过分析这3种成分的含量可以对核酸进行定量。

1. 定磷法　核酸含磷量比较均一，RNA含磷量约为9.0%，DNA含磷量约为9.2%。因此，分析核酸样品有机磷含量即可求算核酸含量。

2. 定糖法　①D-2′-脱氧核糖可以通过二苯胺法显色，因此可以分析核酸水解液中D-2′-脱氧核糖的含量，从而求算DNA含量；②地衣酚法是D-戊糖的呈色反应，因此可以联合二苯胺法分析核酸水解液中D-核糖的含量，从而求算RNA含量。

3. 紫外吸收法　核酸因碱基含共轭双键结构而对260nm紫外线有强吸收，并且吸收度与核酸的浓度成正比。因此，可以通过测定A_{260}对核酸样品进行定量。在标准条件下，1个吸光度单位相当于50μg/ml的双链DNA、40μg/ml的单链DNA或RNA。不过，该方法受核酸纯度、溶液pH和离子强度的影响，在中性pH和低离子强度条件下测定纯度较高的核酸时比较准确。

小结

核酸是生物大分子，包括 DNA 和 RNA。DNA 是遗传物质，绝大多数存在于细胞核内，含量最稳定。RNA 包括 mRNA、tRNA、rRNA、核酶和小分子 RNA，RNA 的主要功能是参与遗传信息的复制与表达。

核酸的结构单位是核苷酸。核苷酸由磷酸、戊糖（核糖和脱氧核糖）和碱基（腺嘌呤、鸟嘌呤、胞嘧啶、尿嘧啶和胸腺嘧啶）组成，DNA 和 RNA 的组成差别主要在戊糖和嘧啶碱基。

在核苷酸中，碱基与戊糖以 *N*-β- 糖苷键连接，磷酸与戊糖以磷酸酯键连接，磷酸还可以通过酸酐键连接第二、第三个磷酸。

核苷酸的功能包括合成核酸、为生命活动提供能量、合成代谢中间产物、构成酶的辅助因子、代谢调节。

核酸的一级结构是指核酸的碱基组成和碱基序列。核苷酸以 3′，5′- 磷酸二酯键连接构成核酸。核酸链有方向性，5′ 端为头，3′ 端为尾。

不同生物DNA的碱基组成符合Chargaff法则：①DNA的碱基组成有物种差异，没有组织差异。② DNA 的碱基组成不随个体的年龄、营养和环境改变而改变。③不同物种 DNA 的碱基组成均存在以下关系：A=T，G=C，A+G=T+C。

DNA 典型的二级结构是右手双螺旋结构，右手双螺旋由两股链反向平行构成，两股链通过氢键结合在一起，氢键严格地形成于 A 与 T、G 与 C 之间，氢键和碱基堆积力维系双螺旋结构的稳定性。

在二级结构的基础上，DNA 双螺旋进一步盘曲形成三级结构。环状 DNA 的三级结构是超螺旋结构，真核生物的细胞核 DNA 则与 RNA、蛋白质构成染色体。RNA 多为单链结构，可以通过链内互补构成局部双螺旋、鼓泡、膨胀环和发夹结构。

mRNA 的特点是含量少、种类多、寿命短、大小差异极大。真核生物大多数 mRNA 的 5′ 端有一个帽子，3′ 端有一段聚腺苷酸尾。

tRNA 在组成和结构上都有以下特点：大小为 73~93nt，含有较多的稀有碱基，3′ 端含有 CCA 序列，5′ 端大多是鸟苷酸，二级结构呈三叶草形，三级结构呈倒“L”形。

rRNA 是细胞内含量最多的 RNA，原核生物有 3 种 rRNA，真核生物有 4 种 rRNA。rRNA 与蛋白质构成核糖体。

核酶是由活细胞合成的、具有催化作用的 RNA。

碱基使核酸具有特殊的紫外吸收光谱，吸收峰在 260nm 附近。

DNA 变性是指双链 DNA 解旋、解链，形成无规线团，从而发生性质改变，DNA 变性伴随增色效应。变性 DNA 可以复性，复性伴随减色效应。

核酸分子杂交技术的基础是杂交，即不同来源的两股 DNA 只要存在互补序列就可以形成杂交分子。核酸分子杂交技术是分子生物学的核心技术。

思考题

1. DNA 和 RNA 的异同有哪些?
2. 高等生物如何将长达数米的遗传信息载体 DNA 分子压缩到微米直径的细胞核中?
3. DNA 双螺旋结构的要点以及模型的提出对分子生物学发展的意义是什么?
4. DNA 和 RNA 哪种形式更稳定,为什么?

第三章　同步练习

(于 光)

第四章　酶

第四章　课件

学习目标

掌握：酶的专一性；酶的活性中心；酶促反应的特点；酶促反应的动力学特点；酶的调节及其生理意义。

熟悉：酶促反应的作用机制；酶活力的测定；酶与药学的关系；酶在中药学中的应用。

了解：酶的分类、命名以及酶在医学上的应用。

酶（enzyme）是指具有生物催化功能，在生物体内催化完成包括物质代谢等重要化学反应的大分子物质，属于生物催化剂。构成新陈代谢的许多复杂而又规律的物质变化和能量变化都是在酶的催化下进行的。生物的生长发育、繁殖、遗传等生命活动都与酶的催化功能密切相关，可以说，没有酶就没有生命。

自从1926年美国化学家Sumner从刀豆中分离获得脲酶以来，已经发现生物体内存在的大量的酶。其中绝大多数酶的本质是蛋白质或蛋白质加辅助因子，统称为蛋白类酶。20世纪80年代初，Cech和Altman分别发现某些RNA分子也具有酶的活性，并将这些化学本质为RNA的酶称为核酶（ribozyme），因此酶是生物体内一类具有催化活性和特定空间构象的生物大分子，包括蛋白质和核酸等。

由于酶的独特的催化功能，使它在工业、农业和医药卫生事业等方面具有重大实际意义。酶的研究为催化理论的学习、催化剂的设计、药物的设计和作用原理的了解、疾病的诊断和治疗，以及遗传和变异等方面提供了重要的理论依据。

第一节　概述

一、酶的催化作用特点

酶与化学催化剂比较，具有的共同点是：①在反应前后没有质和量的变化；②遵循热力学第二定律，只能催化热力学允许的化学反应；③只能加速可逆反应的进程，缩短到达平衡的时间，而不改变反应的平衡点；④酶和化学催化剂一样，加速反应进行的机制，都是通过降低反应的活化能来实现的。

酶作为化学本质为蛋白质或核酸的生物催化剂，也具有与一般非生物催化剂不同之处，其主要特点如下：

（一）酶促反应条件温和

酶是由细胞产生的生物大分子，极易受外界条件的影响，很多物理和化学的因素可导致酶分子的空间构象发生改变或破坏，从而使其催化能力降低或丧失，因此与一般化学催化剂相比，酶的作用条件通常为常温、常压和接近中性的酸碱条件。

（二）酶的催化效率非常高

酶促反应催化效率比相应的非酶促反应高 10^8~10^{20} 倍，比一般催化剂高 10^7~10^{13} 倍。例如存在于血液中催化 CO_2 水合作用的碳酸酐酶（carbonic anhydrase，CA），每个酶分子在 1 秒内可以使 10^5 个二氧化碳分子发生水合反应生成碳酸，比非酶促反应要快 10^7 倍。

$$CO_2+H_2O \underset{}{\overset{CA}{\rightleftharpoons}} HCO_3^-+H^+$$

据报道，如果在人的消化道中没有各种酶参与食物的消化过程，那么在体温为37℃的情况下，要消化一顿简单的午餐大约需要 50 年。

（三）酶具有高度的专一性

所谓高度的专一性（specificity）是指酶对催化的反应和反应产物有严格的选择性。也就是说，一种酶往往只作用于一种或一类化合物，促进一定的化学变化，生成一定的产物。比如同样催化底物的水解，淀粉酶只能催化淀粉糖苷键的水解，蛋白酶只能催化蛋白质肽键的水解，而脂肪酶只能催化脂肪中酯键的水解。酶作用的专一性是酶最重要的特点之一，也是和一般催化剂最重要的区别。

根据酶对底物选择的严格程度不同，把酶的专一性（特异性）分为两种类型。

1. 立体化学专一性　立体化学专一性是从底物具有的立体化学性质来考虑的一种专一性。包括：

（1）立体异构专一性：酶只作用于立体异构体中的一种，如 L- 氨基酸氧化酶只催化 L- 氨基酸氧化，对 D- 氨基酸无作用。

$$NH_2-\underset{COOH}{\overset{R}{C}}-H + H_2O \xrightarrow[O_2]{\text{L-氨基酸氧化酶}} \underset{COOH}{\overset{R}{C}}=O + NH_3 + H_2O_2$$

（2）几何异构专一性：酶只作用于顺反异构体中的一种，如延胡索酸酶只催化反丁烯二酸（延胡索酸）生成 L- 苹果酸，对顺丁烯二酸（马来酸）无作用。

$$\underset{\substack{\text{反丁烯二酸}\\ \text{（延胡索酸）}}}{\begin{array}{c}\text{HOOC}-\text{C}-\text{H}\\ \|\\ \text{H}-\text{C}-\text{COOH}\end{array}} + H_2O \underset{}{\overset{\text{延胡索酸酶}}{\rightleftharpoons}} \underset{\text{苹果酸}}{\begin{array}{c}\text{COOH}\\ |\\ \text{HO}-\text{CH}\\ |\\ \text{CH}_2\\ |\\ \text{COOH}\end{array}}$$

2. 非立体化学专一性　非立体化学专一性是从底物的化学键及组成该键的基团来考虑的一种专一性。

(1)键的专一性:只要求作用于一定的键,而对键两端的基团并无严格的要求。

(2)基团专一性:除了要求作用于一定的键外,对键两端的基团也有要求,对其中一个基团要求严格,对另一个则要求不严格。

(3)绝对专一性:该酶对底物的选择性最为严格,只能作用于特定结构的底物,进行一种专一的反应,生成一种特定结构的产物。该特异性的酶往往只有一个底物,如脲酶在动物体内分解尿素,该酶就只有一个底物——尿素,取代尿素分子上的任何一个基团,该酶都不会识别并且不发挥其催化作用。

为解释酶作用的专一性,Fischer 曾提出"锁钥学说",认为酶与底物之间在结构上就像一把钥匙插入一把锁中一样有严格的互补关系。但越来越多的事实说明,当底物与酶互补结合时,酶分子本身不是固定不变的,而是通过"诱导契合"作用实现的,这就是 Koshland 提出的"诱导契合"学说。该学说认为酶分子与底物的契合是动态的契合,当酶分子与底物分子接近时,酶蛋白受底物分子的诱导,其构象发生有利于与底物结合,诱导契合于同底物结合的变化,酶与底物在此基础上互补契合,进行反应(图 4-1)。近年来,X 射线衍射分析的实验结果支持这一学说,证明了酶与底物结合时确有显著的构象改变。以 X 射线衍射分析发现未结合底物的自由羧肽酶与结合了甘氨酰酪氨酸底物的羧肽酶在构象上有很大的区别,溶菌酶和弹性蛋白酶的 X 射线衍射分析也得到类似的结果,有力地证明了"诱导契合"学说。

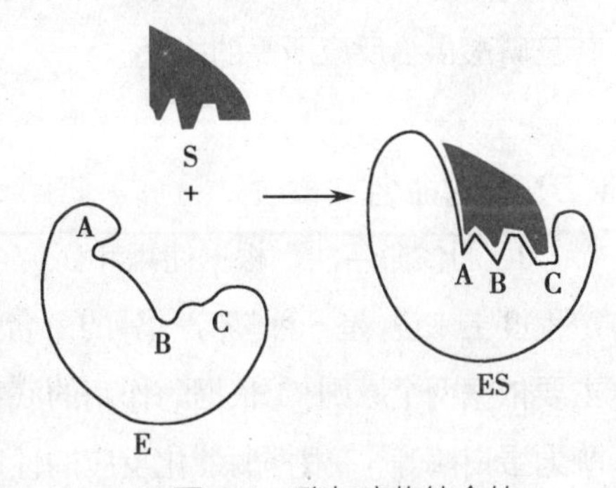

● 图 4-1　酶与底物结合的"诱导契合"模型

(四) 酶的催化活性受到调节和控制

生命活动的有序性是体内多方面因素调节控制的结果,而对于酶的调控是生物体在细胞水平进行代谢调控的一个重要手段,也是机体对不断变化的内、外环境和生命活动适应的需要。酶的调节控制主要包括 3 方面:①酶合成与降解的调节;②酶催化活性的调节;③通过改变底物浓度对酶进行调节等多种方式。机体通过对于酶量和酶活性的调节使得体内的新陈代谢受到精确调控。对于酶活性的调节常见的有反馈抑制调节、共价修饰调节、抑制剂和激活剂的调节、激素调节等多种方式。

二、酶的分类和命名

（一）酶的分类

国际酶学委员会根据各种酶所催化的化学反应类型将其分为六大类，每一大类又可根据酶作用底物的性质进一步细分为各种亚类乃至亚亚类。

1. 氧化还原酶类（oxidoreductases） 催化底物的氧化或还原反应，而不是简单基团的加成或者去除，反应时需要电子的供体或受体。

2. 转移酶类（transferases） 催化功能基团从一个底物向另一个底物转移。转移的功能团可以小到氨基，也可以大到一个糖链残基甚至一条多糖链。它们的底物必须有两个，一个是供体，一个是受体。

3. 水解酶类（hydrolases） 催化底物的水解反应的酶属于水解酶类。根据蛋白酶对底物蛋白的作用部位，可以进一步分为内肽酶和外肽酶。

4. 裂合酶类（lyases） 能催化底物分子开裂成两部分，其中之一含有双键。这类酶催化反应都是可逆的，开裂点可以是碳碳键、碳氧键或碳氮键。

5. 异构酶类（isomerases） 催化底物的分子内重排反应，特别是构型的改变和分子内的氧化还原。

6. 合成酶类（synthetases） 能将两个底物连接成一个分子，在反应时由 ATP 或其他高能的核苷三磷酸供给反应所需的能量。

（二）酶的命名

1. 习惯命名法 根据使用和研究中大家都认同的方式来命名，具有方便、简单等特点。从一定程度上来说，是一种“不严格”的命名方式。命名原则是底物的名称 + 催化反应的类型 +“酶”字。主要依据两个原则：①根据酶作用的底物命名，如催化水解淀粉的酶为淀粉酶、催化水解蛋白质的酶为蛋白酶等；②根据酶催化反应的性质及类型命名，如水解酶、转移酶等。有的酶结合上述两个原则来命名，如琥珀酸脱氢酶是催化底物琥珀酸发生脱氢反应的酶。但习惯命名法常常出现混乱，有些名称完全不能说明酶促反应的本质。

2. 国际系统命名法 为了克服习惯命名法的弊端，国际酶学委员会（Enzyme Commission，EC）以酶的分类为依据，于 1961 年规定了一套系统命名法，一种酶只有一种名称。系统命名法命名原则是底物名称 + 构型 + 反应性质 + “酶”字。如果酶作用的底物有两个，要同时列出，并用（：）分开，若其中底物为水，则可省略。并且每一个酶都有对应的分类编号，由4个数字组成，数字间由“.”隔开。第 1 个数字指明酶属于哪一类；第 2 个数字指出酶属于哪一亚类；第 3 个数字指出酶属于哪一个亚亚类；第 4 个数字指明酶在亚亚类中的排号。例如对催化下列反应的酶进行命名：

$$ATP+D\text{-葡萄糖} \longrightarrow ADP+D\text{-葡糖-6-磷酸}$$

该酶的正式系统命名是 ATP：葡萄糖磷酸转移酶，表示该酶催化从 ATP 中转移 1 个磷酸基团到葡萄糖分子上的反应。该酶的分类编号是 EC 2.7.1.1，其中 EC 代表国际酶学委员会的缩写；第 1 个数字 2 代表酶的分类名称（转移酶类）；第 2 个数字 7 代表亚类（磷酸转移酶类）；第 3 个数字 1

代表亚亚类(以羟基作为受体的磷酸转移酶类);第 4 个数字 1 代表 D- 葡萄糖作为磷酸基的受体。由于许多酶促反应是双底物或者多底物反应,并且很多底物的化学名称太长,这使得很多酶的系统名称过长或者过于复杂。为了使用方便,国际酶学委员会又从每种酶的数个习惯命名中选定一个简便实用的推荐名称。

第二节　酶的化学组成与分子结构

一、酶的化学组成

除了核酶外,绝大多数酶都是蛋白质。化学本质是蛋白质的酶和其他蛋白质一样,按其分子组成可分为单纯酶(simple enzyme)和结合酶(conjugated enzyme)两类。

(一) 单纯酶

这类酶催化反应主要依赖蛋白质部分,不需其他辅助因子参与,如水解酶类(淀粉酶、蛋白酶、脂肪酶、纤维素酶、脲酶、溶菌酶等)。

(二) 结合酶

此类酶的结构中除含有蛋白质外,还含有非蛋白质部分,如大多数氧化还原酶类。其中蛋白质部分称为酶蛋白(apoenzyme),非蛋白部分统称为酶的辅助因子(cofactor)。结合酶中酶蛋白和辅助因子同时存在的状态,称为全酶(holoenzyme),即全酶 = 酶蛋白 + 辅助因子。只有全酶才有催化活性,酶蛋白和辅助因子单独存在时均无催化作用。

1. 酶蛋白　又称脱辅酶,即不带辅助因子的蛋白质部分。通常一种酶蛋白只能与一种辅助因子结合而成为一种专一性的结合酶,酶蛋白决定了酶催化作用的专一性和高效性。

2. 辅助因子　是酶分子中对热稳定的,一般为非蛋白小分子的物质。辅助因子参与酶促化学反应,主要起传递氢、传递电子或转移某些化学基团的作用,它们决定酶促反应的类型和性质。生物体内酶的种类很多而辅助因子的种类却较少,这说明一种辅助因子往往能与不同的酶蛋白构成多种专一性不同而反应类型相同的结合酶。例如 NAD^+ 既能作为乳酸脱氢酶的辅助因子,又可作为 3- 磷酸甘油醛脱氢酶的辅助因子,这两种酶同属于氧化还原酶类中的脱氢酶,但作用底物不同,前者为乳酸,后者为 3- 磷酸甘油醛。一般来说,每一种酶蛋白只能够和一种辅助因子结合,而一种辅助因子却可以和不同的酶蛋白结合,形成多种特异性的酶,催化各种特异的化学反应。

不同种类的辅助因子功能不同,可根据辅助因子的化学本质及其与酶蛋白结合的牢固程度,将辅助因子按如下方式分类:

(1)按照与酶蛋白结合的牢固程度分类

1)辅基(prosthetic group):与酶蛋白结合牢固,一般是通过共价键连接,不能用透析或超滤等简单物理方法去除的一类辅助因子。其在酶的提纯过程也不容易与酶蛋白分离。

2)辅酶(coenzyme):这类辅助因子与酶蛋白结合比较疏松,一般是通过非共价键连接,可用透析或超滤等物理方法去除，如辅酶Ⅰ、辅酶Ⅱ等。

(2)根据辅助因子的化学本质分类

1)无机金属元素：如铜、锌、镁、锰、铁等。有的金属离子与酶结合紧密，提取过程中不易丢失，称为金属酶，如黄嘌呤氧化酶中含 Cu^{2+}、Mo^{3+}；有些酶本身不含金属离子，必须加入金属离子才有活性，称金属活化酶(metal-activated enzyme)，金属离子为酶的活性所必需，但与酶的结合不甚紧密，如己糖激酶催化葡萄糖反应时的 Mg^{2+}。金属离子作为酶的辅助因子，主要作用表现为：参与构成和稳定酶的构象；参与催化反应，传递电子；在酶与底物间起桥梁连接作用；结合阴离子，降低反应中的静电斥力等。

2)小分子有机化合物：如维生素、铁卟啉等。几乎所有的B族维生素均参与辅酶的组成，因此也是许多酶发挥其催化活性所必要的组成部分。B族维生素的缺乏往往会导致各种酶促反应的障碍，直至代谢失常。B族维生素参与组成的辅酶及其作用见表4-1。

3)蛋白质类辅酶：某些蛋白质起辅酶作用，它们自身不起催化作用，但为某些酶的活性所必需。这些蛋白质类辅酶又被称为基团转移蛋白，一般是较小的分子，而且比多数酶具有更高的稳定性，主要参与基团转移反应或氧化还原反应。如细胞色素是含有血红素的蛋白质类辅酶，参与电子的传递。

表4-1 某些维生素的辅酶(辅基)形式及主要功能

B族维生素	辅酶(辅基)形式	主要功能
硫胺素(B_1)	焦磷酸硫胺素(TPP)	酮酸氧化脱羧及酰基转移
核黄素(B_2)	黄素单核苷酸(FMN) 黄素腺嘌呤二核苷酸(NAD)	氧化还原反应
烟酸(PP)	烟酰胺腺嘌呤二核苷酸(NAD^+) 烟酰胺腺嘌呤二核苷酸磷酸($NADP^+$)	氧化还原反应
泛酸	辅酶A(CoA)	酰基转移
吡哆醇(B_6)	磷酸吡哆醛和磷酸吡哆醇	氨基转移、脱羧作用
生物素	生物素	传递 CO_2
叶酸	四氢叶酸	“一碳单位”转移
钴胺素(B_{12})	5-甲基钴胺素及 5-脱氧腺苷钴胺素	甲基化
硫辛酸	二硫辛酸	酰基转移及氧化还原反应

根据酶蛋白的组成特点，还可以把酶分为以下几类：

(1)单体酶(monomeric enzyme)：酶蛋白的组成特点是由单条肽链构成，仅具有蛋白质三级结构的酶；主要包括水解酶类，如溶菌酶、核糖核酸酶、木瓜蛋白酶、胰蛋白酶和羧肽酶A等。

(2)寡聚酶(oligomeric enzyme)：酶蛋白的组织特点是由多个相同或不同亚基以非共价键连接组成，具有蛋白质四级结构的酶，如磷酸化酶a、己糖激酶、乳酸脱氢酶等都是由4个亚基组成，各亚基之间通过非共价键连接。

(3) 多酶体系(multienzyme system):催化一系列连续反应的几个不同的酶彼此结合形成的大分子蛋白质复合体,称为多酶体系。多酶体系有利于提高酶的催化效率,同时有利于机体对酶活性的调节控制,一般由 2~6 个功能相关的酶组成,如丙酮酸脱氢酶复合体和脂肪酸合成酶复合体。

(4) 多功能酶或串联酶(multifunctional enzyme or tandem enzyme):一些多酶体系在进化过程中由于基因的融合,多种不同催化功能的结构域存在于一条多肽链中,这类酶称为多功能酶。由单链的肽链构成,含有若干个酶活性的结构域。

二、酶的结构特点

酶的分子结构是酶发挥生物学功能的物质基础,不同的酶分子结构不同,决定着酶催化化学反应的专一性和高效性。酶的一级结构奠定了完成催化作用的基本条件,而酶的空间结构变化与酶的活性直接相关。

(一) 酶的活性中心

酶的活性中心(active center)是指酶分子中能与底物特异性结合并将底物催化成产物的具有特定空间构象的部位,也称活性部位(active site)。酶的活性中心是酶分子的一小部分,是酶分子中与底物结合并催化反应的场所,与酶活性直接相关的区域。

酶的活性中心是酶与底物结合并发挥其催化作用的部位,按其功能可分为底物结合部位(binding site)和催化部位(catalytic site)(图 4-2a)。活性中心一般处于酶分子的表面或裂隙中,构成活性中心的化学基团实际上是氨基酸残基的侧链或肽链的末端氨基和羧基。这些基团的一级结构一般相距较远,甚至可分散在不同链上,主要依靠酶分子形成特定的二级和三级结构,才使这些在一级结构上互相远离的基团靠近而集中于分子表面的某一空间区域。对于需要辅助因子的结合酶,辅助因子也是活性中心的重要组成部分。

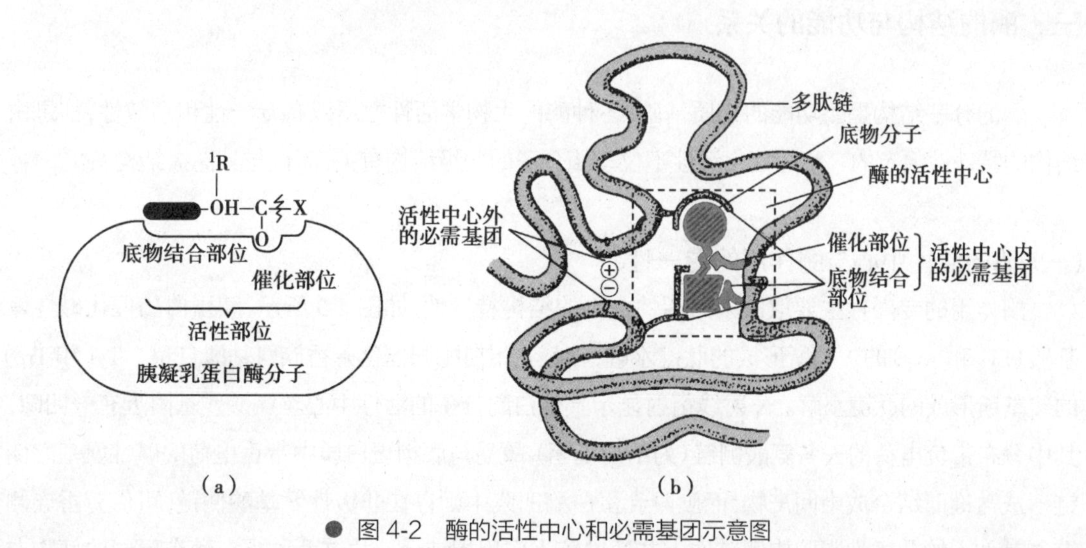

● 图 4-2 酶的活性中心和必需基团示意图
(a) 酶的活性中心 (b) 酶的必需基团

酶的活性中心含有较多疏水氨基酸残基，形成疏水性“裂缝”或“口袋”的三维结构区域，常常深入酶分子的内部，多为氨基酸残基的疏水基团组成的疏水环境，这种疏水环境有利于底物和产物结合形成酶复合物。酶活性中心也含有一些极性基团，在疏水的微环境中，这些极性基团有利于酶的催化反应。

(二) 酶的必需基团

酶分子中氨基酸残基侧链的化学基团中，一些与酶活性密切相关、对酶发挥催化作用必不可少的化学基团称为酶的必需基团(图 4-2b)。常见的必需基团有组氨酸的咪唑基、丝氨酸的羟基，半胱氨酸的巯基，以及谷氨酸的 γ- 羧基等。

根据必需基团所在的位置，可将其分为两大类：

1. 活性中心内的必需基团　是酶与底物结合并发挥催化作用的直接、有效的基团，又可分为底物结合部位和催化部位。底物结合部位是能够与底物发生特异性结合的有关部位，又称特异性结合部位。酶作用的专一性主要取决于底物结合部位结构的特异性。催化部位直接参与催化反应，影响底物中某些化学键的稳定性，底物的敏感键在此被切断或形成新键，并形成产物。

2. 活性中心外的必需基团　在活性中心外的某些化学基团虽然不直接参与对底物的结合或者催化，但是对维持整个酶分子的特定空间结构，特别是维持活性中心的构象具有稳定作用，可使活性中心的必需基团保持最佳的空间位置，同样对酶的催化作用发挥必不可少的作用。

综上所述，酶的活性中心、底物结合部位、催化部位和必需基团在酶发挥催化功能中都有重要的作用，它们之间的关系总结如下：

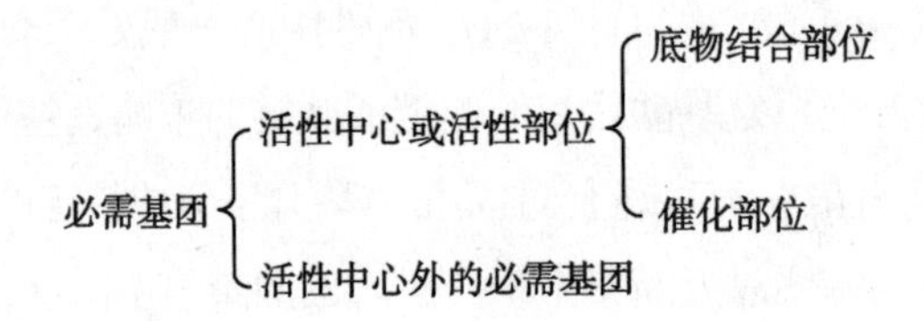

三、酶的结构与功能的关系

酶的分子结构是酶功能的物质基础，各种酶的生物学活性之所以有专一性和高效性，都是由结构的特殊性决定的。酶的催化活性不仅与酶分子的一级结构有关，而且与其高级结构有关。

(一) 酶的活性中心与酶作用的专一性

酶作用的专一性主要取决于酶活性中心的结构特异性，如图 4-3 所示，胰蛋白酶催化碱性氨基酸(Lys 和 Arg)的羧基所形成的肽键水解，胰凝乳蛋白酶则催化芳香族氨基酸(Phe、Tyr 和 Trp)的羧基所形成的肽键水解。X 射线衍射显示胰蛋白酶分子的活性中心丝氨酸残基附近有一凹隙，其中分布带负电荷的天冬氨酸侧链(为结合基团)，故易与底物蛋白质中带正电荷的碱性氨基酸侧链形成盐键而结合成中间产物；而胰凝乳蛋白酶凹陷中则存在非极性氨基酸侧链，可供芳香族侧链或其他大的非极性脂肪族侧链伸入并通过疏水作用相结合。故这两种蛋白酶有不同的底物专一性。

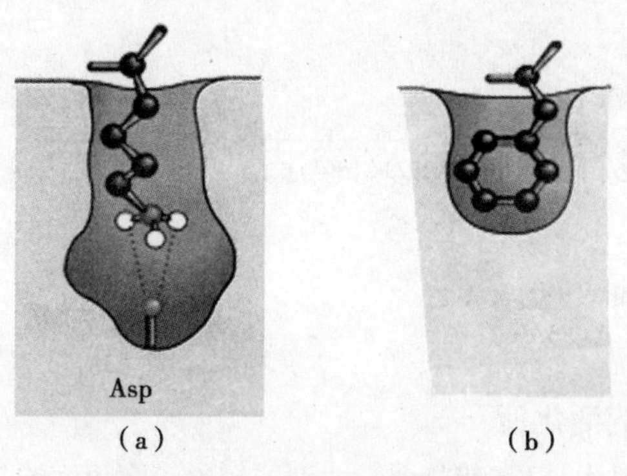

● 图 4-3 酶与底物作用部位特点示意图

(a)胰蛋白酶 (b)胰凝乳蛋白酶

(二) 空间结构与催化活性

酶的活性不仅与一级结构有关,并且与其空间结构紧密相关。在酶活性的表现上,有时空间结构比一级结构更为重要:因为活性中心需借助于一定的空间结构才得以维持。有时只要酶活性中心各基团的空间位置得以维持就能保持全酶的活性,而一级结构的轻微改变并不影响酶的活性。如:牛胰核糖核酸酶由124个氨基酸残基组成,其活性中心为组氨酸12及组氨酸119,当用枯草杆菌蛋白酶将其中的丙氨酸20-丝氨酸21的肽键水解后,得到一个含20(1~20)个氨基酸残基的片段,称S肽,以及另一个含104(21~124)个氨基酸残基的片段,称S蛋白。S肽含有组氨酸12,而S蛋白含有组氨酸119,两者单独存在时均无活力,在pH=7.0的介质中,使两者按1∶1重组时,两个肽段之间的肽键并未恢复,但酶活性却能恢复。这是S肽通过氢键及疏水键与S蛋白结合,使组氨酸12又与组氨酸119互相靠近,恢复表现酶活力的空间结构的缘故(图4-4)。由此可见,保持活性中心的空间结构是维持酶活性所必需的。只要酶维持一定的空间结构,使酶活性中心必需基团的相对位置保持恒定,在酶蛋白一级结构中个别肽键的断裂,乃至某些区域的小片段去除,并不影响酶的活性。这就是在某些酶蛋白中发生了氨基酸的突变,但是该酶仍然具有活性的原因。

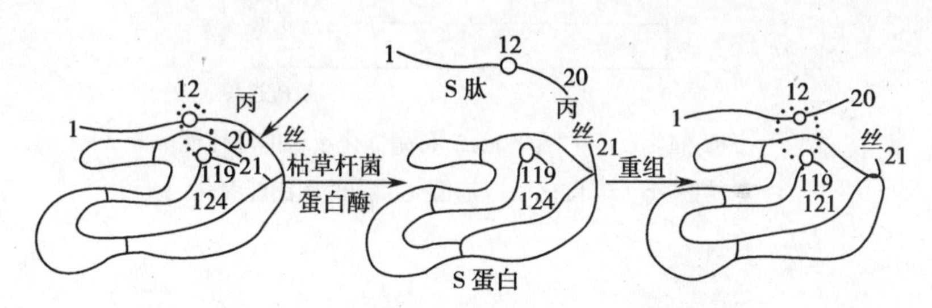

● 图 4-4 牛胰核糖核酸酶分子的切断与重组

酶的四级结构与功能的关系,可分两种类型。一类与催化作用有关,酶由几个相同或不同的亚基组成,每个亚基都有一个活性中心。四级结构完整时,酶的催化功能才会充分发挥出来,当四级结构被破坏时,亚基被分离,被分离的亚基仍保留着各自的催化功能。另一类与代谢调节有关,通过亚基的聚合与解聚来调节酶的活性。有的酶在亚基呈聚合态时有活性,如脂肪酸合成需要的乙酰CoA羧化酶;而有的酶呈解聚态时有活性,如cAMP依赖性蛋白激酶。

第三节　酶的催化作用机制及酶活力的测定

一、酶的催化作用机制

（一）酶能显著降低反应的活化能

在任何热力学反应体系中，只有那些含量达到或超过一定限度的“活化分子”才能发生变化，形成产物。能引起反应的最低的能量水平称反应能阈（energy threshold），分子由常态转变为活化状态所需的能量称为活化能（activation energy）。活化能是指在一定温度下，1mol 反应物达到活化状态所需要的自由能，单位是焦耳 / 摩尔（J/mol），化学反应速度与反应体系中活化分子的浓度成正比。活化能的高低决定反应体系活化分子的多少，活化能越低，能达到活化状态的分子就愈多，其反应速度必然愈大。催化剂的作用是降低反应所需的活化能，以致相同的能量能使更多的分子活化，从而加速反应的进行。酶可以比化学催化剂更有效地降低反应的活化能，使底物只要很少的能量就可以进入活化状态，因此有极高的催化效率（图 4-5）。例如过氧化氢的分解反应在无催化剂时活化能为 75.5kJ/mol，化学催化剂胶状钯催化时活化能为 48.9kJ/mol，而过氧化氢酶催化时活化能降到只有 8.4kJ/mol。

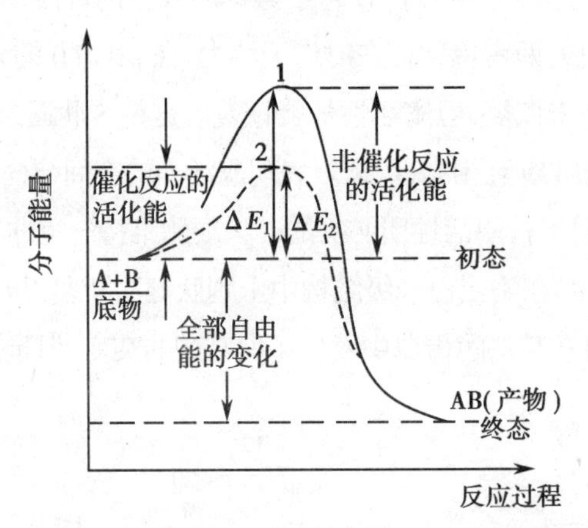

1. 无酶催化反应的活化能；2. 有酶催化反应的活化能。

● 图 4-5　非催化反应与催化反应的自由能变化

（二）中间复合物学说和过渡态

大量资料证明，在酶促反应中，酶（E）总是先与底物（S）形成不稳定的酶 - 底物复合物（enzyme-substrate complex，简称 ES），然后 ES 分解得到酶（E）和产物（P），酶（E）又可与底物（S）结合而继续发挥其催化功能，所以少量酶可催化大量底物。底物同酶结合成中间复合物是一种非共价结合，依靠氢键、离子键、范德华力等次级键来维系。

$$E+S \rightleftharpoons ES \longrightarrow P+E$$

由于 E 与 S 结合，形成 ES，致使 S 分子内的某些化学键发生极化呈现不稳定状态或称过渡态

(transition states),大大降低了S的活化能,使反应加速进行。

酶的活性中心不仅与底物结合,而且与过渡态中间物结合,其结合作用比底物与活性中心的结合更紧,当形成过渡态中间复合物时,要释放一部分结合能,使过渡态中间物处于更低的能级,因此整个反应的活化能进一步降低,反应大大加速。

(三) 酶作用高效率的机制

不同的酶可有不同的作用机制,也可多种机制共同作用。

1. 底物的"趋近"和"定向"效应 "趋近"效应指A和B两个底物分子结合在酶分子表面的某一狭小的局部区域,其反应基团互相靠近,从而降低了进入过渡态所需的活化能,显然,"趋近"效应大大增加了底物的有效浓度。由于化学反应速度与反应物的浓度成正比,在这种局部的高浓度下,反应速度将会显著提高。

酶不仅能使反应物在其表面某一局部范围互相接近,还可使反应物在其表面对着特定的基团几何地定向运动,使反应物以一种"正确的方式"互相碰撞而迅速形成过渡态,使其催化基团和结合基团正确排列,以便于底物相互靠近并形成有利于反应的定向关系,加快酶促反应速度。这种"定向"效应实际上是将分子间的反应变成类似于分子内的反应,从而提高反应速率。

2. 底物变形与张力作用 酶与底物结合后,使底物的某些敏感键发生"变形",从而使底物分子接近于过渡态,降低反应的活化能。在底物的诱导下,酶分子的构象也会发生变化,并对底物产生张力作用使底物扭曲,促进中间产物进入过渡状态。

3. 共价催化作用 酶分子中常见的亲核基团主要有:组氨酸的咪唑基、丝氨酸的羟基和半胱氨酸的巯基,许多辅酶也有亲核中心。这些基团都有孤对电子作为电子供体,与底物的亲电子基团以共价键结合,形成共价中间物,快速完成反应。而在亲电子催化作用中,酶和底物的作用与亲核催化相反,也就是说,酶活性中心内亲电子基团从底物中吸取1个电子对形成共价键。常见的亲电子基团主要有亲核碱基被质子化的共轭酸,如 $-NH_3^+$;以及由辅因子提供的金属阳离子。这种多功能基团的协同作用大大提高了酶的催化效应。

4. 酸碱催化作用 酶是两性电解质,所含有的多种功能基团有不同的解离常数,有的是质子的供体(酸),有的是质子的受体(碱)。这些基团(氨基、羧基、酚羟基、巯基、咪唑基等)参与质子的转移,通过瞬时地向反应物提供质子或从反应物接受质子以稳定过渡态,加快反应速度,这种催化称为酸碱催化作用。影响酸碱的因素主要是酸或碱的强度(pK)及质子传递的速率。组氨酸的咪唑基的解离常数为6.0,在生物体液pH条件下,既可作为质子供体,也可作为质子受体在酶反应中发挥催化作用。同时咪唑基接受质子和提供质子的速率也十分迅速,因此,组氨酸在大多数蛋白质中虽然含量很少,但很重要。

许多酶促反应常常有多种催化机制同时介入,共同完成催化反应,这是酶促反应高效率的重要原因。

二、酶活力的测定

酶具有高度特异的催化活性,常通过测定酶的活性来表示酶量,酶活力的测定就是对酶的定量测定。酶的活力高低是研究酶的特性，进行酶的生产及应用时的一项必不可少的指标。

（一）酶活力的测定条件

酶活力（enzyme activity）也称酶活性，是指酶催化某一化学反应的能力。酶活力的大小可以用在一定条件下所催化的某一化学反应的反应速率（reaction velocity 或 reaction rate）来表示。酶催化的反应速率愈大，酶的活力就愈高；反应速率愈小，酶的活力也愈低，所以测定酶活力就是测定酶促反应的速率。

按米氏公式可知反应初速度与酶浓度成正比，即 $V=K'[E_0]$。这是定量测定酶浓度的理论基础，酶反应速度可用单位时间内、单位体积中底物的减少量或产物的增加量来表示（通常测产物的增加量），所以反应速度的单位是：浓度 / 单位时间。

从图 4-6 可以看出，曲线上任意一点的斜率即为对应时间的反应速率。当底物消耗较少或产物生成较少时，反应速率几乎不变，此时产物 - 时间呈直线关系；而随时间的延长，曲线斜率发生改变，逐渐偏离直线，反应速率降低。这可能是由于底物的消耗使反应速率变慢或产物的积累导致逆反应增强而引起的。所以测定酶浓度首先要确定产物 - 时间的直线范围，决定产物 - 时间关系的主要因素是底物浓度、酶浓度和反应时间。因此，为避免这些因素对反应速率的影响，在测定酶活力时除了选择酶促反应最佳条件即最适 pH、最适温度、最适缓冲液离子强度外，一般采用高底物浓度（$[S] \geq 100K_m$），通过测定反应初速度来测定酶的活力。

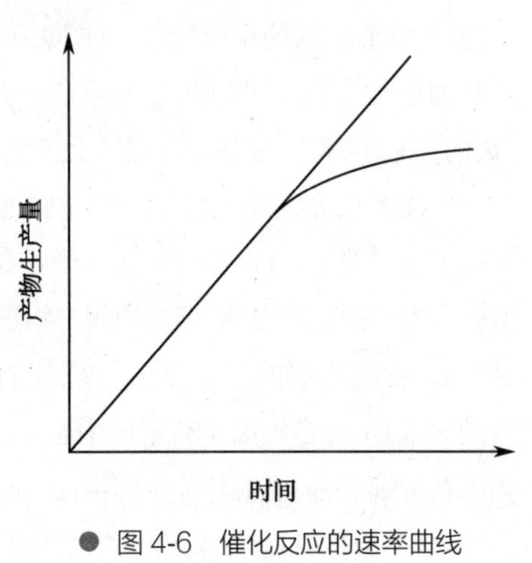

● 图 4-6　催化反应的速率曲线

（二）酶活力单位

酶活力的高低以酶活力单位（U，activity unit）表示，即指酶在一定条件下，一定时间内将一定量的底物转变为产物所需的酶量。酶活力的国际标准单位如下：

1. IU　是指在最适反应条件下，每分钟内 1μmol 底物转化为产物所需的酶量。即 1IU= 1μmol/min。

2. Katal 单位　1972 年，国际酶学委员会又推荐一个新的酶活力国际单位，即 Katal 单位（Kat 单位），1Kat 单位是指在最适条件下，每秒钟可使 1mol 底物转化为产物所需的酶量。即 1Kat=1mol/s，$1\text{Kat}=6\times10^7\text{IU}$。

在酶的纯化过程中，除了要测定一定体积或一定重量的制剂中含有多少活力单位外，还要测定酶制剂的纯度。酶的质量的另一个衡量标准就是酶的纯度。对于酶的纯度用比活力（specific activity）表示，即 1mg 蛋白所含的酶活力单位数。对同一种酶来说，比活力愈大，表示酶的纯度愈高。

比活力（纯度）= 活力单位数 / 蛋白（mg）

第四节 酶促反应动力学

酶促反应动力学是讨论酶催化反应的速率及各种因素对反应速率的影响。这对深入了解酶催化作用的本质和作用机制有重要意义。影响酶促反应速率的因素有很多，主要包括底物浓度、酶的浓度、酸碱度、温度、激活剂和抑制剂。

一、底物浓度对酶促反应速率的影响

（一）米氏方程

1902 年，Henri 提出“酶-底物中间复合体”学说。在酶促反应中，酶先与底物形成中间复合物，再转变成产物，并重新释放出游离的酶，见式(4-1)。

$$\underset{\text{酶 底物}}{E + S} \underset{K_2}{\overset{K_1}{\rightleftharpoons}} \underset{\text{中间产物}}{ES} \xrightarrow{K_3} \underset{\text{产物 酶}}{P + E} \qquad \text{式(4-1)}$$

反应式(4-1)中，K_1、K_2 和 K_3 分别是各方向的反应速率。

在其他因素不变的情况下，底物浓度对反应速率的影响呈矩形双曲线关系（图 4-7）。底物浓度与反应速率的关系存在 3 个不同阶段：第 1 阶段，在低底物浓度下，起始速率与底物浓度成正比，表现为一级反应；第 2 阶段，随着底物浓度的增加，由于酶逐渐被底物饱和，反应速率的提高减慢，不再与底物的浓度成正比，表现为混合级反应；第 3 阶段，当底物浓度增加到极大值，所有酶分子均被底物饱和，即均转变为酶与底物的中间复合物，此时的反应速率不再进一步提高，表现为零级反应。因此，以[S]对 V 作图时，就形成一条双曲线。

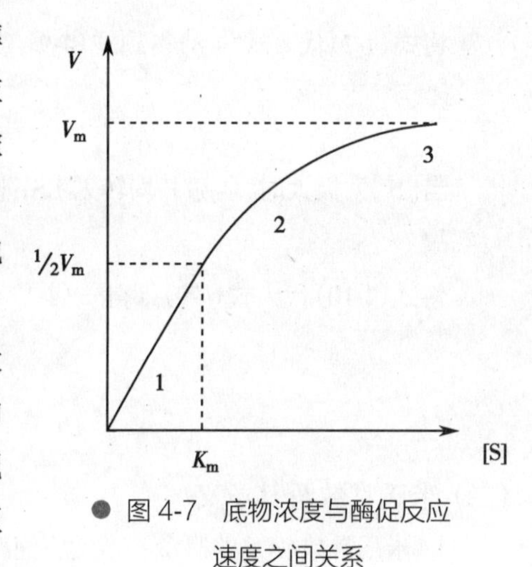

图 4-7 底物浓度与酶促反应速度之间关系

1913 年，Michaelis 和 Menten 提出解释反应速率与底物浓度关系的理论，通过数学方程式的形式，即米-曼方程式，简称米氏方程（Michaelis equation），见式(4-2)。

$$V=V_m[S]/(K_m+[S]) \qquad \text{式(4-2)}$$

米氏方程反映了底物浓度与酶促反应速率间的定量关系，式(4-2)中 V_m 为最大反应速率，[S]为底物浓度，K_m 为米氏常数，V 为底物浓度不足以产生最大速率时的反应速率。当[S]和 K_m 相比如果小得多时，方程式分母中[S]可略去不计，而得到：$V=V_m[S]/K_m$。这说明反应对底物为一级反应，其速率与[S]成正比。反之，当[S]和 K_m 相比要大得多时，式(4-2)中 K_m 可略去不计，而得到：$V=V_m[S]/[S]=V_m$，说明此时反应速率达最大的恒定值，与底物浓度无关，反应为零级反应。

米氏方程的建立基于这样的假设：①反应是单底物反应；②测定的反应速率为初速率（指反应刚开始，各种影响因素还没有发挥作用时的酶促反应速率）；③在反应的初始阶段，底物浓度远远大于酶的浓度，因此，底物浓度可认为不变。

米氏方程可进行如下推导：

根据式（4-1）可知，ES 的生成和解离速率各为：

$$\text{ES 的生成速率} = K_1([E]-[ES])[S] \quad \text{式(4-3)}$$

$$\text{ES 的解离速率} = (K_2+K_3)[ES] \quad \text{式(4-4)}$$

当处于恒定状态时，ES 复合物的生成速率与分解速率相等，即得式（4-5）：

$$K_1([E]-[ES])[S]=(K_2+K_3)[ES] \quad \text{式(4-5)}$$

对式（4-5）重新整理得到式（4-6）：

$$\frac{([E]-[ES])[S]}{[ES]}=\frac{K_2+K_3}{K_1} \quad \text{式(4-6)}$$

将 $(K_2+K_3)/K_1$ 复合常数用 K_m（米氏常数）来表示，代入式（4-6）成为式（4-7）：

$$[ES]=\frac{[E][S]}{K_m+[S]} \quad \text{式(4-7)}$$

通常底物浓度比酶浓度过量得多，即 $[S] \gg [E]$，所以反应速率取决于产物生成量，即得式（4-8）：

$$V=K_3[ES] \quad \text{式(4-8)}$$

将式（4-7）代入式（4-8）得到式（4-9）：

$$V=\frac{K_3[E][S]}{K_m+[S]} \quad \text{式(4-9)}$$

当[S]为极大时，全部 E 均转为 ES，[ES]=[E]，此时 V 即为最大速度 V_m，亦即 $V=V_m$。

故 $$V_m=K_3[E] \quad \text{式(4-10)}$$

将式（4-10）代入式（4-9）即得式（4-11）：

$$V=\frac{V_m[S]}{K_m+[S]} \quad \text{式(4-11)}$$

（二）米氏常数及其意义

1. 米氏常数（K_m）的概念　当反应速率 $V=V_m/2$ 时，米氏方程为：

$$V_m/2=V_m[S]/(K_m+[S])$$

推导可知 $K_m=[S]$，因此米氏常数为酶促反应速率达到最大反应速率一半时的底物浓度，单位为 mol/L。K_m 是酶的一个特征常数，其大小只与酶的性质有关，而与酶的浓度无关，当 pH、温度和离子强度等因素不变时，K_m 恒定。K_m 的范围一般在 10^{-7}~10^{-1}mol/L。

2. K_m 的意义　米氏常数在酶学和代谢研究中均为重要特征数据。

（1）反映酶与底物亲和力的大小：一般用 $1/K_m$ 近似地表示酶与底物亲和力的大小。$1/K_m$ 愈大，表明达到最大反应速率所需底物浓度越低，酶促反应易于进行，即酶与该底物的亲和力大。一种酶如果作用于几种不同的底物，就有不同的米氏常数，这说明同一种酶对不同底物的亲和力不同，其中 K_m 最小的底物一般称为该酶的最适底物。

(2) 推导反应速率：若已知某一个酶的 K_m，可根据米氏方程，计算在某一底物浓度下，反应速率与最大反应速率之间的关系。例如，当[S]=3K_m 时，根据米氏方程可知 $V=75\%V_m$。

(3) 了解酶在细胞内的主要催化方向：催化可逆反应的酶，对正、逆两向底物的 K_m 往往是不同的，比较 K_m 的差别以及细胞内正、逆两向底物的浓度，可以大致推测该酶催化正、逆两向反应的效率，从而判断其主要催化方向。

(4) 判断代谢过程中的限速步骤：当一系列不同的酶催化一个代谢过程的连锁反应时，如能确定各种酶的 K_m 及其相应的底物浓度，即可找到该过程的限速步骤。例如，酶 1，2，3 分别催化 A → B → C → D 三步连锁反应，它们相对底物的 K_m 分别为 10^{-2}mol/L、10^{-3}mol/L、10^{-4}mol/L，而细胞内 A、B、C 的浓度均接近 10^{-4}mol，由此可推断出该连续过程的限速步骤为 A → B。

(5) 在测定酶活性时，如果要使测得的初速率基本上接近 V_m，而过量的底物又不至于抑制酶活性时，一般[S]需为 K_m 的 10 倍以上。

(6) 了解酶的 K_m 及其底物在细胞内的浓度，可以推知该酶在细胞内是否受到底物浓度的调节。如酶的 K_m 远低于细胞内的底物浓度（低 10 倍以上），说明该酶经常处于底物饱和状态，底物浓度的稍许变化不会引起反应速率有意义的改变；反之，如酶的 K_m 大于底物浓度，则反应速率对底物浓度的变化就十分敏感。

(7) 测定不同抑制剂对某个酶 K_m 及 V_m 的影响，可以区别该抑制剂是竞争性还是非竞争性抑制剂。

3. 米氏常数的求法　从酶的 V-[S]图上可以得到 V_m，再从 $V_m/2$ 可求得相应的[S]，即为 K_m。但实际上用这个方法来求 K_m 是不精确的，因为即使用很大的底物浓度，也只能得到趋近于 V_m 的反应速率，而达不到真正的 V_m，因此测不到准确的 K_m。为了得到准确的 K_m，可以把米氏方程的形式加以改变，通常以双倒数作图法（double reciprocal plot），又称为林 - 贝（Lineweaver-Burk）作图法取得 K_m 与 V_m。

Lineweaver-Burk 方程是将米氏方程两边取倒数：

$$\frac{1}{V}=\frac{K_m}{V_m}\cdot\frac{1}{[S]}+\frac{1}{V_m} \qquad 式(4\text{-}12)$$

这一线性方程，用 $1/V$ 对 $1/[S]$ 作图即得到一条直线（图 4-8），直线的斜率为 K_m/V_m，$1/V$ 的截距 $1/V_m$，当 $1/V=0$ 时，$1/[S]$ 的截距为 $-1/K_m$。

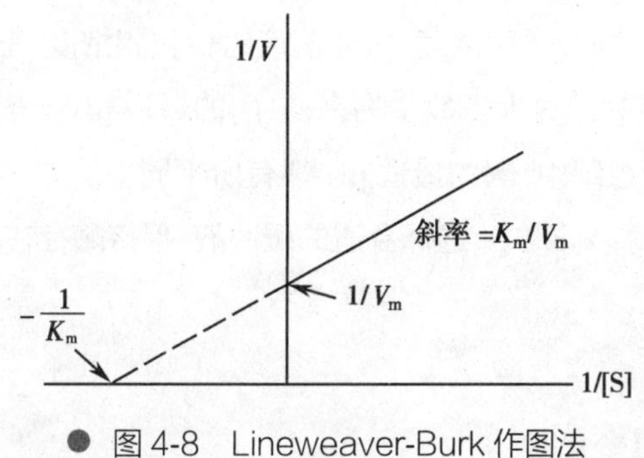

图 4-8　Lineweaver-Burk 作图法

二、酶浓度对酶促反应速率的影响

由于在酶促反应过程中，酶首先与底物结合形成中间产物，因此在底物浓度远远大于酶的浓度的情况下（即所有酶分子都与底物结合时），反应达到最大速率，这时增加酶浓度可增加反应速率，反应速率与酶浓度成正比关系，即 $V=K[E]$（图 4-9）。

三、pH 对酶促反应速率的影响

大多数酶的活性均受 pH 的影响。pH 对酶促反应速率的影响，通常表现为 pH 过高或过低均可导致酶催化活性的下降（图 4-10）。pH 对酶促反应速率的影响主要体现在以下 3 个方面：①强酸或强碱（pH 过低或过高）导致酶蛋白质变性失活，因此酶活性很低。② pH 的改变可以影响酶分子上必需基团的解离状态，以及影响辅助因子的带电种类（正或者负）和电荷多少，进而影响酶活性中心的构象，导致酶活性的改变；这种情况下，选择合适的 pH 有利于酶促反应的加速。不同的酶由于其一级结构和空间结构不同，导致其处于最佳解离状态时所需的 pH 有所不同，所以 pH 对不同酶和底物的影响不同，对其酶促反应速率的影响也就不同。③ pH 的改变会影响到底物分子的解离状态，由于酶的特异性，影响到底物与酶的结合状态，而导致酶活性的变化。

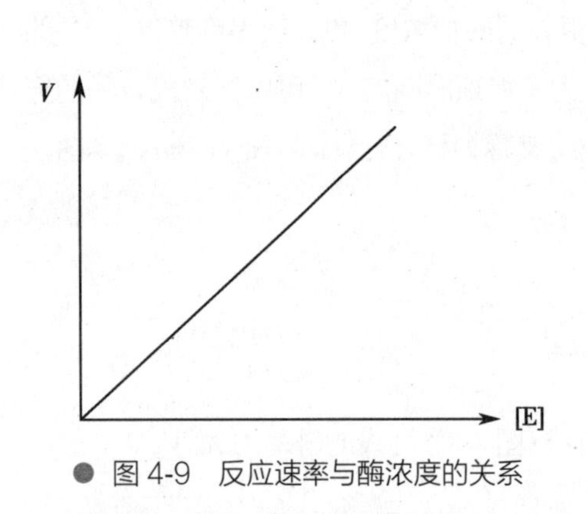

● 图 4-9　反应速率与酶浓度的关系

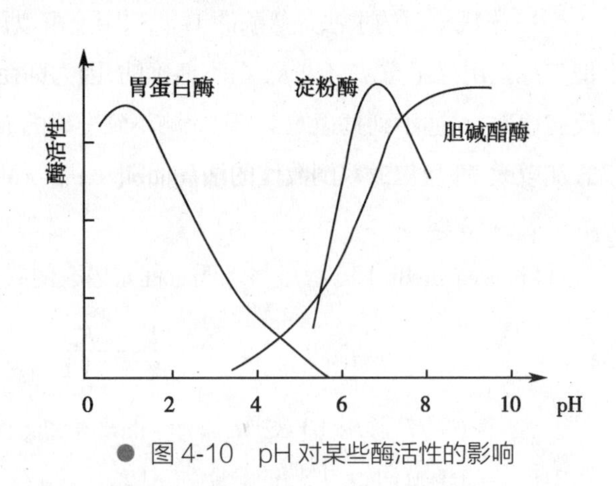

● 图 4-10　pH 对某些酶活性的影响

在随着 pH 的改变，酶催化活性最高时，溶液的 pH 就称为酶的最适 pH。酶的最适 pH 受其他因素的影响，如酶的纯度、底物种类和浓度、缓冲溶液的种类和浓度、抑制剂等的影响，因此，酶的最适 pH 不是酶的特征性常数。对大多数生物来说，酶的最适 pH 一般都在中性 pH，但是在不同生物物种、同一物种的不同组织中，酶的最适 pH 都有所不同。例如：胃蛋白酶的 pH 是 1.8，而肝精氨酸酶的 pH 是 9.8。在酶学研究中，选择合适的缓冲液，保持酶存在环境的相对稳定，对保持酶的高活性具有重要意义。

四、温度对酶促反应速率影响

一般来说，温度对反应速率有双重影响，通常为一“钟罩形”曲线，即温度过高或过低均可导致酶催化活性的下降。当温度变化时，温度每升高 10℃，反应速率增加 2~3 倍，酶促反应速率随温度的增高而加快。但当温度增加达到某一点后，由于酶蛋白的热变性作用，反应速率迅速下降，直到完全失活。因此，在某一温度下，酶促反应速率达到一最大值时的温度就称为酶的最适温度（图 4-11）。

不同酶均有相对应的最适温度，即在该温度条件下，酶促反应的速率最大。酶的最适温度与底物浓度、环境的 pH、离子强度、反应时间等许多因素有关。与最适 pH 一样，最适温度不是酶的特征常数。

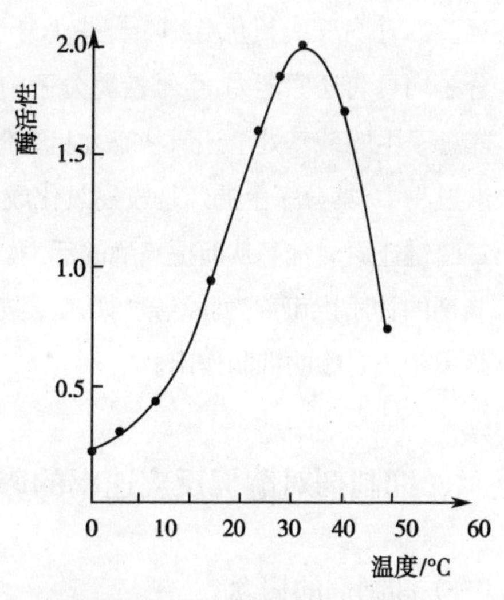

图 4-11 温度对酶活性的影响

低温时由于活化分子数减少，反应速率降低，但温度升高后，酶活性又可恢复。因此，虽然酶在高温和低温时都表现出比较低的活性，但是本质上有一定区别，高温是因为酶蛋白变性所致，而低温是因为提供给反应体系的能量有限所致，当温度升高时，仍然可以表现出高的活性。利用低温储藏生物标本、食物等，因为细菌中的各种酶活性很低，细菌不能繁殖生长。临床上的低温麻醉，减少组织细胞的代谢程度，使机体耐受手术时氧和营养物质的缺乏。对温血动物来说，一般酶的最适温度为 35~40℃。当然也有特殊的情况，如在分子生物学实验中的 PCR 反应，其中用到 Taq DNA 聚合酶，其最适温度为 70~75℃，并可耐受 100℃高温，此酶是从温泉的水生栖热菌［*Thermus Aquaticus*（Taq）］中分离出的热稳定性 DNA 聚合酶。

综上所述，温度对酶促反应速率的影响是这两个相反效应之间的平衡。在温度较低时，前者影响较大，即反应速率随温度的增高而加快；而当温度超过一定数值后，酶受热变性影响占优势，反应速率反而随温度升高而减慢。

五、激活剂对酶促反应速率的影响

（一）激活剂的概念

凡能提高酶的活性，加速酶促反应速率的物质都称为激活剂（activator）。它与辅酶或辅基的作用不同，如果无激活剂存在时，酶仍能表现出一定的活性，而辅酶或辅基不存在时，酶则完全不具有活性。

激活剂对酶的激活作用可能出于以下几个原因：①与酶分子中的氨基酸侧链基团结合，稳定酶催化作用所需的空间结构；②作为底物（或辅酶）与酶蛋白之间联系的桥梁；③作为辅酶或辅基的一个组成部分协助酶的催化作用。

激活剂的作用是相对的，一种酶的激活剂对另一种酶来说，也可能是一种抑制剂。另外，不同浓度的激活剂对酶活性的影响也不相同（图 4-12）。

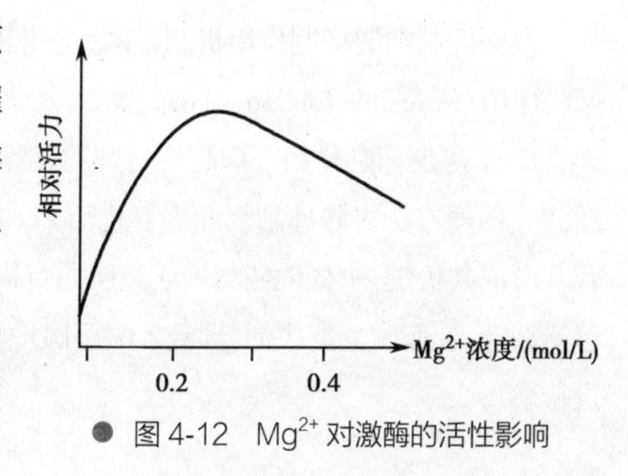

图 4-12 Mg^{2+} 对激酶的活性影响

（二）激活剂的种类

1. 简单的无机离子　酶的激活剂可以是一些简单的无机阳离子如 Na^+、K^+、Ca^{2+}、Mg^{2+}，以及无机阴离子如 Cl^-、Br^-、I^- 等，Cl^- 是唾液淀粉酶最强的激活剂，RNA 酶需要 Mg^{2+}，脱羧酶需要 Mn^{2+}、Co^{2+}。

2. 小分子有机化合物　一些小分子的有机物如维生素 C、半胱氨酸、还原型谷胱甘肽等，这些分子均具有还原能力，可维持酶分子中巯基的还原状态，从而提高酶活力。这是由于这些酶需要其分子中的巯基处于还原状态才具有催化作用。如木瓜蛋白酶及 3- 磷酸甘油醛脱氢酶在分离提取过程中，其分子上的巯基较易氧化成双硫键而使活力降低，当加入上述任何一种化合物后，能使二硫键还原成巯基从而提高酶的活力。还有些酶的催化作用易受某些抑制剂的影响，凡能除去抑制剂的物质也可称为激活剂，如乙二胺四乙酸（EDTA）是金属螯合剂，能除去重金属杂质，从而解除重金属对酶的抑制作用。

六、抑制剂对酶促反应速率的影响

（一）抑制剂的概念

酶分子的性质受到某些化学物质的影响而发生改变，导致酶活性的降低或丧失称为抑制作用（inhibition）。能引起抑制作用的物质即为抑制剂（inhibitor）。抑制剂作用的最重要特征之一是能够引起酶活性的降低，甚至活性丧失，其原理都是因为抑制剂作用于酶分子上的必需基团，引起酶的活性中心的构象改变等，从而使酶的活性降低。抑制剂对它所抑制的酶具有一定选择性；而强酸、强碱引起酶蛋白变性，对酶没有选择性。

抑制剂通常对酶有一定的选择性，一种抑制剂只能引起某一类或几类酶的抑制。某些酶的抑制剂是正常细胞代谢产物，它抑制某一特殊酶，作为代谢途径中正常调控的一部分。抑制剂也可以属于外源物质，如药物或毒物，这样的抑制作用既可以有治疗作用，也可能是致命的。很多中药材组分通过对酶活性的抑制而发挥药效作用，如人参、五味子等可抑制心肌细胞膜上的 Na^+-ATP 酶、K^+-ATP 酶；石蒜、秦皮、芦丁等抑制琥珀酸脱氢酶；野百合抑制以 NAD 为辅酶的酶；甘草、决明子、柴胡、红花等抑制磷酸二酯酶；灵芝抑制醛缩酶；小檗碱抑制腺苷酸环化酶。

（二）抑制作用的类型

根据抑制剂的抑制作用机制不同，可将其分为不可逆抑制作用（irreversible inhibition）和可逆抑制作用（reversible inhibition）两大类。

1. 不可逆抑制作用　抑制剂与酶的必需基团以共价键结合而引起酶活性丧失，不能用透析、超滤等物理方法去除抑制剂而恢复酶活力。它通常是通过与活性中心或靠近活性部位的氨基酸残基形成共价键，永久地使酶失活。例如有机磷农药特异性地和胆碱酯酶活性中心的巯基进行不可逆结合，使胆碱酯酶失活，导致乙酰胆碱堆积，引起神经兴奋。解救有机磷中毒可以给予解磷定进行解毒。

$$\underset{\text{有机磷化合物}}{(R-O)(R'-O)P(=O)X} + \underset{\text{羟基酶}}{HO-E} \longrightarrow \underset{\text{失活的酶}}{(R-O)(R'-O)P(=O)O-E} + \underset{\text{酸}}{HX}$$

$$\underset{\text{磷酰化胆碱酯酶}}{(R_1O)(R_2O)P(=O)O-\text{酶}} + \underset{\text{解磷定}}{\text{(}N^{+}-CH_3\text{吡啶})-CHNOH} \longrightarrow \underset{\text{磷酰化解磷定}}{\text{(}N^{+}-CH_3\text{吡啶})-CHNO-P(=O)(OR_1)(OR_2)} + \underset{\text{胆碱酯酶}}{\text{酶}-OH}$$

不可逆抑制作用随着抑制剂浓度的增加而逐渐增加，当抑制剂的量大到足以和所有的酶结合时，酶的活性完全被抑制。这种抑制剂的种类多种多样，如某些重金属离子（Pb^{2+}、Cu^{2+}、Hg^{2+}），有机砷化合物及对氯汞苯甲酸等，能与酶分子的巯基进行不可逆结合，使酶失活。例如路易士气能不可逆地抑制体内巯基酶，用二巯丙醇（dimercaprol，BAL）和二巯丁二钠等含巯基的化合物可使巯基酶复活。

$$\underset{\text{路易士气}}{Cl_2As-CH{=}CHCl} + \underset{\text{巯基酶}}{E(SH)_2} \longrightarrow \underset{\text{失活的酶}}{E(S)_2As-CH{=}CHCl} + \underset{\text{酸}}{2HCl}$$

$$\underset{\text{失活的酶}}{E(S)_2As-CH{=}CHCl} + \underset{\text{BAL}}{CH_2(SH)-CH(SH)-CH_2OH} \longrightarrow \underset{\text{巯基酶}}{E(SH)_2} + \underset{\text{BAL与砷剂结合物}}{CH_2(S)-CH(S)-CH_2OH \cdot As-CH{=}CHCl}$$

2. 可逆抑制作用　抑制剂以非共价键与酶分子可逆性结合造成酶活性的抑制，且可采用透析、超滤等简单方法去除抑制剂而使酶活性完全恢复的抑制作用称为可逆抑制作用。根据抑制剂与酶分子的结合特性，人为地把可逆抑制作用分为竞争性抑制作用（competitive inhibition）、非竞争性抑制作用（non-competitive inhibition）和反竞争性抑制作用（uncompetitive inhibition）几种类型。

（1）竞争性抑制作用：抑制剂与底物的结构相似，能和底物竞争与酶的活性中心结合，从而阻碍底物与酶的结合，影响酶 - 底物复合物的形成，使酶的活性降低，这种抑制作用称为竞争性抑制作用（图 4-13）。

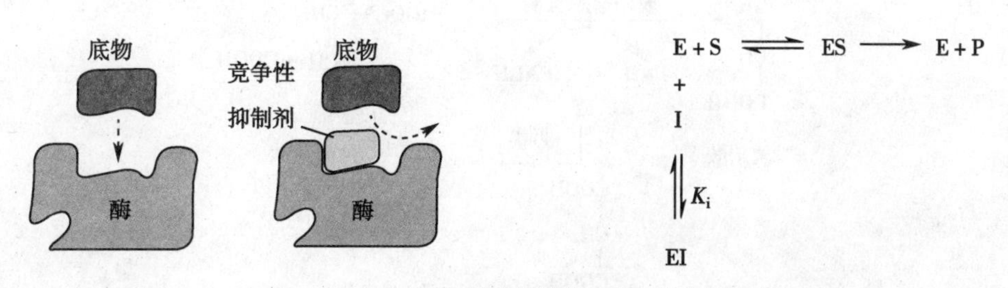

● 图 4-13　竞争性抑制剂作用机制示意图

反应式中的 K_i 为 EI 的解离常数，又称为抑制常数。抑制剂和酶形成二元复合物 EI，增加底物浓度可以使 EI 转变为 ES。竞争性抑制剂存在时的米式方程见式(4-13)：

$$V=\frac{V_m[S]}{K_m(1+[I]/K_i)+[S]} \qquad \text{式(4-13)}$$

将上述方程式作双倒数处理，可得式(4-14)：

$$\frac{1}{V}=\frac{K_m}{V_m}\left(1+\frac{[I]}{K_i}\right)\cdot\frac{1}{[S]}+\frac{1}{V_m} \qquad \text{式(4-14)}$$

若以 1/[S]对 1/V 作图(图 4-14)，可见有 I 存在时的直线斜率高于无 I 时的斜率，K_m 增大，且 K_m 随[I]的增加而增加，称为表观 K_m(K_m^{app})。无 I 与有 I 时的两条动力学曲线在纵轴上相交，其横轴截距为 $1/V_m$，即 V_m 的数值不变。

竞争性抑制作用的特点：①酶分子既可结合底物也可结合抑制剂，但两者不能同时与酶结合；②竞争性抑制剂可以是底物的结构类似物，与底物争夺同一结合位点，也可能虽然两者的结合位点不同，但由于空间障碍使得两者不能同时结合在酶分子上；③由于竞争性抑制剂可逆地结合在活性中心的底物结合部位，抑制作用可以被高浓度的底物减弱以致消除，因此竞争性抑制剂对 K_m 和 V_m 的效应为 V_m 没有变化，但在竞争性抑制剂存在的条件下，酶对底物的亲和力降低，即 K_m 增加。抑制程度与抑制剂浓度成正比，与底物浓度成反比。

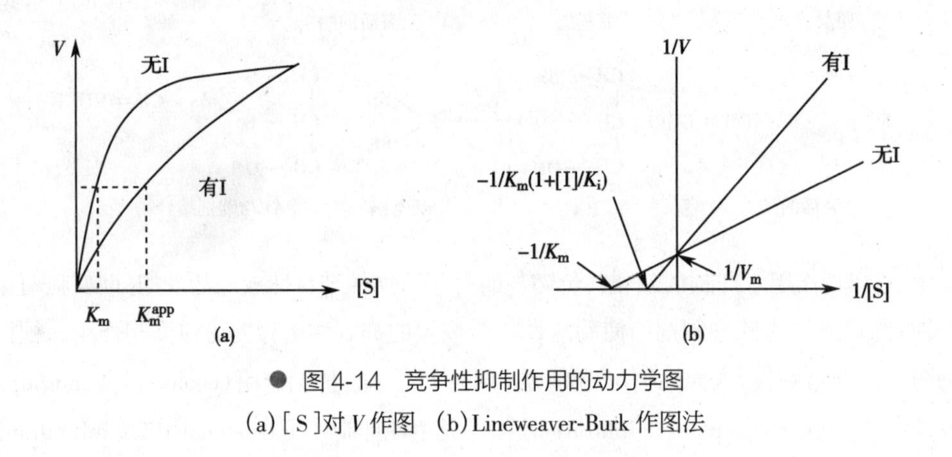

图 4-14 竞争性抑制作用的动力学图

(a)[S]对 V 作图 (b)Lineweaver-Burk 作图法

竞争性抑制作用的经典例子是丙二酸对琥珀酸脱氢酶的抑制。若增加底物琥珀酸的浓度，抑制作用即减弱，甚至解除。

COOH—CH—CH—COOH（琥珀酸）—琥珀酸脱氢酶（FAD → $FADH_2$）→ HOOC—CH=CH—COOH（延胡索酸）

抑制 ↑ COOH—CH—COOH（丙二酸）

磺胺类药物是典型的竞争性抑制剂。细菌在生长和繁殖时利用对氨基苯甲酸为底物合成二氢叶酸,二氢叶酸可再还原为四氢叶酸,后者是合成核酸所必需的。磺胺类药物与对氨基苯甲酸的结构类似,竞争性占据细菌体内二氢叶酸合成酶,从而抑制细菌生长所必需的二氢叶酸的合成,干扰了细菌核酸的合成,抑制了细菌的生长和繁殖。人体细胞的叶酸由食物获得,不受磺胺类药物的抑制。

另外,许多抗代谢物和抗癌药物几乎都是竞争性抑制剂。例如,抑制核苷酸合成的具抗癌作用的氟尿嘧啶和巯嘌呤分别是胸腺嘧啶核苷磷酸化酶和次黄嘌呤鸟嘌呤磷酸核糖转移酶的竞争性抑制剂;抑制尿酸生成、抗痛风的别嘌醇是黄嘌呤氧化酶的竞争性抑制剂。

H_2N—⟨苯环⟩—COOH　　H_2N—⟨苯环⟩—SO_2NHR 磺胺类药物

(−)

对氨基苯甲酸
二氢蝶呤
谷氨酸
} $\xrightarrow{\text{二氢叶酸合成酶}}$ 二氢叶酸 $\xrightarrow{\text{二氢叶酸还原酶}}$ 四氢叶酸

(2)非竞争性抑制作用:指抑制剂和酶的活性中心以外的结合位点相结合,不影响酶和底物的结合,底物也不影响酶和抑制剂结合。即底物 S 和抑制剂 I 与酶的结合互不相关,既不排斥,也不促进,S 可与游离 E 结合,也可与 EI 复合体结合。同样 I 可与游离 E 结合,也可与 ES 复合体结合,但 IES 不能释放出产物(图 4-15)。如麦芽糖抑制 α- 淀粉酶对淀粉的水解作用。

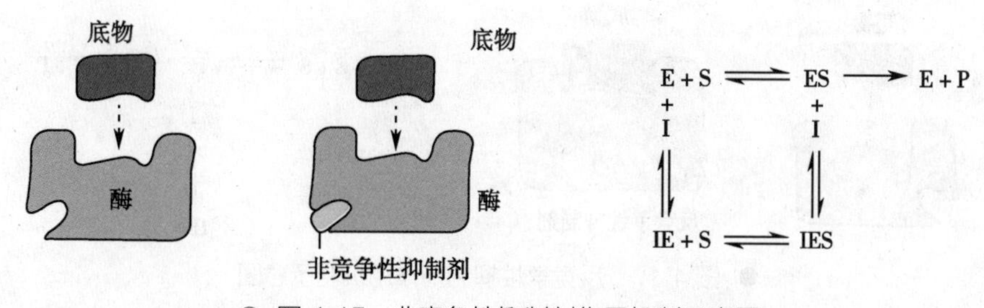

图 4-15　非竞争性抑制剂作用机制示意图

非竞争性抑制剂存在时的米式方程见式(4-15):

$$V=\frac{V_m[S]}{K_m\left(1+\frac{[I]}{K_i}\right)+[S]\left(1+\frac{[I]}{K_i}\right)} \qquad 式(4\text{-}15)$$

取其双倒数方程变为式(4-16):

$$\frac{1}{V}=\frac{K_m}{V_m}\left(1+\frac{[I]}{K_i}\right)\frac{1}{[S]}+\frac{1}{V_m}\left(1+\frac{[I]}{K_i}\right) \qquad 式(4\text{-}16)$$

若以 1/[S]对 1/V 作图(图 4-16),可见有 I 时的直线斜率和竞争性抑制作用一样,高于无 I 时的直线斜率,最大速率随[I]增加而减小,称为表观 V_m(V_m^{app})。但有 I 时,在横轴上的截距仍为

$-1/K_m$，和无 I 时的一样，即 K_m 的数值不变。

非竞争性抑制作用的特点：①非竞争性抑制剂的化学结构不一定与底物的分子结构类似；②非竞争性抑制剂与酶的活性中心外的位点结合；③非竞争性抑制剂对酶与底物的结合无影响，故底物浓度的改变对抑制程度无影响，抑制程度与非竞争性抑制剂浓度成正比，而与底物浓度无关；④反映酶与底物亲和力的特征常数 K_m 不因非竞争性抑制剂的存在而改变，而 V_m 减少。

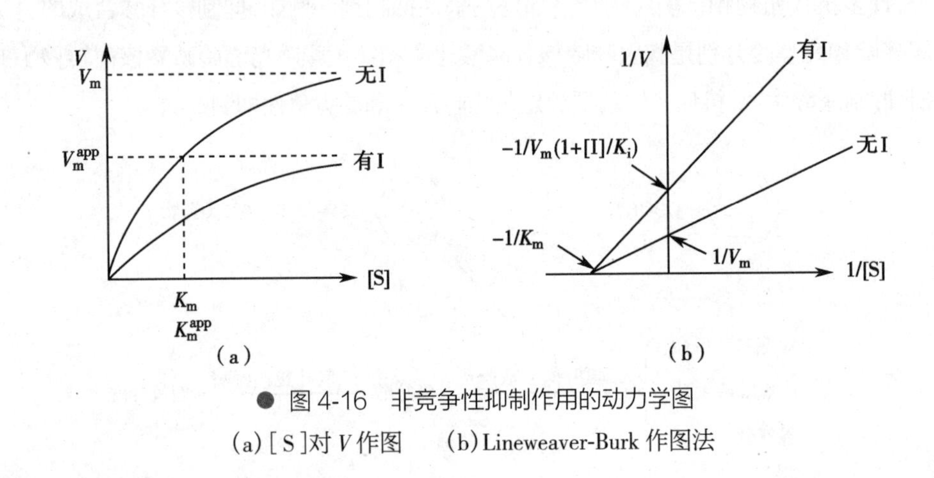

● 图 4-16　非竞争性抑制作用的动力学图

(a)［S］对 V 作图　　(b) Lineweaver-Burk 作图法

(3) 反竞争性抑制作用：指抑制剂不能与游离酶结合，但可与 ES 复合物结合并阻止产物生成，使酶的催化活性降低，称酶的反竞争性抑制作用。反竞争性抑制作用常见于多底物反应中，而在单底物反应中比较少见（图 4-17）。

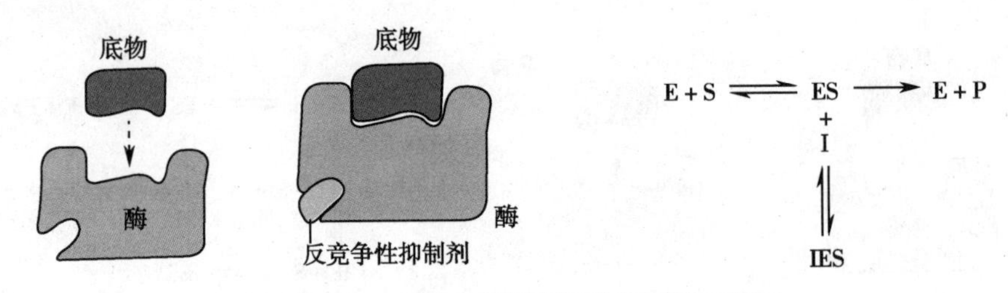

● 图 4-17　反竞争性抑制剂作用机制示意图

反竞争性抑制剂存在时的米式方程见式（4-17）：

$$V=\frac{V_m[S]}{K_m+[S]\left(1+\frac{[I]}{K_i}\right)} \qquad \text{式(4-17)}$$

取其双倒数方程变为式（4-18）：

$$\frac{1}{V}=\frac{K_m}{V_m}\frac{1}{[S]}+\frac{1}{V_m}\left(1+\frac{[I]}{K_i}\right) \qquad \text{式(4-18)}$$

若以 1/［S］对 $1/V$ 作图（图 4-18），可见有 I 时，直线斜率与无 I 时相同，呈平行，斜率均为 K_m/V_m。最大反应速率 V_m 和米氏常数 K_m 同时减小。

反竞争性抑制作用的特点：①反竞争性抑制剂的化学结构不一定与底物的分子结构类

似；②抑制剂与底物可同时与酶的不同部位结合；③必须有底物存在，抑制剂才能对酶产生抑制作用，抑制程度既与抑制剂浓度成正比，也和底物浓度成正比；④动力学参数：K_m 和 V_m 均减少。

这种抑制作用多发生在双底物和多底物反应中，偶见于酶促水解反应中，如 L- 苯丙氨酸对肠碱性磷酸酶的抑制作用。

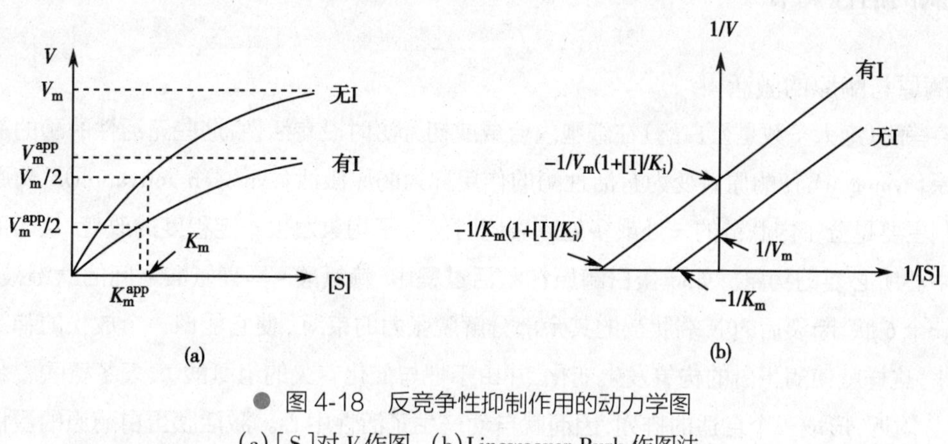

● 图 4-18　反竞争性抑制作用的动力学图

（a）[S]对 V 作图　（b）Lineweaver-Burk 作图法

将上述三种抑制作用的动力学参数列于表 4-2。

表 4-2　三种抑制作用的动力学参数比较

抑制种类	Lineweaver-Burk 作图法				表观 V_m（V_m^{app}）	表观 K_m（K_m^{app}）
	斜率	纵轴截距	横轴截距	直线交点		
无	$\frac{K_m}{V_m}$	$\frac{1}{V_m}$	$-\frac{1}{K_m}$		V_m	K_m
竞争性抑制作用	增大	不变	增大	纵轴	不变	增大
非竞争性抑制作用	增大	增大	不变	横轴	减小	不变
反竞争性抑制作用	不变	增大	减小	无交点	减小	减小

第五节　酶的调节

酶的特征之一是酶活性可以进行调节控制，因为在机体内，酶活性的高低变化随着生理状况和对外界环境的条件改变而变化。机体必须对酶的活性进行有效调节，并且还要精确，才能使机体实现生理功能的正常。对于一个连续的酶促反应体系，通常只需调节其中一个或几个关键酶。在细胞水平，通过调节关键酶活性来改变代谢速度，可以分为两种方式：一种是对酶结构的调节，通过改变酶分子结构来改变酶活性，属于快调节；另一种是对酶含量的调节，往往是通过基因表达调控来影响蛋白合成量，从而调节酶的活性，属于迟缓调节。

一、酶的活性调节

（一）酶原与酶原的激活

某些酶（绝大多数是蛋白酶）在细胞内合成或初分泌时没有活性，这些无活性的酶的前身称为酶原（zymogen），使酶原转变为有活性酶的作用称为酶原激活（zymogen activation）。酶原的激活机制主要是分子内肽链的一处或多处断裂同时使分子构象发生一定程度的改变，从而形成酶活性中心所必要的构象。如胰蛋白酶原在激活过程中，赖氨酸-异亮氨酸之间的肽键被打断，失去一个6肽，断裂后的N端肽链的其余部分解脱张力的束缚，使它能像一个放松的弹簧一样卷起来，这样就使酶蛋白的构象发生变化，并由于把与催化有关的组氨酸$_{46}$、天冬氨酸$_{90}$带至丝氨酸$_{183}$附近，形成一个合适的排列，因而就自动产生了活性中心。激活胰蛋白酶原的蛋白水解酶是肠激酶，而胰蛋白酶一旦生成后，也可自身激活。胰蛋白酶原激活过程的模式图如图4-19所示。

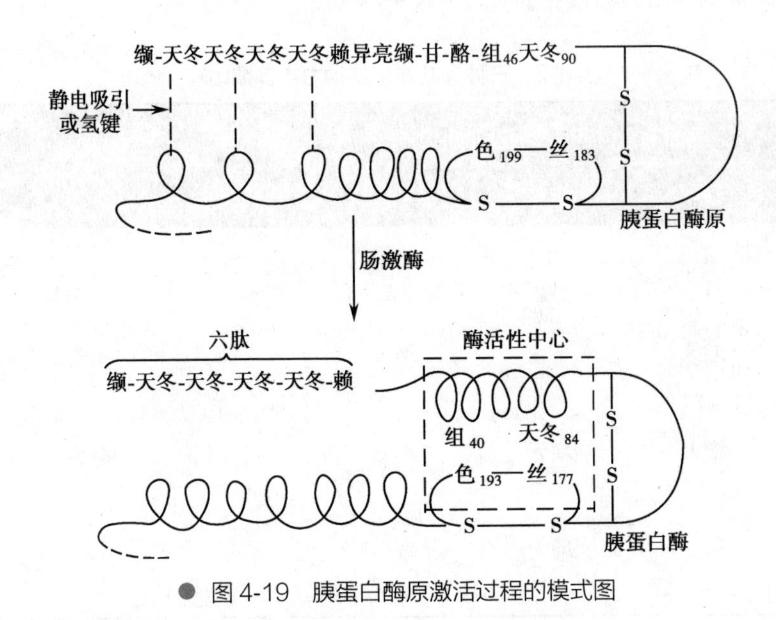

● 图4-19 胰蛋白酶原激活过程的模式图

酶原激活具有重要的生理意义，酶原可避免细胞的自身消化，使酶在特定的部位和环境中发挥作用，保证体内代谢正常进行。

（二）变构效应

一些代谢物称为变构效应剂（allosteric effector），可与某些酶分子活性中心外的某部分可逆地结合，使酶构象改变，从而改变酶的催化活性，此种调节方式称变构效应（allosteric effect）。根据变构效应剂对变构酶的调节效果，分为变构激活剂和变构抑制剂。

1. 变构酶的概念及特点　变构酶(allosteric enzyme)是一类较复杂的寡聚酶，酶的分子中除具有活性中心外，还具有变构中心，其中活性中心负责对底物的结合和催化作用，变构中心则与调节催化速率有关。当某些代谢物(变构效应剂)以非共价方法与变构中心结合后，可使酶蛋白的空间构象发生改变，从而改变酶的活性，这种效应称为变构效应或变构调节，可发生变构效应的酶称为变构酶。

变构酶通常为代谢途径的起始关键酶，变构效应剂一般为小分子代谢物，可以是变构酶的底物，也可以是代谢通路上的产物。变构效应剂一般以反馈方式对代谢途径的起始关键酶进行调节，最常见的为负反馈调节。根据变构效应剂与酶结合后的效果，可将其分为两类：使酶活性升高者称为变构激活剂；使酶活性降低者称为变构抑制剂。例如，异柠檬酸脱氢酶是变构酶，NAD^+，ADP和柠檬酸是此酶的变构激活剂，而NADH和ATP是该酶的变构抑制剂。

变构酶常为多个亚基构成的寡聚体，具有协同效应，即当一个配体与酶蛋白结合后，可以影响另一配体和酶的结合。①同种效应和异种效应：一分子配体结合在蛋白质的一个部位，影响另一分子的同样配体在另一部位的结合，称为同种效应；而如果影响的是另一分子不同配体在另一部位的结合，则为异种效应。②正协同效应和负协同效应：一分子配体与酶结合后，可促进下一分子配体与酶的结合，即酶越饱和，对配体的结合越容易，称为正协同效应；而一分子配体与酶结合后，可使酶对下一分子配体的亲和力降低，即酶越饱和，对配体的结合越困难，称为负协同效应。

变构酶的动力学特点不符合米氏学说，对于正协同效应的变构酶，初速率 - 底物浓度的关系不符合典型的米氏方程，即不是一般的双曲线，而是S形曲线，见图4-20(a)；对于负协同效应的变构酶，动力学曲线与常规双曲线相似，见图4-20(b)。

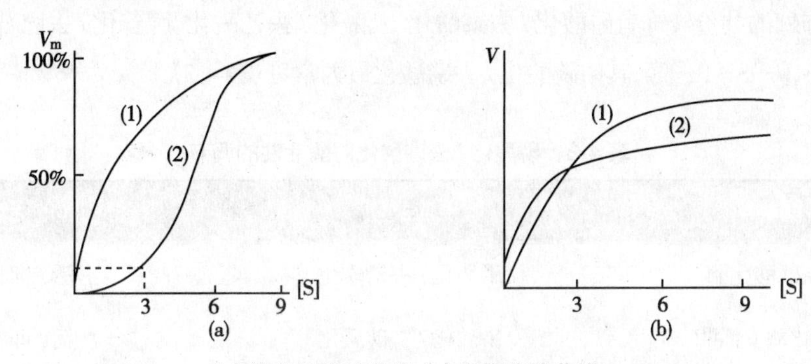

(1)非变构酶的曲线；(2)变构酶的曲线。

图4-20　变构酶的底物浓度对催化反应速率的影响

(a)正协同效应　(b)负协同效应

变构效应的特点是：①酶活性的改变通过酶分子构象的改变而实现；②酶的变构仅涉及非共价键的变化；③调节酶活性的因素为代谢物；④为一非耗能过程；⑤无放大效应。

2. 变构效应的生理意义　变构酶通常处于代谢通路的开端或分支点上，对调节物质代谢的速度及方向、机体的生理功能具有重要的意义。以糖酵解中的两个变构酶——磷酸果糖激酶和果糖二磷酸酶为例，说明它们对糖氧化供能的调节。

AMP　ADP　ATP
↓(+)　↓(+)　↓(-)
磷酸果糖激酶
葡萄糖 → 磷酸果糖 ⇌ 1,6-二磷酸果糖 → $CO_2 + H_2O + ATP$
果糖二磷酸酶
↑(-)
AMP

ATP是细胞生理活动所需能量的直接供应者，上述反应的主要目的即为人体提供ATP。其中磷酸果糖激酶催化正向反应，AMP和ADP是它的变构激动剂，ATP是它的变构抑制剂。果糖二磷酸酶催化逆向反应，AMP是它的变构抑制剂。当细胞处于静息状态时，因耗能较少，ATP的利用减慢，能量的积聚对促使其生成的代谢过程有抑制作用，因此ATP对磷酸果糖激酶具有变构抑制效应，使1,6-二磷酸果糖生成速度减慢，ATP生成减少。当细胞处于活动状态时，ATP消耗较多，其分解产物ADP和AMP随之增加，为促使ATP的进一步生成，ADP和AMP对磷酸果糖激酶产生变构激活效应，使1,6-二磷酸果糖生成速度增加，进而使ATP生成增多，以满足细胞对能量的需要。

（三）化学修饰调节

1. 化学修饰酶　在其他酶的催化作用下，某些酶蛋白肽链上的一些基团可与某种化学基团发生可逆的共价结合，从而改变酶的活性，这种作用称为化学修饰调节，这种酶称为化学修饰酶或共价修饰酶。虽然变构酶和化学修饰酶的催化活性均可发生改变，但改变方式有所不同。化学修饰酶活性的改变是通过共价键结合特定的化学基团，化学基团的加入和去除需要有特定酶的参与，而变构酶活性的改变是通过非共价键结合某些调节剂，调节剂的加入和去除不需要酶的参与。

化学修饰酶的共价修饰有磷酸化/去磷酸化、乙酰化/去乙酰化、腺苷化/去腺苷化、甲基化/去甲基化、—SH/—S—S—等，其中磷酸化/去磷酸化最为常见（表4-3）。

表4-3　磷酸化/去磷酸化对酶活性的调节

酶类	反应类型	修饰引起的活性变化
糖原磷酸化酶	磷酸化/去磷酸化	激活/抑制
磷酸化酶b激酶	磷酸化/去磷酸化	激活/抑制
糖原合成酶	磷酸化/去磷酸化	抑制/激活
丙酮酸脱羧酶	磷酸化/去磷酸化	抑制/激活
脂肪细胞脂肪酶	磷酸化/去磷酸化	激活/抑制

2. 化学修饰调节的特点

（1）绝大多数化学修饰酶具有无活性/有活性（或低活性/高活性）两种形式，催化其正、逆两向反应的酶不同，且受激素的调节。

(2) 耗能少：磷酸化/去磷酸化是最常见的化学修饰方式，每个亚基的磷酸化仅需要1分子ATP，比生物合成多肽链消耗的ATP要少得多，速度也快得多。

(3) 效率高：由于化学修饰反应一般是酶促反应，且受体内调节因子控制，故对调节信号有快速、放大的效应。体内酶促化学修饰反应往往是连锁反应，即一种酶经化学修饰后，被修饰的酶又可催化另一种酶分子进行化学修饰，每修饰一次就产生一次放大效应。因此，少量的调节因子经化学修饰酶的逐级放大可产生显著的生理效应。例如，肾上腺素和胰高血糖素促进肝糖原分解是由于他们能够激活糖原磷酸化酶来实现的，该酶是糖原分解过程的调节酶(图4-21)。微量的肾上腺素或胰高血糖素到达靶细胞后，会使靶细胞内的cAMP含量升高，从而启动一系列酶促化学修饰反应(cAMP→蛋白激酶磷酸化→磷酸化酶激酶磷酸化→磷酸化酶磷酸化)，每一步修饰反应的结果都是使被修饰酶激活，最终使无活性的磷酸化酶转化成有活性的磷酸化酶，从而催化糖原分解成葡萄糖。从激素促进蛋白激酶的活化到生成有活性的磷酸化酶经过了3次信号放大过程，使调控效率大大提高。

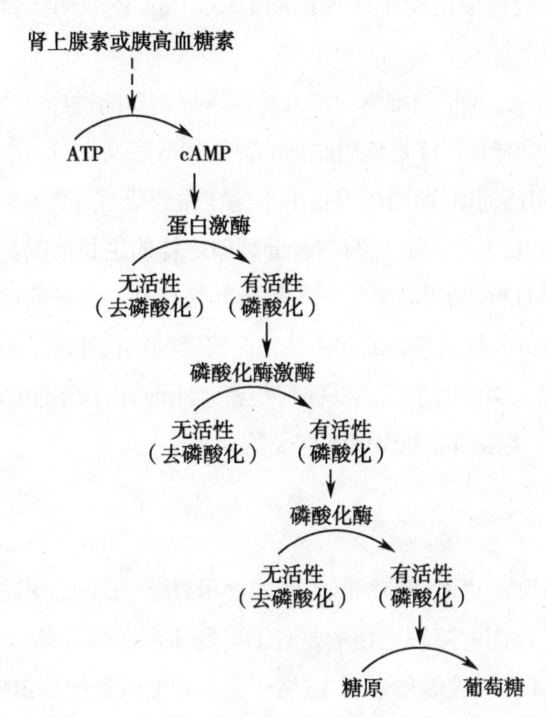

● 图4-21　肾上腺素或胰高血糖素通过化学修饰的放大效应

(四) 寡聚酶的调节

寡聚酶是体内蛋白类酶存在的普遍形式，是具有四级结构的酶分子。例如糖代谢中所涉及的醛缩酶，3-磷酸甘油脱氢酶，乳酸脱氢酶及丙酮酸激酶等。寡聚酶所具有的亚基结构特点使其在机体代谢调节中具有重要作用。在一些调节剂的作用下，寡聚酶中亚基的聚合和解聚可以使酶在有活性和无活性状态间发生相互转化。

二、酶含量的调节

酶含量的调节是指通过改变细胞中酶蛋白合成或降解的速度来调节酶分子的绝对含量，影响其催化活性，从而调节代谢反应的速度。这类调节主要发生在基因的转录水平，因此需要时间较长，但调节效应持续时间较久，是机体内迟缓调节的重要方式。

（一）酶蛋白合成的调节

酶蛋白的合成速度通常通过一些诱导剂或阻遏剂来进行调节。凡能促使基因转录增强，从而使酶蛋白合成增加的物质就称为诱导剂；反之，则称为阻遏剂。酶的底物对酶蛋白的合成往往具有诱导作用，代谢终产物对酶的合成通常有阻遏作用，激素可以诱导关键酶的合成，也可阻遏关键酶的合成。如糖皮质激素能诱导糖异生途径中关键酶的合成，使糖异生速度加快。胆固醇能阻遏肝中胆固醇合成途径中的关键酶 HMG-CoA 还原酶的合成，使胆固醇的合成速度减慢。

诱导酶（induced enzyme）是指当细胞中加入特定诱导物质而诱导产生的酶。它的含量在诱导物存在下显著增高，这种诱导物往往是该酶底物的类似物或底物本身。诱导酶在微生物中较常见，如大肠埃希菌一般只利用葡萄糖，而当培养基中不存在葡萄糖而只有乳糖时，菌体生长停顿，继续培养一段时间后，代谢强度慢慢提高，具有与含葡萄糖一样的生长情况。这种现象是由于乳糖作为诱导剂，诱导产生能够分解、利用乳糖的诱导酶半乳糖苷酶。许多药物能加强体内药物代谢酶的合成，因而能加速其本身或其他药物的代谢转化。研究药物代谢酶的诱导生成对于阐明许多药物的耐药性十分重要，如长期服用苯巴比妥催眠药者，会因药物代谢酶的诱导生成使苯巴比妥逐渐失效。体内代谢调控中类似的诱导作用还有很多。

（二）酶降解的调控

改变酶分子的降解速度，也可调节细胞内酶的含量，从而影响代谢速度。细胞内各种酶的半衰期相差很大，酶蛋白在体内的降解途径主要有①溶酶体蛋白酶降解途径（不依赖于 ATP）：由溶酶体内的蛋白质水解酶非选择性催化分解，这是一些半衰期较长的蛋白酶的降解途径；②泛素参与的降解途径（依赖于 ATP 供能）：泛素在识别蛋白参与下与待降解的蛋白酶结合（即泛素化），可使该蛋白酶打上“标记”而被迅速降解，这是对细胞内异常蛋白酶和半衰期较短的蛋白酶的降解途径。

三、同工酶

同工酶（isoenzyme）是指能催化相同化学反应，但其分子结构、理化性质和免疫性能等方面都存在明显差异的一类酶。同工酶属于寡聚酶，不同形式同工酶的亚基组成有所不同，这使它们在等电点、最适 pH、底物亲和力或抑制剂效用等方面都存在很多差异，但由于它们具有相同的催化活性，因此与催化活性相关的结构部分均相同。

国际生化学会认为同工酶是由不同基因或者等位基因编码的多肽链，由同一基因编码，生成不同的 mRNA 翻译而来的，不包括翻译水平修饰所形成的多分子形式。同工酶通常存在于同一种属或者同一个体的不同组织或者细胞的不同亚细胞结构中。同工酶在代谢调节上起着重要的作用：解释发育过程中阶段特有的代谢特征；同工酶谱的改变有助于对疾病的诊断；同工酶还可以作为遗传标志，用于遗传分析研究。

近年来陆续发现的同工酶有数百种，其中研究最多的是乳酸脱氢酶（lactate dehydrogenase，LDH）。LDH 分子量为 130~140kDa，由 2 种亚单位组成：H（表示 heart）和 M（表示 muscle）。在哺乳动物中，它们按不同的形式排列组合形成含 4 个亚基的 5 种同工酶，即：LDH_1（H_4）、LDH_2（H_3M）、LDH_3（H_2M_2）、LDH_4（HM_3）、LDH_5（M_4）。LDH 催化丙酮酸与乳酸之间的还原与氧化反应，是参与糖无氧酵解和糖异生的重要酶。它们均催化下面相同的化学反应：

$$\underset{\text{乳酸}}{\begin{array}{c}COOH\\|\\CHO\\|\\CH\end{array}} \underset{NAD^+ \qquad NADH_2}{\rightleftharpoons} \underset{\text{丙酮酸}}{\begin{array}{c}COOH\\|\\C=O\\|\\CH\end{array}}$$

用电泳法分离 LDH 可得到 5 种同工酶区带，即 LDH_1、LDH_2、LDH_3、LDH_4、LDH_5。它们都是由 H 和 M 两种不同类型的亚基组成的四聚体（图 4-22）。

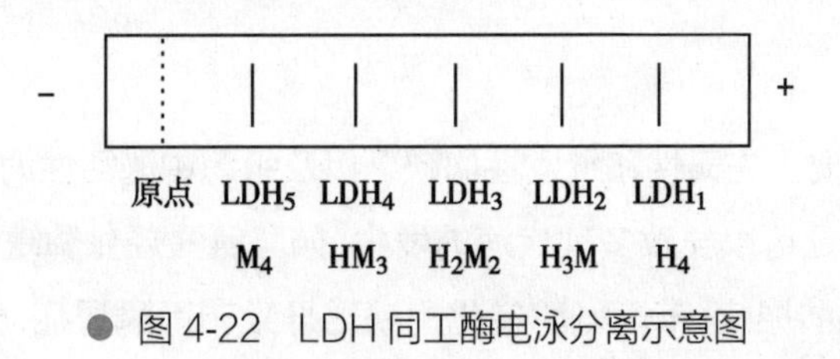

● 图 4-22　LDH 同工酶电泳分离示意图

LDH 的 5 种同工酶在各器官中的分布和含量各不相同，人体内 LDH 的亚单位组成及其分布见表 4-4。不同形式的同工酶在功能上也不完全相同，如 LDH_1 主要催化乳酸脱氢生成丙酮酸，而 LDH_5 主要催化丙酮酸还原成乳酸。

表 4-4　同工酶的亚单位组成

同工酶	亚单位	分布的主要器官和组织
LDH_1	HHHH（H_4）	心肌、肾
LDH_2	HHHM（H_3M）	红细胞、心肌
LDH_3	HHMM（H_2M_2）	肾上腺、淋巴结、甲状腺等
LDH_4	HMMM（HM_3）	骨骼肌
LDH_5	MMMM（M_4）	肝、骨骼肌

同工酶的测定可作为某些疾病的诊断指标。如正常人血清 LDH 活力很低，它主要来自红细胞渗出，当某一组织发生病变时，该细胞中特有的 LDH 释放入血，血清 LDH 同工酶电泳图谱就会发生变化。有时单纯测定血清 LDH 的总活性，其测定值可在正常范围，但其同工酶图谱已经发生改变。如测定其同工酶种类，就可以鉴别诊断何种组织有病变。如肝细胞受损早期的 LDH 总活性在正常范围内，但 LDH_5 可升高，而当出现急性心肌病变时，LDH_1 可升高。因此，LDH 的生物学和医学意义在代谢调节上起着重要的作用，同工酶谱的改变有助于对疾病的诊断。

第六节　酶在医药学中的应用

酶对调节机体正常功能具有十分重要的作用，机体内部发生的疾病，很大程度上都与酶有直接或间接的关系。有些疾病是由于酶的功能失调，以酶作为药物，补充酶的不足或调节酶的作用，可以达到治疗疾病的目的；在某些疾病中，酶可以作为治疗的靶标。酶具有高效、专一的催化功能，使其在疾病预防和治疗中显示出疗效高、作用明确、针对性强的特点。

一、酶与医学的关系

（一）酶与疾病的发生

酶与疾病的关系主要为先天性和继发性酶缺乏以及组织中酶活性的升高和降低可导致疾病。先天性或遗传性的酶缺乏可以导致多种疾病的发生，如酪氨酸羟化酶缺乏导致白化病；胱硫醚合成酶缺乏导致同型胱氨酸尿症；苯丙氨酸羟化酶缺乏导致苯丙酮尿症；葡糖 -6- 磷酸脱氢酶缺乏导致蚕豆病或对伯氨喹敏感。肝功能障碍患者的凝血酶原、尿素合成酶、磷脂酰胆碱胆固醇酰基转移酶等都减少。胰腺炎患者血清淀粉酶活性升高；佝偻病和胆道阻塞患者血清中的碱性磷酸酶增多。

（二）酶与疾病的诊断

酶在疾病诊断中的应用主要有两方面：一是酶的诊断，根据体内原有酶活力的变化来诊断疾病。如淀粉酶（AMS）的活力测定可以诊断胰脏疾病、肾脏疾病，发病时其活力升高，肝病时其活力下降；谷丙 / 谷草转氨酶的活力测定结果显示在肝病、心肌梗死等疾病时其活力升高；通过葡萄糖氧化酶的活力测定间接测定血糖含量，可以提高糖尿病诊断的准确率。二是诊断用酶，利用酶作为试剂，来测定体内与疾病有关的代谢物质的浓度变化，利用该物质浓度的变化程度作为诊断某种疾病及其病情严重程度的重要指标。例如，通过葡萄糖氧化酶 + 过氧化物酶测定血糖、尿糖，诊断糖尿病；通过尿素酶测定血液、尿液中尿素的量，诊断肝脏、肾脏病变；通过谷氨酰胺酶测定脑脊液中谷氨酰胺的量，诊断肝性昏迷、肝硬化。

(三) 酶与疾病的治疗

酶与疾病的治疗主要包括两方面：一是酶作为药物应用于疾病的治疗。例如，利用淀粉酶、蛋白酶等助消化；利用木瓜蛋白酶、溶菌酶、胰蛋白酶等消炎清创；利用天冬酰胺酶、谷氨酰胺酶等抑制肿瘤生长和转移；利用激肽释放酶促进血管舒张而降压。二是随着疾病发生机制的研究，揭示了更多的酶与疾病发生具有重要的关系，这些酶可以作为疾病治疗的靶标。例如，治疗丙型肝炎的首个有效药物波普瑞韦(boceprevir/victrelis)能以类似于底物的方式与丝氨酸蛋白酶NS3结合，从而阻止了病毒RNA进入核心酶，抑制病毒复制；异柠檬酸裂合酶(ICL)抑制剂用于治疗肺结核；端粒酶作为靶标用于治疗癌症；以DNA拓扑异构酶Ⅱ为靶标的环丙沙星用于抗菌和抗肿瘤；卡托普利是血管紧张素转化酶抑制剂，用于抗高血压；甲氨蝶呤可抑制肿瘤细胞的二氢叶酸还原酶。

二、酶与药学的关系

(一) 酶类药物

酶用于治疗疾病的历史悠久，我国在春秋战国时期即开始用酒曲(酵母菌)治疗消化不良疾病。目前我们使用栓溶酶治疗心血管疾病；溶菌酶治疗各种细菌性和病毒性疾病；蛋白酶治疗消化不良，食欲缺乏等疾病；弹性蛋白酶治疗动脉硬化，高脂血症；尿酸氧化酶治疗痛风等；凝血酶纱布治疗血友病患者的出血；机体内补充超氧化物歧化酶(SOD)，清除体内自由基，可以抗衰老，预防癌症、糖尿病等多种疾病。酶类药物的一般要求：①在机体内的生理条件下具有较高活力和稳定性；②对底物有较高亲和力，不受产物和体液中正常成分的抑制；③在体内有较长的半衰期，可缓慢地被分解或排出体外；④酶制剂纯度高，不含其他毒性物质，来自非致病性酶源；⑤容易获得，纯化方法简单。

(二) 酶工程制药

酶工程是现代生物技术的重要组成部分，包括酶制剂的制备、酶的固定化、酶的修饰与改造，以及酶反应器等方面的内容。其应用包括：用于制备生物代谢产物，转化甾体，生产抗生素、有机酸、氨基酸、维生素和核酸类药物；用于新酶的研究与开发、酶的优化生产；采用固定化、分子修饰和非水相催化等技术实现酶的高效应用；固定化技术广泛应用于临床诊断、药物设计、亲和层析以及蛋白质结构和功能的研究等领域。

1. 酶固定化应用　借助于物理和化学方法把酶束缚在一定空间内并仍具有催化活性的酶制剂，称固定化酶(immobilized enzyme)。制备的固定化酶具有很多的优点：①稳定性高；②可反复使用，提高了使用效率、降低了成本；③有一定机械强度，适用于现代化规模的工业化生产；④极易与产物分离，简化产品的纯化工艺。

目前已经有多种固定化酶用于大规模工业化生产。例如，氨基酰化酶是世界上第一种工业化生产的固定化酶，可以用于生产各种L-氨基酸药物，生产成本仅为用游离酶生产成本的60%左右；青霉素酰化酶也是在药物生产中广泛应用的一种固定化酶。中草药多来源于植物，这些植物中只有一些特定小分子成分才是其中的药效成分，而且主要是通过细胞中的酶介导而发挥作用，利用酶与靶标的亲和作用，固定化靶酶技术可用于药物筛选。例如，以α-葡萄糖苷酶为靶标，在中药中筛选治疗糖尿病的降血糖药物等。

2. 酶分子修饰　酶分子修饰是通过各种方法使酶分子的结构发生某些改变，从而改变酶的某些特性和功能的技术过程。其可以提高酶活力，增加酶的稳定性，消除或降低酶的抗原性等。例如，具有抗癌作用的精氨酸酶经聚乙二醇结合修饰，生成聚乙二醇-精氨酸酶后其抗原性被消除；对白血病有显著疗效的L-天冬酰胺酶经右旋糖酐或者聚乙二醇结合修饰后，都可以使抗原性显著减弱甚至完全消除。

3. 酶工程生产抗生素和维生素　目前利用酶工程在制药研究中有一些成功案例，例如，应用酶工程可以制造6-氨基青霉烷酸（青霉素酰化酶）、7-氨基头孢烷酸（头孢菌素酰化酶）、头孢菌素（头孢菌素酰化酶）、脱乙酸头孢菌素（头孢菌素乙酸酯酶）等，近年来还进行固定化产黄青霉（青霉素合成酶系）细胞生产青霉素。在维生素生产等其他方面也有应用，例如，利用山梨醇和葡萄糖生产维生素，丙烯酰胺也是采用酶工程方法制备。

4. 核糖酶与抗体酶　核糖酶（ribozyme）又称核酶，是细胞中一类具有生物催化功能的RNA，是一种化学本质为核酸（RNA）的生物催化剂，其功能主要是切割RNA，包括催化转核苷酰反应、水解反应（RNA限制性内切酶活性）和连接反应（聚合活性）等。1982年，Cech T.R发现RNA具有酶的催化功能，改变了我们一直认为的"酶都是蛋白质"的概念，向"酶的化学本质是蛋白质"这一传统概念提出了挑战。在实践上，可定点切割mRNA，破坏mRNA，抑制基因表达，为基因、病毒和肿瘤治疗提供了可行途径。在理论上，对于生物起源和生命进化的研究具有重要启示。

抗体酶（abzyme）也叫催化抗体，是一类新的模拟酶。根据酶与底物作用的过渡态结构设计合成一些类似物——半抗原，用人工合成的半抗原免疫动物，以杂交瘤细胞技术生产针对人工合成半抗原的单克隆抗体。这种抗体具有与半抗原特异结合的抗体特性，又具有催化半抗原进行化学反应的酶活性，将这种既有酶活性又有抗体活性的模拟酶称为抗体酶。抗体酶能催化某些特殊反应，如酰基转移反应和水解反应等。

（三）酶与中药学

酶制剂具有专一性、特异性，在常温、常压条件下就能起高效催化作用，能有效提高植物药中稀有有效成分的含量，且减少污染物的排放。利用酶技术改革传统的制药工艺，解决中药产品的"三小"（服用剂量小、毒性小、副作用小）、"三效"（高效、速效、长效）等问题，使之符合现代医药的严格要求。

1. 天然药物的酶法生物转化　酶法生物转化的本质是由酶将一种物质转化为另一种物质的过程。这一过程是由一种或几种酶作为生物催化剂进行的一种或几种化学反应，是一种利用酶的合成技术。中药的活性成分是中药治疗与预防疾病的物质基础，也是药物化学家寻找新的药理活性分子的重要来源。但是中药中很多高活性成分属于痕量物质，而中药有效成分的生理活性与其结构紧密相关。如果在中药提取过程中通过某些酶的加入将一些生物活性不高或没有生物活性的成分结构转变为高活性分子结构，可显著提高提取物的生理活性及应用价值，降低生产成本，促进工业化生产。近年来，采用微生物、植物细胞和游离酶对天然化合物如人参皂苷、大豆皂苷、三七皂苷、甘草皂苷、甾体化合物等进行结构修饰。催化涉及的酶主要有糖苷酶类、氧化还原酶类、其他基团水解转移酶类等。

2. 酶法在中药提取分离中的应用　中药成分复杂，既有活性成分，也有如蛋白质、果胶、淀粉、植物纤维等非活性成分，这些成分既影响植物细胞中活性成分的浸出，又影响中药液体制剂的澄清度。传统的提取方法提取温度高，收率低，成本高，消耗大量溶剂，向环境中排放众多污染物。而选用恰当的酶，可通过酶反应较温和地将植物组织分解，加速有效成分的释放提取。例如，针对根中含有难溶或不溶于水的成分多，通过加入淀粉部分水解产物及葡萄糖苷酶，使这些脂溶性、难溶或不溶于水的有效成分转移到水溶性苷糖中。酶反应较温和地将植物组织分解，可较大幅度地提高效率。中药提取中的预处理常常加入一些酶，如纤维素酶，对大部分中药材细胞壁中的纤维素进行降解，这种预处理使穿心莲中的穿心莲内酯、黄连和黄柏中的小檗碱等有效成分提取量均有明显提高。另外，对于补骨脂等含蛋白质丰富的中药，在煎之前用木瓜蛋白酶对该类中药进行预处理，将蛋白质水解成多肽及氨基酸类，消除蛋白质在煎煮过程中遇热凝固、影响有效成分煎出，促进各种有效成分煎出量的增加。在用中药传统方法提取过程中，结合酶法往往会使有效成分收率明显提高。酶提取过程中的主要工艺因素包括药材预处理（如粉碎）、pH、温度以及酶解作用时间。根据所提取中药材的品种，使用酶的种类也不同，酶解最适pH和最适温度会有所不同。某些中药用酶提取时收率明显提高，但是酶法提取对实验条件要求较高，除了最适温度、pH及最适作用时间等，还需要综合考虑酶的浓度、底物的浓度、抑制剂和激动剂等对提取物的影响。

3. 酶法提高中药活性成分的含量　许多药用植物活性成分含量很低，且资源短缺，加之中药化学成分在植物体内合成途径复杂，通常有十余种甚至几十种酶参与才能完成药用活性成分的合成。可以应用酶分析技术，阐明药用活性成分在生物体内的合成途径，找出限速步骤，再利用基因工程技术克隆这一关键步骤催化酶的基因，然后高效表达该基因，通过纯化关键酶对代谢途径进行操作，从而使有效成分含量增加。同时也可终止不需要的代谢途径，去除或减少不必需的或有毒的成分。另外，中药中很多成分为小分子多肽或酶，如全蝎中的蝎毒，水蛭中的水蛭多肽、天花粉中的天花粉蛋白等，这些活性成分都可以利用生物工程方法获得，有些也已经作为新药在临床中得到实际应用。

知识拓展

酶在中药炮制中的应用

中药六神曲炮制方法——发酵法：发酵法是指在一定的温度和湿度条件下，利用霉菌和酶的催化分解作用，使药物发泡、生衣。六神曲为苦杏仁、赤小豆、鲜青蒿、鲜苍耳草、鲜辣蓼等药加入面粉（或麦麸）混合后经发酵而成的曲剂。六神曲含有挥发油、淀粉酶、蛋白酶等。现代研究表明，六神曲中的消化淀粉效价，经炒黄后一般保存后基本消失。六神曲外观质量不同，其酶活力及pH亦不同。其中内为土黄色，外为灰绿色，质地较硬，有辛、酸、苦味，陈腐气者活力较高，酸度较低，质量好。

中药黄芩炮制目的——杀酶保苷：含苷类成分的药物往往在不同细胞中含有相应的

分解酶，在一定的温度和湿度条件下可被相应的酶所分解，从而使有效成分减少，影响疗效。如黄芩、苦杏仁、槐花等含苷药物，采收后如长期放置，相应的酶便可分解黄芩苷、苦杏仁苷、芦丁，从而使这些药物疗效降低。所以含苷类药物常用炒、蒸、烘、燀或暴晒的方法破坏或抑制酶的活性，以保证药物有效物质免受酶解，保存药效。

小结

酶是生物体内具有催化活性的蛋白质或核酸。其功能特点为：反应条件温和；催化效率非常高；具有高度的专一性；催化活性受到调节和控制。

酶作用的专一性主要有立体化学专一性，包括立体异构专一性和几何异构专一性；非立体化学专一性，包括键的专一性、基团专一性和绝对专一性。

根据酶分子的组成可分为单纯酶和结合酶两类。结合酶（全酶）结构中除含有蛋白质外，还含有非蛋白质部分，蛋白质部分称为酶蛋白，决定了酶催化作用的专一性和高效性。非蛋白部分统称为辅助因子，它参与酶促化学反应，主要起传递氢、传递电子或转移某些化学基团的作用，它们决定酶促反应的类型。

酶的分子结构是其发挥催化功能的物质基础，酶催化功能的专一性和高效性由其分子结构的特殊性决定。酶的一级结构和高级结构都与其功能有关。

酶的活性中心一般处于酶分子的表面或裂隙中，构成活性中心的化学基团实际上是氨基酸残基的侧链或肽链的末端氨基和羧基。依靠酶分子形成特定的二级和三级结构，使原本在一级上可能互相远离的基团靠近而集中于分子表面的某一空间区域。对于需要辅助因子的结合酶，辅助因子也是活性中心的重要组成部分。按其功能可分为底物结合部位和催化部位。

酶分子中，对其催化作用必不可少的化学基团称为必需基团。根据必需基团所在的位置，可将其分为两大类：活性中心内的必需基团和活性中心外的必需基团。

酶的活性中心、底物结合部位、催化部位和必需基团，在酶发挥催化功能上都有重要的作用。

绝大多数蛋白酶在细胞内合成或初分泌时没有活性，这些无活性的酶的前身称为酶原。使酶原转变为有活性酶的作用称为酶原激活，酶原激活的本质是酶活性中心构象形成或暴露。

酶的作用机制是酶能瞬时与底物结合成过渡态，显著降低反应活化能。酶催化高效的机制主要是底物的“趋近”和“定向”效应，底物变形与张力作用，共价催化作用，酸碱催化作用等。

核酶又称核糖酶。酶分子本身是RNA，通过对底物分子的切割和剪切，完成生物催化活性。抗体酶又称催化抗体，是一类新的模拟酶。其既具有与半抗原特异结合的抗体特性，又具有催化半抗原进行化学反应的酶活性。

影响酶促反应速率的因素有很多，主要包括底物浓度、酶的浓度、温度、酸碱度、激活剂和抑制剂。米氏方程反映了底物浓度与酶促反应速率之间的定量关系。米氏常数(K_m)的概念:米氏常数为酶促反应速率达到最大反应速率一半时的底物浓度,是酶的一个特征常数。利用 K_m 可以判断酶的最适底物或天然底物;测定酶的活性;判断酶在细胞内的主要催化方向;推测代谢过程中的限速步骤;推知酶在细胞内是否受到底物浓度的调节;区别抑制剂的类型。

根据可逆抑制剂与底物的关系,可逆抑制作用可分为 3 种类型:竞争性抑制作用、非竞争性抑制作用、反竞争性抑制作用。竞争性抑制作用的动力学特点:①当有 I 存在时,K_m 增大而 V_m 不变,K_m/V_m 增大;② K_m^{app} 随[I]增加而增大;③抑制程度与[I]成正比,与[S]成反比,当[S]极大时,可解除抑制。非竞争性抑制作用的动力学特点:①当有 I 存在时,K_m 不变而 V_m 减小,K_m/V_m 增大;② V_m^{app} 随[I]增加而减小;③抑制程度只与[I]成正比,与[S]无关。反竞争性抑制作用的动力学特点:①当有 I 存在时,K_m 和 V_m 减小,K_m/V_m 不变;②当有 I 存在时,K_m^{app} 和 V_m^{app} 都随[I]的增加而减小;③抑制程度既与[I]成正比,也与[S]成正比。

酶活力是指酶催化某一化学反应的能力。酶活力的大小可以用在一定条件下所催化的某一化学反应的速率来表示。酶活力的测定条件:最适 pH、最适温度、最适缓冲液离子强度及高底物浓度([S]$\geqslant 100K_m$),测定酶活力实际上就是测定酶促反应初速率。

寡聚酶是具有四级结构的酶分子,构成寡聚酶的亚基可以相同也可以不同。但亚基单独存在时不具有生物学活性,只有结合成完整的酶分子后才具有催化活性。所含亚基的聚合与解聚是代谢调节的重要方式之一。

同工酶指能催化相同化学反应,但其分子结构、理化性质和免疫性能等方面都存在明显差异的一类酶。不同形式的同工酶,亚基组成有所不同,导致在等电点、最适 pH、底物亲和力或抑制剂效用等方面都存在很多差异;与催化活性相关的结构部分均相同,因此同工酶具有相同的催化活性。

诱导酶:指当细胞中加入特定诱导剂而诱导产生的酶。诱导剂往往是该酶的底物或底物类似物。研究药物代谢酶的诱导生成对于阐明许多药物的耐药性是十分重要的。

调节酶:酶分子中有活性区和调节区,其催化活力可因与调节剂的结合而改变,是对代谢调节起特殊作用的酶类。一般分为化学修饰酶和变构酶。

化学修饰酶指调节剂通过共价键与酶分子结合,以增、减酶分子上的基团,从而调节酶的活性状态与非活性状态的相互转化。

变构酶又称别构酶,是一类较复杂的寡聚酶。酶的分子中除具有活性中心外,还具有变构中心,其中活性中心负责对底物的结合和催化作用,变构中心则与调节催化速率有关。动力学改变的特点:①对于正协同效应的变构酶,初速率 - 底物浓度的关系不符合典型的米氏方程,即不是一般的双曲线,而是 S 形曲线;②对于负协同效应的变构酶,动力学曲线与常规双曲线相似。

酶在医学中具有广泛的应用,如酶与疾病的发生,酶与疾病的诊断,酶与疾病的治疗。

药学研究中也涉及酶技术,如酶类药物,酶工程制药,固定化酶,酶分子修饰,天然药物的酶法生物转化,酶法在中药提取分离中的应用,酶法提高中药活性成分的含量。

思考题

1. 什么是酶的专一性？专一性与酶的结构和功能的关系是什么？

2. 举例说明什么是竞争性抑制？其动力学特点是什么？

3. 影响酶促反应的因素有哪些？测定酶活力的条件是什么？

4. Decamethonium 是一种用于肌肉松弛的药物，是乙酰胆碱酯酶抑制剂，这种抑制作用可以通过增加乙酰胆碱的浓度来逆转或解除。请问这种药物是否与酶共价结合？属于哪种类型的抑制剂？为什么可以通过增加乙酰胆碱的浓度来解除抑制？

第四章　同步练习

（宋永波）

第五章　糖化学与糖代谢

第五章　课件

学习目标

掌握：糖酵解、三羧酸循环、磷酸戊糖途径的特点及生理意义；糖异生的概念及生理意义。

熟悉：糖原的合成与分解代谢；血糖的来源与去路；血糖浓度的调节；高血糖与低血糖的概念。

了解：糖的结构和功能。

糖广泛存在于动植物体内，特别是植物中含量尤为丰富，为85%~95%；人体含量约占干重的2%。糖在生命活动中的主要作用是提供能源和碳源。体内的糖主要来源于食物中的淀粉及少量蔗糖、麦芽糖、乳糖等，经消化道水解酶的作用分解为单糖（主要是葡萄糖）后吸收入血，随血液运输至全身各组织细胞。糖的主要代谢途径包括糖的无氧氧化、糖的有氧氧化、磷酸戊糖途径、糖原合成与分解、糖异生等（图5-1）。

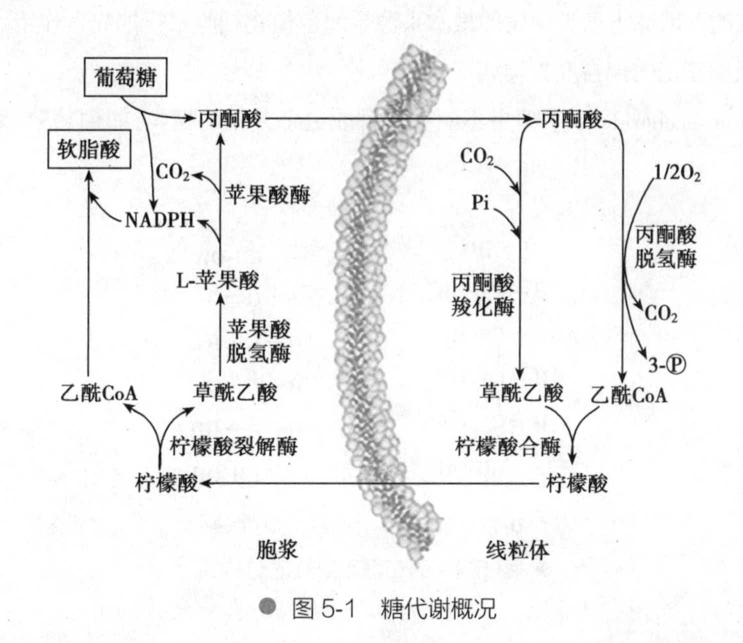

● 图5-1　糖代谢概况

本章讨论糖化学，包括糖的概念、分布和分类以及生物学功能；重点介绍葡萄糖在机体内的代谢，包括储存、分解、合成3方面。这些代谢途径在多种激素调控下相互协调、相互制约，使血中葡萄糖的来源与去路相对平衡，血糖水平趋于稳定。

第一节　概述

一、糖的概念、分布和分类以及主要生物学功能

（一）糖的元素组成和概念

糖类（carbohydrate）是四大类生物大分子之一。大多数糖类物质只由碳、氢、氧3种元素组成，其中氢和氧的原子数比例是2∶1，如水分子中氢和氧之比，因此过去曾误认为这类物质是碳（carbon）的水合物（hydrate）。但后来发现有些糖，如鼠李糖（$C_6H_{12}O_5$）和脱氧核糖（$C_5H_{10}O_4$）等，它们分子中氢和氧的原子数之比并非2∶1，而一些非糖物质，如甲醛（CH_2O）、乙酸（$C_2H_4O_2$）和乳酸（$C_3H_6O_3$）等，它们的分子中氢和氧的原子数之比都是2∶1，所以“碳水化合物”这一名称并不恰当。目前，英文中“carbohydrate”是糖类物质的总称，汉语中“糖类”和“碳水化合物”两词通用，但以前者为多。从其化学本质给糖类下一个定义为：糖类是多羟基醛和多羟基酮及其聚合物和衍生物，或水解时能产生这些化合物的物质。

（二）糖的分布和分类

糖类广泛地存在于生物界，特别是植物界。糖类物质按干重计占植物的85%~90%，占细菌的10%~30%，占动物的小于2%。动物体内糖的含量虽然不多，但其生命活动所需能量主要来源于糖类。糖类物质是地球上数量最多的一类有机化合物。地球的生物量干重的50%以上是由葡萄糖的聚合物构成的。地球上糖类物质的根本来源是绿色植物细胞进行的光合作用。

糖类物质根据它们的聚合度分类如下：

1. 单糖（monosaccharide）　单糖是不能被水解成更小分子的糖类，如葡萄糖、果糖（图5-2）和核糖等。

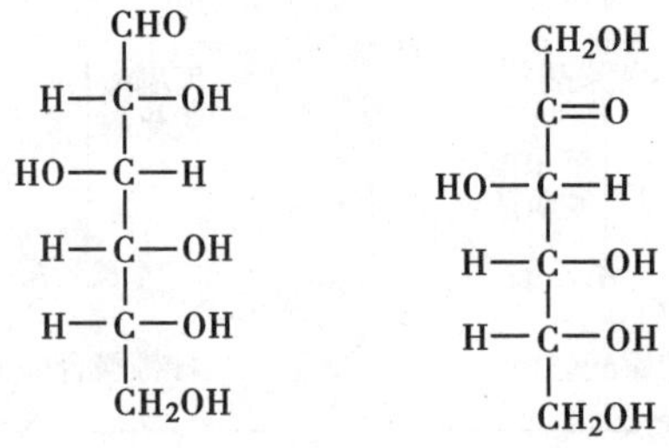

D-葡萄糖　　D-果糖

● 图5-2　葡萄糖和果糖的结构式

2. 寡糖（oligosaccharide）　寡糖包括很多类别：双糖或称二糖（disaccharide）水解时产生2分子单糖，如麦芽糖、蔗糖等；三糖（trisaccharide）水解时产生3分子单糖，如棉子糖；以及四糖（tetrasaccharide）、五糖（pentasaccharide）和六糖（hexasaccharide）等。

3. 多糖(polysaccharide)　多糖是水解时产生 20 个以上单糖分子的糖类。包括:

(1)同多糖(homopolysaccharide):水解时只产生一种单糖或单糖衍生物,如糖原、淀粉、壳多糖等。

(2)杂多糖(heteropolysaccharide):水解时产生一种以上的单糖和 / 或单糖衍生物,如透明质酸、半纤维素等。

糖类与蛋白质、脂类等生物分子形成的共价结合物如糖蛋白、蛋白聚糖和糖脂等,总称复合糖或糖复合物(polyconjugate)。

(三)糖的生物学功能

1. 参与构造组织细胞　糖是细胞的重要成分,如核糖、脱氧核糖是核酸的组成成分;杂多糖和结合糖类是构造细胞膜、神经组织、结缔组织、细胞间质的主要成分;糖蛋白和糖脂不仅是生物膜的重要组成成分,而且其糖链部分还参与细胞间的识别、黏着以及信息传递等过程。

2. 氧化供能　人体所需能量的 50%~70% 来自糖的氧化分解。1mol 葡萄糖彻底氧化可释放 2 849kJ 的能量,这些能量一部分以热能形式散发,一部分供生命活动的需要。

3. 提供合成原料　糖分解代谢的中间产物可作为合成其他化合物的原料。如可转变为脂肪酸和甘油,进而合成脂肪;可转变为某些氨基酸以供机体合成蛋白质所需;可转变为葡糖醛酸,参与机体的生物转化反应等。

4. 维持血糖水平　糖在体内可以糖原的形式进行储存,当机体需要时,糖原分解,释放入血,可有效地维持正常血糖浓度,保证重要生命器官的能量供应。

5. 其他功能　糖能参与构成体内某些具有特殊功能的物质,如免疫球蛋白、血型物质、部分激素及大部分凝血因子等。

二、自然界存在的重要多糖的化学结构及生理功能

自然界中的糖类主要以多糖形式存在。多糖是高分子化合物,相对分子质量极大,从 3×10^4 到 4×10^8。它们大多不溶于水,虽然酸或碱能使之转变为可溶性的化合物,但分子会被降解,因此多糖的纯化十分困难。而且纯化了的产物在分子大小方面仍不均一,即同样的物质可以由一系列不同相对分子质量的聚合分子组成。多糖属于非还原糖(因为一个很大的多糖分子只有一个还原末端),不呈现变旋现象,无甜味,一般不能结晶。

根据生物来源的不同,多糖分为植物多糖、动物多糖和微生物多糖。还可以按多糖的生物功能分为贮存多糖和结构多糖。淀粉、糖原和菊粉等属于贮存多糖;纤维素、壳多糖、许多植物杂多糖、细菌杂多糖和动物杂多糖都属于结构多糖。还有一些多糖,如细胞表面的多糖是细胞专一的识别信号,起传递信息作用。

(一)淀粉

淀粉(starch)是植物生长期间以淀粉粒形式贮存于细胞中的贮存多糖。它在种子、块茎和根等器官中含量特别丰富。淀粉粒为水不溶性的半晶质,在偏振光下呈双折射。淀粉粒的形状和大小因植物来源而异。

当干淀粉悬于水中并加热时，淀粉粒吸水溶胀并发生破裂，淀粉分子进入水中形成半透明的胶悬液，同时失去晶态和双折射性质，这一过程称凝胶化或糊化（gelatinization）。当糊化的淀粉液缓慢冷却并长期放置时，淀粉分子会自动聚集并借助分子间的氢键键合形成不溶性微晶束而重新沉淀，此现象称退行或老化（ageing）。

天然淀粉一般含有两种组分：直链淀粉（amylose）和支链淀粉（amylopectin）。当淀粉胶悬液用微溶于水的醇如正丁醇饱和时，则形成微晶沉淀，称为直链淀粉；向母液中加入水混溶的醇如甲醇，则得到无定型物质，称为支链淀粉。多数淀粉所含的直链淀粉和支链淀粉的比例为（20%~24%）：（76%~80%）。直链淀粉和支链淀粉分子结构具有明显的差异（图 5-3）。直链淀粉是由葡萄糖单位通过 α-1，4 连接的极性线形分子，一端是 C_1 端（还原端），另一端是 C_4 端（非还原端）。支链淀粉分子是高度分支的，每 25~30 单位有 1 个分支点，线形链段也由 α-1，4 连接，只是分支点处为 α-1，6 连接。

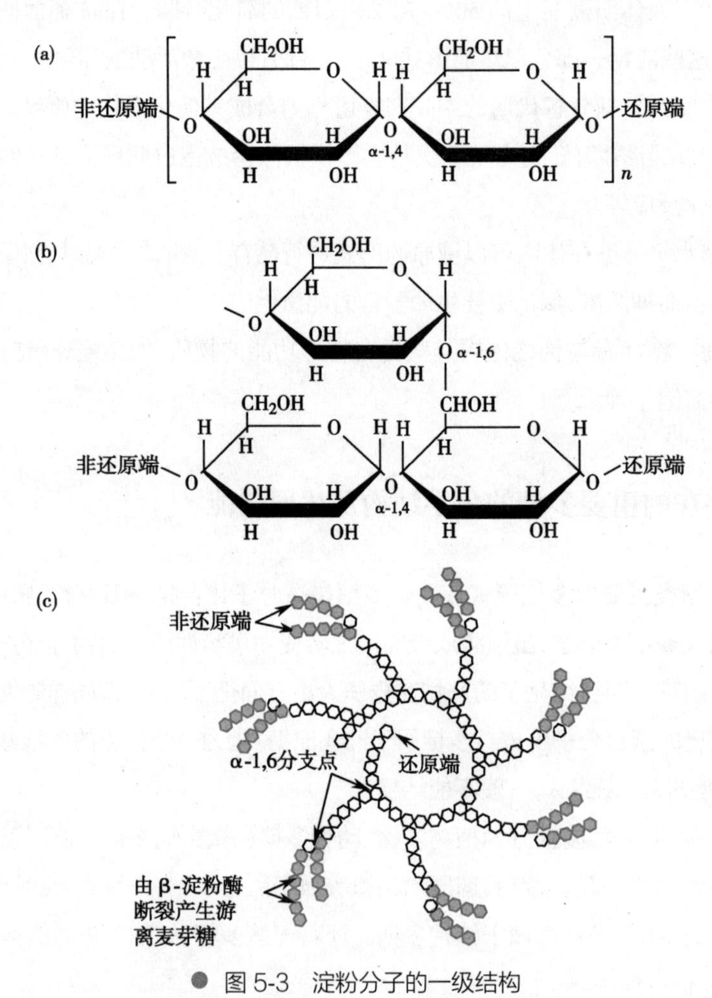

图 5-3 淀粉分子的一级结构

（a）直链淀粉 （b）支链淀粉分支点结构 （c）支链淀粉或糖原分子的示意图

由于 α-1，4 连接，淀粉分子中的每个葡萄糖残基与下一个残基都成一定角度，因此淀粉链倾向于形成有规则的螺旋构象（图 5-3）。根据 X 射线衍射分析，直链淀粉的二级结构是一个左手螺旋，每圈螺旋含 6 个残基。当与碘相互作用时，碘分子正好能嵌入螺旋中心空道，每圈容纳 1 个碘分子，形成稳定的深蓝色淀粉 - 碘络合物。支链淀粉的每个螺旋包含 25~30 个残基，螺旋中的短串碘分子比直链淀粉螺旋中的长串碘分子吸收更短波长的光，因此支链淀粉遇碘呈紫色到紫红色。淀粉分子还可能以双螺旋形式存在，在淀粉粒中双螺旋进一步折叠成更致密的结构，这与淀粉作为贮存分子的功能是一致的。

（二）糖原

糖原（glycogen）又称动物淀粉，它以颗粒（直径 10~40nm）形式存在于动物细胞的胞质内。颗粒内除糖原外，尚含有调节蛋白和催化糖原合成与降解的酶类。体内糖原的主要存在场所是肝脏和骨骼肌。糖原在肝脏和骨骼肌中的含量分别约占湿重的 5% 和 1.5%，但骨骼肌的糖原贮量比肝脏的多。糖原也在细菌如大肠埃希菌和个别植物如甜玉米中发现。糖原是人和动物餐间以及肌肉剧烈运动时最易动用的葡萄糖贮库。

在结构方面，糖原与支链淀粉很相似(图 5-3)，糖链内部也由 α-1，4 连接，只是分支点处由 α-1，6 连接，不同的是糖原的分支程度更高，分支链更短，平均每 8~12 个残基发生 1 次分支。与碘作用呈红紫色至红褐色。糖原的高度分支一方面增加分子的溶解度，另一方面提供更多的非还原端，在降解酶的作用下，加速聚合物转化为单体，有利于即时动用葡萄糖贮库以供代谢的急需。

（三）菊粉

菊粉（inulin）是一种果聚糖，在很多植物中代替淀粉成为贮存多糖。菊粉大量存在于菊科（Compositae）植物中，如菊芋 *Helianthus tuberosus*、大丽菊 *Dahlia pinnata* 的块茎和菊苣 *Cichorium intybus*、旋覆花 *Lnula japonia* 的块根中。菊粉溶于热水，加乙醇便从水中析出，与碘不发生反应。菊粉分子由约 31 个 β- 呋喃果糖残基和 1~2 个吡喃葡萄糖残基聚合而成（图 5-4），果糖残基之间通过 β（2 → 1）连接，1 个葡萄糖残基位于多糖链的末端，以蔗糖型连键（α1↔β2）与之相连，另一个葡萄糖残基如果有，可能出现在链内。由于菊粉含有少量葡萄糖，因此也将其归于杂多糖。

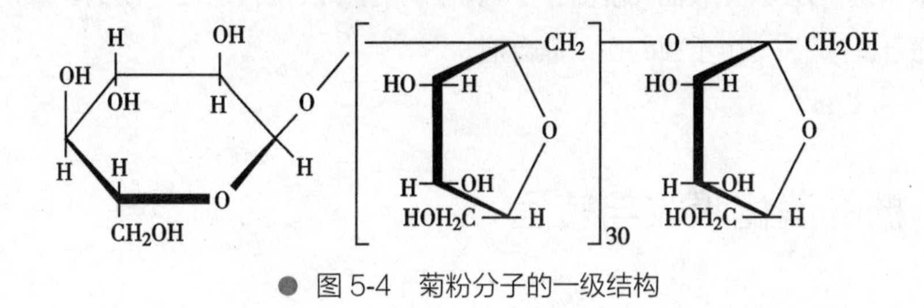

● 图 5-4　菊粉分子的一级结构

菊粉能被霉菌、酵母中含有的菊粉酶（inulase）水解成果糖。在稀酸作用下，菊粉极易水解成果糖，这是所有果聚糖的特性。人和动物体内缺乏分解菊粉的酶类。菊粉曾是制备果糖的原料，在临床上用于肾功能（肾小球滤过率）的测定。近些年研究发现，菊粉还具有控制血脂、降低血糖、促进矿物质的吸收、调节肠道微生物菌群、改善肠道健康、防止便秘等功能。

（四）纤维素

纤维素（cellulose）是生物圈里最丰富的有机物质。纤维素是植物的结构多糖，是细胞壁的主要成分，占植物界碳素的 50% 以上。但纤维素不是植物界所特有的，海洋无脊椎动物被囊类在其外套膜中含有相当多的纤维素。

纤维素是线形葡聚糖，残基间通过 β-1，4- 糖苷键连接。纤维素不溶于水及多种溶剂。人和哺乳类动物缺乏纤维素酶，因此不能消化木头和植物纤维。某些反刍动物在肠道内共生着能产生纤维素酶的细菌，因而能消化纤维素。

（五）壳多糖

壳多糖（chitin）也称为几丁质，是 *N*- 乙酰 -β-D- 葡糖胺的同聚物，分子量达数百万。壳多糖的结构与纤维素的结构极为相似，只是每个残基的 C_2 上羟基被乙酰化的氨基所取代（图 5-5）。

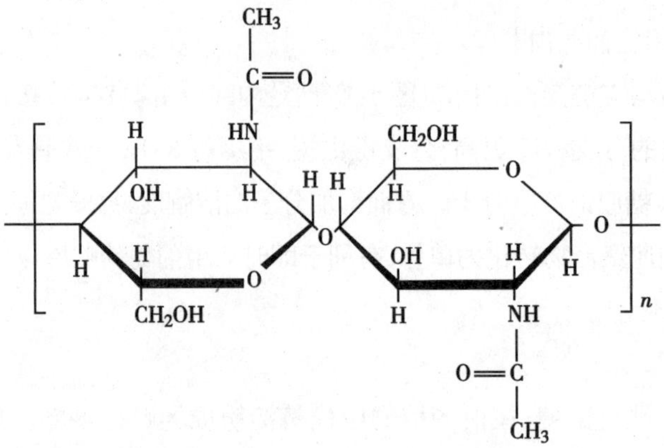

● 图 5-5 壳多糖分子的一级结构

壳多糖是自然界中第二丰富的多糖，广泛存在于甲壳类动物的外壳、昆虫的甲壳和真菌的胞壁中，也存在于一些绿藻中；主要是用来作为支撑身体的骨架，以及对身体起保护的作用。壳多糖去乙酰化形成聚葡糖胺或称脱乙酰壳多糖。由于脱乙酰壳多糖的阳离子性质和无毒性，近年来被广泛应用于水和饮料处理，化妆品、制药、医学、农业以及食品、饲料加工等领域。如壳多糖可以加速人体伤口愈合，已成为一个单独的伤口愈合剂。

第二节　糖的消化吸收与转运

一、糖的消化吸收

人类食物中可被机体分解利用的糖类主要有植物淀粉、动物糖原、麦芽糖、蔗糖、乳糖和葡萄糖等。食物中还含有大量的纤维素，由于人体内无 β- 糖苷酶，故不能对其分解利用，但纤维素能起到刺激肠蠕动等作用，也是维持健康所必需的糖类。

主食中的糖类以淀粉为主。唾液和胰液中都有 α- 淀粉酶（α-amylase），可水解淀粉分子内的 α-1，4- 糖苷键。由于食物在口腔停留的时间很短，所以淀粉消化主要在小肠内进行。在胰液的 α- 淀粉酶作用下，淀粉被水解为麦芽糖、麦芽三糖、含分支的异麦芽糖、由 4~9 个葡萄糖残基构成的

α-极限糊精(α-limit dextrin),其中前两者约占65%,后两者约占35%。这几种寡糖的进一步消化在小肠黏膜刷状缘进行。α-葡萄糖苷酶(包括麦芽糖酶)水解没有分支的麦芽糖和麦芽三糖。α-极限糊精酶(包括异麦芽糖酶)可水解α-1,4-糖苷键和α-1,6-糖苷键,将α-极限糊精和异麦芽糖水解成葡萄糖。肠黏膜细胞还含有蔗糖酶和乳糖酶等,分别水解蔗糖和乳糖。有些成人由于缺乏乳糖酶,在食用牛奶后发生乳糖消化吸收障碍,引起腹胀、腹泻等症状,称为乳糖不耐受症(lactose intolerance)。

糖类被消化成单糖后才能在小肠中被吸收。小肠黏膜依赖特定的载体摄入葡萄糖和半乳糖,是一个主动耗能的过程,同时伴有Na^+的转运。这类葡萄糖转运体称为Na^+依赖型葡萄糖转运蛋白(sodium-dependent glucose transporter,SGLT),它们主要存在小肠黏膜和肾小管上皮细胞。而机体吸收果糖和甘露糖的机制可能是单纯扩散,效率较低。

葡萄糖被小肠黏膜细胞吸收后经门静脉入肝,再由肝静脉进入血液循环,供身体各组织利用。肝对维持血糖稳定发挥关键作用。当血糖较高时,肝通过糖原合成和分解葡萄糖来降低血糖;当血糖较低时,肝通过糖原分解和糖异生来升高血糖。

二、葡萄糖的细胞转运

葡萄糖吸收入血后,在体内代谢首先需要进入细胞,这是依赖葡萄糖转运蛋白(glucose transporter,GLUT)来实现的。人体中现已发现12种葡萄糖转运蛋白,它们分别在不同的组织细胞中起作用,其中GLUT1~GLUT5功能较为明确。GLUT1和GLUT3广泛分布于全身各组织中,是细胞摄取葡萄糖的基本转运体。GLUT2主要存在于肝细胞和胰岛B细胞中,与葡萄糖的亲和力较低,使肝从餐后血中摄取过量的葡萄糖,并调节胰岛素分泌。而GLUT4主要存在于脂肪和肌组织中,以胰岛素依赖方式摄取葡萄糖,耐力训练可以使肌组织细胞膜上的GLUT4数量增加。GLUT5主要分布于小肠中,是果糖进入细胞的重要转运蛋白。这些GLUT成员的组织分布不同,生物功能不同,决定了各组织中葡萄糖代谢各具特色。

葡萄糖摄取障碍可能诱发高血糖。高糖饮食后,血糖迅速升高,引起胰岛素分泌,胰岛素可以使原先位于脂肪细胞和肌细胞内囊泡中的GLUT4重新分布于细胞膜,从而促进这些细胞摄取并利用血糖。1型糖尿病患者由于胰岛素分泌不足,无法使脂肪和肌组织中的GLUT4转位至细胞膜,阻碍了血中葡萄糖转运进入这些细胞。

第三节　糖的分解代谢

1分子葡萄糖在胞质中可裂解为2分子丙酮酸,是葡萄糖无氧氧化和有氧氧化的共同起始途径,称为糖酵解(glycolysis)。机体组织在不能利用氧或氧供应不足时,将丙酮酸在胞质中还原生成乳酸,称为乳酸发酵(lactic acid fermentation)。在某些植物和微生物中,丙酮酸可转变为乙醇和二氧化碳,称为乙醇发酵(ethanol fermentation)。机体在氧供应充足的条件下,丙酮酸主要进入线粒体中彻底氧化为CO_2和H_2O,即糖的有氧氧化(aerobic oxidation)。除此之外,葡萄糖还存在其他不直接产能的分解代谢途径，如磷酸戊糖途径。

一、糖的无氧氧化

糖的无氧氧化分为两个阶段：第一阶段是糖酵解，第二阶段为乳酸生成，均在胞质中进行。

（一）葡萄糖经糖酵解分解成丙酮酸过程

1. 葡萄糖磷酸化生成葡糖 -6- 磷酸　葡萄糖在己糖激酶（hexokinase）作用下磷酸化，生成葡糖 -6- 磷酸（glucose-6-phosphate，G-6-P），该反应不可逆，是糖酵解的第一个限速步骤。葡糖 -6- 磷酸不能自由通过细胞膜而逸出细胞。己糖激酶（hexokinase）需要以 Mg^{2+} 为辅基，是糖酵解的第一个关键酶（key enzyme）。目前，在哺乳类动物体内已发现有 4 种己糖激酶同工酶（Ⅰ～Ⅳ型）。肝细胞中存在的是Ⅳ型，称为葡糖激酶（glucokinase），它有两个特点：一是对葡萄糖的亲和力很低，其 K_m 值约为 10mmol/L，而其他己糖激酶的 K_m 值约为 0.1mmol/L；二是受激素调控，它对葡糖 -6- 磷酸的反馈抑制并不敏感。这些特性使葡糖激酶对于肝维持血糖稳定至关重要，肝主要为肝外组织细胞提供葡萄糖，只有当血糖显著升高时，肝才会加快对葡萄糖的利用，起到缓冲血糖水平的调节作用。而肝外组织则主要为了自身能量需求而代谢葡萄糖。

2. 葡糖 -6- 磷酸异构生成果糖 -6- 磷酸　这一反应的标准自由能变化极其微小，$\Delta G^{\ominus}$= 1.67kJ/mol（0.4kcal/mol），因此反应是可逆的。催化这一反应的酶是磷酸己糖异构酶（phosphohexose isomerase），需要 Mg^{2+} 参与，该酶的活性部位的催化残基可能为赖氨酸和组氨酸。催化反应的实质包括一般的酶促酸 - 碱催化机制。

3. 果糖 -6- 磷酸磷酸化生成果糖 -1，6- 二磷酸　在磷酸果糖激酶 -1（phosphofructokinase-1，PFK-1）的催化下，果糖 -6- 磷酸进一步被磷酸化，不可逆地生成果糖 -1，6- 二磷酸。这是糖酵解途径中第二个磷酸化反应，也是糖酵解的第二个限速步骤。

4. 果糖 -1，6- 二磷酸裂解成 2 分子磷酸丙糖　这是一个由六碳糖裂解为两个三碳糖的反应过程。此步反应是可逆的，由醛缩酶（aldolase）催化，产生 2 个丙糖，即磷酸二羟丙酮和 3- 磷酸甘油醛。

5. 磷酸二羟丙酮异构生成 3- 磷酸甘油醛　果糖 -1，6- 二磷酸裂解后形成的 2 分子磷酸丙糖中，只有 3- 磷酸甘油醛能继续进入糖酵解途径，磷酸二羟丙酮必须转变为 3- 磷酸甘油醛才能进入糖酵解途径。3- 磷酸甘油醛和磷酸二羟丙酮是同分异构体，在磷酸丙糖异构酶（triosephosphate isomerase）催化下可互相转变。当 3- 磷酸甘油醛在下一步反应中被移去后，磷酸二羟丙酮迅速转变为 3- 磷酸甘油醛，继续进行酵解。磷酸二羟丙酮还可转变成 3- 磷酸甘油，是联系葡萄糖代谢和脂肪代谢的重要枢纽物质。

上述的 5 步反应为糖酵解的耗能阶段，1 分子葡萄糖经两次磷酸化反应消耗了 2 分子 ATP，产生了 2 分子 3- 磷酸甘油醛。而之后的 5 步反应才开始产生能量。

6. 3- 磷酸甘油醛氧化为 1，3- 二磷酸甘油酸　反应中 3- 磷酸甘油醛的醛基氧化成羧基及羧基的磷酸化均由 3- 磷酸甘油醛脱氢酶（glyceraldehyde 3-phosphate dehydrogenase）催化，以 NAD^+ 为辅酶接受氢和电子。参加反应的还有无机磷酸，当 3- 磷酸甘油醛的醛基氧化脱氢生成羧基时，立即与磷酸形成1,3-二磷酸甘油酸(1,3-bisphosphoglycerate),该物质是一种高能化合物。

7. 1,3-二磷酸甘油酸转变成3-磷酸甘油酸　在磷酸甘油酸激酶(phosphoglycerate kinase)的催化下,1,3-二磷酸甘油酸将分子内的高能磷酸基转移给ADP,形成ATP和3-磷酸甘油酸,反应需要Mg^{2+}。这是糖酵解过程中第一次产生ATP的反应,这也是糖酵解过程中第一次底物水平磷酸化。磷酸甘油酸激酶催化的此反应是可逆反应,逆反应则需消耗1分子ATP。

8. 3-磷酸甘油酸转变为2-磷酸甘油酸　在磷酸甘油酸变位酶(phosphoglycerate mutase)的催化下,磷酸基从3-磷酸甘油酸的C_3位转移到C_2,这步反应是可逆的,反应需要Mg^{2+}。磷酸甘油酸变位酶的活性部位结合1个磷酸基团。当3-磷酸甘油酸作为酶的底物结合到酶的活性部位后,原来结合在酶活性部位的磷酸基团便立即转移至底物分子上,形成一个与酶结合的二磷酸中间产物2,3-二磷酸甘油酸,这个中间产物又立即使酶分子的活性部位再磷酸化,同时产生游离的2-磷酸甘油酸。

9. 2-磷酸甘油酸脱水生成磷酸烯醇式丙酮酸　这一步反应由烯醇化酶(enolase)催化,2-磷酸甘油酸在脱水过程中分子内部的电子和能量重新分布,生成具有高能磷酸键的磷酸烯醇式丙酮酸(phosphoenolpyruvate,PEP)。

烯醇化酶是一类由α、β和γ三种亚基构成的双亚基酶,共有αα、ββ、γγ、αβ和αγ五种同工酶形式。其中γγ型烯醇化酶特异性地存在于神经元和神经内分泌细胞中,被称为神经元特异性烯醇化酶(neuron specific enolase,NSE),该酶可作为小细胞肺癌、神经内分泌肿瘤、神经母细胞肿瘤的标志物,用于诊断和治疗检测。

10. 磷酸烯醇式丙酮酸转变为丙酮酸　这一步反应是由丙酮酸激酶(pyruvate kinase)催化,将磷酸烯醇式丙酮酸的高能磷酸基转移给ADP,生成ATP和丙酮酸。该反应不可逆,是糖酵解的第3个限速步骤。丙酮酸激酶的作用需要K^+和Mg^{2+}参与。反应最初生成烯醇式丙酮酸,但烯醇式迅速经非酶促反应转变为酮式。这是糖酵解过程中的第二次底物水平磷酸化。

在糖酵解产能阶段的5步反应中,2分子磷酸丙糖经两次底物水平磷酸化转变成2分子丙酮酸,总共生成4分子ATP。

(二) 丙酮酸被还原为乳酸过程

这一步反应是由乳酸脱氢酶(lactate dehydrogenase,LDH)催化,将丙酮酸还原成乳酸,所需的氢原子由$NADH+H^+$提供,后者来自上述第6步反应中的3-磷酸甘油醛的脱氢反应。在缺氧情况下,这一对氢用于还原丙酮酸生成乳酸,$NADH+H^+$重新转变成NAD^+,糖酵解才能重复进行。

人体内糖的无氧氧化的全部反应可归纳如图5-6所示。

(三) 糖酵解的调控是对三个关键酶活性的调节

作为机体的一条重要供能途径,糖酵解受到严格的调控。糖酵解的大多数反应是可逆的,这些可逆反应的方向、速率由底物和产物的浓度控制。催化这些可逆反应的酶的活性改变,并不能决定反应的方向。糖酵解过程中有3个非平衡反应,分别由己糖激酶(葡糖激酶)、磷酸果糖激酶-1和丙酮酸激酶催化,它们反应速率最慢,催化的反应不可逆,是控制糖酵解流量的3个关键酶,其活性受到别构效应剂和激素的调节。

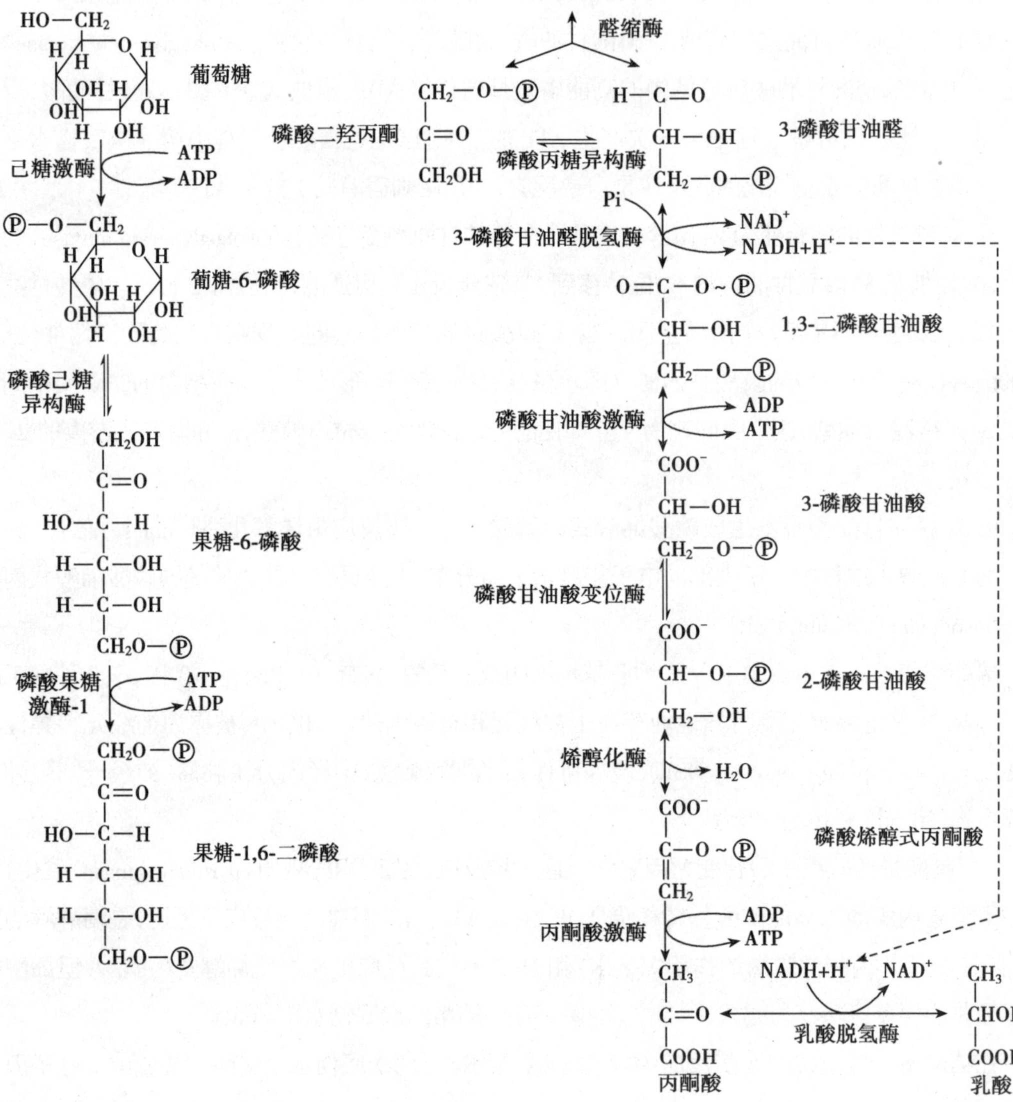

● 图 5-6　糖的无氧氧化

1. 磷酸果糖激酶 -1 对调节糖酵解速率最为重要　磷酸果糖激酶 -1 的活性是调节糖酵解代谢速率的最重要节点。磷酸果糖激酶 -1 是一个四聚体，分子量约为 360kDa，受多种别构效应剂的影响（图 5-7）。ATP 和柠檬酸是磷酸果糖激酶 -1 的别构抑制剂。该酶有两个结合 ATP 的位点，一是活性中心内的催化部位，ATP 作为底物与之结合；另一个是活性中心以外的别构部位，ATP 作为别构抑制剂与之结合，别构部位与 ATP 的亲和力较低，因而需要较高浓度的 ATP 才能使酶丧失活性。磷酸果糖激酶 -1 的别构激活剂有 AMP、ADP、果糖 -1,6- 二磷酸（fructose-1,6-biphosphate，F-1,6-BP）和果糖 -2,6- 二磷酸（fructose-2,6-biphosphate，F-2,6-BP）。AMP 可与 ATP 竞争结合别构部位，抵消 ATP 的抑制作用。ADP 改变磷酸果糖激酶 -1 的构型，提高其催化活性。果糖 -1,6- 二磷酸是磷酸果糖激酶 -1 的反应产物，这种产物正反馈作用是比较少见的，它有利于糖的分解。果糖 -2,6- 二磷酸是磷酸果糖激酶 -1 最强的别构激活剂，可增强该酶与果糖 -1,6- 二磷酸的亲和力，并与 AMP 协同消除 ATP、柠檬酸对磷酸果糖激酶 -1 的别构抑制作用。果糖 -2,6- 二磷酸由磷酸果糖

激酶 -2(phosphofructokinase-2,PFK-2)催化果糖 -6- 磷酸 C_2 磷酸化而生成;果糖二磷酸酶 -2(fructose biphosphatase-2,FBP-2)则可水解其 C_2 位磷酸,使其转变成果糖 -6- 磷酸(图 5-7)。磷酸果糖激酶 -2 和果糖二磷酸酶 -2 这两种酶活性共存于 1 个酶蛋白上,具有 2 个分开的催化中心,是一种双功能酶。

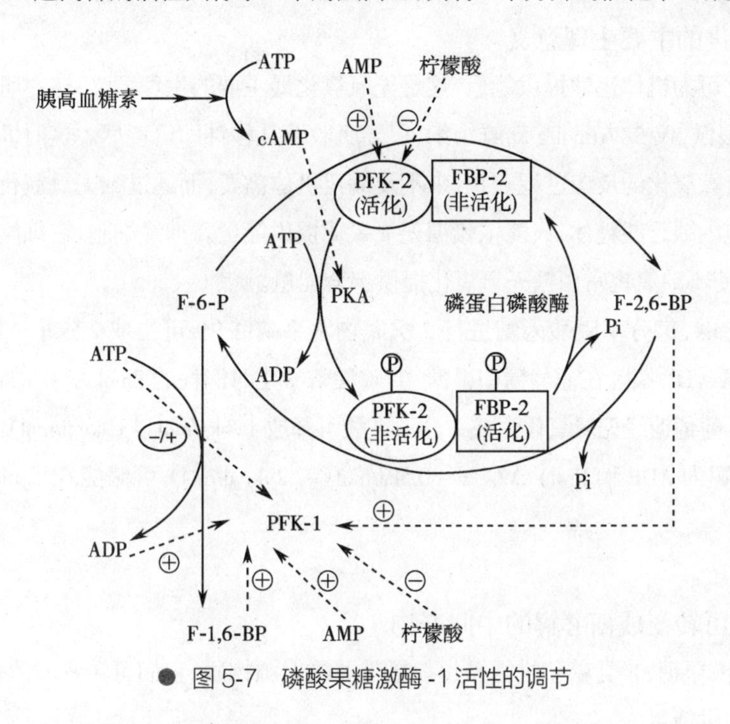

图 5-7 磷酸果糖激酶 -1 活性的调节

磷酸果糖激酶 -2 和果糖二磷酸酶 -2 还可在激素作用下,以共价修饰方式调节酶的活性。胰高血糖素通过依赖 cAMP 的蛋白激酶(cAMP-dependent protein kinase),简称蛋白激酶 A(protein kinaseA,PKA),使其 32 位丝氨酸发生磷酸化,结果导致磷酸果糖激酶 -2 活性减弱而果糖二磷酸酶 -2 活性升高。磷蛋白磷酸酶将其去磷酸后,酶活性的变化则相反。

2. 丙酮酸激酶是糖酵解第 2 个重要的调节点　丙酮酸激酶是一种四聚体变构酶,分子量约为 250kDa,具有 L、M1、M2 等同工酶形式,是糖酵解的第 2 个重要的调节点。果糖 -1,6- 二磷酸是丙酮酸激酶的别构激活剂,而 ATP 则有抑制作用。此外,在肝内丙氨酸对该酶也有别构抑制作用。丙酮酸激酶还受共价修饰方式调节。PKA 和依赖 Ca^{2+}、钙调蛋白的蛋白激酶均可使其磷酸化而失活。胰高血糖素可通过激活 PKA 抑制丙酮酸激酶的活性。

3. 己糖激酶受到反馈抑制调节　己糖激酶受其反应产物葡糖 -6- 磷酸的反馈抑制,而葡糖激酶由于不存在葡糖 -6- 磷酸的别构部位,故不受葡糖 -6- 磷酸的影响。长链脂酰 CoA 对其有别构抑制作用,这在饥饿时减少肝和其他组织分解葡萄糖有一定意义。胰岛素可诱导葡糖激酶基因的转录,促进酶的合成。

通过对上述 3 个关键酶的调节,可使糖酵解的反应速率适应机体对能量的需求,这对绝大多数组织,特别是骨骼肌尤为重要。当消耗能量多,细胞内 ATP/AMP 比例降低时,磷酸果糖激酶 -1 和丙酮酸激酶均被激活,加速葡萄糖的分解。反之,细胞内 ATP 的储备丰富时,通过糖酵解分解的葡萄糖就减少。肝的情况则不同。正常进食时,肝仅氧化少量葡萄糖,主要由氧化脂肪酸获得能量。进食后,胰高血糖素分泌减少,胰岛素分泌增加,果糖 -2,6- 二磷酸的合成增加,加速糖酵解,主要是生成乙酰 CoA 以合成脂肪酸;饥饿时胰高血糖素分泌增加,抑制了果糖-2,6-二磷酸的合成和丙酮酸激酶的活性,抑制糖酵解,这样才能有效地进行糖异生,维持血糖水平。

(四)糖无氧氧化的主要生理意义

糖无氧氧化可为机体迅速提供能量,这是无氧氧化最主要的生理意义,这对肌收缩更为重要。肌内ATP含量很低,仅5~7μmol/g新鲜组织,只要肌收缩几秒钟即可耗尽。这时即使氧不缺乏,但因葡萄糖进行有氧氧化的反应过程较长,来不及满足机体需要,而通过糖无氧氧化迅速得到ATP。人体成熟红细胞内缺乏线粒体,只能依赖糖无氧氧化提供能量。神经细胞、白细胞、骨髓细胞等代谢极为活跃,即使不缺氧也常由糖无氧氧化提供部分能量。

糖无氧氧化时,每分子磷酸丙糖进行2次底物水平磷酸化,可生成2分子ATP,因此1mol葡萄糖可生成4mol ATP,扣除在葡萄糖和果糖-6-磷酸磷酸化时消耗的2mol ATP,故糖无氧氧化净得2mol ATP。1mol葡萄糖经无氧氧化生成2分子乳酸可释放196kJ/mol(46.9kcal/mol)的能量。在标准状态下,ATP水解为ADP和Pi时$\Delta G^{\ominus}$=-30.5kJ/mol(-7.29kcal/mol),可储能61kJ/mol(14.6kcal/mol),效率为31%。

(五)其他单糖可转变成糖酵解的中间产物

除葡萄糖外,果糖、半乳糖和甘露糖也都是重要的能源物质,它们可转变成糖酵解的中间产物而进入糖酵解提供能量。

1. 果糖被磷酸化后进入糖酵解　果糖是膳食中重要的能源物质,水果和蔗糖中含有大量果糖,从食物摄入的果糖每天约有100g。果糖的代谢一部分在肝,一部分被周围组织(主要是肌肉和脂肪组织)摄取。

在肌肉和脂肪组织中,己糖激酶使果糖磷酸化生成果糖-6-磷酸。果糖-6-磷酸可进入糖酵解分解,在肌组织中也可合成糖原。在肝中,葡糖激酶与己糖(包括果糖)的亲和力很低,因此果糖在肝的代谢不同于肌肉组织。肝内存在特异的果糖激酶,催化果糖磷酸化生成果糖-1-磷酸,后者被特异的磷酸果糖醛缩酶(B型醛缩酶)分解成磷酸二羟丙酮及甘油醛。甘油醛在丙糖激酶催化下磷酸化成3-磷酸甘油醛。这些果糖代谢产物恰好是糖酵解的中间代谢产物,可循糖酵解氧化分解,也可逆向进行糖异生,促进肝内糖原储存。

果糖不耐受症(fructose intolerance)是一种遗传病,该病因为缺乏B型醛缩酶,进食果糖会引起果糖-1-磷酸堆积,大量消耗肝中磷酸的储备,进而使ATP浓度下降,从而加速糖无氧氧化,导致乳酸性酸中毒和餐后低血糖。这种病症常表现为自我限制,强烈地厌恶甜食。

2. 半乳糖转变为葡糖-1-磷酸进入糖酵解　半乳糖和葡萄糖是立体异构体,它们仅在C_4位的构型上有所区别。牛乳中的乳糖是半乳糖的主要来源,半乳糖在肝内转变为葡萄糖(图5-8)。一方面尿嘧啶核苷二磷酸半乳糖(uridine diphosphate galactose,UDPGal)不仅是半乳糖转变为葡萄糖的中间产物,也是半乳糖供体,用于合成糖脂、蛋白聚糖和糖蛋白。另一方面,由于差向异构酶反应可自由逆转,用于合成糖脂、蛋白聚糖和糖蛋白的半乳糖并不必依赖食物,而可由尿嘧啶核苷二磷酸葡萄糖(uridine diphosphate glucose,UDPG)转变生成。

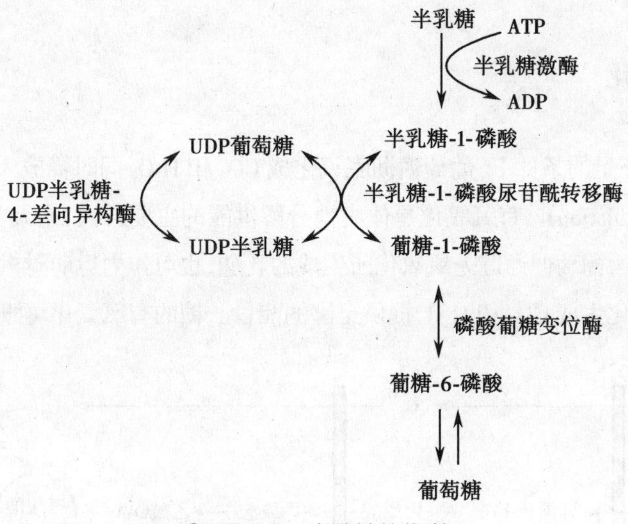

● 图 5-8 半乳糖的代谢

机体如果缺乏半乳糖 -1- 磷酸尿苷酰转移酶，使半乳糖 -1- 磷酸生成 UDPGal 的过程受阻，不能将半乳糖转变成葡萄糖，导致有毒副产物的积累，这种代谢障碍疾病称为半乳糖血症(galactosemia)，是一种遗传性疾病。例如，血液中高浓度的半乳糖使眼晶状体中半乳糖含量增加，并还原为半乳糖醇，晶状体中这种糖醇的存在最终导致白内障的形成(晶状体混浊)。半乳糖血症的症状还包括生长停滞，智力迟钝，在某些病例中会因肝损伤而致死。

3. 甘露糖转变为果糖 -6- 磷酸进入糖酵解　甘露糖在结构上是葡萄糖 C_2 位的立体异构物。它在日常饮食中含量甚微，是多糖和糖蛋白的消化产物。甘露糖在体内通过两步反应转变成果糖 -6- 磷酸而进入糖酵解代谢。首先，甘露糖在己糖激酶的催化下，磷酸化生成甘露糖 -6- 磷酸，接着被磷酸甘露糖异构酶催化转变为果糖 -6- 磷酸，从而进入糖酵解进行代谢转变，生成糖原、乳酸、葡萄糖、戊糖等(图 5-9)。

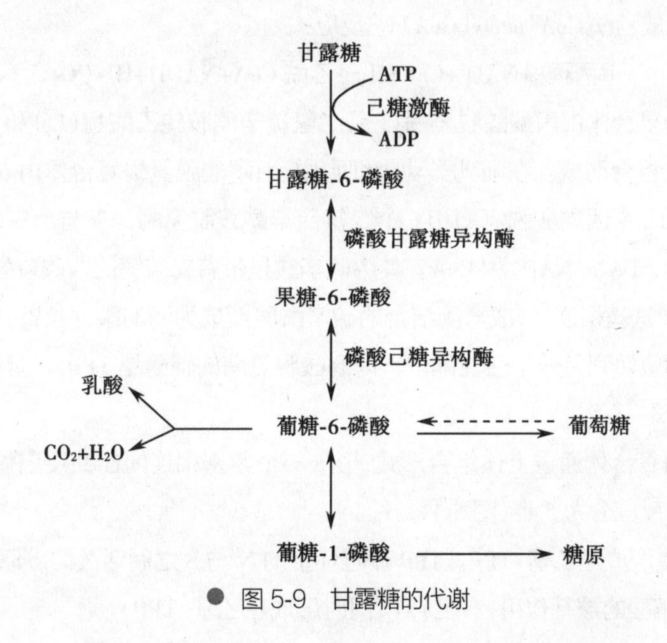

● 图 5-9 甘露糖的代谢

二、糖的有氧氧化

在机体氧供应充足的条件下，葡萄糖彻底氧化成 CO_2 和 H_2O，同时释放大量能量的过程，称为有氧氧化（aerobic oxidation）。有氧氧化是体内糖分解供能的主要方式，绝大多数细胞都通过它获得能量。在肌组织中，葡萄糖通过无氧氧化所生成的乳酸，也可作为运动时机体某些组织（如心肌）的重要能源，彻底氧化生成 CO_2 和 H_2O，提供足够的能量。糖的有氧氧化可概括为图 5-10 所示。

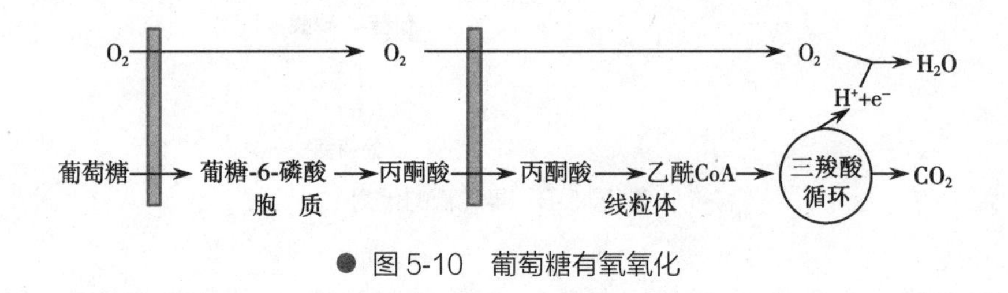

● 图 5-10 葡萄糖有氧氧化

（一）糖的有氧氧化过程

糖的有氧氧化分为 3 个阶段：第一阶段为葡萄糖在胞质中经糖酵解生成丙酮酸；第二阶段为丙酮酸进入线粒体，氧化脱羧生成乙酰 CoA；第三阶段为乙酰 CoA 进入三羧酸循环，并偶联进行氧化磷酸化。其中，第一阶段如前所述，氧化磷酸化将在第七章中讨论。在此主要介绍丙酮酸氧化脱羧和三羧酸循环的反应过程。

1. 葡萄糖经糖酵解生成丙酮酸　此阶段同前所述的糖酵解一致。

2. 丙酮酸进入线粒体氧化脱羧生成乙酰 CoA　丙酮酸在胞质中生成后，由线粒体内膜上的丙酮酸载体转运至线粒体内，在丙酮酸脱氢酶复合体（pyruvate dehydrogenase complex）催化下，不可逆地氧化脱羧生成乙酰 CoA（acetyl CoA），总反应式为：

$$\text{丙酮酸} + NAD^+ + CoASH \rightarrow \text{乙酰 } CoA + NADH + H^+ + CO_2$$

丙酮酸脱氢酶复合体由丙酮酸脱氢酶（E_1），二氢硫辛酰胺转乙酰酶（E_2）和二氢硫辛酰胺脱氢酶（E_3）按一定比例组合而成。在哺乳类动物细胞中，丙酮酸脱氢酶复合体由 60 个转乙酰酶组成核心，周围排列着 12 个丙酮酸脱氢酶和 6 个二氢硫辛酰胺脱氢酶。参与反应的辅酶有焦磷酸硫胺素（TPP）、硫辛酸、FAD、NAD^+ 和 CoA。其中硫辛酸是带有二硫键的八碳羧酸，通过与转乙酰酶的赖氨酸残基的 ε- 氨基相连，形成与酶结合的硫辛酰胺而成为酶的柔性长臂，可将乙酰基从酶复合体的一个活性部位转到另一个活性部位。丙酮酸脱氢酶的辅酶是 TPP，二氢硫辛酰胺脱氢酶的辅酶是 FAD、NAD^+。

丙酮酸脱氢酶复合体通过上述组合形式，形成一个紧密相连的连锁反应体系，有效地提高催化效率。其催化的反应分为 5 步（图 5-11）。

（1）丙酮酸脱羧形成羟乙基 -TPP。TPP 噻唑环上的 N 与 S 之间活泼的碳原子可释放出 H^+，而成为碳离子，与丙酮酸的羰基作用，产生 CO_2，同时形成羟乙基 -TPP。

（2）由二氢硫辛酰胺转乙酰酶（E_2）催化，使羟乙基 -TPP-E_1 上的羟乙基被氧化成乙酰基，同时转移给硫辛酰胺，形成乙酰硫辛酰胺 -E_2。

(3) 二氢硫辛酰胺转乙酰酶（E_2）继续催化，使乙酰硫辛酰胺上的乙酰基转移给辅酶 A 生成乙酰 CoA 后，离开酶复合体，同时氧化过程中的 2 个电子使硫辛酰胺上的二硫键还原为 2 个巯基。

(4) 二氢硫辛酰胺脱氢酶（E_3）使还原的二氢硫辛酰胺脱氢重新生成硫辛酰胺，以进行下一轮反应，同时将氢传递给 FAD，生成 $FADH_2$。

(5) 在二氢硫辛酰胺脱氢酶（E_3）催化下，将 $FADH_2$ 上的氢转移给 NAD^+，形成 $NADH+H^+$。

在整个反应过程中，中间产物并不离开酶复合体，这就使得上述各步反应得以迅速完成，而且因没有游离的中间产物，所以不会发生副反应。丙酮酸氧化脱羧反应的 $\Delta G^{\ominus}=-39.5kJ/mol$（$-9.4kcal/mol$），故反应是不可逆的。

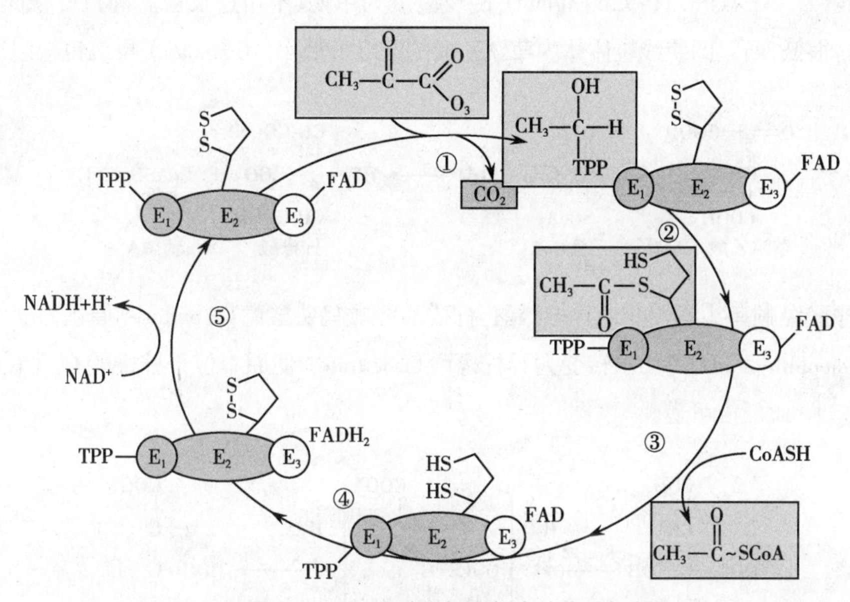

● 图 5-11　丙酮酸脱氢酶复合体作用机制

3. 乙酰 CoA 进入三羧酸循环以及氧化磷酸化生成 ATP　三羧酸循环是乙酰 CoA 彻底氧化的代谢途径，三大营养物质糖、脂肪、蛋白质进行生物氧化时，均须先通过各自不同的代谢途径分解生成乙酰 CoA，再进入三羧酸循环。第一步是由乙酰 CoA 与草酰乙酸缩合生成 6 个碳原子的柠檬酸，然后柠檬酸经过一系列反应重新生成草酰乙酸，完成一轮循环。经过一轮循环，乙酰 CoA 的两个碳原子被氧化成 CO_2；发生 1 次底物水平磷酸化，生成 1 分子 ATP；有 4 次脱氢反应，氢的接受体分别为 NAD^+ 或 FAD，生成 3 分子 $NADH+H^+$ 和 1 分子 $FADH_2$，它们既是三羧酸循环中的脱氢酶的辅酶，又是电子传递链的第一环节。电子传递链是由一系列氧化还原体系组成，它们的功能是将 H^+ 或电子传递至氧，生成水。在 H^+ 或电子沿电子传递链传递过程中能量逐步释放，同时伴有 ADP 磷酸化生成 ATP，即氧化与磷酸化反应是偶联在一起的（见第七章）。

（二）三羧酸循环

三羧酸循环（tricarboxylic acid cycle，TCA cycle）又称柠檬酸循环（citric acid cycle），是以形成柠檬酸为起始物的循环反应系统，是在线粒体内一系列酶催化下进行的循环代谢过程。因为该学说由 Krebs 正式提出，亦称为 Krebs 循环。

三羧酸循环反应过程中，首先由乙酰 CoA 与草酰乙酸（oxaloacetate）缩合生成含 3 个羧基的柠檬酸（citric acid），再经过 4 次脱氢、2 次脱羧，生成 4 分子还原当量（reducing equivalent，一般是指以氢原子或氢离子形式存在的 1 个电子或 1 个电子当量）和 2 分子 CO_2，最终重新生成草酰乙酸再进入下一轮循环。

1. 三羧酸循环由八步反应组成

（1）乙酰 CoA 与草酰乙酸缩合成柠檬酸：在柠檬酸合酶（citrate synthase）的催化下，1 分子乙酰 CoA 与 1 分子草酰乙酸缩合成柠檬酸，释放 CoASH。这是三羧酸循环的第一个限速步骤，缩合反应所需能量由乙酰 CoA 分子中的高能硫酯键水解提供。由于高能硫酯键水解时可释放出较多的自由能，$\Delta G^{\ominus}$为 −31.4kJ/mol（−7.5kcal/mol），使反应成为单向、不可逆反应。而且柠檬酸合酶对草酰乙酸的 K_m 很低，所以即使线粒体体内草酰乙酸的浓度很低(约 10mmol/L)，反应也得以迅速进行。

$$\underset{\text{草酰乙酸}}{O{=}C(COOH)-CH_2-COOH} + \underset{\text{乙酰CoA}}{CH_3-C(=O)-SCoA} + H_2O \longrightarrow \underset{\text{柠檬酸}}{HO-C(COO^-)(CH_2COOH)_2} + \underset{\text{辅酶A}}{CoASH} + H^+$$

（2）柠檬酸经顺乌头酸转变为异柠檬酸：柠檬酸经顺乌头酸酶（aconitase）催化，先脱水生成顺乌头酸（*cis*-aconitic acid），再加水转变为异柠檬酸（isocitrate），使原本位于柠檬酸 C_3 上的羟基转移至柠檬酸 C_2 上，此反应可逆。

$$\underset{\text{柠檬酸}}{{}^-OOC-CH_2-C(OH)(COO^-)-CH_2-COO^-} \xrightarrow{-H_2O} \underset{\text{[酶-顺乌头酸]复合物}}{\left[{}^-OOC-CH{=}C(COO^-)-CH_2-COO^-\right]} \xrightarrow{+H_2O} \underset{\text{异柠檬酸}}{{}^-OOC-CH(OH)-CH(COO^-)-CH_2-COO^-}$$

（3）异柠檬酸氧化脱羧转变为 α- 酮戊二酸：在异柠檬酸脱氢酶（isocitrate dehydrogenase）催化下，异柠檬酸被氧化脱羧产生 CO_2，其余碳链骨架部分转变为 α- 酮戊二酸（α-ketoglutarate），脱下的氢由 NAD^+ 接受，生成 $NADH+H^+$。这是三羧酸循环中的第一次氧化脱羧反应，也是三羧酸循环的第二个限速步骤，反应不可逆，释放出的 CO_2 可被视作乙酰 CoA 的 1 个碳原子氧化产物。

$$\underset{\text{异柠檬酸}}{{}^-OOC-CH(OH)-CH(COO^-)-CH_2-COO^-} \xrightarrow[Mg^{2+}]{NAD^+ \;\; NADH+H^+,\ CO_2} \underset{\text{α-酮戊二酸}}{{}^-OOC-C(=O)-CH_2-CH_2-COO^-}$$

（4）α- 酮戊二酸氧化脱羧生成琥珀酰 CoA：在 α- 酮戊二酸脱氢酶复合体（α-ketoglutarate dehydrogenase complex）的催化下，α- 酮戊二酸脱羧、脱氢，再与辅酶 A 结合生成琥珀酰 CoA (succinyl CoA)。此反应不可逆，是三羧酸循环中的第二次氧化脱羧反应。该反应需要 NAD^+ 和 CoA 作为辅助因子。α- 酮戊二酸氧化脱羧时释放的能量有 3 方面的作用：①驱使 NAD^+ 还原；②促使反应向氧化方向进行并大量放能；③一部分能量以琥珀酰 CoA 的高能硫酯键形式储存起来。反应脱下的氢由 NAD^+ 接受，生成 $NADH+H^+$，释放出的 CO_2 可被视作乙酰 CoA 的另 1 个碳原子氧化产物。

α- 酮戊二酸脱氢酶复合体是三羧酸循环中的第 3 个关键酶，其组成和催化反应过程与丙酮酸脱氢酶复合体类似，这就使得 α- 酮戊二酸的脱羧、脱氢并形成高能硫酯键等反应可迅速完成。

$$\underset{\alpha\text{-酮戊二酸}}{COO^- - C(=O) - CH_2 - CH_2 - COO^-} + NAD^+ + CoASH \longrightarrow \underset{\text{琥珀酰CoA}}{O{=}C{\sim}SCoA - CH_2 - CH_2 - COO^-} + NADH + H^+ + CO_2$$

(5) 琥珀酰 CoA 经底物水平磷酸化生成琥珀酸：在 GDP、无机磷酸和 Mg^{2+} 存在的条件下，琥珀酰 CoA 合成酶（succinyl CoA synthetase）催化琥珀酰 CoA 分子中的高能磷酸键水解，生成琥珀酸（succinic acid）。当琥珀酰 CoA 的高能硫酯键水解时，$\Delta G^{\ominus}$约 -33.4kJ/mol（-7.98kcal/mol），它可与 GDP 的磷酸化偶联，生成 1 个高能磷酸键；在哺乳动物中形成 1 分子 GTP，在植物和微生物中直接形成 ATP。这是底物水平磷酸化的又一例子，是三羧酸循环中唯一直接生成高能磷酸键的步骤。此外，GTP 还在核苷二磷酸激酶的作用下将磷酰基转给 ADP 生成 ATP。

$$\underset{\text{琥珀酰CoA}}{O{=}C{\sim}SCoA - CH_2 - CH_2 - COO^-} \xrightleftharpoons[]{GDP(ADP) + Pi \quad GTP(ATP)} \underset{\text{琥珀酸}}{COO^- - CH_2 - CH_2 - COO^-} + CoASH$$

(6) 琥珀酸脱氢生成延胡索酸：琥珀酸的两个中间碳原子各脱掉 1 个氢原子，形成反式的丁烯二酸又称为延胡索酸。催化这一反应的酶称为琥珀酸脱氢酶（succinate dehydrogenase），其辅酶是 FAD，还含有铁硫中心。该酶结合在线粒体内膜上，是三羧酸循环中唯一与内膜结合的酶，直接与呼吸链相连。

$$\underset{\text{琥珀酸}}{COO^- - CH_2 - CH_2 - COO^-} \xrightleftharpoons[]{FAD \quad FADH_2} \underset{\text{延胡索酸}}{COO^- - C(H){=}(H)C - COO^-}$$

琥珀酸脱氢酶催化琥珀酸的脱氢具有严格的立体专一性，但与它的底物在结构上相类似的化合物如丙二酸（malonate）还是可以与酶结合，不能催化脱氢，因此丙二酸是琥珀酸脱氢酶的强抑制剂。

(7) 延胡索酸加水生成苹果酸：延胡索酸经延胡索酸酶（fumarate hydratase）催化，加水形成苹果酸（malic acid）。该酶催化反应具有严格的立体专一性，此催化反应是可逆的。

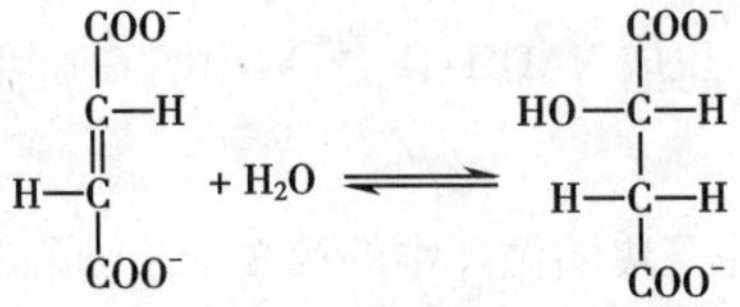

$$\text{延胡索酸}\ (^{-}OOC-CH=CH-COO^{-}) + H_2O \rightleftharpoons \text{苹果酸}\ (^{-}OOC-CH(OH)-CH_2-COO^{-})$$

(8) 苹果酸脱氢生成草酰乙酸：在苹果酸脱氢酶（malate dehydrogenase）的催化下，苹果酸（malic acid）脱氢生成草酰乙酸，脱下的氢由 NAD^{+} 接受，生成 $NADH+H^{+}$。苹果酸氧化的标准自由能变化 $\Delta G^{\ominus}=+29.7kJ/mol\ (+7.1kcal/mol)$，在热力学上尽管是不利的反应，但由于草酰乙酸与乙酰 CoA 的缩合反应是高度的放能反应（$\Delta G^{\ominus}=-31.5kJ/mol=-7.5kcal/mol$），通过草酰乙酸不断地消耗，使苹果酸氧化成为草酰乙酸的方向得以进行。

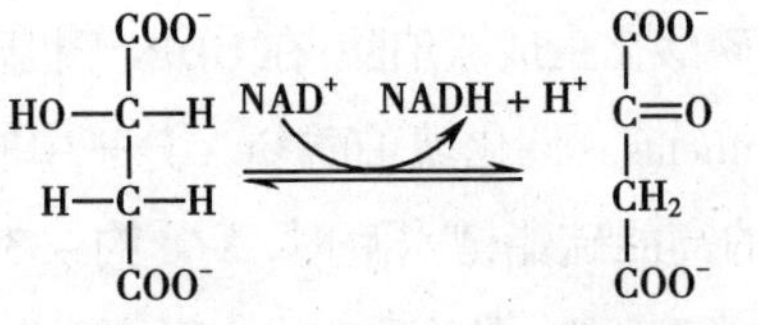

$$\text{苹果酸}\ (^{-}OOC-CH(OH)-CH_2-COO^{-}) + NAD^{+} \rightleftharpoons \text{草酰乙酸}\ (^{-}OOC-CO-CH_2-COO^{-}) + NADH + H^{+}$$

三羧酸循环的整个代谢过程可归纳如图 5-12 所示。

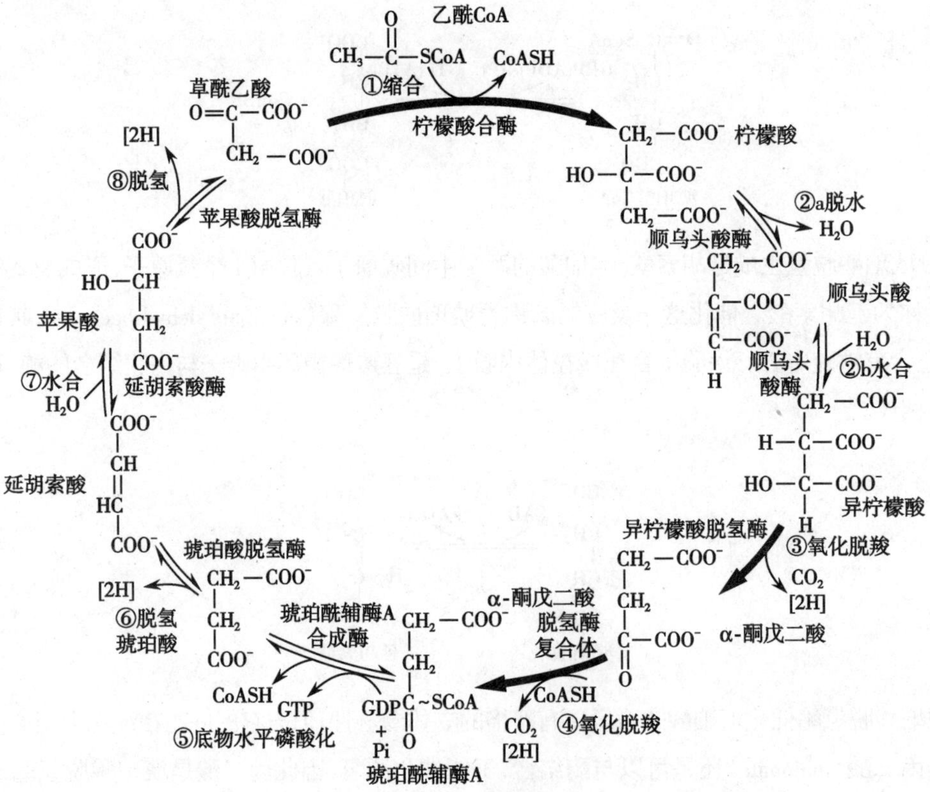

● 图 5-12　三羧酸循环

在柠檬酸反应过程中，从 2 个碳原子的乙酰 CoA 与 4 个碳原子的草酰乙酸缩合生成 6 个碳原子的柠檬酸开始，反复地脱氢氧化，共发生 4 次脱氢反应。其中，3 次脱氢（3 对氢或 6 个电子）由 NAD^+ 接受，生成 3 分子的 $NADH+H^+$；1 次（1 对氢或 2 个电子）由 FAD 接受，生成 1 分子的 $FADH_2$。这些电子传递体将电子传给氧时才能生成 ATP。羟基氧化成羧基后，通过脱羧的方式生成 CO_2。1 分子乙酰 CoA 进入三羧酸循环后，生成 2 分子 CO_2，这是体内 CO_2 的主要来源。三羧酸循环反应中，每循环一轮只能以底物水平磷酸化生成 1 个 GTP。三羧酸循环的总反应式为：

$$CH_3CO\sim SCoA+3NAD^++FAD+GDP+Pi+2H_2O \rightarrow$$
$$2CO_2+3NADH+3H^++FADH_2+CoASH+GTP$$

就反应的总平衡而言，1 分子乙酰 CoA 进入三羧酸循环释放出 2 分子 CO_2，循环的各中间产物本身并无量的变化，三羧酸循环运转 1 周的净结果是氧化了 1 分子乙酰 CoA。但用 ^{14}C 标记的乙酰 CoA 进行的实验发现，脱羧生成的 2 个 CO_2 的碳原子来自草酰乙酸，而不是乙酰 CoA。这是由于中间反应过程中碳原子置换所致，因此实际上是最后再生的草酰乙酸的碳架被部分更新了，含量并无增减。

另外，三羧酸循环的各中间产物在反应前后质量不发生改变，不会通过三羧酸循环从乙酰 CoA 合成草酰乙酸或三羧酸循环的其他中间产物；同样，这些中间产物也不会直接在三羧酸循环中被氧化成 CO_2 和 H_2O。三羧酸循环中草酰乙酸主要来自丙酮酸的直接羧化，也可通过苹果酸脱氢生成。无论何种途径，其最终主要来源是葡萄糖的分解代谢。

2. 三羧酸循环在三大营养物质代谢中具有重要生理意义

（1）三羧酸循环是糖、脂肪和蛋白质彻底氧化的最终通路：三羧酸循环是乙酰 CoA 彻底氧化的代谢途径，三大营养物质糖、脂肪和蛋白质进行生物氧化时，均需先通过各自不同的代谢途径分解生成乙酰 CoA，然后进入三羧酸循环进行氧化供能。三羧酸循环中只有一个底物水平磷酸化反应生成高能磷酸键，循环本身并不是生成 ATP 的主要环节，绝大部分能量主要来自三羧酸循环中的 4 次脱氢反应，它们为电子传递过程和氧化磷酸化反应生成 ATP 提供了足够的还原当量。

（2）三羧酸循环是糖、脂肪、氨基酸代谢联系的枢纽：三大营养物质通过三羧酸循环在一定程度上可以相互转变，三羧酸循环的许多中间产物是它们相互转化的节点。例如，饱食时糖可以转变成脂肪。葡萄糖分解成丙酮酸后进入线粒体内氧化脱羧生成乙酰 CoA，乙酰 CoA 必须再转移到胞质以合成脂肪酸。由于乙酰 CoA 不能通过线粒体膜，于是它先与草酰乙酸缩合成柠檬酸，再通过载体转运至胞质，在柠檬酸裂解酶（citrate lyase）作用下裂解成乙酰 CoA 及草酰乙酸，然后乙酰 CoA 即可合成脂肪酸。此外，乙酰 CoA 也是合成胆固醇的原料。又如，绝大部分氨基酸可以转变成糖。许多氨基酸的碳架是三羧酸循环的中间产物，通过草酰乙酸可以转变为葡萄糖（参见糖异生）。反过来，糖也可以通过三羧酸循环中的各中间产物接受氨基，从而合成非必需氨基酸，如天冬氨酸、谷氨酸等（见第八章）。

（3）糖的有氧氧化是体内供能的主要途径：在正常生理条件下，人体内绝大多数组织细胞均通过糖的有氧氧化获取能量。三羧酸循环中 4 次脱氢反应产生大量的 $NADH+H^+$ 和 $FADH_2$，通过电子传递链和氧化磷酸化产生 ATP。线粒体内，1 分子 $NADH+H^+$ 的氢传递给氧时，可生成 2.5 个 ATP；1 分子 $FADH_2$ 的氢被氧化时，只能生成 1.5 个 ATP。加上底物水平磷酸化生成的 1 个 ATP，1 分子乙酰 CoA 经三羧酸循环彻底氧化，共生成 10 个 ATP。若从丙酮酸脱氢开始计算，共产生 12.5

分子 ATP。

此外，糖酵解中 3- 磷酸甘油醛在胞质中脱氢生成的 $NADH+H^+$，在氧供应充足时，也要转运至线粒体内进入电子传递链而产生 ATP。有两种转运机制，将胞质中的 $NADH+H^+$ 转运至线粒体时分别产生 2.5 分子或者 1.5 分子 ATP(见第七章)。

综上所述，1mol 葡萄糖彻底氧化生成 CO_2 和 H_2O，可净生成 30mol 或 32mol ATP(表 5-1)。总的反应式为：葡萄糖 $+30ADP+30Pi+6O_2 \rightarrow 30/32ATP+6CO_2+36H_2O$

表 5-1 葡萄糖有氧氧化生成的 ATP

	反应	辅酶	最终获得 ATP
第一阶段	葡萄糖→葡糖 -6- 磷酸		–1
	果糖 -6- 磷酸→果糖 -1,6- 二磷酸		–1
	2×3- 磷酸甘油醛→2×1,3- 二磷酸甘油酸	2NADH(胞质)	3 或 5*
	2×1,3- 二磷酸甘油酸→2×3- 磷酸甘油酸		2
	2× 磷酸烯醇式丙酮酸→2× 丙酮酸		2
第二阶段	2× 丙酮酸→2× 乙酰 CoA	2NADH(线粒体基质)	5
第三阶段	2× 异柠檬酸→2×α- 酮戊二酸	2NADH(线粒体基质)	5
	2×α- 酮戊二酸→2× 琥珀酰 CoA	2NADH	5
	2× 琥珀酰 CoA→2× 琥珀酸		2
	2× 琥珀酸→2× 延胡索酸	$2FADH_2$	3
	2× 苹果酸→2× 草酰乙酸	2NADH	5
	由 1 分子葡萄糖总共获得		30 或 32

注：* 获得 ATP 的数量取决于还原当量进入线粒体的穿梭机制。

(三) 糖有氧氧化的调节

糖有氧氧化是机体获得能量的主要方式。在不同生理状态下，机体对能量的需求变化很大，故有氧氧化的速率和方向必须受到严密调控。其本质就是调节有氧氧化 3 个阶段中 7 个关键酶的活性。其中，糖酵解的调节前已叙述，这里主要介绍丙酮酸脱氢酶复合体的调节与三羧酸循环的调节。

1. 丙酮酸脱氢酶复合体的调节 关于丙酮酸脱氢酶复合体的酶活性，可通过两种方式进行快速调节：别构调节和化学修饰。一方面，丙酮酸脱氢酶复合体的反应产物乙酰 CoA 和 $NADH+H^+$ 对酶有别构抑制作用。当乙酰 CoA/CoA 比例升高时，酶的活性被抑制。$NADH/NAD^+$ 比例升高也有同样的作用。这两种情况见于饥饿、大量脂肪酶被分解利用时，此时糖的有氧氧化被抑制，大多数组织器官以脂肪酸作为能源以确保葡萄糖对脑等重要组织的供给。ATP 对丙酮酸脱氢酶复合体也有别构抑制作用，AMP 则能激活之。另一方面，在丙酮酸脱氢酶激酶的催化下，丙酮酸脱氢酶复合体可被磷酸化而失去活性；丙酮酸脱氢酶磷酸酶则使之去磷酸化而恢复活性。乙酰 CoA 和 NADH+H^+ 也可间接通过增强丙酮酸脱氢酶激酶的活性而使酶失活(图 5-13)。

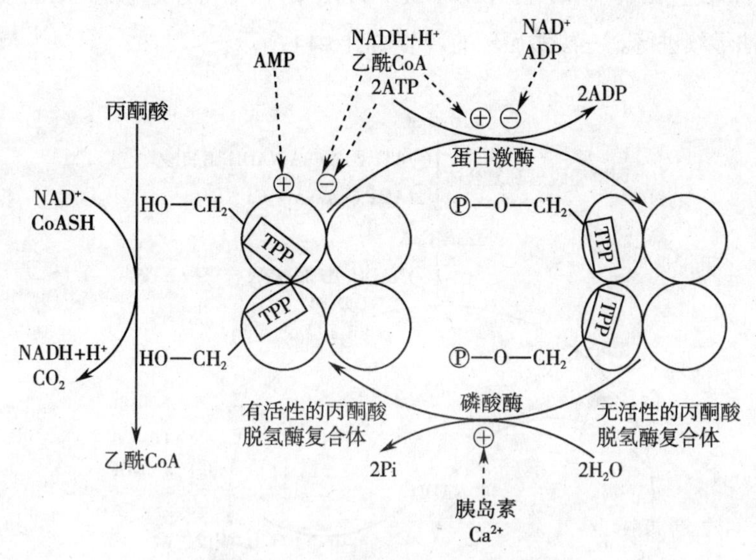

● 图 5-13 丙酮酸脱氢酶复合体的调节

2. 三羧酸循环的速率和流量的调节

(1)三羧酸循环有 3 个关键酶:柠檬酸合酶、异柠檬酸脱氢酶和 α- 酮戊二酸脱氢酶复合体 3 个关键酶负责催化三羧酸循环的三步不可逆反应,它们是循环的主要调节点。三羧酸循环的速率主要取决于这些关键酶的活性调节,分别受到底物供应量、产物反馈抑制的调节。

柠檬酸合酶活性可以决定乙酰 CoA 进入三羧酸循环的速率,曾被认为是三羧酸循环主要的调节点。乙酰 CoA 和草酰乙酸作为柠檬酸合酶的底物,其含量随细胞代谢状态而改变,从而影响柠檬酸合成的速率。产物堆积如柠檬酸、琥珀酰 CoA 可以抑制柠檬酸合酶的活性。柠檬酸是协调糖代谢和脂肪代谢的枢纽物质之一,当能量供应不足时,柠檬酸留在线粒体中继续进行三羧酸循环产能;当糖氧化供能过于旺盛时,柠檬酸可通过柠檬酸 - 丙酮酸循环进入胞质(见第六章),分解释放乙酰 CoA 用于合成脂肪酸。

目前一般认为异柠檬酸脱氢酶和 α- 酮戊二酸脱氢酶复合体才是三羧酸循环的主要调节点。异柠檬酸脱氢酶和 α- 酮戊二酸脱氢酶复合体的催化产物有 NADH,其酶活性在 NADH/NAD^+、ATP/ADP 比值升高时被反馈抑制。琥珀酰 CoA 抑制 α- 酮戊二酸脱氢酶复合体的活性。终产物 ATP 可抑制柠檬酸合酶和异柠檬酸脱氢酶的活性,而 ADP 则是它们的别构激活剂。

另外,当线粒体内 Ca^{2+} 浓度升高时,Ca^{2+} 不仅可直接与异柠檬酸脱氢酶和 α- 酮戊二酸脱氢酶复合体相结合,降低其对底物的 K_m 而使酶激活;也可激活丙酮酸脱氢酶复合体,从而推动糖有氧氧化的进行。

(2)三羧酸循环与上游和下游反应相协调:在正常情况下,糖酵解和三羧酸循环的速度是相协调的。在糖酵解中产生了多少丙酮酸,三羧酸循环就正好需要多少丙酮酸来提供乙酰 CoA。这种协调不仅体现在 ATP、NADH 对多种关键酶的别构抑制作用,亦体现在柠檬酸对磷酸果糖激酶 -1 的别构抑制作用。

氧化磷酸化的速率对三羧酸循环的运转也起着非常重要的作用。三羧酸循环中有 4 次脱氢反应，从代谢物脱下的氢分别为 NAD^+ 和 FAD 所接受，然后 H^+ 和 e^- 通过电子传递链进行氧化磷酸化。如不能有效进行氧化磷酸化，$NADH+H^+$ 和 $FADH_2$ 仍保持还原状态，则三羧酸循环中的脱氢反应都将无法继续进行。三羧酸循环的调节如图 5-14 所示。

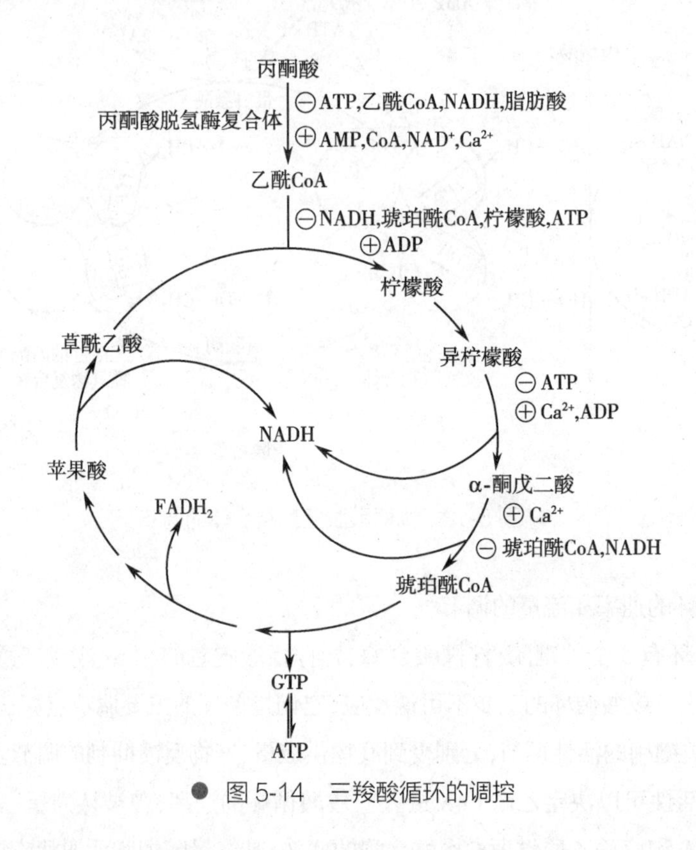

● 图 5-14　三羧酸循环的调控

糖有氧氧化是机体最主要的供能途径，其调控必须适应机体或器官对能量的需求，使体内 ATP 的浓度维持在一个适当的水平，因此，细胞内 ATP/ADP 或 ATP/AMP 比率精确调控着该过程中诸多关键酶的活性，整个有氧氧化得以协调进行。当细胞消耗 ATP 而使 ADP 和 ATP 浓度升高时，磷酸果糖激酶 -1、丙酮酸激酶、丙酮酸脱氢酶复合体和三羧酸循环中的异柠檬酸脱氢酶、α- 酮戊二酸脱氢酶复合体等均被激活，有氧氧化加速进行以补充 ATP。反之，当细胞内 ATP 充足时，上述酶活性均降低，有氧氧化减弱以节约能源。细胞内 ATP 的浓度约为 AMP 的 50 倍。ATP 被利用生成 ADP 后，可再通过腺苷酸激酶反应生成 AMP：$2ADP \rightarrow ATP+AMP$。由于 AMP 的浓度很低，所以每生成 1 分子 AMP，其浓度的变动比 ATP 的变动大得多，这样信号得以放大，从而发挥有效的调节作用。

(四) 糖有氧氧化可抑制糖无氧氧化

早在 1860 年，Louis Paster 研究发现，酵母菌在无氧条件下进行生醇发酵；将其转移至有氧环境中，生醇发酵即被抑制。这种有氧氧化抑制生醇发酵（或糖无氧氧化）的现象称为巴斯德效应（Pasteur effect）。

人体组织中也存在类似现象。在肌肉组织中，糖酵解产生的丙酮酸面临着有氧氧化和无氧氧化两种代谢选择，决定因素是 NADH+H$^+$ 的去路。缺氧时，NADH+H$^+$ 留在胞质，丙酮酸就接受氢而还原生成乳酸。有氧时，NADH+H$^+$ 进入线粒体内氧化，丙酮酸就彻底分解成 CO_2 和 H_2O，而此时胞质中的糖无氧氧化途径受到抑制。一般来说，无氧时所消耗的葡萄糖为有氧时的 7 倍，这是因为氧缺乏导致氧化磷酸化受阻，ADP/ATP 比例升高，磷酸果糖激酶 -1 和丙酮酸激酶被激活，从而加速了葡萄糖的分解利用。

三、磷酸戊糖途径

磷酸戊糖途径（pentose phosphate pathway），亦称为磷酸戊糖旁路（pentose phosphate shunt），是指从糖酵解的中间产物葡糖 -6- 磷酸开始形成旁路，通过氧化、基团转移两个阶段生成果糖 -6- 磷酸和 3- 磷酸甘油醛，从而返回糖酵解的代谢途径。磷酸戊糖途径在肝、脂肪组织、哺乳期的乳腺、肾上腺皮质、性腺、骨髓和红细胞等的胞质中进行，其主要意义是生成 NADPH 和磷酸核糖，不能直接产生 ATP。

（一）磷酸戊糖途径分为两个反应阶段

磷酸戊糖途径分为两个反应阶段：第一阶段是氧化反应，生成磷酸核糖、NADPH 和 CO_2；第二阶段是基团转移反应，最终生成果糖 -6- 磷酸和 3- 磷酸甘油醛。

1. 第一阶段是氧化反应　在第一阶段的氧化反应过程中，1 分子葡糖 -6- 磷酸生成核糖 -5- 磷酸，同时生成 2 分子 NADPH 和 1 分子 CO_2。生成的磷酸核糖可用于生成核苷酸，NADPH 也可以用于许多化合物的合成代谢。

葡糖-6-磷酸 —(1) NADP$^+$ → NADPH+H$^+$→ 6-磷酸葡糖酸内酯 —H_2O→ 6-磷酸葡糖酸 —(2) NADP$^+$ → NADPH+H$^+$, CO_2→ 核酮糖-5-磷酸 ⇌ 核糖-5-磷酸

具体反应如下：首先在葡糖 -6- 磷酸脱氢酶（glucose-6-phosphate dehydrogenase）催化下，葡糖 -6- 磷酸氧化成 6- 磷酸葡糖酸内酯（gluconolactone-6-phosphate），脱下的氢由 NADP$^+$ 接受而生成 NADPH，此反应需要 Mg^{2+} 参与。接着由内酯酶（lactonase）催化，6- 磷酸葡糖酸内酯水解为 6- 磷酸葡糖酸（6-phosphate acid），后者在 6- 磷酸葡糖酸脱氢酶（6-photophogluconate dehydrogenase）作用下氧化脱羧生成核酮糖 -5- 磷酸（ribulose-5-phosphate），同时生成 NADPH 及 CO_2。最后，核酮糖 -5- 磷酸由磷酸戊糖异构酶（phosphopentose isomerase）催化转变成核糖 -5- 磷酸（ribose-5-phosphate）；或者由磷酸戊糖差向异构酶（phosphopentose epimerase）催化转变为木酮糖 -5- 磷酸（xylulose-5-phosphate）。

2. 第二阶段是一系列基团转移反应　经过第二阶段的一系列基团转移反应，核糖 -5- 磷酸最终转变为果糖 -6- 磷酸和 3- 磷酸甘油醛。这一阶段非常重要，因为细胞对 NADPH 的消耗量远大

于磷酸戊糖，多余的戊糖需要通过此反应返回糖酵解的代谢途径再次利用。

反应可概括为：3 分子磷酸戊糖转变为 2 分子磷酸己糖和 1 分子磷酸丙糖。一系列基团转移的受体都是醛糖，反应分为两类。一类是转酮醇酶（transketolase）反应，转移含 1 个酮基、1 个醇基的二碳基团，反应需 TPP 作为辅酶并需 Mg^{2+} 参与；另一类是转醛醇酶（transaldolase）反应，转移三碳单位。

C_5 C_3 C_6

C_5 C_7 C_4 C_6

C_5 C_3

磷酸戊糖之间的相互转变由相应的异构酶、差向异构酶催化，这些反应均为可逆反应。磷酸戊糖途径的反应归纳如图 5-15 所示。

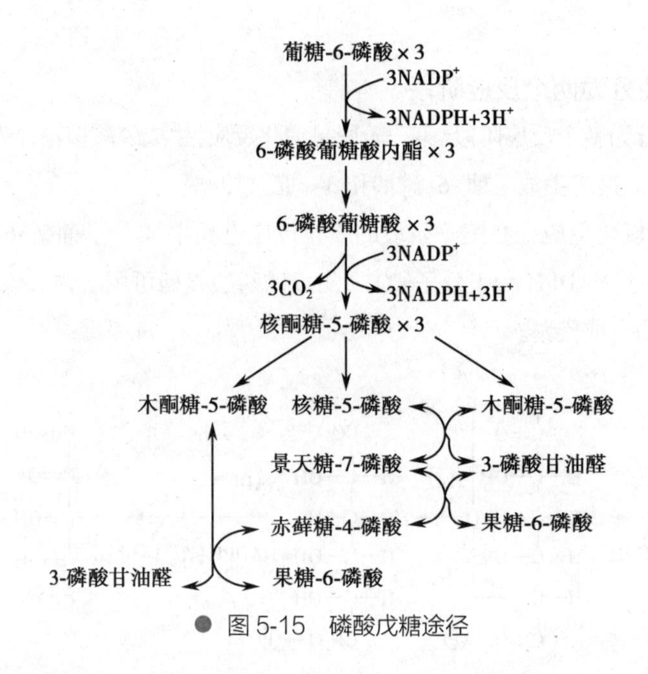

● 图 5-15　磷酸戊糖途径

磷酸戊糖途径总的反应为：

3 葡糖 -6- 磷酸 +6NADP⁺ → 2 果糖 -6- 磷酸 +3- 磷酸甘油醛 +6NADPH+6H⁺+3CO_2

（二）磷酸戊糖途径主要受 NADPH/NADP⁺ 比值的调节

葡糖 -6- 磷酸可进入多条代谢途径。葡糖 -6- 磷酸脱氢酶是磷酸戊糖途径的关键酶，其活性决定葡糖 -6- 磷酸进入此途径的流量。从酶含量调节的角度来看，当摄取高糖食物，尤其是饥饿后进食时，肝内此酶的含量明显增加，以适应脂肪酸合成时对 NADPH+H⁺ 的需要。从酶活性快速调节的角度来看，葡糖 -6- 磷酸脱氢酶的活性主要受 NADPH/NADP⁺ 比值的影响。NADPH 对该酶有强烈的抑制作用，NADPH/NADP⁺ 比值升高时磷酸戊糖途径被抑制；比值降低时被激活。因此，磷酸戊糖途径的流量取决于 NADPH 的需求。

(三) 磷酸戊糖途径的生理意义是生成 NADPH 和磷酸戊糖

1. 为核苷酸和核酸的生物合成提供核糖　核糖 -5- 磷酸是核酸和游离核苷酸的基本组分。体内的核糖并不依赖从食物摄入，而是通过磷酸戊糖途径生成。磷酸核糖的生成方式有两种：一是经葡糖 -6- 磷酸氧化脱羧生成；二是经糖酵解的中间产物 3- 磷酸甘油醛和果糖 -6- 磷酸通过基团转移生成。这两种方式的相对重要性因物种而异，因器官而异。例如，人体主要通过第一种方式生成磷酸核糖，但肌组织内因缺乏葡糖 -6- 磷酸脱氢酶，故通过第二种方式生成磷酸核糖。

2. 提供 $NADPH+H^+$ 作为供氢体参与体内多种代谢反应　与 NADH 不同，NADPH 携带的氢并不通过电子传递链氧化释放出能量，而是参与许多代谢反应，发挥不同功能。

(1) NADPH 是许多合成代谢的供氢体：脂肪酸和胆固醇的合成从乙酰 CoA 开始，中间涉及多步还原反应，需要 NADPH 供氢。机体合成非必需氨基酸时，先由 α- 酮戊二酸、NH_3 和 NADPH 生成谷氨酸，后者再与其他 α- 酮酸进行转氨基反应而生成相应的氨基酸。

(2) NADPH 参与羟化反应：体内的羟化反应常有 NADPH 参与。在这些反应中，有的与生物合成有关，例如，从鲨烯合成胆固醇，从胆固醇合成胆汁酸、类固醇激素等；有的则与生物转化有关（见第十章）。

(3) NADPH 是体内谷胱甘肽还原酶的辅酶：谷胱甘肽（GSH）是一个三肽，2 分子 GSH 可以脱氢生成氧化型谷胱甘肽（GSSG），而后者可在谷胱甘肽还原酶作用下，被 NADPH 重新还原为还原型谷胱甘肽。

$$2G{-}SH \underset{NADP^+ \leftarrow NADPH+H^+}{\overset{A \rightarrow AH_2}{\rightleftharpoons}} G{-}S{-}S{-}G$$

GSH 具有抗氧化作用，可保护一些含巯基的蛋白质或酶免受氧化剂，尤其是过氧化物的损害。对红细胞而言，还原型谷胱甘肽的作用更为重要，可保护红细胞膜的完整性。葡糖 -6- 磷酸脱氢酶缺陷者，其红细胞不能经磷酸戊糖途径获得充足的 NADPH，难以使谷胱甘肽保持还原状态，因而表现出红细胞（尤其是较老的红细胞）易于破裂，发生溶血性黄疸。这种溶血现象常在食用蚕豆（是强氧化剂）后出现，故称为蚕豆病。

第四节　糖原合成和分解

糖原是动物细胞最容易动员的贮存葡萄糖。当机体细胞中能量充足时，细胞即合成糖原将能量进行贮存；当能量供应不足时，贮存的糖原即降解为葡萄糖从而提供 ATP。因此糖原是生物体所需能量的贮存库。糖原的存在保证了机体最需要能量供应的脑和肌肉紧张活动时对能量的需要；同时也保证不间断地供给维持恒定水平的血糖。因为组织所利用的葡萄糖直接来源于血糖，如果血糖水平低于正常水平，会严重影响中枢神经系统的正常功能，以致产生休克和死亡。

一、血糖的来源和去路

血液中的葡萄糖称为血糖(blood glucose)。血糖水平相当恒定,始终维持在3.89~6.11mmol/L。这是血糖的来源与去路保持动态平衡的结果。血糖的来源有3个:①饱食时,食物消化吸收提供血糖;②短期饥饿时,肝糖原分解补充血糖;③长期饥饿时,非糖物质通过糖异生补充血糖。血糖的去路有4个:有氧氧化分解供能;合成肝糖原和肌糖原储备;转变成其他糖;转变成脂肪或者氨基酸。饱食时,这4个去路均活跃;短期饥饿时,仅有氧氧化通路保持开放;长期饥饿时,所有去路都关闭以节约葡萄糖。

血糖的来源与去路可归纳如图5-16。

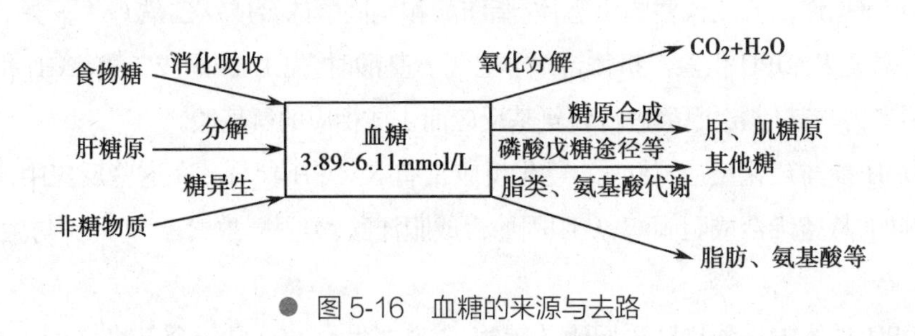

● 图5-16　血糖的来源与去路

(一)血糖水平的平衡主要受激素调节

血糖水平的平衡主要是激素调控的结果。调节血糖的激素主要有胰岛素、胰高血糖素、肾上腺素和糖皮质激素等。这些激素对血糖水平的调节作用主要是通过影响肝、肾、肌肉等组织器官内糖原的合成与分解、糖的氧化分解、糖异生作用等代谢途径关键酶的活性,改变其代谢方向和强度,维持血糖浓度恒定。

1. 胰岛素是唯一降低血糖的激素　胰岛素(insulin)是由胰岛B细胞分泌的一种蛋白类激素,是体内唯一能降低血糖的激素。胰岛素的分泌受血糖控制,血糖升高使胰岛素分泌加强,血糖降低使之分泌减少。胰岛素降低血糖的机制是使血糖去路增强、来源减弱,主要包括:①促进肌、脂肪细胞等通过葡萄糖转运蛋白摄取葡萄糖;②通过激活磷酸二酯酶而降低cAMP水平,使糖原合酶被活化、磷酸化酶被抑制,从而加速糖原合成、抑制糖原分解;③通过激活丙酮酸脱氢酶磷酸酶而使丙酮酸脱氢酶活化,加快糖的有氧氧化;④抑制肝内糖异生,这一方面是因为磷酸烯醇式丙酮酸羧激酶的合成受到抑制,另一方面是由于氨基酸加速合成肌蛋白质从而使糖异生的原料减少;⑤通过抑制脂肪组织内的激素敏感性脂肪酶,减少脂肪动员而以葡萄糖分解来获取能量。

2. 体内有多种升高血糖的激素

(1)胰高血糖素是升高血糖的主要激素:胰高血糖素(glucagon)由胰岛A细胞分泌,是体内最重要的升高血糖的肽类激素。血糖降低或血中氨基酸升高可促进胰高血糖素分泌。胰高血糖素升高血糖的机制是使血糖来源增强、去路减弱,主要包括:①诱导依赖cAMP的磷酸化反应,抑制糖原合酶而激活磷酸化酶,加速肝糖原分解;②通过抑制磷酸果糖激酶-2、激活果糖二磷酸酶-2,从而减少果糖-2,6-二磷酸的合成,由于后者是磷酸果糖激酶-1最强的别构激活剂,也是果糖二

磷酸酶 -1 的抑制剂，故糖酵解被抑制而糖异生则加速；③抑制肝内丙酮酸激酶从而阻止磷酸烯醇式丙酮酸进行糖酵解，同时促进磷酸烯醇式丙酮酸羧激酶的合成，使糖异生加强；④激活脂肪组织内激素敏感性脂肪酶，以脂肪分解供能而节约血中的葡萄糖。

值得注意的是，胰岛素和胰高血糖素相互拮抗，两者比例的动态平衡使血糖在正常范围内保持较小幅度的波动。例如，进食后血糖升高，使胰岛素分泌增多而胰高血糖素分泌减少，血糖水平趋于回落；但胰岛素分泌增加到一定程度又会促进胰高血糖素分泌，使后者快速发挥相反的升血糖作用，以保证血糖不会无限制地降低。反之亦然。

(2) 糖皮质激素可升高血糖：糖皮质激素（glucocorticoid）是由肾上腺皮质中束状带分泌的一类甾体激素，可升高血糖。其机制主要包括：①促进肌蛋白质分解而使糖异生的原料增多，同时使磷酸烯醇式丙酮酸羧激酶的合成加强，从而加速糖异生；②通过抑制丙酮酸的氧化脱羧，阻止体内葡萄糖的分解利用；③协同增强其他激素促进脂肪动员的效应，促进机体利用脂肪酸供能。

(3) 肾上腺素是强有力的升高血糖的激素：肾上腺素（adrenaline 或 epinephrine）是由肾上腺髓质分泌的一种儿茶酚胺类激素，主要在应激状态下发挥作用，其效果较强。给动物注射肾上腺素（adrenaline 或 epinephrine）后，血糖水平迅速升高且持续几小时，同时血中乳酸水平也升高。肾上腺素强力升高血糖的作用机制是引发肝和肌细胞内依赖 cAMP 的磷酸化级联反应，加速糖原分解。肝糖原分解为葡萄糖，以补充血糖；肌糖原无氧氧化生成乳酸，为肌收缩提供能量。肾上腺素主要在应激状态下发挥调节作用，对经常性血糖波动（尤其是进食 - 饥饿循环）没有生理意义。

（二）糖代谢障碍导致血糖水平异常

正常人体内存在一整套精细调节糖代谢的机制，当一次性摄入大量葡萄糖后，血糖水平不会持续升高，也不会出现大的波动。人体对摄入的葡萄糖具有很大耐受能力的现象，称为葡萄糖耐量（glucose tolerance）或耐糖现象。临床上因糖代谢障碍可引起低血糖或高血糖。其中，糖尿病是最常见的糖代谢紊乱疾病。

1. 低血糖是指血糖浓度低于 2.8mmol/L　对于健康人群，血糖浓度低于 2.8mmol/L 时称为低血糖（hypoglycemia）。血糖是大脑能量的主要来源，脑细胞对血糖浓度降低尤为敏感，因此血糖过低就会影响脑的正常功能，出现头晕、倦怠无力、心悸等，严重时发生昏迷，称为低血糖休克。如不及时给病人静脉补充葡萄糖，可导致死亡。出现低血糖的病因有：①胰性（胰岛 B 细胞功能亢进、胰岛 A 细胞功能低下等）；②肝性（肝癌、糖原累积症等）；③内分泌异常（垂体功能低下、肾上腺皮质功能低下等）；④肿瘤（胃癌等）；⑤饥饿或不能进食等。

2. 高血糖是指空腹血糖高于 7.1mmol/L　空腹血糖高于 7.1mmol/L 时称为高血糖（hyperglycemia）。如果血糖浓度为 8.89~10.00mmol/L 甚至更高时，则超过了肾小管的重吸收能力而形成糖尿，这一血糖水平称为肾糖阈。引起糖尿的可能原因包括：①遗传性胰岛素受体缺陷；②某些慢性肾炎、肾病综合征等使肾重吸收糖发生障碍，但血糖及糖耐量曲线均正常；③情绪激动引起交感神经兴奋，肾上腺素分泌增加，使肝糖原大量分解；④临床上静脉滴注葡萄糖速度过快，使血糖迅速升高。持续性高血糖和糖尿，特别是空腹血糖和糖耐量曲线高于正常范围，主要见于糖尿病。

3. 糖尿病是最常见的糖代谢紊乱疾病　糖尿病（diabetes mellitus）是由于部分或完全胰岛素缺失、胰岛素抵抗（细胞胰岛素受体减少或受体敏感性降低）而引起的最常见的糖代谢紊乱疾病。

糖尿病的特征是高血糖和糖尿。临床上将糖尿病分为4型:胰岛素依赖型(1型)、非胰岛素依赖型(2型)、妊娠糖尿病(3型)和特殊类型糖尿病(4型)。1型糖尿病多发生于青少年,因自身免疫而使胰岛B细胞功能缺陷,导致胰岛素分泌不足。2型糖尿病和肥胖关系密切,可能是由于细胞膜上胰岛素受体功能缺陷所致。

糖尿病常伴有多种并发症,如糖尿病视网膜病变、糖尿病周围神经病变、糖尿病周围血管病变、糖尿病肾病等。这些并发症的严重程度与血糖水平、病史长短有相关性。

案例分析

案例

患者,女,51岁。首诊:2001年7月16日。该患者2年前自觉口干渴多饮,多食易饥。1999年突发水肿,无尿,诊断为左肾急性衰竭而住院,期间查血糖水平较高(具体不详),诊断为糖尿病,遂给予格列喹酮(糖适平)等治疗。2000年6月因脑梗死,糖尿病治疗上改用胰岛素,血糖控制不理想。现症:口干渴多饮,多食易饥,多汗,大便干,2~3天1次,小便频,夜尿4~5次,舌质红、苔黄腻、脉弦滑。空腹血糖为9.2mmol/L。

初步诊断为2型糖尿病。

治疗

(1)消渴病饮食运动疗法

(2)内服中药汤:生地黄20g,知母10g,黄连10g,地骨皮10g,玉竹20g,丹参30g,人参5g,大黄5g。水煎服(每日1剂,水煎取汁400ml,4次/d,分服)。六味地黄丸(8粒,3次/d,口服);葛根粉(18g,3次/d,口服)。

问题:

1. 该患者属于糖尿病类型中哪一类?

2. 分析用中药汤治疗的机制是什么?

分析

2型糖尿病患者体内产生胰岛素的能力并非完全丧失,有的患者体内胰岛素甚至产生过多,但胰岛素的作用效果较差,因此患者体内的胰岛素是一种相对缺乏,可以通过某些口服药物刺激体内胰岛素的分泌。

中药通过多靶点、多途径发挥抗糖尿病作用,作用机制十分复杂。近年来,随着天然药物化学、分子生物学和现代医学的发展,中药活性成分抗糖尿病的机制从分子水平上部分地得到了阐明,现将其主要作用机制归类为以下几方面。

(1)修复或刺激胰岛B细胞,促进胰岛素分泌。知母总皂苷、人参皂苷Rh_2能刺激胰岛内副交感神经末梢乙酰胆碱的释放,从而激活胰岛B细胞M_3受体,通过磷酸肌醇-蛋白激酶C途径促进胰岛素分泌的增加。枸杞多糖、牛膝多糖、灵芝多糖、玉竹多糖等能修复胰岛B细胞的损伤,改善其功能,促进胰岛素分泌。

(2)调节胰岛素信号传导,提高胰岛素敏感性。多种中药活性成分如大黄酸、人参皂

苷 Rb_1、甘草酸、黄芪多糖等均可上调过氧化物酶体增殖物激活受体 γ 的表达，从而提高胰岛素的敏感性，调节脂质代谢，改善胰岛素抵抗。

(3) 清除活性氧、自由基，抵抗脂质过氧化作用和纠正氧化应激。丹参的亲水提取物能通过改善线粒体的氧化应激，从而显著降低高血糖诱导的人微血管内皮细胞 -1 的血管内皮生长因子的高表达和活性氧形成。

(4) 改善血液流变学指标、血管内皮功能紊乱。葛根常用于治疗糖尿病及其并发症，葛根所含有效成分葛根素及黄豆苷的代谢产物黄豆苷元能显著抑制胶原诱导的大鼠血小板聚集。临床使用葛根素注射液能明显改善糖尿病患者的血液流变学指标，降低血黏滞度，改善微循环。

(5) 抑制 α- 葡糖苷酶或 α- 淀粉酶活性，干扰糖类吸收。多种常见中药活性成分如人参皂苷 Rg_1、葛根素、薯蓣皂苷、金雀异黄酮、槲皮苷、绿原酸、蒲公英甾醇、山柰酚、桦木酸、知母皂苷 A_3、芍药苷和熊果酸对 α- 葡糖苷酶和 α- 淀粉酶都有显著的抑制作用。人参皂苷 Rb_1、Rg_3、Re 和三七皂苷 R_1、黄豆苷元、毛蕊异黄酮、芦荟大黄素、芒果苷、大豆皂苷 I、知母皂苷 A_3 对 α- 葡糖苷酶有抑制作用。小檗碱、甘草皂苷、橙皮苷和知母皂苷元可抑制 α- 淀粉酶的活性。

(6) 抑制醛糖还原酶活性，延缓相关糖尿病并发症。有多种中药活性成分具有醛糖还原酶抑制剂作用，主要为黄酮类、羧酸类、多元酚类，研究较多的是黄酮类化合物，如槲皮素、水飞蓟素、葛根素、黄芩苷等。

4. 高血糖刺激产生损伤细胞的生物学效应　引起糖尿病并发症的生化机制仍不太清楚，目前认为血中持续的高血糖刺激能够使细胞生成晚期糖化终产物（advanced glycation end products，AGEs），同时发生氧化应激。例如，红细胞通过葡萄糖转运蛋白 GLUT1 摄取血中的葡萄糖，首先使血红蛋白的氨基发生不依赖酶的糖化作用（hemoglobin glycation），此过程与酶催化的糖基化反应（glycosylation）不同。红细胞的寿命约为 120 天，因此糖化血红蛋白（glycosylated hemoglobin，HbA1c）的数量可间接反映血糖的平均浓度，比利用葡糖氧化酶进行血糖的实时检测更为简便。一般来说，正常情况下，HbA1c 约占血红蛋白总量的 5%，相当于 120mg/100ml；糖尿病未经治疗时，HbA1c 最高可达到血红蛋白总量的 13%，相当于 300mg/100ml；治疗糖尿病时，最佳方案是将 HbA1c 控制在血红蛋白总量的 7% 左右。然后，HbA1c 可进一步反应生成 AGEs，如羧甲基赖氨酸、甲基乙二醛等，它们与体内多种蛋白发生广泛交联，对肾、视网膜、心血管等造成损伤。AGEs 还能被其受体（AGER）识别，激活多条信号通路，产生活性氧而诱发氧化应激，使细胞内多种酶类、脂质等发生氧化，从而丧失正常的生理功能。氧化应激又可进一步促进 AGEs 的形成及交联，两者交互作用，共同参与糖尿病并发症的发生与发展。

二、糖原合成和分解过程

糖原（glycogen）是多分支大分子多糖，由大量葡萄糖残基通过 α-1，4- 糖苷键和 α-1，6- 糖苷键连接而成。每个糖原分子只有 1 个末端的葡萄糖残基保留半缩醛羟基而具有还原性，称为还原性末端；其他末端的葡萄糖残基均没有半缩醛羟基，因而不具有还原性，称为非还原性末端。糖原分子的非还原性末端，是糖原合成与分解过程中关键酶的起始作用位点。

糖原是糖在体内的储存形式。食物中的糖进入体内后，大部分转变成脂肪（甘油三酯）储存于脂肪组织内，还有一小部分合成糖原。糖原的合成具有重要意义，当机体需要葡萄糖时它可以被迅速动用，而脂肪则不能。肝和骨骼肌是储存糖原的主要组织器官，但肝糖原和肌糖原的生理意义不同。肝糖原是血糖的重要来源，这对于某些依赖葡萄糖供能的组织（如脑，红细胞等）尤为重要。而肌糖原主要为肌收缩提供急需的能量。

（一）糖原合成过程

糖原合成（glycogenesis）是指由葡萄糖生成糖原的过程，主要发生在肝和骨骼肌。糖原合成时，葡萄糖先活化，再连接形成直链和支链（图 5-17）。

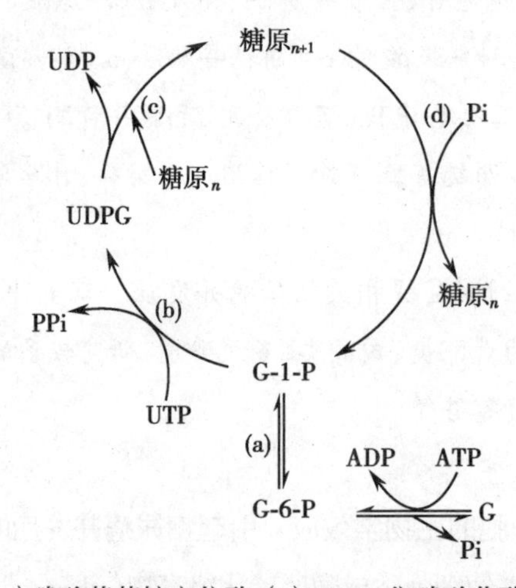

（a）磷酸葡萄糖变位酶；（b）UDPG 焦磷酸化酶；
（c）糖原合酶和分支酶；（d）糖原磷酸化酶和脱支酶。

● 图 5-17　糖原的合成与分解

1. 葡萄糖活化为尿苷二磷酸葡萄糖　葡萄糖进入肝脏或肌肉组织细胞后，分别在葡糖激酶或己糖激酶的催化下，由 ATP 提供磷酸基团，发生磷酸化，生成葡糖 -6- 磷酸。首先，葡糖 -6- 磷酸变构生成葡糖 -1- 磷酸。后者再与尿苷三磷酸（UTP）反应生成尿苷二磷酸葡萄糖（UDPG）和焦磷酸，此反应可逆，由 UDPG 焦磷酸化酶（UDPG pyrophosphorylase）催化。

$$\text{葡糖-1-磷酸} + Ⓟ\sim Ⓟ\sim Ⓟ\text{—尿苷} \rightleftharpoons \text{UDPG}\ (\text{—O—}Ⓟ\sim Ⓟ\text{—尿苷}) + \text{PPi}$$

由于焦磷酸在体内迅速被焦磷酸酶水解为 2 分子无机磷酸，从而促使反应向糖原合成方向进行。体内许多合成代谢反应都伴有副产物焦磷酸生成，因此焦磷酸水解有利于合成代谢的进行。UDPG 可看作“活性葡萄糖”，是体内的葡萄糖供体。

2. 尿苷二磷酸葡萄糖连接形成直链和支链　UDPG 的葡糖基不能直接与游离葡萄糖连接，而只能与糖原引物相连。糖原引物是指细胞内原有的较小的糖原分子，这些寡糖链的合成依赖一种糖原蛋白（glycogenin）作为葡糖基的受体。糖原蛋白是一种自身糖基化酶，将UDPG分子的葡糖基连接到自身的酪氨酸残基上，这种糖基化的糖原蛋白可作为糖原合成的引物。

在糖原合酶（glycogen synthase）作用下，UDPG的葡糖基转移到糖原引物，以α-1,4-糖苷键连接到糖原引物的非还原端，使其增加1个葡糖残基，此反应不可逆。糖原合酶是糖原合成过程中的限速酶，它只能使糖链不断延长，但不能形成分支。当糖链长度达到12~18个葡糖基时，分支酶（branching enzyme）将一段糖链（6~7个葡糖基）转移到邻近的糖链上，以α-1,6-糖苷键相接，从而形成分支（图5-18）。分支不仅可提高糖原的水溶性，更重要的是可增加非还原端数量，以便磷酸化酶迅速分解糖原。

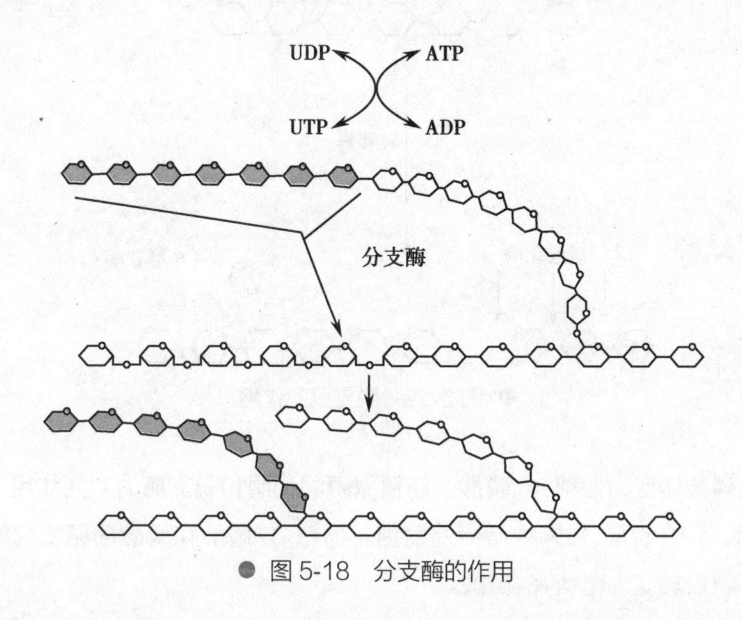

● 图5-18 分支酶的作用

糖原的合成是耗能的过程。葡萄糖磷酸化时消耗1个ATP，焦磷酸水解成2分子磷酸时又损失1个高能磷酸键，共消耗2个ATP。

（二）糖原分解过程

糖原分解（glycogenolysis）是指糖原分解为葡糖-6-磷酸或葡萄糖的过程，它不是糖原合成的逆反应。肝糖原和肌糖原分解的起始阶段一样，从生成葡糖-6-磷酸开始不同。在肝内，葡糖-6-磷酸生成游离葡萄糖，以补充血糖；在骨骼肌，葡糖-6-磷酸进入糖酵解途径，为肌收缩供能。

1. 糖原磷酸化酶分解α-1,4-糖苷键　在糖原磷酸化酶（glycogen phosphorylase）的催化下，糖原分解的第一步是从糖链的非还原端末端分解下1个葡萄糖基，生成葡糖-1-磷酸，此反应不可逆。糖原磷酸化酶是糖原分解过程中的关键酶，它只能作用于α-1,4-糖苷键而非α-1,6-糖苷键，因此只能分解糖原的直链。由于糖原分解成葡糖-1-磷酸的反应是磷酸解，自由能变动较小，理论上此反应可逆。但是细胞内无机磷酸盐的浓度约为葡糖-1-磷酸的100倍，所以实际上反应只能向糖原分解方向进行。

2. 脱支酶分解α-1,6-糖苷键　当糖原分支上的糖链在糖原磷酸化酶作用下，逐个磷酸解到只剩下约4个葡糖基时，由于空间位阻，糖原磷酸化酶不能再发挥作用。这时由葡聚糖转移酶催化，将 3 个葡糖基转移到邻近糖链的末端，仍以 α-1,4- 糖苷键连接。分支处仅剩下 1 个葡糖基以 α-1,6- 糖苷键连接，在 α-1,6- 葡糖苷酶的作用下水解成游离葡萄糖。目前认为葡聚糖转移酶和 α-1,6- 葡糖苷酶是同一酶的两种活性，合称脱支酶(debranching enzyme)(图 5-19)。除去分支后，糖原磷酸化酶即可继续发挥作用。

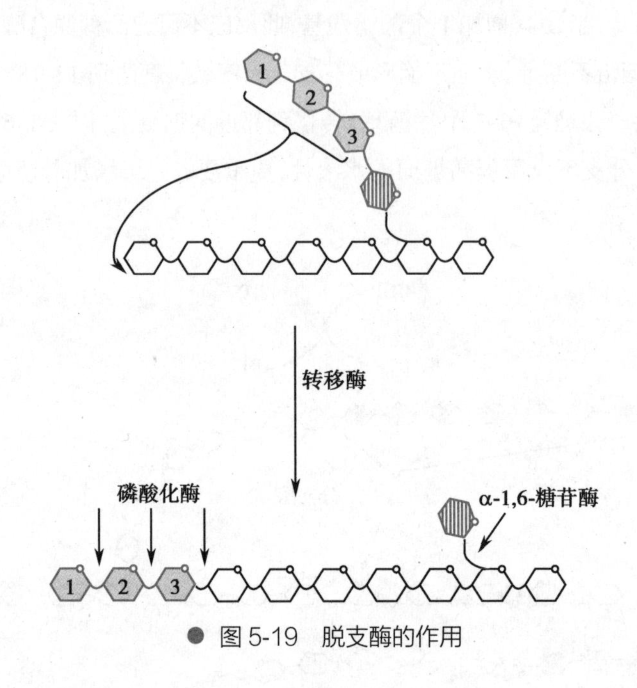

● 图 5-19　脱支酶的作用

3. 葡糖 -1- 磷酸转变为葡糖 -6- 磷酸　在糖原磷酸化酶和脱支酶的共同作用下，糖原分解产物中约 85% 为葡糖 -1- 磷酸，15% 为游离葡萄糖。葡糖 -1- 磷酸在磷酸葡糖变位酶的催化下，磷酸基团从 C_1 移至 C_6，转变为葡糖 -6- 磷酸。

4. 葡糖 -6- 磷酸水解生成葡萄糖　肝内存在葡糖 -6- 磷酸酶(glucose-6-phosphatase)，可将葡糖 -6- 磷酸水解成葡萄糖释放入血，因此饥饿时肝糖原能够补充血糖，维持血糖稳定。而肌组织缺乏此酶，葡糖 -6- 磷酸只能进行糖酵解，故肌糖原不能分解成葡萄糖，只能为肌收缩提供能量。需要注意的是，从葡糖 -6- 磷酸进入糖酵解直接跳过了葡萄糖磷酸化的起始步骤，因此糖原中的 1 个葡萄糖进行无氧氧化净产生 3 个 ATP。

(三) 糖原的合成与分解受严格调控

糖原合成与分解并非简单的可逆反应过程，而是分别通过两条不同的途径进行，两者相互制约，调节非常精细，这也是生物体内合成与分解代谢的普遍规律。具体来讲，糖原合酶与糖原磷酸化酶分别是这两条代谢途径的关键酶，其酶活性都受到化学修饰和别构调节两种方式的快速调节，从而决定糖原代谢的方向。当糖原合成酶活化时，糖原磷酸化酶被抑制，糖原合成启动；当糖原磷酸化酶活化时，糖原合酶被抑制，糖原分解启动。

1. 糖原磷酸化酶受化学修饰和别构调节

(1) 磷酸化的糖原磷酸化酶是活性形式：糖原磷酸化酶有磷酸化和去磷酸化两种形式，磷酸化酶 a 和磷酸化酶 b，前者活性高，后者活性低。在活化的磷酸化酶 b 激酶的作用下，糖原磷酸化酶的第 14 位丝氨酸被磷酸化，原来活性很低的磷酸化酶 b 就转变为活性强的磷酸化酶 a。这种磷酸化过程由磷酸化酶 b 激酶催化。磷酸化酶 b 激酶也有两种形式。在蛋白激酶 A 的作用下，去磷酸的磷酸化酶 b 激酶（无活性）转变为磷酸型磷酸化酶 b 激酶（有活性）。磷蛋白磷酸酶 -1 则催化磷酸型磷酸化酶 b 激酶的去磷酸化过程。磷蛋白磷酸酶抑制物可使磷蛋白磷酸酶 -1 失活，此抑制物的磷酸化形式为活性形式，活化过程也由蛋白激酶 A 所调控。

蛋白激酶 A 同样有活性、无活性两种形式，当 cAMP 存在时被激活。肾上腺素等激素可活化腺苷酸环化酶，进而催化 ATP 生成 cAMP。cAMP 在体内很快被磷酸二酯酶水解成 AMP，此时蛋白激酶 A 即转变为无活性形式。这种由激素引发的一系列连锁酶促反应称为级联放大系统（cascade system）（图 5-20），属于应激反应机制，其特点一是反应速度快、效率高；二是对激素信号具有放大效应，糖原分解在肝内主要受胰高血糖素的调节，而在骨骼肌内主要受肾上腺素调节。

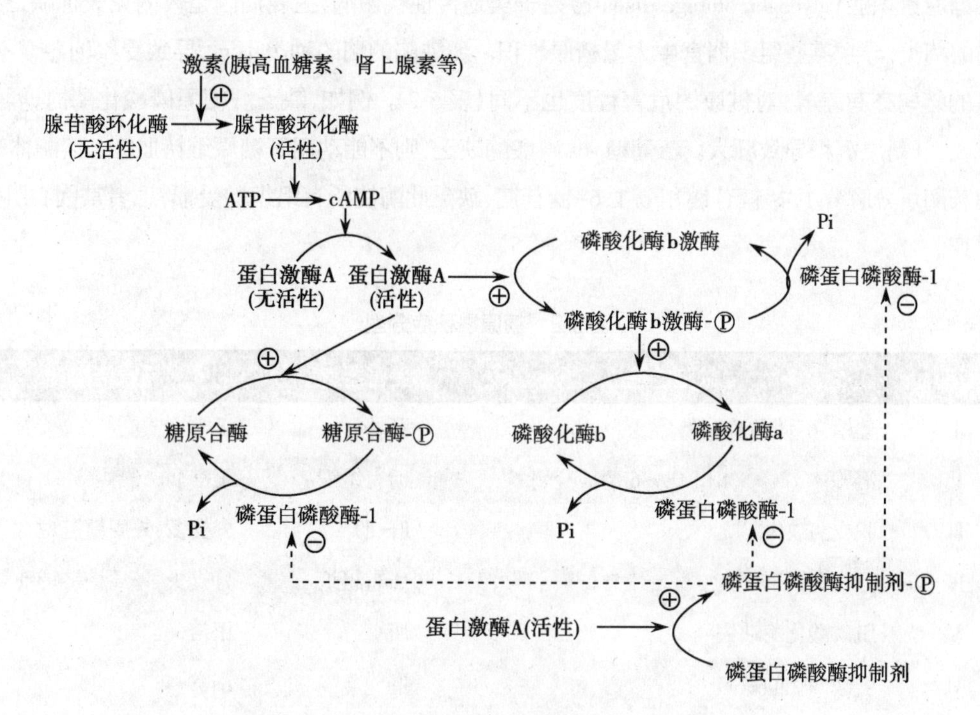

● 图 5-20 糖原合成与分解的化学修饰调节

此外，Ca^{2+} 的升高也可加速肌糖原分解。神经冲动可以使胞质内 Ca^{2+} 升高，因为磷酸化酶 b 激酶中的 δ 亚基与 Ca^{2+} 结合后使酶发生活化，从而催化磷酸化酶 b 磷酸化为磷酸化酶 a，促进糖原分解。所以，在神经冲动引起肌收缩的同时，糖原分解加强以提供能量。

（2）糖原磷酸化酶受别构调节：葡萄糖是糖原磷酸化酶的别构抑制剂。当血糖升高时，葡萄糖进入肝细胞，与磷酸化酶 a 的别构部位相结合，引起酶构象改变而暴露出磷酸化的第 14 位丝氨酸，此时磷蛋白磷酸酶 -1 使之去磷酸化转变成磷酸化酶 b 而失活，肝糖原的分解减弱。这种调节方式受细胞内底物和产物供需平衡的影响，属于基本调节机制。

2. 糖原合酶受化学修饰和别构调节

（1）去磷酸化的糖原合酶是活性形式：糖原合酶亦分为 a、b 两种形式。去磷酸化的糖原合酶 a

有活性，磷酸化的糖原合酶 b 没有活性。蛋白激酶 A 可将糖原合酶的多个丝氨酸残基磷酸化而使之失活（图 5-20）。此外，磷酸化酶 b 激酶也可磷酸化其中 1 个丝氨酸残基，使糖原合酶失活。

可以看出，糖原磷酸化酶和糖原合酶的化学修饰方式相似，但效果不同。糖原磷酸化酶的磷酸化形式是有活性的，而糖原合酶磷酸化后则失活。这种精细的调控，使得特定条件下糖原代谢仅向一个方向进行，避免了分解与合成同时进行造成无效循环。

（2）糖原合酶受别构调节：骨骼肌内糖原合酶的别构效应剂主要为 AMP、ATP 和葡糖 -6- 磷酸。当静息时，ATP 和葡糖 -6- 磷酸水平较高，能别构激活糖原合酶，有利于糖原合成。当肌收缩时，ATP 和葡糖 -6- 磷酸水平降低，而此时 AMP 浓度升高，通过别构抑制糖原合酶而使糖原合成途径关闭。因此，糖原合酶的别构调节实际上取决于细胞内的能量状态。

（四）糖原累积症是由先天性酶缺陷所致

糖原累积症（glycogen storage disease）是一类遗传性代谢病，主要病因是体内先天性缺乏糖原代谢的酶类，导致某些组织器官中大量糖原堆积。所缺陷的酶的种类不同，导致受累的器官不同，糖原的结构亦有差异，对健康的危害程度也不同（表 5-2）。例如，缺乏肝糖原磷酸化酶时，婴儿仍可成长，肝糖原沉积导致肝大。若葡糖 -6- 磷酸酶缺乏，则不能动用肝糖原维持血糖。溶酶体的 α-葡糖苷酶可分解 α-1，4- 糖苷键和 α-1，6- 糖苷键，缺乏此酶使所有组织均受损，患者常因心肌受损而猝死。

表 5-2　糖原累积症分型

型别	缺陷的酶	受害器官	糖原结构
Ⅰ	葡糖 -6- 磷酸酶缺陷	肝、肾	正常
Ⅱ	溶酶体 α1→4 和 1→6 葡糖苷酶	所有组织	正常
Ⅲ	脱支酶缺失	肝、肌	分支多，外周糖链短
Ⅳ	分支酶缺失	所有组织	分支少，外周糖链特别长
Ⅴ	肌磷酸化酶缺失	肌	正常
Ⅵ	肝磷酸化酶缺陷	肝	正常
Ⅶ	肌和红细胞磷酸果糖激酶缺陷	肌、红细胞	正常
Ⅷ	肝磷酸化酶激酶缺陷	脑、肝	正常

第五节　糖异生及其调节

正常生理条件下，葡萄糖是机体大多数组织细胞的主要能量物质，可由肝糖原磷酸解补充。体内糖原的储备有限，正常成人每小时可由肝释出葡萄糖 210mg/kg，照此计算，如果没有补充，十几小时后肝糖原即被耗尽，血糖来源断绝。但事实上即使禁食 24 小时，血糖仍保持正常范围。这时除了周围组织减少对葡萄糖的利用外，主要还依赖肝将氨基酸、乳酸等转变成葡萄糖，不断补充血糖。这种饥饿状况下由非糖化合物(乳酸、甘油、生糖氨基酸等)转变为葡萄糖或糖原的过程称为糖异生(gluconeogenesis)。糖异生的主要器官是肝。肾的糖异生能力在正常情况下只有肝的1/10,而长期饥饿时可大为增强。

一、糖异生的过程

丙酮酸能够逆糖酵解反应方向生成葡萄糖,乳酸和一些生糖氨基酸就是通过丙酮酸进入糖异生途径的。葡萄糖经糖酵解生成丙酮酸时,$\Delta G^{\ominus}$为 -502kJ/mol(-120kcal/mol)。从热力学角度看,由丙酮酸进行糖异生不可能全部循糖酵解逆行。其大多数反应是可逆共有的,但糖酵解途径中的3个限速步骤所对应的逆反应需要由糖异生特有的关键酶来催化。

(一)丙酮酸经丙酮酸羧化支路生成磷酸烯醇式丙酮酸

在糖酵解途径中,由丙酮酸激酶催化,磷酸烯醇式丙酮酸转变生成丙酮酸。在糖异生中,其逆过程需由两个反应组成:

$$\underset{\text{丙酮酸}}{COO^- - C(=O) - CH_3} \xrightarrow[ATP \quad ADP + Pi]{CO_2} \underset{\text{草酰乙酸}}{COO^- - C(=O) - CH_2 - COOH}$$

$$\underset{\text{草酰乙酸}}{COO^- - C(=O) - CH_2 - COOH} \xrightarrow[GTP \quad GDP]{CO_2} \underset{\text{磷酸烯醇式丙酮酸}}{COO^- - C(-O-PO_3^{2-})=CH_2}$$

在丙酮酸羧化支路中,催化第一个反应的是丙酮酸羧化酶(pyruvate carboxylase),其辅酶为生物素。CO_2 先与生物素结合,需消耗 ATP。然后活化的 CO_2 再转移给丙酮酸生成草酰乙酸。第二个反应由磷酸烯醇式丙酮酸羧激酶催化,将草酰乙酸脱羧转变成磷酸烯醇式丙酮酸,消耗 1 个高能磷酸键。上述两步反应共消耗 2 个 ATP。

由于丙酮酸羧化酶仅存在于线粒体中,故胞质中的丙酮酸必须进入线粒体,才能羧化生成草酰乙酸。而磷酸烯醇式丙酮酸羧激酶在线粒体和胞质内均有分布,因此草酰乙酸可以在线粒体中直接转变成磷酸烯醇式丙酮酸再进入胞质,也可先转运至胞质再转变为磷酸烯醇式丙酮酸。草酰乙酸从线粒体转运到胞质有两种方式:一种是由线粒体内的苹果酸脱氢酶催化,草酰乙酸还原生成苹果酸,苹果酸从线粒体进入胞质,再由胞质中的苹果酸脱氢酶将苹果酸氧化为草酰乙酸;另一种方式是由线粒体内的谷草转氨酶催化,草酰乙酸转变成天冬氨酸后从线粒体转运出来,再经胞质中谷草转氨酶催化而恢复生成草酰乙酸。

在糖异生的随后反应中,1,3-二磷酸甘油酸还原成 3-磷酸甘油醛时,需 $NADH+H^+$ 提供氢原子。当以乳酸为原料进行糖异生时,乳酸氧化成丙酮酸已在胞质中产生 $NADH+H^+$ 以供利用;此时丙酮酸进入线粒体,经草酰乙酸转变成天冬氨酸,再逸出线粒体进入胞质。当以丙酮酸或生糖氨基酸为原料进行糖异生时,$NADH+H^+$ 则必须由线粒体内的脂肪酸 β-氧化或三羧酸循环来提供;线粒体内 $NADH+H^+$ 以苹果酸形式运出线粒体,在胞质中转变成草酰乙酸的同时,可释放出 $NADH+H^+$ 以供利用(图 5-21)。

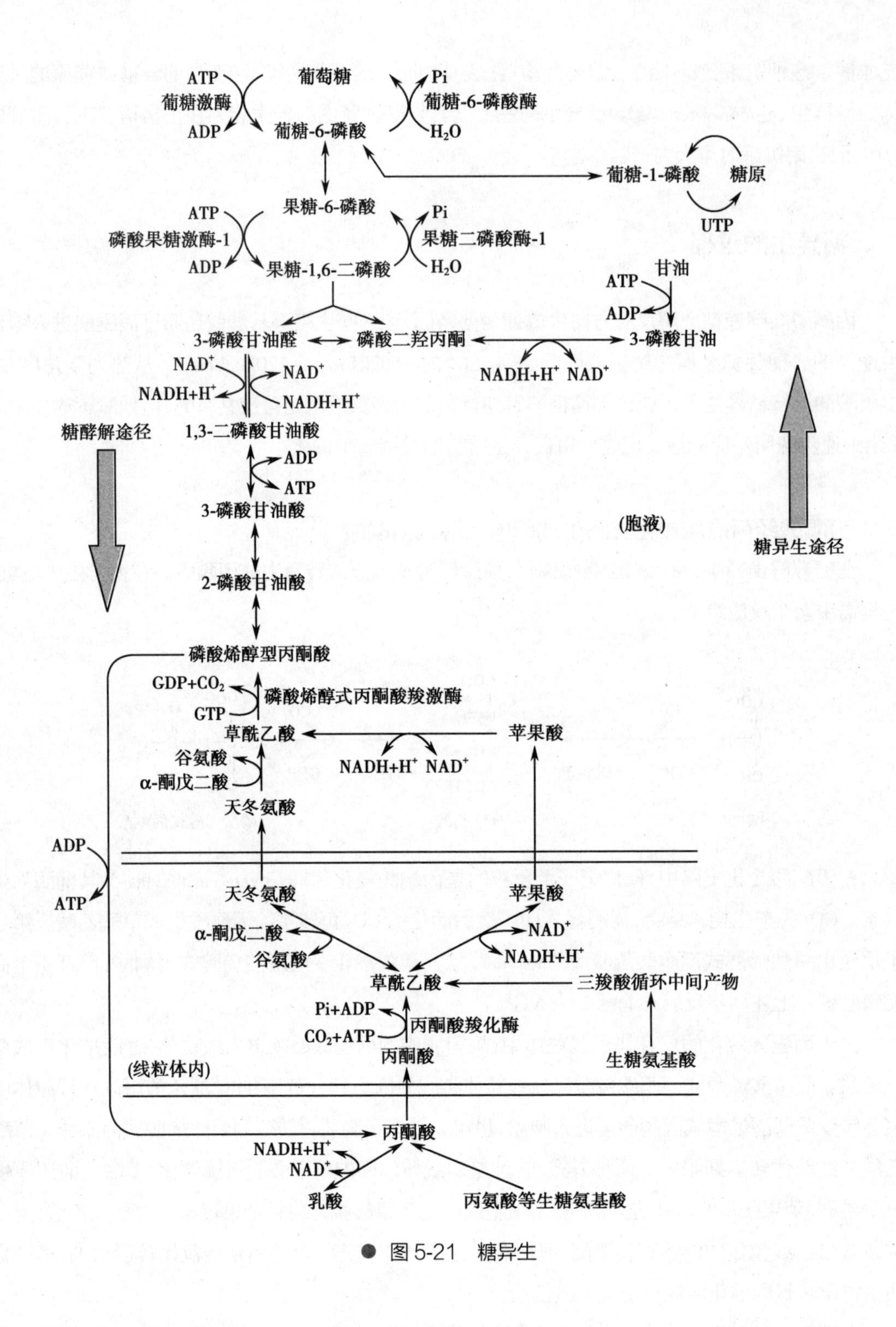

● 图 5-21 糖异生

(二) 果糖 -1,6- 二磷酸转变为果糖 -6- 磷酸

此反应由果糖二磷酸酶 -1 催化(图 5-21)。C_1 位的磷酸酯进行水解是放能反应,并不生成 ATP,所以反应易于进行。

(三) 葡糖 -6- 磷酸水解为葡萄糖

此反应由葡糖 -6- 磷酸酶催化(图 5-21),也是磷酸酯水解反应,而不是葡糖激酶催化反应的逆反应，热力学上是可行的。

综上，糖异生的 4 个关键酶是丙酮酸羧化酶、磷酸烯醇式丙酮酸羧激酶、果糖二磷酸酶 -1 和葡糖 -6- 磷酸酶，它们与糖酵解中 3 个关键酶所催化反应的方向正好相反，使得乳酸、丙氨酸等生糖氨基酸（见第八章）可通过丙酮酸异生为葡萄糖。

二、糖异生的调控

糖异生与糖酵解是方向相反的两条代谢途径，其中 3 个限速步骤分别由不同的酶催化底物互变，称为底物循环（substrate cycle）。当催化互变反应的两种酶活性相等时，代谢不能向任何方向推进，结果仅是无谓地消耗 ATP 而释放热能，形成无效循环（futile cycle）。通常细胞内两种酶活性不完全相等，因此代谢朝着酶活性强的一方进行。要进行有效的糖异生，就必须抑制糖酵解；反之亦然。这种协调主要依赖对 2 个底物循环的调节。

（一）第一个底物循环

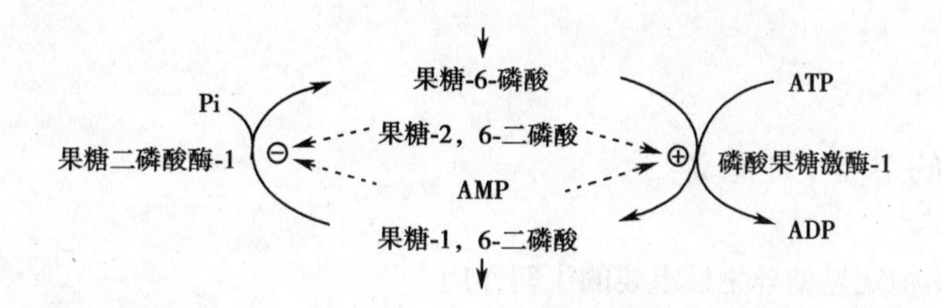

第一个底物循环在果糖 -6- 磷酸与果糖 -1,6- 二磷酸之间进行。糖酵解时，果糖 -6- 磷酸磷酸化生成果糖 -1,6- 二磷酸；糖异生时，果糖 -1,6- 二磷酸去磷酸化生成果糖 -6- 磷酸，由此构成了一个底物循环。催化此互变反应的两种酶活性常呈相反的变化。果糖 -2,6- 二磷酸和 AMP 激活磷酸果糖激酶 -1 的同时，抑制果糖二磷酸酶 -1 的活性，使糖酵解启动而糖异生被抑制。胰高血糖素通过 cAMP 和蛋白激酶 A，使磷酸果糖激酶 -2 磷酸化而失活，降低肝细胞内果糖 -2,6- 二磷酸的水平，从而促进糖异生而抑制糖酵解。胰岛素则作用相反。

目前认为果糖 -2,6- 二磷酸的水平是肝内糖酵解与糖异生的主要调节信号。进食后，胰岛素分泌增加，果糖 -2,6- 二磷酸水平升高，糖酵解增强而糖异生减弱。饥饿时，胰高血糖素分泌增加，果糖 -2,6- 二磷酸水平降低，糖异生增强而糖酵解减弱。维持底物循环虽然损失一些 ATP，但却使代谢调节更为灵敏、精细。

（二）第二个底物循环

第二个底物循环在磷酸烯醇式丙酮酸与丙酮酸之间进行。一方面，磷酸烯醇式丙酮酸可在丙酮酸激酶的催化下生成丙酮酸；另一方面，丙酮酸又可在丙酮酸羧化酶和磷酸烯醇式丙酮酸羧激酶的作用下，经草酰乙酸生成丙酮酸，完成循环。果糖 -1,6- 二磷酸别构激活磷酸果糖激酶 -1 的同时，还能别构激活丙酮酸激酶，从而将两个底物循环相联系和协调。胰高血糖素可加强糖异生，抑制糖酵解，其调节机制有 3 方面：抑制果糖 -2，6- 二磷酸和果糖 -1，6- 二磷酸的生成，从而抑制丙酮酸激酶；通过 cAMP 使丙酮酸激酶磷酸化而失活；通过 cAMP 快速诱导磷酸烯醇式丙酮酸羧激酶基因的表达，增加酶的合成。胰岛素的作用则相反，显著降低磷酸烯醇式丙酮酸羧激酶的表达，从而抑制糖异生。此外，肝内丙酮酸激酶可被丙氨酸抑制，这种抑制作用有利于在饥饿时丙氨酸异生成糖。

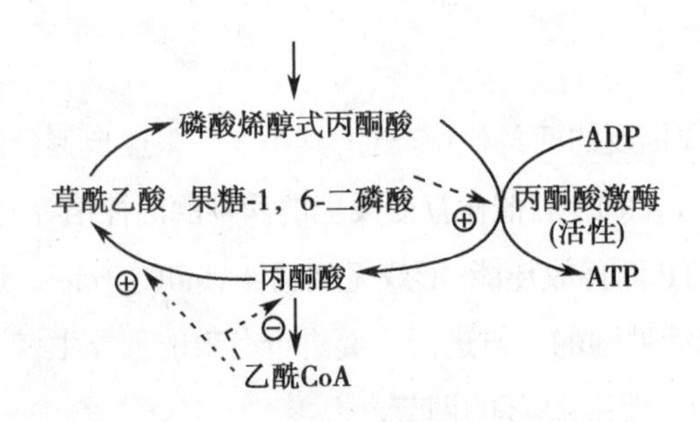

第二个底物循环的调节还可与丙酮酸脱氢酶复合体的活性变化相协调。例如，饥饿时大量脂酰 CoA 在线粒体 β- 氧化，生成大量的乙酰 CoA。乙酰 CoA 一方面激活丙酮酸羧化酶，使其转变成草酰乙酸，加速糖异生；另一方面反馈抑制丙酮酸脱氢酶复合体，阻止糖的氧化利用。

三、糖异生的主要生理意义

(一) 维持血糖恒定是糖异生最重要的生理作用

糖异生最重要的生理意义是在空腹或饥饿状态下，维持机体血糖浓度的相对恒定。即使在饥饿状况下，机体也需消耗一定量的葡萄糖，以维持生命活动。例如，正常成人的脑组织不能利用脂肪酸，主要依赖葡萄糖供能；红细胞没有线粒体，完全通过糖酵解获得能量；骨髓、神经等组织由于代谢活跃，经常进行糖酵解。此时这些葡萄糖全部依赖糖异生生成。

糖异生的主要原料为乳酸、生糖氨基酸和甘油。乳酸进行糖异生主要与运动强度有关。肌内糖异生活性低，因此肌糖原分解生成的乳酸不能在肌肉内重新合成糖，必须经血液转运至肝后才能异生成糖。饥饿时的糖异生原料是生糖氨基酸和甘油。在饥饿早期，一方面肌内每天有 180～200g 蛋白质分解为氨基酸，再以丙氨酸和谷氨酰胺形式运输至肝进行糖异生，可生成 90~120g 葡萄糖；另一方面，随着脂肪组织中脂肪分解增强，运送至肝的甘油增多，每天生成 10~15g 葡萄糖。而长期饥饿时，每天继续大量消耗蛋白质是无法维持生命的。这时，除减少脑的葡萄糖消耗以外，身体其他组织可依赖酮体供能；甘油仍可异生提供约 20g 葡萄糖，这样可使每天消耗的蛋白质减少至 35g 左右。

(二) 糖异生是补充肝糖原的重要途径

糖异生是补充或恢复肝糖原储备的重要途径，这在饥饿后进食更为重要。长期以来人们认为，进食后丰富的肝糖原储备是葡萄糖经 UDPG 合成糖原的结果(即：直接途径)，但后来发现并非如此。肝灌注和肝细胞培养实验表明，血糖升高时肝摄取葡萄糖，而血糖正常时肝只释放葡萄糖，这种摄取或释放主要是由葡糖激酶的活性决定的，但此酶 K_m 很高导致肝对葡萄糖的摄取能力低。另外，如在灌注液中加入一些可异生成糖的甘油、谷氨酸、丙酮酸或乳酸，则肝糖原迅速增加。以核素标记葡萄糖的不同碳原子进行示踪分析，观察到相当一部分葡萄糖先分解成丙酮酸、乳酸等三碳化合物，后者再异生成糖原。这条糖原的合成途径称为三碳途径，亦称为间接途径。三碳途径既能解释为什么肝摄取葡萄糖能力低，但仍可合成糖原；又可解释为什么进食 2~3 小时内，肝仍要保持较高的糖异生活性。

（三）肾糖异生增强有利于维持酸碱平衡

长期饥饿时，肾脏的糖异生作用增强，有利于维持体液的酸碱平衡。长期禁食后，酮体代谢旺盛，引起体液 pH 降低，促进肾小管中磷酸烯醇式丙酮酸羧激酶的合成，从而使肾的糖异生作用增强。肾中 α- 酮戊二酸因异生成糖而减少，可促进谷氨酰胺脱氨生成谷氨酸和进一步的谷氨酸脱氨。肾小管细胞将脱下的 NH_3 分泌入管腔中，与原尿中的 H^+ 结合，从而降低原尿的 H^+ 浓度，有利于排氢保钠，对防止酸中毒有重要作用。

四、乳酸循环

在剧烈运动、呼吸或循环衰竭等缺氧条件下，肌细胞糖酵解增强，生成大量乳酸，透过细胞膜弥散入血，最终运送至肝脏，通过糖异生途径再合成葡萄糖或糖原。葡萄糖释放入血液后又可被肌肉组织摄取，由此构成了一个循环，称为乳酸循环，又称 Cori 循环（图 5-22）。乳酸循环的形成取决于肝和肌肉组织中酶的特点：肝内糖异生活跃，又有葡糖 -6- 磷酸酶，可将葡糖 -6- 磷酸水解生成葡萄糖；而肌内糖异生活性低，且没有葡糖 -6- 磷酸酶，因此肌内生成的乳酸不能异生释出葡萄糖。乳酸循环具有重要的生理意义，既能回收乳酸中的能量，又可避免因乳酸堆积而引起的酸中毒。乳酸循环是耗能的过程，2 分子乳酸异生成葡萄糖需消耗 6 分子 ATP。

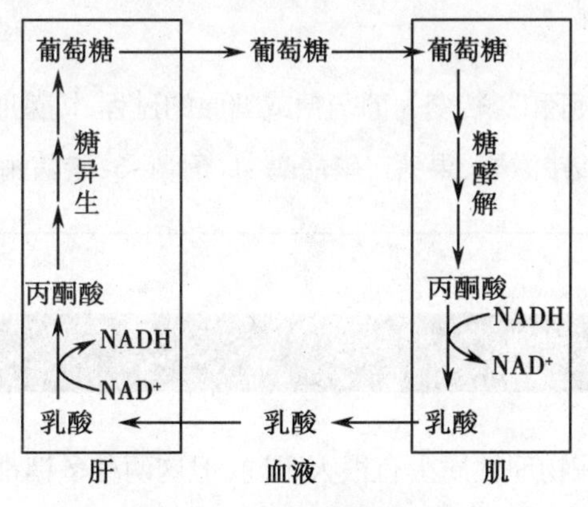

● 图 5-22 乳酸循环

小结

糖类是四大类生物分子之一，在生物体内不仅作为结构成分和主要能源，复合糖中的糖链还能作为细胞识别的信息分子参与许多生命过程，并因此出现一门新的学科——糖生物学。多数糖类具有$(CH_2O)_n$的实验式，其化学本质是多羟醛、多羟酮及其衍生物。糖类按聚合度分为单糖、寡糖、多糖。淀粉、糖原和纤维素是最常见的多糖，都是葡萄糖的聚合物。淀粉是植物的贮存养料，属贮能多糖，是人类食物的主要成分之一。糖原是任何动物体内的贮能多糖。淀粉分为直链淀粉和支链淀粉。直链淀粉分子只有α-1,4-糖苷键，支链淀粉和糖原除α-1,4-糖苷键外，尚有α-1,6-糖苷键形成分支，糖原的分支程度比支链淀粉高。纤维素与淀粉、糖原不同，它是由葡萄糖通过β-1,4-糖苷键连接而成的，这一结构特点使纤维素具有适于作为结构成分的物理特性，它属于结构多糖。

糖类消化后主要以单体形式在小肠被吸收。细胞摄取糖需要葡萄糖转运蛋白。

葡萄糖的分解代谢主要包括无氧氧化、有氧氧化和磷酸戊糖途径。糖的无氧氧化是指机体不利用氧分解葡萄糖生成乳酸的过程，在胞质中进行，净生成2分子ATP，是辅助产能途径。无氧氧化分两个阶段：葡萄糖分解为丙酮酸，称为糖酵解；丙酮酸还原生成乳酸。无氧氧化的关键酶是磷酸果糖激酶-1、丙酮酸激酶、己糖激酶。糖的有氧氧化是指机体利用氧分解氧化生成H_2O和CO_2的过程，在胞质和线粒体中进行，净生成30分子或32分子ATP，是主要产能途径。有氧氧化分为三阶段：糖酵解；丙酮酸生成乙酰CoA；三羧酸循环及氧化磷酸化。有氧氧化的关键酶是磷酸果糖激酶-1、丙酮酸激酶、己糖激酶、丙酮酸脱氢酶复合体、异柠檬酸脱氢酶、α-酮戊二酸脱氢酶复合体、柠檬酸合酶。磷酸戊糖途径产生磷酸核糖和NADPH，其关键酶是葡糖-6-磷酸脱氢酶。

血糖相对恒定，受多种激素调控，葡萄糖的分解、合成、储存相对平衡。糖代谢紊乱可导致高血糖或低血糖，糖尿病最为常见。肝糖原和肌糖原是体内糖的贮存形式。肝糖原在饥饿时补充血糖，肌糖原通过无氧氧化为肌收缩供能。糖原合成与分解的关键酶分别是糖原合酶、糖原磷酸化酶。

糖异生是指非糖物质在肝和肾转变为葡萄糖或糖原的过程，饥饿时补充血糖。关键酶是丙酮酸羧化酶、磷酸烯醇式丙酮酸羧激酶、果糖二磷酸酶-1、葡糖-6-磷酸酶。

思考题

1. 纤维素和糖原虽然在物理性质上有很大不同，但这两种多糖都是1,4连接的葡萄糖聚合物，相对分子质量也相当，是什么结构特点造成它们在物理性质上的如此差别？解释它们各自性质的生物学优点。

2. 归纳葡糖-6-磷酸在糖代谢中的来源与去路，并分析不同生理情况下如何选择不同的代谢途径？

3. 百米短跑时，骨骼肌收缩产生大量的乳酸，试述该乳酸的主要代谢去向。不同组织中的乳酸代谢具有不同特点，这取决于什么生化机制？

4. 营养不良的人饮酒，或者剧烈运动后饮酒，常出现低血糖。试分析酒精干预了体内糖代谢的哪些环节？

5. 列举几种临床上治疗糖尿病的药物，想一想它们为什么有降血糖的作用？

第五章　同步练习

（范新炯）

第六章　脂类化学与脂类代谢

第六章　课件

学习目标

掌握：脂类消化吸收的特点；脂类的生理功能；脂肪动员的概念和限速酶；脂肪酸 β- 氧化的过程；酮体生成的生理意义；软脂酸与胆固醇合成的原料和限速酶。

熟悉：酮体生成和利用的过程；软脂酸和甘油三酯的合成过程；常见甘油磷脂的名称和组成；胆固醇的转化产物；各种血浆脂蛋白的分类、组成特点及其代谢过程。

了解：脂类的分布形式；磷脂和胆固醇的合成过程；各种磷脂酶作用的部位；高脂蛋白血症。

脂类（lipids）是脂肪和类脂的总称。它们在结构上有很大差别，共同特点是不溶于水或微溶于水，而易溶于非极性的有机溶剂。脂类具有多种生物学功能，其中脂肪是机体重要的能源物质，类脂包括胆固醇及其酯、磷脂和糖脂等，是生物膜的重要组成成分。此外，类固醇激素参与代谢调节，糖脂和磷脂参与细胞识别及信息传递等。

本章主要介绍脂类的分布形式、甘油三酯的代谢、胆固醇和血脂的代谢，简要介绍脂类的消化吸收和磷脂的代谢等。

第一节　脂类的分布形式及生理功能

一、脂类的分布形式

（一）甘油三酯

甘油三酯（triglyceride，TG），又称脂肪、三脂酰甘油（triacylglycerol，TAG），是由 1 分子甘油和 3 分子相同或不同的脂肪酸脱水缩合而成，其结构通式如下：

$$
\begin{array}{l}
CH_2-O-\overset{\displaystyle O}{\overset{\|}{C}}-R_1 \\
R_2-\overset{\displaystyle O}{\overset{\|}{C}}-O-\underset{|}{\overset{|}{C}H} \\
CH_2-O-\overset{\displaystyle O}{\overset{\|}{C}}-R_3
\end{array}
$$

脂肪酸(fatty acid,FA)由碳、氢、氧3种元素组成,其结构通式为$CH_3(CH_2)_nCOOH$。根据碳链长度不同,脂肪酸可分成短链(碳原子数<6)脂肪酸、中链(含6~12个碳原子)脂肪酸和长链(碳原子数>12)脂肪酸。人体内主要含有偶数碳的长链脂肪酸,如16碳和18碳的软脂酸、硬脂酸、油酸、亚油酸和亚麻酸等。植物和海洋生物体内含有奇数碳脂肪酸。

根据碳-碳双键数量的不同,脂肪酸又可分为饱和脂肪酸(saturated fatty acids,SFA)、单不饱和脂肪酸(monounsaturated fatty acids,MUFA)和多不饱和脂肪酸(polyunsaturated fatty acids,PUFA)。饱和脂肪酸不含碳-碳双键,单不饱和脂肪酸含1个碳-碳双键,多不饱和脂肪酸含2个或2个以上的碳-碳双键。

脂肪酸有通俗名和系统名,系统名根据脂肪酸碳原子数、双键数和双键位置来命名。双键位置的表示方法有两种:Δ编码体系和ω编码体系。Δ编码体系从羧基端开始计双键位置,ω编码体系从甲基端开始计双键位置。按ω编码体系,不饱和脂肪酸分为ω-3,ω-6,ω-7和ω-9四簇。高等动物体内的多不饱和脂肪酸均由相应的母体脂肪酸衍生而来,但ω-3,ω-6和ω-9簇多不饱和脂肪酸不能相互转化。表6-1为常见的脂肪酸。

表6-1 常见的脂肪酸

通俗名	系统名	碳原子数和双键数	簇	结构式
饱和脂肪酸				
月桂酸	十二烷酸	12:0		$CH_3(CH_2)_{10}COOH$
豆蔻酸	十四烷酸	14:0		$CH_3(CH_2)_{12}COOH$
软脂酸	十六烷酸	16:0		$CH_3(CH_2)_{14}COOH$
硬脂酸	十八烷酸	18:0		$CH_3(CH_2)_{16}COOH$
花生酸	二十烷酸	20:0		$CH_3(CH_2)_{18}COOH$
山萮酸	二十二烷酸	22:0		$CH_3(CH_2)_{20}COOH$
木蜡酸	二十四烷酸	24:0		$CH_3(CH_2)_{22}COOH$
单不饱和脂肪酸				
棕榈油酸	9-十六碳一烯酸	16:1	ω-7	$CH_3(CH_2)_5CH{=}CH(CH_2)_7COOH$
油酸	9-十八碳一烯酸	18:1	ω-9	$CH_3(CH_2)_7CH{=}CH(CH_2)_7COOH$
多不饱和脂肪酸				
亚油酸	9,12-十八碳二烯酸	18:2	ω-6	$CH_3(CH_2)_4(CH{=}CHCH_2)_2(CH_2)_6COOH$
亚麻酸	9,12,15-十八碳三烯酸	18:3	ω-3	$CH_3CH_2(CH{=}CHCH_2)_3(CH_2)_6COOH$
花生四烯酸	5,8,11,14-二十碳四烯酸	20:4	ω-6	$CH_3(CH_2)_4(CH{=}CHCH_2)_4(CH_2)_2COOH$
EPA	5,8,11,14,17-二十碳五烯酸	20:5	ω-3	$CH_3CH_2(CH{=}CHCH_2)_5(CH_2)_2COOH$
DHA	4,7,10,13,16,19-二十二碳六烯酸	22:6	ω-3	$CH_3CH_2(CH{=}CHCH_2)_6CH_2COOH$

人和哺乳动物缺乏 Δ^9 以上去饱和酶，不能合成亚油酸和亚麻酸，或合成量不足（如花生四烯酸），必须从食物中摄取，从营养学角度，这几种脂肪酸称为必需脂肪酸（essential fatty acid，EFA）。植物能够合成这几种脂肪酸，植物特别是高等植物中不饱和脂肪酸比饱和脂肪酸丰富。另外，海洋动物如鲑鱼、沙丁鱼、贝类等的 EPA 和 DHA 含量较高。研究表明，人体许多组织含有 ω-3 系列不饱和脂肪酸，如 DHA 是视网膜、大脑皮质必不可少的营养物质，且大脑中约一半的 DHA 是在出生前积累的，因此必需脂肪酸营养在怀孕期间十分重要。

（二）磷脂

磷脂（phospholipid，PL）是分子中含磷酸的类脂，主要参与生物膜的组成。根据磷脂中醇的不同，可分为甘油磷脂（glycerophospholipids）和鞘磷脂（sphingophospholipids）。

1. 甘油磷脂　甘油磷脂分子中含有甘油、脂肪酸、磷酸和含氮化合物，其结构通式如下：

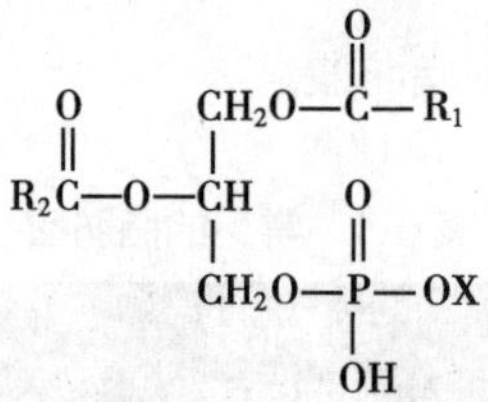

$$
\begin{array}{l}
\qquad\qquad\qquad CH_2O-\overset{\overset{\large O}{\|}}{C}-R_1 \\
R_2\overset{\overset{\large O}{\|}}{C}-O-\overset{|}{C}H \\
\qquad\qquad\qquad \overset{|}{C}H_2O-\overset{\overset{\large O}{\|}}{\underset{\underset{\large OH}{|}}{P}}-OX
\end{array}
$$

甘油磷脂 C_1 位上连接的常为饱和脂肪酸，C_2 位上连接的常为不饱和脂肪酸，C_3 位上的磷酸基团被不同的含氮化合物酯化，形成不同的甘油磷脂（表 6-2）。

表 6-2　生物体内几种重要的甘油磷脂

甘油磷脂	X 取代基名称	取代基结构
磷脂酸	水	—H
磷脂酰胆碱（卵磷脂）	胆碱	$-CH_2CH_2N^+(CH_3)_3$
磷脂酰乙醇胺（脑磷脂）	乙醇胺	$-CH_2CH_2\overset{+}{N}H_3$
磷脂酰丝氨酸	丝氨酸	$-CH_2\underset{}{\overset{\overset{+}{N}H_3}{\overset{|}{C}H}}-COO^-$
磷脂酰肌醇	肌醇	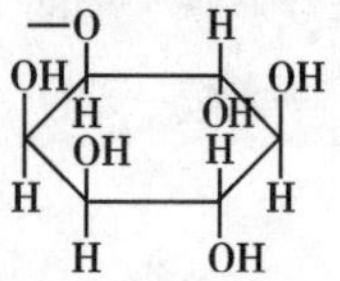 —O H OH OH H OH OH H H H H OH H（肌醇环结构）
磷脂酰甘油	甘油	$-CH_2CHOHCH_2OH$
二磷脂酰甘油（心磷脂）	磷脂酰甘油	$-CH_2CHOHCH_2O-\overset{\overset{O}{\|}}{\underset{\underset{O^-}{|}}{P}}-OCH_2-\underset{R_2OCOCH}{}$—$CH_2OCOR_1$（$R_2OCOCH$ 与 OCH_2、CH_2OCOR_1 相连）

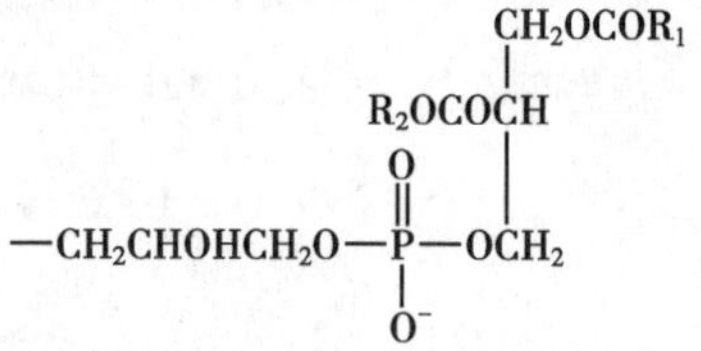

2. 鞘磷脂　鞘磷脂由鞘氨醇（sphingosine）、脂肪酸、磷酸和含氮化合物组成，在高等动物的脑髓鞘和红细胞膜中含量很丰富。鞘氨醇是带有脂肪族长链的氨基二元醇，其氨基与长链脂肪酸的

羧基以酰胺键相连形成神经酰胺；神经酰胺的羟基再与 X 取代基（磷酸胆碱或磷酸乙醇胺）相连形成鞘磷脂。

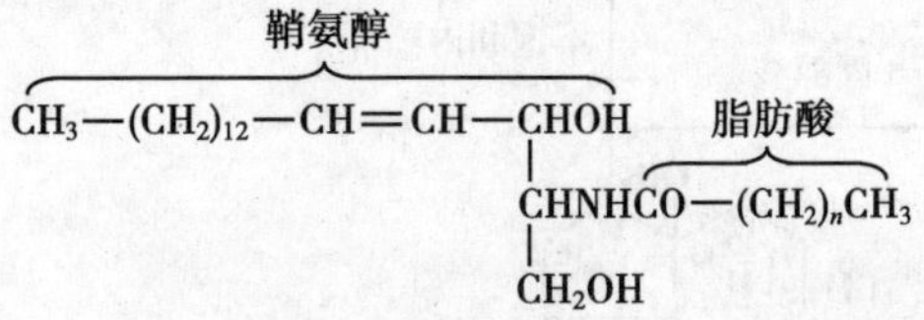

鞘氨醇：$CH_3-(CH_2)_{12}-CH=CH-CHOH$；脂肪酸：$-CHNHCO-(CH_2)_nCH_3$；$-CH_2OH$

神经酰胺

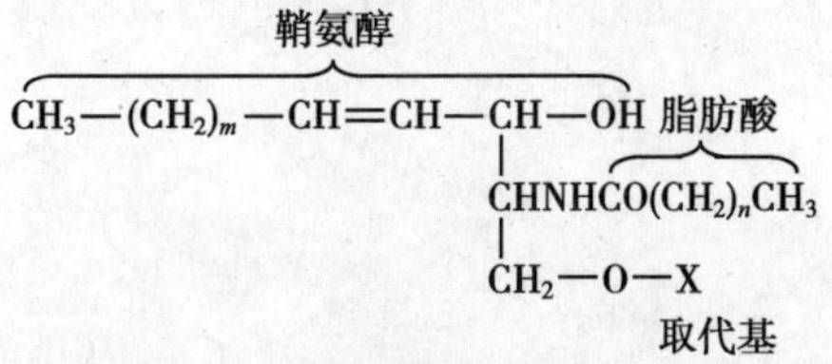

鞘氨醇：$CH_3-(CH_2)_m-CH=CH-CH-OH$；脂肪酸：$-CHNHCO(CH_2)_nCH_3$；$-CH_2-O-X$（取代基）

鞘磷脂

（三）固醇及其衍生物

固醇（sterol）又称甾醇，固醇和固醇衍生物共同组成类固醇。类固醇化合物的基本结构是由 3 个六元环和 1 个五元环骈合而成的环戊烷多氢菲的羟基衍生物，大多在 3 位有 1 个羟基，在 10 位和 13 位各有 1 个甲基，在 17 位上带有 8~10 个碳的烷烃链。

在人和脊椎动物体内，含量最丰富和最重要的是胆固醇。胆固醇既可以游离的醇式存在，也可以其 3 位羟基与脂肪酸结合成胆固醇酯。膜结构中的胆固醇均为游离胆固醇，细胞中存在的多是胆固醇酯。植物固醇主要含有 β- 谷固醇和豆固醇，酵母中含有麦角固醇。

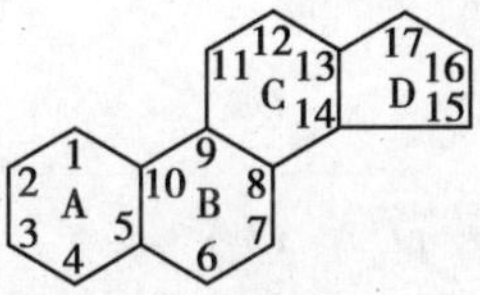

环戊烷多氢菲

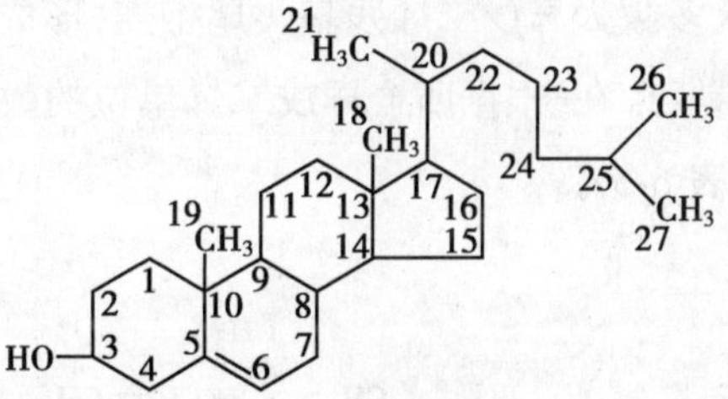

胆固醇

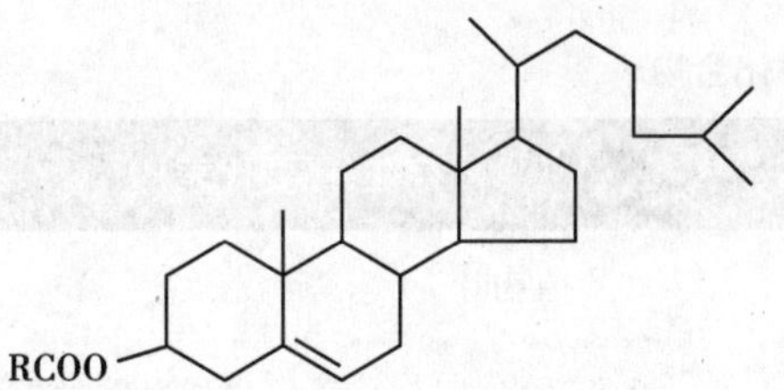

胆固醇酯

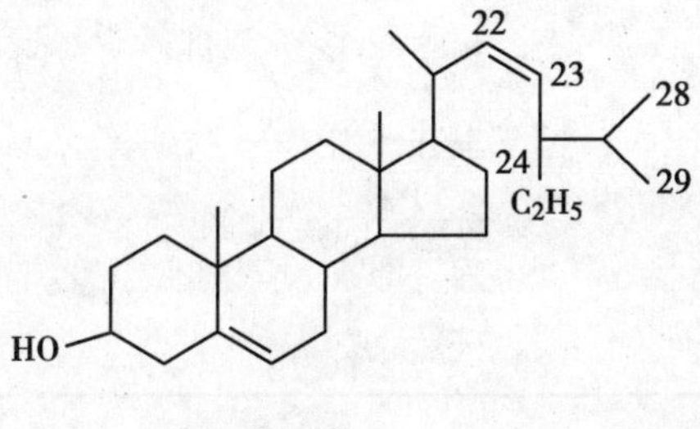

β-谷固醇

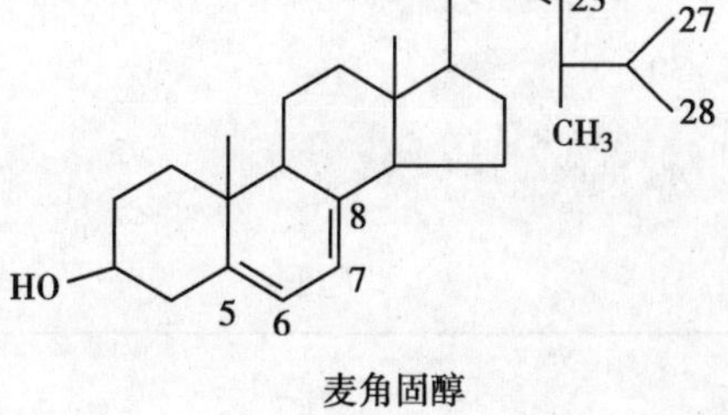

麦角固醇

玄参科、百合科等植物中的强心苷，如洋地黄毒苷，水解后产生糖和配基，其配基也是固醇衍生物。强心苷具有使人和动物心率减慢、心肌收缩力增强的功能。

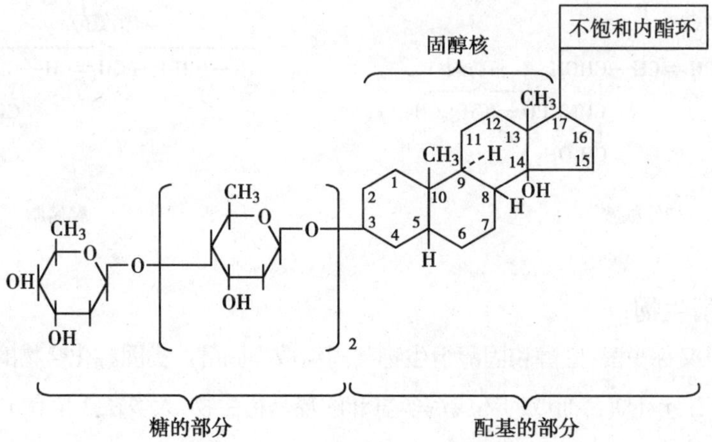

洋地黄毒苷

（四）萜类

萜类（terpenoids）是由不同数目的异戊二烯（isoprene）（5 个 C）组成的聚合物及其含氧衍生物。绝大多数为异戊二烯残基头尾相连，形成的萜类化合物有链状也有环状。萜类化合物在自然界广泛存在，根据所含异戊二烯单位的数目，分为半萜、单萜、倍半萜、二萜、三萜、四萜和多萜等（表 6-3）。

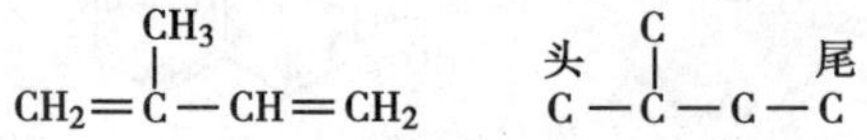

$$CH_2=C(CH_3)-CH=CH_2$$

异戊二烯

异戊二烯单位

表 6-3　萜类化合物

碳原子数	异戊二烯单位数	类名	存在（重要代表）
5	1	半萜	植物叶
10	2	单萜	挥发油（柠檬苦素、樟脑、薄荷醇）
15	3	倍半萜	青蒿素、脱落酸等
20	4	二萜	树脂、紫杉醇、赤霉素、叶绿素
30	6	三萜	皂苷、树脂
40	8	四萜	色素、胡萝卜素
	几千	多萜	天然橡胶

萜类在生物体的生命活动中具有重要功能，如脂溶性维生素 A、E、K；植物激素赤霉素和脱落

酸、昆虫保幼激素；植物中重要的光合色素类胡萝卜素和叶绿素等；呼吸链电子传递体辅酶 Q（泛醌）等。萜类在医药领域有广泛的应用，很多萜类化合物都具有药理活性，是中药和天然植物药的主要有效成分，其中有些已经开发成了临床应用的药物，如红豆杉中的二萜类紫杉醇是良好的天然抗癌药物；穿心莲内酯是穿心莲清热解毒的有效成分；倍半萜化合物青蒿素是抗疟新药；此外还有抗肿瘤药物冬凌草素、海棠素、雷公藤素等。

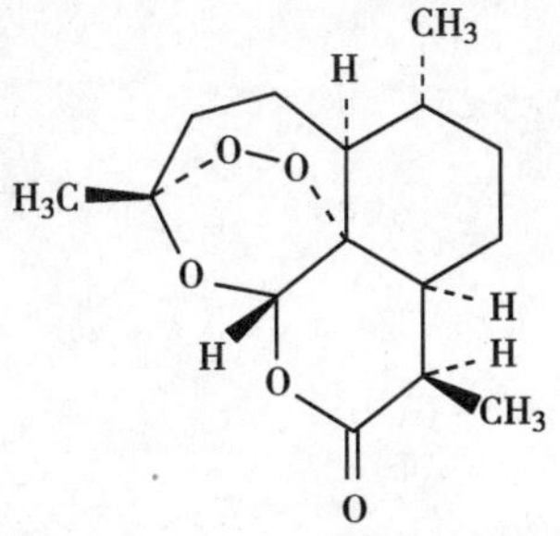

青蒿素 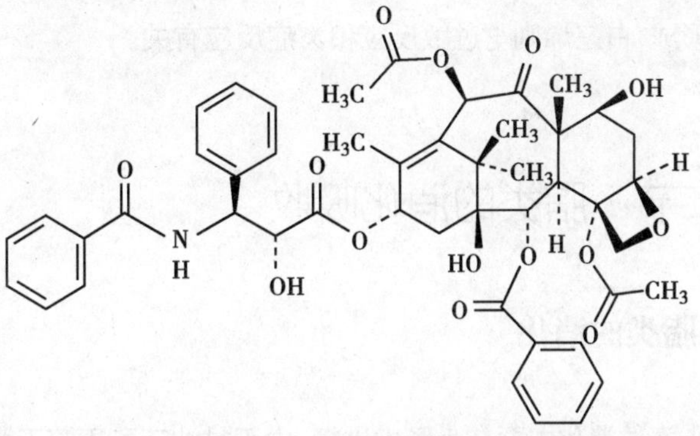　　　　紫杉醇

20 世纪 60 年代，疟原虫对奎宁类药物已经产生了抗药性，严重影响到治疗效果。中国药学家屠呦呦受中国典籍《肘后备急方》启发，于 1972 年从中药青蒿中成功提取出青蒿素（一种倍半萜）。青蒿素及其衍生物能有效抑制人体内疟原虫的生长，对恶性疟疾有很好的治疗效果，挽救了全球特别是发展中国家数百万人的生命。屠呦呦因此荣获 2015 年度诺贝尔生理学或医学奖。

二、脂类的生理功能

1. 甘油三酯是机体重要的供能和储能物质　1g 甘油三酯在体内完全氧化可产生 38kJ 能量，而 1g 糖或蛋白质只产生 17kJ 能量。脂质疏水，贮存脂质不必像贮存糖类那样夹带结合水，所占体积小，生物体以脂质作为贮能物质可极大地提高能量储存效率。

2. 脂类能够保护内脏和维持体温　在动物尤其是两级地区动物（如企鹅、海豹等）的皮下都存在皮下脂肪组织，这些脂肪不仅是能量的来源，更是抗低温的隔热层。人和动物内脏周围的脂肪组织如肠系膜等，有固定内脏器官和缓冲外部冲击的作用，对内脏起到保护作用。

3. 脂类是构成生物膜的基本成分　磷脂构成的脂质双层是生物膜的骨架，胆固醇分子则散布于磷脂分子之间，其环戊烷多氢菲的结构使其更具刚性，对膜的稳定性发挥重要作用。脂质双层具有屏障作用，膜两侧的亲水性物质不能自由通过，这对维持细胞的正常结构和功能具有重要意义。

4. 脂类是细胞内重要的生理活性物质　胆固醇可在动物体内转化成胆汁酸、维生素 D、性激素和肾上腺皮质激素等。真核细胞膜中的磷脂酰肌醇及其衍生物磷脂酰肌醇 -4，5- 二磷酸（phosphatidylinositol-4，5-bisphosphate，PIP_2），可被特异性磷脂酶 C 水解生成三磷酸肌醇（inositol triphosphate，IP_3）和甘油二酯（diacylglycerol，DG），两者均为细胞内第二信使，在细胞信息传递中发挥重要作用。

5. 其他功能　磷脂酰胆碱能协助脂肪的消化、吸收和转运，若体内胆碱或磷脂酰胆碱缺乏，会引起肝细胞的脂蛋白代谢障碍，导致脂肪在肝细胞内蓄积，形成脂肪肝。磷脂酰乙醇胺与血液凝固有关。此外，脂类能协助脂溶性维生素即维生素 A、D、E、K 的吸收，动物饲料中脂类缺乏或吸收障碍时，往往发生脂溶性维生素不足或缺乏。多不饱和脂肪酸花生四烯酸是合成前列腺素、血栓噁烷和白三烯的原料，前列腺素具有广泛的生理功能，血栓噁烷能使血管收缩、促进血液凝固和血栓形成，白三烯则与过敏反应和炎症反应有关。

第二节　脂类的消化吸收

一、脂类的消化

脂类的消化主要在小肠中进行，由于甘油三酯不溶于水，而进行消化作用的酶是水溶性的，因此甘油三酯的消化是在脂质 - 水的界面处发生的，消化速度取决于界面的表面积。在小肠上段，通过小肠蠕动，特别是在胆汁酸盐的乳化作用下，消化量大幅提高。胆汁酸盐是强有力的、用于消化的"去污剂"，它使不溶于水的脂类分散成水包油的细小微团，提高溶解度并增加了酶与脂类的接触面积，有利于脂类的消化吸收。

胰液分泌的脂类消化酶包括胰脂酶、辅脂酶、胆固醇酯酶和磷脂酶 A_2。食物中的脂肪乳化后，被胰脂酶催化，水解甘油三酯 1 位和 3 位上的酯键，生成 2- 甘油一酯和脂肪酸（图 6-1）。此反应需要辅脂酶协助，辅脂酶与胰脂酶形成复合物，将胰脂酶固定在脂质 - 水界面上，有利于胰脂酶发挥作用。食物中的胆固醇酯被胆固醇酯酶水解，生成游离胆固醇及脂肪酸（图 6-2）。磷脂酶 A_2 催化磷脂 2 位酯键水解，生成脂肪酸和溶血磷脂。

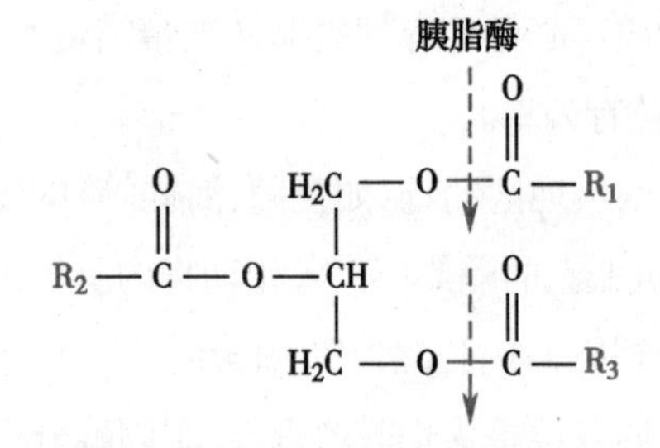

● 图 6-1　胰脂酶的作用位点

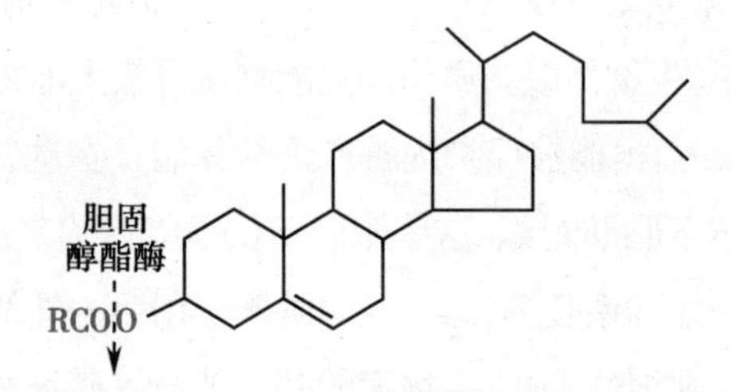

● 图 6-2　胆固醇酯酶的作用位点

二、脂类的吸收

脂类的吸收主要在十二指肠下段及空肠上段进行。脂类消化后生成的 2- 甘油一酯、长链脂肪酸、游离胆固醇及溶血磷脂等消化产物，与胆汁酸盐形成更小的微团进入小肠黏膜细胞。在小肠黏膜细胞，长链脂肪酸首先活化成脂酰 CoA，然后在脂酰 CoA 转移酶的催化下与甘油一酯反应，重新合成甘油三酯，此甘油三酯合成途径称为甘油一酯途径（图 6-3）。甘油三酯再与载脂蛋白 B48、C、AⅠ、AⅣ及磷脂、胆固醇组装成乳糜微粒（chylomicron，CM），经淋巴进入血液循环。而由中链、短链脂肪酸构成的甘油三酯，经胆汁酸盐乳化后可直接被小肠黏膜细胞吸收，然后在细胞内被脂肪酶水解为脂肪酸和甘油，通过门静脉进入血液循环。

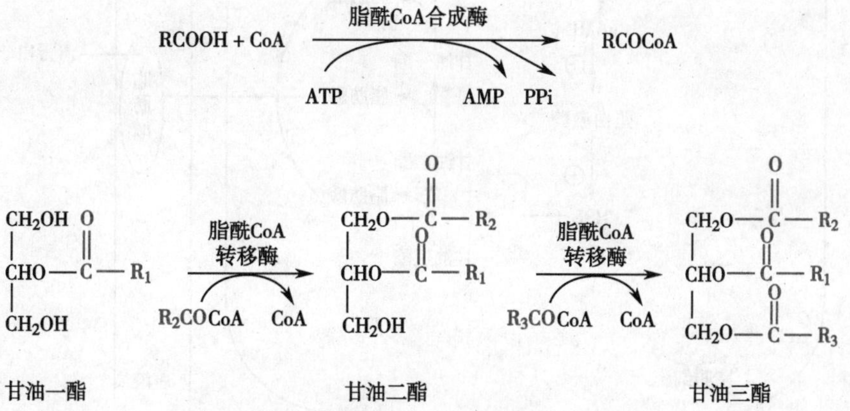

$$RCOOH + CoA \xrightarrow[ATP \quad AMP \quad PPi]{\text{脂酰CoA合成酶}} RCOCoA$$

$$\text{甘油一酯} \xrightarrow[R_2COCoA \quad CoA]{\text{脂酰CoA转移酶}} \text{甘油二酯} \xrightarrow[R_3COCoA \quad CoA]{\text{脂酰CoA转移酶}} \text{甘油三酯}$$

● 图 6-3　甘油三酯的合成：甘油一酯途径

第三节　甘油三酯的代谢

一、甘油三酯的分解代谢

（一）脂肪动员

储存在脂肪组织中的脂肪，在脂肪酶的作用下逐步水解，释放出甘油和游离脂肪酸供其他组织细胞氧化利用的过程称为脂肪动员（fat mobilization）。脂肪动员中甘油三酯脂肪酶是关键酶，因其活性受到多种激素的调控，又称为激素敏感性甘油三酯脂肪酶（hormone-sensitive triglyceride lipase，HSL）。在某些生理或病理条件下（如饥饿、兴奋、应激、糖尿病），肾上腺素和胰高血糖素分泌增加，它们与脂肪细胞膜上的受体结合，通过依赖 cAMP 的蛋白激酶途径使 HSL 磷酸化而被激活，促进脂肪水解（图 6-4）。胰高血糖素、肾上腺素、去甲肾上腺素等能激活 HSL，这些能促进脂肪动员的激素称为脂解激素；而胰岛素、前列腺素 E_2 等能抑制此酶的活性，称为抗脂解激素。正常情况下，通过这两类激素的综合作用调控脂解速度，达到动态平衡。

脂肪动员产生的甘油和游离脂肪酸通过质膜扩散进入血液。甘油是水溶性的，可直接在血液中运输。而脂肪酸难溶于水，需与血浆中的清蛋白（albumin）结合，形成可溶性脂肪酸 - 清蛋白复合体通过血液转运到其他组织，主要是心脏、骨骼肌和肝脏等，脂溶性的脂肪酸可扩散进入细胞内，并在这些组织细胞的线粒体内被氧化利用。

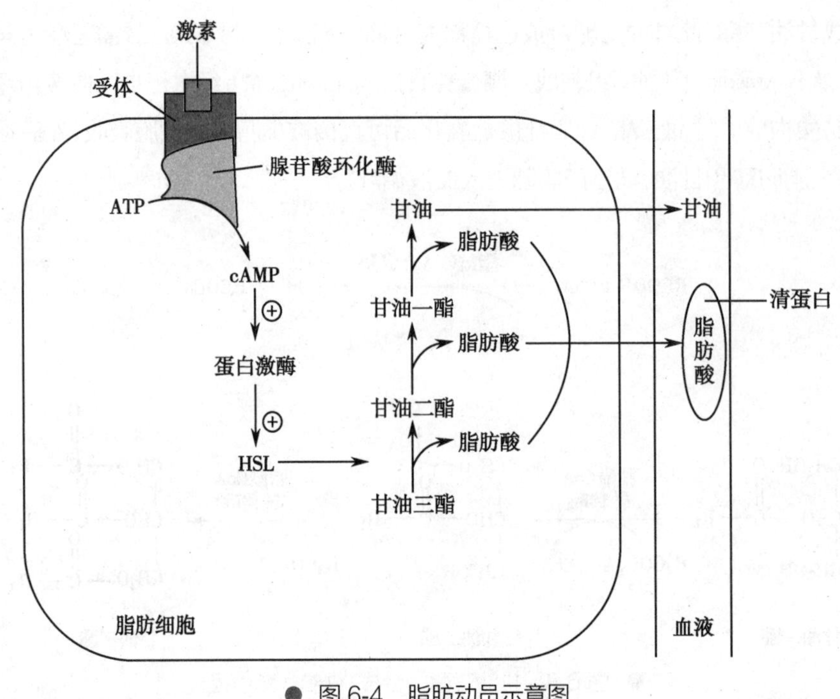

● 图 6-4 脂肪动员示意图

(二) 甘油的代谢

甘油在甘油激酶的催化下磷酸化生成 3- 磷酸甘油，再经 3- 磷酸甘油脱氢酶催化，转变为磷酸二羟丙酮。磷酸二羟丙酮可沿糖异生途径转变为糖，也可经糖酵解转变为丙酮酸进入三羧酸循环彻底氧化供能。肝、肾、肠等组织中甘油激酶活性很高，故这些组织可以利用甘油。但脂肪细胞和骨骼肌中的甘油激酶活性很低，故不能很好地利用甘油。

$$\underset{\text{甘油}}{\begin{matrix}CH_2OH\\ |\\ HC-OH\\ |\\ CH_2OH\end{matrix}} \xrightarrow[\text{甘油激酶}]{ATP\ \ \ ADP} \underset{\text{3-磷酸甘油}}{\begin{matrix}CH_2OH\\ |\\ HC-OH\\ |\\ CH_2O-Ⓟ\end{matrix}} \xrightleftharpoons[\text{3-磷酸甘油脱氢酶}]{NAD^+\ \ \ NADH+H^+} \underset{\text{磷酸二羟丙酮}}{\begin{matrix}CH_2O-Ⓟ\\ |\\ C=O\\ |\\ CH_2OH\end{matrix}} \begin{matrix}\nearrow \text{糖异生}\\ \searrow \text{糖酵解}\end{matrix}$$

(三) 脂肪酸的氧化分解

脂肪酸在有充足氧供给的情况下，可氧化分解为 CO_2 和 H_2O，释放大量能量，因此脂肪酸是机体主要能量来源之一。除脑组织外，机体大多数组织均能氧化脂肪酸，以肝、心肌和骨骼肌最为活跃。脂肪酸的分解有 β- 氧化、α- 氧化、ω- 氧化等几条不同途径，其中以 β- 氧化最为主要和普遍。

1. 脂肪酸的 β- 氧化　细胞内脂肪酸的分解可分为 4 个阶段：脂肪酸在细胞质内被激活、由肉碱转运到线粒体、经 β- 氧化生成乙酰 CoA、乙酰 CoA 进入三羧酸循环彻底分解并释放大量 ATP。

(1) 脂肪酸的活化——脂酰 CoA 的生成：脂肪酸进行 β- 氧化前必须先活化，反应由内质网或线粒体外膜上的脂酰 CoA 合成酶催化，生成脂酰 CoA 和焦磷酸（PPi）。该反应需 ATP、CoASH 及 Mg^{2+} 参与。

$$\underset{\text{脂肪酸}}{R-\overset{\overset{\displaystyle O}{\|}}{C}-OH} + ATP + CoASH \xrightarrow[\text{脂酰CoA合成酶}]{} \underset{\text{脂酰CoA}}{R-\overset{\overset{\displaystyle O}{\|}}{C}\sim SCoA} + AMP + PPi$$

活化后生成的脂酰 CoA 具高能硫酯键，性质活泼，且水溶性增加，易于进一步氧化分解。反应生成的 PPi 立即被焦磷酸酶水解生成 2 分子无机磷酸，使反应不可逆。故 1 分子脂肪酸活化实际消耗 2 个高能键，相当于消耗 2 分子 ATP。

（2）脂酰 CoA 进入线粒体：脂肪酸的 β- 氧化在线粒体基质中进行，因为催化脂肪酸氧化的酶系存在于线粒体基质内，所以在细胞质中活化生成的脂酰 CoA 必须进入线粒体内才能进行氧化。但是长链脂肪酸活化形成的脂酰 CoA 不能直接透过线粒体内膜，要依靠载体肉碱（carnitine）携带，以脂酰肉碱的形式跨越线粒体内膜进入线粒体基质。

肉碱即 L-β- 羟基 -γ- 三甲基氨基丁酸，广泛分布于动植物体内。它在线粒体内膜外侧与脂酰 CoA 结合生成脂酰肉碱，催化该反应的酶为肉碱脂酰转移酶Ⅰ，是脂肪酸 β- 氧化的限速酶。脂酰肉碱通过内膜上的肉碱 - 脂酰肉碱移位酶进入线粒体基质，再在内膜上的肉碱脂酰转移酶Ⅱ的催化下使脂酰肉碱的脂酰基与线粒体基质中的辅酶 A 结合，重新产生脂酰辅酶 A，释放肉碱。肉碱则经移位酶回到细胞质中进行下一轮转运（图 6-5）。

$$\underset{\text{脂酰CoA}}{R-\overset{\overset{\displaystyle O}{\|}}{C}-S-CoA} + \underset{\text{肉碱}}{CH_3-\overset{+}{N}(CH_3)_2-CH_2-CH(OH)-CH_2-COO^-} \rightleftharpoons \underset{\text{辅酶A}}{CoA} + \underset{\text{脂酰肉碱}}{CH_3-\overset{+}{N}(CH_3)_2-CH_2-CH(O-\overset{\displaystyle O}{\overset{\|}{C}}-R)-CH_2-COO^-}$$

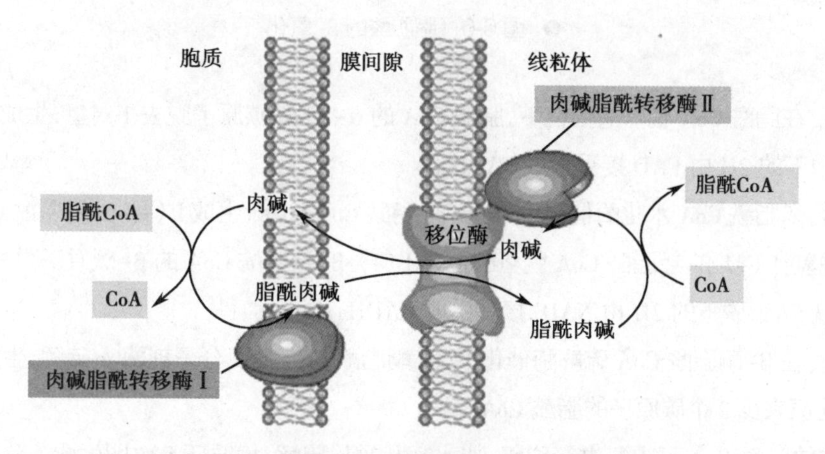

● 图 6-5　长链脂酰 CoA 跨线粒体内膜转运机制

（3）β- 氧化过程：脂酰 CoA 进入线粒体基质后，在脂肪酸 β- 氧化酶系的催化下，经过多轮 β- 氧化逐步分解为乙酰 CoA。由于脂肪酸的氧化分解主要发生在 β- 碳原子上，因此称为 β- 氧化。每轮 β- 氧化包括脱氢、加水、再脱氢、硫解 4 步反应（图 6-6）。

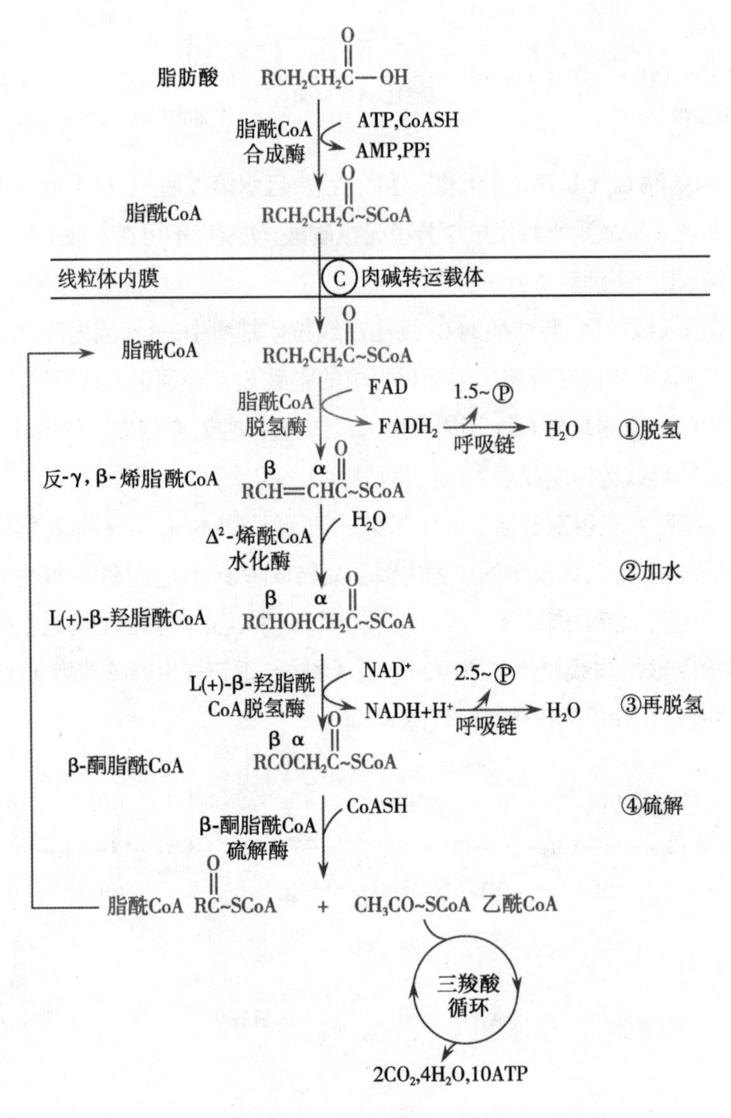

● 图6-6 脂肪酸的β-氧化

1)脱氢:在脂酰 CoA 脱氢酶催化下,脂酰 CoA 的α-和β-碳原子脱去1对氢,生成反-α,β-烯脂酰 CoA,脱下的2H由FAD接受生成$FADH_2$。

2)加水:烯脂酰 CoA 水化酶催化反-α,β-烯脂酰 CoA 加水,生成L(+)-β-羟脂酰 CoA。

3)再脱氢:L(+)-β-羟脂酰 CoA 脱氢酶催化L(+)-β-羟脂酰 CoA 的β-碳原子脱去1对氢,生成β-酮脂酰 CoA,脱下的2H由NAD^+接受生成$NADH+H^+$。

4)硫解:在β-酮脂酰 CoA 硫解酶催化下,β-酮脂酰 CoA 被1分子辅酶A硫解,生成1分子乙酰 CoA 和比原来少2个碳原子的脂酰 CoA。

新生成的脂酰 CoA 可重复进行脱氢、加水、再脱氢、硫解,每循环1次即生成1分子乙酰 CoA 和比原来少2个碳原子的脂酰 CoA,如此反复进行,偶数碳原子脂酰 CoA 最终完全分解为乙酰 CoA。

(4)脂肪酸彻底氧化产生能量:脂肪酸经β-氧化产生的$NADH+H^+$和$FADH_2$可进入电子传递链被氧化,乙酰 CoA 可进入三羧酸循环继续氧化生成CO_2,并释放能量。以16C的软脂酸为例,1

分子软脂酸经 7 次 β- 氧化可生成 8 分子乙酰 CoA、7 分子 $FADH_2$ 和 7 分子 $NADH+7H^+$。

$$1\text{ 软脂酰 CoA} \rightarrow 8\text{ 乙酰 CoA}+7\ FADH_2+7\ NADH+7H^+$$

线粒体中 1 分子 $FADH_2$ 和 1 分子 $NADH+H^+$ 经电子传递链氧化分别生成 1.5 分子 ATP 和 2.5 分子 ATP，1 分子乙酰 CoA 经过三羧酸循环和氧化磷酸化产生 10 分子 ATP。因此 1 分子软脂酸彻底氧化生成 ATP 的总数为：$(8 \times 10)+(7 \times 1.5)+(7 \times 2.5)=108$，减去脂肪酸活化消耗的两个高能磷酸键，实际上 1 分子软脂酸彻底分解成二氧化碳和水净生成 106 分子 ATP。软脂酸完全氧化时标准自由能变化为 −9 790.56kJ/mol，ATP 水解为 ADP 和 Pi 时，标准自由能变化为 −30.54kJ/mol。因此，在标准状态下软脂酸完全氧化的能量转换率为：$[(30.54 \times 106)/9\,790.56] \times 100\% \approx 33\%$。

2. 脂肪酸的其他氧化途径　除了脂肪酸氧化最重要的途径 β- 氧化以外，脂肪酸的氧化还包括 α- 氧化和 ω- 氧化等其他氧化方式。

(1)脂肪酸的 α- 氧化：该氧化系统位于微粒体中，是指脂肪酸在羟化酶的催化下，使游离脂肪酸的 α- 碳原子羟基化生成羟脂酸，再脱氢成酮脂酸，最后脱羧产生二氧化碳和少 1 个碳原子的脂肪酸，然后再进行 β- 氧化。α- 氧化首先在植物中发现，后来发现在动物的脑和肝细胞中也存在此种氧化方式。某些脂肪酸的 α- 氧化对人类健康是必不可少的。如植烷酸(含有 4 个甲基的二十碳脂肪酸)是膳食中的重要组成部分，它存在于反刍动物的脂肪及某些食品中。有一种遗传病 Refsum 病，又称植烷酸贮积症，患者由于先天性 α- 氧化酶系缺陷，导致体内植烷酸积聚，引起神经系统功能损害及视网膜炎等症状。

(2)脂肪酸的 ω- 氧化：动物体内有少量的十二碳以下的脂肪酸可通过 ω- 氧化进行降解。在肝微粒体氧化酶系的催化下，脂肪酸在远离其羧基端的末端碳原子，即 ω- 碳原子上被氧化，形成 α，ω- 二羧酸，进入线粒体后可从两端进行 β- 氧化。ω- 氧化在脂肪酸分解代谢中并不重要，因此发现之初并未受到重视，不过一些海洋浮游细菌采用 ω- 氧化方式降解溢入海水中的石油，在防止海洋污染方面具有重要的应用价值。

(3)奇数碳脂肪酸的氧化：人体含有极少量奇数碳原子脂肪酸，经 β- 氧化后除了生成乙酰 CoA，还可生成丙酰 CoA。丙酰 CoA 经丙酰 CoA 羧化酶、异构酶和变位酶的催化，最后生成琥珀酰 CoA 进入三羧酸循环彻底氧化。

(4)不饱和脂肪酸的氧化：生物体内的脂肪酸有一半以上是不饱和脂肪酸，不饱和脂肪酸也可进行 β- 氧化，但由于天然不饱和脂肪酸中的双键为顺式，因此需要异构酶将其转变为反式，生成的 D(−)-β- 羟酯酰 CoA 还需要差向异构酶将其转变为左旋异构体[L(+)型]，才能继续进行 β- 氧化。

(四)酮体的生成和利用

脂肪酸 β- 氧化生成的乙酰 CoA，在骨骼肌、心肌等组织中直接进入三羧酸循环彻底氧化分解产能，而在肝脏细胞中大量乙酰 CoA 除了部分直接氧化产能外，过剩的乙酰 CoA 可在肝脏细胞线粒体内生酮酶系的作用下生成酮体(ketone bodies)，包括乙酰乙酸、β- 羟丁酸和极少量的丙酮这 3 种物质。酮体是脂肪酸在肝脏进行分解代谢生成的特殊中间产物，肝脏具有活性较强的合成酮体的酶系，但缺乏利用酮体的酶系，肝内生成的酮体被输出到肝外组织氧化利用。

1. 酮体的生成过程 酮体在肝细胞线粒体中生成，其合成原料是脂肪酸β-氧化生成的乙酰CoA，合成过程如下(图6-7)：

(1) 2分子乙酰CoA在硫解酶作用下缩合生成乙酰乙酰CoA，释放1分子辅酶A。

(2)在羟甲基戊二酸单酰CoA(3-hydroxy-3-methyl glutaryl CoA，HMG-CoA)合酶催化下，乙酰乙酰CoA再与1分子乙酰CoA缩合，生成HMG-CoA，并释放出1分子辅酶A。此步反应是酮体生成的限速步骤，HMG-CoA合酶是酮体生成的限速酶。

(3)在HMG-CoA裂解酶催化下，HMG-CoA裂解生成乙酰乙酸和乙酰CoA，后者可再用于酮体的合成。

(4)乙酰乙酸在β-羟丁酸脱氢酶催化下加氢还原($NADH+H^+$作供氢体)，生成β-羟丁酸，还原速度取决于线粒体中[$NADH+H^+$]/[NAD^+]的比值。

(5)少量乙酰乙酸可自发脱羧或由乙酰乙酸脱羧酶催化生成丙酮。

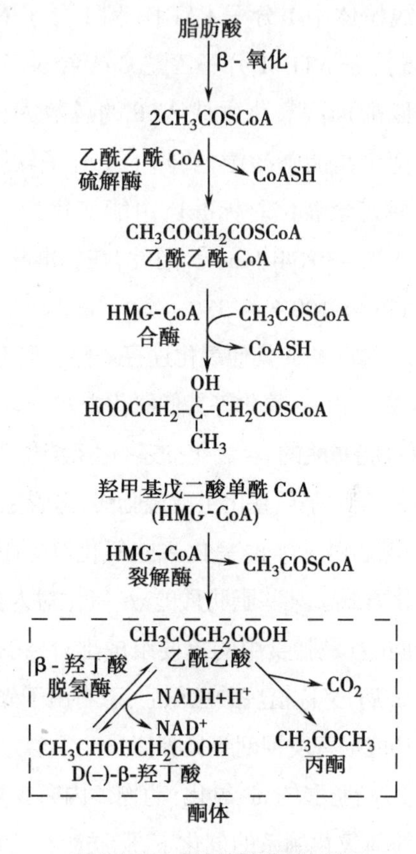

图6-7 酮体的生成过程

2. 酮体的利用过程 肝外许多组织具有活性很强的利用酮体的酶系，能将酮体重新裂解成乙酰CoA，进入三羧酸循环彻底氧化。酮体的利用过程如下(图6-8)：

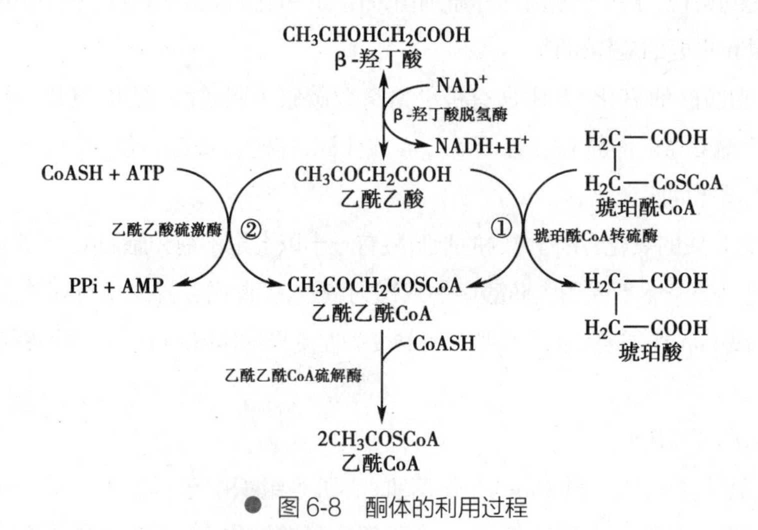

图6-8 酮体的利用过程

(1)在β-羟丁酸脱氢酶的催化下，β-羟丁酸脱氢生成乙酰乙酸。

(2)骨骼肌、心肌和肾脏中有琥珀酰CoA转硫酶，在琥珀酰CoA存在时，此酶催化乙酰乙酸活化生成乙酰乙酰CoA；心肌、肾脏和脑中还有硫激酶，在有ATP和辅酶A存在时，此酶催化乙酰乙酸活化成乙酰乙酰 CoA。

(3) 乙酰乙酰 CoA 在硫解酶作用下,分解成 2 分子乙酰 CoA,乙酰 CoA 进入三羧酸循环氧化分解。正常情况下,丙酮的生成量很少,可经肺呼出。

3. 酮体生成的生理意义　酮体在肝细胞中合成,在肝外组织利用,是肝脏向肝外组织输出能源的一种形式。酮体合成的原料是脂肪酸 β- 氧化生成的乙酰 CoA,在肝脏线粒体中,决定乙酰 CoA 代谢去向的是草酰乙酸,它带动乙酰 CoA 进入三羧酸循环。但在某些情况(如饥饿、糖尿病)下,草酰乙酸离开三羧酸循环,进行糖异生形成葡萄糖。这时草酰乙酸浓度低下,乙酰 CoA 进入三羧酸循环的量也随之减少,逐渐积累,有利于进入酮体合成途径。

酮体分子小,水溶性高,易于穿过血脑屏障和肌肉毛细血管壁,为脑组织和肌肉组织提供能源。肝外组织利用酮体氧化供能,可减少对葡萄糖的需求,以保证脑组织、红细胞对能量的需要。脑组织不能氧化分解脂肪酸,但在饥饿时可利用酮体供能。肌肉组织利用酮体,可以抑制肌肉蛋白质的分解,防止蛋白质过多消耗。

正常人血液中酮体含量极少(0.03~0.5mmol/L),但在某些情况(如饥饿,糖尿病)下,糖的来源或氧化供能障碍,脂肪动员增强,酮体生成增多。若肝中合成酮体的量超过肝外组织利用酮体的能力,血中酮体浓度就会过高(4.8~9mmol/L),导致酮血症,尿液中也会出现酮体,称为酮尿症。乙酰乙酸和 β- 羟丁酸都是酸性物质,酮体在体内大量堆积还会引起酮症酸中毒。血液中丙酮的含量也大大增加。丙酮有挥发性,可通过呼吸道排出,产生特殊的"烂苹果气味",可借此对疾病作出诊断。

二、甘油三酯的合成代谢

甘油三酯的合成有两条途径,一是利用食物中的脂肪,经消化吸收后转化为人体的脂肪;二是将糖类等转化为脂肪,这是体内脂肪的主要来源。脂肪酸和甘油是脂肪合成的原料,肝、脂肪组织及小肠等组织是脂肪合成的主要场所。

(一) 脂肪酸的合成

哺乳动物中脂肪酸的合成主要发生在肝脏和哺乳期乳腺,另外脂肪组织、肾脏、小肠等也可以合成脂肪酸。合成脂肪酸的主要原料是乙酰 CoA,主要来自糖代谢,此外还需要 ATP、NADPH+H^+、HCO_3^-(CO_2)及 Mn^{2+} 等。供氢体 NADPH+H^+ 主要来自磷酸戊糖途径。脂肪酸的合成在细胞质中进行,合成过程包括:乙酰 CoA 由线粒体转运到细胞质,乙酰 CoA 羧化成丙二酸单酰 CoA,脂肪酸碳链的延长。

1. 乙酰 CoA 的转运　乙酰 CoA 可由糖氧化分解或由脂肪酸、酮体和蛋白质分解生成。生成乙酰 CoA 的反应发生在线粒体中,然而催化脂肪酸合成的酶系存在于细胞质中,因此乙酰 CoA 必须由线粒体转运至细胞质才能合成脂肪酸,而乙酰 CoA 不能自由通过线粒体内膜,需要通过柠檬酸 - 丙酮酸循环(citrate pyruvate cycle)转运,其具体过程如下(图 6-9):在线粒体内,乙酰 CoA 首先与草酰乙酸缩合生成柠檬酸,柠檬酸通过线粒体内膜上的转运蛋白进入胞质,在 ATP- 柠檬酸裂解酶催化下裂解生成草酰乙酸和乙酰 CoA。乙酰 CoA 可用于合成脂肪酸,草酰乙酸则被 NADH+H^+

还原成苹果酸。苹果酸可经氧化脱羧产生 CO_2、$NADPH+H^+$ 和丙酮酸。丙酮酸和苹果酸可经内膜转运蛋白进入线粒体，分别由丙酮酸羧化酶和苹果酸脱氢酶催化生成草酰乙酸，参与乙酰 CoA 转运循环。

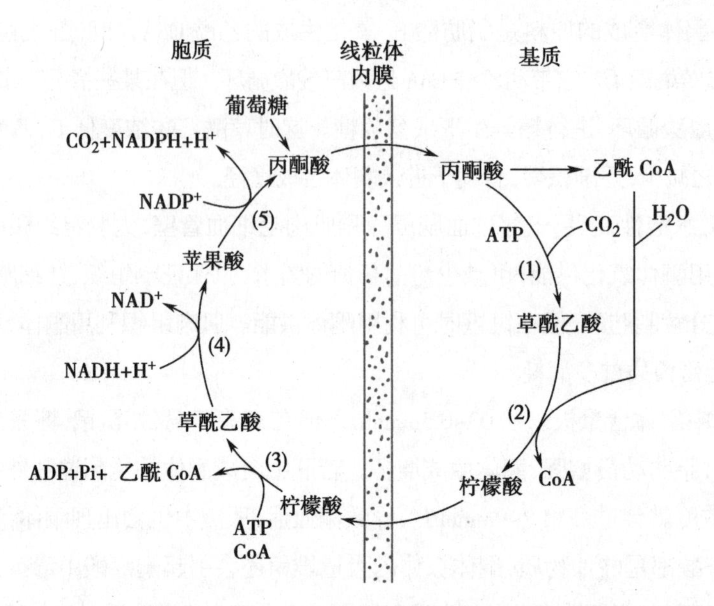

(1)丙酮酸羧化酶;(2)柠檬酸合酶;(3)ATP- 柠檬酸裂解酶;(4)苹果酸脱氢酶;(5)苹果酸酶。

● 图 6-9　柠檬酸 - 丙酮酸循环

2. 软脂酸的合成　脂肪酸的合成需先合成十六碳的软脂酸，再加工生成生物体所需要的各种脂肪酸。

(1)丙二酸单酰 CoA 的生成：乙酰 CoA 作为脂肪酸合成的原料，除第一次缩合时直接参与反应，后续反应都需要羧化为丙二酸单酰 CoA 参与脂肪酸的合成，因此丙二酸单酰 CoA 是脂肪酸合成的二碳单位的活性供体。

乙酰 CoA 由乙酰 CoA 羧化酶(acetyl CoA carboxylase)催化生成丙二酸单酰 CoA。乙酰 CoA 羧化酶是脂肪酸合成的限速酶，其辅基是生物素，Mn^{2+} 为激活剂。乙酰 CoA 羧化酶有两种存在形式，一种是无活性的单体；另一种是有活性的多聚体，通常由 10~20 个单体构成。柠檬酸、异柠檬酸可使酶发生变构，激活酶的活性；高糖膳食使乙酰 CoA 羧化酶活性增高，使糖转变为脂肪酸；长链脂酰 CoA 及高脂肪膳食则能抑制该酶的活性。

$$\underset{\text{乙酰CoA}}{CH_3-\overset{\overset{\displaystyle O}{\|}}{C}\sim SCoA}\xrightarrow[\text{乙酰CoA羧化酶}]{ATP\ CO_2\quad Mg^{2+}\text{生物素}\quad ADP\ Pi}\underset{\text{丙二酸单酰CoA}}{HOOC-CH_2-\overset{\overset{\displaystyle O}{\|}}{C}\sim SCoA}$$

(2)软脂酸的合成过程：软脂酸的合成是一个重复加成的过程，由 1 分子乙酰 CoA 与 7 分子丙二酸单酰 CoA 经转移、缩合、加氢、脱水和再加氢重复进行，每次循环延长 1 个二碳单位，共循环 7 次，最终生成十六碳的软脂酸。

在原核生物如大肠埃希菌中，催化此反应的酶是由 7 种不同功能的酶与一种酰基载体蛋白

(acyl carrier protein, ACP)组成的多酶复合体。而哺乳动物的脂肪酸合酶是一种多功能酶，催化反应的7种酶活性和ACP均在一条多肽链上，两条多肽链首尾相连形成二聚体。只有形成二聚体，ACP的巯基(—SH)与另一个亚基的β-酮酯酰合酶的半胱氨酸的—SH紧密相邻，才能表现出催化活性(图6-10)。

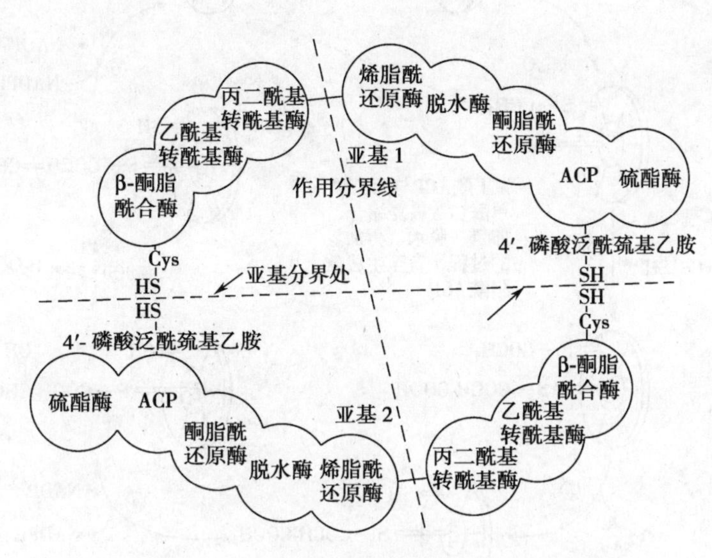

● 图6-10 真核生物脂肪酸合酶结构示意图

ACP为酰基载体蛋白，其36位丝氨酸的羟基与辅基4′-磷酸泛酰巯基乙胺的磷酸基以酯键相连，辅基的巯基(—SH)是ACP的活性基团。由于带有—SH，ACP可以从各种脂酰CoA接受脂酰基，把脂酰基从多酶复合体的一个活性中心传送到另一个活性中心，以适应多酶复合体连续催化的需要，大大提高了脂肪酸合成的效率。ACP结构式如下：

$$\underbrace{\overbrace{HS-CH_2-CH_2-\overset{H}{N}}^{\text{巯乙胺(半胱胺)}}-\overbrace{\underset{O}{\overset{\|}{C}}-CH_2-CH_2-\overset{H}{N}-\underset{O}{\overset{\|}{C}}-\underset{OH}{\overset{H}{C}}-\underset{CH_3}{\overset{CH_3}{C}}-CH_2-O}^{\text{泛酸}}-\underset{O^-}{\overset{O}{\overset{\|}{P}}}-OCH_2}_{\text{4′-磷酸泛酰巯基乙胺}}-Ser-ACP$$

软脂酸的合成过程如下(图6-11)：

1)启动：在乙酰CoA-ACP转移酶催化下，乙酰CoA的乙酰基先转移到ACP的—SH上，再转移到β-酮酯酰合酶的半胱氨酸的—SH上。

2)装载：在丙二酸单酰CoA-ACP转移酶催化下，丙二酸单酰CoA的丙二酸单酰基转移到ACP的—SH上。

这两步反应为下一步缩合准备了两个底物。

3)缩合：在β-酮酯酰合酶的催化下，其上的乙酰基与ACP上的丙二酸单酰基缩合，生成乙酰乙酰ACP，释放CO_2。

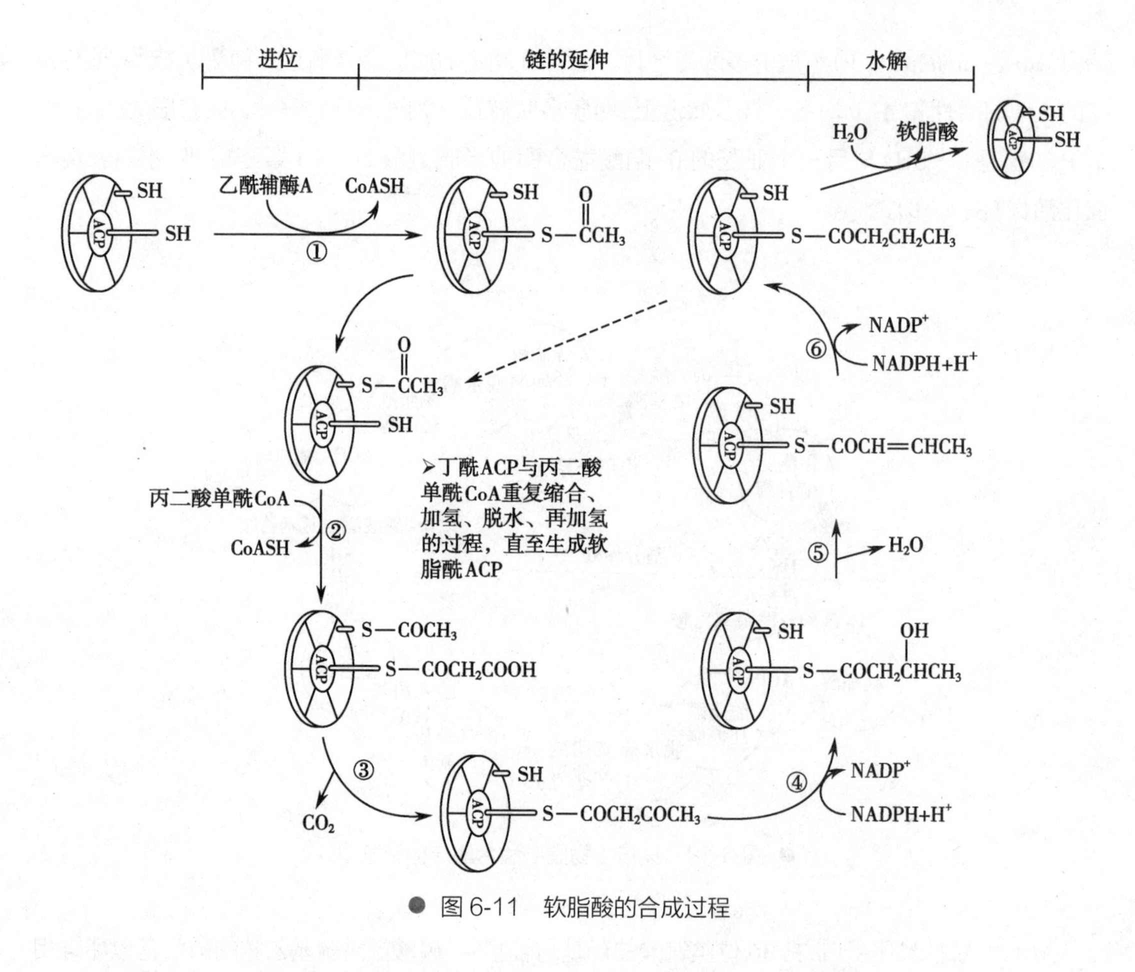

● 图 6-11　软脂酸的合成过程

4）加氢：在β-酮酯酰还原酶的催化下，由 NADPH+H^+ 提供 H，乙酰乙酰 ACP 还原为β-羟丁酰 ACP。

5）脱水：在脱水酶的催化下，β-羟丁酰 ACP 脱水生成α，β-反式-丁烯酰 ACP。

6）再加氢：在烯酯酰还原酶的催化下，由 NADPH 提供 H，α，β-反式-丁烯酰 ACP 再加氢生成丁酰 ACP。

7）移位：生成的丁酰 ACP 比开始的乙酰 ACP 延长了两个碳原子。随后丁酰基转移到β-酮酯酰合酶的半胱氨酸的—SH 上，ACP 可再次接受丙二酸单酰 CoA 的丙二酸单酰基，进入第二轮的缩合、加氢、脱水、再加氢，得到 6 个碳的已酰 ACP。如此反复进行，每次循环延长两个碳原子。经过 7 次循环，可得到 16 个碳的软酯酰 ACP。

8）释放：在硫酯酶的催化下，软脂酸从脂肪酸合酶复合体上释放出来。

软脂酸合成的总反应式为：

$$\text{乙酰 CoA}+7\text{丙二酸单酰 CoA}+14NADPH+14H^+ \rightarrow$$
$$\text{软脂酸}+7CO_2+14NADP^++8CoASH+6H_2O$$

3. 脂肪酸碳链的延长　细胞质中的脂肪酸合酶只能合成 16 碳的软脂酸，碳链的进一步延长需在滑面内质网和线粒体中，经脂肪酸碳链延长酶体系催化完成。

(1) 内质网上脂肪酸碳链的延长：该过程与软脂酸的合成相似，但脂酰基不再以 ACP 为载体，而是连接在辅酶 A 上。该体系可将脂肪酸延长至 24 碳，但以 18 碳硬脂酸为主。

(2) 线粒体内脂肪酸碳链的延长：该途径延长碳链时加入的二碳单位不是丙二酸单酰 CoA，而是乙酰CoA，过程类似β-氧化的逆过程，但由$NADPH+H^+$提供氢，一般可延长至24或26个碳原子，但以18碳硬脂酸为最多。

4. 不饱和脂肪酸的合成　人体所需的不饱和脂肪酸如软油酸、油酸等单不饱和脂肪酸，可通过去饱和酶催化脱氢生成。但人体缺乏Δ9以上的去饱和酶系，不能合成亚油酸、亚麻酸和花生四烯酸等不饱和脂肪酸，植物可以合成以上多不饱和脂肪酸，因此人体所需的多不饱和脂肪酸需从膳食中补充，故以上不饱和脂肪酸称为营养必需脂肪酸。

（二）3-磷酸甘油的生成

合成甘油三酯所需的3-磷酸甘油主要来自糖代谢。糖酵解的中间产物——磷酸二羟丙酮经还原可生成3-磷酸甘油。此外，在肝、肾等组织含有甘油激酶，可催化甘油磷酸化生成3-磷酸甘油。

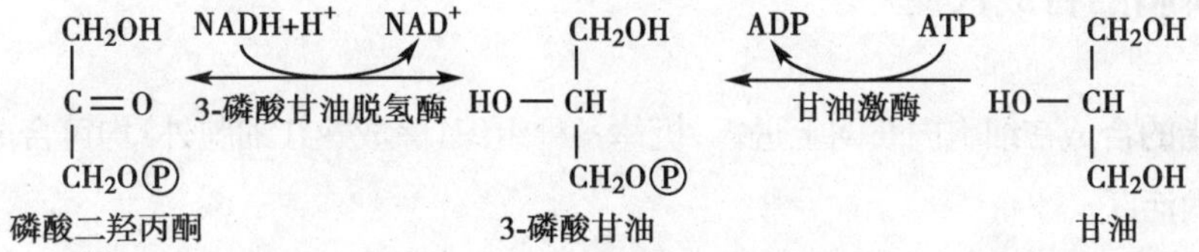

磷酸二羟丙酮（$CH_2OH-C{=}O-CH_2O$Ⓟ）$\xrightarrow[\text{3-磷酸甘油脱氢酶}]{NADH+H^+ \to NAD^+}$ 3-磷酸甘油（$CH_2OH-HO-CH-CH_2O$Ⓟ）$\xleftarrow[\text{甘油激酶}]{ATP \to ADP}$ 甘油（$CH_2OH-HO-CH-CH_2OH$）

（三）甘油三酯的合成

在肝脏和脂肪组织中，脂肪酸先活化为脂酰CoA，然后与3-磷酸甘油缩合，经多步反应可生成甘油三酯，因该途径中有甘油二酯的生成，故称为甘油二酯途径，具体反应过程如下（图6-12）：

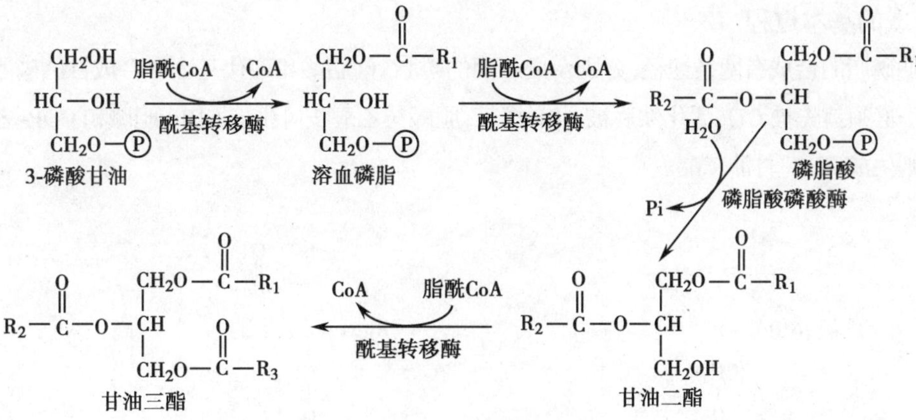

3-磷酸甘油 $\xrightarrow[\text{酰基转移酶}]{\text{脂酰CoA} \to CoA}$ 溶血磷脂（$CH_2O-CO-R_1$ / $HC-OH$ / CH_2O-Ⓟ）$\xrightarrow[\text{酰基转移酶}]{\text{脂酰CoA} \to CoA}$ 磷脂酸（$CH_2O-CO-R_1$ / $R_2-CO-O-CH$ / CH_2O-Ⓟ）$\xrightarrow[\text{磷脂酸磷酸酶}]{H_2O \to Pi}$ 甘油二酯（$CH_2O-CO-R_1$ / $R_2-CO-O-CH$ / CH_2OH）$\xrightarrow[\text{酰基转移酶}]{\text{脂酰CoA} \to CoA}$ 甘油三酯（$CH_2O-CO-R_1$ / $R_2-CO-O-CH$ / $CH_2O-CO-R_3$）

● 图6-12　甘油三酯的合成：甘油二酯途径

此外，在小肠黏膜细胞，食物消化吸收的甘油一酯和游离脂肪酸也可合成甘油三酯，该途径以甘油一酯为起始物，故称为甘油一酯途径（具体过程见图6-3）。

三、甘油三酯代谢的调节

哺乳动物中甘油三酯的代谢主要受胰岛素、胰高血糖素和肾上腺素的调控。胰岛素能促进甘油三酯的合成，胰高血糖素和肾上腺素则促进甘油三酯的分解。

空腹状态下，胰高血糖素和肾上腺素处于高浓度，此时贮存的葡萄糖几乎耗尽，必须进行糖的合成以维持血糖浓度。为了节省葡萄糖，脂肪酸进行β-氧化提供能量来源。胰高血糖素能激活激素敏感性甘油三酯脂肪酶，促进脂肪的动员。胰高血糖素还能抑制乙酰 CoA 羧化酶，抑制脂肪酸的合成。

进食后，胰岛素大量分泌。此时葡萄糖被用作燃料和脂肪酸合成的前体。胰岛素能激活乙酰 CoA 羧化酶，促进脂肪酸的合成。此外，脂肪酸合成中的其他酶，如脂肪酸合酶、柠檬酸裂解酶等亦可被调节。胰岛素还能抑制激素敏感性甘油三酯脂肪酶，抑制脂肪的动员。

第四节　磷脂的代谢

一、甘油磷脂的合成代谢

甘油磷脂的合成在细胞内质网上进行，机体各种组织（除成熟红细胞外）均可合成磷脂，以肝、肾和小肠最为活跃。

（一）合成的原料

合成甘油磷脂的原料包括 3-磷酸甘油、脂肪酸、胆碱、乙醇胺及丝氨酸等。3-磷酸甘油和脂肪酸可来自糖代谢，但甘油磷脂 C_2 位上的脂肪酸多为必需脂肪酸，需由食物供给。胆碱和乙醇胺可由食物供给或由丝氨酸在体内转变生成。

（二）合成的基本过程

甘油磷脂的合成有两条途径，分别合成不同的磷脂。磷脂酸和取代基团在合成甘油磷脂之前，两者之一必须首先被 CTP 活化然后被 CDP 携带，胆碱与乙醇胺可生成 CDP-胆碱和 CDP-乙醇胺，磷脂酸则生成 CDP-甘油二酯。

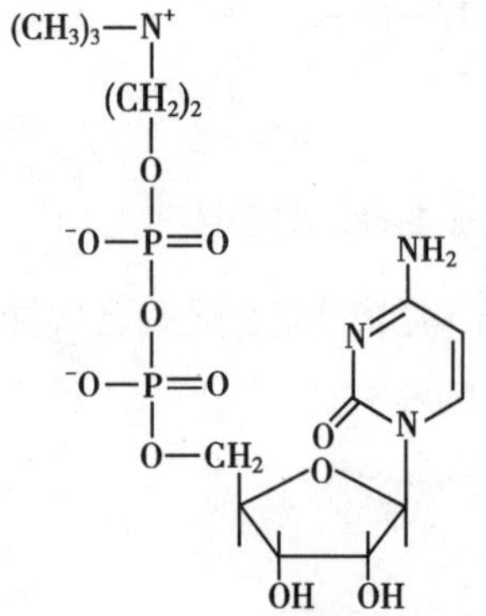

CDP-胆碱 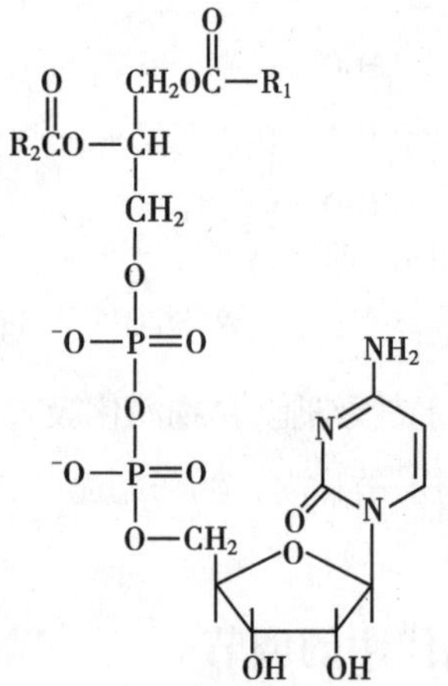　　　　CDP-甘油二酯

1. 甘油二酯途径　胆碱与乙醇胺首先被活化生成 CDP- 胆碱和 CDP- 乙醇胺，然后与甘油二酯缩合，生成磷脂酰胆碱和磷脂酰乙醇胺。甘油二酯是该途径的重要中间物，故称为甘油二酯途径。此外，磷脂酰乙醇胺在肝脏还可由 *S*- 腺苷甲硫氨酸提供甲基，转变为磷脂酰胆碱。

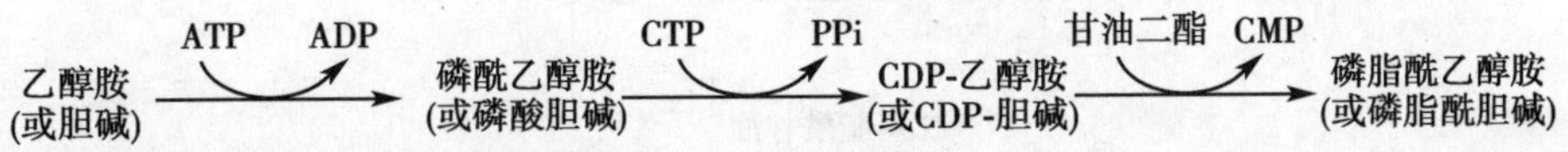

乙醇胺（或胆碱） —(ATP → ADP)→ 磷酸乙醇胺（或磷酸胆碱） —(CTP → PPi)→ CDP-乙醇胺（或CDP-胆碱） —(甘油二酯 → CMP)→ 磷脂酰乙醇胺（或磷脂酰胆碱）

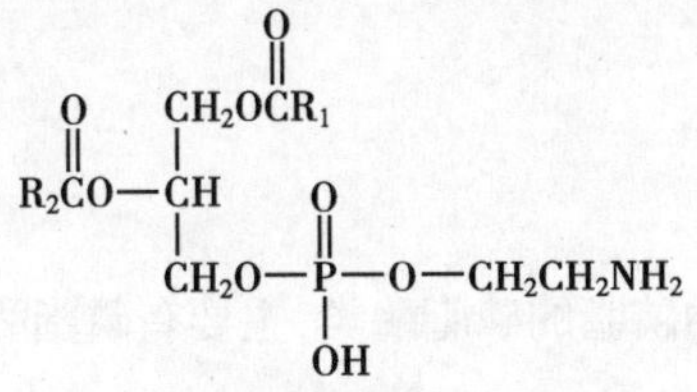

$$\begin{array}{l} CH_2OCOR_1 \\ R_2COO{-}CH \\ CH_2O{-}P(=O)(OH){-}O{-}CH_2CH_2NH_2 \end{array}$$

磷脂酰乙醇胺

$$\begin{array}{l} CH_2OCOR_1 \\ R_2COO{-}CH \\ CH_2O{-}P(=O)(OH){-}O{-}CH_2CH_2N^+(CH_3)_3 \end{array}$$

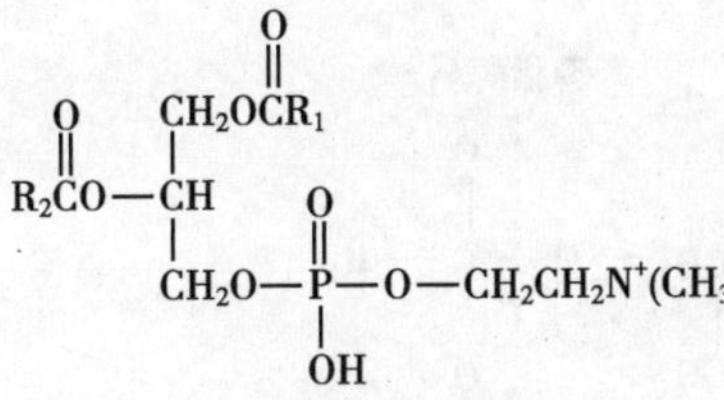

磷脂酰胆碱

2. CDP- 甘油二酯途径　磷脂酸首先活化为 CDP- 甘油二酯，然后与肌醇、丝氨酸或磷脂酰甘油缩合，分别生成磷脂酰肌醇、磷脂酰丝氨酸或二磷脂酰甘油（心磷脂）。

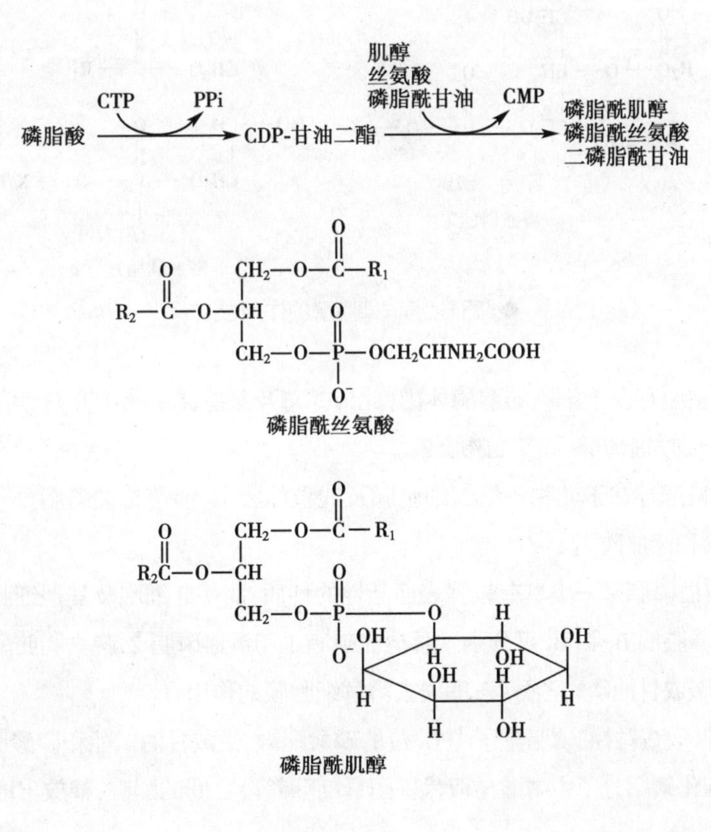

二磷脂酰甘油

二、甘油磷脂的分解代谢

生物体内存在可以水解甘油磷脂的磷脂酶类，主要有磷脂酶 A_1、A_2、B、C 和 D，它们特异地作用于磷脂分子内部的各个酯键，形成不同的产物（图 6-13）。

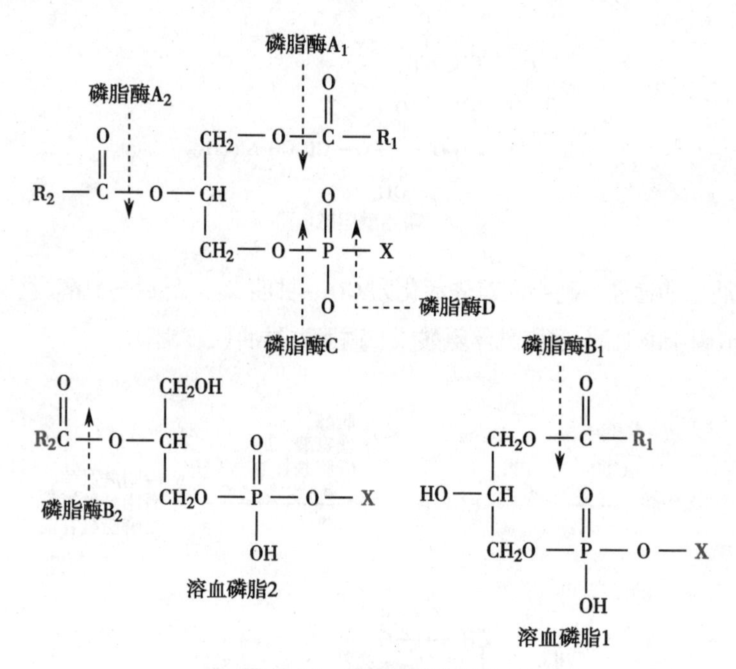

● 图 6-13　磷脂酶的作用位点

磷脂酶 A_1：主要存在于细胞的溶酶体内，此外蛇毒及某些微生物中亦有，可催化甘油磷脂的 C_1 位酯键断裂，产物为脂肪酸和溶血磷脂 2。

磷脂酶 A_2：普遍存在于动物各组织细胞膜及线粒体膜上，能使甘油磷脂分子中 C_2 位酯键水解，产物为脂肪酸和溶血磷脂 1。

磷脂酶 B：溶血磷脂是一类具有较强表面活性的性质，能使红细胞及其他细胞膜破裂，引起溶血或细胞坏死。磷脂酶 B_1 和 B_2 可分别水解溶血磷脂 1 和溶血磷脂 2，脱去脂肪酸后，溶血磷脂转变为甘油磷酸胆碱或甘油磷酸乙醇胺，即失去溶解细胞膜的作用。

磷脂酶 C：特异水解甘油磷脂分子中 C_3 位的磷酸酯键，生成甘油二酯和磷酸胆碱等。

磷脂酶 D：催化磷脂分子中磷酸与取代基团（如胆碱等）之间的酯键，释放出取代基团。

第五节 胆固醇的代谢

一、胆固醇的合成代谢

胆固醇是人体内含量最丰富的固醇类化合物，广泛存在于全身各组织中，其中约 1/4 分布在脑及神经组织中，占脑组织总重量的 20% 左右。肝、肾及肠等内脏以及皮肤、脂肪组织亦含较多的胆固醇，以肝为最多，肌肉较少，肾上腺、卵巢等组织中胆固醇含量可高达 1%~5%。

（一）合成部位和原料

除成年动物脑组织和成熟红细胞外，几乎全身各组织均可合成胆固醇。肝脏是合成胆固醇的主要器官，体内 70%~80% 的胆固醇由肝脏合成，10% 由小肠合成。胆固醇合成主要在胞质和滑面内质网中进行。

乙酰 CoA 是合成胆固醇的基本原料，它来自葡萄糖、脂肪酸及某些氨基酸的代谢产物，此外还需要 ATP 和 $NADPH+H^+$。合成 1 分子胆固醇需消耗 18 分子乙酰 CoA、36 分子 ATP 和 16 分子 $NADPH+H^+$。

（二）合成的基本过程

胆固醇合成过程比较复杂，有近 30 步反应，整个过程可分为 3 个阶段（图 6-14）。

1. 羟甲基戊二酸单酰 CoA（HMG-CoA）的生成 在胞质中，2 分子乙酰 CoA 经硫解酶催化缩合成乙酰乙酰 CoA，乙酰乙酰 CoA 再与 1 分子乙酰 CoA 在 HMG-CoA 合酶催化下生成 HMG-CoA。此过程与酮体生成机制相同，但细胞内定位不同，此过程在胞质中进行，而酮体生成在肝细胞线粒体内进行。

2. 甲羟戊酸（mevalonic acid，MVA）的生成 HMG-CoA 在内质网 HMG-CoA 还原酶催化下，消耗 2 分子 $NADPH+H^+$，生成甲羟戊酸（MVA）。此过程不可逆，HMG-CoA 还原酶是胆固醇合成的限速酶。

3. 胆固醇的生成 甲羟戊酸经磷酸化、脱羧、脱羟基、再缩合，通过系列反应生成含 30 个 C 的鲨烯，经内质网单加氧酶和环化酶催化生成羊毛固醇，后者再经氧化、还原等多步反应失去 3 个 C，最终生成 27 个 C 的胆固醇。

二、胆固醇的转化与排泄

胆固醇的母核——环戊烷多氢菲在体内不能被降解，故胆固醇不能彻底氧化分解为 CO_2 和 H_2O，但其支链可被氧化和还原，转变为其他具有重要生理作用的类固醇化合物（图 6-15）。在肝脏，胆固醇可转化为胆汁酸，促进脂类的消化吸收，这是体内胆固醇代谢的主要去路。在肾上腺皮质，胆固醇可转变成肾上腺皮质激素；在性腺可以转变为性激素，如雄激素、雌激素和孕激素；在皮肤，胆固醇可被氧化为7-脱氢胆固醇，后者经紫外线照射可转变为维生素 D_3。

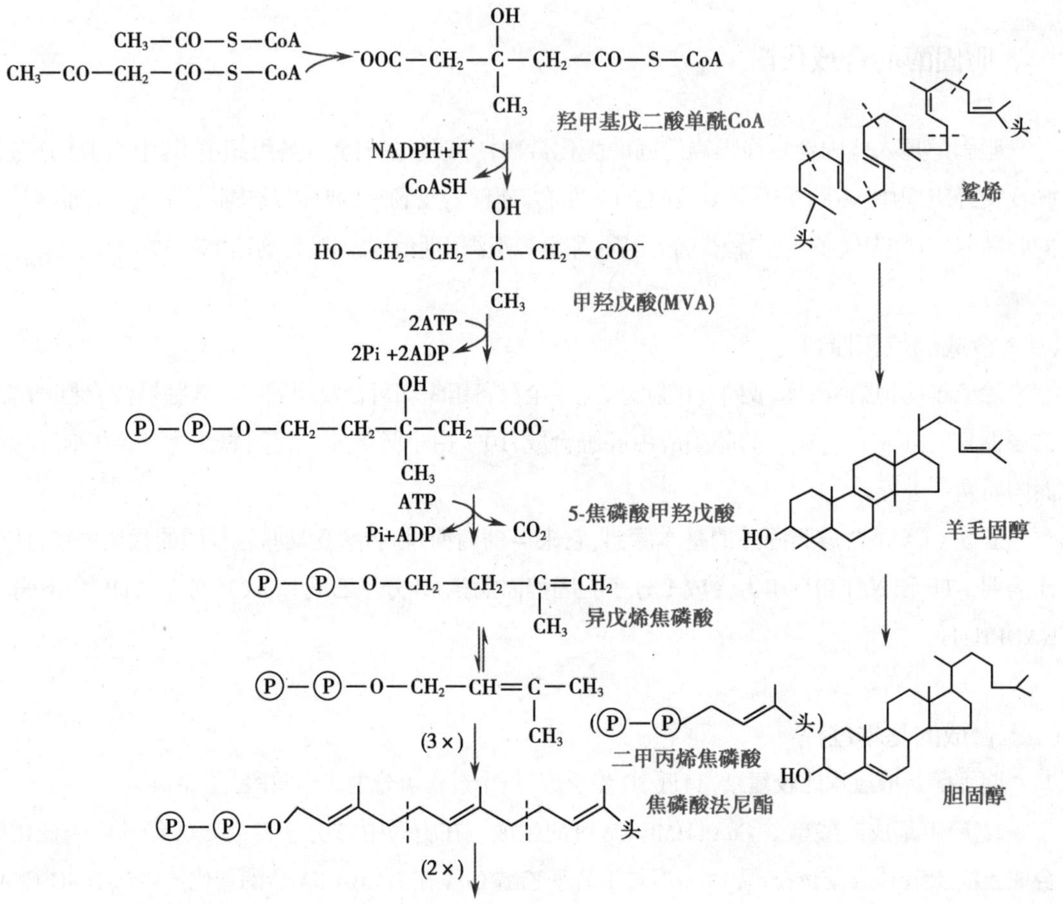

$CH_3-CO-S-CoA$

$CH_3-CO-CH_2-CO-S-CoA$

$^{-}OOC-CH_2-C(OH)(CH_3)-CH_2-CO-S-CoA$

羟甲基戊二酸单酰CoA

$NADPH+H^+$

CoASH

$HO-CH_2-CH_2-C(OH)(CH_3)-CH_2-COO^-$

甲羟戊酸(MVA)

2ATP

2Pi +2ADP

Ⓟ—Ⓟ—$O-CH_2-CH_2-C(OH)(CH_3)-CH_2-COO^-$

ATP

Pi+ADP

CO_2

5-焦磷酸甲羟戊酸

Ⓟ—Ⓟ—$O-CH_2-CH_2-C(CH_3)=CH_2$

异戊烯焦磷酸

Ⓟ—Ⓟ—$O-CH_2-CH=C(CH_3)-CH_3$

(Ⓟ—Ⓟ 头)

二甲丙烯焦磷酸

(3×)

焦磷酸法尼酯

头

(2×)

鲨烯

头

头

羊毛固醇

HO

胆固醇

HO

● 图6-14 胆固醇的生物合成

体内胆固醇的排泄以肠道为主。胆固醇可随胆汁或通过肠黏膜进入肠道。入肠后，部分胆固醇经肠肝循环重新吸收入血液，部分胆固醇被肠道细菌作用还原为粪固醇，随粪便排出体外。因此胆道阻塞的患者，血中胆固醇含量明显升高。

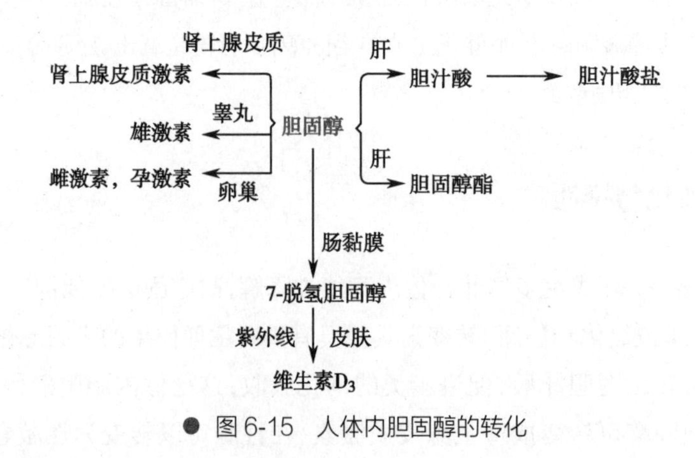

● 图6-15 人体内胆固醇的转化

三、胆固醇代谢的调节

HMG-CoA还原酶为胆固醇合成中的限速酶,各种因素可通过调节该酶的活性调节胆固醇的合成。

1. 激素的调节　胰岛素及甲状腺素能诱导HMG-CoA还原酶的合成,使胆固醇合成增加。由于甲状腺素还能促进胆固醇转变为胆汁酸,且后者作用大于前者,故甲状腺功能亢进的患者,血浆胆固醇含量降低。胰高血糖素能使HMG-CoA还原酶磷酸化失活,抑制胆固醇的合成。

2. 胆固醇浓度的调节　细胞胆固醇浓度升高可反馈性抑制HMG-CoA还原酶的活性,并减少该酶的合成,从而抑制胆固醇的合成。

第六节　血脂及脂类的转运

一、血脂

血浆中含有的脂类统称为血脂,包括甘油三酯、磷脂、胆固醇及其酯和游离脂肪酸。血脂含量受到年龄、性别、膳食、代谢等多种因素的影响。正常人血脂组成及含量见表6-4。

表6-4　正常成人12~14小时空腹血脂的组成及含量

组成	血浆含量		空腹时主要来源
	mg/dl	mmol/L	
总脂	400~700(500)*		
甘油三酯	10~150(100)	0.11~1.69(1.13)	肝
总胆固醇	100~250(200)	2.59~6.47(5.17)	肝
胆固醇酯	70~200(145)	1.81~5.17(3.75)	
游离胆固醇	40~70(55)	1.03~1.81(1.42)	
总磷脂	150~250(200)	48.44~80.73(64.58)	肝
游离脂肪酸	5~20(15)		脂肪组织

注:* 括号内为均值。

血脂来源有外源性和内源性两种,正常情况下血脂的来源和去路之间保持着动态平衡(图6-16),使血脂含量在10.36~18.13mmol/L(平均12.95mmol/L)范围内波动。

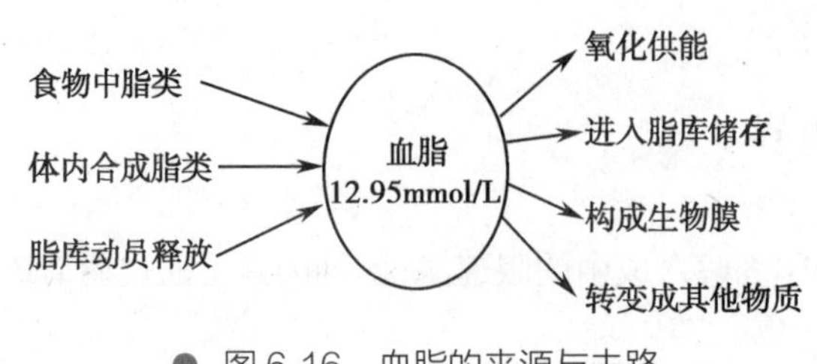

● 图 6-16 血脂的来源与去路

二、脂类的转运形式——血浆脂蛋白

脂类难溶于水，需与蛋白质结合形成溶解度较大的脂蛋白（lipoprotein）才能在血浆中转运。

（一）血浆脂蛋白的分类

根据脂蛋白的特性，常采用电泳法和超速离心法对血浆脂蛋白进行分类。

1. 电泳法 不同脂蛋白所含蛋白质的种类和数量不同，其颗粒大小和所带的表面电荷不同，因此在电场中的迁移速度不同。α- 脂蛋白泳动最快，相当于 α_1- 球蛋白的位置；前 β- 脂蛋白次之，相当于 α_2- 球蛋白位置；β- 脂蛋白泳动在前 β- 脂蛋白之后，相当于 β- 球蛋白的位置；乳糜微粒（CM）停留在点样的原点（图 6-17）。

2. 超速离心法 不同脂蛋白中脂类和蛋白质所占比例不同，因而分子密度不同（脂类比例高者密度小）。将血浆在一定密度梯度的盐溶液中进行超速离心分析时，各种脂蛋白由于分子密度不同而形成不同的沉降或漂浮速度，据此可将脂蛋白分为 4 类，即乳糜微粒（chylomicron，CM）、极低密度脂蛋白（very low density lipoprotein，VLDL）、低密度脂蛋白（low density lipoprotein，LDL）和高密度脂蛋白（high density lipoprotein，HDL）。相比电泳分类法，VLDL 相当于前 β- 脂蛋白，LDL 相当于 β- 脂蛋白，HDL 相当于 α- 脂蛋白。

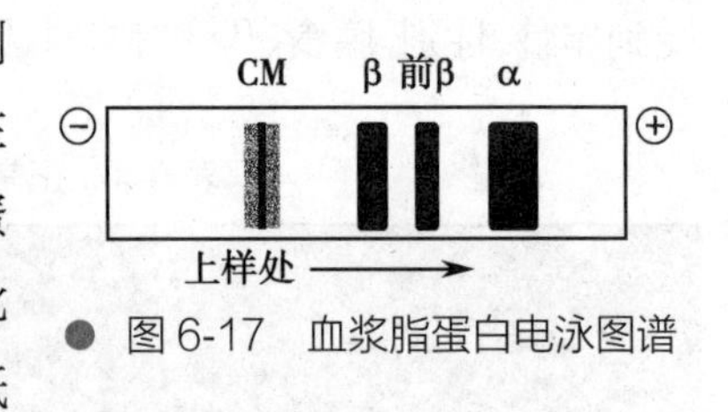

● 图 6-17 血浆脂蛋白电泳图谱

（二）血浆脂蛋白的组成与结构

1. 血浆脂蛋白的组成 血浆脂蛋白由脂类（甘油三酯、磷脂、胆固醇及其酯）和载脂蛋白组成，但其组成比例在不同的血浆脂蛋白中差别很大（表 6-5）。其中甘油三酯在乳糜微粒中含量最高，达 80%~95%。胆固醇及其酯在 LDL 中含量最多，达 45%~50%。而蛋白质在 HDL 中含量最多，达 50%。

表 6-5 血浆脂蛋白的分类、主要成分及功能

分类		合成场所	主要成分		主要功能
电泳法	超速离心法		脂类 /%	蛋白质 /%	
乳糜微粒	CM	小肠黏膜	甘油三酯（80~90）	0.5~2	转运外源性甘油三酯和少量胆固醇

续表

分类		合成场所	主要成分		主要功能
电泳法	超速离心法		脂类 /%	蛋白质 /%	
前β-脂蛋白	VLDL	肝	甘油三酯（50~70）	5~10	转运内源性甘油三酯和少量胆固醇
β-脂蛋白	LDL	血浆	总胆固醇（45~50）	20~25	从肝转运胆固醇至肝外
α-脂蛋白	HDL	肝、小肠黏膜	磷脂及总胆固醇（20~35及20）	50	从肝外逆向转运胆固醇至肝

2. 血浆脂蛋白的结构　血浆脂蛋白具有微团结构，疏水性较强的甘油三酯、胆固醇酯等位于内核，载脂蛋白、磷脂及游离胆固醇以单分子层覆盖在脂蛋白表面，其亲水的极性基因朝外，疏水的非极性基团朝内，与脂蛋白内核的疏水分子以疏水键相连，使脂蛋白具有较强的水溶性，可在血液中运输。不同血浆脂蛋白结构和大小的差异见图6-18。

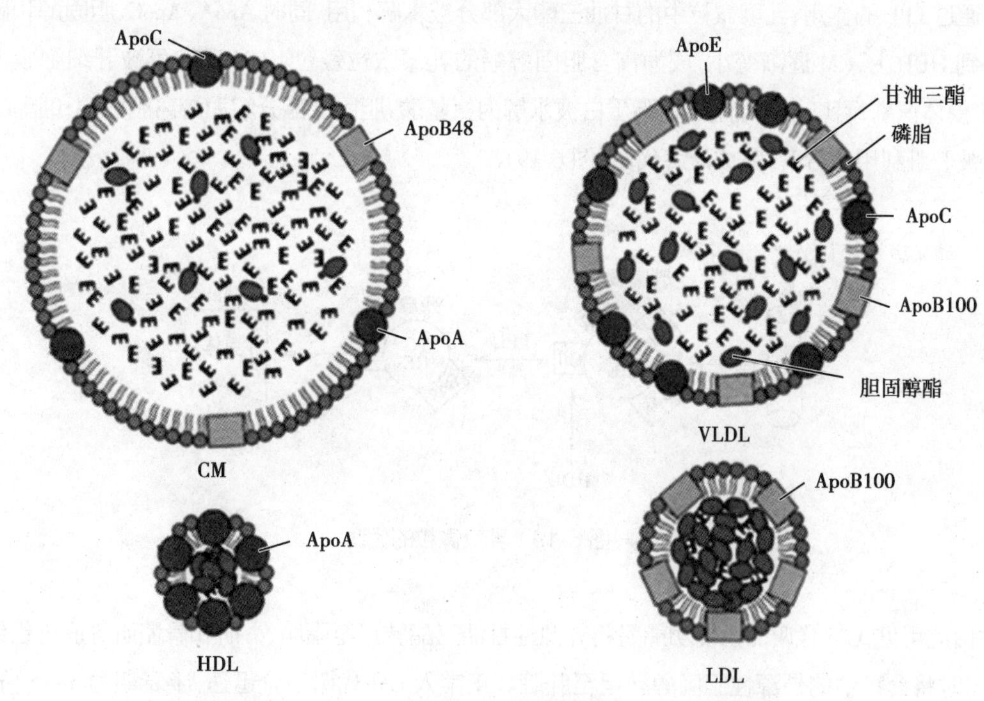

图6-18　不同血浆脂蛋白的结构和大小示意图

3. 载脂蛋白（apolipoprotein，Apo）　脂蛋白中与脂类结合的蛋白质称为载脂蛋白，载脂蛋白在肝脏和小肠黏膜细胞中合成。目前已发现了二十多种载脂蛋白，分为ApoA、ApoB、ApoC、ApoD与ApoE五类。每一类脂蛋白又可分为不同的亚类，如ApoB分为B100和B48；ApoC分为CⅠ、CⅡ、CⅢ等。载脂蛋白含有较多的双性α螺旋结构，分子的一侧极性较高，可与水溶剂及磷脂和胆固醇极性区结合，构成脂蛋白的亲水面；分子的另一侧极性较低，可与非极性的脂类结合。

载脂蛋白的主要功能是稳定血浆脂蛋白结构，结合和转运脂类。除此以外，有些脂蛋白还可作为脂蛋白代谢关键酶的激活剂，如 ApoA Ⅰ可激活卵磷脂 - 胆固醇脂酰转移酶（lecithin-cholesterol acyl transferase，LCAT），ApoC Ⅱ可激活脂蛋白脂肪酶。有些脂蛋白可参与脂蛋白受体的识别，如 ApoB48，ApoE 参与肝细胞对 CM 的识别，ApoB100 可被各种组织细胞表面的 LDL 受体所识别等。

（三）血浆脂蛋白的代谢

1. 乳糜微粒（CM） 乳糜微粒在小肠黏膜细胞生成。食物消化吸收的脂类，在小肠黏膜细胞重新合成甘油三酯后与磷脂、胆固醇、ApoB48、ApoA 等组成新生的乳糜微粒，经淋巴进入血液。

新生 CM 入血后，接受来自 HDL 的 ApoC 和 ApoE，同时将部分 ApoA 转移给 HDL，形成成熟 CM。成熟 CM 上的 ApoC Ⅱ可激活脂蛋白脂肪酶（lipoprotein lipase，LPL），催化乳糜微粒中甘油三酯水解为甘油和游离脂肪酸（free fatty acid，FFA）。LPL 存在于脂肪组织、心肌和骨骼肌的毛细血管内皮细胞外表面，甘油三酯水解得到的脂肪酸可被上述组织摄取利用，甘油可进入肝脏用于糖异生。通过 LPL 的作用，乳糜微粒中的甘油三酯大部分被水解利用，同时 ApoA、ApoC、胆固醇和磷脂转移到 HDL 上，CM 逐渐变小，成为富含胆固醇酯的乳糜微粒残粒。CM 残粒可被肝细胞膜上的 ApoE 受体识别，吞噬入肝细胞。载脂蛋白被水解为氨基酸，胆固醇酯分解为游离胆固醇和脂肪酸，进而被肝脏利用或分解，完成最终代谢（图 6-19）。

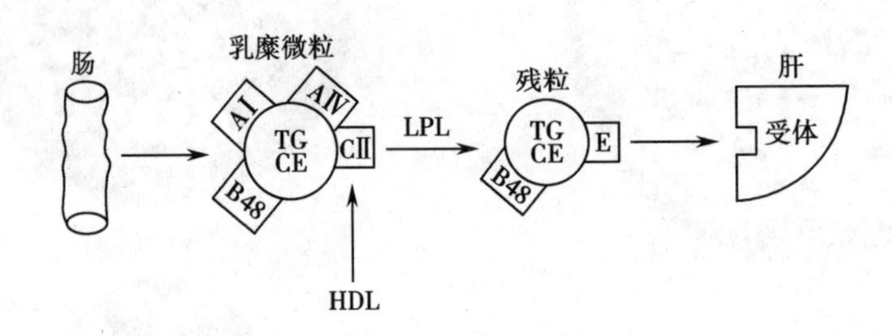

● 图 6-19 乳糜微粒的代谢

由此可见，CM 代谢的主要功能是将外源性甘油三酯转运至脂肪、心肌和骨骼肌等肝外组织利用，同时将食物中的外源性胆固醇转运至肝脏。正常人 CM 代谢十分迅速，半衰期为 5~15 分钟，因此正常人空腹 12~14 小时后，血浆中不含 CM。

2. 极低密度脂蛋白（VLDL） VLDL 主要在肝细胞内生成。肝细胞可以葡萄糖为原料合成甘油三酯，也可利用脂肪动员或 CM 残粒中的脂肪酸合成甘油三酯，加上磷脂、胆固醇、ApoB100 和 ApoE 等组装成 VLDL。此外，小肠黏膜细胞也能生成少量 VLDL。

VLDL 分泌入血后，其代谢过程与 CM 相似。VLDL 可接受来自 HDL 的 ApoC 和 ApoE，ApoC Ⅱ激活 LPL，催化甘油三酯水解，产物被肝外组织利用。同时 VLDL 与 HDL 之间进行物质交换，将 VLDL 的 ApoC、磷脂、胆固醇等转移至 HDL，将 HDL 的胆固醇酯转至 VLDL，这样 VLDL 中的甘油三酯不断减少，胆固醇酯逐渐增加，颗粒变小，密度增加，转变为中间密度脂蛋白(intermediate density lipoprotein,IDL)。IDL 有两条去路:部分 IDL 可通过肝细胞膜上的 ApoE 受体被吞噬利用,其余 IDL 在 LDL 和肝脂肪酶(hepatic lipase,HL)的作用下,甘油三酯进一步被水解,表面的 ApoE 转移至 HDL,最终转变为富含胆固醇酯、胆固醇和 ApoB100 的 LDL(图 6-20)。

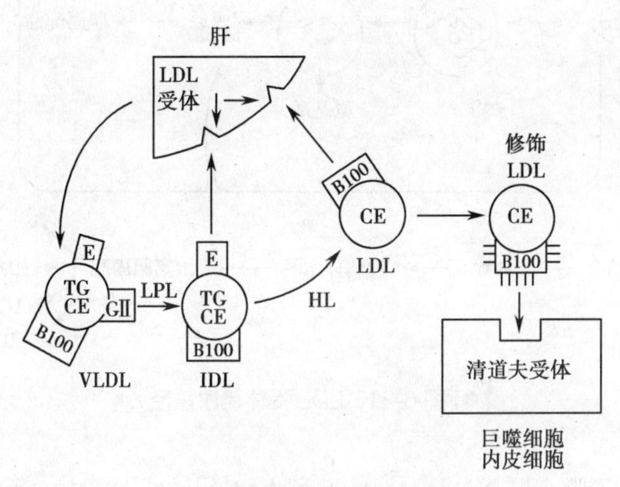

图 6-20 VLDL 的代谢

由此可见,VLDL 是体内转运内源性甘油三酯的主要形式。VLDL 在血浆中的半衰期为 6~12 小时。

3. 低密度脂蛋白(LDL) LDL 由 VLDL 在血浆中转变而来,LDL 中的脂类主要是胆固醇及其酯,载脂蛋白为 ApoB100。

1974 年,Brown 及 Goldstein 在人成纤维细胞膜表面发现了能够特异结合 LDL 的受体,后来发现全身各组织,特别是肝、肾上腺皮质、卵巢、睾丸等组织均含有丰富的 LDL 受体,它能特异结合含 ApoB100 或 ApoE 的脂蛋白,故又称 ApoB/E 受体。

血浆中 LDL 通过 LDL 受体介导,吞入细胞内,与溶酶体融合,胆固醇酯水解为游离胆固醇和脂肪酸。游离胆固醇除可参与细胞生物膜的组成,或作为类固醇激素合成的原料,还可调节细胞内胆固醇的代谢:①通过抑制 HMG-CoA 还原酶,减少细胞内胆固醇的合成;②激活脂酰 CoA- 胆固醇酯酰转移酶(acyl CoA-cholesterol acyltransferase,ACAT),使胆固醇生成胆固醇酯在胞质贮存;③抑制 LDL 受体基因的转录,减少 LDL 受体的合成,降低细胞对 LDL 的摄取(图 6-21)。

血浆 LDL 还可被修饰,单核 - 吞噬细胞系统的巨噬细胞和血管内皮细胞含清道夫受体,可与氧化修饰的 LDL(oxidized LDL,ox-LDL)结合,清除修饰的 LDL。

由此可见,LDL 代谢的功能是将肝脏合成的内源性胆固醇运到肝外组织,保证组织细胞对胆固醇的需求。正常情况下血浆中的 LDL 每天约有 45% 被清除,其中 2/3 经 LDL 受体途径代谢,1/3 经单核 - 吞噬细胞系统清除,LDL 在血浆中的半衰期为 2~4 天。

4. 高密度脂蛋白(HDL) HDL 在肝脏和小肠中生成。HDL 富含载脂蛋白,包括 ApoA、ApoC、ApoD 和 ApoE 等,脂类以磷脂为主。

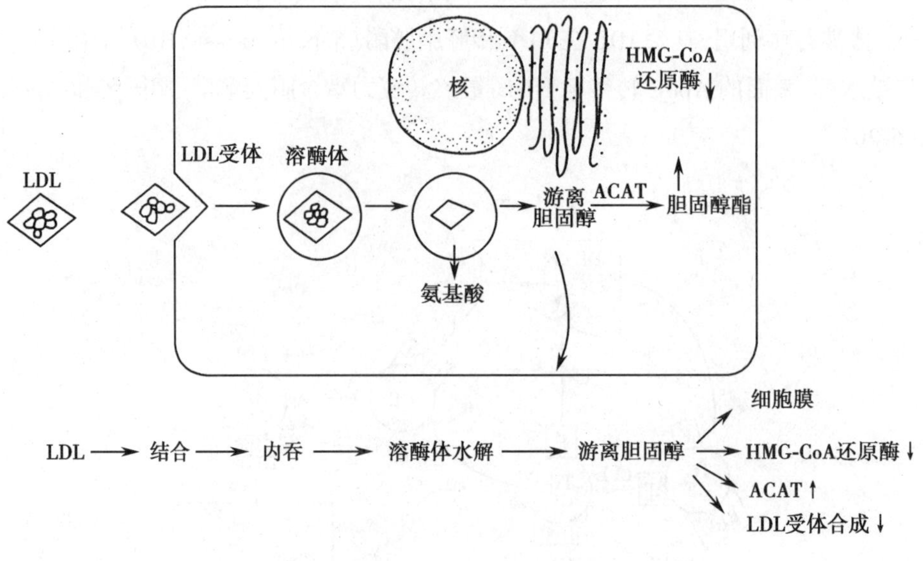

● 图 6-21　LDL 受体代谢途径

新生 HDL 主要由磷脂、胆固醇、ApoA、ApoC 和 ApoE 组成，呈圆盘状。新生 HDL 分泌入血后，一方面可作为载脂蛋白储存库，将 ApoC 和 ApoE 等转移给新生的 CM 和 VLDL，同时在 CM 和 VLDL 代谢过程中再将载脂蛋白运回到 HDL，不断与 CM 和 VLDL 进行载脂蛋白的交换。另一方面，HDL 可摄取肝外细胞释放的游离胆固醇，经卵磷脂 - 胆固醇酯酰转移酶（lecithin-cholesterol acyl transferase，LCAT）的催化，将 HDL 表面卵磷脂的 2 位脂酰基转移给游离胆固醇，生成溶血卵磷脂和胆固醇酯（图 6-22）。LCAT 在肝脏中合成，分泌入血后发挥作用，可被 HDL 中的 ApoA Ⅰ激活。生成的胆固醇酯即转入 HDL 内核。由于该过程不断进行，HDL 的内核逐步膨胀，由原来双脂层盘状转为单脂层球状，转变为成熟的 HDL。

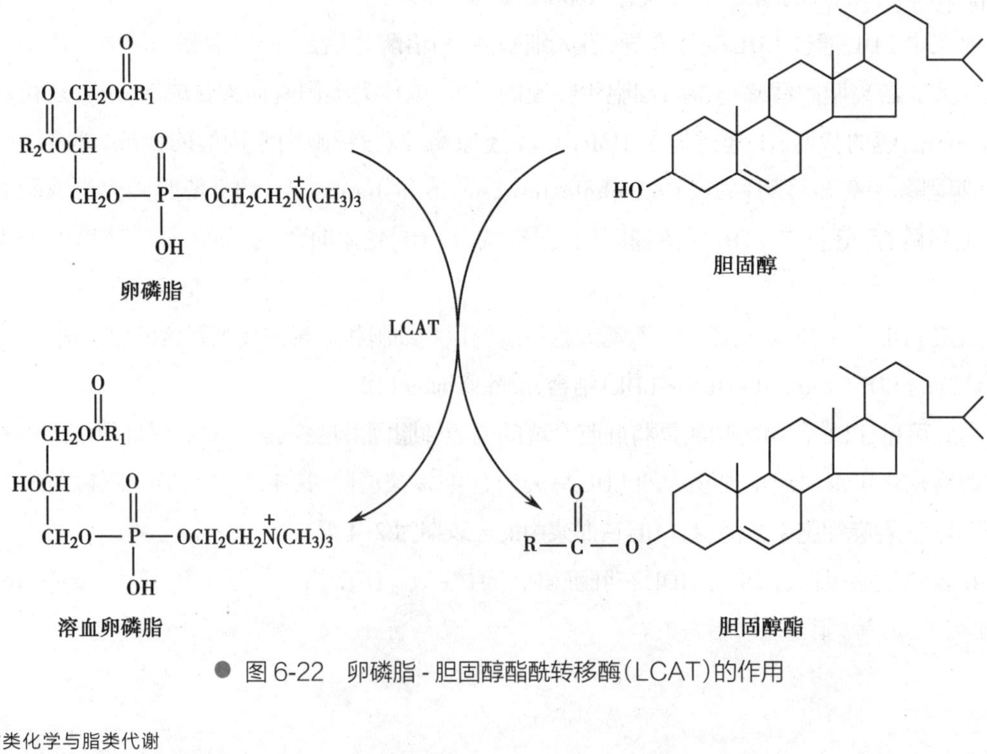

● 图 6-22　卵磷脂 - 胆固醇酯酰转移酶（LCAT）的作用

HDL 主要在肝细胞中降解。肝细胞膜上有 HDL 受体和特异的 ApoE 受体，可摄取 HDL。肝细胞中的胆固醇酯水解生成的胆固醇可转化为胆汁酸，部分游离胆固醇也可随胆汁直接排到肠腔。此外，HDL 中的胆固醇酯还可在血浆胆固醇酯转运蛋白（cholesterol ester transfer protein，CETP）的作用下，转移至 VLDL 和 LDL，通过 LDL 受体途径被肝细胞清除（图 6-23）。

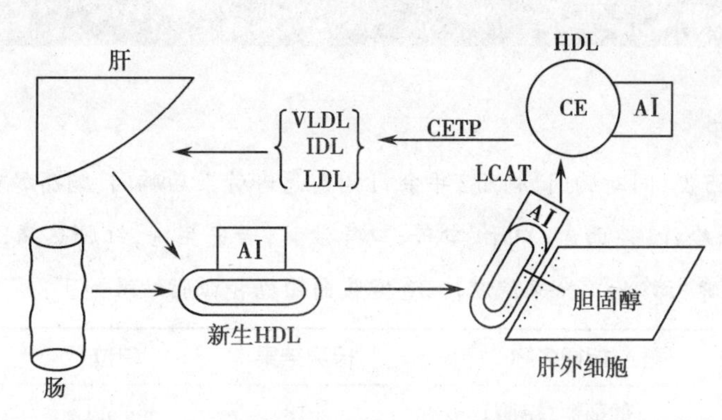

● 图 6-23 HDL 的代谢

由此可见，HDL 的主要功能是将肝外细胞释放的胆固醇逆向转运到肝脏，可防止胆固醇在血中聚积，防止动脉粥样硬化。HDL 在血浆中的半衰期为 3~5 天。

（四）血浆脂蛋白代谢异常

血浆脂质及脂蛋白含量受各种因素的影响变化较大，如果持续超过正常范围的上限即为高脂血症。由于血脂以脂蛋白的形式运输，高脂血症也被称为高脂蛋白血症。一般成人以空腹 12~14 小时，血浆甘油三酯超过 2.26mmol/L（200mg/dl），胆固醇超过 6.21mmol/L（240mg/dl），儿童胆固醇超过 4.14mmol/L（160mg/dl）为高脂血症诊断标准。1970 年，世界卫生组织建议将高脂血症分为 6 种类型，其血脂和脂蛋白的变化见表 6-6。

表 6-6 高脂血症分型

分型	血脂变化	脂蛋白变化
Ⅰ	甘油三酯↑↑↑ 胆固醇↑	CM 增高
Ⅱa	胆固醇↑↑	LDL 增高
Ⅱb	甘油三酯↑↑胆固醇↑↑	LDL 及 VLDL 增高
Ⅲ	甘油三酯↑↑胆固醇↑↑	IDL 增高（电泳出现宽 β 带）
Ⅳ	甘油三酯↑↑	VLDL 增高
Ⅴ	甘油三酯↑↑↑ 胆固醇↑	VLDL 及 CM 增高

高脂血症从病因上分为原发性和继发性两大类。继发性高脂血症是继发于其他疾病如糖尿病、肾病、甲状腺功能减退等。原发性高脂血症是原因不明的高脂血症，有些是遗传缺陷造成的。如 LDL 受体缺陷包括 LDL 受体完全缺乏、或无受体结合活性、或受体结合活性降低、或受体活性正常，但不能内吞 LDL，LDL 不能进入细胞，最终引起家族性高胆固醇血症。LDL 受体缺陷是常

染色体显性遗传，纯合子携带者LDL受体完全缺乏，杂合子携带者LDL受体数减少一半。由于其LDL不能正常代谢，其血浆胆固醇分别高达15.6~20.8mmol/L和7.8~10.4mmol/L。纯合子携带者在童年期，杂合子携带者在30~40岁，极有可能发生典型的冠心病症状。

案例分析

案例

患者，男，65岁，间断胸闷、胸痛3年余，1周前患者劳累后胸闷、胸痛加重，发作频繁，无放射痛，无出冷汗，伴面赤、口干、口苦，口气浊臭，舌尖生疮，红肿热痛，烦热，大便秘结，失眠、多梦，未行诊治。今来院就诊，查空腹葡萄糖和血脂结果如下：

指标代码	指标名称	检测结果	单位	参考值范围
GLU	葡萄糖（空腹）	5.18	mmol/L	3.9~6.1
TC	总胆固醇	5.83 ↑	mmol/L	0~5.2
TG	甘油三酯	3.47 ↑	mmol/L	0~1.7
HDL-Ch	高密度脂蛋白胆固醇	0.94 ↓	mmol/L	>1.04
LDL-Ch	低密度脂蛋白胆固醇	3.36 ↑	mmol/L	0.1~3.12

治疗：瑞舒伐他汀钙片，口服，一次10mg，每天1次。

中药：桃仁10g、红花8g、荞麦10g、川芎9g、法半夏9g、川楝子10g、延胡索15g、苦参15g、五灵脂10g、玄参12g、连翘12g、蒲黄炭10g、荷叶10g。一天1剂，水煎分3次温服。

问题：

1. 该患者的可能诊断是什么？如何分析血脂化验的结果？
2. 试分析瑞舒伐他汀钙片治疗高胆固醇血症的作用机制。
3. 试分析中药辅助治疗高胆固醇血症的作用机制。

分析

患者间断胸闷、胸痛3年余，劳累后胸闷、胸痛加重，发作频繁。血脂化验结果显示：患者甘油三酯显著偏高，总胆固醇和LDL-胆固醇偏高，HDL-胆固醇偏低。因此该患者的可能诊断是：①劳力性心绞痛；②高胆固醇血症。

LDL是血清中携带胆固醇的主要颗粒，可经LDL受体途径或单核-吞噬细胞系统清除。若LDL受体途径受阻，机体LDL主要被单核-吞噬细胞系统及血管内皮细胞清除。血浆中高浓度LDL-胆固醇经氧化修饰作用后，与清道夫受体结合，被巨噬细胞或血管内皮细胞摄取，形成泡沫细胞，停留在血管壁内，促使动脉壁形成粥样硬化斑块。若过量的LDL-胆固醇沉积于心、脑等部位血管的动脉壁内，形成的动脉粥样硬化斑块将造成动脉腔狭窄，使血流受阻，导致心脏缺血最终引发冠心病。故LDL-胆固醇水平升高与冠心病的发生呈正相关。

HDL的主要功能是胆固醇的逆向转运，即将肝外组织细胞中的胆固醇通过血液循环转运到肝脏进行代谢，是冠心病的保护因子。当HDL含量低时，血脂及血垢的清运速度小于沉积速度，血脂增高，沉积加快，硬化逐渐加重。临床上将HDL-胆固醇下降作为冠心病血脂危险因素指标之一。

内源性的甘油三酯主要由VLDL运输。正常的VLDL没有致动脉硬化作用，不是冠心病的主要危险因素，但其代谢产生的IDL具有致动脉硬化作用。甘油三酯偏高表明患者存在代谢障碍，会导致"血稠"，其主要危害也是引起动脉粥样硬化、造成血管堵塞和形成血栓。

瑞舒伐他汀钙片是HMG-CoA还原酶的竞争性抑制剂，HMG-CoA还原酶是胆固醇合成中的限速酶。体内、外试验结果显示，瑞舒伐他汀能增加细胞表面的肝LDL受体数量，增强对LDL的摄取和分解代谢，并抑制肝脏VLDL合成，从而降低VLDL和LDL在血液中的含量。

高胆固醇血症一般属于中医的痰湿范畴，临床和药理实验证实多种中药能降血脂，例如活血化瘀的丹参、桃仁、红花等，燥湿化痰的法半夏，还有常用的清热解暑的荷叶，荷叶具有健脾升阳、除湿祛瘀、利尿通便的作用，是常用的降脂减肥的中药。

小结

脂类包括甘油三酯、胆固醇及其酯、磷脂和糖脂等，其中甘油三酯是机体重要的能源物质，胆固醇和磷脂是生物膜的组成成分，由胆固醇转化的类固醇激素可参与代谢调节，糖脂与磷脂参与细胞识别和信息传递，很多萜类化合物是中药和天然植物药的主要有效成分等。

脂类的消化吸收主要在小肠中进行，需要胆汁酸盐的乳化作用和胰脂酶、辅脂酶、胆固醇酯酶和磷脂酶A_2等消化酶的消化，生成的2-甘油一酯、长链脂肪酸、游离胆固醇及溶血磷脂等消化产物，需在小肠黏膜细胞重新合成甘油三酯并与载脂蛋白、磷脂、胆固醇组装成乳糜微粒，经淋巴进入血液循环。

脂肪动员产生的甘油和游离脂肪酸通过质膜扩散进入血液。甘油可沿糖异生途径转变为糖，也可经糖酵解转变为丙酮酸进入三羧酸循环彻底氧化。脂肪酸在有充足氧供给的情况下，可氧化分解为CO_2和H_2O，并释放大量能量。脂肪酸的分解可分为4个阶段：脂肪酸的激活、由肉碱转运到线粒体、经β-氧化生成乙酰CoA、乙酰CoA进入三羧酸循环彻底分解并释放大量ATP。

酮体是脂肪酸在肝脏进行分解代谢生成的特殊中间产物，包括乙酰乙酸，β-羟丁酸和丙酮。肝脏具有活性较强的合成酮体的酶系，但缺乏利用酮体的酶系，肝内生成的酮体被输出到肝外组织氧化利用。

脂肪合成的原料是脂肪酸和甘油。肝、脂肪及小肠组织是合成脂肪的主要场所，合成途径有甘油二酯途径和甘油一酯途径。脂肪酸合成的过程包括：乙酰CoA由线粒体转运到细胞质、乙酰CoA羧化成丙二酸单酰CoA和脂肪酸碳链的延长。

机体各种组织（除成熟红细胞外）均可进行磷脂合成，以肝、肾和小肠最为活跃。不同的磷脂酶特异地作用于磷脂分子内部的各个酯键，得到不同的产物。

除成年动物脑组织和成熟红细胞外，几乎全身各组织均可合成胆固醇，肝脏是合成胆固醇的主要器官。合成胆固醇的原料为乙酰 CoA、ATP 和 NADPH。机体内胆固醇不能彻底氧化分解为 CO_2 和 H_2O，但可转变为胆汁酸、肾上腺皮质激素、性激素、维生素 D_3 等重要的生理活性物质。

脂类与蛋白质结合形成脂蛋白，在血浆中转运。采用超速离心法可将脂蛋白分为乳糜微粒、极低密度脂蛋白、低密度脂蛋白和高密度脂蛋白。乳糜微粒主要转运外源性甘油三酯和胆固醇，VLDL 主要转运内源性甘油三酯，LDL 主要转运内源性胆固醇，HDL 将肝外细胞的胆固醇转运到肝脏，即胆固醇的逆向转运。

思考题

1. 脂类有哪些重要的生理功能？

2. 一分子硬脂酸彻底氧化分解为 CO_2 和 H_2O 时，需经多少次 β- 氧化？净生成多少分子 ATP？

3. 给酮血症的动物适当注射葡萄糖后，为什么能够消除酮血症？

4. 用超速离心法可将血浆脂蛋白分为哪几类？各有何功能？

5. 减肥为什么要限制糖和脂肪的摄取？请从生物化学角度解释其代谢变化过程。

第六章　同步练习

（李志红）

第七章 课件

第七章 生物氧化

学习目标

掌握：生物氧化的概念；呼吸链的概念；两条呼吸链的组成成分及各成分的排列顺序；ATP 的生成方式；氧化磷酸化的概念。

熟悉：生物氧化的特点；二氧化碳的生成方式；胞质中 NADH 的氧化方式。

了解：氧化磷酸化的影响因素；ATP 的储存与利用；非线粒体氧化体系。

生物体通过新陈代谢维持生命活动，这一过程包括物质代谢与能量代谢。能量代谢过程中所需要的能量来源主要是糖类、脂肪和蛋白质三大营养物质的氧化分解。尽管三大营养物质的分子组成不同，但它们在氧化分解时释放能量的过程中却有共同的规律，即都可以分为 3 个阶段：第一阶段是三大营养物质在分解代谢过程中转变为乙酰辅酶 A；第二阶段是乙酰辅酶 A 进入三羧酸循环分解氧化，伴随生成 $NADH+H^+$ 以及 $FADH_2$，并脱羧生成二氧化碳；第三阶段是 $NADH+H^+$ 和 $FADH_2$ 将脱下的氢经由两条呼吸链传递给氧产生水，并逐步释放能量。其中一部分能量用于生成 ATP，供给各种生命活动所需，另一部分则以热能的形式散发，用于维持体温。反应过程见图 7-1。

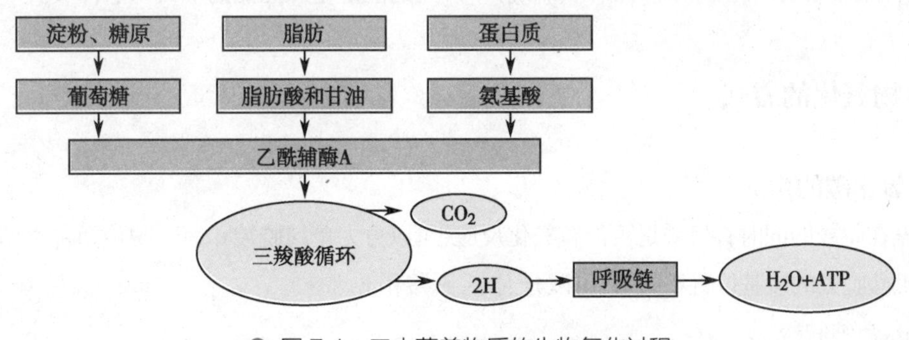

图 7-1 三大营养物质的生物氧化过程

第一节　概述

一、生物氧化的概念

糖类、脂肪和蛋白质通常被称为人体所需的三大营养素。生物氧化（biological oxidation）是指糖类、脂肪和蛋白质等营养物质在体内氧化分解逐步释放能量，最终生成二氧化碳和水的过程。此过程发生于组织细胞内，在消耗氧生成二氧化碳的同时，伴随肺的呼吸运动吸入氧并呼出二氧化碳，因此生物氧化又被称为细胞呼吸或组织呼吸。

二、生物氧化的特点

在体内进行的生物氧化和体外的氧化过程（燃烧），两者化学本质相同，耗氧量、终产物和释放的能量均相同，但在体内进行的生物氧化过程所需要的环境条件和产物生成方式具有自身的特点。

（1）反应所需条件：生物氧化在细胞内进行，要求反应温度在37℃左右、环境pH近中性，并且需要多种酶参与催化过程。

（2）二氧化碳的生成：在生物氧化过程中，二氧化碳是通过有机酸的脱羧反应（decarboxylation）生成。而体外氧化过程中，二氧化碳的生成则是通过碳原子和氧直接发生反应。

（3）水的生成：在生物氧化过程中，代谢物一般会将脱下的氢原子传递给脱氢酶的辅酶（或辅基）生成还原型辅酶（或还原型辅基），其中的氢再由线粒体内一系列传递体的最终传递给氧并与之结合生成水。而体外氧化中，水的生成则由氢原子与氧直接发生反应。

（4）能量的生成：生物氧化过程中产生的能量是逐步释放的，主要以化学能的形式储存在ATP中，为机体生命活动供能。而体外氧化（燃烧）中产生的能量是以热能的形式骤然释放。

三、生物氧化的方式

（一）二氧化碳的生成

根据在脱羧的同时有机酸是否伴有氧化反应，可以分为单纯脱羧和氧化脱羧两种类型；另外，根据有机酸脱去的羧基位置不同，又可以分为α-脱羧和β-脱羧。

1. α-单纯脱羧

$$\underset{\text{α-氨基酸}}{R-\overset{\boxed{COOH}}{\underset{H}{\overset{|}{C}}}-NH_2} \xrightarrow{\text{氨基酸脱羧酶}} \underset{\text{胺}}{R-CH_2NH_2} + CO_2$$

2. β- 单纯脱羧

$$\text{HOOC}-\text{CH}_2-\overset{\overset{\displaystyle O}{\|}}{C}-\text{COOH} \underset{\text{丙酮酸羧化酶}}{\overset{\text{草酰乙酸脱羧酶}}{\rightleftharpoons}} \text{H}_3\text{C}-\overset{\overset{\displaystyle O}{\|}}{C}-\text{COOH}+\text{CO}_2$$

草酰乙酸　　　　丙酮酸

3. α- 氧化脱羧

$$\text{H}_3\text{C}-\overset{\overset{\displaystyle O}{\|}}{C}-\text{COOH}+\text{CoASH}+\text{NAD}^+ \xrightarrow{\text{丙酮酸脱氢酶系}} \text{H}_3\text{C}-\overset{\overset{\displaystyle O}{\|}}{C}\sim\text{SCoA}+\text{CO}_2+\text{NADH}+\text{H}^+$$

丙酮酸　　　　乙酰CoA

4. β- 氧化脱羧

$$\text{HOOC}-\text{CH}_2-\underset{\text{H}}{\overset{\overset{\displaystyle OH}{|}}{C}}-\text{COOH}+\text{NADP}^+ \xrightarrow{\text{苹果酸酶}} \text{H}_3\text{C}-\overset{\overset{\displaystyle O}{\|}}{C}-\text{COOH}+\text{CO}_2+\text{NADPH}+\text{H}^+$$

苹果酸　　　　丙酮酸

（二）水的生成

生物体内代谢物的氧化方式包括脱氢、加氧和失电子，其中脱氢是最多见的方式。将能提供氢或电子的物质称为供氢体或供电子体；接受脱下的氢或电子的物质称为受氢体或受电子体。生物氧化中水的产生是由代谢物脱下的 1 对氢经过多种中间传递体的传递，最终与氧结合生成。

第二节　呼吸链

三大营养物质氧化分解释放能量的过程主要在线粒体内进行，因此线粒体是产生能量的重要细胞器之一，这一过程中传递电子的酶和辅酶（或辅基）称为递电子体，而传递氢原子的酶和辅酶（或辅基）称为递氢体。因有的递氢体同时也传递了电子，所以也可称其为递电子体。线粒体内的递氢体和递电子体按顺序进行氢和电子的传递，过程中同时释放能量并产生 ATP，是体内 ATP 的最主要来源。线粒体内的多种递氢体和多种递电子体构成的 4 种复合体共同参与组成了呼吸链。呼吸链（respiratory chain）是指存在于真核生物线粒体内膜或原核生物细胞膜上，一组排列有序的递氢体和递电子体共同构成的链状氧化还原体系，也称作电子传递链（electron transport chain）。本章主要介绍位于人体细胞中线粒体内膜的呼吸链。

一、呼吸链的组成成分

参与组成呼吸链的多种递氢体与多种递电子体主要是通过 4 种复合体(复合体Ⅰ、Ⅱ、Ⅲ和Ⅳ)

的形式位于线粒体的内膜，每种复合体所含成分有所不同，同时还有一些游离组分。复合体中的蛋白质组分、金属离子以及辅酶(或辅基)共同完成电子的传递过程。电子的传递过程实质上是电势能转变为化学能的过程，电子在传递过程中释放的能量驱动 H^+ 从线粒体基质转移至膜间隙后，形成内膜两侧 H^+ 的浓度梯度差，使 ATP 得以生成。

(一) 复合体Ⅰ

即 NADH 脱氢酶，主要含有黄素蛋白(以 FMN 为辅基)和铁硫蛋白，其主要功能是将氢和电子由 NADH 传递到泛醌。

NAD^+ 是多种脱氢酶的辅酶，其主要功能是能够将三羧酸循环和脂肪酸氧化过程中底物脱下的 H 导入呼吸链。在生理 pH 条件下，NAD^+ 分子中的吡啶环以 5 价氮接受 2H 的双电子变为 3 价氮，其对侧较活泼的碳原子能够可逆地接受 1 个氢原子后被还原。代谢物脱下的 1 对氢原子(2H)，其中 1 个氢原子和 1 个电子与吡啶环相结合，另外的一个质子(H^+)游离在介质中。因此把还原型的 NAD^+ 用 $NADH+H^+$ 表示。当 NAD^+ 在接受代谢物脱下的氢原子后变成 $NADH+H^+$，再经由 NADH 呼吸链将 2H 传递到复合体Ⅰ中黄素蛋白(flavoprotein，FP)的辅基 FMN。而 $NADPH+H^+$ 一般不直接参与呼吸链的传递，而是作为递氢体参与脂肪酸等物质的还原性合成。

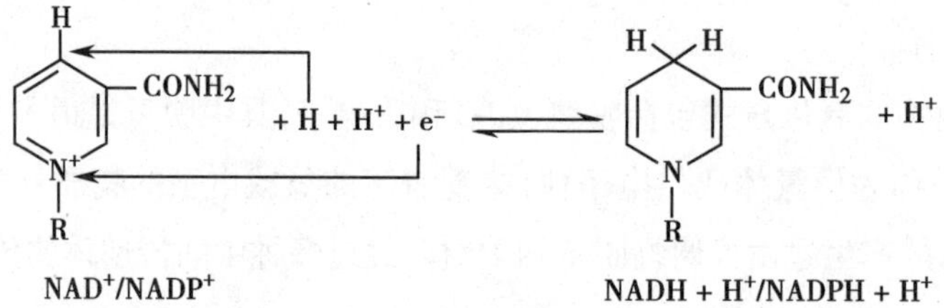

H
$CONH_2$
$+ H + H^+ + e^-$
N^+
R
$NAD^+/NADP^+$
H H
$CONH_2$
$+ H^+$
N
R
$NADH + H^+/NADPH + H^+$

复合体Ⅰ主要由黄素蛋白及其 FMN 辅基、铁硫蛋白(iron-sulfur protein)及其铁硫中心(iron-sulfur center，Fe-S center)辅基等成分构成，贯穿于线粒体内膜，能够发挥传递电子的作用。

黄素蛋白是一类辅基为 FMN 或 FAD 的脱氢酶，由于其辅基 FMN 和 FAD 中含有维生素 B_2(核黄素)的结构而得名。在黄素蛋白所催化的各种脱氢过程中，FAD 或 FMN 分子中异咯嗪环含有的 N^1 和 N^{10} 能够分两阶段各自接受 1 个质子和 1 个电子进而生成还原型的 $FADH_2$ 或 $FMNH_2$，并通过它们参与后续的递氢过程。反之，$FADH_2$ 或 $FMNH_2$ 在氧化过程中也将分步骤失去质子和电子，反应如下：

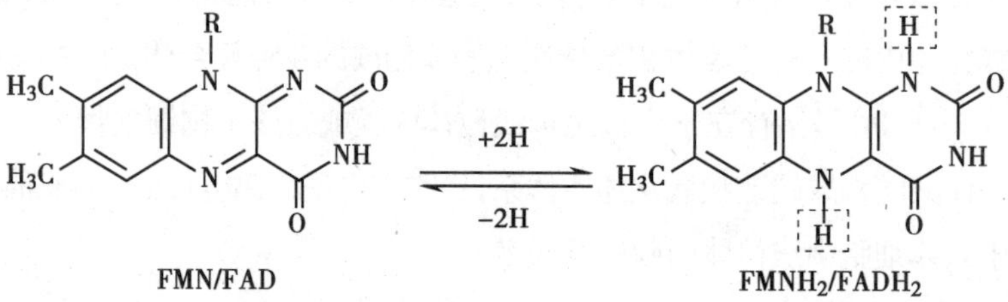

R
H_3C
H_3C
N
N
N
O
NH
O
+2H
−2H
FMN/FAD
R
H
H_3C
H_3C
N
N
O
NH
N
H
O
$FMNH_2/FADH_2$

复合体Ⅰ中包含以 FMN 作为辅基的黄素蛋白，通过催化 $NADH+H^+$ 脱氢，将脱下的 2H 传递到 FMN 生成 $FMNH_2$。$FMNH_2$ 进一步经铁硫蛋白的递电子作用把氢原子传递到泛醌。

铁硫蛋白是单电子传递体，一次仅能传递 1 个电子，其辅基为非血红素铁和无机硫共同构成的铁硫中心或铁硫簇。铁硫中心由铁离子通过与无机硫原子和/或铁硫蛋白中半胱氨酸残基的硫原子相连。结构较复杂的铁硫中心主要有 Fe_2S_2 和 Fe_4S_4（图 7-2）两种形式，它们通过分子中的铁离子与蛋白质中半胱氨酸残基的硫连接构成铁硫蛋白。

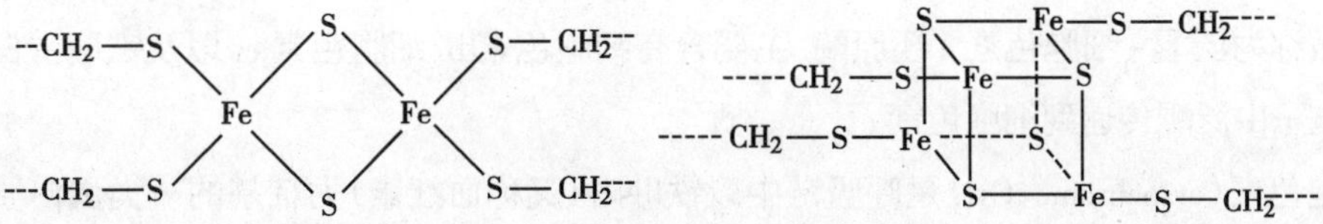

图 7-2　铁硫中心结构示意图

铁硫蛋白是通过其辅基铁硫中心的铁化合价的变化进行电子的传递，氧化型铁硫蛋白接受电子时，只有 1 个 Fe^{3+} 在接受电子后被还原成 Fe^{2+}，即每次只能传递 1 个电子，所以铁硫蛋白属于单电子传递体。

$$Fe^{2+} \rightleftharpoons Fe^{3+} + e^-$$

铁硫蛋白在呼吸链中分布比较广泛，通常与其他传递体结合构成复合体的形式在复合体Ⅰ、复合体Ⅱ和复合体Ⅲ中都有存在，参与复合体中电子的传递过程。

不同于其他的呼吸链组分，泛醌（ubiquinone）是生物体内广泛分布的小分子、脂溶性醌类化合物，曾被认为是一种辅酶而得名辅酶 Q（coenzyme Q，CoQ 或 Q）。在泛醌分子结构中，C_6 上含有一条由数个异戊二烯单位组成的侧链，该侧链在不同物种中含有的异戊二烯单位数量不同，人体内的泛醌含有 10 个异戊二烯单位（n=10），因此人体内的泛醌可以用 Q_{10} 表示。泛醌的侧链具有疏水作用，因此可以在线粒体内膜中迅速扩散和自由移动，并且在线粒体内膜中很容易被分离出来，故不包含于各复合体中。

在呼吸链中，泛醌既可以接受复合体Ⅰ中黄素蛋白传递来的 2H，又可以接受复合体Ⅱ中黄素蛋白传递来的 2H。在此过程中，泛醌首先接受 1 个质子和 1 个电子，被还原为泛醌自由基（$Q\cdot^-$），再接受 1 个质子和 1 个电子被还原为二氢泛醌（QH_2），然后泛醌将 2 个质子释放于环境中，并把 2 个电子传递给复合体Ⅲ中的细胞色素。

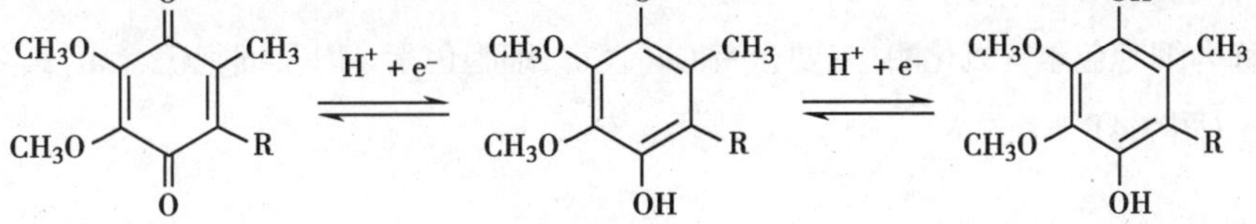

泛醌（全氧化型）　$\xrightleftharpoons{H^+ + e^-}$　泛醌自由基（半醌型）　$\xrightleftharpoons{H^+ + e^-}$　二氢泛醌（全还原型）

（二）复合体Ⅱ

即琥珀酸脱氢酶，主要含有黄素蛋白（以 FAD 为辅基）、铁硫蛋白，其主要功能是将氢和电子由琥珀酸传递到泛醌。

复合体Ⅱ中以 FAD 作为辅基的黄素蛋白，可催化琥珀酸等底物脱氢，将脱下的 2H 传递给 FAD 生成 $FADH_2$。后者将电子传递到铁硫中心，进一步传递到泛醌。代谢过程中另外一些含有

FAD 的脱氢酶，如脂酰辅酶 A 脱氢酶，可以不同方式将对应底物脱下的 H^+ 和电子经 FAD 传递给泛醌。

（三）复合体Ⅲ

又被称为泛醌 - 细胞色素 c 还原酶，主要含有细胞色素 b、细胞色素 c_1 以及铁硫蛋白，主要功能是将电子由泛醌传递到细胞色素 c。

细胞色素（cytochrome，Cyt）是呼吸链中以铁卟啉（又称血红素）为辅基的一类蛋白质，通过铁卟啉中铁离子化合价的变化来传递电子，因此细胞色素也是电子传递体。各种细胞色素由于含有铁卟啉而各具特征性的吸收光谱，根据其吸收光谱不同，又划分为细胞色素 a、b、c 等几大类。每一大类中的细胞色素可以依据各自最大吸收峰的微小差别进一步分为多个亚类。

1. Cyt b 类　包含 Cyt b_{560}、Cyt b_{562}、Cyt b_{566}，其中 Cyt b_{560} 存在于复合体Ⅱ内，不参与传递电子；Cyt b_{562}、Cyt b_{566} 存在于复合体Ⅲ中，参与从泛醌向 Cyt c_1 传递电子。

2. Cyt c 类　包含 Cyt c_1 和 Cyt c（图 7-3），其中 Cyt c_1 存在于复合体Ⅲ中，参与由 Cyt b 向 Cyt c 传递电子；Cyt c 是一种水溶性的膜表面蛋白，可以在线粒体内膜的外表面自由移动，不包含于各复合体中，由 Cyt c_1 向复合体Ⅳ传递电子。

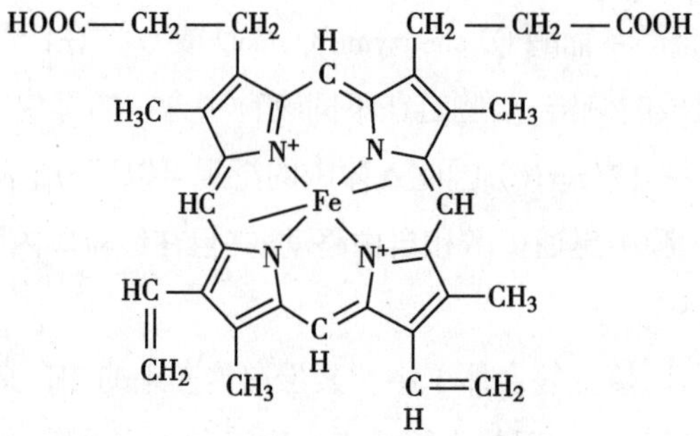

● 图 7-3　细胞色素 c 所含铁卟啉结构

（四）复合体Ⅳ

又被称为细胞色素 c 氧化酶，主要含有 Cu_A、Cu_B、细胞色素 a 以及细胞色素 a_3，其功能是将电子传递给氧（图 7-4）。

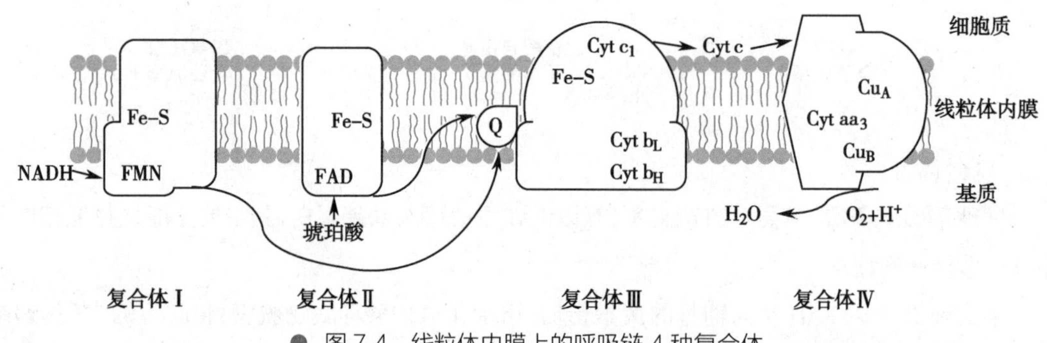

● 图 7-4　线粒体内膜上的呼吸链 4 种复合体

Cyt a 类所包含的 Cyt a 和 Cyt a_3 都存在于复合体Ⅳ中，两者结合紧密，一般用 Cyt aa_3 表示。

复合体Ⅲ中的 Cyt b 在接受由泛醌传递的电子后，按照 Cyt b → Cyt c_1 → Cyt c → Cyt aa_3 的顺序传递。最后由复合体Ⅳ中的 Cyt aa_3 将电子直接传递给 1/2 O_2，因此 Cyt aa_3 也被称作细胞色素 c 氧化酶。

二、体内主要呼吸链及呼吸链中传递体的排列顺序

呼吸链中递氢和递电子的过程是严格按照一定的先后顺序进行的。

（一）呼吸链电子传递顺序的确定

1. 因为电子流动趋向是由低还原电位向高还原电位方向，通过测定呼吸链中各组分的标准氧化还原电位（$E^{\ominus}$）值，然后依照由低到高的顺序排列，可以推断出呼吸链中电子的传递顺序。

2. 因为呼吸链中很多组分具有特征性的吸收光谱，而且在得失电子之后其光谱会发生变化，即还原型和氧化型状态的吸收光谱不同，通过与离体的线粒体无氧而有底物时所处的还原状态作对比，然后缓慢加氧，分析各组分吸收光谱的变化顺序，进而观察各组分被氧化的先后顺序，判断传递体的排列顺序。

3. 由于一些特异性抑制剂可以阻断呼吸链中某些组分传递电子，在底物存在时，可以通过加入不同的特异性抑制剂阻断某一组分传递电子，被阻断组分之前的组分处于还原状态，而其后的组分处于氧化状态，各组分还原和氧化状态的吸收光谱不同，可以通过测定吸收光谱的变化情况进行判断。

4. 将呼吸链中的 4 种复合体进行离体组合研究，经过分析也可以明确电子传递的先后顺序。

通过上述多种实验方法，确定体内存在两条重要的呼吸链，分别为 NADH 氧化呼吸链和琥珀酸氧化呼吸链（$FADH_2$ 氧化呼吸链）。

（二）NADH 氧化呼吸链

NADH 氧化呼吸链是体内分布最广泛的一种呼吸链。生物氧化过程中多数脱氢酶的辅酶是 NAD^+，这些脱氢酶属于烟酰胺脱氢酶类，如三羧酸循环中的异柠檬酸脱氢酶、苹果酸脱氢酶等，它们催化底物脱下的氢交给 NAD^+ 生成 $NADH+H^+$，然后经由 NADH 氧化呼吸链传递给氧产生水。NADH 氧化呼吸链中基本组分包括 NAD^+、复合体Ⅰ（FMN、Fe-S）、CoQ、复合体Ⅲ（Cyt b、Cyt c_1、Fe-S）、Cyt c 和复合体Ⅳ（Cyt aa_3）等。通过这些组分依次传递氢和电子，最后交给氧原子产生水，在传递过程中逐步释放能量产生 ATP。NADH 氧化呼吸链每传递 1 对氢将生成 2.5 分子 ATP。具体传递顺序见图 7-5。

（三）$FADH_2$ 氧化呼吸链

三羧酸循环过程中的琥珀酸脱氢酶和脂肪酸 β- 氧化过程中的脂酰辅酶 A 脱氢酶的辅基均为 FAD，属于黄素蛋白。它们催化底物脱下氢后，将氢交给 FAD 生成 $FADH_2$，然后经由 $FADH_2$ 氧化呼吸链传递给氧产生水。$FADH_2$ 氧化呼吸链的基本组分包括复合体Ⅱ（FAD、Fe-S）、CoQ、复合体

Ⅲ（Cyt b、Cyt c_1、Fe-S）、Cyt c 和复合体Ⅳ（Cyt aa_3）等。通过这些组分依次传递氢和电子，最后交给氧原子产生水，在传递过程中逐步释放能量产生 ATP。$FADH_2$ 氧化呼吸链每传递 1 对氢将生成 1.5 分子 ATP。具体传递顺序见图 7-5。

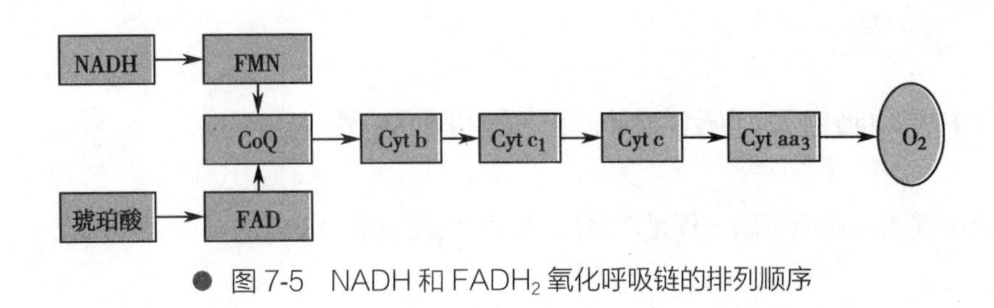

● 图 7-5　NADH 和 $FADH_2$ 氧化呼吸链的排列顺序

第三节　细胞质中 $NADH+H^+$ 的氧化

因为呼吸链存在于线粒体内膜上，所以代谢物在线粒体内脱氢后产生的 $NADH+H^+$ 直接进入 NADH 氧化呼吸链。但在细胞质中的代谢物同样能够脱氢产生 $NADH+H^+$，例如糖酵解中 3- 磷酸甘油醛的脱氢过程，在细胞质中产生的 $NADH+H^+$ 不能自由通过线粒体的内膜，而是要经过载体转运才能进入线粒体，然后经由呼吸链传递给氧生成水。这种转运是通过 3- 磷酸甘油穿梭和苹果酸 - 天冬氨酸穿梭两种穿梭机制（shuttle mechanism）来实现的。

一、3- 磷酸甘油穿梭

在脑和骨骼肌等组织细胞质中，代谢物脱氢后产生的 $NADH+H^+$ 中的氢原子是经由 3- 磷酸甘油穿梭被转运进入线粒体的，其中的 3- 磷酸甘油为氢的载体。

具体的穿梭过程是细胞质中代谢物脱氢后产生 $NADH+H^+$，然后在 3- 磷酸甘油脱氢酶（辅酶为 NAD^+）的催化下，将 $NADH+H^+$ 的氢原子转移到磷酸二羟丙酮分子上，使其还原为 3- 磷酸甘油，后者经由线粒体内膜，在线粒体内膜上的 3- 磷酸甘油脱氢酶（辅基为 FAD）催化下重新脱氢生成磷酸二羟丙酮，并将氢原子传递给线粒体内的 FAD，进入 $FADH_2$ 呼吸链氧化产生水，每传递 1 对氢的同时产生 1.5 分子 ATP（图 7-6）。因此，当糖的有氧氧化在脑和骨骼肌等组织中进行时，3- 磷酸甘油醛脱氢产生的 NADH 经过 3- 磷酸甘油穿梭，将自身所含的 1 对氢转运入线粒体，进一步传递到 FAD，生成 $FADH_2$，进入 $FADH_2$ 氧化呼吸链。1 分子葡萄糖在被彻底氧化分解后约产生 30 分子的 ATP。

二、苹果酸 - 天冬氨酸穿梭

在肝、肾和心肌等组织细胞的细胞质中，代谢物脱氢生成的 $NADH+H^+$ 中的氢原子是经由苹果酸 - 天冬氨酸穿梭进入线粒体的。

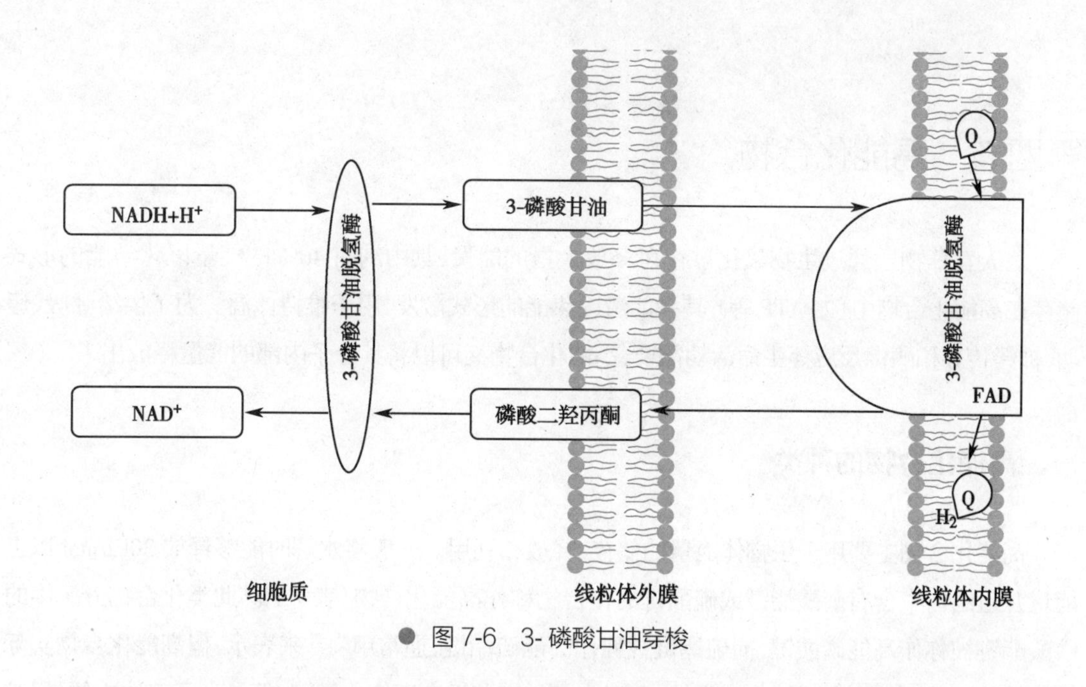

● 图 7-6　3- 磷酸甘油穿梭

具体的穿梭过程是细胞质中代谢物脱氢后生成 NADH+H⁺，由苹果酸脱氢酶催化，将 NADH+H⁺ 的氢原子转移至草酰乙酸分子上，使其还原为苹果酸，后者借助线粒体内膜上的羧酸转运蛋白进入线粒体，继续在线粒体内苹果酸脱氢酶的催化下脱氢生成草酰乙酸，把氢原子传递给线粒体内的 NAD⁺，使之进入 NADH 氧化呼吸链氧化产生水，每传递 1 对氢产生 2.5 分子 ATP。同时，草酰乙酸经由谷草转氨酶催化产生天冬氨酸，后者再被酸性氨基酸转运蛋白运出线粒体，在细胞质中的天冬氨酸被谷草转氨酶催化又转变为草酰乙酸(图 7-7)。因此，当糖的有氧氧化在心肌和肝组织中进行时，细胞质中 3- 磷酸甘油醛脱氢产生的 NADH 经过苹果酸 - 天冬氨酸穿梭，将自身所含的 1 对氢转运入线粒体，进一步传递到 NAD⁺，进入 NADH 氧化呼吸链。1 分子葡萄糖在被彻底氧化分解后约产生 32 分子的 ATP。

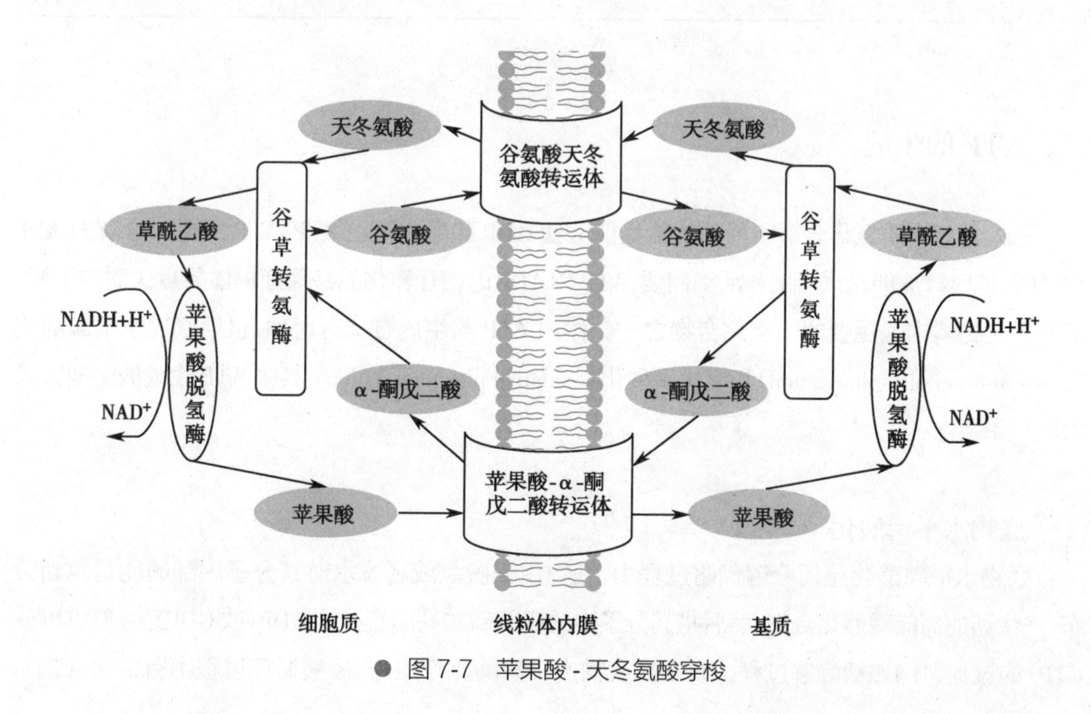

● 图 7-7　苹果酸 - 天冬氨酸穿梭

第四节　高能化合物

三大营养物质通过生物氧化过程可释放大量的能量，其中约有40%的能量以化学能的形式储存在高能化合物中（如ATP等），其余能量以热能的形式散发，用于维持体温。为了供给呼吸、运动、神经传导和酶促反应等生命活动需要，高能化合物又可以将其分子内部的能量释放出来。

一、高能化合物的种类

高能化合物主要用于生物体能量的储存、释放和利用。一般将水解时能够释放30kJ/mol以上能量并且结构中含有磷酸酯键或硫酯键的化合物称作高能化合物（表7-1）。此类化合物分子中的磷酸酯键被称作高能磷酸键，而硫酯键被称作高能硫酯键，通常用"~"来表示，但高能化合物实际释放的能量是由整个分子结构决定的，分子内部其实并没有高能化学键，但是为了表述方便，目前仍被采用。

表7-1　常见的高能化合物及水解时释放的自由能

高能化合物	释放的自由能/（kJ/mol）
1，3-二磷酸甘油酸	−49.3
磷酸烯醇式丙酮酸	−61.9
乙酰CoA	−31.5
磷酸肌酸	−43.1
ATP	−30.5

二、ATP的生成

三大营养物质氧化分解所释放的能量能够使ADP磷酸化产生ATP，ATP又可以分解为ADP和磷酸，同时释放能量供给生命活动需要，ATP和ADP的相互转化能够保证机体能量代谢的平衡。ATP是生物体内最重要的高能化合物之一。体内ATP的生成方式有两种，包括底物水平磷酸化（substrate level phosphorylation）和氧化磷酸化（oxidative phosphorylation），其中ATP生成的主要方式为氧化磷酸化。

（一）底物水平磷酸化

底物水平磷酸化是指分解代谢过程中，底物由于脱氢或者脱水时其分子内部的能量重新分布，产生新的高能磷酸化合物，然后将其分子中的高能磷酸基团转移给ADP（或GDP）生成ATP（或GTP）的过程。例如糖酵解过程中有2次底物水平磷酸化反应，三羧酸循环过程中有1次底物水平磷酸化反应。

$$\underset{\text{磷酸烯醇式丙酮酸}}{\mathrm{CH_2{=}C(O{\sim}ⓟ)COOH}} + \mathrm{ADP} \xrightarrow[\mathrm{Mg^{2+},K^{+}}]{\text{丙酮酸激酶}} \underset{\text{丙酮酸}}{\mathrm{CH_3{-}CO{-}COOH}} + \mathrm{ATP}$$

$$\underset{\text{1,3-二磷酸甘油酸}}{\mathrm{CH_2{-}O{-}ⓟ{\,|\,}H{-}C{-}OH{\,|\,}COO{\sim}ⓟ}} + \mathrm{ADP} \underset{\mathrm{Mg^{2+}}}{\overset{\text{3-磷酸甘油酸激酶}}{\longleftrightarrow}} \underset{\text{3-磷酸甘油酸}}{\mathrm{CH_2{-}O{-}ⓟ{\,|\,}H{-}C{-}OH{\,|\,}COOH}} + \mathrm{ATP}$$

$$\underset{\text{琥珀酰CoA}}{\mathrm{CH_2{-}COOH{\,|\,}CH_2{\,|\,}O{=}C{\sim}SCoA}} \underset{\mathrm{GDP+Pi\ \rightarrow\ GTP}}{\overset{\text{琥珀酰CoA合成酶}}{\longleftrightarrow}} \underset{\text{琥珀酸}}{\mathrm{CH_2{-}COOH{\,|\,}CH_2{-}COOH}} + \mathrm{HSCoA}$$

$$\mathrm{GTP + ADP} \longleftrightarrow \mathrm{GDP + ATP}$$

(二) 氧化磷酸化

氧化磷酸化是生物体内产生 ATP 的最主要方式，反应过程在线粒体内进行，体内 90% 以上的 ATP 是通过此方式产生，是维持生命活动所需能量的最重要来源。氧化磷酸化是指在生物氧化过程中，营养物质在分解过程中释放的能量促使 ADP 与磷酸缩合，进一步产生 ATP 的过程。

目前，对于呼吸链的电子传递过程与 ADP 磷酸化过程偶联的研究，认可度较高的是化学渗透学说（chemiosmotic theory）。

1. 化学渗透学说　呼吸链中传递电子和合成 ATP 是通过跨线粒体内膜的质子梯度偶联的。

(1) 呼吸链在传递电子的同时将质子从线粒体基质转移至膜间隙。呼吸链在传递电子的过程中，复合体Ⅰ、Ⅲ和Ⅳ均向膜间隙转移质子。上述复合体一般每传递 1 对电子分别转移 4 个、4 个和 2 个质子。因此，NADH 氧化呼吸链在每传递 1 对电子时将转移 10 个质子，而 $FADH_2$ 氧化呼吸链在每传递 1 对电子时转移 6 个质子。

(2) 因为质子不能自由地通过线粒体内膜，所以持续转移质子的过程将引起内膜两侧质子分布不平衡：线粒体基质中质子数量低于膜间隙中的质子数量，这种情况一般被称作电化学梯度。

(3) 在线粒体的内膜上镶嵌有 ATP 合成酶（ATP synthase），此酶属于线粒体内膜的标志酶，其结构中包括含质子通道的 F_0，以及催化合成 ATP 的 F_1。

(4) 膜间隙中的质子可通过 F_0 回流至线粒体的基质，并同时使 F_1 催化 ADP 与磷酸合成 ATP（图 7-8）。

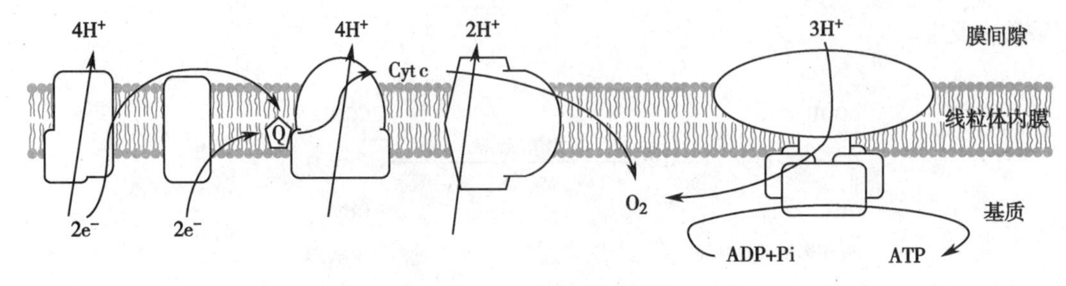

● 图 7-8 化学渗透学说

2. ATP 合成酶的催化机制 ATP 合成酶结构中的 F_1 本质为 $\alpha_3\beta_3\gamma\delta\varepsilon$ 复合物，每个 β 亚基都具有 1 个活性中心。而 F_0 为 $ab_2c_{8\sim15}$ 疏水性复合物，其中的 c 亚基直接与属于 F_1 的 α 亚基接触，共同构成质子通道，其作用是使质子回流。ab_2 与 $\alpha_3\beta_3\delta$ 形成刚性结构，与线粒体内膜保持位置相对固定；而 γε 与 $c_{8\sim15}$ 也可形成刚性结构，位于一端的 γ 可以在 $\alpha_3\beta_3$ 中央旋转，而另一端的 $c_{8\sim15}$ 可以在膜脂中旋转。在质子经由 a 与 c 之间的质子通道回流过程中，使 a 与 c 之间相对运动，其转速可达约 100r/min。γ 亚基在旋转过程中对 3 个 β 亚基发挥变构调节作用，每进行一次这样的旋转可以合成 3 个 ATP。阐明 ATP 合成酶的结构和催化机制对探索生物能量的转换，进一步理解化学渗透学说都有重要的意义。

在线粒体内合成的 ATP 要被运出线粒体才可以为机体所利用，同时被分解为 ADP 和磷酸；而在线粒体外产生的 ADP 和磷酸作为 ATP 合成的原料，也要从线粒体外运进去。ADP 和 ATP 的转运由 ADP-ATP 载体负责，它是一种反向转运体，在运进 1 分子 ADP 的同时运出 1 分子 ATP。而磷酸盐转运蛋白负责转运磷酸，它是一种同向转运体，运进 1 个质子的同时也运进 1 分子磷酸。所以一般条件下在线粒体中由 ATP 合成酶合成 1 分子的 ATP 并运出线粒体，要有 4 个质子在这一过程中回流。因为在 NADH 氧化呼吸链和 $FADH_2$ 氧化呼吸链中，每传递 1 对电子分别转移出 10 个质子和 6 个质子，通过计算可以分别得出偶联生成 2.5 个 ATP 和 1.5 个 ATP。由于每传递 1 对电子消耗 1/2 O_2，计算可以得出两条呼吸链的磷 / 氧（P/O）比值分别为 2.5 和 1.5。

3. P/O 比值（P/O ratio）的测定 P/O 比值是指在氧化磷酸化过程中，每消耗 1mol 氧原子（1/2 O_2）的同时所消耗的无机磷（P）摩尔数，该数值约等于能生成的 ATP 摩尔数。实验研究证实：代谢物脱下的氢，经 NADH 氧化呼吸链氧化，P/O 比值约为 2.5；经琥珀酸氧化呼吸链氧化，P/O 比值约为 1.5。1 对氢原子（2H）氧化为水，需消耗 1 个氧原子，根据 P/O 比值可知，消耗的无机磷原子个数平均为 2.5（或 1.5），无机磷原子用于 ADP 磷酸化为 ATP，即平均生成 2.5（或 1.5）分子 ATP。

案例分析

案例

患者，女，44 岁，因头晕、呕吐入院。患者因在家洗澡时发生煤气泄漏，出现头痛、眩晕、胸闷、恶心并呕吐 4 次，呼吸困难，四肢发凉，步态不稳，送至急诊科救治。无颅外伤，无传染病接触史。查体：T 36.2℃；P 98 次 /min；R 27 次 /min；BP 132/88mmHg。嗜睡，面色黄，口唇呈樱桃红色，咽部充血，双肺未闻及干湿啰音，呼吸音粗，腹部柔软，未触及包块，四肢微颤，双下肢皮肤发花，甲床发绀。诊断为急性 CO 中毒。

治疗计划：高流量吸氧；保护脑、心、肾功能；维持水和电解质平衡；在高压氧舱治疗同时监测生命体征。

问题：

1. 试用相关的生物化学知识分析 CO 使人中毒的作用机制。

2. 试从生物化学角度分析高压氧治疗在救治 CO 中毒患者过程中的作用机制。

分析

CO 是一种无色、无味、无臭的气体，分子量为 28.01，比重轻于空气，微溶于水，易溶于乙醇和氨水等有机溶剂，遇氧可燃烧生成 CO_2，燃烧过程中火焰呈淡蓝色。生活中燃气热水器、煤炉或土炕使用不当，通风差的采煤井、坑道作业环境均可能引起人出现 CO 中毒症状。

CO 与血红蛋白亲和力比 O_2 与血红蛋白亲和力大，故 CO 很容易从氧合血红蛋白中把 O_2 挤掉，形成碳氧血红蛋白。碳氧血红蛋白的解离能力比氧合血红蛋白解离能力小很多，因此碳氧血红蛋白非常稳定。该成分无携带 O_2 的能力，阻碍氧合血红蛋白释放 O_2，可引起全身组织缺氧。碳氧肌红蛋白阻碍 O_2 向线粒体扩散，使线粒体缺氧而能量代谢受阻。细胞色素 aa_3 是线粒体呼吸链上最后一个环节起重要作用的酶，可将电子传递给 O_2，从而完成生物氧化过程。CO 可与细胞色素 P450、a_3 结合，破坏细胞色素 aa_3 的电子传递功能，阻碍生物氧化过程和能量代谢，使细胞能量产生减少甚至停止，严重情况下可危及生命。

高压氧治疗可以加速碳氧血红蛋白解离，加速碳氧肌红蛋白解离，恢复细胞色素 aa_3 的活性，对于维持线粒体内呼吸链中电子的正常传递及能量的顺利产生起到重要作用。

4. 影响氧化磷酸化的因素

（1）呼吸链抑制剂：呼吸链抑制剂（respiratory chain inhibitor）是指能够在特异部位阻断电子在呼吸链中的传递，从而阻断氧化磷酸化过程，抑制 ATP 产生的一类化合物。例如鱼藤酮、异戊巴比妥和粉蝶霉素 A 能够与复合体Ⅰ中的铁硫蛋白相结合，进而阻断铁硫蛋白至泛醌过程中的电子传递；抗霉素 A、二巯丙醇能够抑制复合体Ⅲ中 Cyt b 至 Cyt c_1 过程中的电子传递；氰化物（CN^-）和叠氮化物（N_3^-）可以和复合体Ⅳ中氧化型 Cyt a_3 紧密结合，硫化氢（H_2S）和一氧化碳（CO）可以同还原型 Cyt a_3 结合，阻断传递电子给氧，导致呼吸链的中断。此时即使环境中氧供应充足，也不能为细胞所利用，引起细胞呼吸终止，使机体不能及时获得能量而引起生命危险（图 7-9）。

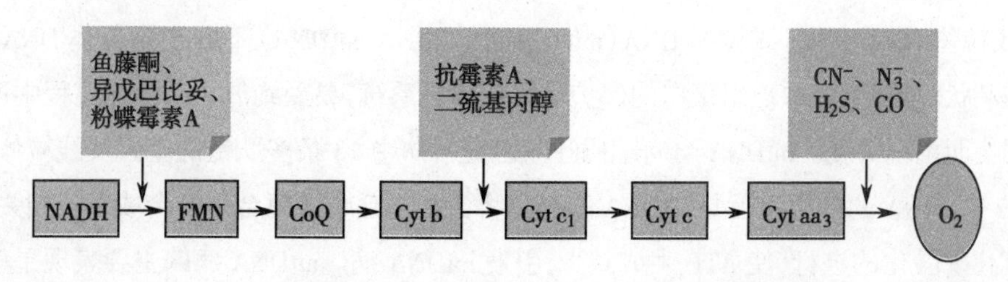

● 图 7-9 呼吸链抑制剂的作用位点

(2)解偶联剂:解偶联剂(uncoupler)是指能够解除呼吸链中电子传递与 ATP 合成酶合成 ATP 两个过程的偶联。此类成分能增大线粒体内膜对质子的通透性,消除质子电化学梯度,在其作用时不会干扰呼吸链对电子的传递过程,因此氧化过程仍可以进行,但是呼吸链传递电子过程中形成的质子电化学梯度不经过 ATP 合酶 F_0(疏水部分)的质子通道回流,而是经由线粒体内膜中的其他途径返流回线粒体的基质,使呼吸链的电子传递与 ATP 合成酶合成 ATP 这两个过程的关联解除,前一过程产生的自由能以热能形式散发,不再用于 ATP 的合成。例如 2,4- 二硝基苯酚(dinitrophenol,DNP)能够引起线粒体内膜上的质子渗漏,使线粒体内膜内和内膜外的质子电化学梯度消失,虽然此时呼吸链能够照常进行电子的传递,但 ADP 已不能通过磷酸化来生成 ATP。人类(特别是新生儿)及其他哺乳动物体内存在棕色脂肪组织,组织中含大量的线粒体,在这些线粒体的内膜上存在一种解偶联剂,称为解偶联蛋白(uncoupling protein,UCP),本质为一种质子通道,能够将呼吸链在传递电子过程中形成的质子通过这种通道回流,进而解除氧化与磷酸化的偶联作用,使氧化过程中释放的能量主要以热能的形式散发出去,因此棕色脂肪组织具有产热的功能。如果新生儿体内缺乏棕色脂肪组织,就不能维持机体正常的温度而引起皮下脂肪的凝固,这一情况可能导致新生儿硬肿症。

(3)ATP 合成酶抑制剂:此类抑制剂能够抑制 ATP 的生成,抑制磷酸化过程的同时也能抑制氧化过程。二环己基碳二亚胺(dicyclohexylcarbodiimide,DCCP)和寡霉素(oligomycin)均可与 ATP 合成酶相结合,抑制质子的回流,从而抑制 ATP 的合成。

(4)ADP-ATP 载体抑制剂:苍术苷和米酵菌酸抑制氧化磷酸化的作用是通过从线粒体内膜的两侧抑制 ADP-ATP 载体来实现的。

(5)ADP:ADP 的含量多寡是机体内调节氧化磷酸化速度最主要的因素。当机体处在静息状态时,ATP 的利用有所减少,ADP 的含量相对不足时,氧化磷酸化的速度将减慢;而机体处于运动状态时,ATP 的利用有所增多,ADP 的含量相对增多时,ADP 将进入线粒体促使氧化磷酸化加速进行。另外,机体还可以根据需要,通过这种方式对 ATP 的合成进行正向或负向的调节。ADP 的含量对氧化磷酸化过程的调节称呼吸控制。

(6)甲状腺激素:甲状腺激素可以诱导细胞膜上 Na^+,K^+-ATP 酶(又称钠钾泵)的生成,增加细胞膜上的 Na^+,K^+-ATP 酶数量,维持细胞内的高钾低钙状态,这一过程将 ATP 分解为 ADP。甲状腺激素能诱导许多组织中的 Na^+,K^+-ATP 酶基因表达,促进 Na^+,K^+-ATP 酶合成,由此会消耗大量 ATP 并将其转变为 ADP 进入线粒体,引起氧化磷酸化加速进行。另外,甲状腺激素还可以促进解偶联蛋白的基因表达,增加解偶联蛋白的数量,进而发挥其解偶联作用,增加了机体的产热量与耗氧量。因此,甲状腺功能亢进患者会出现易出汗、怕热和基础代谢率升高等症状。

(7)线粒体 DNA 突变:线粒体 DNA(mitochondrial DNA,mtDNA)不同于染色体 DNA,前者多为裸露的环状双链结构,缺乏组蛋白的保护与损伤修复系统,易受到氧化磷酸化过程中产生的氧自由基损伤而出现突变。mtDNA 含有编码呼吸链复合体中 13 条多肽链的基因及线粒体中 22 个 tRNA 和 2 个 rRNA 的基因。因此 mtDNA 的突变将会影响呼吸链复合体的合成以及相关功能,从而影响氧化磷酸化的进行,使 ATP 生成减少,引发 mtDNA 病。mtDNA 病的主要表现是耗能较多的组织器官出现多种功能障碍,常见的有失明、耳聋、肌无力、痴呆和糖尿病等,并且随着年龄增长和突变的增加，病情也会同时加重。

三、ATP的利用、转移与储存

ATP为机体直接供能，糖类、脂肪和蛋白质三大营养物质氧化分解释放的能量能够使ADP磷酸化后转变为ATP；ATP被利用后又可以分解成ADP和磷酸，过程中释放的能量供给生命活动所需。通过ADP与ATP之间的转化，实现了机体能量的生成与利用，保证了机体的能量代谢处于平衡状态。ATP还可以将所含能量转移到其他高能化合物储存，例如，机体处于安静状态时，ATP可将能量转移给肌酸生成磷酸肌酸储存在肌肉和脑组织中，因而磷酸肌酸被认为是能量的储存者。当机体消耗的ATP增多时，磷酸肌酸又可将能量转移到ATP供机体利用。另外，ATP也可以将高能磷酸基团转移到UDP、CDP和GDP的分子上，为机体糖原、磷脂和蛋白质的合成提供能量。因此，ATP是生物体内能量利用、转移与储存的中心（图7-10）。

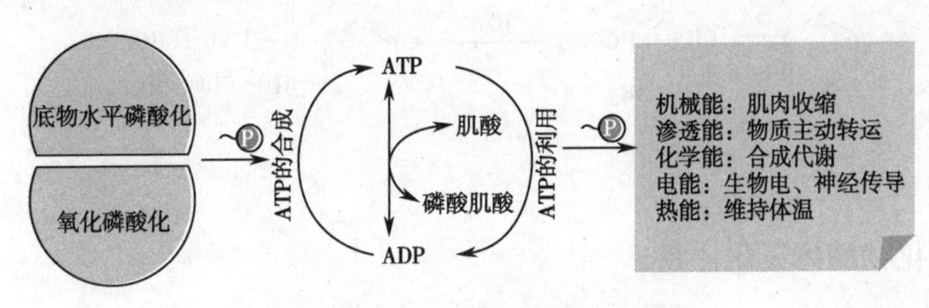

● 图7-10 ATP的生成、储存与利用

第五节 非线粒体氧化体系与抗氧化体系

在线粒体之外，细胞的过氧化物酶体和微粒体中同样存在氧化酶类，都能够进行生物氧化过程，它们构成了特殊的非线粒体氧化体系，包括单加氧酶（monooxygenase）、双加氧酶（dioxygenase）、过氧化氢酶（catalase）和超氧化物歧化酶（superoxide dismutase，SOD）等。它们参与的生物氧化不同于在线粒体进行的生物氧化，过程中并不伴有ADP的磷酸化生成ATP的偶联，而是主要参与过氧化氢、儿茶酚胺、类固醇、毒物和药物等的生物转化过程。

一、微粒体氧化体系

微粒体氧化体系位于细胞的滑面内质网上，在微粒体内有一类特殊的氧化酶，它所催化的反应是在底物分子中加上氧原子，称其为加氧酶（oxygenase），主要包括单加氧酶系和双加氧酶。

1. 单加氧酶系　单加氧酶系又被称作羟化酶系，主要由细胞色素P450（辅基为铁卟啉）和NADPH-细胞色素P450还原酶（辅基为FAD）这两部分组成，因此又可称为细胞色素P450羟化酶系，能够催化底物中加上1个氧原子的反应。其特点为催化氧分子所含的2个氧原子发生不同的反应，1个氧原子加至底物分子上，而另1个氧原子与NADPH +H^+上的2个质子反应生成水，故单加氧酶系又称为混合供能氧化酶系。单加氧酶系催化反应通式可表示为：

$$RH + NADPH + H^+ + O_2 \rightarrow ROH + NADP^+ + H_2O$$

单加氧酶系不参与ATP的生成，而是参与约60%常用药物和多种毒性物质的代谢，通过发生羟化反应增加其水溶性而利于排出体外。除了对外来的药物和毒物进行代谢外，单加氧酶系也参与体内生理活性物质的产生与灭活。例如，维生素D_3的活化，肾上腺皮质激素和性激素的合成，儿茶酚胺类物质、胆汁酸的生成都需要单加氧酶系。

2. 双加氧酶　双加氧酶又被称作转氧酶，该酶能够催化2个氧原子直接加到底物分子内特定的双键上，从而使该底物分子解成两部分。例如，色氨酸在双加氧酶的作用下生成甲酰犬尿酸原。

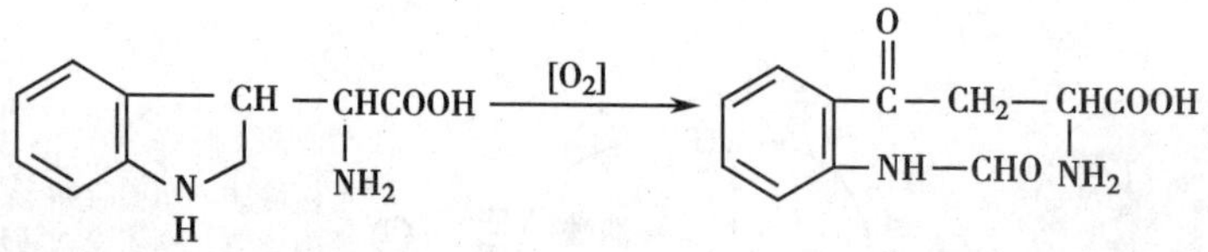

CH—CHCOOH(NH$_2$)，N—H　$\xrightarrow{[O_2]}$　C(=O)—CH$_2$—CHCOOH(NH$_2$)，NH—CHO

二、过氧化物酶体氧化体系

过氧化物酶体（peroxisome）是细胞中一种特殊的细胞器，主要存在于动物的肝、肾、小肠黏膜细胞和中性粒细胞中，因其标志酶是过氧化氢酶而得名。过氧化氢酶的主要作用是将过氧化氢（H_2O_2）分解。同时，过氧化物酶体中也含有多种催化过氧化氢合成的酶，能够参与氨基酸、脂肪酸等多种底物的生物氧化过程。

1. 过氧化氢及超氧离子的生成　在生物氧化的过程中，氧分子要接受4个电子才能完全被还原成$2O_2\cdot^-$，然后能与H^+结合生成水。在电子供应不足的情况下，氧分子就会生成过氧化基团—O—O—或者超氧阴离子（$O_2\cdot^-$），前者可与H^+结合生成过氧化氢。过氧化物酶、氨基酸氧化酶、黄嘌呤氧化酶等多种氧化酶在催化底物发生氧化的同时，能够催化过氧化氢、超氧阴离子的生成。过氧化氢、超氧阴离子等活性氧可氧化生物膜结构中的不饱和脂肪酸，使其形成过氧化脂质，导致生物膜损伤，还能引起蛋白质变性交联、酶与激素失活、免疫功能下降、核酸结构被破坏等。

2. 过氧化氢及超氧阴离子的作用和毒性　过氧化氢在体内有其生理作用：在中性粒细胞中，可以杀死吞噬的细菌；在甲状腺中，可以参与酪氨酸碘化生成甲状腺激素。近年的研究发现，生理浓度的活性氧可作为信号分子参与信号转导过程，调节细胞的生长、增殖、凋亡、分化和其他很多生理过程。另外，由于活性氧具有极强的氧化能力，过量的过氧化氢积聚会对组织产生细胞毒性作用。

超氧阴离子是带有负电荷的自由基，其化学性质活泼，与过氧化氢作用可生成性质更为活泼的羟自由基（OH·）。

$$H_2O_2 + O_2 \cdot^- \rightarrow O_2 + OH + OH \cdot$$

过氧化氢、超氧阴离子以及羟自由基等统称作活性氧，性质活泼，具有很强的氧化作用，对机体危害大。活性氧能够使DNA氧化、修饰甚至断裂；可通过氧化蛋白质结构中的巯基改变蛋白质的功能。自由基还可使细胞膜磷脂分子中高度不饱和脂肪酸氧化生成过氧化脂质，引起生物膜结构的损伤。因此，必须将多余的活性氧及时清除。

3. 过氧化氢的清除　过氧化物酶体中所含有的过氧化氢酶与过氧化物酶，可以处理和利用H_2O_2。过氧化氢酶是以血红素作为辅基的能催化H_2O_2分解的重要酶。它能通过以下两种反应过程清除过多的H_2O_2：

$$H_2O_2 + RH_2 \rightarrow R + 2H_2O \quad (1)$$

$$H_2O_2 + H_2O_2 \rightarrow 2H_2O + O_2 \quad (2)$$

反应(1)中，RH_2代表多种物质，如酚、醛和醇等，其中多数为有毒物质，所以该反应对体内的生物转化有重要意义。当细胞内产生较多的H_2O_2时，过氧化氢酶可以通过反应(2)来消除过多的H_2O_2，使细胞免受氧化损伤。

过氧化物酶的辅基也是血红素，可催化H_2O_2分解生成水，并释放出氧原子来直接氧化酚类和胺类物质。反应如下：

$$H_2O_2 + RH_2 \rightarrow R + 2H_2O$$

$$H_2O_2 + R \rightarrow H_2O + RO$$

红细胞中还有一种含硒的谷胱甘肽。过氧化物酶可利用还原型谷胱甘肽（GSH）催化破坏过氧化脂质，具有保护生物膜及血红蛋白免遭损伤的作用。其催化的反应如下：

$$H_2O_2 + 2GSH \rightarrow GSSG + 2H_2O$$

$$ROOH + 2GSH \rightarrow GSSG + ROH + H_2O$$

三、超氧化物歧化酶

在呼吸链传递电子的过程中和体内其他物质氧化时，也会产生化学性质活泼的超氧阴离子，能使磷脂中不饱和脂肪酸氧化产生过氧化脂质而损害生物膜的结构。

超氧化物歧化酶（superoxide dismutase，SOD）是人体防御内、外环境中超氧阴离子对人体损害的重要酶之一。超氧化物歧化酶广泛存在于各种组织的细胞液和多种细胞器内，半衰期非常短。真核细胞胞液中含有以Cu^{2+}、Zn^{2+}为辅基的SOD_1，线粒体中则存在含Mn^{2+}的SOD_2，还有一种分泌到细胞外的SOD_3，也是以Cu^{2+}、Zn^{2+}为辅基。

超氧化物歧化酶能够催化1分子超氧阴离子氧化生成O_2，另外的1分子O_2还原生成H_2O_2，生成的H_2O_2可被过氧化氢酶或者过氧化物酶进一步代谢。人体内的O_2本身也可以发生歧化反应，但是速度比较慢，而超氧化物歧化酶催化的反应速度比体内自动歧化反应要快10^{10}倍，所以当超氧化物歧化酶含量减少或者活性下降时，将引起O_2的堆积，而堆积的O_2对人体组织细胞具有破坏作用，引起肿瘤、动脉粥样硬化、糖尿病、急性肾衰竭等多种疾病。

小结

本章主要介绍了生物氧化的概念和特点；呼吸链的定义、组成成分和作用：其成分主要包括4种复合体（复合体Ⅰ、Ⅱ、Ⅲ和Ⅳ）、泛醌、Cyt c，其组分有NAD^+、黄素蛋白、铁硫蛋白、泛醌、细胞色素等5类，具有传递氢、传递电子的功能；NADH氧化呼吸链和$FADH_2$氧化呼吸链的各组分排列顺序及产生ATP的偶联部位；ATP的生成方式有底物水平磷酸化和氧化磷酸化两种，其中氧化磷酸化为主要方式；非线粒体氧化体系中抗氧化酶体系的功能等。重点要求掌握呼吸链组分的排列顺序，体内两条重要的氧化呼吸链，理解每传递1对氢可使NADH氧化呼吸链约产生2.5个ATP，而$FADH_2$氧化呼吸链约产生1.5个ATP的原因；氧化磷酸化生成ATP的机制：复合体Ⅰ、Ⅲ、Ⅳ有使质子转移的功能，可同时将质子从线粒体的内膜基质一侧转移到胞质一侧，形成跨线粒体内膜的电化学梯度，当质子顺着电化学梯度回流，通过ATP合酶F_0的质子通道时驱动ATP合酶产生ATP，从而把电子传递释放出的自由能同ADP磷酸化生成ATP的过程偶联。

思考题

1. 简述体内两条重要呼吸链的组成以及各组分的排列顺序。
2. 简述生物氧化的特点。
3. 简述胞质中$NADH+H^+$的氧化方式。
4. 简述体内ATP的来源以及生成方式。

第七章　同步练习

（冯晓帆）

第八章　蛋白质分解代谢

第八章　课件

学习目标

掌握:蛋白质的营养作用;氨基酸的一般代谢规律和氨的代谢特点;一碳单位代谢。

熟悉:苯丙氨酸与酪氨酸的代谢特点。

了解:含硫氨基酸代谢和肌氨酸代谢。

蛋白质是生命活动的物质基础,其代谢包括分解代谢与合成代谢。蛋白质分解时,首先水解为其基本组成单位氨基酸(amino acid,AA),而后各种氨基酸再经过脱氨基或脱羧基等作用进一步分解;此外,体内蛋白质的更新与氨基酸的分解均需由食物蛋白质予以补充,因此蛋白质的营养作用和氨基酸代谢是蛋白质分解代谢的核心内容。蛋白质的合成代谢因为是基因表达的后期事件,因此这部分内容将放在蛋白质的生物合成章节中进行介绍。

本章主要阐述蛋白质的营养作用和氨基酸的一般代谢,简要介绍氨基酸的特殊代谢以及蛋白质的消化、吸收与腐败作用。

第一节　蛋白质的营养作用

蛋白质是生命活动的物质基础,它广泛参与生物体内各种重要的生理活动。如蛋白质参与构成各种组织细胞,人体每日需要摄入足够质与量的蛋白质才能维持机体组织细胞正常的生长、更新与修补。再如,人体内存在着多种具有特殊功能的蛋白质,包括参与肌肉收缩、物质运输、血液凝固等生理过程的蛋白质,以及肽类激素、抗体和某些调节蛋白等。此外,蛋白质也与糖类和脂肪相同,是一种能源物质,一般成年人体内有10%~15%的能量由蛋白质提供,1g蛋白质在体内氧化分解可释放约17.9kJ(4.3kcal)的能量,但是蛋白质的这一功能是可以由糖或脂肪替代的。

鉴于蛋白质在机体生命活动中的重要作用,那么如何评估机体的蛋白质代谢状况呢?氮平衡(nitrogen balance)实验能够客观地确定并评价机体的蛋白质代谢状况。

一、氮平衡

氮平衡是指每日氮摄入量与氮排出量之间的关系。其中摄入氮大部分来自食物蛋白质，主要用于合成组织蛋白质；而排出氮大部分是组织蛋白质的分解产物，主要是随尿液、粪便排出的含氮化合物。因此，分析氮摄入量与氮排出量之间的关系，可以在一定程度上反映出体内蛋白质合成代谢和分解代谢的状况，还可用于推荐蛋白质的每日需要量。

氮平衡存在以下 3 种类型：

1. 氮总平衡（nitrogen balance） 是指摄入氮 = 排出氮，即氮摄入量与氮排出量相等，体内的总氮量维持相对恒定。氮总平衡表明蛋白质的合成代谢与分解代谢维持平衡，多见于健康成年人。

2. 正氮平衡（positive nitrogen balance） 是指摄入氮 > 排出氮，即氮摄入量多于氮排出量，体内的总氮量增加，说明摄入氮中的一部分用于合成体内蛋白质，蛋白质的合成超过其分解。此种情况多见于生长发育期的儿童、孕妇及恢复期病人等。

3. 负氮平衡（negative nitrogen balance） 摄入氮 < 排出氮，即氮摄入量少于氮排出量，体内总氮量减少，说明蛋白质的合成少于其分解。此种情况多见于恶性肿瘤晚期、长期饥饿、恶性营养不良或消耗性疾病等患者。

人体内所含的蛋白质每天更新 1%~2%，主要是肌肉蛋白质的分解。氮平衡实验研究表明：即使在不进食蛋白质时，成人每日最低的蛋白质分解量为 20~30g。由于食物中所含的蛋白质与人体的组成蛋白质间存在一定的差异，不能全部用于补偿组织蛋白质的更新，因此成人每日至少需要摄入 30~50g 的食物蛋白质才能维持氮总平衡，这是成人每日蛋白质的最低生理需要量。实际上，由于机体存在着个体差异及代谢量等因素不同，因而食物蛋白质的每日摄入量应略高于最低生理需要量。中国营养学会于 2013 年发布的《中国居民膳食营养素参考摄入量》推荐成人蛋白质摄入量为：男性 65g/d、女性 55g/d。

二、必需氨基酸

人体摄入蛋白质除了需要考虑其需要量，还必须要考虑其质量，即蛋白质的营养价值。蛋白质营养价值的高低取决于蛋白质所含有的必需氨基酸的种类、数量与比例。

构成蛋白质的 20 种标准氨基酸中有 8 种氨基酸是机体自身不能合成的，必须通过食物供给。这 8 种氨基酸称为必需氨基酸（essential amino acid，EAA）。它们分别是苯丙氨酸（Phe）、甲硫氨酸（Met）、色氨酸（Trp）、亮氨酸（Leu）、异亮氨酸（Ile）、苏氨酸（Thr）、赖氨酸（Lys）和缬氨酸（Val）。而其余 12 种氨基酸人体自身能够合成，不依赖食物供给，被称为非必需氨基酸。

三、蛋白质的营养价值

1. 蛋白质营养价值的评价 蛋白质营养价值的高低取决于该蛋白质中所包含的必需氨基酸的种类、数量和比例与人体所需蛋白质的接近程度。与人体所需蛋白质愈接近，其营养价值就愈高。动物蛋白质如鸡蛋、牛肉、鸡肉蛋白质中所含有的必需氨基酸与人体的需求更接近，因此其营养价值远高于植物蛋白质。

2. 食物蛋白质的互补作用　将几种营养价值较低的食物蛋白质混合食用，可使它们所含的必需氨基酸互相补充进而提高营养价值，称为食物蛋白质的互补作用。例如，谷类蛋白质含赖氨酸较少而含色氨酸较多，豆类蛋白质含赖氨酸较多而含色氨酸较少，这两类蛋白质单独食用时营养价值较低，它们按一定比例混合食用即可提高营养价值（表 8-1）。

表 8-1　蛋白质的营养价值和互补作用

食物	生理价值 /%	
	单独食用	混合食用
玉米	60	73
小米	57	
大豆	64	
小麦	67	89
小米	57	
大豆	64	
牛肉	69	

第二节　蛋白质的消化、吸收与腐败

一、蛋白质的消化

蛋白质是生物大分子，机体摄入的食物蛋白质不经过消化很难被吸收；并且食物蛋白质具有免疫原性，如未经消化直接吸收会引起过敏反应甚至毒性反应，因此蛋白质必须消化为氨基酸才能被机体有效吸收与安全利用。

唾液中不存在蛋白酶，因此食物蛋白质的消化起始于胃，主要在小肠中进行。

（一）胃中的消化

在胃中，食物蛋白质主要在胃蛋白酶的作用下被部分水解。胃蛋白酶（pepsin）是胃蛋白酶原（pepsinogen）经胃酸激活后的产物，其作用的最适 pH 为 1.5~2.5。该酶水解肽键的专一性比较差。

食物在胃内由于停留时间比较短，因此食物蛋白质在胃内的消化不充分，消化程度仅为 10%~20%，消化产物主要是多肽和寡肽。然而，胃蛋白酶对乳中的酪蛋白（casein）有凝乳作用，能使乳液凝成乳块，从而延长其在胃中的停留时间，有利于其充分消化，这一点对于婴儿较为重要。

(二) 小肠中的消化

食物蛋白质的主要消化场所是小肠的十二指肠与空肠部位，主要消化产物为氨基酸和少量寡肽。在小肠中，食物蛋白质主要是在胰腺和小肠黏膜上皮细胞分泌的各种蛋白酶与肽酶的作用下被充分消化。

1. 胰腺分泌的蛋白酶　统称胰酶，是消化蛋白质的主要酶。各种胰酶在小肠中被肠激酶(enterokinase)激活后发挥催化作用，其最适 pH 为 7.0 左右。胰酶经胰管分泌到十二指肠后与食糜混合，将食物蛋白质水解成氨基酸(约 30%)和寡肽(约 70%，主要是二肽和三肽)的混合物。胰酶可根据作用部位不同，分为内肽酶和外肽酶。

(1) 内肽酶(endopeptidase)：主要包括胰蛋白酶(trypsin)、糜蛋白酶(chymotrypsin，也称胰凝乳蛋白酶)及弹性蛋白酶(elastase)等。这类酶水解肽链非末端的肽键，水解产物是寡肽。

(2) 外肽酶(exopeptidase)：主要包括氨基肽酶(aminopeptidase)、羧肽酶 A(carboxypeptidase A)和羧肽酶 B。外肽酶水解肽链末端的肽键，水解产物是氨基酸。胰液中的外肽酶主要为羧肽酶 A 和羧肽酶 B，两者水解肽键的专一性存在差别，前者主要水解除脯氨酸、精氨酸及赖氨酸之外的多种氨基酸组成的羧基末端的肽键，后者则主要水解碱性氨基酸组成的羧基末端的肽键(图 8-1)。

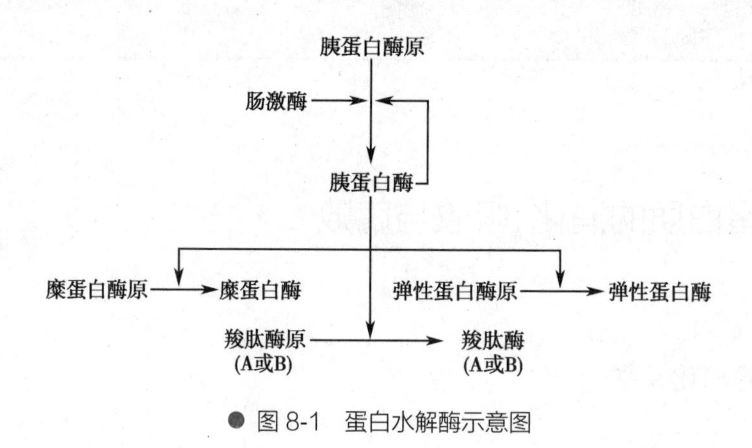

● 图 8-1　蛋白水解酶示意图

2. 肠黏膜细胞分泌的蛋白酶　根据水解特异性不同，分为肠激酶和寡肽酶。

(1) 肠激酶(enterokinase)：是位于十二指肠黏膜上皮细胞刷状缘表面的一种丝氨酸蛋白酶，在胆汁酸作用下大量释放入肠液。前述的各种胰酶从胰腺细胞最初分泌出来时均以无活性的酶原形式存在，进入十二指肠后迅速被肠激酶激活。胰蛋白酶除了对胰蛋白酶原有微弱的激活作用外，还能够激活糜蛋白酶原、弹性蛋白酶原和羧肽酶原，继而启动连续的蛋白质水解反应。此外，胰液中还存在着胰蛋白酶抑制剂，可以防止胰酶对胰腺组织的消化损伤。

(2) 寡肽酶(oligopeptidase)：存在于肠黏膜上皮细胞纹状缘和细胞液中，包括氨基肽酶(aminopeptidase)和二肽酶(dipeptidase)等。氨基肽酶可以从肽链的 N 端水解寡肽生成氨基酸以及二肽，二肽进一步由二肽酶催化下水解生成氨基酸。

在表 8-2 各种消化酶的协同作用下，约 95% 的食物蛋白质在胃肠道中被水解，从而消除了其免疫原性，使机体能够安全而有效地吸收和利用氨基酸。

表 8-2 胃肠道中一些重要蛋白质水解酶的特性

蛋白酶	水解专一性
胃蛋白酶	R 基较大的疏水性氨基酸形成的肽键
胰蛋白酶	R 基较长且带正电荷的氨基酸（精氨酸、赖氨酸）形成的肽键
糜蛋白酶	芳香族氨基酸或 R 基较大的疏水性氨基酸形成的肽键
弹性蛋白酶	R 基较小的氨基酸（如丙氨酸、丝氨酸）形成的肽键
羧肽酶 A	C 端氨基酸（除谷氨酸、天冬氨酸、精氨酸、赖氨酸、脯氨酸外）
羧激肽酶 B	C 端氨基酸（特别是赖氨酸、精氨酸）

二、氨基酸的吸收

小肠是氨基酸吸收的主要场所。小肠吸收氨基酸是一个耗能的主动过程。氨基酸载体蛋白转运和 γ- 谷氨酰基循环是氨基酸吸收的两种主要方式。

（一）氨基酸载体蛋白转运

在小肠黏膜细胞的细胞膜上存在着转运氨基酸的载体蛋白，它们能与氨基酸及 Na^+ 结合形成三联体，从而将氨基酸及 Na^+ 转运入细胞内，而 Na^+ 则借助钠泵消耗 ATP 排出细胞外。由于各种氨基酸的结构存在差异，因此转运氨基酸的载体蛋白也有所不同。目前人体内已知的参与氨基酸吸收的载体蛋白至少有 4 种类型。

1. 中性氨基酸载体　是转运氨基酸的主要载体，这类载体主要转运 R 侧链不带电荷的氨基酸，包括芳香族氨基酸和部分脂肪族氨基酸。

2. 碱性氨基酸载体　主要转运赖氨酸和精氨酸等碱性氨基酸，其转运速度仅为中性氨基酸载体的 10% 左右。

3. 酸性氨基酸载体　主要转运天冬氨酸和谷氨酸等酸性氨基酸，其转运速度较慢。

4. 亚氨基酸与甘氨酸载体　主要转运脯氨酸、羟脯氨酸和甘氨酸，其转运速度也较慢。

由于氨基酸在结构上存在着相似性，因此同一载体蛋白转运不同氨基酸时，相互间存在着竞争作用。借助于载体蛋白主动吸收氨基酸的体系，不仅存在于小肠黏膜细胞，也存在于肾小管和肌肉细胞等的细胞膜上。

（二）γ- 谷氨酰基循环

除了上述通过载体蛋白转运吸收氨基酸的方式外，在小肠黏膜细胞、肾小管细胞和脑组织中还存在着另一种特殊的氨基酸吸收方式——γ- 谷氨酰基循环（γ-glutamyl cycle）。该吸收方式的过程为：在 γ- 谷氨酰基转移酶的催化下，谷胱甘肽将谷氨酰基转移给氨基酸，生成 γ- 谷氨酰氨基酸和半胱氨酰甘氨酸进入细胞质内；继而再由其他酶催化释放氨基酸并完成谷胱甘肽的重新合成，从而构成一个循环并进入下一轮的转运过程，因此称为 γ- 谷氨酰基循环（图 8-2）。

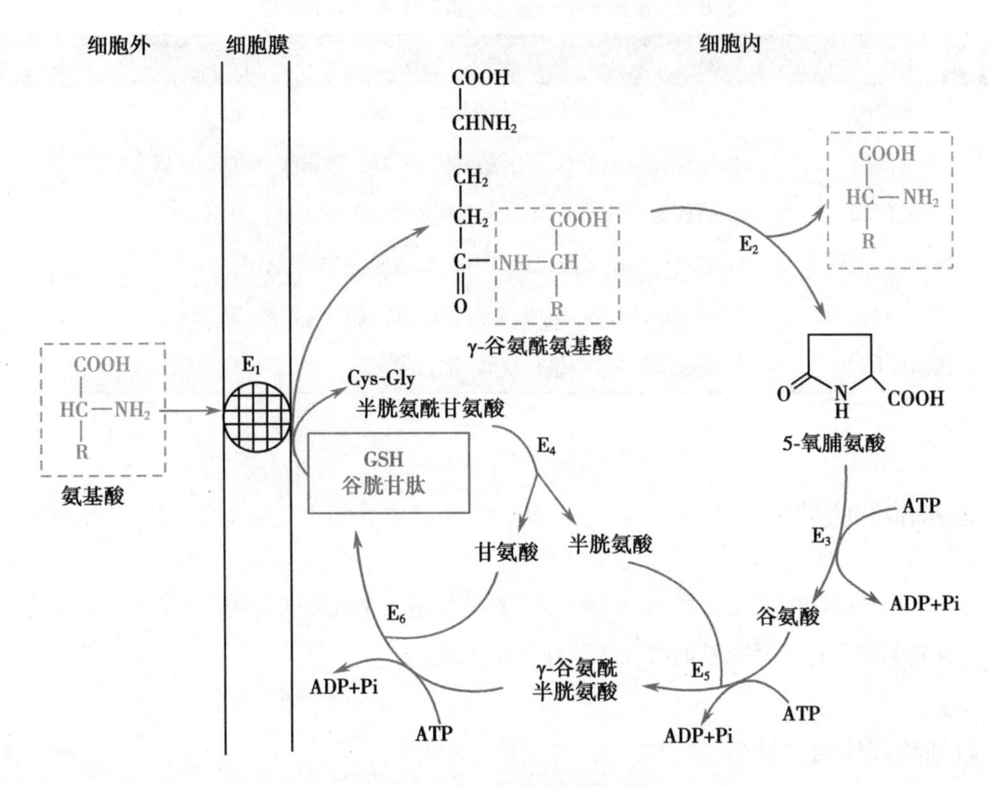

● 图 8-2 γ- 谷氨酰基循环示意图

在γ- 谷氨酰基循环中，转运氨基酸的关键酶是γ- 谷氨酰基转移酶，它分布于细胞膜上，而其他酶均位于胞质中。每转运 1 分子氨基酸需要消耗 3 分子 ATP，因此γ- 谷氨酰基循环也是一种耗能的主动转运氨基酸的过程。

（三）肽的吸收

除了上述氨基酸的主要吸收方式外，肠黏膜细胞上还存在着吸收二肽或三肽的转运体系，也是耗能的主动吸收过程，并且不同二肽的吸收也存在着相互竞争作用。

三、蛋白质的腐败作用

胃肠道内进行的蛋白质消化过程中，总会有小部分食物蛋白质不能被完全消化，也会有一小部分消化产物（例如氨基酸）不能被完全吸收。这些未被消化的食物蛋白质和未被吸收的消化产物在大肠下部肠道细菌的作用下，会产生如胺类、氨、酚类、吲哚类、H_2S 等一系列对人体有害的物质，这一过程称为腐败作用（putrefaction）。实际上，腐败作用是细菌本身对蛋白质的代谢过程，其产物中除少数（如维生素 K、B_{12}、B_6、叶酸及少量脂肪酸等）具有一定营养作用外，其余大多数是对人体有害的胺类（如酪胺、苯乙胺）、氨、酚类、吲哚类和 H_2S 等。

（一）胺类的生成

在肠道内，氨基酸在肠道细菌作用下发生脱羧基反应，生成相应的胺类。如组氨酸脱羧基生成组胺,赖氨酸脱羧基生成尸胺,苯丙氨酸脱羧基生成苯乙胺。

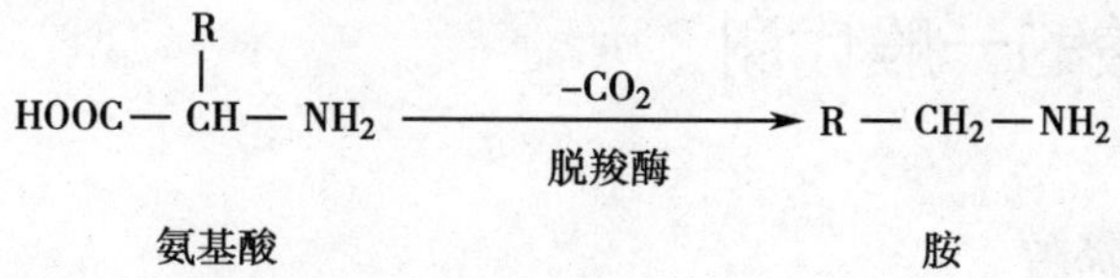

$$\underset{\text{氨基酸}}{HOOC-\overset{\displaystyle R}{\overset{|}{C}}H-NH_2} \xrightarrow[\text{脱羧酶}]{-CO_2} \underset{\text{胺}}{R-CH_2-NH_2}$$

胺类腐败产物大多数存在毒性。比如组胺和尸胺会引起血压下降,酪胺会导致血压升高。这些有毒的产物通常需要在肝脏中经过代谢转化以无毒形式排出体外。生理状态下,腐败产物中的有害物质大部分随粪便排出,只有小部分被吸收,经肝解毒,不会发生中毒现象。肝功能障碍时,肝脏不能对腐败产物进行有效转化,会导致一些有毒的胺类进入脑组织。例如:酪胺和苯乙胺若不能在肝内进行及时而有效的转化而直接进入血液,进而进入脑组织后,在β-羟化酶的作用下,将进一步转化成β-羟酪胺或苯乙醇胺,这两者的结构与正常神经递质儿茶酚胺的结构很相似,可取代儿茶酚胺,因此被称为假神经递质(false neurotransmitter)。假神经递质虽然在结构上类似于正常神经递质,但不能传递兴奋,并且还能竞争性抑制正常神经递质传递兴奋,从而导致大脑功能发生障碍,引发脑功能深度抑制甚至昏迷,临床上称为肝性脑病,又称肝昏迷。以上就是肝昏迷的假神经递质学说。严重肝病时,由于门脉高压,侧支循环建立,酪胺、苯乙胺可不经肝脏分解而直接进入血液,进一步进入脑组织后,在脑细胞中羟化成假神经递质(β-羟酪胺和苯乙醇胺),从而引起肝性脑病。

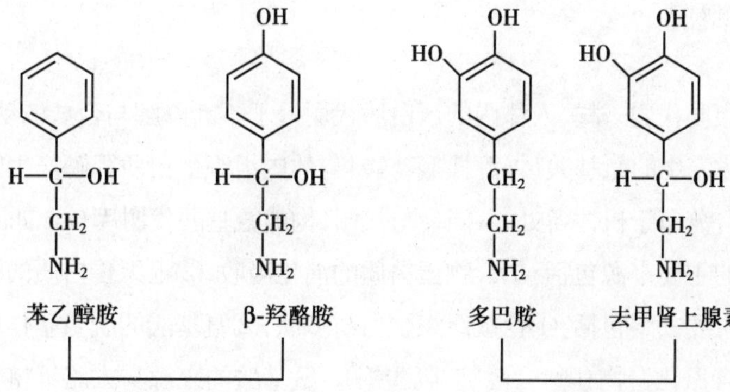

OH　　OH　　OH
HO　　HO
H—C—OH　　H—C—OH　　CH₂　　H—C—OH
CH₂　　CH₂　　CH₂　　CH₂
NH₂　　NH₂　　NH₂　　NH₂

苯乙醇胺　β-羟酪胺　多巴胺　去甲肾上腺素

假神经递质　儿茶酚胺

(二)氨的生成

腐败作用产生的氨,有两个来源:一是由未被吸收的氨基酸在肠道经腐败作用生成;二是血中尿素渗入肠道,在肠菌尿素酶的催化下水解而生成氨。这些氨均可被吸收入血,继而在肝脏中合成尿素,形成尿素的肠肝循环。降低肠道的 pH 可减少氨的吸收。

(三)其他腐败产物的生成

所有未吸收的氨基酸均可以通过还原脱氨基作用生成 NH_3。此外,酪氨酸脱羧基生成的酪胺也可以进一步脱氨基并氧化,生成苯酚和对甲酚等有毒物质;色氨酸在肠道细菌的作用下可以产生吲哚和甲基吲哚,并随粪便排出体外。

第三节　氨基酸的一般代谢

一、体内蛋白质的降解

成人体内每天有1%~2%的蛋白质被降解。不同蛋白质的寿命差异很大，有的短则数秒钟，有的则长达数个月。蛋白质的寿命常使用半衰期 $t_{1/2}$(half-life)表示，即蛋白质的含量减少至其原浓度的一半所需要的时间。如人血浆蛋白的 $t_{1/2}$ 约为10天，肝中大多数蛋白质的 $t_{1/2}$ 为1~8天，结缔组织中某些蛋白质的 $t_{1/2}$ 可长达180天以上。然而代谢途径中许多关键酶的 $t_{1/2}$ 均很短。

体内蛋白质的降解也是在一系列蛋白酶(protease)与肽酶(peptidase)的催化下进行的。真核细胞中蛋白质主要通过以下两条途径进行降解：一条途径是不依赖ATP供能的溶酶体内的降解过程，主要降解细胞外来源的蛋白质、膜蛋白和长寿命的细胞内蛋白质；另一条途径是依赖ATP和泛素(ubiquitin)的胞质内降解过程，主要降解异常蛋白和短寿命的蛋白质。泛素为一种含76个氨基酸残基，分子量为8.5kDa的小分子蛋白质，其一级结构高度保守。在蛋白质降解过程中，泛素与被降解的蛋白质形成共价连接，从而使后者激活进而被降解。

二、氨基酸代谢概况

与前述的糖与脂肪代谢一样，人体内的蛋白质代谢处于不断降解与合成的动态平衡状态。食物蛋白质经消化吸收产生的氨基酸(外源性氨基酸)与体内组织蛋白质降解产生的氨基酸(内源性氨基酸)混合在一起，分布于机体各处，共同参与代谢，构成氨基酸代谢库(metabolic pool)。氨基酸代谢库中的氨基酸的主要来源包括：①食物蛋白质的消化吸收；②组织蛋白质的降解；③体内非必需氨基酸的合成。主要去路包括：①合成组织蛋白与多肽；②氨基酸的脱氨基作用与脱羧基作用；③代谢转变为其他含氮化合物(嘌呤、嘧啶、肌酸等)。氨基酸的来源与去路维持动态平衡，以适应机体的生理需要。体内氨基酸的代谢概况见图8-3。

构成蛋白质的20种标准氨基酸尽管存在结构差异，但由于它们具有共同的结构特征——同时包含α-氨基和α-羧基，因此它们在体内存在着共同的代谢途径。氨基酸的脱氨基和脱羧基作用具有共同的代谢规律，通常被称为氨基酸的一般代谢。

三、氨基酸脱氨基作用

氨基酸脱氨基作用(deamination)是指氨基酸通过多种方式脱去氨基生成游离氨和α-酮酸的过程。

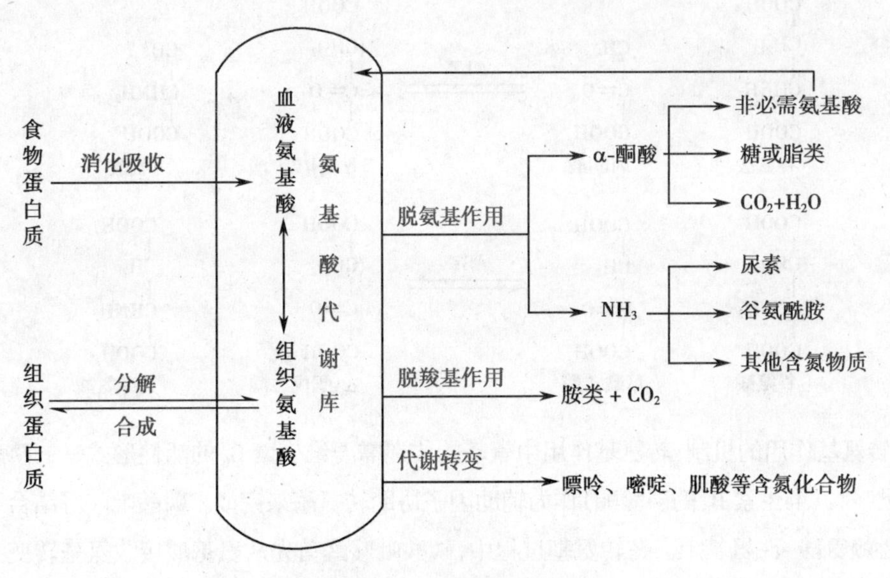

● 图 8-3 氨基酸代谢概况

(一) 脱氨基作用的方式

脱氨基作用主要包括转氨基作用、氧化脱氨基作用、联合脱氨基作用及其他非氧化脱氨基作用等方式，其中联合脱氨基作用是最主要的脱氨基方式。

1. 转氨基作用

(1)转氨基作用的概念与反应过程：某一氨基酸的 α- 氨基与某一 α- 酮酸的酮基(羰基位置上)，在转氨酶的催化下发生相互交换，生成相应的 α- 酮酸(α-ketoacid)和一个新的 α- 氨基酸的过程，称为转氨基作用(transamination)。其一般反应式为：

$$\underset{\text{COOH}}{\overset{R_1}{H-C-NH_2}} + \underset{\text{COOH}}{\overset{R_2}{C=O}} \xrightleftharpoons{\text{转氨酶}} \underset{\text{COOH}}{\overset{R_1}{C=O}} + \underset{\text{COOH}}{\overset{R_2}{H-C-NH_2}}$$

转氨基作用是可逆的平衡反应，因此该过程既是氨基酸的分解代谢途径，也是体内非必需氨基酸的重要合成途径。

(2) 体内重要的转氨酶：催化转氨基作用的酶统称为转氨酶(transaminase)或氨基转移酶(aminotansferase)。转氨酶的种类很多并且在体内分布广泛，除赖氨酸、脯氨酸及羟脯氨酸等少数氨基酸外，大多数氨基酸均可以在特异性的转氨酶催化下发生转氨基作用。大多数转氨酶以 α- 酮戊二酸作为氨基的接受体，将 α- 氨基转移给 α- 酮戊二酸，生成谷氨酸和相应的 α- 酮酸。因此在各种转氨酶中，以催化 L- 谷氨酸与 α- 酮戊二酸间转氨基的转氨酶最具有重要意义。其中代表性的有丙氨酸氨基转移酶(alanine aminotransferase，ALT)[又称谷丙转氨酶(glutamic pyruvic transaminase，GPT)]和天冬氨酸氨基转移酶(aspartate aminotransferase，AST)[又称谷草转氨酶(glutamic oxaloacetic transaminase，GOT)]，它们分别催化的反应如下：

$$\underset{\text{谷氨酸}}{\mathrm{HOOC{-}(CH_2)_2{-}CHNH_2{-}COOH}} + \underset{\text{丙酮酸}}{\mathrm{CH_3{-}C(=O){-}COOH}} \underset{}{\overset{\text{ALT}}{\rightleftharpoons}} \underset{\alpha\text{-酮戊二酸}}{\mathrm{HOOC{-}(CH_2)_2{-}C(=O){-}COOH}} + \underset{\text{丙氨酸}}{\mathrm{CH_3{-}CHNH_2{-}COOH}}$$

$$\underset{\text{谷氨酸}}{\mathrm{HOOC{-}(CH_2)_2{-}CHNH_2{-}COOH}} + \underset{\text{草酰乙酸}}{\mathrm{HOOC{-}CH_2{-}C(=O){-}COOH}} \overset{\text{AST}}{\rightleftharpoons} \underset{\alpha\text{-酮戊二酸}}{\mathrm{HOOC{-}(CH_2)_2{-}C(=O){-}COOH}} + \underset{\text{天冬氨酸}}{\mathrm{HOOC{-}CH_2{-}CHNH_2{-}COOH}}$$

(3)转氨基作用的机制：转氨基作用中氨基的传递需要维生素 B_6 的活性形式——磷酸吡哆醛与磷酸吡哆胺（维生素 B_6 的磷酸酯）作为辅助因子协助转氨酶来完成。磷酸吡哆醛结合于转氨酶活性中心赖氨酸 -ε- 氨基上。在转氨基过程中，磷酸吡哆醛首先从氨基酸接收氨基转变为磷酸吡哆胺，同时氨基酸变为 α- 酮酸。接下来，磷酸吡哆胺进一步将氨基转移给另一种 α- 酮酸从而生成相应的氨基酸，同时磷酸吡哆胺又变回为磷酸吡哆醛。在转氨酶的催化下，磷酸吡哆醛与磷酸吡哆胺之间的相互转变，发挥着传递氨基的作用。转氨基作用是可逆的化学反应，只要有相应的 α- 酮酸存在，就可以通过其逆反应合成体内的非必需氨基酸。

$$\underset{\text{氨基酸}}{\mathrm{HOOC{-}CH(R_1){-}NH_2}} + \underset{\text{磷酸吡哆醛}}{\mathrm{O{=}CH{-}Py(CH_2OPO_3H_2)(OH)(CH_3)}} \underset{+H_2O}{\overset{-H_2O}{\rightleftharpoons}} \underset{\text{Schiff碱}}{\mathrm{HOOC{-}CH(R_1){-}N{=}CH{-}Py(CH_2OPO_3H_2)(OH)(CH_3)}}$$

$$\Big\updownarrow\ \text{分子重排}$$

$$\underset{\alpha\text{-酮酸}}{\mathrm{HOOC{-}C(R_1){=}O}} + \underset{\text{磷酸吡哆胺}}{\mathrm{H_2N{-}CH_2{-}Py(CH_2OPO_3H_2)(OH)(CH_3)}} \underset{+H_2O}{\overset{-H_2O}{\rightleftharpoons}} \underset{\text{Schiff碱异构体}}{\mathrm{HOOC{-}C(R_1){=}N{-}CH_2{-}Py(CH_2OPO_3H_2)(OH)(CH_3)}}$$

转氨反应的简化表达式为：

$$\mathrm{R_1{-}CH(NH_2){-}COOH} + \text{Ⓟ}\mathrm{{-}B_6{-}CHO} \xrightarrow{\text{转氨酶}} \mathrm{R_1{-}C(=O){-}COOH} + \text{Ⓟ}\mathrm{{-}B_6{-}CH_2{-}NH_2}$$

$$\text{Ⓟ}\mathrm{{-}B_6{-}CH_2{-}NH_2} + \mathrm{R_2{-}C(=O){-}COOH} \xrightarrow{\text{转氨酶}} \text{Ⓟ}\mathrm{{-}B_6{-}CHO} + \mathrm{R_2{-}CH(NH_2){-}COOH}$$

(4)转氨基作用的生理意义：转氨基作用是由转氨酶催化的可逆反应，它不仅是机体内大多数氨基酸脱氨基的重要方式，也是体内合成非必需氨基酸的重要途径。由于该反应过程中只发生了氨基的转移，因此并未产生游离的氨。

转氨酶的活性变化在临床上常常作为一些疾病诊断及预后的参考指标。正常情况下，转氨酶主要存在于各组织的细胞内，在血清中的活性很低；而在病理状态下，当组织受损引起细胞膜通透性增高或细胞破坏时，大量转氨酶会从细胞中释放入血，引起血清中转氨酶的活性异常升高。如肝病患者，特别是急性肝炎患者血清 ALT 活性显著升高；心肌梗死患者血清中 AST 活性明显上升。因此临床上常以 ALT 和 AST 作为疾病诊断和预后的指标（表 8-3）。

表 8-3　正常人各组织中 ALT 及 AST 活性（单位 / 克组织）

组织	ALT 活性	AST 活性
肝	44 000	142 000
肾	19 000	91 000
心脏	7 100	156 000
骨骼肌	4 800	99 000
胰腺	2 000	28 000
脾	1 200	14 000
肺	700	10 000
血清	16	20

2. 氧化脱氨基作用　氧化脱氨基作用是指氨基酸在相关酶的催化下，发生氧化脱氢和水解脱氨基，进而生成 α- 酮酸并释放 NH_3 的过程。参与氧化脱氨基作用的酶有 L- 谷氨酸脱氢酶（L-glutamate dehydrogenase）和氨基酸氧化酶，其中 L- 谷氨酸脱氢酶在氧化脱氨基作用中具有重要意义，其催化的反应过程如下：

$$\underset{\text{谷氨酸}}{HOOC-(CH_2)_2-CH(NH_2)-COOH} \xrightarrow[NAD^+ \rightarrow NADH+H^+]{\text{L-谷氨酸脱氢酶}} HOOC-(CH_2)_2-C(=NH)-COOH \underset{-H_2O}{\overset{+H_2O}{\rightleftharpoons}} \underset{\alpha\text{-酮戊二酸}}{HOOC-(CH_2)_2-C(=O)-COOH} + NH_3$$

L- 谷氨酸脱氢酶具有如下特点：①在体内如肝、肾、脑等组织中广泛分布且活性较高（肌细胞中例外），其特异性强，只能催化 L- 谷氨酸氧化脱氨基生成 α- 酮戊二酸和 NH_3；②是一种以 NAD^+ 或 $NADP^+$ 为辅酶的不需氧脱氢酶，所产生的 NADH 可以经过氧化磷酸化进一步推动 ATP 的合成；③所催化的氧化脱氨基作用为可逆反应，其逆反应是细胞内谷氨酸的合成途径；④是一种由 6 个相同亚基构成的变构酶，其活性受 GDP 与 ADP 的变构激活，受 GTP 与 ATP 的变构抑制。当体内 GTP 与 ATP 不足时，谷氨酸的氧化脱氨基作用加强，从而调节氨基酸的氧化供能。

3. 联合脱氨基作用

（1）转氨基作用与氧化脱氨基作用联合：上述转氨基作用与氧化脱氨基作用联合，即氨基酸将氨基转移给 α- 酮戊二酸后生成谷氨酸，谷氨酸再通过氧化脱氨基释放出氨的作用，是最常见的一种联合脱氨基作用。该作用是由转氨酶与 L- 谷氨酸脱氢酶协同催化完成的。由于这两种酶在体内广泛存在，因此体内大多数氨基酸通过这种方式脱去氨基。另外，由于联合脱氨基作用的全过程是可逆的，因而，其逆反应也是体内非必需氨基酸合成的主要途径（图 8-4）。

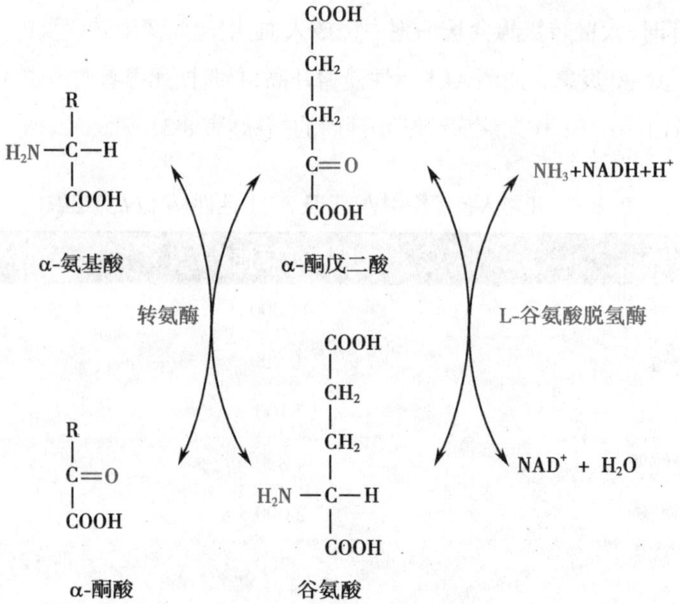

α-氨基酸 α-酮戊二酸 $NH_3+NADH+H^+$

转氨酶 L-谷氨酸脱氢酶

α-酮酸 谷氨酸 $NAD^+ + H_2O$

● 图 8-4 联合脱氨基作用

（2）转氨基作用与嘌呤核苷酸循环联合：在骨骼肌和心肌组织中，由于 L- 谷氨酸脱氢酶活性很低，因此转氨基作用与氧化脱氨基作用难以联合进行。肌组织中氨基酸脱去氨基是通过一种特殊的联合脱氨基作用——嘌呤核苷酸循环完成的。该循环过程为：氨基酸通过两步转氨基作用将氨基转移给草酰乙酸，生成天冬氨酸；继而，天冬氨酸与次黄嘌呤核苷酸（IMP）缩合为腺苷酸代琥珀酸；腺苷酸代琥珀酸接下来裂解生成延胡索酸和腺嘌呤核苷酸（AMP）；最后 AMP 水解，生成 IMP 并释放氨，从而完成氨基酸脱氨基作用（图 8-5）。

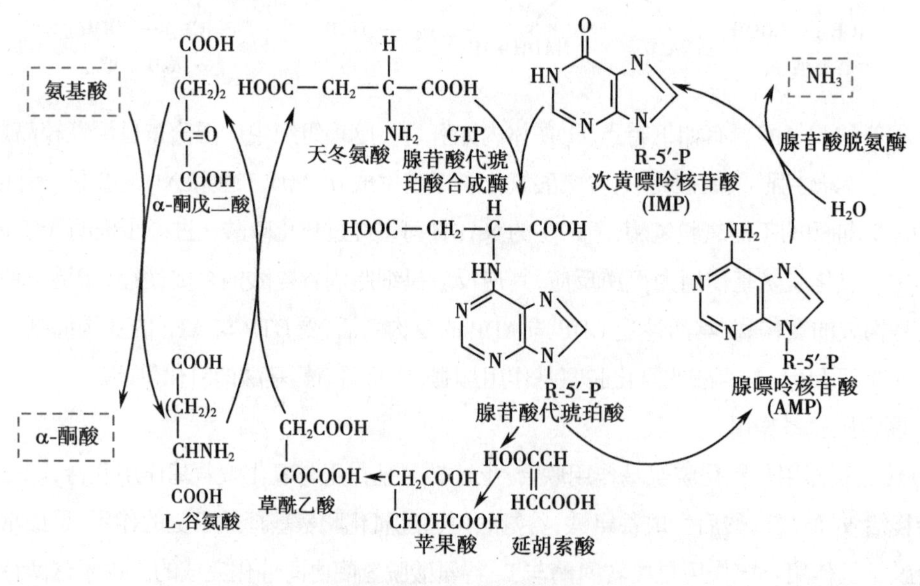

● 图 8-5 嘌呤核苷酸循环

4. 其他非氧化脱氨基作用　在机体中，除了上述脱氨基方式外，还有少数氨基酸通过其他方式脱去氨基。举例见表 8-4。

表 8-4　少数氨基酸的脱氨基方式

氨基酸	脱氨基方式	产物
丝氨酸	脱水脱氨基	丙酮酸
半胱氨酸	脱硫化氢脱氨基	丙酮酸
天冬氨酸	尿素循环裂解脱氨基	延胡索酸
组氨酸	裂解脱氨基	尿苷酸

(二) 氨的代谢

氨是机体正常代谢的产物。代谢产生的氨主要来自氨基酸的脱氨基作用；此外，体内其他一些代谢也能生成少量的氨。这些氨与消化道吸收的氨一同汇入血液形成血氨。氨具有神经毒性。正常人血氨浓度通常不超过 60μmol/L（0.1mg/dl）。机体内氨的来源与去路保持动态平衡，从而使血氨浓度相对稳定，维持在正常水平。

1. 氨的来源与去路

(1) 氨的来源：主要包括 4 种途径①氨基酸脱氨基作用是氨的主要来源。②其他含氮物质分解，如胺类物质氧化分解。③肠道内的腐败作用和尿素经肠道细菌尿素酶水解产生的氨。NH_3 比 NH_4^+ 容易穿过细胞膜被吸收，因此当肠道 pH 偏碱或碱性尿时，NH_4^+ 解离为 NH_3，氨吸收加强。因此临床上高氨血症病人进行结肠透析时应使用弱酸性透析液，禁止使用碱性肥皂水灌肠；对肝硬化腹水病人不宜使用碱性利尿药以减少氨的吸收，从而避免引起血氨升高。④肾小管上皮细胞内谷氨酰胺分泌的氨。在肾小管上皮细胞中，谷氨酰胺在谷氨酰胺酶的催化下水解生成谷氨酸与 NH_3，后者进一步分泌到肾小管腔中，主要与尿中的 H^+ 结合为 NH_4^+，从而以铵盐形式随尿液排出体外，该过程对机体酸碱平衡的调节具有重要意义。酸性尿有利于肾小管细胞排氨，而碱性尿妨碍肾小管中氨的分泌，甚至还可能导致氨被吸收入血引起血氨升高，成为血氨的来源之一。因此临床上针对肝硬化腹水患者进行治疗时，不宜使用碱性利尿药，以防止血氨升高。

(2) 氨的去路：也主要包括 4 条途径①在肝脏中合成尿素而解毒，继而经肾脏排泄，是氨的最主要去路。②合成非必需氨基酸如谷氨酸、谷氨酰胺等，以及含氮物质如嘌呤碱基、嘧啶碱基等。③部分氨合成谷氨酰胺，继而转移到肾脏；谷氨酰胺水解产生 NH_3 后，与 H^+ 结合成 NH_4^+ 并排出体外。④少部分氨自肾小管分泌后，在酸性条件下能够转变生成 NH_4^+，继而以铵盐形式经肾脏随尿液排出。

2. 氨的转运　各组织中代谢产生的氨是有毒物质，在血液中主要是以丙氨酸 - 葡萄糖循环和谷氨酰胺两种方式转运。

(1) 丙氨酸 - 葡萄糖循环：肌组织中氨基酸代谢产生的氨主要经此途径进行转运。首先，在肌肉中氨基酸经过转氨基作用将氨基转移给丙酮酸生成丙氨酸；继而丙氨酸经血液循环被运送至肝脏。然后，在肝脏中，丙氨酸经过联合脱氨基作用，释放出氨并生成尿素；而联合脱氨基后生成的丙酮酸经过糖异生途径合成葡萄糖。最后，葡萄糖通过血液循环被运送回肌组织，经糖酵解途径分解为丙酮酸，后者可以继续接受氨基生成丙氨酸，由此构成循环过程。上述由丙氨酸与葡萄糖在肌肉和肝脏之间进行的反复的氨的转运循环，称为丙氨酸-葡萄糖循环（alanine-glucose cycle），其过程见图 8-6。

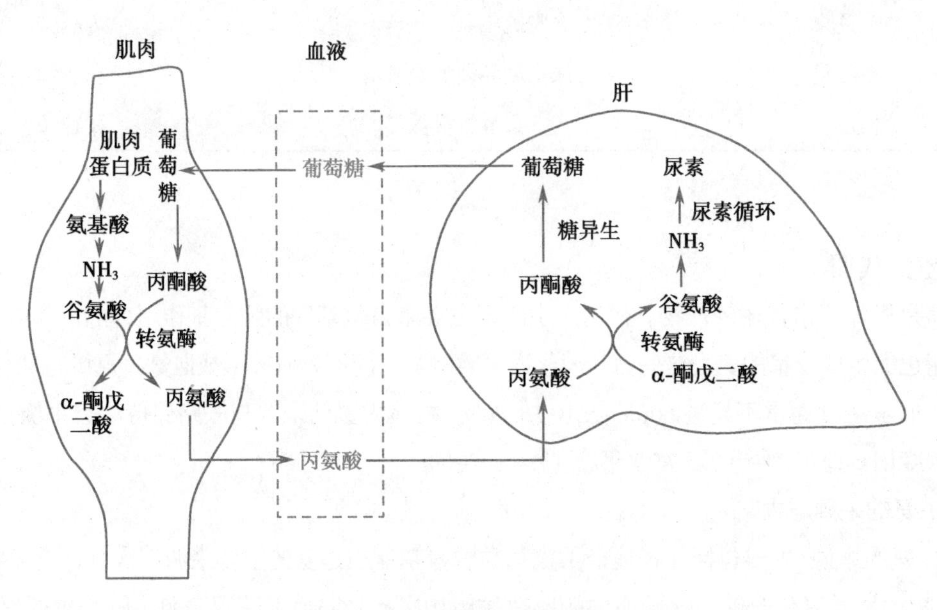

● 图 8-6 丙氨酸-葡萄糖循环

该循环对于机体的代谢意义包括：①使肌肉中产生的氨以无毒的丙氨酸形式运送到肝；②肝为肌肉提供了可用于生成能量的葡萄糖。

(2) 谷氨酰胺转运：谷氨酰胺是血氨的另一种转运方式。其具体转运过程为：谷氨酸和氨在谷氨酰胺合成酶的催化下合成谷氨酰胺；谷氨酰胺经血液被运送至肝或肾后，再经谷氨酰胺酶的催化水解生成谷氨酸并释放出氨。谷氨酰胺主要将脑和肌肉等组织中产生的氨转运至肝或肾，其合成与分解过程是在不同酶催化下进行的不可逆反应，其合成过程需要消耗 ATP。具体反应式如下：

$$\underset{\text{L-谷氨酸}}{\begin{array}{c}COOH\\|\\(CH_2)_2\\|\\CHNH_2\\|\\COOH\end{array}} \underset{NH_3\ \ \text{谷氨酰胺酶}\ \ H_2O}{\overset{NH_3+ATP\ \ \text{谷氨酰胺合成酶}\ \ ADP+Pi}{\rightleftharpoons}} \underset{\text{谷氨酰胺}}{\begin{array}{c}CONH_2\\|\\(CH_2)_2\\|\\CHNH_2\\|\\COOH\end{array}}$$

谷氨酰胺既是氨的储存和运输形式，也是氨的解毒产物。它在脑中固定和转运氨的过程中发挥着重要作用，对于维持正常脑功能具有重要意义。临床上针对氨中毒病人可服用或输入谷氨酸盐，从而降低氨的浓度。

谷氨酰胺的另一作用是还可提供其酰胺基将天冬氨酸转变生成天冬酰胺。机体内的正常细胞能够合成足量的天冬酰胺以满足蛋白质合成的需要，但白血病细胞自身很少或几乎不能合成天冬酰胺，必须依靠血液从其他器官运输而来，因此可以使用天冬酰胺酶（asparaginase）水解天冬酰胺成天冬氨酸，减少血中天冬酰胺，从而达到治疗白血病的目的。

$$\begin{array}{c} CONH_2 \\ | \\ CH_2 \\ | \\ CHNH_2 \\ | \\ COOH \\ \text{天冬酰胺} \end{array} \xrightarrow[H_2O \quad NH_3]{\text{天冬酰胺酶}} \begin{array}{c} COOH \\ | \\ CH_2 \\ | \\ CHNH_2 \\ | \\ COOH \\ \text{天冬氨酸} \end{array}$$

3. 尿素合成　正常情况下，体内代谢产生的氨中有 80%~90% 在肝中合成无毒的、水溶性强的尿素从而解毒，这是解氨毒及排泄氨的最主要方式。以下将主要从合成器官、合成机制、过程及意义等几方面介绍尿素的合成。

（1）尿素合成的主要器官——肝脏：动物实验与临床研究均证明肝脏是尿素合成的主要器官。动物实验发现：①若将犬的肝脏切除，则其血液及尿液中的尿素含量均明显降低；若给该动物饲喂或输入氨基酸，则其血中氨基酸和氨的浓度均升高，而尿素含量仍很低，最后动物将会死于氨中毒。②若只切除犬的肾脏而保留其肝脏，则血中尿素能够合成但却不能排出，血中尿素含量明显升高。③若将犬的肝脏与肾脏同时切除，则血中的尿素含量维持在较低水平，但血氨浓度会显著升高。此外，临床研究表明急性重症肝炎患者血与尿中几乎不含尿素，但氨基酸的含量增多。上述这些研究结果说明肝脏是尿素合成的主要器官。

（2）尿素的合成机制——鸟氨酸循环：肝脏是怎样合成尿素的？早在 1932 年，两位德国科学家 Krebs 和 Henseleit 便提出了尿素的合成机制——鸟氨酸循环（ornithine cycle），又称尿素循环（urea cycle）或 Krebs-Henseleit 循环。该机制的具体实验依据为：①将大鼠肝切片置于有氧条件下与铵盐保温数小时后，铵盐含量减少而尿素生成增加。②在尿素的合成过程中，鸟氨酸、瓜氨酸和精氨酸三者均能促进尿素合成，并且代谢过程中它们的总量保持不变。基于上述 3 种氨基酸结构上的相关性，推测它们在代谢上一定存在着某种联系，即鸟氨酸可能是瓜氨酸的前体，而瓜氨酸又是精氨酸的前体。该机制后来由放射性核素标记示踪实验所证实。

（3）尿素合成的过程：尿素合成的具体过程大致可分为四步反应，前两步是在肝细胞的线粒体中进行的，后两步发生在肝细胞的胞质中。

1）氨甲酰磷酸的合成：该步反应是在肝细胞线粒体内进行的耗能的不可逆反应。NH_3、CO_2 与 ATP 三者在氨甲酰磷酸合成酶Ⅰ（carbamoyl phosphate synthetase Ⅰ，CPS-Ⅰ）的催化下，缩合形成氨甲酰磷酸。氨甲酰磷酸合成酶Ⅰ是一种变构酶，受 *N*- 乙酰谷氨酸（*N*-acetyl glutamatic acid，AGA）的变构激活。

$$NH_3 + CO_2 + H_2O + 2ATP \xrightarrow[N\text{-乙酰谷氨酸},Mg^{2+}]{\text{氨甲酰磷酸合成酶 I}} H_2N-\overset{\overset{\displaystyle O}{\|}}{C}-O\sim PO_3^{2-} + 2ADP + Pi$$

2）瓜氨酸的合成：上述合成的氨甲酰磷酸与鸟氨酸在鸟氨酸氨甲酰基转移酶（ornithine carbamoyl transferase，OCT）的催化下，缩合生成瓜氨酸，此步反应也是不可逆反应。鸟氨酸氨甲酰基转移酶常与氨甲酰磷酸合成酶Ⅰ结合成酶复合体，分布于线粒体中。

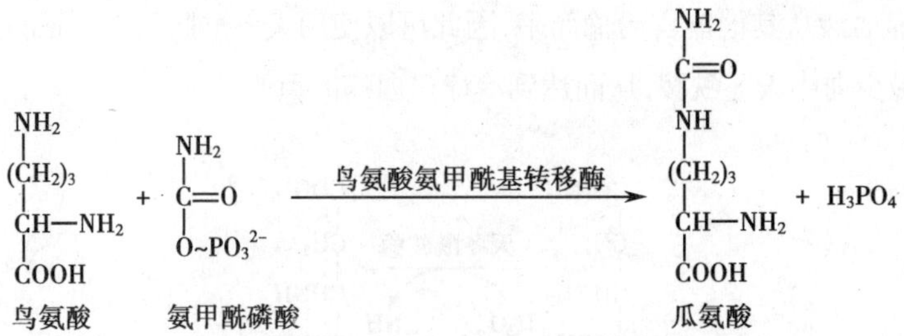

$$\text{鸟氨酸} + \text{氨甲酰磷酸}\ (NH_2\text{-}C(=O)\text{-}O\sim PO_3^{2-}) \xrightarrow{\text{鸟氨酸氨甲酰基转移酶}} \text{瓜氨酸} + H_3PO_4$$

3）精氨酸与延胡索酸的生成：瓜氨酸继而从线粒体进入胞质中，在精氨酸代琥珀酸合成酶（arginino-succinate synthetase）的催化下，与天冬氨酸缩合生成精氨酸代琥珀酸。此合成反应不可逆，同时需要 ATP 分解为 AMP 和 PPi，消耗 2 个高能磷酸键提供能量。反应中的天冬氨酸为尿素合成提供第 2 个氨基。天冬氨酸中的氨基可来源于体内多种氨基酸的转氨基作用。因此，许多氨基酸的氨基也可以天冬氨酸的形式参与尿素的合成过程。

精氨酸代琥珀酸接下来在精氨酸代琥珀酸裂解酶（arginino-succinate lyase）的催化下，裂解产生精氨酸和延胡索酸。延胡索酸可通过三羧酸循环转变为草酰乙酸，后者再与谷氨酸通过转氨基作用，重新生成天冬氨酸。延胡索酸与天冬氨酸之间的转变过程，架起了尿素循环与三羧酸循环之间联系的纽带。

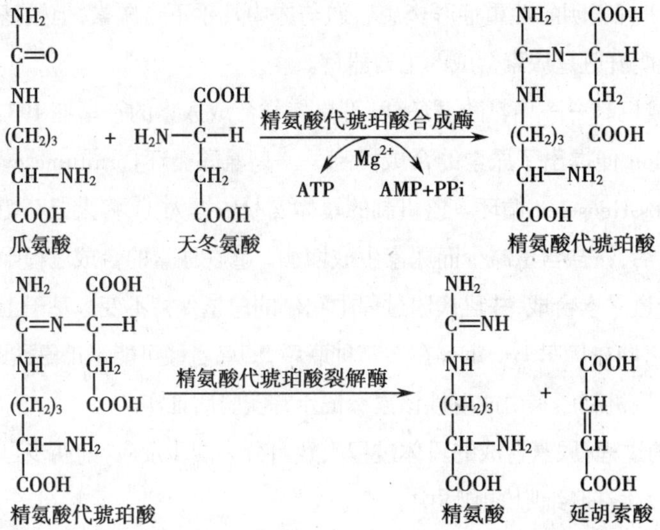

$$\text{瓜氨酸} + \text{天冬氨酸} \xrightarrow[ATP \to AMP+PPi]{\text{精氨酸代琥珀酸合成酶},\ Mg^{2+}} \text{精氨酸代琥珀酸}$$

$$\text{精氨酸代琥珀酸} \xrightarrow{\text{精氨酸代琥珀酸裂解酶}} \text{精氨酸} + \text{延胡索酸}$$

4）精氨酸水解生成尿素及鸟氨酸的再生：精氨酸在胞质中精氨酸酶的催化下，水解生成尿素并重新生成鸟氨酸。鸟氨酸经位于线粒体内膜的载体蛋白的转运下，再次回到线粒体继续参与瓜氨酸的合成，开启下一轮的尿素循环。尿素则作为代谢终产物，经血液循环被运送到肾脏进而随尿液排出体外。

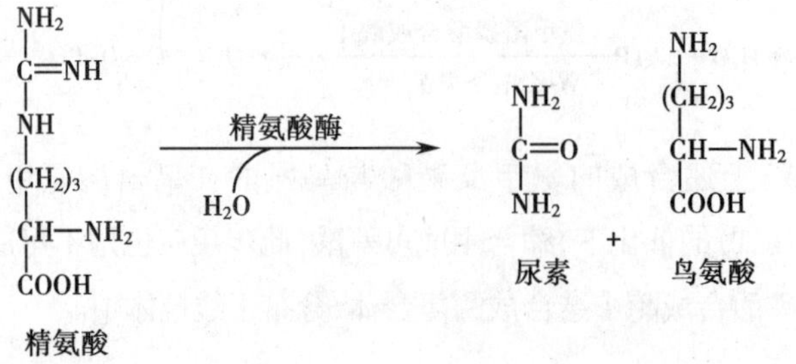

$$\text{精氨酸} + H_2O \xrightarrow{\text{精氨酸酶}} \text{尿素}\ (NH_2\text{-}CO\text{-}NH_2) + \text{鸟氨酸}$$

尿素生成的中间步骤及具体细胞定位总结见图 8-7。

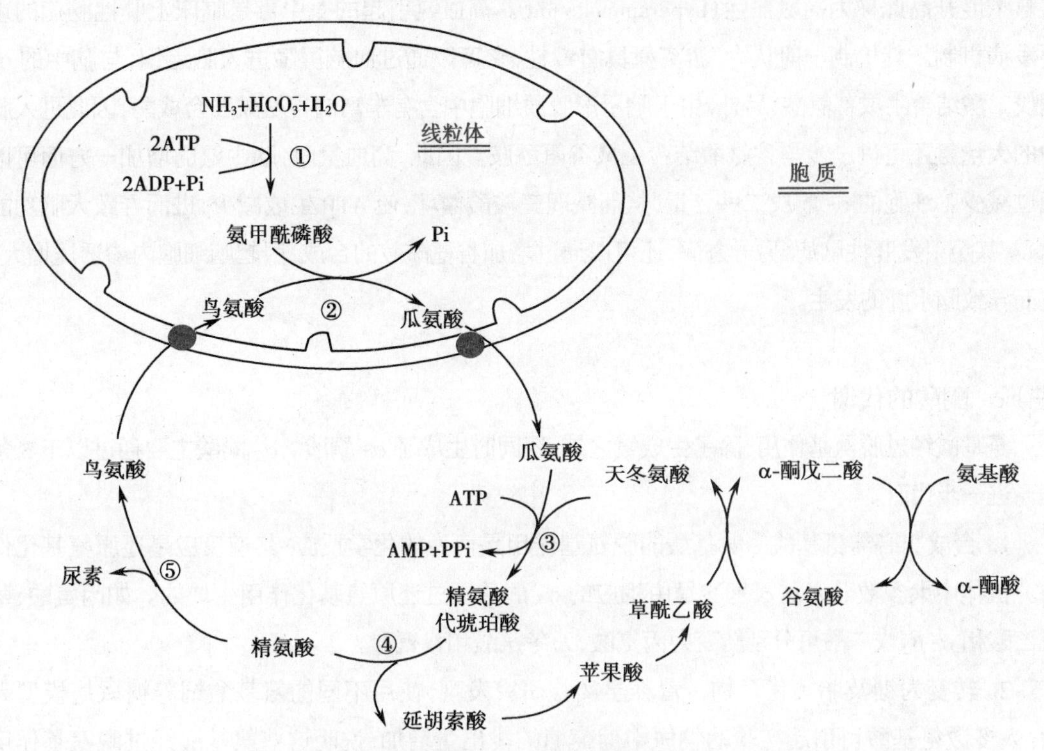

①氨甲酰磷酸合成酶Ⅰ；②鸟氨酸氨甲酰基转移酶；③精氨酸代琥珀酸合成酶；④精氨酸代琥珀酸裂解酶；⑤精氨酸酶。

● 图 8-7 尿素生成的中间步骤及具体细胞定位

鸟氨酸循环的总反应式如下：

$$2NH_3+CO_2+3ATP+3H_2O \rightleftharpoons H_2N\text{-}CO\text{-}NH_2+2ADP+AMP+4Pi$$

在上述鸟氨酸循环过程中，1 分子 NH_3、1 分子 CO_2 与 1 分子天冬氨酸，缩合生成为 1 分子尿素。尿素分子中的 2 个氮原子，1 个由游离氨提供，另 1 个由天冬氨酸提供。尿素合成是一个耗能过程，每合成 1 分子尿素需要消耗 3 分子 ATP 和 4 个高能磷酸键。

(4) 尿素合成的调节：尿素合成的调节主要有 3 方面。①食物蛋白质促进尿素合成：当高蛋白质膳食时，体内蛋白质分解加强，尿素的合成速度加快，排出的含氮物中尿素可占到约 90%；而当低蛋白膳食时，尿素合成速度减慢，排出的含氮物中尿素约占 60%。② *N*- 乙酰谷氨酸激活氨甲酰磷酸合成酶Ⅰ促进尿素合成：氨甲酰磷酸合成酶Ⅰ是启动尿素合成的关键酶，*N*- 乙酰谷氨酸是其变构激活剂。*N*- 乙酰谷氨酸是以乙酰 CoA 和谷氨酸为原料，在 *N*- 乙酰谷氨酸合成酶的催化下生成的。精氨酸是 *N*- 乙酰谷氨酸合成酶的激活剂。因此，当精氨酸浓度增高时，可激活 *N*- 乙酰谷氨酸合成酶，从而加快尿素生成。③精氨酸代琥珀酸合成酶调节尿素合成速度：精氨酸代琥珀酸合成酶是尿素合成启动后的关键酶，该酶的活性在参与尿素合成的酶系中最低，可调节尿素的生成速度。

4. 高氨血症和氨中毒　生理情况下，血氨的来源与去路维持动态平衡，肝脏将氨合成尿素是保持该平衡的关键。然而，当某些原因导致肝脏功能严重受损时，可引起尿素合成障碍，从而导致血氨浓度升高此称为高氨血症（hyperammonemia）。高血氨引起的氨中毒是临床上肝性脑病的重要发病机制。其机制一般认为：游离氨具有毒性，它可以通过血脑屏障进入脑组织，与脑中的α-酮戊二酸结合生成谷氨酸；另外，由于脑星形胶质细胞中含有丰富的谷氨酰胺合成酶，因此进入脑中的大量氨还可进一步与谷氨酸结合生成谷氨酰胺。因此，高血氨时，脑中氨的增加一方面可以通过减少脑细胞的α-酮戊二酸含量，从而减弱三羧酸循环，使ATP生成减少，进而导致大脑功能障碍，甚至引发肝性脑病；另一方面，还可以通过增加谷氨酰胺的合成，引起脑细胞内渗透压增大，进而导致脑水肿的发生。

（三）α-酮酸的代谢

氨基酸经过脱氨基作用，除了生成氨之外，还同时生成了α-酮酸。α-酮酸主要通过以下3条途径进一步代谢。

1. 合成非必需氨基酸　氨基酸的脱氨基作用是可逆的化学反应，其逆反应是还原氨基化作用。机体中大多数非必需氨基酸是由相应的α-酮酸通过还原氨基化作用生成的。如丙氨酸、草酰乙酸和α-酮戊二酸可分别转变为丙氨酸、天冬氨酸和谷氨酸。

2. 转变为糖及脂类化合物　营养学实验研究发现，使用不同的氨基酸饲养糖尿病模型犬后，大多数氨基酸可引起实验动物尿中葡萄糖的排出量增加，说明这些氨基酸经过脱氨基作用生成的α-酮酸，在体内可以通过糖异生途径合成葡萄糖，因此这些氨基酸被称为生糖氨基酸（glucogenic amino acid）；少数几种氨基酸可使葡萄糖与酮体的排出量均增加，被为生糖兼生酮氨基酸（glucogenic and ketogenic amino acid）；只有亮氨酸与赖氨酸仅使酮体的排出量增加，被称为生酮氨基酸（ketogenic amino acid）（表8-5）。

表8-5　氨基酸生糖及生酮性质的分类

分类	氨基酸
生糖氨基酸	甘氨酸、丝氨酸、缬氨酸、组氨酸、精氨酸、半胱氨酸、脯氨酸、丙氨酸、谷氨酸、谷氨酰胺、天冬氨酸、甲硫氨酸
生酮氨基酸	亮氨酸、赖氨酸
生糖兼生酮氨基酸	异亮氨酸、苯丙氨酸、酪氨酸、苏氨酸、色氨酸

核素标记氨基酸实验证实了上述营养学研究结果的正确性。尽管各种氨基酸脱氨基生成的α-酮酸结构差异很大且其代谢途径也不尽相同，但各种α-酮酸能够生成糖和/或酮体往往是通过如乙酰CoA、丙酮酸以及三羧酸循环的中间物——琥珀酸单酰CoA、延胡索酸、草酰乙酸和α-酮戊二酸等中间代谢物转变而来的。例如，以丙氨酸为例，丙氨酸经过脱氨基作用生成丙酮酸后，进一步经糖异生途径转变为葡萄糖，因此丙氨酸属于生糖氨基酸；又如亮氨酸经过连续的代谢反应生成乙酰CoA或乙酰乙酰CoA后，进而又转变生成酮体或脂肪，因此亮氨酸属于生酮氨基酸；再如，苯丙氨酸与酪氨酸经过一系列代谢转变能够生成延胡索酸与乙酰乙酸，因此这两种氨基酸

属于生糖兼生酮氨基酸。

3. 氧化供能　α-酮酸在体内可经过三羧酸循环与生物氧化体系，彻底氧化生成水和 CO_2，同时释放大量能量，以满足机体生理活动的需要。

四、氨基酸脱羧基作用

体内某些氨基酸还可以在氨基酸脱羧酶（decarboxylase）的催化下，发生脱羧基作用（decarboxylation）生成相应的胺类。氨基酸脱羧酶的辅酶是维生素 B_6 的活性形式——磷酸吡哆醛。

某些胺类具有特殊的生理作用，若在体内蓄积过多会引起神经系统及心血管系统等的功能紊乱。机体内广泛存在的单胺氧化酶（amine oxidase）能催化胺类，先氧化生成相应的醛、NH_3 和过氧化氢，再进一步氧化生成羧酸，从而避免胺类蓄积所带来的神经与心血管系统功能紊乱。单胺氧化酶属于黄素蛋白酶，它在肝脏中的活性最高。其催化胺类代谢的反应式如下：

$$\underset{\text{氨基酸}}{HOOC{-}\overset{R}{\overset{|}{C}}H{-}NH_2} \xrightarrow[\text{脱羧酶}]{-CO_2} \underset{\text{胺}}{R{-}CH_2{-}NH_2} \xrightarrow[\text{单胺氧化酶}]{O_2,\ H_2O \ \rightarrow\ H_2O_2,\ NH_3} \underset{\text{醛}}{RCHO} \xrightarrow{+1/2\ O_2} \underset{\text{羧酸}}{RCOOH}$$

下面列举几种氨基酸脱羧基作用产生的重要胺类物质。

1. 谷氨酸脱羧基生成γ-氨基丁酸　谷氨酸脱羧基生成γ-氨基丁酸（γ-aminobutyric acid，GABA）的反应是由L-谷氨酸脱羧酶催化的。该酶在脑和肾组织中活性很高，因此脑中γ-氨基丁酸的含量也较高。γ-氨基丁酸是一种抑制性神经递质，对中枢神经具有抑制作用。

$$\underset{\text{谷氨酸}}{HOOC{-}CH(NH_2){-}(CH_2)_2{-}COOH} \xrightarrow[\searrow CO_2]{\text{L-谷氨酸脱羧酶}} \underset{\text{γ-氨基丁酸}}{H_2NCH_2{-}(CH_2)_2{-}COOH}$$

临床上，常常使用维生素 B_6 防治神经过度兴奋所引起的妊娠呕吐和小儿抽搐，其原因可能是维生素 B_6 作为辅助因子参与了氨基酸脱羧基作用，从而促进了γ-氨基丁酸的合成，进而抑制了神经系统的过度兴奋。结核病患者服用异烟肼治疗时，若同时服用维生素 B_6，会引起中枢过度兴奋的中毒症状，这是由于异烟肼能够与维生素 B_6 结合而使其丧失活性，从而影响脑内γ-氨基丁酸的生成。

2. 组氨酸脱羧基生成组胺　组氨酸脱羧基生成组胺（histamine）的反应是在组氨酸脱羧酶的催化下进行的。组胺在体内分布广泛，主要存在于肥大细胞中。该过程的具体反应式为：

$$\underset{\text{组氨酸}}{\text{(咪唑环)}{-}CH_2CH(NH_2)COOH} \xrightarrow[\searrow CO_2]{\text{组氨酸脱羧酶}} \underset{\text{组胺}}{\text{(咪唑环)}{-}CH_2CH_2NH_2}$$

组胺是一种很强的血管舒张剂，且能增加毛细血管的通透性，因此组胺具有扩张血管，降血压的作用。此外，组胺还能引起平滑肌收缩，激发支气管痉挛从而引起哮喘；促进胃黏膜细胞分泌胃蛋白酶原及胃酸，常常被用于研究胃功能活动。创伤性休克、变态反应或炎症病变部位可有过量组胺的释放。

3. 5-羟色胺　色氨酸在色氨酸羟化酶的催化下生成5-羟色氨酸，而后再经过5-羟色氨酸脱羧酶催化生成5-羟色胺（5-hydroxytryptamine，5-HT）。具体反应式如下：

色氨酸（$-CH_2CH(NH_2)COOH$）$\xrightarrow{\text{色氨酸羟化酶}}$ 5-羟色氨酸（HO-，$-CH_2CH(NH_2)COOH$）

$\xrightarrow[CO_2]{\text{5-羟色氨酸脱羧酶}}$ 5-羟色胺（HO-，$-CH_2CH_2NH_2$）

在脑组织中，5-羟色胺作为抑制性神经递质发挥生物学作用；在外周组织中，5-羟色胺具有收缩血管的作用。5-羟色胺经单胺氧化酶作用可生成5-羟色醛，进一步氧化生成5-羟吲哚乙酸。类癌患者尿中5-羟吲哚乙酸的排出量明显升高。

4. 多胺　多胺（polyamines）是指含有多个氨基的胺类化合物。腐胺、精脒（spermidine）和精胺（spermine）总称为多胺。在体内，有些氨基酸通过脱羧基作用产生多胺。如鸟氨酸脱羧基生成腐胺，腐胺从脱羧基*S*-腺苷甲硫氨酸（SAM）获得丙胺基后生成精脒和精胺。

L-鸟氨酸 $\xrightarrow[CO_2]{\text{鸟氨酸脱羧酶}}$ $H_2N-(CH_2)_4-NH_2$（腐胺）

S-腺苷甲硫氨酸(SAM) $\xrightarrow[CO_2]{\text{SAM脱羧酶}}$ 腺苷—S—$(CH_2)_3-NH_2$（脱羧基SAM）

腐胺＋脱羧基SAM $\xrightarrow[\text{腺苷—S—}CH_3]{\text{丙胺转移酶}}$ $H_2N-(CH_2)_4-NH-(CH_2)_3-NH_2$（精脒）

精脒＋脱羧基SAM $\xrightarrow[\text{腺苷—S—}CH_3]{\text{丙胺转移酶}}$ $H_2N-(CH_2)_3-NH-(CH_2)_4-NH-(CH_2)_3-NH_2$（精胺）

在哺乳动物体内，许多生长旺盛的组织，如胚胎、再生肝、肿瘤组织中催化多胺合成的关键酶——鸟氨酸脱羧酶的活性较强，因此这些组织中多胺含量也较高。多胺促进细胞增殖可能与其稳定细胞结构、与核酸分子结合并促进核酸和蛋白质的生物合成有关。多胺在体内生成后，大部分与乙酰基结合后随尿液排出，少部分氧化为CO_2和NH_3。由于多胺在许多肿瘤组织中含量较高，因此临床上常通过测定患者血与尿中多胺的水平作为辅助诊断肿瘤及其病情变化的非特异性指标之一。

第四节　个别氨基酸的代谢

一、氨基酸与“一碳基团”的代谢

（一）一碳单位的概念

某些氨基酸在其分解代谢过程中产生的只含有1个碳原子的基团，称为一碳单位（one carbon unit），主要包括甲基（$—CH_3$，methyl）、甲烯基（亚甲基，$—CH_2—$，methylene）、甲炔基（次甲基，$—CH=$，methenyl）、甲酰基（$—CHO$，formyl）和亚胺甲基（$—CH=NH$，formimino）5种。游离的一碳单位不能单独存在，它需要与四氢叶酸（FH_4）结合后才能进行转运和参与代谢。然而需要注意的是，一碳单位不包括CO_2。

（二）一碳单位的运载体

四氢叶酸是一碳单位的运载体，即一碳单位转移酶的辅酶。在哺乳类动物体内，四氢叶酸是以叶酸为原料，在二氢叶酸还原酶（dihydrofolate reductase）的催化下，经过两步化学反应生成的。

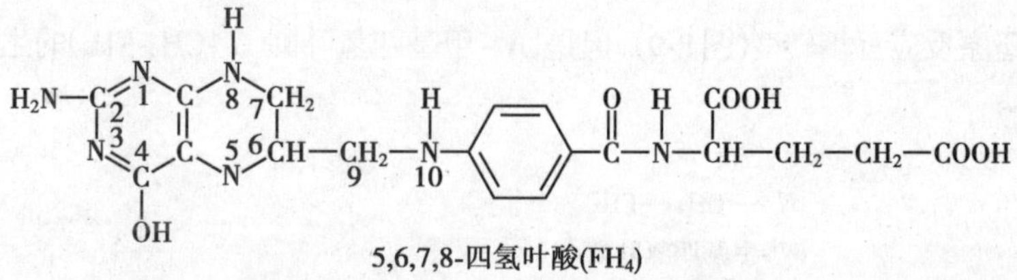

5,6,7,8-四氢叶酸(FH_4)

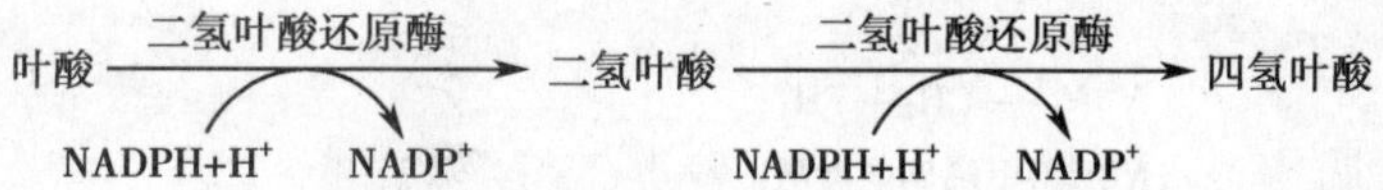

$$\text{叶酸}\xrightarrow[\text{NADPH+H}^+\ \to\ \text{NADP}^+]{\text{二氢叶酸还原酶}}\text{二氢叶酸}\xrightarrow[\text{NADPH+H}^+\ \to\ \text{NADP}^+]{\text{二氢叶酸还原酶}}\text{四氢叶酸}$$

（三）一碳单位的生成过程及其相互转变

一碳单位主要在丝氨酸、甘氨酸、组氨酸及色氨酸的分解代谢中产生。一碳单位生成后便与四氢叶酸的N^5、N^{10}位结合。甲基或亚氨甲基结合于四氢叶酸的N^5位上，甲酰基结合于N^5或N^{10}位上，甲烯基或甲炔基结合于N^5和N^{10}位上。它们之间具体转变过程如图8-8。

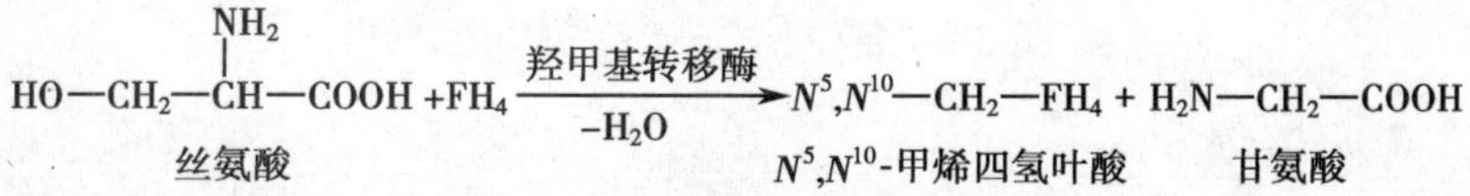

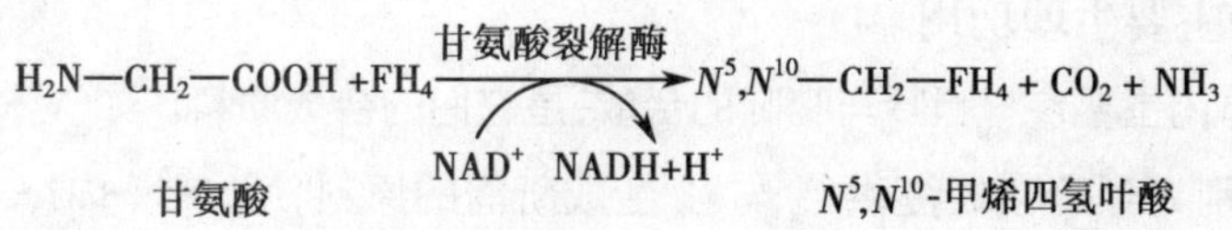

$$\underset{\text{丝氨酸}}{HO—CH_2—CH(NH_2)—COOH}+FH_4\xrightarrow[-H_2O]{\text{羟甲基转移酶}}\underset{N^5,N^{10}\text{-甲烯四氢叶酸}}{N^5,N^{10}—CH_2—FH_4}+\underset{\text{甘氨酸}}{H_2N—CH_2—COOH}$$

$$\underset{\text{甘氨酸}}{H_2N—CH_2—COOH}+FH_4\xrightarrow[NAD^+\ \to\ NADH+H^+]{\text{甘氨酸裂解酶}}\underset{N^5,N^{10}\text{-甲烯四氢叶酸}}{N^5,N^{10}—CH_2—FH_4}+CO_2+NH_3$$

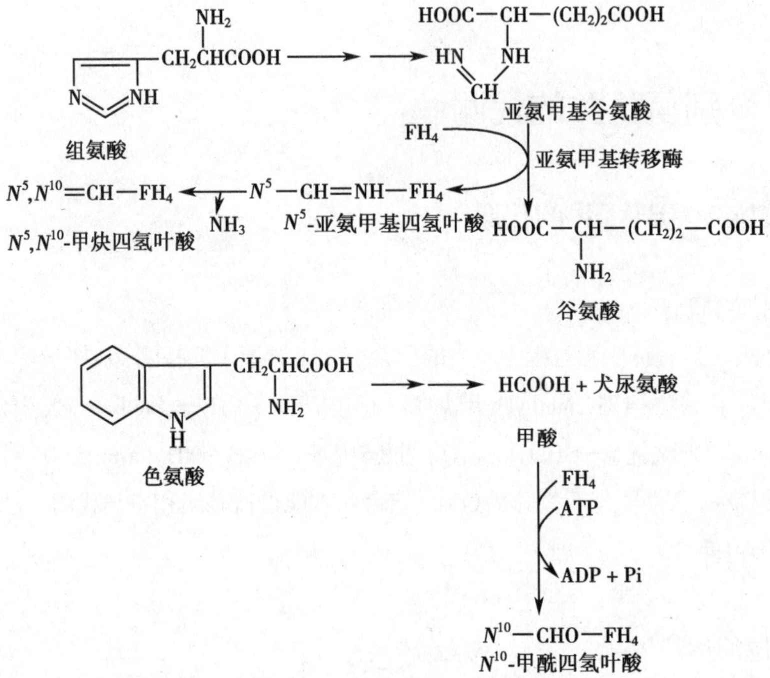

组氨酸 $\xrightarrow{}$ $\xrightarrow{}$ 亚氨甲基谷氨酸（$HOOC-CH-(CH_2)_2COOH$）

亚氨甲基谷氨酸 + FH_4 $\xrightarrow{\text{亚氨甲基转移酶}}$ $N^5-CH=NH-FH_4$（N^5-亚氨甲基四氢叶酸）+ 谷氨酸（$HOOC-CH(NH_2)-(CH_2)_2-COOH$）

$N^5-CH=NH-FH_4$ $\xrightarrow{-NH_3}$ $N^5,N^{10}=CH-FH_4$（N^5,N^{10}-甲炔四氢叶酸）

色氨酸 $\xrightarrow{}$ $\xrightarrow{}$ $HCOOH$ + 犬尿氨酸

甲酸 $\xrightarrow{FH_4,\ ATP \to ADP + Pi}$ $N^{10}-CHO-FH_4$（N^{10}-甲酰四氢叶酸）

● 图 8-8　重要一碳单位的生成过程及其相互转变

在各种不同形式的一碳单位中，碳原子的氧化状态存在着差异。在适当条件下，它们彼此间可以通过氧化还原反应互相转变(图 8-9)。但是，N^5- 甲基四氢叶酸(N^5-CH_3-FH_4)的生成是不可逆的。

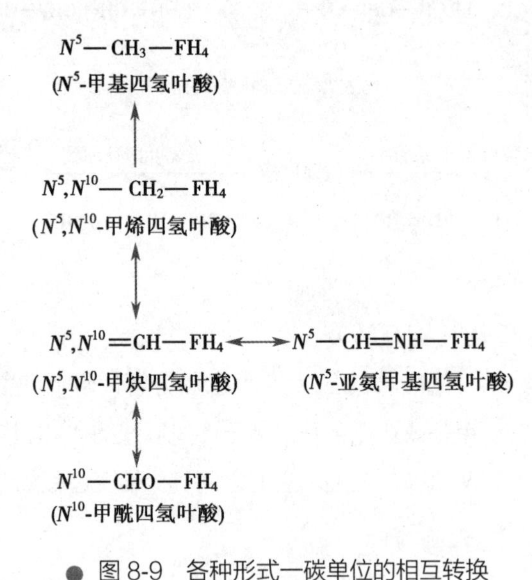

● 图 8-9　各种形式一碳单位的相互转换

(四) 一碳单位的主要生理功用

一碳单位在体内主要参与嘌呤与嘧啶的合成，是它们的合成原料。如 $N^{10}-CHO-FH_4$ 和 $N^5,N^{10}-CH=FH_4$ 分别为嘌呤合成提供 C_2 与 C_8 生成所需的原料；$N^5,N^{10}-CH_2-FH_4$ 为 dTMP 的合成提供甲基。因此，一碳单位是密切联系氨基酸代谢与核酸代谢的重要纽带，这与乙酰 CoA 在糖、脂肪及氨基酸代谢相互联系中所发挥的枢纽作用相类似。而一碳单位代谢障碍可引起如巨幼细胞贫血等一些病理情况的发生。某些药物,如磺胺药及甲氨蝶呤等抗恶性肿瘤药便是分别通过干扰细菌及恶性肿瘤细胞的叶酸、四氢叶酸的合成,进而影响一碳单位的代谢及核酸合成来发挥它们的药理作用的。

二、芳香族氨基酸的代谢

前面的蛋白质化学章节中已经讲到,芳香族氨基酸包括苯丙氨酸(Phe)、酪氨酸(Tyr)与色氨酸(Trp)。酪氨酸可由苯丙氨酸羟化生成,而苯丙氨酸和色氨酸又属于必需氨基酸。

(一)苯丙氨酸的代谢

苯丙氨酸的正常代谢途径主要是在苯丙氨酸羟化酶(phenylalanine hydroxylase,PAH)的催化下生成酪氨酸。苯丙氨酸羟化酶是一种单加氧酶,其辅酶为四氢生物蝶呤。该酶主要分布于肝脏组织中,其催化的反应不可逆,因此酪氨酸不能转变为苯丙氨酸。

COOH
CHNH$_2$
CH$_2$
+ O_2
苯丙氨酸羟化酶
四氢生物蝶呤　二氢生物蝶呤
$NADP^+$　NADPH + H^+
COOH
CHNH$_2$
CH$_2$
+ H_2O
OH
苯丙氨酸　酪氨酸

此外,少量苯丙氨酸还能通过转氨基作用生成苯丙酮酸。先天性缺乏苯丙氨酸羟化酶的患者,体内的苯丙氨酸不能羟化转变为酪氨酸,只能进行转氨基作用,生成大量苯丙酮酸、苯乳酸和苯乙酸等代谢产物并随尿液排出,从而引起苯丙酮尿症(phenylketonuria,PKU)。苯丙酮酸的堆积会对中枢神经系统产生毒性,引起患儿的脑发育障碍及智力低下。苯丙酮尿症筛查是目前我国新生儿筛查的一项重要检查内容,对于这类患儿的治疗原则是早期发现,并严格控制其膳食中苯丙氨酸的摄入量。

(二)酪氨酸的代谢

酪氨酸能够进一步代谢合成甲状腺激素、儿茶酚胺类神经递质及黑色素等物质。具体代谢途径如下:

1. 酪氨酸可碘化生成甲状腺激素　甲状腺激素是甲状腺分泌激素的统称,主要包括三碘甲腺原氨酸(T_3)与四碘甲腺原氨酸(T_4),其中 T_4 又称为甲状腺素(thyroxine)。

在甲状腺球蛋白中,酪氨酸先碘化生成 3- 碘酪氨酸(一碘酪氨酸)和 3,5- 二碘酪氨酸(二碘酪氨酸),然后 1 分子一碘酪氨酸与 1 分子二碘酪氨酸缩合生成 T_3 或 2 分子二碘酪氨酸缩合为 T_4。T_3 的生理活性比 T_4 大 3~5 倍。

甲状腺激素的主要生物学功能是促进糖、脂肪与蛋白质三大营养物质代谢及能量代谢；促进机体的生长发育，尤其对于婴幼儿时期骨与脑的发育尤为重要。先天性或婴幼儿时期缺乏甲状腺激素，会导致中枢神经系统发育障碍及长骨生长停滞，从而表现出智力低下和身材矮小等特征，引起呆小症[也称克汀病(cretinism)]。地域性饮食中碘缺乏，可以导致甲状腺激素的合成不足；在垂体分泌的促甲状腺激素(thyroid stimulating hormone，TSH)的刺激下，将引起甲状腺组织增生、肿大，导致地方性甲状腺肿的发生。在食盐中补充碘能够预防碘缺乏。

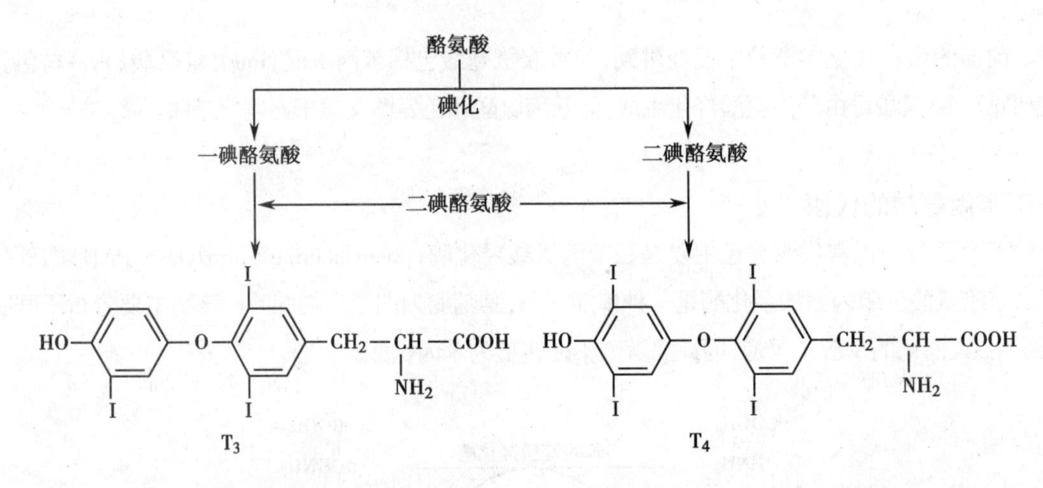

2. 酪氨酸转变为儿茶酚胺类神经递质　在肾上腺髓质和神经组织中，酪氨酸在酪氨酸羟化酶的催化下生成3，4-二羟苯丙氨酸(3，4-dihydroxyphenylalanine，DOPA，又称多巴)。酪氨酸羟化酶与前述的苯丙氨酸羟化酶类似，也是一种以四氢生物蝶呤为辅酶的单加氧酶。多巴进一步在多巴脱羧酶的催化下脱羧生成多巴胺(dopamine)。在肾上腺髓质中，多巴胺侧链的β-碳原子发生羟化生成去甲肾上腺素，后者再经过甲基化生成肾上腺素。多巴胺、去甲肾上腺素和肾上腺素三者统称为儿茶酚胺(catecholamine)，它们是重要的神经递质。多巴胺生成减少会导致帕金森病(Parkinson disease)的发生。酪氨酸羟化酶是儿茶酚胺生成的限速酶，它受终产物的反馈调节。

3. 酪氨酸转变为黑色素　在黑色素细胞中，酪氨酸在酪氨酸酶(tyrosinase)的催化下，经过羟化生成多巴，后者经过进一步氧化、脱羧等反应生成吲哚醌，吲哚醌最后聚合生成黑色素。先天缺乏酪氨酸酶的患者，由于机体黑色素合成障碍，引起皮肤、毛发等发白，称为白化病(albinism)。这类患者对阳光很敏感，易患皮肤癌。

4. 酪氨酸的氧化分解　除了上述代谢途径外，酪氨酸还可在酪氨酸转氨酶的催化下转变为对羟苯丙酮酸，后者经过转变为尿黑酸等中间产物后，进一步生成延胡索酸和乙酰乙酸，这两者分别沿着糖和脂肪代谢途径进行后续代谢。因此苯丙氨酸与酪氨酸均为生糖兼生酮氨基酸。先天性缺乏尿黑酸氧化酶的患者，由于酪氨酸代谢产生的尿黑酸在体内不能进一步氧化分解，从而使大量尿黑酸随尿液排出并在空气中氧化生成黑色化合物，因而称此为尿黑酸尿症(alkaptonuria)。

苯丙氨酸与酪氨酸代谢的主要过程总结如下：

苯丙氨酸 —苯丙氨酸转氨酶→ 苯丙酮酸 → 苯乙酸

苯丙氨酸 —苯丙氨酸羟化酶→ 酪氨酸

酪氨酸 —酪氨酸羟化酶→ 多巴 → 多巴胺 → 去甲肾上腺素 → 肾上腺素

酪氨酸 —酪氨酸酶→ 多巴 → 多巴醌 → → 吲哚醌 —聚合→ 黑色素

酪氨酸 —酪氨酸转氨酶→ 羟苯丙酮酸 → 尿黑酸 → 延胡索酸 + 乙酰乙酸

(三) 色氨酸的代谢

色氨酸除了可以脱羧基生成5-羟色胺、一碳单位之外，还可以分解为丙酮酸与乙酰乙酰CoA，故色氨酸属于生糖兼生酮氨基酸。此外，色氨酸还能分解生成少量的烟酸（维生素PP），但其合成量较少，无法满足机体的代谢需求。

案例分析

案例

患儿，男，5岁。就诊时其病情由母亲代述：患儿出生时未见异常，出生半年后发现其生长发育迟缓；随年龄增长，其智力发育与同龄孩子相比明显落后，生长发育迟缓，多动，毛发浅淡色，身上有特殊的鼠尿味。实验室检查：尿三氧化铁试验呈绿色反应，二硝基苯肼试验出现黄色沉淀。

问题：

1. 该患儿初步诊断患有何种疾病？具体诊断依据有哪些？

2. 该病防治的主要原则是什么？

分析

1. 该患儿初步诊断患有苯丙酮尿症。患儿尿液的实验室检测结果显示：三氧化铁试验呈绿色反应（阳性），二硝基苯肼试验出现黄色沉淀（阳性）。这两项均为尿液中苯丙酮酸含量的检测指标。该结果表明，患儿尿液中苯丙酮酸含量很高，加之患儿身上有特殊的鼠尿味（苯乙酸的味道），这都符合苯丙酮尿症的特征。因此初步诊断患儿患有苯丙酮尿症。

2. 针对该病的防治，患儿出生后3个月内即需要使用低苯丙氨酸膳食（低苯丙氨酸奶粉）及高酪氨酸膳食进行治疗最为合理，一方面能够减少体内苯丙酮酸及苯乙酸等的生成，延缓智力发育迟缓的发生；另一方面，合理补充机体代谢所需要的酪氨酸。低苯丙氨酸及高酪氨酸膳食治疗要坚持到患儿至少10岁，甚至终身。饮食治疗停止前可以进行苯丙氨酸负荷试验，即进食苯丙氨酸含量正常的普通饮食，观察血中苯丙氨酸的浓度和脑电图是否正常。若这两项指标保持正常，则可停止饮食治疗。女性患者若幼年时治疗恰当，生长发育基本不受影响；但到妊娠期时，应严格使用低苯丙氨酸膳食，以免由于高苯丙氨酸血症而影响胎儿正常的生长发育。

三、含硫氨基酸的代谢

含硫氨基酸包括甲硫氨酸、半胱氨酸和胱氨酸。三者的代谢存在着相互联系，其中甲硫氨酸可以转变生成半胱氨酸与胱氨酸，而半胱氨酸与胱氨酸之间可以通过氧化还原反应相互转变，但半胱氨酸与胱氨酸却不能合成甲硫氨酸，因此甲硫氨酸属于必需氨基酸。

（一）甲硫氨酸的代谢

1. 活性甲硫氨酸的生成　甲硫氨酸分子中包含*S*-甲基，可以借助各种转甲基作用为多种含甲基的生物活性物质如肾上腺素、肉碱、胆碱、肌酸等的合成提供甲基。转甲基作用进行之前，甲硫氨酸首先要在腺苷转移酶（adenosyl transferase）的催化下与ATP反应生成*S*-腺苷甲硫氨酸（*S*-adenosyl methionine，SAM）。SAM被称为活性甲硫氨酸，其所含的甲基称为活性甲基。SAM是机体中甲基最重要的直接供体。

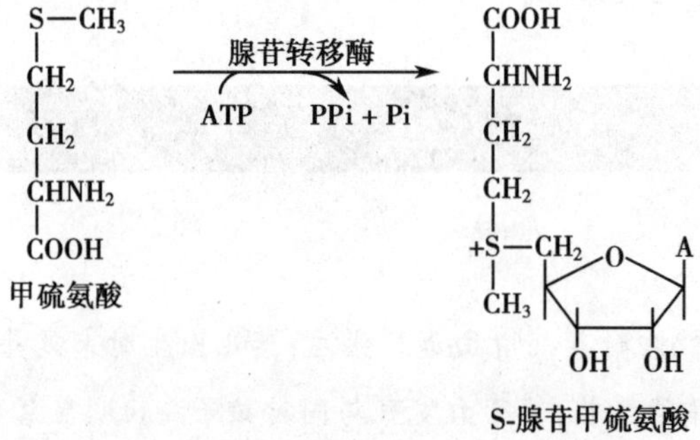

$S-CH_3$
CH_2
CH_2
$CHNH_2$
$COOH$
甲硫氨酸

腺苷转移酶
ATP　PPi + Pi

$COOH$
$CHNH_2$
CH_2
CH_2
$^{+}S-CH_2$　O　A
CH_3
OH　OH
S-腺苷甲硫氨酸

2. 甲硫氨酸循环　在甲基转移酶(methyl transferase)的催化下,SAM 接下来将其所含的活性甲基转移给另一种物质,使该物质发生甲基化(methylation)反应。SAM 转甲基后转变为 *S*- 腺苷同型半胱氨酸(*S*-adenosyl homocysteine,SAH),后者进一步脱腺苷生成同型半胱氨酸(homocysteine)。同型半胱氨酸再从 N^5-CH_3-FH_4 上接受—CH_3,重新生成甲硫氨酸,由此构成甲硫氨酸循环(methionine cycle)(图 8-10)。该循环的生理意义为:①生成了甲基的直接供体 SAM,广泛参与体内的甲基化反应。② N^5-CH_3-FH_4 为甲硫氨酸的再生提供甲基,因此它被称为甲基的间接供体。同时由于 N^5-CH_3-FH_4 属于一碳单位,因此当其所含的甲基转出之后,使 FH_4 从一碳单位中游离出来,因此该循环也有利于 FH_4 的再生。

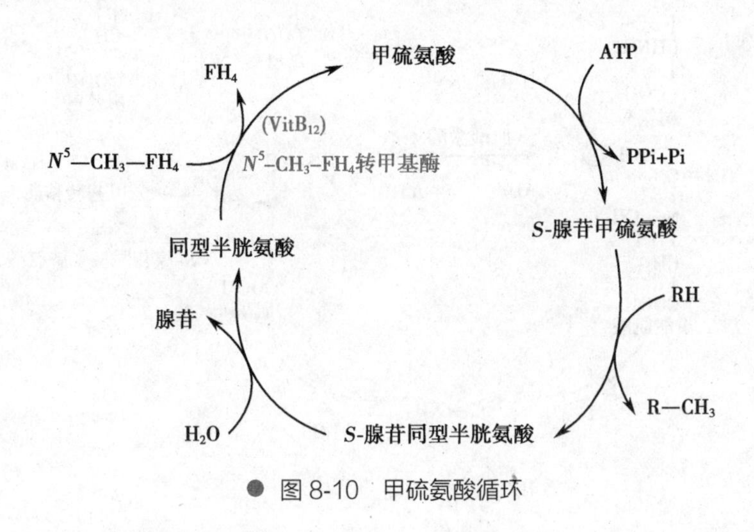

● 图 8-10　甲硫氨酸循环

由 N^5-CH_3-FH_4 提供甲基将同型半胱氨酸转变为甲硫氨酸的反应是体内能利用 N^5-CH_3-FH_4 的唯一反应。N^5-CH_3-FH_4 转甲基酶催化此反应,其辅酶是维生素 B_{12}。维生素 B_{12} 缺乏时不利于甲硫氨酸的生成,同时也影响 FH_4 的再生,使组织中游离的 FH_4 含量减少,一碳单位代谢受阻,从而导致核酸、蛋白质合成障碍,引起巨幼细胞贫血。

甲硫氨酸循环反应中生成的同型半胱氨酸还可在胱硫醚合酶(cystathionine sythase)的催化下,与丝氨酸缩合生成胱硫醚,后者进一步裂解生成半胱氨酸与 α- 酮丁酸。α- 酮丁酸继续转变生成琥珀酰 CoA,进而代谢生成葡萄糖,故而甲硫氨酸属于生糖氨基酸。

研究发现,同型半胱氨酸能够损伤血管内皮细胞,是动脉粥样硬化发生的独立危险因素之一。先天性缺乏胱硫醚合酶的患者,由于同型半胱氨酸不能继续代谢,会导致血中同型半胱氨酸堆积,引起高同型半胱氨酸血症,患儿发生明显的心血管异常症状。

3. 肌酸的合成　肌酸(creatine)与磷酸肌酸(creatine phosphate,CP)是参与能量储存、利用的两种重要化合物。肌酸主要是在肝脏中,以甘氨酸为骨架,由精氨酸提供脒基,SAM 提供给甲基合成的(图 8-11)。肌酸进一步在肌酸激酶(creatine kinase,CK)的催化下,从 ATP 获得高能磷酸键,转变成磷酸肌酸。后者是能量的储存形式,在心肌、骨骼肌及脑组织中含量丰富。

肌酸激酶由 M 型(肌型)和 B 型(脑型)两种亚基组成,能够构成 MM、MB 和 BB 三种同工酶。三者在体内各组织中的分布存在差异,MM 型主要分布于骨骼肌中,MB 型主要分布于心肌中,BB 型主要分布在脑中。心肌梗死时,血清中 MB 型肌酸激酶活性增高,可作为该病的辅助诊断指标之一。

肌酸与磷酸肌酸的代谢终产物为肌酐(creatinine)。后者主要通过磷酸肌酸的非酶促反应生成,骨骼肌是其生成的主要部位。肌酐进而经肾随尿液排出。健康正常人每日尿中的肌酐排出量恒定;但当肾功能障碍时,肌酐排出受阻,引起血肌酐浓度升高。因此血肌酐的测定有助于肾功能不全的诊断。

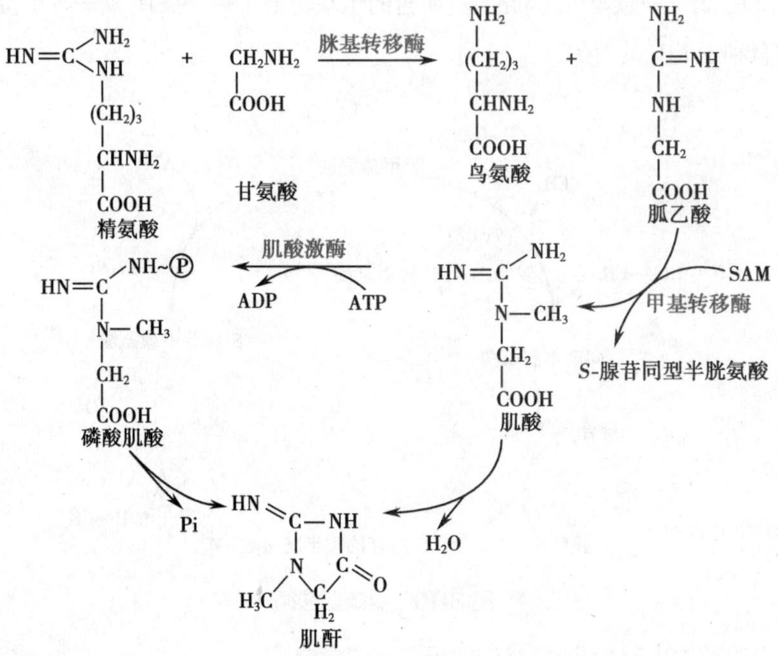

● 图 8-11 肌酸代谢

(二) 半胱氨酸的代谢

1. 半胱氨酸与胱氨酸之间可以相互转变 半胱氨酸和胱氨酸同为非必需氨基酸,半胱氨酸分子中包含巯基(—SH),而胱氨酸分子中包含二硫键(—S—S—),两者可以通过氧化还原反应相互转变。在很多蛋白质分子中,由两个半胱氨酸残基经过脱氢反应所形成的二硫键对于维持蛋白质空间结构的稳定及发挥其生物学活性具有重要意义。如有活性的牛核糖核酸酶的空间结构中存在 4 对二硫键,如二硫键断裂,将导致该酶的空间结构破坏及生物学活性丧失。体内许多酶如乳酸脱氢酶、琥珀酸脱氢酶等的活性均与其分子中所含的半胱氨酸残基上的—SH 直接有关,故这些酶被称为巯基酶。重金属盐、路易士气等毒物能与酶分子中的巯基结合,进而抑制酶的活性。

2. 半胱氨酸是体内硫酸根的主要来源 尽管含硫氨基酸分解均能产生硫酸根,但半胱氨酸分解是体内硫酸根的主要来源。半胱氨酸首先脱去巯基和氨基后,生成丙酮酸、氨和 H_2S。H_2S 进一步氧化生成 H_2SO_4。生成的硫酸根中一部分经 ATP 活化生成 3′- 腺苷 -5′- 磷酸硫酸(3′-phosphoadenosine-5′-phosphosulfate, PAPS),称为活性硫酸根。PAPS 的合成过程如下:

$$ATP + SO_4^{2-} \xrightarrow{-PPi} AMP—SO_3^- \xrightarrow{+ATP} 3'—PO_3H_2—AMP—SO_3^- + ADP$$

腺苷-5′-磷酰硫酸　　PAPS

PAPS的结构

PAPS 的化学性质较为活泼，在肝的生物转化作用中具有重要意义，可为某些物质形成硫酸酯提供活性硫酸根。此外，在硫酸转移酶的催化下，PAPS 还参与硫酸化氨基糖如肝素、硫酸角质素、硫酸软骨素等分子的合成。

3. 半胱氨酸可以转变生成牛磺酸　半胱氨酸还可以氧化生成磺基丙氨酸，后者在磺基丙氨酸脱羧酶的催化下，脱羧基生成牛磺酸。牛磺酸是体内结合胆汁酸的重要组成成分。

4. 半胱氨酸参与谷胱甘肽的合成　体内广泛分布的谷胱甘肽是由半胱氨酸、谷氨酸和甘氨酸残基三者组成的。还原型谷胱甘肽是体内重要的抗氧化剂，它具有以下作用：①保护重要的酶（如巯基酶）或蛋白质分子中的巯基免遭氧化，维持这些酶或蛋白质分子的结构与功能。②清除活性氧及其他氧化剂，对抗氧化损伤。③作为生物转化第二相反应的结合物，通过与药物或毒物结合，避免这些物质对 DNA、RNA 和蛋白质的结构造成破坏及影响其功能。

小结

氨基酸具有重要的生理功能，除了作为蛋白质的合成原料外，还可转变成某些激素、神经递质及核苷酸等含氮物质。人体内氨基酸的来源包括：食物蛋白质的消化吸收，组织蛋白质的分解与合成。外源性和内源性的氨基酸共同构成氨基酸代谢库，参与体内代谢。

氨基酸的分解代谢包括一般分解代谢和特殊分解代谢。一般分解代谢是针对氨基酸的共性结构 α- 氨基和 α- 酮酸进行分解。氨基酸通过转氨基作用、氧化脱氨基作用和联合脱氨基作用脱去氨基，生成α- 酮酸和/或氨。有毒的氨以无毒的丙氨酸和/或谷氨酰胺的形式被运送至肝或肾。在肝中，氨经过鸟氨酸循环转变为尿素。脱去氨基生成的 α- 酮酸可转变为糖或脂类化合物，可经还原氨基化生成非必需氨基酸，或者也可以彻底氧化分解，为机体提供能量。

各种氨基酸除了共有的一般代谢途径外，因其侧链不同，有些氨基酸还有其特殊的代谢途径。如氨基酸分解代谢过程中产生的一碳单位可用于嘌呤、嘧啶核苷酸的合成；含硫氨基酸代谢产生的活性甲基，参与体内重要的含甲基化合物的合成；芳香族氨基酸代谢产生甲状腺激素、儿茶酚胺类神经递质及黑色素等。

思考题

1. 简述血氨的来源与去路。分析讨论为什么高氨血症患者禁用碱性肥皂水灌肠？

2. 使用所学的生化知识解释肝性脑病发生的可能原因。

3. 试述体内脱氨基作用的主要方式及其特点。

4. 何为转氨基作用？体内重要的转氨酶有哪些？检测血清中这些转氨酶的活性有什么意义？

5. 试述甲硫氨酸循环的过程及其生理意义。

第八章　同步练习

（郑　纺）

第九章　核苷酸代谢

第九章　课件

学习目标

掌握：核苷酸从头合成的概念、原料及特点；核苷酸补救合成的概念及生理意义。

熟悉：核苷酸从头合成的关键酶；核苷酸分解代谢的产物及痛风症的发病和治疗机制。

了解：核酸的消化吸收；核苷酸代谢的调节及抗代谢物的种类及作用机制。

核苷酸（nucleotide）是构成核酸的基本结构单位。在人体内核苷酸分布广泛，主要以5′-核苷酸形式存在，其中以5′-ATP的含量最多。一般来说，细胞中核糖核苷酸的浓度远远高于脱氧核糖核苷酸。在细胞分裂周期中，脱氧核糖核苷酸含量变化较大，而核糖核苷酸的浓度则相对稳定。

与氨基酸不同，人体内的核苷酸主要依靠机体细胞自身合成，因而核苷酸不属于营养必需物质。通常体内的核苷酸处于降解和再利用的动态平衡之中，细胞内核苷酸被酶促降解为碱基或核苷，可进一步分解而排出体外，同时核苷酸降解的中间产物也可以被细胞再利用来合成核苷酸。

食物中的核酸多以核蛋白的形式存在，核蛋白在胃中受胃酸作用，分解成核酸和蛋白质。核酸的消化是由来自胰液和肠液中的多种水解酶催化，逐步降解（图9-1）。核苷酸及其水解产物均可以被小肠黏膜细胞吸收，吸收后绝大部分仍可以进一步代谢，其中戊糖可参与戊糖代谢；嘌呤和嘧啶碱基除小部分可被再利用外，大部分主要被分解而排出体外。因此，食物来源的嘌呤和嘧啶碱基很少被利用。

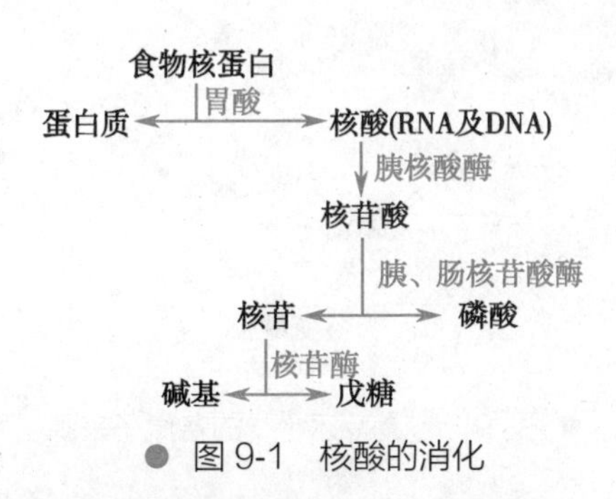

图9-1　核酸的消化

体内的核苷酸具有多种生物学功能：①作为核酸合成的原料，这是核苷酸的最主要的生物学功能；②作为体内能量的载体和利用形式，如ATP是细胞主要能量载体和利用形式；③参与体内代谢和生理调节，一些核苷酸及其衍生物是许多代谢过程的调节分子，如糖有氧氧化受ATP、ADP

或 AMP 浓度变化的调节，cAMP 或 cGMP 是多种细胞膜受体激素调节作用的第二信使；④作为辅酶或辅基的组分，如腺苷酸可构成 NAD^+、$NADP^+$、FMN、FAD 及 HSCoA 等多种辅酶；⑤作为活性中间代谢物的载体，如 UDP- 葡萄糖是合成糖原、糖蛋白的糖基载体，CDP- 二酰甘油是合成磷脂的活性原料；*S*- 腺苷甲硫氨酸是活性甲基的载体等。另外 ATP 还参与蛋白激酶催化的反应，作为磷酸基团的供体。核苷酸代谢包括其合成代谢和分解代谢。按照构成核苷酸的碱基不同，把核苷酸代谢分为嘌呤核苷酸代谢和嘧啶核苷酸代谢，因此本章重点介绍嘌呤核苷酸和嘧啶核苷酸的合成和分解代谢，并简要介绍脱氧核糖核苷酸合成过程及核苷酸抗代谢物的作用机制。

第一节　嘌呤核苷酸代谢

一、嘌呤核苷酸的合成代谢

嘌呤核苷酸的合成途径有从头合成和补救合成两条途径，从头合成途径是体内合成嘌呤核苷酸的主要途径。

（一）嘌呤核苷酸的从头合成途径

从头合成（de novo synthesis）途径是指机体利用磷酸核糖、氨基酸、一碳单位和 CO_2 等简单物质为原料，通过一系列酶促反应合成嘌呤核苷酸的反应过程。肝脏是嘌呤核苷酸从头合成的主要器官，此外小肠和胸腺也能从头合成嘌呤核苷酸，合成反应发生在这些组织细胞的胞质中。

几乎所有生物体都能合成嘌呤碱。1948 年，Buchanan 等利用放射性核素标记不同化合物喂养鸽子，并测定排出的尿酸中标记原子的位置，证实合成嘌呤碱的原料为：氨基酸、一碳单位和 CO_2 等。合成嘌呤环的 N_1 由天冬氨酸提供，C_2、C_8 来自一碳单位，N_3 和 N_9 来自谷氨酰胺，C_4、C_5、N_7 由甘氨酸提供，C_6 来自 CO_2（图 9-2）。

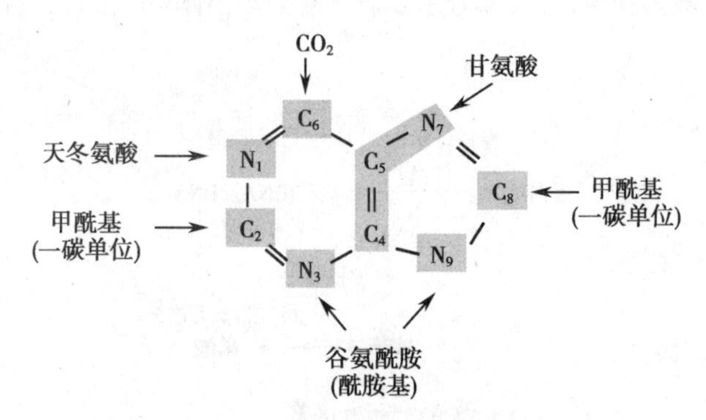

● 图 9-2　嘌呤环合成的各原子来源

1. 嘌呤核苷酸的从头合成过程　嘌呤核苷酸的合成过程可以分为两个阶段：先合成次黄嘌呤核苷酸（inosine monophosphate，IMP），然后 IMP 再转变为腺嘌呤核苷酸（AMP）和鸟嘌呤核苷酸（GMP）。

(1)IMP 的合成(图 9-3)

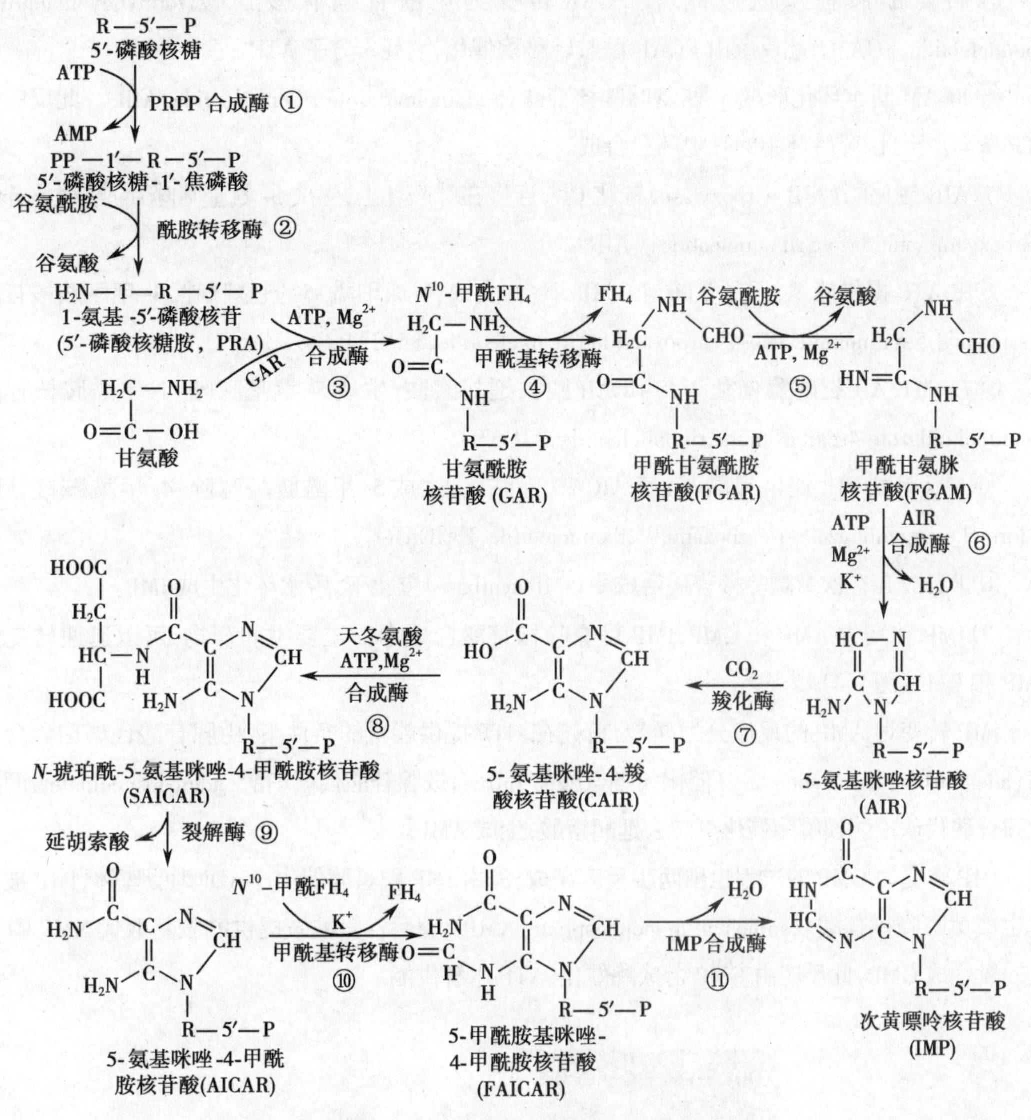

● 图 9-3 次黄嘌呤核苷酸的从头合成

① 5′- 磷酸核糖的活化：5′- 磷酸核糖（来自磷酸戊糖途径）在磷酸核糖焦磷酸合成酶催化下，活化生成 5′- 磷酸核糖 -1′- 焦磷酸（5′-phosphoribosyl-1′-pyrophosphate，PRPP），ATP 提供焦磷酸基团并转移至 5′- 磷酸核糖的 C_1 位。PRPP 不仅是嘌呤核苷酸合成的重要中间物，也是嘧啶核苷酸、组氨酸、色氨酸合成的前体物质，因此 PRPP 合成酶是催化多种物质合成的重要酶。该酶是一种变构酶，受多种代谢物的变构调节。

②磷酸核糖酰胺转移酶（amidotransferase）：催化谷氨酰胺的酰胺基取代 PRPP 上的焦磷酸，产生 5′- 磷酸核糖胺（5′-phosphoribosyylamine，PRA），PRA 极不稳定，半衰期为 30 秒。此反应由焦磷酸水解供能，是嘌呤合成的限速步骤，磷酸核糖酰胺转移酶为限速酶，受嘌呤核苷酸的反馈抑制。

③由 ATP 供能，PRA 与甘氨酸在甘氨酰胺核苷酸合成酶（glycinamide ribonucleotide synthetase）催化下生成甘氨酰胺核苷酸（glycinamide ribonucleotide，GAR）。此反应过程可逆。

④在 GAR 甲酰基转移酶（GAR transformylase）催化下，N^{10}- 甲酰 FH_4 提供甲酰基，使 GAR 甲

酰化，生成甲酰甘氨酰胺核苷酸（formylglycinamide ribonucleotide，FGAR）。

⑤谷氨酰胺提供酰胺氮，使FGAR转变为甲酰甘氨脒核苷酸（formylglycinamidine ribonucleotide，FGAM），此反应由FGAR酰胺转移酶催化，消耗1分子ATP。

⑥FGAM脱水环化形成5-氨基咪唑核苷酸（5-aminoimidazole ribonucleotide，AIR）。此反应需ATP参与。至此，嘌呤环中的咪唑环已合成。

⑦AIR羧化酶（AIR carboxylase）催化CO_2连接在咪唑环上，生成5-氨基咪唑-4-羧酸核苷酸（carboxyaminoimidazole ribonucleotide，CAIR）。

⑧由ATP提供能量，天冬氨酸与CAIR缩合，生成*N*-琥珀酰-5-氨基咪唑-4-甲酰胺核苷酸（*N*-succinyl-5-aminoimidazole-4-carboxamide ribonucleotide，SAICAR）。

⑨在SAICAR裂解酶催化下，SAICAR脱去延胡索酸，生成5-氨基咪唑-4-甲酰胺核苷酸（5-aminoimidazole-4-carboxamide ribonucleotide，AICAR）。

⑩N^{10}-甲酰FH_4提供甲酰基，使AICAR甲酰化，生成5-甲酰胺基咪唑-4-甲酰胺核苷酸（5-formyl aminoimidazole-4-carboxamide ribonucleotide，FAICAR）。

⑪FAICAR在次黄嘌呤核苷酸合成酶（IMP synthase）催化下，脱水环化生成IMP。

（2）IMP转变为AMP和GMP：IMP是嘌呤核苷酸合成中的重要中间产物，可以迅速转变为AMP和GMP（图9-4）。

IMP转变为AMP的反应分为两步：首先在GTP提供能量的条件下，由腺苷酸代琥珀酸合成酶（adenylosuccinate synthetase）催化天冬氨酸与IMP合成腺苷酸代琥珀酸（adenylosuccinate），而后在腺苷酸代琥珀酸裂解酶催化下脱去延胡索酸，生成AMP。

IMP转变为GMP的过程也由两步反应完成：先由IMP脱氢酶催化，NAD^+为受氢体，IMP被氧化生成黄嘌呤核苷酸（xanthosine monophosphate，XMP），随后谷氨酰胺提供酰胺基取代XMP中C_2上的氧生成GMP，此反应由GMP合成酶催化，ATP水解供能。

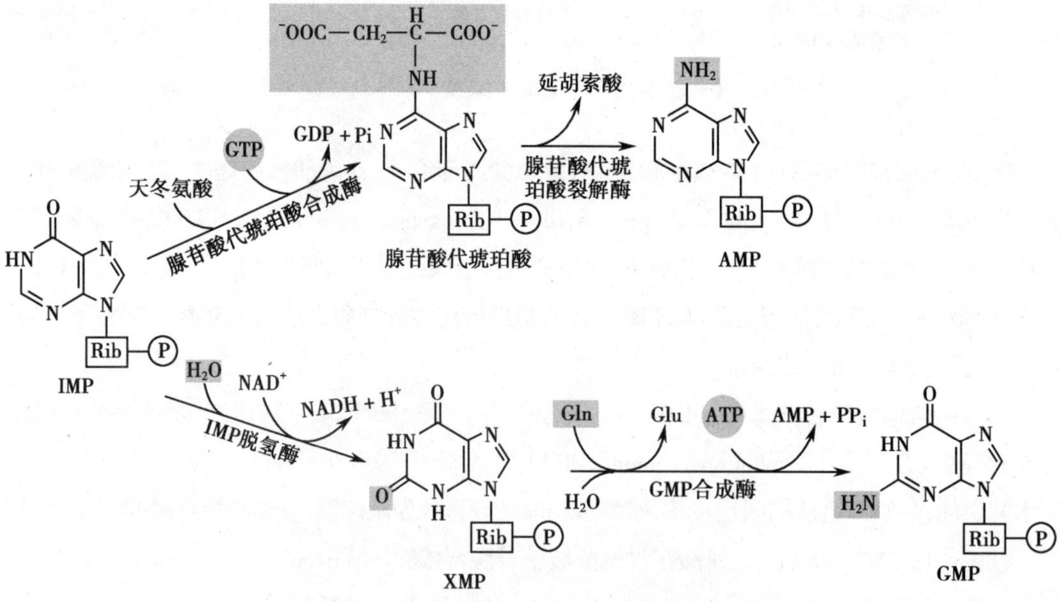

● 图9-4　IMP转变为AMP和GMP

细胞内的 AMP 和 GMP 在激酶作用下转变为 ATP 或 GTP,可作为合成 RNA 的原料。

$$AMP \xrightarrow[ATP\ \ ADP]{激酶} ADP \xrightarrow[ATP\ \ ADP]{激酶} ATP \qquad GMP \xrightarrow[ATP\ \ ADP]{激酶} GDP \xrightarrow[ATP\ \ ADP]{激酶} GTP$$

从嘌呤核苷酸从头合成过程可以清楚地看到,其合成过程是在磷酸核糖分子上逐步合成嘌呤环,而不是先合成嘌呤碱基再与磷酸核糖结合,这是嘌呤核苷酸从头合成的一个重要特点,也是与嘧啶核苷酸从头合成的明显差别。

2. 嘌呤核苷酸从头合成的调节　从头合成是体内嘌呤核苷酸的主要来源,在这个合成过程中需要消耗磷酸核糖和氨基酸等原料以及大量的 ATP。因此,机体通过对其合成速度进行精确的调节,既满足细胞合成核酸对嘌呤核苷酸的需要,又减少了前体分子和能量的过多消耗。

嘌呤核苷酸从头合成的调节机制包括反馈调节和交叉调节,主要发生在以下几个部位:

PRPP 合成酶和 PRPP 酰胺转移酶是嘌呤核苷酸合成起始阶段的限速酶,均属变构酶类,可被从头合成产物 IMP、AMP 及 GMP 等反馈抑制。而 PRPP 能增强酰胺转移酶的活性,对从头合成起促进作用。在嘌呤核苷酸合成调节中,PRPP 合成酶比 PRPP 酰胺转移酶更为关键。

在 IMP 转变为 AMP 与 GMP 的过程中,过量的 AMP 可抑制 IMP 向 AMP 的转变,而不影响 GMP 的合成。同样,过量的 GMP 也独立地反馈抑制 GMP 的生成。另外,IMP 转变为 GMP 时需要 ATP,而 IMP 转变为 AMP 时需要 GTP。因此,GTP 可促进 AMP 的生成,AMP 可促进 GMP 的生成。这种交叉调节作用对维持 ATP 与 GTP 浓度的平衡具有重要意义(图 9-5)。

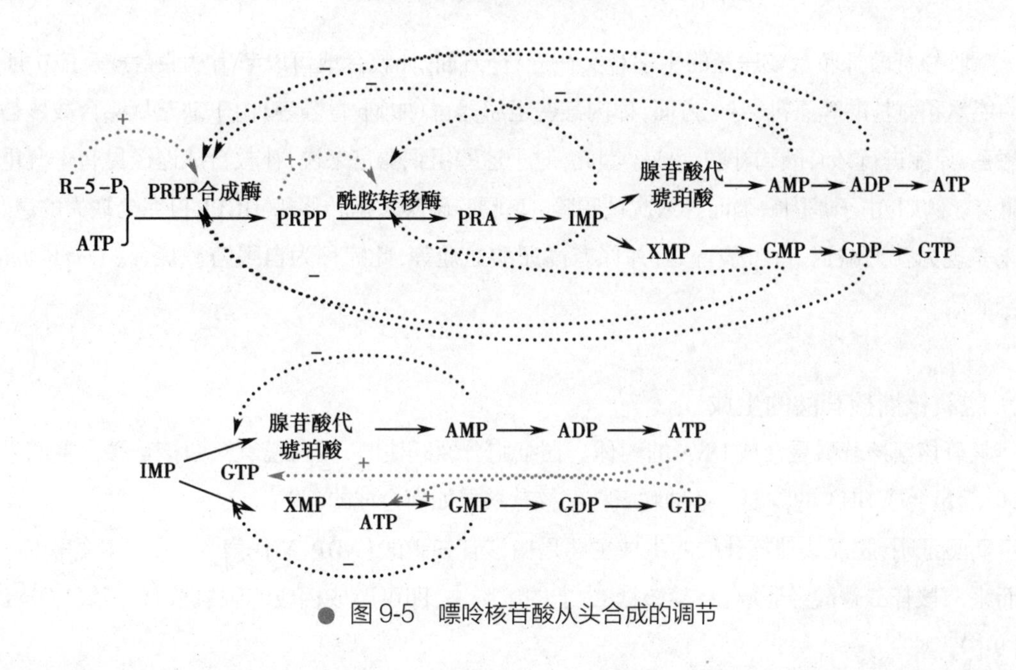

● 图 9-5　嘌呤核苷酸从头合成的调节

(二) 嘌呤核苷酸的补救合成途径

补救合成途径(salvage synthesis pathway)是指直接利用体内游离的嘌呤碱或嘌呤核苷,通过简单反应合成嘌呤核苷酸的反应过程。补救合成途径比较简单,消耗能量也少。脑和骨髓仅依靠补救合成途径生成嘌呤核苷酸。

补救合成的方式有两种：

1. 嘌呤碱与PRPP直接合成嘌呤核苷酸　在人体内催化嘌呤碱与PRPP直接合成嘌呤核苷酸的酶有两种，即腺嘌呤磷酸核糖转移酶（adenine phosphoribosyl transferase，APRT）和次黄嘌呤-鸟嘌呤磷酸核糖转移酶（hypoxanthine-guanine phosphoribosyl transferase，HGPRT）。APRT催化腺嘌呤核苷酸的生成，HGPRT催化次黄嘌呤核苷酸或鸟嘌呤核苷酸的生成。HGPRT的活性较APRT活性高。正常情况下，HGPRT可使约90%的嘌呤碱被重新利用合成核苷酸，而APRT催化的再利用反应很弱。

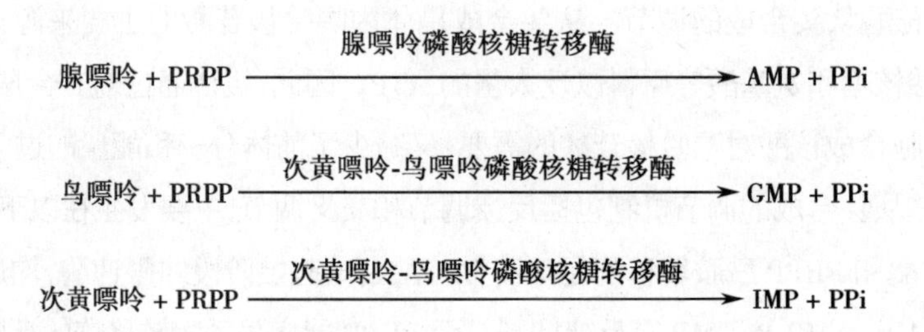

2. 腺嘌呤或腺苷再利用　腺嘌呤与1-磷酸核糖在核苷磷酸化酶催化下生成腺苷，再经腺苷激酶催化生成腺苷酸。

$$\text{腺嘌呤} + \text{1-磷酸核糖} \xrightarrow{\text{核苷磷酸化酶}} \text{腺苷} + \text{Pi}$$

$$\text{腺苷} + \text{ATP} \xrightarrow{\text{腺苷激酶}} \text{腺苷酸} + \text{ADP}$$

嘌呤核苷酸补救合成途径的生理意义在于：一方面，补救合成可以节省从头合成反应中所消耗的能量和氨基酸等原料；另一方面，体内某些组织器官（如脑、骨髓等）由于缺乏从头合成核苷酸的酶系，只能进行核苷酸的补救合成。因此，对于这些组织器官来说，补救合成途径具有十分重要的意义。例如，由于基因缺陷而导致次黄嘌呤-鸟嘌呤磷酸核糖转移酶（HGPRT）完全缺失的患儿，临床表现为智力减退、有自残行为，并伴有高尿酸血症等，此症称为自毁容貌症（或Lesch-Nyhan综合征）。

（三）脱氧核糖核苷酸的生成

脱氧核糖核苷酸是合成DNA的前体。在细胞分裂旺盛时，体内脱氧核糖核苷酸含量明显增加，以满足合成DNA的需要。各种脱氧核糖核苷酸是如何合成的呢？

实验证明，脱氧核糖核苷酸的生成主要是由核苷二磷酸（NDP，N代表A、G、C、U等碱基）还原而来。核苷二磷酸经还原，将其核糖C_2上的氧脱去，即可形成相应的脱氧核苷二磷酸（dNDP）（图9-6）。

在生物体内，腺嘌呤、鸟嘌呤、胞嘧啶和尿嘧啶核糖核苷酸，在其核苷二磷酸（NDP）水平上，都可以被还原产生相应的脱氧核苷二磷酸（dNDP）。

催化该还原反应的酶称为核糖核苷酸还原酶（ribonucleotide reductase）。细菌和动物体内都存在核糖核苷酸还原酶，此酶由R_1和R_2两种亚基组成，只有它们聚合并有Mg^{2+}存在时有催化活性，而解聚后无活性。R_1亚基含有两条相同的肽链，每条肽链上有两个变构调节部位和1对参

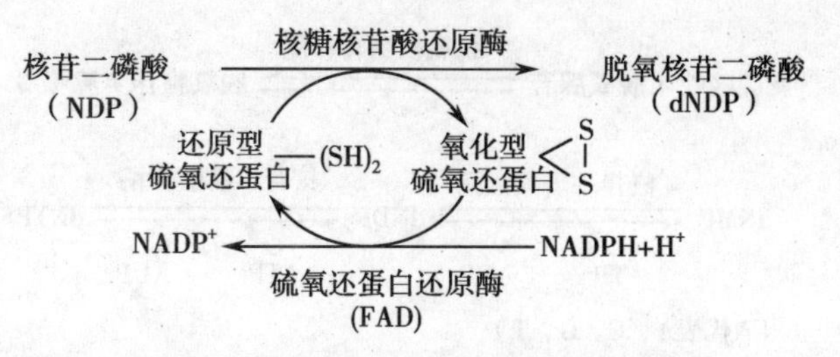

● 图 9-6　脱氧核糖核苷酸的生成

与还原反应的巯基。第一个调节部位是变构效应剂结合部位，第二个调节部位是底物特异结合位点。通过这 2 个调节部位可以控制酶的活性。R_2 亚基也含有两条相同的多肽链，各有 1 个酪氨酰基和 1 个双核铁（Fe^{3+}）辅因子，后者的功能是产生和稳定酪氨酸自由基，通过酪氨酸自由基促使位于 R_1 和 R_2 界面处的活性中心 R_2 侧产生另一个自由基（—X*）（可能是 R_2 亚基上半胱氨酸的巯基转变成 1 个硫的自由基）。当核苷二磷酸（NDP）进入活性中心后，R_2 亚基上的自由基（—X*）发动单电子转移反应，使 R_1 亚基上的 1 对巯基被氧化，同时核糖核苷酸中核糖的 2′- 羟基被还原，由氢取代羟基生成脱氧核苷二磷酸（dNDP）和 H_2O。

核糖核苷酸还原成脱氧核糖核苷酸需要 2 个氢原子，氢的最终供体是 NADPH，但核糖核苷酸还原酶从 NADPH 获得氢需要硫氧还蛋白（thioredoxin）作为载体。硫氧还蛋白是 1 种分子量为 12kDa，广泛参与氧化还原反应的小分子蛋白质。它含有 1 对巯基，给出 2 个氢后即成为含有二硫键的氧化型，氧化型硫氧还蛋白在硫氧还蛋白还原酶的催化下，从 NADPH 获得氢再生成为还原型硫氧还蛋白。硫氧还蛋白还原酶是一种含 FAD 的黄素酶。氢的传递过程见图 9-6。

通过核糖核苷酸还原酶的变构调节和反馈抑制等机制，细胞能控制合成 DNA 的 4 种脱氧核糖核苷酸的合成达到平衡。如果变构调节位点结合了 ATP，则酶被活化；如果结合 3dATP 则酶被抑制。当 ATP 或 dATP 与底物特异结合位点结合，有利于 UDP 或 CDP 的还原；当 dTTP 或 dGTP 与之结合时，则分别促进 GDP 或 ADP 的还原。

脱氧胸苷 - 磷酸（dTMP）是 DNA 的重要组分之一。dTMP 是由脱氧尿苷 - 磷酸（dUMP）甲基化生成（见第二节嘧啶核苷酸代谢中的从头合成途径）。

另外，细胞也可以通过补救合成途径生成某些脱氧核苷酸，但体内没有类似于磷酸核糖转移酶的的脱氧核糖化合物，因此碱基可与脱氧核糖 -1- 磷酸在核苷磷酸化酶催化下先形成脱氧核糖核苷，然后在特异的脱氧核糖核苷激酶和 ATP 作用下，磷酸化形成相应的脱氧核糖核苷酸。

$$\text{碱基} + \text{脱氧核糖-1-磷酸} \xrightarrow{\text{核苷磷酸化酶}} \text{脱氧核糖核苷}$$

$$\text{脱氧核糖核苷} + \text{ATP} \xrightarrow{\text{脱氧核苷激酶}} \text{脱氧核糖核苷酸} + \text{ADP}$$

如胸苷激酶可催化胸苷生成 dTMP。胸苷激酶在正常肝中活性很低，而再生肝中酶活性升高；在恶性肿瘤中明显升高而且与恶性程度有关。

一些微生物体内还存在一种核苷脱氧核糖转移酶（nucleosides deoxyribosyl transferase），可以碱基与脱氧核苷之间相互转变。如胸腺嘧啶与脱氧腺苷反应可产生脱氧胸苷和腺嘌呤。

$$胸腺嘧啶 + 脱氧腺苷 \xrightleftharpoons{脱氧核糖转移酶} 脱氧胸苷 + 腺嘌呤$$

$$dNMP \xrightleftharpoons[ATP \to ADP]{核苷一磷酸激酶} dNDP \xrightleftharpoons[ATP \to ADP]{核苷二磷酸激酶} dNTP$$

（N代表A、C、G、T）

二、嘌呤核苷酸的抗代谢物

抗代谢物（antimetabolite）是指在化学结构上与正常代谢物相似，能以假底物或竞争性拮抗正常代谢的物质。抗代谢物大多数属于竞争性抑制剂，它们与正常代谢物竞争酶的活性中心，抑制酶的活性，导致正常代谢受阻，最终抑制核酸和蛋白质的生物合成。由于肿瘤细胞的核酸和蛋白质合成十分旺盛，因此抗代谢物往往是临床用于抗肿瘤的药物。

嘌呤核苷酸的抗代谢物主要是嘌呤、氨基酸和叶酸等的结构类似物，它们主要以竞争性抑制的方式干扰或阻断细胞嘌呤核苷酸的合成代谢，从而进一步阻止其核酸以及蛋白质的生物合成。

1. 嘌呤类似物　包括6-巯基嘌呤（6-MP）、6-巯基鸟嘌呤、8-氮杂鸟嘌呤等，其中6-MP在临床上应用较多，其结构与次黄嘌呤相似，在体内经磷酸核糖化生成6-MP核苷酸，并以这种形式抑制IMP转变为AMP及GMP的反应，还可以反馈性抑制PRPP酰胺转移酶而干扰磷酸核糖胺的形成，从而阻断嘌呤核苷酸的从头合成。6-MP还能直接影响次黄嘌呤-鸟嘌呤磷酸核糖转移酶，使PRPP分子中的磷酸核糖不能向鸟嘌呤及次黄嘌呤转移，阻断补救合成途径。

次黄嘌呤　　6-巯基嘌呤（6-MP）

2. 氨基酸类似物　包括氮杂丝氨酸及6-重氮-5-氧正亮氨酸等。它们的结构与谷氨酰胺相似，可干扰谷氨酰胺在嘌呤核苷酸合成中的作用，从而抑制嘌呤核苷酸的合成。

$$H_2N-\overset{O}{\overset{\|}{C}}-CH_2-CH_2-\overset{NH_2}{\overset{|}{CH}}-COOH$$

谷氨酰胺

$$N\equiv N^+-CH_2-\overset{O}{\overset{\|}{C}}-OCH_2-CH_2-\overset{NH_2}{\overset{|}{CH}}-COOH$$

氮杂丝氨酸

$$N\equiv N^+-CH_2-\overset{O}{\overset{\|}{C}}-CH_2-CH_2-\overset{NH_2}{\overset{|}{CH}}-COOH$$

6-重氮-5-氧正亮氨酸

3. 叶酸的类似物　氨蝶呤和甲氨蝶呤(MTX)都是叶酸的类似物,能竞争性抑制二氢叶酸还原酶,使叶酸不能还原成二氢叶酸及四氢叶酸,影响一碳单位的供应,从而抑制嘌呤核苷酸的合成。MTX 在临床上用于白血病等癌症的治疗。

叶酸

氨蝶呤

甲氨蝶呤

应该指出的是,上述药物缺乏对肿瘤细胞的特异性,对增殖速度较快的某些正常组织也有杀伤性,因此毒副作用较大。

嘌呤核苷酸抗代谢物的作用归纳如图 9-7 所示。

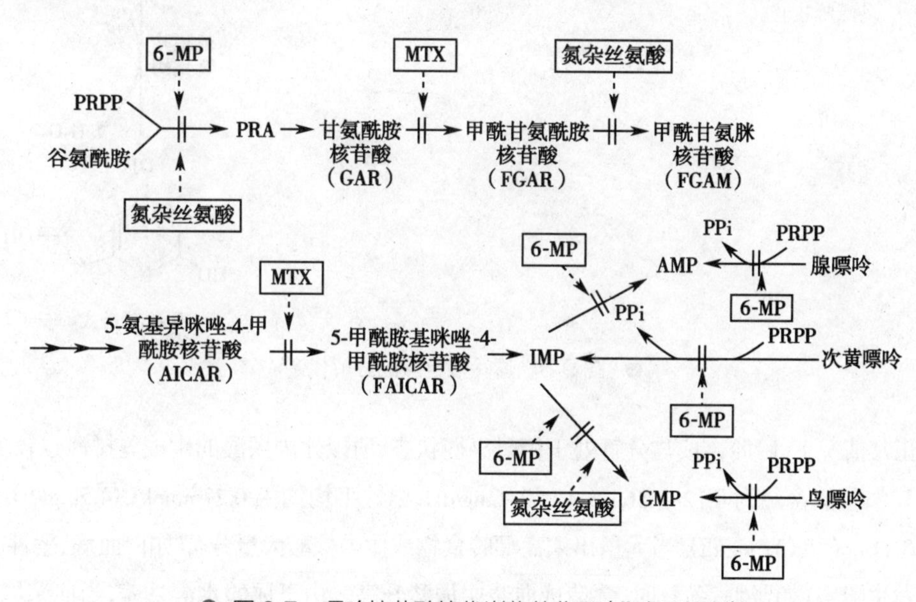

● 图 9-7　嘌呤核苷酸抗代谢物的作用(‖表示抑制)

三、嘌呤核苷酸的分解代谢

细胞内嘌呤核苷酸由核苷酸酶催化水解生成核苷和磷酸,核苷经核苷磷酸化酶催化,磷酸解生成碱基和磷酸核糖,嘌呤碱既可参与补救合成途径,也可进一步代谢。人体内,嘌呤碱最终分解生成尿酸(uric acid),随尿液排出体外。分解反应过程如图 9-8 所示。AMP 降解生成次黄嘌呤,在黄嘌呤氧化酶（xanthine oxidase）作用下氧化生成黄嘌呤，最终生成尿酸。GMP降解生成鸟嘌呤，再转变为黄嘌呤，在黄嘌呤氧化酶的作用下也生成尿酸。

体内嘌呤核苷酸的分解代谢主要在肝、小肠及肾中进行，这些组织中黄嘌呤氧化酶的活性较高。

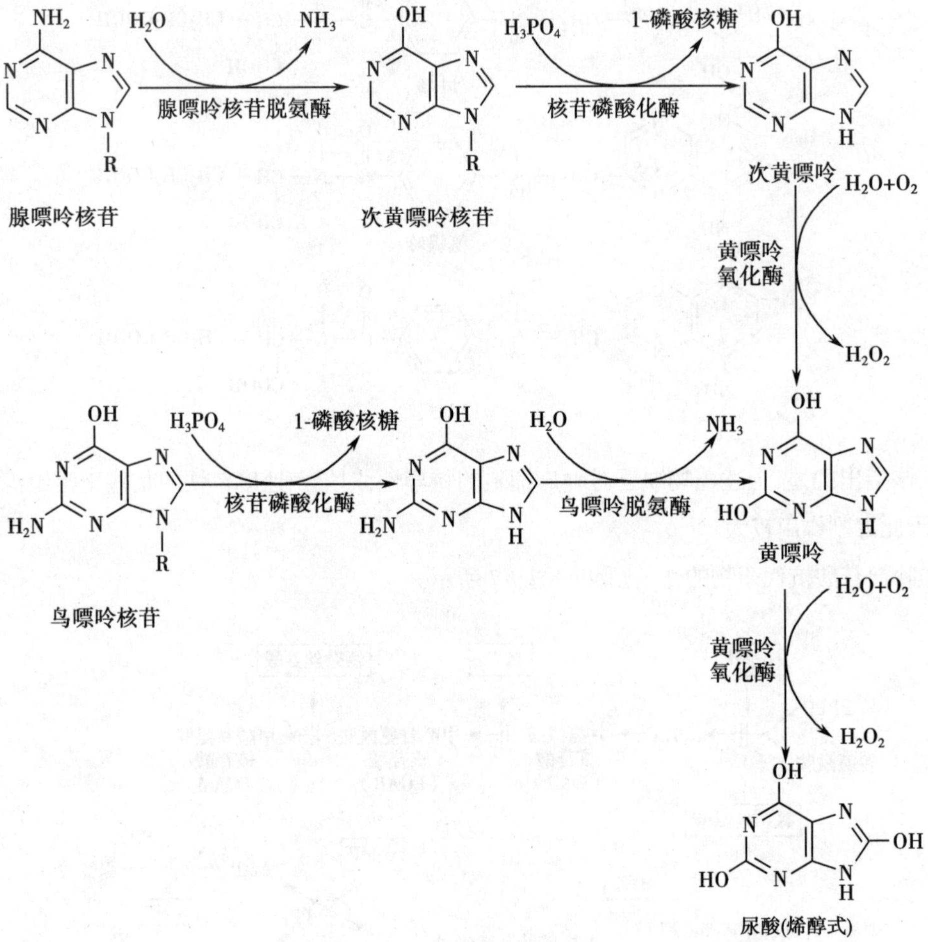

图9-8 嘌呤核苷酸的分解代谢

在正常情况下，嘌呤合成与分解处于相对平衡状态，所以体内尿酸的生成与排泄也较恒定，正常人血浆中尿酸含量为0.12~0.36mmol/L（2~6mg/dl），男性平均约为0.27mmol/L（4.5mg/dl），女性平均约为0.21mmol/L(3.5mg/dl)。当大量摄入高嘌呤食物或体内核酸大量分解(如白血病、恶性肿瘤等)或排泄发生障碍（如肾脏疾病）时，会造成血浆中尿酸升高。由于尿酸水溶性差，当血浆尿酸浓度超过0.48mmol/L(8mg/dl)时，就会以尿酸盐晶体形式沉积于关节和软骨组织等处而导致痛风(gout)；如果尿酸盐晶体沉积于肾脏，就会形成肾结石。痛风多见于成年男性，其原因尚不完全清楚，可能与嘌呤核苷酸代谢酶的缺陷有关。

临床上常用别嘌醇（allopurinol）来治疗痛风，其可能的机制包括：别嘌醇与次黄嘌呤结构相似（图9-9），可竞争性抑制黄嘌呤氧化酶（见图9-8），以减少尿酸的生成，同时别嘌醇与PRPP反应可形成别嘌呤核苷酸，借此反应消耗了从头合成所需的PRPP，使合成减弱；另外，别嘌呤核苷酸的结构类似于IMP，可反馈性抑制PRPP酰胺转移酶的活性，阻断嘌呤核苷酸的从头合成，使嘌呤核苷酸合成减少。

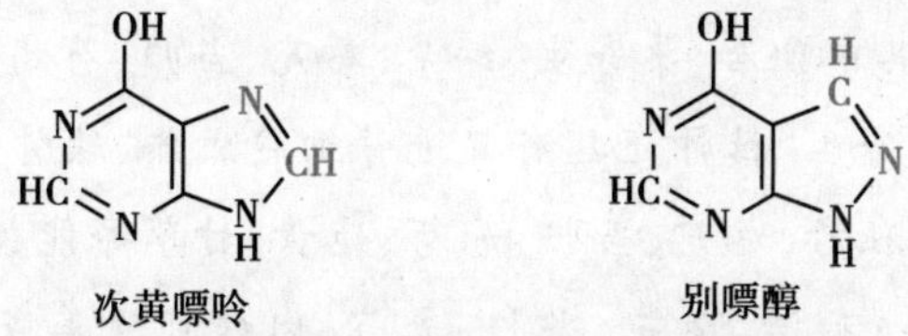

次黄嘌呤　　别嘌醇

● 图 9-9　次黄嘌呤与别嘌醇结构

另外，合理饮食对防止痛风的发生也有重要意义。痛风患者要限制嘌呤的摄入量，动物性食品中嘌呤含量较高，故痛风患者应该少食动物内脏、骨髓、海鲜及发酵食物、豆类等。

案例分析

案例

患者，男，45 岁，全身关节疼痛反复发作并伴低热近 3 年，近期关节疼痛加重，肢体活动不便。双足第 1 跖趾关节红肿，压痛，双踝关节肿胀畸形，局部皮肤有脱屑和瘙痒现象，双侧耳郭触及绿豆大的结节数个，临床检验白细胞计数 9.5×10^9/L，红细胞沉降率为 67mm/h，血尿酸为 0.57mmol/L。

问题：

1. 该患者的可能诊断是什么？还需要做哪些检查进一步确诊？
2. 临床上常用的抗痛风药物有哪些？其作用机制是什么？
3. 试分析中医治疗痛风的独活寄生汤的主要药理作用。

分析

该患者关节疼痛反复发作，累及双足第 1 跖趾关节、双踝关节，肩和髋关节未累及，双侧耳郭（即软骨）触及绿豆大的结节数个（即痛风石）。因此该患者的可能诊断是痛风。本病诊断要点有：反复发作的关节炎、痛风石、血尿酸显著升高（男性临床参考值为 0.149~0.416mmol/L）。典型的病例常累及单个关节，也可能反复发作，累及多个关节，影响第 1 跖趾关节、足弓、踝、膝、腕、肘，而髋和肩等大关节较少受累。

如需进一步确诊，需要摄局部 X 线片：如两足第 1 跖趾关节、双踝关节均符合痛风样改变，基本可以确诊为痛风。

临床上治疗痛风常用药物为别嘌醇。其作用机制是：别嘌醇与次黄嘌呤结构相似，可竞争性抑制黄嘌呤氧化酶，以减少尿酸的生成；别嘌醇与 PRPP 反应生成别嘌呤核苷酸，由于该反应消耗了 PRPP 而使从头合成减弱；另外，别嘌呤核苷酸结构类似于 IMP，可反馈性抑制 PRPP 酰胺转移酶活性，阻断嘌呤核苷酸的从头合成。通过以上机制，别嘌醇可使嘌呤核苷酸合成减少，缓解痛风症状。

中医治疗痛风的独活寄生汤出自唐代孙思邈的《备急千金要方》。其配伍为：独活9g，桑寄生、杜仲、牛膝、细辛、秦艽、茯苓、肉桂、防风、川芎、人参、甘草、当归、芍药、干地黄各6g。其中独活、桑寄生、细辛、秦艽、当归、芍药、杜仲、牛膝、茯苓具有镇痛、镇静作用，桑寄生、杜仲还具有促进骨细胞成熟、软骨细胞及骨质生长，软骨破坏的修复功能。独活、秦艽、当归、赤芍、地黄、甘草等能抑制或消除神经根周围组织的无菌性炎症；独活、秦艽、当归、赤芍、肉桂可改善或解除机械压迫神经根所造成的周围血液循环受阻，增强血液循环，消除周围组织水肿、充血。秦艽有抗组胺作用，能使毛细血管通透性降低；地黄对关节炎有显著抑制和抗渗出作用；甘草有抗5-HT作用，这3味药能抑制炎症性致痛物质的渗出，防治组织变性和粘连。

第二节　嘧啶核苷酸代谢

一、嘧啶核苷酸的合成代谢

嘧啶核苷酸的合成途径也有从头合成和补救合成两条途径，从头合成途径是生成嘧啶核苷酸的主要途径。从头合成过程主要在肝脏进行，小肠和胸腺等组织细胞也可以合成，合成反应发生在这些组织细胞的细胞质中。放射性核素示踪实验证实：嘧啶环的合成原料来自谷氨酰胺、CO_2和天冬氨酸等（图9-10）。

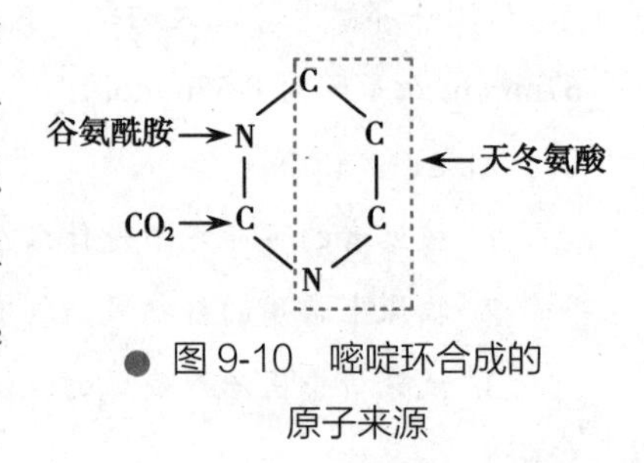

图9-10　嘧啶环合成的原子来源

（一）嘧啶核苷酸的从头合成途径

与嘌呤核苷酸的从头合成途径不同，嘧啶核苷酸的合成是先合成嘧啶环，然后再与磷酸核糖相连形成核苷酸。

1. 嘧啶核苷酸的从头合成过程

（1）尿嘧啶核苷酸的合成：嘧啶环的合成开始于谷氨酰胺与CO_2合成氨甲酰磷酸，反应需要消耗ATP，催化该反应的氨甲酰磷酸合成酶Ⅱ（carbamoyl phosphate synthetase Ⅱ，CPS Ⅱ）位于肝细胞的细胞质中。CPS Ⅱ是嘧啶核苷酸从头合成的限速酶之一。而尿素合成过程中，催化氨和CO_2合成氨甲酰磷酸的氨甲酰磷酸合成酶Ⅰ（CPS Ⅰ）位于肝细胞线粒体中。虽然这两种合成酶催化合成的主要产物相同，但CPS Ⅰ的氮源是氨，而CPS Ⅱ的氮源是谷氨酰胺，反应底物不同。

上步反应产生的氨甲酰磷酸，在天冬氨酸氨甲酰基转移酶（aspartate carbamoyl transferase）催化下，与天冬氨酸生成氨甲酰天冬氨酸。此反应为嘧啶合成中的限速步骤，天冬氨酸氨甲酰基转移酶是嘧啶核苷酸从头合成的另一个限速酶。

氨甲酰天冬氨酸在二氢乳清酸酶催化下脱水环化生成具有嘧啶环的二氢乳清酸，再经二氢乳清酸脱氢酶催化二氢乳清酸脱氢，生成乳清酸(orotic acid)。二氢乳清酸脱氢酶是含铁的黄素酶，以氧或 NAD^+ 为电子受体，位于线粒体内膜的外侧面。乳清酸在乳清酸磷酸核糖转移酶催化下与 PRPP 结合，生成乳清酸核苷酸(OMP)，再经乳清酸核苷酸脱羧酶作用，脱羧生成尿嘧啶核苷酸(uridine monophosphate，UMP)(图 9-11)。

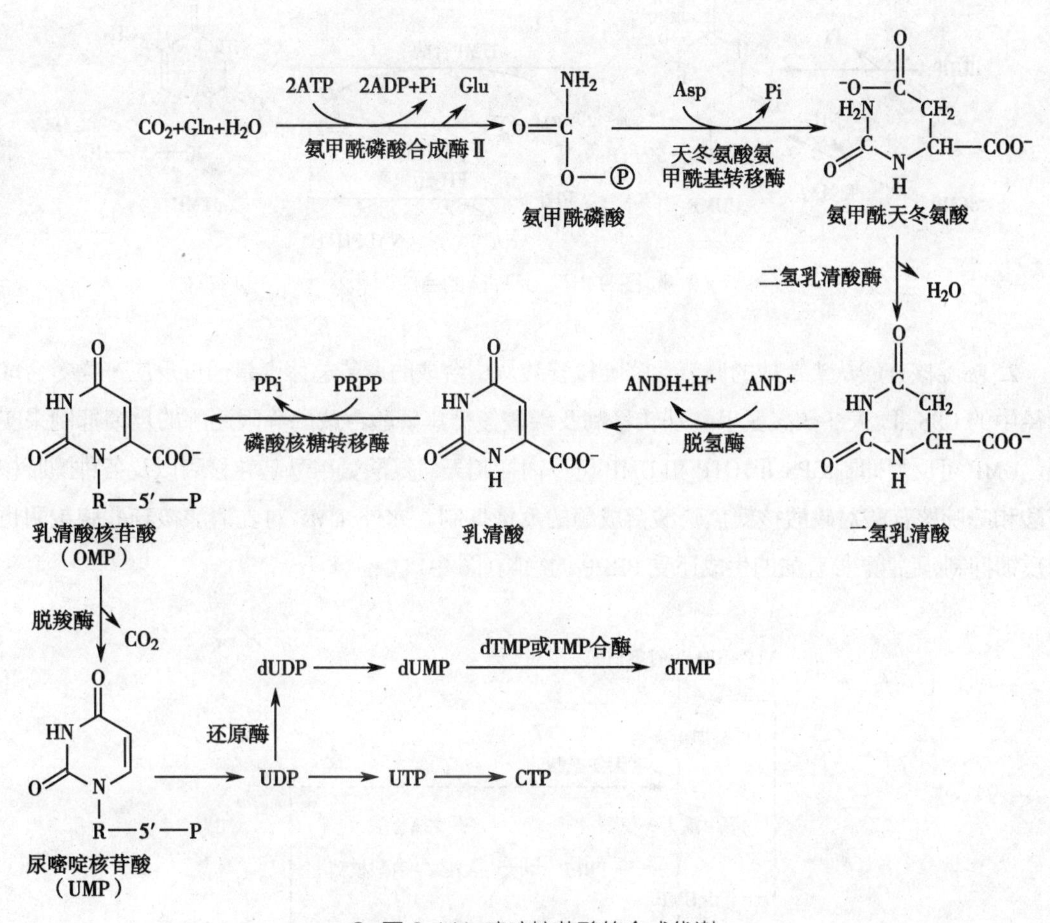

● 图 9-11　嘧啶核苷酸的合成代谢

研究表明：在真核生物细胞内催化嘧啶核苷酸从头合成的前 3 个酶，即 CPS Ⅱ、天冬氨酸氨甲酰基转移酶和二氢乳清酸脱氢酶，是位于分子量约为 200kDa 的同一条多肽链上，所以它们是一个多功能酶的 3 个活性中心。合成反应的后两个酶(乳清酸磷酸核糖转移酶、乳清酸核苷酸脱羧酶)，也是位于同一条肽链上的多功能酶。这些多功能酶在催化过程中产生的中间产物不会释放到介质中，而是在这些酶间连续的转移，这非常有利于嘧啶核苷酸的合成和调节。

(2)胞嘧啶核苷酸的生成：UMP 在尿苷酸激酶和二磷酸核苷激酶的催化下，形成尿苷三磷酸(UTP)，然后 UTP 在胞苷三磷酸合成酶催化下，由谷氨酰胺提供氨基、消耗 1 分子 ATP 而生成胞苷三磷酸(CTP)。

(3)脱氧胸苷 - 磷酸(dTMP)的生成：脱氧尿苷 - 磷酸(dUMP)甲基化生成 dTMP。反应由胸苷酸合酶(thymidylate synthase)催化，甲基由 N^5,N^{10}-CH_2-FH_4 提供。N^5,N^{10}-CH_2-FH_4 提供甲基后生成的 FH_2 可以再经二氢叶酸还原酶作用，由 NADPH 提供氢，重新生成 FH_4，FH_4 又可再携带一碳单位。胸苷酸合酶和二氢叶酸还原酶常作为肿瘤化疗的靶点。

合成 dTMP 所需的 dUMP 可以来自两条途径：一是 UDP 还原成 dUDP，再水解脱磷酸而成 dUMP；另一途径是 dCMP 脱氨，后者为主要合成途径（图 9-12）。

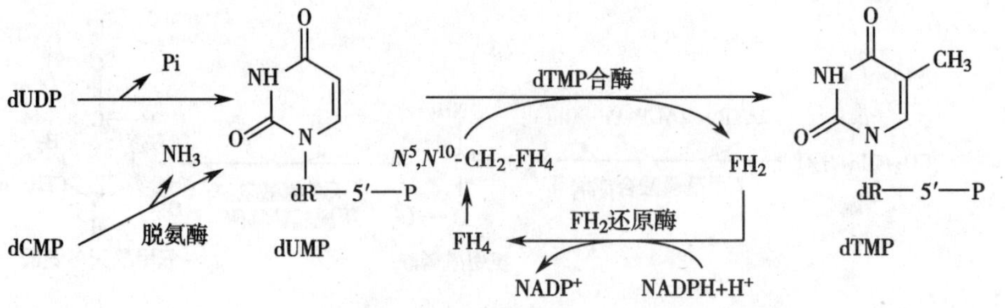

● 图 9-12 dTMP 的合成

2. 嘧啶核苷酸从头合成的调节　嘧啶核苷酸从头合成的调节总体上是通过反应产物对合成途径中的 CPS Ⅱ、天冬氨酸氨甲酰基转移酶及磷酸核糖焦磷酸合成酶等限速酶的反馈抑制来实现。UMP 可反馈抑制 CPS Ⅱ；CTP 和 UMP 可反馈抑制天冬氨酸氨甲酰基转移酶以及各种嘌呤核苷酸和嘧啶核苷酸对磷酸核糖焦磷酸合成酶的反馈抑制。此外，UMP 对乳清酸核苷酸脱羧酶也有反馈抑制；乳清酸核苷酸的生成还受 PRPP 的影响（图 9-13）。

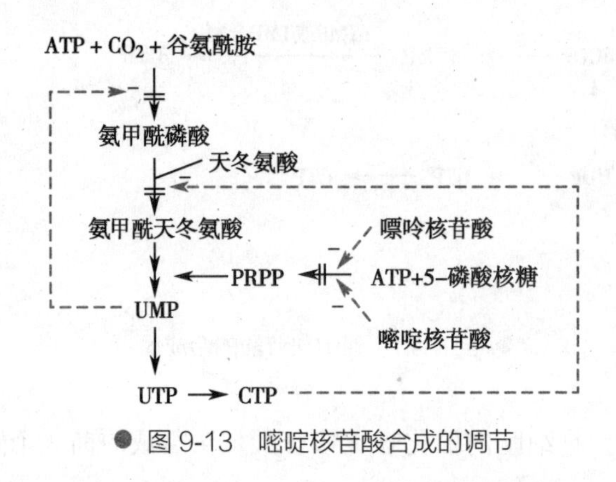

● 图 9-13 嘧啶核苷酸合成的调节

原核生物和真核生物嘧啶核苷酸从头合成调节所依赖的限速酶是有差别的。在细菌中，嘧啶核苷酸从头合成调节主要依靠天冬氨酸氨甲酰基转移酶实现，而哺乳动物细胞中嘧啶核苷酸从头合成调节主要依赖 CPS Ⅱ；此外，哺乳动物细胞中，嘧啶核苷酸从头合成过程中起始和终末的两种多功能酶还可受到阻遏和去阻遏调节。

放射性核素标记实验证实：嘧啶和嘌呤的合成存在协调控制关系，两者的合成速度往往是平行的。由于磷酸核糖焦磷酸合成酶是嘌呤和嘧啶两类核苷酸合成共同需要的酶，因此，它可同时受到嘌呤和嘧啶核苷酸的反馈抑制。

（二）嘧啶核苷酸的补救合成途径

外源性或体内核苷酸降解的嘧啶碱基在嘧啶磷酸核糖转移酶的催化下生成嘧啶核苷酸。该酶是嘧啶核苷酸补救合成途径的主要酶，它能催化尿嘧啶、胸腺嘧啶和乳清酸形成相应的核苷酸，但不能利用胞嘧啶直接合成胞嘧啶核苷酸。

$$\text{嘧啶} + \text{PRPP} \xrightarrow{\text{嘧啶磷酸核糖转移酶}} \text{嘧啶核苷酸} + \text{PPi}$$

嘧啶核苷激酶(pyrimidine nucleoside kinase)也是一种补救合成酶，能催化各种嘧啶核苷形成相应的嘧啶核苷酸，如尿苷激酶可催化尿嘧啶核苷或胞嘧啶核苷生成尿嘧啶核苷酸或胞嘧啶核苷酸。

$$\text{嘧啶核苷} + \text{ATP} \xrightarrow{\text{嘧啶核苷激酶}} \text{嘧啶核苷酸} + \text{ADP}$$

$$\text{尿嘧啶核苷} + \text{ATP} \xrightarrow{\text{尿苷激酶}} \text{尿嘧啶核苷酸} + \text{ADP}$$

$$\text{胞嘧啶核苷} + \text{ATP} \xrightarrow{\text{尿苷激酶}} \text{胞嘧啶核苷酸} + \text{ADP}$$

嘧啶核苷酸合成代谢异常也可能出现疾病。如乳清酸尿症(orotic aciduria)，该病症是一种嘧啶核苷酸从头合成途径酶缺乏的原发性遗传病。此病有两种类型：一种是缺乏乳清酸磷酸核糖转移酶和乳清酸核苷酸脱羧酶，导致乳清酸代谢障碍，尿中出现大量乳清酸，患者往往发育不良，出现严重的巨幼细胞贫血。另一种类型是患者只缺乏乳清酸核苷酸脱羧酶，尿中主要出现乳清酸核苷酸，也有少量乳清酸。两类患者均易发生感染，临床用尿嘧啶核苷治疗。尿嘧啶核苷经磷酸化可生成UMP、UTP，进而反馈性抑制乳清酸的合成以达到治疗目的。

二、嘧啶核苷酸的抗代谢物

嘧啶核苷酸的抗代谢物主要是嘧啶、氨基酸或叶酸等的类似物。它们对代谢的影响及抗肿瘤机制与嘌呤抗代谢物相似。

1. 嘧啶的类似物　主要有5-氟尿嘧啶(5-fluorouracil，5-FU)，它的结构与胸腺嘧啶相似，在体内转变成一磷酸脱氧核糖氟尿嘧啶核苷(FdUMP)及三磷酸氟尿嘧啶核苷(FUTP)后发挥作用。FdUMP与dUMP的结构相似，是胸苷酸合酶的抑制剂，使dTMP合成受到阻断。FUTP可以FUMP的形式掺入RNA分子，破坏RNA的结构与功能。

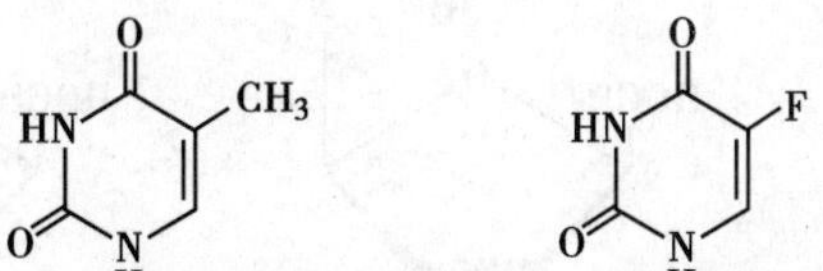

胸腺嘧啶
(T)

5-氟尿嘧啶
(5-FU)

2. 氨基酸类似物　由于氮杂丝氨酸类似谷氨酰胺，在嘧啶核苷酸的合成中能抑制氨甲酰磷酸合成酶Ⅱ和CTP合成酶，可以抑制CTP的生成。

3. 叶酸类似物　叶酸类似物的结构特点和作用机制已在嘌呤抗代谢物中做过介绍，不再赘述。在嘧啶核苷酸合成中，叶酸类似物（氨蝶呤和甲氨蝶呤）可干扰叶酸代谢，抑制 FH_2 再生为 FH_4，阻断 dUMP 从 N^5,N^{10}-CH_2-FH_4 获得甲基生成 dTMP，进而影响 DNA 的合成。

另外，某些改变了核糖结构的核苷类似物，如阿糖胞苷和环胞苷也是重要的抗肿瘤药物，阿糖胞苷能抑制 CDP 还原成 dCDP，也能影响 DNA 的合成。

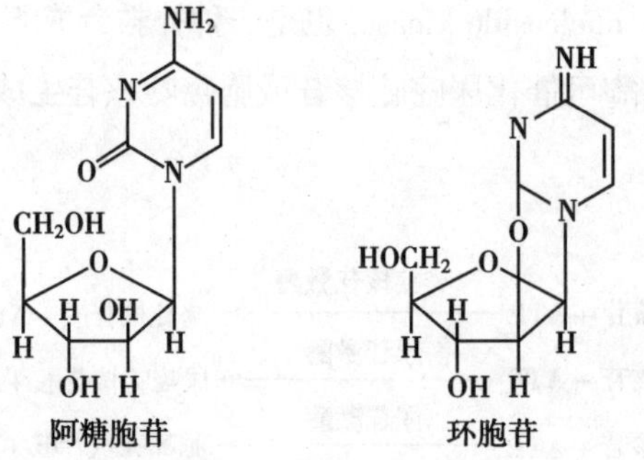

阿糖胞苷　　环胞苷

嘧啶核苷酸抗代谢物的作用归纳如下（‖表示抑制）：

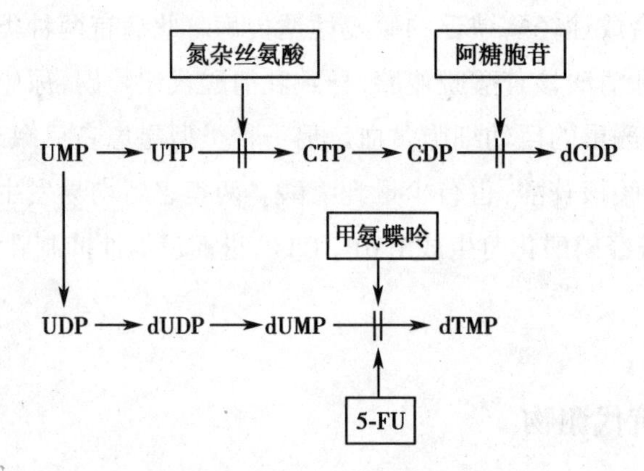

还有一些抗代谢物可以作为假底物掺入病原体的核酸分子中，使其结构及功能异常，从而抑制病原体的生长与繁殖，如抗艾滋病药物 2′,3′- 双脱氧次黄苷（2′,3′-dideoxyinosine，DDI）、2′,3′- 双脱氧胞苷（2′,3′-dideoxycytidine，DDC）、3′- 叠氮胸苷（azidothymidina，AZT），它们都是核苷类逆转录酶抑制剂。

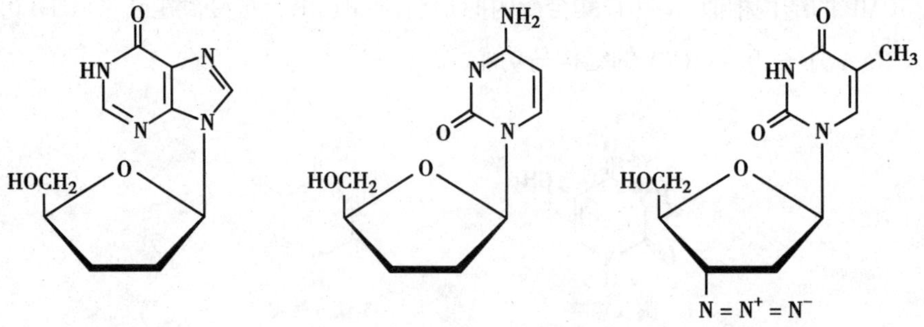

DDI　　DDC　　AZT

抗代谢物的研究对阐明药物的作用机制和开发新药意义重大。过去许多药物是经过大量随机筛选确定的，成功率低下。现在，以抗代谢物理论为基础的新药开发，为高效研发新药物提供了新的有效途径。

三、嘧啶核苷酸的分解代谢

嘧啶核苷酸的分解过程与嘌呤核苷酸相似，首先通过核苷酸酶和核苷磷酸化酶的作用，脱去磷酸和核糖，产生的嘧啶碱基再在肝脏中进一步分解。

$$\text{嘧啶核苷酸} \xrightarrow[\text{核苷酸酶}]{\nearrow H_3PO_4} \text{嘧啶核苷} \xrightarrow[\text{核苷磷酸化酶}]{H_3PO_4 \curvearrowright \text{1-磷酸核糖}} \text{嘧啶(尿嘧啶、胸腺嘧啶)}$$

分解过程包括脱氨基、氧化、还原及脱羧等反应。胞嘧啶脱氨基转变为尿嘧啶，尿嘧啶和胸腺嘧啶先在二氢嘧啶脱氢酶的催化下，由 NADPH 供氢，分别还原成二氢尿嘧啶和二氢胸腺嘧啶，二氢嘧啶酶催化嘧啶环水解，分别生成β- 丙氨酸和β- 氨基异丁酸，两者经转氨酶催化脱去氨基后，β- 丙氨酸转变成丙二酸半醛，丙二酸半醛活化成丙二酰单酰 CoA，再脱去 CO_2 生成的乙酰 CoA 可进入三羧酸循环而彻底氧化；而β- 氨基异丁酸可转变为琥珀酰 CoA，此产物可参与三羧酸循环而彻底氧化（图 9-14），部分β- 氨基异丁酸亦可随尿排出体外。

与嘌呤核苷酸分解产生的尿酸不同，嘧啶核苷酸分解产物均易溶于水。

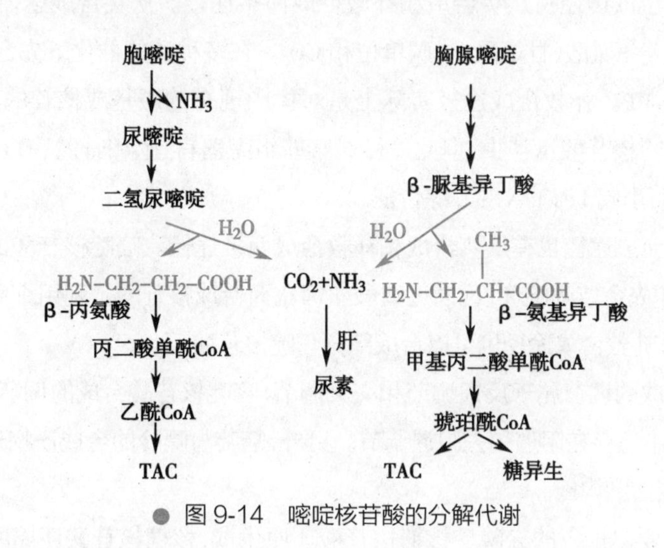

● 图 9-14　嘧啶核苷酸的分解代谢

综上所述，嘌呤核苷酸和嘧啶核苷酸的合成与转化过程总结如图 9-15。

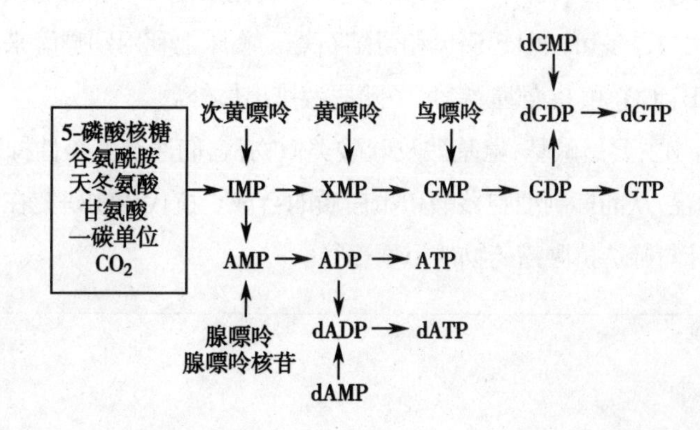

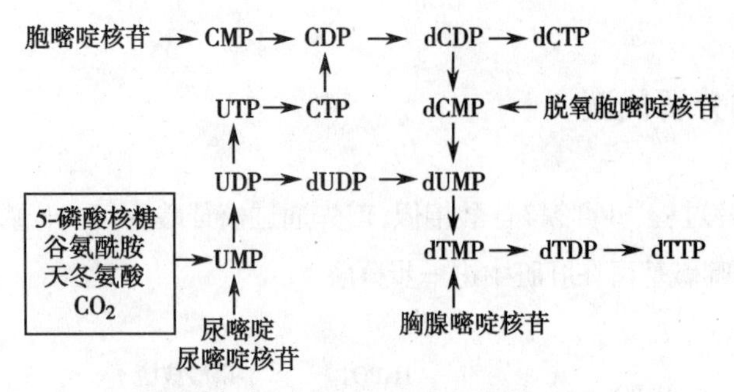

● 图 9-15　核苷酸的合成与转化过程

小结

核苷酸在体内具有多种重要的生理功能，其中最主要的功能是作为生物大分子核酸的合成原料。此外，核苷酸还参与能量利用、物质代谢和生理调节等过程。

体内核苷酸主要由机体细胞自身合成，食物来源的嘌呤和嘧啶极少被机体利用。因此，核苷酸不属于机体的营养必需物质。

嘌呤核苷酸的合成途径有从头合成和补救合成两条途径。从头合成途径的原料包括 5-磷酸核糖、谷氨酰胺、天冬氨酸、甘氨酸、一碳单位和 CO_2。在多种酶的催化下先合成 IMP，然后 IMP 再转变成 AMP 与 GMP。补救合成途径实际上是对体内现有的碱基或核苷的再利用过程，虽然通过补救合成的嘌呤核苷酸量甚少，但此途径对某些组织器官（脑和骨髓等）具有重要意义。如 HGPRT 完全缺失，可引起 Lesch-Nyhan 综合征。

嘧啶核苷酸的合成途径也有从头合成和补救合成两条途径。嘧啶核苷酸的从头合成途径与嘌呤核苷酸不同，即先合成嘧啶环，再通过磷酸核糖化而合成核苷酸。利用细胞内现有的嘧啶碱基或嘧啶核苷，通过补救合成途径也可以合成部分嘧啶核苷酸。

嘌呤核苷酸合成的调节属于反馈调节和交叉调节；嘧啶核苷酸合成的调节除了反馈调节外，在哺乳类动物细胞中还存在阻遏和去阻遏调节。另外，嘧啶与嘌呤的合成产物也可相互调控合成过程，使双方的合成速度均衡。

脱氧核苷酸主要由相应的二磷酸核糖核苷酸还原生成，核糖核苷酸还原酶催化此反应。但 dTMP 例外，它是由 dUMP 从 N^5，N^{10}- 甲烯四氢叶酸获得甲基生成的。

在人体内，嘌呤碱分解的最终产物是尿酸，黄嘌呤氧化酶是嘌呤核苷酸分解过程的关键酶。嘌呤代谢异常，尿酸生成过多可以引起痛风和肾结石等。临床上利用别嘌醇来治疗痛风。嘧啶碱分解的最终产物是 NH_3、CO_2 和 β- 氨基酸等，多随尿液排出体外。

核苷酸的抗代谢物主要是碱基、氨基酸及叶酸类似物，它们通过竞争性抑制阻断核苷酸的从头合成或补救合成途径，从而抑制细胞核酸和蛋白质的合成。抗代谢物研究在医学上具有十分重要的应用价值，是设计与筛选抗肿瘤药物的重要途径。

思考题

1. 生物体内合成嘌呤环和嘧啶环的主要原料是什么？嘌呤核苷酸和嘧啶核苷酸的从头合成途径有什么差别？

2. 嘌呤核苷酸和嘧啶核苷酸的分解产物有何不同？

3. 体内脱氧核苷酸合成有哪些途径？

4. 说明以下抗代谢物抑制核苷酸合成的机制和主要作用点：氮杂丝氨酸、羽田杀菌素（天冬氨酸类似物）、氨蝶呤、6- 巯基嘌呤。

第九章　同步练习

（崔炳权）

第十章　非营养物质代谢

第十章　课件

学习目标

掌握：生物转化的定义及肝生物转化的反应类型；胆汁酸的分类；胆红素的生成及代谢过程。

熟悉：生物氧化的特点；药物代谢特点；胆汁酸的结构与功能；黄疸的定义。

了解：肝生物转化的主要酶类；黄疸的分型。

生物转化（biotransformation）是指通过氧化、还原、水解、结合等反应，使非营养物质增加水溶性和极性，易排出体外的过程。肝是进行生物转化的主要场所。参与生物转化的酶类包括氧化酶类，还原酶类，水解酶类，转移酶类等。生物转化作用受年龄、性别、药物、疾病等各种因素影响。胆汁酸是胆固醇在肝脏的主要转化产物，肠道内的胆汁酸在肠菌作用下生成次级胆汁酸。肠道内约95%的胆汁酸被重吸收回到肝，形成胆汁酸的肝肠循环。胆红素是胆色素的主要成分，肝细胞摄取转化胆红素，解除了胆红素的毒性；某些病理或生理原因导致高胆红素血症，可引起组织黄染。

本章主要阐述肝生物转化作用的特点、类型及其与药物代谢的关系；胆汁酸的生成、分类及生理功能；胆红素的生成、转运、转化及排泄过程。胆红素异常代谢与黄疸及黄疸的分型。

第一节　生物转化作用

在生命活动过程中，机体代谢需要糖类、脂肪、蛋白质等营养物质，但是也会从体外摄取或者产生既不能构建组织、又不能氧化供能，相反在体内积聚过多时易产生毒性作用的物质，这些物质常被归为非营养物质。有些非营养物质可以直接排出体外，而有些则需进行化学转变，增加其极性和水溶性，使其易于随胆汁排出或者经肾脏排泄。非营养物质根据来源可分为内源性和外源性两类：内源性物质（endogenous substances）包括分解代谢物如 NH_3、胆红素，生物活性物质如激素、神经递质和胺类，以及消化道中的蛋白质腐败产物等；外源性物质（xenobiotics）又称外来化合物，包括食品添加剂、色素、某些药物、毒物和化学污染物等。

肝作为生物转化的主要场所是因为在肝细胞质、内质网、微粒体及线粒体内有丰富的生物转化酶。此外，其他组织如肺、脾、肾、肠也能进行生物转化。

一、肝生物转化的特点

1. 连续性和多样性　非营养物质在体内的转化反应是连续进行的，且呈多样性。通常先进行第一相反应，再进行第二相反应。同一种非营养物质可以经过不同的生物转化途径，生成不同的代谢产物。例如，阿司匹林（乙酰水杨酸）水解后，既可与甘氨酸结合生成水杨酰甘氨酸，也可以与葡糖醛酸结合生成葡糖醛酸苷，还可以水解后先氧化成羟基水杨酸，再进行多种结合反应。

2. 解毒与致毒双重性　非营养物质经过肝生物转化作用后，能使大部分有毒有害物质的毒性减弱或消除，使其快速排出；但也可能增强毒性，体现了肝生物转化作用的解毒与致毒双重性。例如，烟草中的多环芳烃类化合物——3，4- 苯并芘，其本身没有直接致癌作用，但经过生物转化后反而成为致癌物。因此，不能简单地将生物转化作用看作是解毒作用。

3. 个体差异性　生物转化作用容易受到年龄、性别、遗传因素、营养、疾病及药物等的影响，有个体差异。例如，当肝细胞受损时，生物转化能力下降，药物的灭活速度较慢。因此，对肝病患者用药应慎重，并注意选择、控制剂量，避免加重肝的负担。例如，新生儿肝内不能完全转化氯霉素，易发生氯霉素中毒；老年人对保泰松等药物的转化能力较差。

二、肝生物转化的类型

生物转化包括各种类型化学反应，可分为第一相反应和第二相反应。

（一）第一相反应

第一相反应（phase Ⅰ reaction of biotransformation）是指通过氧化、还原、水解等酶促反应在非营养物质分子结构中引入极性基团，如羟基、羧基、巯基、氨基等，使其极性和水溶性增加，易于排出体外。这类反应主要在细胞质、内质网、微粒体、线粒体等场所进行。

1. 氧化反应　是生物转化第一相反应中最常见的类型。肝细胞内有丰富的氧化酶类，例如，黄曲霉毒素 B_1 进入体内后，主要在肝细胞内质网微粒体混合功能氧化酶系的作用下发生脱甲基、羟化及环氧化反应，代谢产生黄曲霉毒素 M_1、2，3- 环氧黄曲霉素 B_1 等致癌物。黄曲霉毒素没有经过代谢活化是无致癌性的。

$$黄曲霉素B_1 \xrightarrow[微粒体]{NADPH} 黄曲霉素M_1$$

2. 还原反应　如硝基和偶氮基被还原为氨基，主要在微粒体内进行。

$$3NAD(P)H + 3H^+ + C_6H_5\text{—}NO_2 \longrightarrow C_6H_5\text{—}NH_2 + 3NAD(P)^+ + 2H_2O$$

硝基苯　　　　苯胺

3. 水解反应　是由肝细胞质和微粒体内的多种水解酶催化的，可以水解脂质、酰胺和糖苷，以消除或减弱其活性，如普鲁卡因的水解。这些水解产物通常还需经过进一步转化（特别是通过第二相反应）才能排出体外。

$$H_2N\text{—}C_6H_4\text{—}COOCH_2CH_2N(C_2H_5)_2 + H_2O \longrightarrow H_2N\text{—}C_6H_4\text{—}COOH + (C_2H_5)_2NC_2H_4OH$$

普鲁卡因　　　　对氨基苯甲酸　　二乙基氨基乙醇

（二）第二相反应

有些非营养物质通过与一些内源性极性分子或基团共价结合，增加极性和水溶性，易于随胆汁排出或经肾脏排泄，这种转化称为第二相反应（phase Ⅱ reaction of biotransformation）。这类反应的主要类型是结合反应。肝细胞内含有多种催化结合反应的酶类，所以结合反应的类型也较多，所结合的基团多数来自活性供体。现已证明至少有 8 种物质可以发生结合反应，如葡糖醛酸、硫酸盐、乙酰辅酶 A、*S*- 腺苷甲硫氨酸、谷胱甘肽、甘氨酸等。

与葡糖醛酸结合是非营养物质生物转化反应中最重要、最典型的结合方式。许多亲脂性的内源性物质可与葡糖醛酸结合而排出体外，葡糖醛酸的活性形式是 UDP- 葡糖醛酸（UDPGA）。在肝细胞微粒体内的 UDP- 葡糖醛酸基转移酶（UDP-glucuronyl transferase，UGT）催化下，葡糖醛酸基被转移到醇、酚、胺、羧酸类化合物的羟基、氨基及羧基上，形成相应的葡糖醛酸苷。葡糖醛酸结合反应的通常反应式如下：

$$\text{X - OH + UDPGA} \xrightarrow{\text{UDP-葡糖醛酸基转移酶}} \text{XO - 葡糖醛酸苷 + UDP}$$

三、肝生物转化反应的主要酶

1. 氧化酶类　参与生物转化的氧化酶类有单胺氧化酶、细胞色素 P450 系统和脱氢酶等。

(1) 单胺氧化酶（monoamine oxidase，MAO）：位于肝细胞线粒体外膜上，以 FAD 为辅助因子。体内的 MAO 分为两种：MAO-A 和 MAO-B，主要催化胺类物质发生氧化脱氨反应而解毒或灭活。5- 羟色胺、儿茶酚胺及组胺、尸胺、酪胺、1,24,25- 三羟维生素 D_3、苯乙胺等腐败产物可通过该反应转化成相应的醛类。

$$RCH_2NHCH_2R^+ + H_2O + O_2 \longrightarrow RCHO + RCH_2NH_2 + H_2O_2$$

$$RCH_2NH_2 + H_2O + O_2 \longrightarrow RCHO + NH_3 + H_2O_2$$

(2)细胞色素 P450(cytochrome P450,CYP)系统:是一个超家族,由同源性基因编码的酶蛋白组成。根据氨基酸序列的同源程度,其成员又依次分为家族、亚家族和酶个体三级。如 CYP2D6、CYP2C19、CYP3A4 等。人类肝细胞色素 P450 酶系中至少有 9 种 P450 与药物代谢相关。

CYP 主要位于肝、小肠和肾上腺等的内质网膜和微粒体膜上,专一性较差,能催化大多数非营养物质的羟化,如催化 1,25- 二羟维生素 D_3 的 C_{24} 发生羟化而灭活。细胞色素 P450 系统在外源性物质解毒过程中起重要作用,约有 50% 的药物是由细胞色素 P450 代谢的。

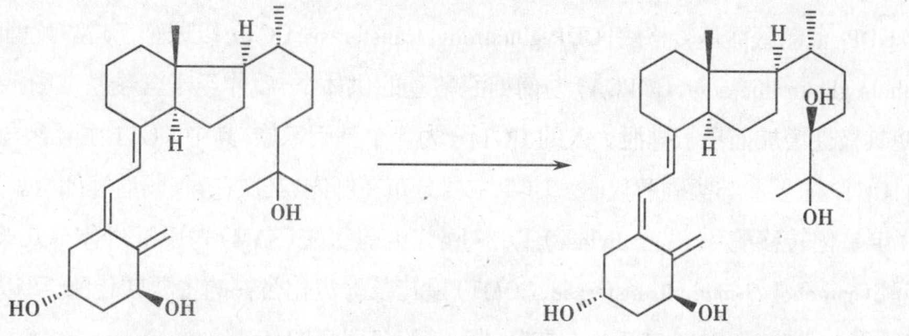

1,25-二羟维生素D_3 ⟶ 1,24,25-三羟维生素D_3

(3)醇脱氢酶(alcohol dehydrogenase,ADH)和醛脱氢酶(aldehyde dehydro genase,ALDH):分别催化醇和醛脱氢。①人体有 7 种醇脱氢酶,位于细胞质中,均以 NAD^+、Zn^{2+} 为辅助因子——醇 +NAD^+ ⟶ 醛 / 酮 +NADH+H^+。②人体有多种醛脱氢酶,分布在细胞质、内质网、线粒体内,均以 $NAD(P)^+$ 为辅助因子——醛 +$NAD(P)^+$+H_2O ⟶ 酸 +NAD(P)H+H^+。醛脱氢酶可分为两型,分别是低 K_m 的线粒体型和高 K_m 的细胞质型。有些人的线粒体型醛脱氢酶因存在突变而活性较低,其乙醇代谢物乙醛只能由细胞质型醛脱氢酶代谢,因为后者 K_m 高,所以仅在乙醛积累时才起作用,导致较多的乙醛进入血液循环,引起脸红、心动过速等。

2. 还原酶类　药物中的硝基和偶氮基被还原成氨基。

(1)氯霉素的对位硝基还原成氨基

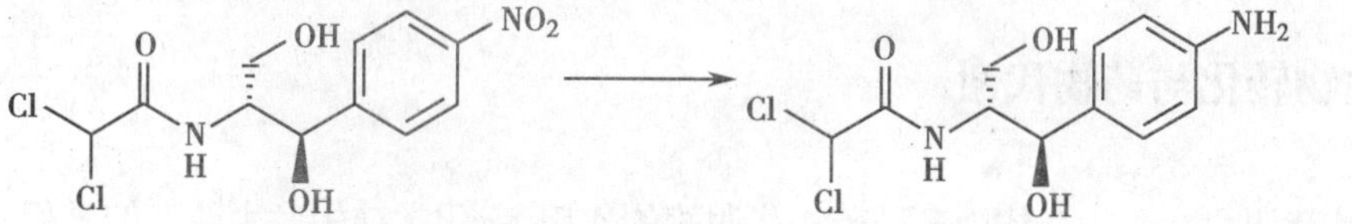

氯霉素

(2)磺胺米柯定(百浪多息)还原成磺胺

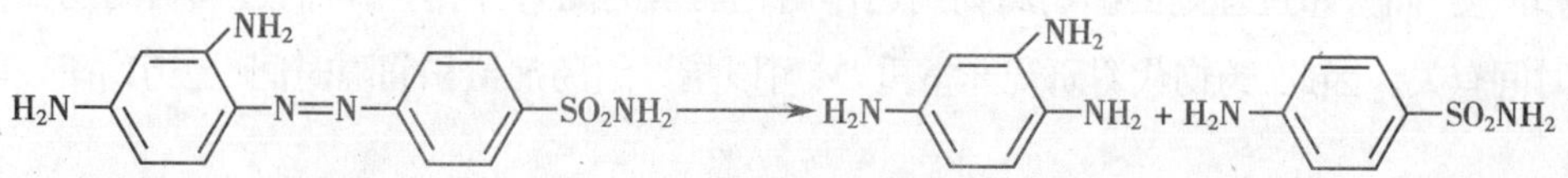

百浪多息

3. 水解酶类　酯酶、酰胺酶及糖苷酶等是肝细胞微粒体和胞液中含有的主要水解酶,可以水解脂质、酰胺和糖苷,以消除或减弱其活性。通过水解反应后这些物质的生物学活性减弱或丧失,但一般还需要其他生物化学反应进一步转化才能排出体外。如异丙异烟肼、阿司匹林等药物的降解。

$O=C-NH-NH-CH(CH_3)_2$ $\xrightarrow{\text{水解}}$ COOH + $H_2N-NH-CH(CH_3)_2$

异丙异烟肼　　　　异烟酸　　　　异丙肼

4. 转移酶类　转移酶类主要参与结合反应的生物转化。可分为以下几种类型：

(1) UDP-葡糖醛酸基转移酶(UDP-glucuronyl transferase, UGT)：以尿苷二磷酸葡糖醛酸(uridine diphosphate glucuronic acid, UDPGA)为葡糖醛酸基的供体，一般作用于含羧基或酚羟基的非营养物质，使其极性增加而易于排泄。人的UGT分为4个基因家族，其中UGT1主要参与酚类和胆红素代谢，UGT2主要参与类固醇代谢。UGT主要分布在肝内，其次在肾、肠道等部位。

(2) 甲基化转移酶(transmethylase)：以*S*-腺苷甲硫氨酸(SAM)为甲基供体。儿茶酚-*O*-甲基化转移酶(catechol-*O*-methyltransferase, COMT)是儿茶酚类化合物的主要转化酶，可以使多巴胺等神经递质失去活性。COMT广泛分布在肝、肾、脑等各器官内。

(3) 硫酸基转移酶(sulfotransferase, SULT)：以3′-磷酸腺苷-5′-磷酸硫酸(PAPS)作为供体，催化多种化合物硫酸化的生物转化酶。SULT分为SULT1和SULT2亚家族。其中SULT1参与酚类物质的代谢，主要分布在肝；SULT2主要参与类固醇的代谢，分布在肾上腺皮质、肝和肾。

(4) *N*-乙酰化转移酶(*N*-acetyltransferase, NAT)：是一类能催化乙酰基团在乙酰辅酶A和胺之间转移的酶。是以乙酰辅酶A作为乙酰基的直接供体，催化含氮物质乙酰化反应的转化酶。人类NAT有两种亚型——NAT1和NAT2，NAT1广泛分布在人体多种组织器官中，NAT2表达于肝脏和肠道，与一些致癌物质的形成有一定关系。

(5) 谷胱甘肽-*S*-转移酶(glutathione-*S*-transferase, GST)：是催化多种化合物与还原型谷胱甘肽(GSH)结合的转化酶。GST在哺乳动物的胎盘和肝中表达水平最高，在其他组织中也有不同程度的分布。

四、生物转化与药物代谢

药物代谢是指药物在体内多种药物代谢酶的作用下，化学结构发生改变的过程，也称为药物的生物转化(biotransformation)。药物在体内经历的吸收、分布和排泄过程，称为药物的体内转运(transport)。药物在体内的转运过程中结构没有变化，但药物的吸收过程会影响药物进入体循环的速度和浓度，而分布过程则会影响药物到达作用靶器官的能力，代谢和排泄过程与药物在体内的存留时间有关。因此，药物代谢研究非常重要，可以指导给药剂量和间隔时间，是药物研发的重要环节。

(一) 药物的吸收

药物从给药部位进入体循环的过程称为吸收(absorption)。药物经过一定的给药途径进入体循环，然后经血液循环运送到各器官。给药途径不同，则吸收过程也不同。

口服药物主要通过消化道吸收，药物经胃肠道上皮细胞入血。血管内注射给药不需要吸收过程而直接进入体循环，起效迅速。注射到骨骼肌或皮肤中的药物，经毛细血管吸收进入血液循环。注射到椎管内的药物可以克服血脑屏障进入脑内。

皮肤外用药物可用于治疗局部皮肤病，也可以经皮肤吸收后进入体循环发挥全身作用。药物需要经过角质层、活性表皮、真皮、皮下组织，才能被毛细血管吸收并进入体循环。

（二）药物的分布

机体生物转化作用与药物吸收、分布、代谢、排泄有密切联系。从体循环转运至各组织器官的过程称为分布（distribution）。药物从给药部位吸收进入体循环后，经血液运送至各组织器官中才能发挥疗效。如果药物能选择性分布于靶组织器官，少向其他组织器官分布，就能够更好地发挥疗效并降低副作用。

（三）药物的排泄

药物及其代谢物排出体外的过程称为排泄（excretion）。体内的药物及其代谢物需要经过排泄过程才能排出体外。肾脏是药物的主要排泄器官，其次是胆汁及肠、肺、唾液腺、汗腺和乳腺等。如果药物排泄速度过快，体内含量减少，会造成药效降低。如果药物排泄速度过慢，造成药物及其代谢物在体内堆积，可能引起不良反应。

肾脏作为最主要的药物排泄途径，药物及代谢物经肾小球滤过到达肾小管后，其中部分药物可以被肾小管重吸收，有些药物则由肾小管主动分泌。肾脏的排泄效率除了受药物载体竞争，药物重吸收影响之外，还与血浆蛋白质药物结合率、肾血流量等有关，肾功能受损时其药物排泄能力也下降，应减少肾排泄类药物的给药量。

胆汁排泄是肾排泄之外主要的排泄途径。药物被肝细胞摄取后，通过胆管膜转运至胆汁中，再排入肠道。

（四）影响药物代谢的因素

药物代谢与多种因素相关，如年龄、性别、营养、疾病、药物、食物、遗传多态性等，体内、外很多因素都会影响和调节该作用。

1. 年龄对药物代谢的影响　不同年龄人群的药物生物转化能力存在明显的差别。新生儿和儿童生物转化的能力比成人低。新生儿生物转化酶系发育不全，对药物及毒物的转化能力弱，因此容易发生药物及毒素中毒。老年人因肝血流量和肾廓清速率下降，使血浆药物的清除率略有降低，药物在体内的半衰期延长，常规剂量用药后可发生药物作用蓄积，药效增强，副作用也增大。临床上很多药物使用时都要求儿童和老年人慎用或禁用，对新生儿及老年人的用药量较青壮年少。

2. 性别对药物代谢的影响　药物的生物转化能力存在明显的性别差异，由于雌激素对不同的药物酶有不同影响，如硝西泮在女性体内的半衰期为 33 小时，而在男性体内为 28.9 小时，晚期妊娠妇女体内许多生物转化酶活性都下降，故生物转化的能力普遍降低。说明不同性激素对某些转化酶能力的影响不同。

3. 营养对药物代谢的影响　摄入蛋白质可以影响肝细胞微粒体生物转化酶系的活性，提高肝生物转化的效率，而饥饿、低蛋白饮食和维生素缺乏均可导致酶活性下降。例如大量饮酒，因乙醇氧化为乙醛、乙酸，再进一步氧化成乙酰辅酶A，产生NADH，可使细胞内NAD/NADH比值降低，从而减少UDP-葡萄糖转变成UDP-葡糖醛酸，影响肝内葡糖醛酸参与的结合反应。

4. 疾病对药物代谢的影响　肝是生物转化的主要器官，由于疾病导致肝功能下降，转化能力降低，对药物或毒物的灭活能力下降，容易使药物在体内积蓄，造成中毒，所以肝病患者在选择用药时应当慎重。

5. 药物诱导作用对药物代谢的影响　许多药物或毒物可诱导药物代谢酶的合成，使肝生物转化的能力增强，此现象被称为药物代谢酶的诱导。动物实验发现有两种基本类型的诱导作用，一类是巴比妥酸型（巴比妥酸、苯巴比妥、苯妥英等）的诱导作用；另一类是多环芳香烃型（苯并蒽衍生物、苯并芘等）的诱导作用。例如长期服用苯巴比妥可诱导肝微粒体单加氧酶系的合成，使机体对苯巴比妥类催眠药的转化能力增强，产生耐药性。另外在临床治疗过程中还可以利用药物的诱导作用增强对某些药物的代谢，以达到解毒的目的。

6. 食物对药物代谢的影响　不同食物对生物转化酶活性的影响不同。有的可以诱导生物转化酶系的合成，有的则能抑制生物转化酶系的活性。例如萝卜等含有微粒体单加氧酶系诱导物；食物中黄酮类成分可抑制单加氧酶系的活性；葡萄柚汁可抑制细胞色素P4503A4酶的活性，避免黄曲霉素 B_1 的激活，因而它们具有抗肿瘤作用。

（五）研究药物代谢的意义

许多药物的代谢途径可被联用药物抑制或诱导，有时会引起药物药理或毒理效应的显著变化。药物代谢是学习和了解药物作用机制的基础，通过药物代谢的研究可以了解药物在体内的代谢途径和特点，指导药物的研究与开发，阐明药物不良反应的原因，从而合理设计药物研究方法，对于评价药物的安全性、有效性具有重要意义，同时可以节约研究成本，避免不必要的资源浪费。在新药筛选、安全性实验和作用机制研究等方面具有理论意义。在现代中药研究中，同样具有广阔的应用前景。

第二节　胆汁酸代谢

一、胆汁酸的种类

胆汁酸是胆汁（bile）中的主要成分，胆汁酸（盐）占固体物质总量的50%~70%。胆汁既能作为消化液，促进脂类物质的消化、吸收；又能作为排泄液，将体内一些脂溶性代谢产物及肝生物转化的非营养物（如胆红素、胆固醇、药物、毒物等）随胆汁排入肠腔，再随粪便排出体外。胆汁的这些作用与其所含的主要成分胆汁酸（盐）有关。

1. 胆汁酸的分类　胆汁中的胆汁酸（bile acid）种类很多，但主要有胆酸（cholic acid）、鹅脱氧胆酸（chenodeoxycholic acid）、脱氧胆酸（deoxycholic）和少量石胆酸（lithocholic acid）4类。

首先按来源分为初级胆汁酸和次级胆汁酸。胆酸和鹅脱氧胆酸及其相应的结合型胆汁酸是在肝细胞内以胆固醇为原料直接合成的，称为初级胆汁酸(primary bile acid)；以初级胆汁酸为原料，在肠菌作用下，进行 7α- 脱羟基作用生成的脱氧胆酸和石胆酸及其相应的结合型胆汁酸，称为次级胆汁酸(secondary bile acid)(表 10-1)。

其次按结构分为游离胆汁酸和结合胆汁酸，胆汁中所含的胆汁酸以结合型为主。其中甘氨胆汁酸与牛磺胆汁酸的比例为 3∶1，胆汁中的初级胆汁酸与次级胆汁酸均以钠盐或钾盐的形式存在，形成相应的胆汁酸盐，简称胆盐(bile salts)。

表 10-1　胆汁酸的主要种类

来源分类	结构分类	
	游离胆汁酸	结合胆汁酸
初级胆汁酸	胆酸	甘氨胆酸、牛磺胆酸
	鹅脱氧胆酸	甘氨鹅脱氧胆酸、牛磺鹅脱氧胆酸
次级胆汁酸	脱氧胆酸	甘氨脱氧胆酸、牛磺脱氧胆酸
	石胆酸	甘氨石胆酸、牛磺石胆酸

2. 胆汁酸的结构　胆酸和鹅脱氧胆酸都是含 24 个碳原子的胆烷酸衍生物。两者结构上的差别只是含羟基数不同，胆酸含有 3 个羟基(3α、7α、12α)，而鹅脱氧胆酸含 2 个羟基(3α、7α)。次级胆汁酸脱氧胆酸和石胆酸的结构特点是 C_7 位上无羟基(图 10-1)。

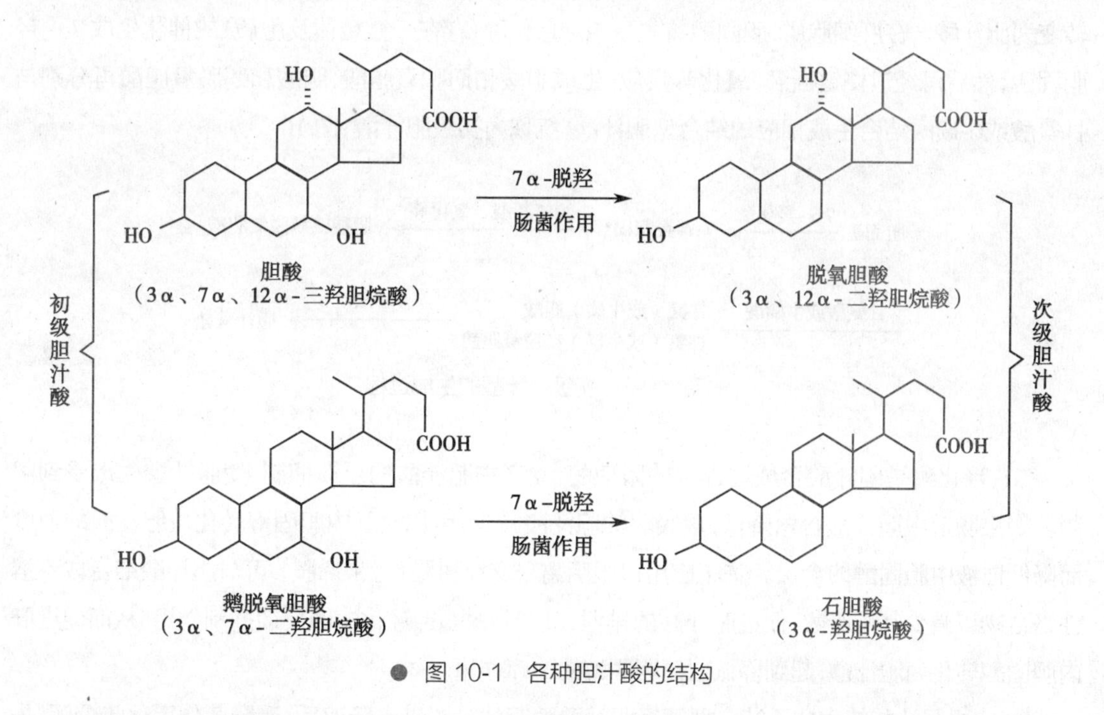

● 图 10-1　各种胆汁酸的结构

二、胆汁酸的主要生理功能

1. 促进脂类消化与吸收　胆汁酸分子既含有亲水的羟基、羧基或磺酸基，又含有疏水的甲基和烃核，所以胆汁酸具有亲水和疏水两个侧面，能够降低油/水两相之间的表面张力，因此胆汁酸盐可以促进脂类物质在水溶剂中乳化成3~10μm的微团，增加脂类与脂肪酶的接触面，并激活脂肪酶等活性，从而加速脂类的消化。胆汁酸盐还能与甘油一酯、脂肪酸等脂类消化产物组成混合微团，有利于脂类物质透过肠黏膜细胞表面水层，促进脂类吸收，再形成乳糜微粒入血。

2. 抑制胆固醇在胆汁中析出沉淀（结石） 成年人每天有0.6~0.9g胆固醇（酯）随胆汁排出，部分未转化的胆固醇随胆汁排入胆囊，经胆囊浓缩后，胆固醇因疏水而易析出沉淀。但是在胆汁酸和磷脂酰胆碱的乳化作用下，可使胆固醇分散成可溶性微团，使之不易形成结晶沉淀，因此，胆汁酸有抑制胆固醇从胆汁中析出沉淀的作用。当胆囊中的胆固醇过高（如高胆固醇血症）、胆汁中的胆汁酸盐与胆固醇的比值下降（<10∶1）、肝脏合成胆汁酸能力下降、胆汁酸的肝肠循环量减少或胆汁酸在消化道丢失过多时，均可使胆固醇从胆汁中析出沉淀而形成结石。

三、胆汁酸的代谢及肝肠循环

（一）胆汁酸的代谢

1. 初级胆汁酸的生成 胆固醇在肝细胞内一系列酶的作用下转变为初级胆汁酸。这是体内胆固醇代谢转化的主要途径。正常人体每天合成1~1.5g胆固醇，其中约2/5（0.4~0.6g）在肝脏中转变为胆汁酸。在肝细胞中，胆固醇首先受7α-羟化酶（存在于微粒体及胞质）的催化生成7α-羟胆固醇；然后再经过侧链断裂、氧化等反应，生成胆酸和鹅脱氧胆酸；胆酸和鹅脱氧胆酸再分别与甘氨酸或牛磺酸结合生成相应的结合型胆汁酸，统称为初级胆汁酸（图10-2）。

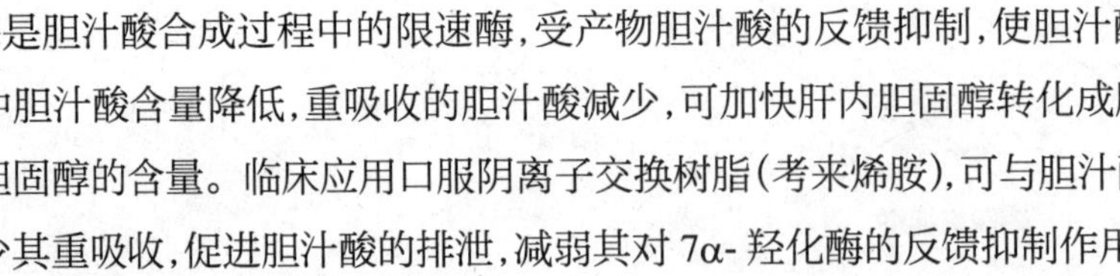

胆固醇 —7α-羟化酶→ 7α-羟胆固醇 —侧链断裂、氧化等→ 胆酸或鹅脱氧胆酸

—甘氨酸或牛磺酸→ 甘氨（或牛磺）胆酸
甘氨（或牛磺）鹅脱氧胆酸 —Na^+/K^+→ 胆汁酸盐

图10-2 初级胆汁酸的生成过程

7α-羟化酶是胆汁酸合成过程中的限速酶，受产物胆汁酸的反馈抑制，使胆汁酸生成受到限制。如果肠道中胆汁酸含量降低，重吸收的胆汁酸减少，可加快肝内胆固醇转化成胆汁酸的速度而降低血液中胆固醇的含量。临床应用口服阴离子交换树脂（考来烯胺），可与胆汁酸结合成不溶性络合物以减少其重吸收，促进胆汁酸的排泄，减弱其对7α-羟化酶的反馈抑制作用，从而促进肝内胆固醇转化为胆汁酸，起到降低血清胆固醇的治疗作用。

2. 次级胆汁酸的生成 结合型初级胆汁酸随胆汁分泌进入肠道后，受肠菌作用逐步分解，先脱去甘氨酸和牛磺酸，再发生7位脱羟基反应而转变生成脱氧胆酸和石胆酸，此为游离型次级胆汁酸。后者经肠黏膜细胞重吸收，经门静脉入肝，再与甘氨酸或牛磺酸结合生成结合型次级胆汁酸（图10-3）。

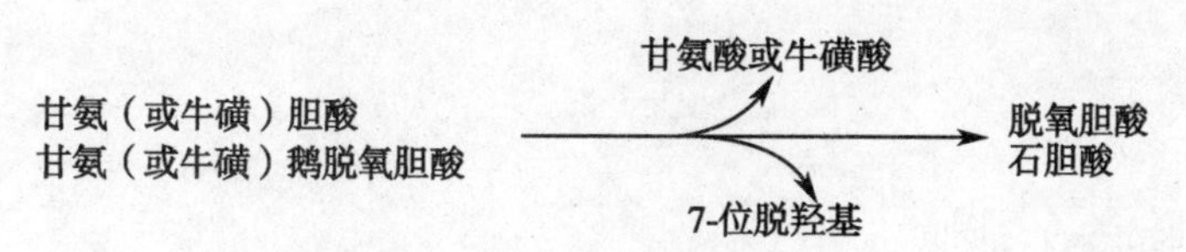

● 图 10-3 游离型次级胆汁酸的生成过程

(二) 胆汁酸的肝肠循环及其意义

各种胆汁酸(游离型和结合型的初级胆汁酸及次级胆汁酸)随胆汁分泌排入肠道后,大部分(>95%)胆汁酸又由肠道重吸收,经门静脉回到肝脏,其中结合型胆汁酸在回肠部位以主动吸收为主,游离型胆汁酸在肠道其他部位被动扩散为辅,只有一小部分受肠菌作用后排出体外。重吸收的胆汁酸经门静脉入肝,在肝细胞内,初级游离胆汁酸和次级游离胆汁酸均可再结合成结合型胆汁酸,并与肝细胞新合成的初级结合型胆汁酸一起重新再随胆汁分泌排入肠道,未被重吸收的胆汁酸(主要为石胆酸)随粪便排出,每天 0.4~0.6g,从而构成胆汁酸的肝肠循环(bile acid enterohepatic circulation)(图 10-4)。

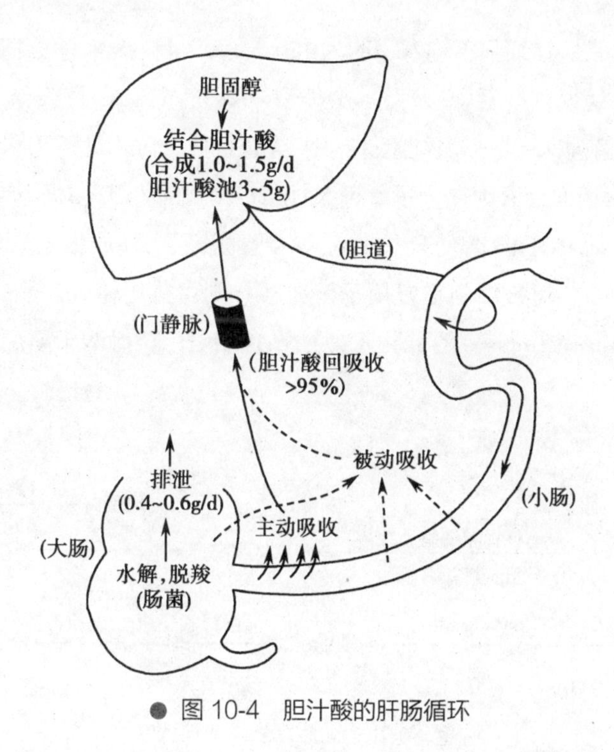

● 图 10-4 胆汁酸的肝肠循环

人体每天需要 16~30g 胆汁酸乳化脂类,而正常成人每天合成胆固醇 1.0~1.5g,约有 80% 在肝内转变成胆汁酸,随胆汁分泌排入肠道。在肝胆内的胆汁酸池(bile acid pool)总量为 3~5g,远不能满足生理需要。因此通过胆汁酸的肝肠循环,每天循环 6~12 次,可使有限的胆汁酸被反复利用,以最大限度地发挥胆汁酸的作用。如果由于腹泻或者回肠大部切除等破坏了胆汁酸肝肠循环,一方面会影响脂类的消化吸收,另一方面胆汁中胆固醇含量相对增高,处于饱和状态,极易形成胆固醇结石。

第三节　胆色素代谢

胆色素（bile pigment）是铁卟啉化合物在体内的分解代谢产物，包括胆红素（bilirubin）、胆绿素（biliverdin）、胆素原（bilinogen）和胆素（bilin）等。其中主要成分是胆红素，胆红素呈橙黄色或金黄色。胆红素的生成、转运及排泄异常与临床多种病理生理过程相关。熟悉胆红素代谢途径，对于临床上伴有黄疸体征的疾病诊断和鉴别诊断具有重要意义。

一、胆红素的生成

1. 来源　生理情况下，人胆红素有两大来源：一是来自衰老红细胞破坏释放出血红蛋白的分解，约占80%；二是来自肌红蛋白、细胞色素、过氧化氢酶及过氧化物酶等色素蛋白的分解。人每天产生250~350mg胆红素。

2. 生成过程　正常人红细胞平均寿命约为120天，每天有0.8%的红细胞被肝、脾、骨髓组织中的单核吞噬细胞系统识别并吞噬破坏，一个体重70kg的成年人，每天释放约6g的血红蛋白。血红蛋白再进一步分解为珠蛋白和血红素。其中珠蛋白可分解为氨基酸供组织细胞重新利用，或参与体内氨基酸代谢；而血红素则在分子氧和 $NADPH+H^+$ 的参与下，由吞噬细胞内微粒体血红素加氧酶（heme oxygenase，HO）催化，使分子中α-次甲基桥断裂，释放出CO及 Fe^{2+}，形成四吡咯结构的水溶性胆绿素。Fe^{2+} 可被细胞重复用于造血，CO则可排出体外。胆绿素进一步在胞质胆绿素还原酶（biliverdin reductase）的催化下，从 $NADPH+H^+$ 获得两个氢原子，还原生成胆红素（图10-5）。

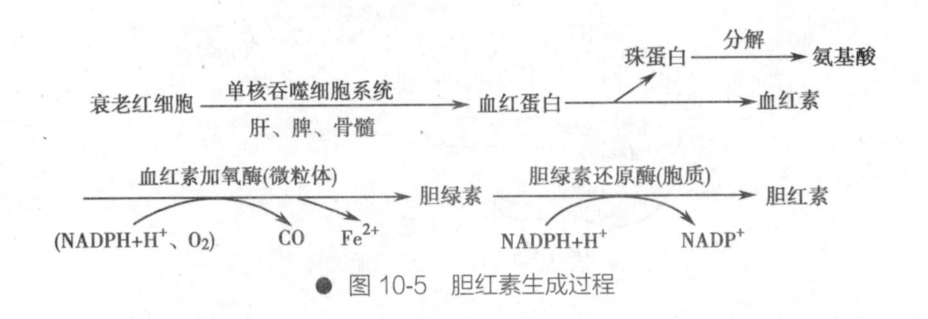

● 图10-5　胆红素生成过程

胆红素由4个吡咯环通过3个次甲基桥相连，吡咯环上有许多取代基（图10-6）。环上的丙酸基、羟基和亚氨基等亲水基团相互间易形成分子内氢键，从而使胆红素在空间上发生扭曲形成脊瓦状的刚性折叠结构，成为难溶于水而亲脂性强的物质。脂溶性的胆红素容易自由透过生物膜，对组织产生毒性。

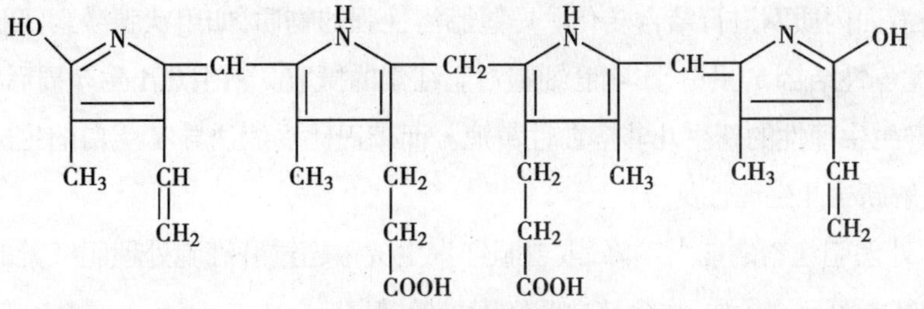

● 图 10-6　胆红素的结构

二、胆红素的运输

脂溶性的胆红素释放入血液后，由于和血浆清蛋白亲和力极强，以胆红素 - 清蛋白形式在血中运输。正常人血中未结合胆红素含量为 1.71~17.1μmol/L，血浆清蛋白可结合 342~427.5μmol/L 胆红素，因而血浆清蛋白足以防止未结合胆红素进入组织细胞产生毒性作用。这种结合作用既增大了胆红素的溶解度而利于运输，又限制了胆红素透过细胞膜进入组织产生毒性；胆红素与清蛋白结合后分子质量增大，不易透过肾小球滤过膜，尿中不出现这种胆红素，只能存在于血液中，称为血胆红素；由于这种胆红素尚未进入肝脏进行结合处理，也被称为未结合胆红素（unconjugated bilirubin）或游离胆红素。

但是当某些原因导致血中未结合胆红素含量升高、清蛋白含量下降或清蛋白分子中的结合部位被其他物质所占据或降低胆红素对结合部位的亲和力等，均可促使胆红素从血浆向组织转移而产生毒性。如某些有机阴离子药物(磺胺类药物、水杨酸和抗生素等)，或者脂肪酸、胆汁酸等物质，可与胆红素竞争结合清蛋白，使胆红素游离出来，增加其透过细胞的可能性。过多的未结合胆红素易进入脑组织与脑基底核的脂类结合，干扰脑正常功能，导致核黄疸（kernicterus）[或称胆红素脑病（bilirubin encephalopathy）]。因此，对有黄疸倾向的病人或新生儿高胆红素血症及先天性家族性非溶血性黄疸等血中未结合胆红素升高的疾病，应避免使用有机阴离子药物，以免发生核黄疸而对大脑产生不可逆性损伤。

$$\text{胆红素} + \text{清蛋白} \underset{\text{有机阴离子，pH}\downarrow}{\overset{\text{清蛋白}\uparrow\text{，pH}\uparrow}{\rightleftharpoons}} \text{胆红素-清蛋白}$$

三、胆色素的代谢与转变

（一）胆红素在肝脏的代谢

肝细胞对游离胆红素的处理包括摄取、结合和排泄 3 个连续过程，将其转化为结合胆红素，从而提高其极性和水溶性，使之易于随胆汁排出。

1. 摄取　胆红素在血浆中与清蛋白以复合物形式进行运输。在肝血窦中，胆红素先与清蛋白分离，后迅速被肝细胞摄取。在肝细胞内，胆红素立即被 Y 蛋白或 Z 蛋白结合固定（Y 蛋白结合为主)。形成的胆红素 -Y 蛋白或 Z 蛋白复合物，增加了其水溶性而不能重新返回血液，并且被进一步转运至滑面内质网进行结合转化。一些脂溶性强的物质，如甲状腺激素、四溴酚酞磺酸钠（BSP）等均可竞争性结合 Y 蛋白，影响肝细胞对胆红素的摄取。新生儿出生 7 周后 Y 蛋白才接近成人水平，易产生生理性的新生儿非溶血性黄疸。而苯巴比妥能诱导 Y 蛋白的生成，故临床上可用苯巴比妥缓解新生儿生理性黄疸。

当肝细胞处理胆红素的能力下降，或者胆红素生成量超过肝细胞处理胆红素的能力时，已进入肝细胞的胆红素可反流入血，也会使血胆红素含量增高。

2. 结合　肝细胞的滑面内质网富含 UDP- 葡糖醛酸基转移酶（UDP-glucuronyl transferase）。在该酶催化下，胆红素的 2 个丙酸基分别与 UDPGA 提供的葡糖醛酸基（GA）结合，生成胆红素葡糖醛酸酯。其中 70%~80% 是双葡糖醛酸胆红素酯，20%~30% 为单葡糖醛酸胆红素酯（少量胆红素也可与硫酸结合成硫酸酯）。在肝细胞内，与葡糖醛酸结合的胆红素被称为结合胆红素（conjugated bilirubin），或称肝胆红素。胆红素与葡糖醛酸结合过程如下：

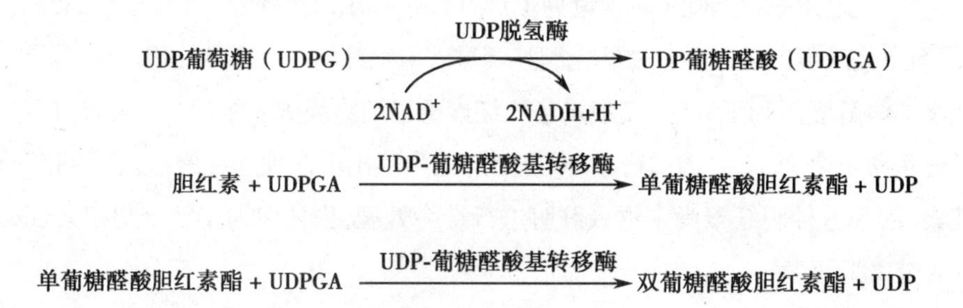

胆红素与葡糖醛酸结合后，转变为结合胆红素，分子由脂溶性转变为水溶性，从而降低了胆红素透过生物膜产生毒性作用。结合胆红素的结构见图 10-7。

● 图 10-7　结合胆红素的结构

3. 排泄　结合胆红素在肝细胞滑面内质网形成后，经高尔基体、溶酶体等参与，几乎全部排入毛细胆管，再随胆汁分泌，经胆管排入肠道。这一过程是逆浓度梯度的主动转运过程。正常人每天排入肠道的胆红素为250~350mg，其中仅有不超过3.42μmol/L的结合胆红素反流入血液循环，故正常人尿中仅有极微量的胆红素。当肝胆阻塞时，可因结合胆红素排泄障碍而使之大量反流入血，使血清结合胆红素含量增高，随之尿中胆红素排出量也增加。

(二) 胆红素在肝外的代谢

1. 胆红素转变为胆素原　结合胆红素随胆汁到达回肠末端和结肠处后，在肠菌β-葡糖醛酸苷酶作用下，大部分水解脱去葡糖醛酸成为游离胆红素，然后进一步还原生成胆素原。其中极大部分胆素原(约 80%)随粪便排出后，经空气氧化为黄褐色的粪胆素，成为粪便的主要色素。这些随粪便排出的胆素原和胆素常被称为粪胆素原和粪胆素。健康成人每天随粪便排出的粪胆素(原)总量为 40~280mg。当胆道完全阻塞时，因胆红素不能排入肠道转变为胆素原和胆素，粪便呈现灰白色。婴儿肠道细菌少，未被细菌作用的胆红素可随粪便直接排出，所以粪便呈橙黄色。

2. 胆素原的肝肠循环　在生理情况下，肠道中生成的胆素原有 10%~20% 被肠黏膜细胞重吸收，经门静脉入肝，重吸收的胆素原大部分(约 90%)再随胆汁分泌并以原型排入肠道，构成胆素原的肝肠循环(bilinogen enterohepatic circulation)。在肝肠循环中只有极少量(10%)的胆素原进入体循环，被运输到肾随尿液排出体外，与氧气反应，被氧化为黄褐色的胆素，成为尿液色素之一。这些随尿排出的胆素原与胆素常被称为尿胆素原与尿胆素(图 10-8)。

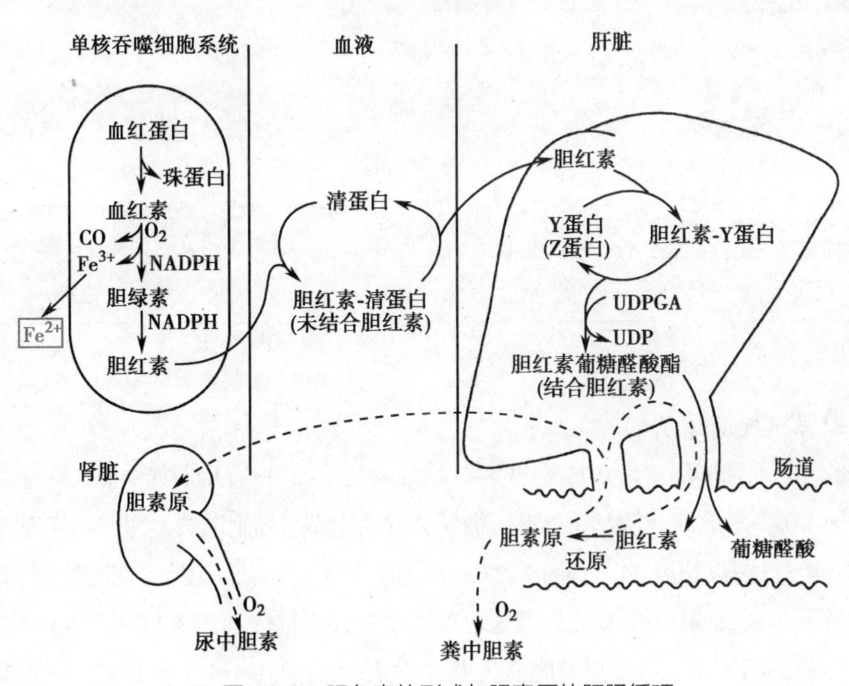

● 图 10-8　胆色素的形成与胆素原的肝肠循环

四、胆红素的异常代谢

(一) 胆红素的种类与性质

健康人血清胆红素总量不超过 17.1 μmol/L(1.0mg/dl)，主要以两种形式存在：①来自单核吞噬细胞系统破坏衰老红细胞而释出的胆红素，这类胆红素还未进入肝细胞与葡糖醛酸结合，因而被称为未结合胆红素。未结合胆红素分子内有氢键，不易与重氮试剂反应，必须加入乙醇或尿素破坏氢键后才表现出明显的紫红色反应，故又称为间接胆红素，或间接反应胆红素。健康人血清未结合胆红素含量≤ 13.68 μmol/L（0.8mg/dl），呈间接反应弱阳性。②在肝细胞光面内质网与葡糖醛酸结合而形成结合胆红素。结合胆红素分子内无氢键，能直接与重氮试剂迅速反应呈现紫红色，故称为直接胆红素，或直接反应胆红素。健康人血清结合胆红素含量≤ 3.42 μmol/L（0.2mg/dl），直接反应阴性。两类胆红素的主要性质比较见表 10-2。

表 10-2　两种胆红素的比较

	未结合胆红素	结合胆红素
常见其他名称	游离胆红素 血胆红素 间接胆红素 间接反应胆红素	肝胆红素 直接胆红素 直接反应胆红素
血清中的含量 /（mg/dl）	≤ 0.8	≤ 0.2
与葡糖醛酸结合	未结合	结合
溶解性	脂溶性	水溶性
毒性	大	小
随尿排出	不能	能
与重氮试剂反应	慢、间接	快、直接

（二）胆红素异常代谢与黄疸

正常情况下，血清胆红素含量甚微[3.42~17.1 μmol/L（0.2~1mg/dl）]，其中极大部分为未结合胆红素（约占 80%）。未结合胆红素呈脂溶性，极易透过生物膜对细胞造成毒害。胆红素为金黄色的物质，血清中浓度过高，超过 34.2 μmol/L（2.0mg/dl）时，则易扩散进入组织，使皮肤、巩膜和黏膜等组织黄染，称为黄疸（jaundice），或显性黄疸。如血清胆红素浓度超过正常，但不超过 34.2 μmol/L（2.0mg/dl）时，肉眼看不出巩膜或皮肤明显黄染，称为隐性黄疸（occult jaundice）。一般根据黄疸产生的原因，可分为以下 3 类。

1. 溶血性黄疸　溶血性黄疸（hemolytic jaundice）也称肝前性黄疸（prehepatic jaundice），常由于某些原因如先天性红细胞膜、酶或者血红蛋白遗传性缺陷、严重溶血（输血不当）、镰状细胞贫血、葡糖 -6- 磷酸脱氢酶缺乏（蚕豆病）、恶性疟疾、过敏等，引起红细胞大量破坏、溶解，使分解产生胆红素过多，超过肝细胞处理能力，从而导致未结合胆红素在血中浓度升高。主要表现为：由于血中未结合胆红素增加，与重氮试剂反应呈间接反应强阳性；肝细胞转化胆红素代偿性增强，使排入肠道的结合胆红素增加，在肠道中生成的胆素原也增多，随粪便排出的粪胆素（原）增多，粪便颜色加深；肠道中生成的胆素原增多，经肝肠循环重吸收进入肝的胆素原也增多，进入体循环经肾随尿排出的尿胆素（原）也显著增加，但尿中无胆红素。

2. 肝细胞性黄疸　肝细胞性黄疸（hepatocellular jaundice）也称肝源性黄疸（hepatic jaundice）。因肝细胞病变影响胆红素摄取、结合和排泄的疾病均可引起肝细胞性黄疸，常见于各种肝实质性疾病，如病毒性肝炎、自身免疫性肝病、药物性肝损伤、中毒性肝炎、酒精性肝病、全身感染性疾病导致的肝脏损害（如败血症、疟疾等）以及各种原因导致的肝硬化、肝脏肿瘤等，其中病毒性肝炎占肝细胞性黄疸病因的 90% 以上。一方面肝细胞摄取、结合胆红素功能障碍，不能将其全部转化为结合胆红素，造成血清未结合胆红素含量增加；另一方面，由于病变致肝细胞肿胀，毛细血管阻塞或破裂，使肝内已经生成的部分结合胆红素不能顺利排泄而反流入血，使血清结合胆红素含量也增加。主要表现为：血清中未结合与结合两类胆红素均增加，与重氮试剂反应呈双相反应阳性；由于肝内已经生成的部分结合胆红素反流入血，故排入肠道生成的胆素原逐渐减少，随粪便排出的粪胆素（原）也减少，粪便颜色可变浅；但在肝病初期，肠道中的部分胆素原经肝肠循环重吸收进入肝脏后，不能再有效地随胆汁分泌排出，而只能进入体循环，经肾随尿排出。因此肝病初期，尿胆素（原）一般增加；随着肝病发展进入后期，尿胆素（原）则减少。由于血中结合胆红素增加，可经肾随尿排出，尿中出现胆红素。

3. 阻塞性黄疸　阻塞性黄疸（obstructive jaundice）也称肝后性黄疸（posthepatic jaundice）。各种原因（如胆石症、肿瘤压迫胆管、胆道蛔虫阻塞胆管等）引起肝管或胆道阻塞、导致胆汁排泄受阻，使胆小管和毛细胆管压力不断增高，通透性增加甚至破裂，使肝内已经转化生成的结合胆红素随胆汁通过破裂的胆小管和毛细胆管反流入血，造成血清结合胆红素增高所致。主要表现为：血清结合胆红素增加，与重氮试剂反应呈强阳性；由于肝管或胆道阻塞，结合胆红素不能排出肠道，致使肠内无或有少量胆素原生成，随粪便排出的粪胆素（原）减少，粪便颜色变浅或灰白即陶土样便；同时肠道内生成的胆素原减少，经肝肠循环进入肝脏的胆素原也相应减少，进入体循环经肾随尿排出的尿胆素（原）减少。由于血中结合胆红素增加，水溶性大，随尿排出大量胆红素，尿液颜色变深。

三类黄疸的胆色素、血、尿液和粪便的变化特征比较见表 10-3。

表 10-3　三类黄疸的胆色素、血、尿液、粪便的变化特征

类　型	溶血性黄疸	肝细胞性黄疸	阻塞性黄疸
血未结合胆红素	明显增高	增高	改变不明显
血结合胆红素	改变不明显	增高	明显增高
与重氮试剂反应	间接，明显	间接、直接均明显	直接，明显
粪便颜色	加深	变浅	变浅或灰白色（陶土色）
尿胆素（原）	增多	早期增加	减少或消失

续表

类　型	溶血性黄疸	肝细胞性黄疸	阻塞性黄疸
尿胆红素试验	阴性	阳性	强阳性
尿色	较深	不一定	变浅

案例分析

案例

患者，女，60岁，因“上腹痛5天，目黄尿黄1天”入院。患者于5天前无明显诱因出现上腹部疼痛，以中上腹及右上腹为主，呈胀痛，阵发性，不剧烈，无肩背部放射痛，厌油腻，无皮肤瘙痒，无陶土样便，无畏寒，发热。1天前出现目黄，尿色加深，为浓茶样，既往体健。血常规：白细胞计数 20.40×10^9/L，中性粒细胞比率92.10%，C反应蛋白（CRP）204.0mg/L；尿常规：尿胆红素（+）。生化全套：总蛋白59.50g/L，白蛋白36.20g/L，总胆红素83.66μmol/L，直接胆红素59.03μmol/L，总胆汁酸（TBA）122.90μmol/L，谷丙转氨酶513.0μmol/L，谷草转氨酶83.66μmol/L，γ-谷氨酰转移酶476.0μmol/L，碱性磷酸酶205.0μmol/L。查体：体温36.9℃，脉搏96次/min，呼吸20次/min，血压115/67mmHg。神志清，巩膜黄染，中上腹及右上腹轻压痛，余未见异常。

初步诊断：胆囊结石伴急性胆囊炎，胆总管下端结石。

治疗方案：

1. 注射用泮托拉唑钠，复方消化酶胶囊口服。
2. 茵陈蒿汤。

问题：

1. 该患者属于黄疸类型中的哪一类？
2. 分析用中药茵陈蒿汤治疗的机制是什么？

分析

该患者主要是由于胆结石阻塞胆管引起胆红素增高，出现黄疸体征，属于阻塞性黄疸。同时伴有急性胆囊炎。

中药方剂茵陈蒿汤出自张仲景的《伤寒论》，由茵陈蒿、栀子、大黄组成。具有清热利湿、解毒退黄的功效。主治湿热蕴结、熏蒸肝胆而致的黄疸症，茵陈蒿汤主治病症的症状与西医学的急性传染性肝炎、胆石症、胆道感染、胆囊炎、胆道蛔虫等消化系统疾病并发黄疸症状相似。

1. 与功效相关的主要药理作用

(1) 利胆：①对胆汁排泄及胆汁有形成分的影响，茵陈蒿汤能促进胆汁分泌和排出。②对胆道括约肌的影响，茵陈蒿汤利胆同时可降低胆总管Oddis括约肌的张力。

也有认为其利胆作用机制与对抗胆汁淤滞因子有关，主要是促进毛细胆管胆汁的形成与排出。另外，茵陈蒿汤内含有一种 β- 葡糖醛酸苷酶质，能抑制肝脏疾病时升高的 β- 葡糖醛酸苷酶活性，从而减少胆红素及有害物质从肠道吸收，间接促进胆红素排出体外。

(2)保肝作用：显著地降低血清 GPT(ALT)、GOT(AST)的活性。

(3)解热、抗炎、抗菌：茵陈蒿汤及茵陈煎剂口服，对炎症引起的发热有解热作用。

2. 临床应用　茵陈蒿汤常用于湿热黄疸的治疗。此外，茵陈蒿汤对脂溢性皮炎、高血压、高血脂也有一定疗效。

小结

肝是进行生物转化的主要场所。生物转化的特点可概括为转化反应的连续性、多样性、解毒致毒两重性及个体差异性。生物转化包括各种化学反应，可分为第一相反应和第二相反应：第一相反应包括氧化、还原、水解等反应，第二相反应为结合反应。生物转化使非营养物质极性和水溶性增加，易于随胆汁排出或经肾脏排泄。

药物代谢是指药物在体内经历的吸收、分布和排泄过程。肝是药物代谢、药物转化和排泄的重要器官。药物以口服、注射、皮肤外用等方式和途径进入血液后，一方面转运到靶组织发挥药理作用，另一方面在分布过程中被肝细胞转化进入血液，经肾脏排泄或汇入胆汁，随粪便排出。体内外很多因素都会影响和调节肝的生物转化作用，与年龄、性别、营养、疾病、药物、营养状况、遗传多态性等因素有关。

胆汁酸作为胆汁主要成分参与脂质消化、抑制胆汁胆固醇析出，是胆固醇的重要排泄形式，具有极强的利胆作用。胆汁酸可按结构和来源进行分类，胆固醇在肝细胞内先被内质网(微粒体)胆固醇 7α- 羟化酶催化羟化成 7α- 羟胆固醇，再转化成初级游离胆汁酸，与甘氨酸或牛磺酸缩合成初级结合胆汁酸，随胆汁排入肠道，少量受肠道细菌作用水解，重新生成初级游离胆汁酸，少量初级游离胆汁酸还原脱氧生成次级游离胆汁酸，大部分结合胆汁酸及少量游离胆汁酸重吸收回到肝脏，其中的游离胆汁酸转化成结合胆汁酸，所有结合胆汁酸随胆汁排入肠道，形成胆汁酸的肝肠循环。

胆色素是铁卟啉类化合物的转化产物，包括胆红素、胆绿素、胆素原和胆素等，胆红素是主要成分。胆红素由衰老红细胞被单核巨噬细胞系统吞噬后，分解产生血红素，氧化生成胆绿素，胆绿素被还原生成未结合胆红素。未结合胆红素由血浆清蛋白向肝脏转运，被肝细胞摄取，转化成结合胆红素。随胆汁排入肠道后，受肠道细菌作用水解重新生成未结合胆红素，进而还原成尿胆素原、粪胆素原。大部分胆素原随粪便排出，氧化成胆素，少量胆素原(主要是尿胆素原)由肠道重吸收。重吸收的胆素原大部分被肝细胞摄取，以原型随胆汁排入肠道，形成胆素原的肝肠循环，其余经肾脏排泄。某些因素可引起高胆红素血症，出现黄疸，根据病因分为溶血性黄疸、肝细胞性黄疸和阻塞性黄疸。

思考题

1. 生物转化包括哪些反应类型？简述药物代谢的过程和意义。
2. 胆汁酸的种类有哪些？有什么生理功能？
3. 简述胆红素在肝细胞内的代谢过程。

第十章 同步练习

（杨奕樱）

第十一章　代谢的调节

第十一章　课件

学习目标

掌握：各种营养物质代谢的相互联系；细胞水平的调节；激素水平的调节及整体水平的调节的特点。

熟悉：物质代谢的特点；激素水平的调节的主要途径。

了解：三级水平代谢调节在机体活动中的意义。

物质代谢是生物体的基本特征，是生命活动的重要物质基础和能量基础。生物体的生存有赖于机体与环境之间的物质交换，维持各种物质的适宜浓度，保证生命活动的能量需求。机体从食物中摄取的糖、脂肪、蛋白质、水、无机盐、维生素等物质在体内的代谢过程不是杂乱无章、彼此孤立的，而是在细胞内井然有序进行的。并且由于生物体内存在精密而又复杂的代谢调节机制，使各个代谢途径相互联系、相互协调、相互制约、有条不紊地进行，从而维持了代谢的平衡。进化程度越高的生物调节机制越复杂、越精确，如果物质代谢调节发生紊乱，某一代谢环节运转障碍，就会引发多种疾病，甚至死亡。

第一节　新陈代谢概述

一、物质代谢

生物体在生命活动过程中，除进行 O_2 和 CO_2 的交换外，还要不断摄取食物和排出废物。食物中的糖、脂肪及蛋白质经消化吸收进入体内，在细胞内进行中间代谢，一方面氧化分解释放能量满足机体生命需求，另一方面进行合成代谢，转变成机体自身的蛋白质、脂肪和糖类。这种生命体和环境之间不断进行的物质交换，即物质代谢。

1. 整体性　人体从外界摄取的糖、脂肪、蛋白质、核酸、水、无机盐、维生素等在体内的代谢不是彼此孤立、各自为政，而是在细胞内同时进行的，而且各种物质代谢之间或各条代谢途径之间彼此相互联系，或相互转变，或相互依存，构成了统一的整体。如糖、脂肪在体内氧化释放的能量可用于核酸、蛋白质等的合成，而各种酶蛋白合成后又可作为催化剂以促进体内糖、脂肪、蛋白质等物质代谢。

2. 可调节性 正常情况下，由于机体存在着精细、完善而又复杂的调节机制，不断调节各种物质代谢的强度、方向和速度，使机体中各种代谢能适应内、外环境的不断变化，有条不紊地进行，进而保持机体内环境的相对恒定及动态平衡。代谢调节普遍存在于生物界，是生物的重要特征。

3. 组织特异性 机体各组织、器官的结构不同，所含酶蛋白的种类和含量也各有差异，使各组织、器官具有不同的功能和代谢特点。肝在糖、脂肪、蛋白质代谢上具有特殊重要的作用，是人体物质代谢的枢纽。如酮体在肝内生成，在肝外组织利用；红细胞无线粒体，以糖酵解作为其主要供能方式。

4. ATP是机体能量储存及利用的共同形式 糖、脂肪及蛋白质在体内分解氧化释放的能量，均储存在ATP的高能磷酸键中。ATP作为机体可直接利用的能量载体，需要时，ATP水解释放出能量，供各种生命活动的需要，如蛋白质、核酸、多糖等生物大分子的合成，物质的主动转运、肌肉收缩、神经冲动的传导、体温的维持等。

5. NADH/NADPH是体内重要的还原当量 许多参与氧化分解代谢的脱氢酶常以NAD^+为辅酶，生成的$NADH+H^+$是体内多种代谢和氧化磷酸化的供氢体；而参与还原合成代谢的还原酶则多以$NADPH+H^+$为辅酶，提供还原当量。如磷酸戊糖途径生成的$NADPH+H^+$是脂肪酸和胆固醇合成代谢所需的还原当量。

二、能量代谢

生物体的能量主要来自糖、脂肪、蛋白质三大营养物质的分解氧化。虽然其分解氧化的代谢途径各不相同，但有共同规律。乙酰辅酶A是三大营养物质共同的中间代谢物，三羧酸循环是它们最后分解的共同代谢途径，氧化磷酸化是产生ATP的主要方式。

从能量供应角度看，三大营养物质可以相互代替并相互制约。一般情况下，供能以糖和脂肪的氧化分解为主，尽量节约蛋白质的消耗。特别是糖，人体所需能量50%~70%由糖提供，其次是脂肪，占能量供应的10%~40%，并且脂肪是机体储能的主要形式。当疾病、饥饿时糖原不足，为保证血糖恒定满足脑组织对糖的需要，肝糖异生增强，蛋白质分解加强。长期饥饿持续3~4周，长期糖异生增强使蛋白质大量分解会危及生命，此时机体通过调节作用转向保存蛋白质，各组织以酮体为主要能源，蛋白质分解降低。

糖、脂肪、蛋白质均通过三羧酸循环彻底氧化分解供能，任一供能物质的分解代谢旺盛，ATP生成增多，均可抑制其他供能物质的氧化分解。如脂肪分解增强，生成ATP增多，ATP/ADP比值升高，可变构抑制葡萄糖分解代谢关键酶——磷酸果糖激酶，从而抑制糖分解代谢。相反，脂肪供能不足时体内ATP减少，ADP相对增加，可变构激活磷酸果糖激酶，促进糖分解供能。

第二节 物质代谢的相互联系

体内糖、脂肪、蛋白质和核苷酸代谢不是彼此孤立的，而是在细胞内同时进行，且彼此相互关联，或相互转变，或相互依存。它们通过共同的中间代谢物，即两种代谢途径汇合时的中间产物，经三羧酸循环和生物氧化等构成统一的整体。各种物质之间互相转变，糖、脂肪在体内氧化释放的能量保证了生物大分子蛋白质、核酸、多糖等合成时的能量需要，合成的各种酶蛋白作为生物催化剂，又可促进体内糖、脂肪、蛋白质等各种物质的代谢得以迅速进行。当一种物质代谢障碍时可引起其他物质代谢紊乱，如糖尿病时，糖代谢障碍可引起脂肪代谢、蛋白质代谢甚至水盐代谢紊乱。

一、糖与蛋白质代谢的相互联系

糖代谢产生的α-酮酸经氨基化后即可生成非必需氨基酸，又因体内不能产生合成必需氨基酸所需的α-酮酸，故机体无法合成8种必需氨基酸。所以仅依赖糖不能维持氮平衡，必须不断摄入足够的优质蛋白质。在构成蛋白质的20种氨基酸中，除了亮氨酸和赖氨酸两种生酮氨基酸外，其他18种氨基酸均能不同程度地转变为糖。这也是饥饿或摄入较多蛋白质时糖异生的主要原料来源。

在糖代谢与蛋白质分解代谢的重要联系中，氨基转移酶催化的转氨基作用发挥重要作用。糖代谢过程中产生的丙酮酸经氨基化生成丙氨酸，α-酮戊二酸生成谷氨酸，草酰乙酸生成天冬氨酸。除酪氨酸与组氨酸外，其他非必需氨基酸虽然生成过程较复杂，但均由糖提供碳骨架。

二、糖与脂类代谢的相互联系

糖可以转变为脂肪。糖代谢与脂类代谢的交汇点主要在乙酰CoA和磷酸二羟丙酮。糖分解产生的乙酰CoA可以合成脂肪酸和胆固醇，磷酸二羟丙酮可以还原成3-磷酸甘油，3-磷酸甘油和脂肪酸的活化形式脂酰CoA合成脂肪而贮存于脂肪组织中。因此，摄入低脂高糖膳食同样可使人肥胖及甘油三酯升高。

脂肪动员产生甘油和脂肪酸。甘油磷酸化生成3-磷酸甘油，进一步脱氢变成磷酸二羟丙酮进入糖代谢途径异生成葡萄糖，也可以氧化分解供能；脂肪酸通过β-氧化产生乙酰CoA，主要经三羧酸循环彻底氧化，或在肝脏合成酮体。这是因为乙酰CoA不能生成丙酮酸或其他可生糖成分，因而无法进入糖异生途径。故脂肪酸（偶数）不能转变为糖。所以体内糖与脂肪的关系以糖转化成脂肪为主，而脂肪只有甘油部分可以转变为糖，但量很少。

糖还可以转变为胆固醇和磷脂。高糖饮食后，血糖升高，胰岛素分泌增加，糖分解加强，乙酰CoA及NADPH+H^+生成增多，为合成胆固醇提供了更多的原料。因此，高糖饮食后，脂肪合成及胆固醇合成均增加。此外，糖分解代谢产生的中间产物还可通过转变生成甘油及脂肪酸，进一步参与甘油磷脂和鞘磷脂的合成代谢。

三、蛋白质与脂类代谢的相互联系

氨基酸可以转化成脂类。氨基酸在体内分解代谢可以产生乙酰CoA，后者作为原料参与脂肪酸或胆固醇的合成。此外，丝氨酸脱羧基可生成胆胺，胆胺接受 *S*- 腺苷甲硫氨酸提供的活性甲基转变为胆碱，丝氨酸、胆胺及胆碱分别是合成丝氨酸磷脂、磷脂酰胆胺（脑磷脂）及磷脂酰胆碱（卵磷脂）的原料。

脂类不能转变成氨基酸。脂肪中的脂肪酸不能转变生成任何氨基酸，仅甘油可以转变成非必需氨基酸的碳架，但这种转化无法满足体内蛋白质合成的需要，因此没有实际意义。

四、核苷酸与三大营养物质代谢的相互联系

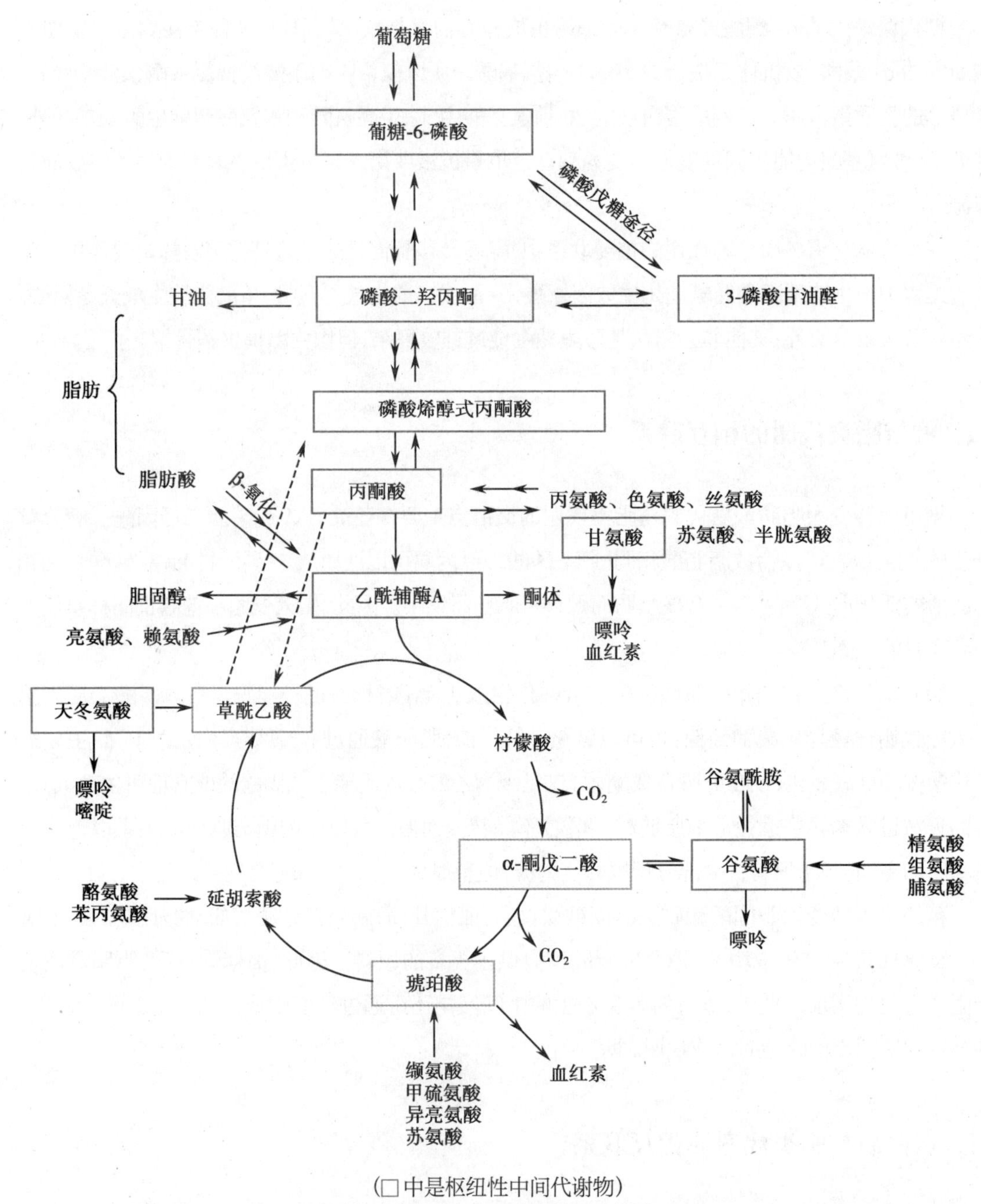

（□中是枢纽性中间代谢物）

● 图 11-1　糖、脂肪、氨基酸代谢的相互联系

体内嘌呤和嘧啶核苷酸的合成需要氨基酸作为重要的原料。嘌呤的合成需要天冬氨酸、甘氨酸、谷氨酰胺及一碳单位；胸腺嘧啶的合成需要天冬氨酸、谷氨酰胺及一碳单位；胞嘧啶和尿嘧啶的合成需要天冬氨酸及谷氨酰胺。此外，葡萄糖经磷酸戊糖途径为核苷酸的合成提供5-磷酸核糖；脱氧核苷酸的合成还需 $NADPH+H^+$ 提供还原当量（脱氧胸苷酸除外）；核苷酸合成所需的能量又来自糖和脂肪的氧化分解。

综上所述，各代谢途径通过一些中间产物相互联系，形成纵横交错的网络。机体正是通过复杂的代谢调节机制，不断调节各物质代谢的方向和速度，才能保证代谢有条不紊地进行，维持正常的生命活动。糖、脂肪、氨基酸代谢途径的相互关系见图 11-1。

知识拓展

中药人参对机体物质代谢的影响

人参的活性成分有很多，它们通过不同的作用机制来实现对机体代谢的调节作用。

研究表明，人参具有降血脂的作用。人参皂苷 Rb_2 能够促进胆固醇的合成，还可促进胆固醇的排泄，降低总胆固醇和低密度脂蛋白胆固醇，增加高密度脂蛋白胆固醇水平；还可抑制脂肪酶活性。人参皂苷 Rd 能够抑制非电压依赖性 Ca^{2+} 通道介导的 Ca^{2+} 内流，从而减少巨噬细胞内低密度脂蛋白胆固醇的摄取及胆固醇堆积。

人参还具有调节血糖的功能。研究表明，人参皂苷及人参多糖都能降低糖尿病模型动物的血糖，机制可能为：①人参皂苷通过提高糖尿病 PPAR-γ 的表达，调节糖代谢和脂代谢；② Rb_2 抑制葡糖-6-磷酸酶，激活葡萄糖激酶，纠正两种酶活性的异常变化而使血糖降低；③人参三醇类皂苷 Rg_1 能够增强肌肉对葡萄糖的处理能力，使肌糖原合成增加，维持糖代谢的稳态；④多糖加速糖的有氧代谢过程，并促进胰岛素的释放；⑤人参二醇类皂苷 Rh_2 增加β-内啡肽的分泌，进而提高葡萄糖转运蛋白亚型 4（GLUT4）的表达，降低血糖；⑥人参三醇类皂苷 Re 和人参二醇类皂苷 Rg_3 激活腺苷酸活化蛋白激酶（AMPK），改善糖脂代谢紊乱。

总之，人参的活性成分群通过不同的作用机制共同实现其药理作用，发挥其功效。

第三节　代谢调节方式

代谢调节在生物界普遍存在，是生物在进化过程中逐步形成的一种能力，机体各种代谢途径是相互联系、相互协调、相互制约和有条不紊进行的，从而维持机体的代谢平衡。

代谢调节是通过一整套复杂而精细的调节系统，能使机体适应内、外环境的不断变化，保持内环境的稳态。生物进化程度越高，其代谢调节越复杂。根据生物的进化程度不同，代谢调节大体上可分 3 个水平：细胞水平的调节（酶水平调节）、激素水平的调节和整体水平的调节（神经 - 体液调节）。单细胞生物主要通过细胞内代谢物浓度的变化对酶活性或含量进行调节，这种调节称为细胞水平的调节或酶水平调节，是最原始、最基本的方式。随着生物的进化，在细胞水平的调节的基础上，激素水平的调节逐步完善起来，这种调节是内分泌细胞或内分泌器官分泌激素，最终也通过细胞水平的调节发挥作用。高等动物除了激素调节代谢外，还具有功能十分复杂的神经系统对机体进行综合调节，即整体水平的调节。

从细胞水平、激素水平、整体水平进行代谢调节称为机体三级水平代谢调节。其中细胞水平的调节是基础，激素及整体水平的调节都是通过细胞水平的调节实现的。

一、细胞水平的调节

细胞水平的调节实质就是酶的调节，是通过细胞内代谢物浓度的变化实现对酶的活性和含量的调节。在单细胞生物中就已存在，是一切代谢调节的基础。包括细胞内酶的隔离分布与关键酶、酶结构的调节（包括变构调节和化学修饰调节）和酶含量的调节。

（一）细胞内酶的隔离分布与关键酶

1. 代谢酶系的区域化分布　细胞是组织及器官的最基本功能单位。体内的物质代谢几乎都是在细胞内进行，并由一系列酶促反应完成。细胞内不同的酶系和不同的酶如果混杂在一起，将使整个代谢杂乱无章、相互干扰。事实上，细胞内的代谢是有条不紊地进行的。这是因为细胞内部广泛的膜系统将细胞分隔成许多区域，形成各种亚细胞。参与同一代谢途径的酶类常常分布于细胞的某一区域或亚细胞结构内（表 11-1），这就使得有关代谢途径只能分别在细胞不同区域内进行。酶系在细胞内隔离分布的意义就在于使区域内的同一代谢途径一系列酶促反应连续进行，提高反应效率，避免了不同代谢途径的相互干扰，使反应顺利进行。

表 11-1　主要代谢途径的酶系在细胞内的区域化分布

酶系或酶	分布	酶系或酶	分布
糖酵解	细胞质	磷脂合成	内质网
磷酸戊糖途径	细胞质	尿素合成	线粒体、细胞质
糖原合成	细胞质	蛋白质合成	细胞质、内质网
糖异生	线粒体、细胞质	DNA 及 RNA 合成	细胞核
脂肪酸合成	细胞质	呼吸链及氧化磷酸化	线粒体
脂肪酸 β- 氧化	线粒体	多种水解酶	溶酶体
三羧酸循环	线粒体	羟化酶系	内质网
酮体生成	肝细胞线粒体	血红素合成	细胞质、线粒体
胆固醇合成	细胞质、内质网	胆红素生成	微粒体、细胞质

2. 代谢途径的关键酶　代谢途径进行的速度和方向是由一个或几个具有调节作用的关键酶的活性决定的。这些能调节代谢反应速度的酶称为关键酶（key enzyme），也称为调节酶（regulatory enzyme）。

这类酶具有下述特点:①催化的反应速度最慢,其活性大小决定了整个代谢途径的总速度,因此又称限速酶;②这类酶常催化单向反应或非平衡反应,其活性决定整个途径的方向;③酶活性除受底物控制外,可受多种代谢物或效应剂的调节。因此,对某些关键酶或调节酶活性的调节是细胞代谢调节的一种重要方式,也是激素水平代谢调节和整体水平代谢调节的重要环节。各重要代谢途径的关键酶见表 11-2。

表 11-2　重要代谢途径中的关键酶

代谢途径	关键酶
糖酵解	己糖激酶、葡萄糖激酶(肝)、磷酸果糖激酶 -1、丙酮酸激酶
三羧酸循环	柠檬酸合酶、异柠檬酸脱氢酶、α- 酮戊二酸脱氢酶系
糖原分解	糖原磷酸化酶
糖原合成	糖原合酶
糖异生	丙酮酸羧化酶、磷酸烯醇式丙酮酸羧基酶、果糖 -1,6- 二磷酸酶、葡糖 -6- 磷酸酶
脂肪动员	激素敏感性甘油三酯脂肪酶
脂肪酸合成	乙酰 CoA 羧化酶
酮体生成	HMG-CoA 合酶
胆固醇合成	HMG-CoA 还原酶
血红素合成	ALA 合酶

代谢调节主要是通过调节关键酶的活性而实现的,分为快速调节和迟缓调节两类。快速调节是通过改变酶的结构,从而改变其活性,此类方式效应快,在数秒及数分钟内即可发生,但不持久。快速调节包括变构调节和化学修饰调节两种。迟缓调节是对酶含量的调节,主要通过调节酶蛋白分子的合成或降解以改变细胞内酶的含量来调节酶促反应速度,反应发生较慢,一般需数小时或几天时间,但作用也持久。

(二) 酶结构的调节

酶的结构与功能密切相关,改变酶的结构可以改变酶的活性。这种调节方式可在瞬间产生调节效应,是快速、短暂的调节。酶结构调节包括变构调节和化学修饰调节。

1. 酶的变构调节　一些小分子化合物与酶蛋白活性中心外的特定部位以非共价键结合,引起酶蛋白构象改变,从而改变酶的活性,这种调节称为酶的变构调节或别构调节(allosteric regulation)。能通过变构调节改变活性的酶称为变构酶(allosteric enzyme)。能使酶发生这种变构调节的物质称为变构效应剂(allosteric effector),简称变构剂。其中引起酶活性增加的称为变构激活剂,引起酶活性降低的称为变构抑制剂。变构剂可以是酶的底物或产物,或其他代谢物。它们在细胞内通过浓度的改变灵敏地进行代谢调节,使物质与能量代谢达到供需平衡。各代谢途径中的关键酶大多属于变构酶,其变构剂可能是底物、代谢途径的终产物或某些中间产物,也可以是 ATP、ADP 等小分子(表 11-3)。

表 11-3　一些重要代谢途径中的变构酶及其变构剂

代谢途径	变构酶	变构激活剂	变构抑制剂
糖酵解	己糖激酶	AMP	葡糖 -6- 磷酸
	磷酸果糖激酶 -1	AMP，ADP，FDP	ATP，柠檬酸
	丙酮酸激酶	FDP	ATP，乙酰 CoA
三羧酸循环	柠檬酸合酶	AMP	ATP，长链脂酰 CoA
	异柠檬酸脱氢酶	AMP，ADP	ATP，NADH
糖异生	丙酮酸羧化酶	乙酰 CoA，ATP	AMP
糖原分解	糖原磷酸化酶 b	AMP(肌)	ATP(肌)，葡糖 -6- 磷酸(肌)，葡萄糖(肝)
糖原合成	糖原合酶	葡糖 -6- 磷酸	
脂肪酸合成	乙酰 CoA 羧化酶	柠檬酸，异柠檬酸	长链脂酰 CoA
胆固醇合成	HMG-CoA 还原酶		胆固醇
氨基酸代谢	谷氨酸脱氢酶	ADP	ATP，GTP，NADH
嘌呤合成	谷氨酰胺 -PRPP 酰胺转移酶	PRPP	AMP，ADP，GMP，GDP
嘧啶合成	大冬氨酸氨甲酰基转移酶	羟化酶系	CTP，UTP
血红素合成	ALA 合酶		血红素

(1)变构调节的机制：变构酶常是由两个或两个以上亚基组成的具有四级结构的蛋白质，第一个亚基的变构能引起与其缔合的第二个亚基发生变构现象，使第二个亚基与底物的亲和力大为提高，这种影响可依次传递给所有的亚基，使酶与底物的亲和力成倍增大。变构酶结合底物的部位称为催化部位，结合变构剂的部位称为调节部位。多亚基变构酶的催化部位和调节部位通常位于不同的亚基上，含催化部位的亚基称为催化亚基，负责催化反应；含调节部位的亚基称为调节亚基，能结合变构剂。变构剂与调节亚基以非共价键结合，可以引起酶构象改变，酶构象的改变可表现为亚基的聚合或解聚等，不涉及酶共价键的变化。酶构象改变影响了酶与底物的结合，使酶催化活性受到影响。

(2)变构调节的意义：变构调节是细胞水平调节中一种较常见的快速调节方式。其意义在于：①代谢途径的终产物常可对酶起变构抑制作用，使代谢产物不致过多，也不致过少，维持代谢物的动态平衡。如长链脂酰 CoA 是乙酰 CoA 羧化酶的变构抑制剂，乙酰 CoA 羧化酶是乙酰 CoA 合成软脂酰 CoA 的关键酶，高浓度的软脂酰 CoA 能抑制乙酰 CoA 羧化酶的活性，避免合成更多软脂酰 CoA(图 11-2)。②使代谢物得到合理调配和有效利用。变构剂可以在抑制一种变构酶活性的同时激活另一种变构酶，使代谢物根据机体需求进入不同代谢途径。如正常机体能量供应充足时，葡糖 -6- 磷酸变构抑制磷酸化酶，使糖原分解减少，同时又激活糖原合酶，促使葡糖 -6- 磷酸合成糖原储存，降低其浓度(图 11-2)。

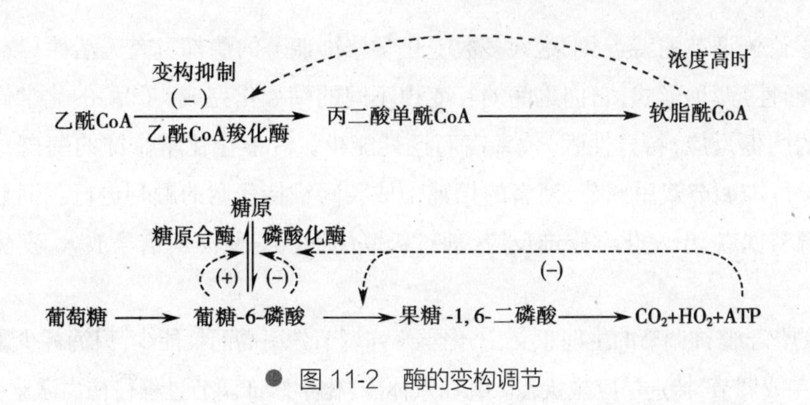

● 图 11-2 酶的变构调节

2. 酶的化学修饰调节 某些酶蛋白肽链上的一些基团可在另一种酶的催化下发生可逆的共价修饰，结合或脱去某些化学基团，从而改变酶活性的过程，称为酶的化学修饰调节。

磷酸可以与酶蛋白分子中的丝氨酸、苏氨酸或酪氨酸的羟基反应以酯键结合，这种反应习惯称为磷酸化，去磷酸化是磷蛋白磷酸酶催化的水解反应（图 11-3）。磷酸化与去磷酸化是最常见的化学修饰调节方式。酶的化学修饰还包括乙酰化与去乙酰化、甲基化与去甲基化、腺苷化与去腺苷化及巯基与二硫键互变等（表 11-4）。

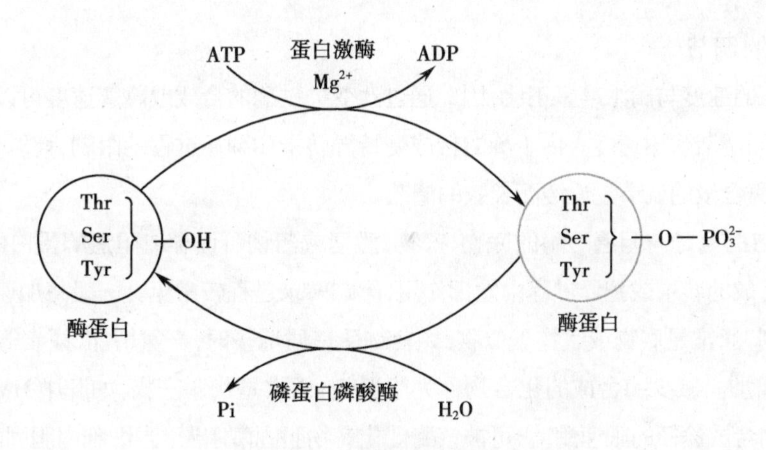

● 图 11-3 酶的磷酸化与去磷酸化

表 11-4 酶的化学修饰调节对酶活性的影响

酶	化学修饰类型	酶活性改变
糖原磷酸化酶	磷酸化 / 去磷酸化	激活 / 抑制
糖原磷酸化酶 b 激酶	磷酸化 / 去磷酸化	激活 / 抑制
糖原合酶	磷酸化 / 去磷酸化	抑制 / 激活
丙酮酸脱氢酶	磷酸化 / 去磷酸化	抑制 / 激活
磷酸果糖激酶 -2	磷酸化 / 去磷酸化	抑制 / 激活
激素敏感性脂肪酶	磷酸化 / 去磷酸化	激活 / 抑制
HMG-CoA 还原酶	磷酸化 / 去磷酸化	抑制 / 激活
乙酰 CoA 羧化酶	磷酸化 / 去磷酸化	抑制 / 激活

(1)化学修饰调节的特点:①绝大多数受化学修饰调节的酶都具有无活性(或低活性)和有活性(或高活性)两种形式,它们之间的互变由不同的酶催化完成。②酶的化学修饰调节是另一酶催化的酶促反应,特异性强,效率高而且耗能少。③催化化学修饰的酶自身也可受变构调节及化学修饰调节双重调节,两者的相辅相成共同维持代谢的顺利进行。而且在人体内往往与激素调节偶联,引发化学修饰反应,通过级联酶促反应使激素信号放大,产生强大的生理效应。

(2)酶的化学修饰调节的生理意义:①化学修饰调节效率高而耗能少,只消耗少量ATP即可快速、高效地完成调节,特别是应激状态。②在人体内,化学修饰调节过程往往由激素引发。最初只是激素浓度的微小变化,但其传递的信号在后面的每一步酶促反应中都得到放大,对代谢产生很大影响,具有逐级放大效应。

化学修饰调节与变构调节都是通过改变酶分子结构而实现对酶活性的调节,两者相辅相成,共同维持代谢顺利进行。许多关键酶可受变构和化学修饰双重调节。但是,变构调节大多是通过效应剂调节关键酶的活性,当效应剂浓度很低,不足以与全部酶分子结合时,化学修饰调节可迅速起作用。因此,在应激状态时,只需少量激素的释放即可通过一系列化学修饰反应,而引起相关酶活性的迅速变化,产生相应的生理效应。

(三) 酶含量的调节

酶促反应的速度与酶浓度呈正比,因此通过改变关键酶的合成或降解速度可以调节酶在细胞内的含量,进而调节代谢速度。由于酶的合成受特异转录和翻译过程的限制,耗能也较多,所需时间较长,因此酶含量的调节是迟缓而长效的调节。

1. 酶蛋白的诱导与阻遏　酶的底物、产物、激素或药物可诱导或阻遏酶蛋白的合成,通常在酶蛋白生物合成的转录或翻译过程中发挥作用,影响转录过程较常见。一般将加速酶合成的化合物称为诱导剂,通常是底物或底物类似物,如食物蛋白质增多时,产氨增加,尿素循环中所有酶的含量都有所增加。减少酶合成的化合物称为阻遏剂,通常是代谢产物,如肝中HMG-CoA还原酶是胆固醇生物合成途径的限速酶,它可被该酶催化产物胆固醇阻遏。当细胞内胆固醇浓度升高时,可反馈性抑制HMG-CoA还原酶的合成,使胆固醇合成减少。但肠黏膜细胞中胆固醇合成不受胆固醇影响,因此摄取高胆固醇膳食仍有增加血胆固醇水平的危险。

2. 酶蛋白降解　改变酶蛋白分子的降解速度是调节细胞内酶含量的重要途径。酶蛋白的降解和许多非酶蛋白的降解一样,主要有两条途径:溶酶体蛋白酶体降解途径和非溶酶体蛋白酶体降解途径。溶酶体蛋白水解酶可非特异地降解酶蛋白,影响蛋白水解酶的活性或改变蛋白水解酶在溶酶体内外分布,进而影响酶蛋白的降解速度。非溶酶体蛋白酶体降解途径与ATP依赖的泛素-蛋白酶体途径相关。待降解的蛋白被泛素化后,即可将酶蛋白降解。

二、激素水平的调节

通过激素对代谢进行调节是高等动物体内调节代谢的重要方式。激素是内分泌细胞合成和分泌的一类化学信号物质,通过血液运至特定的靶细胞并经过一系列信号转导反应来调节代谢,这种通过激素进行调节的方式称为激素水平的调节。激素作用具有以下特征:①极低的浓度即可发挥强烈的代谢效应;②对靶细胞受体具有较强的特异性和亲和力。激素之所以能够对靶细胞产生效应,是由于靶细胞具有能识别激素并与激素特异结合的受体。

根据激素相应受体在细胞的定位不同,可将激素分两大类:受体位于细胞膜上的称为膜受体激素,包括蛋白质类、肽类和儿茶酚胺类激素;受体位于细胞内的称为胞内受体激素,包括类固醇激素、前列腺素、甲状腺素等,可以透过细胞膜进入靶细胞内与特异受体结合。因为受体定位不同,两类激素的调节机制也不同。

(一) 膜受体激素

这类激素通过跨膜信号转导调节物质代谢。膜受体激素大多是亲水的,不能通过脂质双分子层,而是作为第一信使与相应靶细胞膜受体结合再将信号传递到细胞内,由第二信使将信号逐级放大,产生代谢调节效应。能够与膜受体特异结合并发挥作用的激素有胰岛素、促甲状腺激素、促性腺激素、甲状旁腺素、生长激素、生长因子等蛋白质、肽类激素,以及肾上腺素、去甲肾上腺素等儿茶酚胺类激素。

目前认为膜上参与此过程的信号转导系统至少由3部分组成:①能识别胞外信号物质的专一性受体;②受体与效应器之间的偶联成分;③产生胞内信使的酶。下面介绍几条主要的信号转导途径。

1. cAMP-蛋白激酶途径　该途径以改变靶细胞内cAMP浓度和蛋白激酶A活性为主要特征,是激素调节物质代谢的主要途径。其信号转导过程有多个环节,可简要表示为:

激素→膜受体→G蛋白→AC→cAMP→PKA→关键酶或功能蛋白质磷酸化→生物效应

现将其重要内容概述如下:

(1) G蛋白的组成及功能:在细胞质膜细胞内侧上有一种蛋白质,因可以和GTP或GDP结合而称为G蛋白,即鸟苷酸结合蛋白(guanosine nucleotide-binding protein)。G蛋白由G_α、G_β、G_γ三个亚基组成,称为三聚体G蛋白,其中G_β与G_γ结合牢固形成二聚体,G_α与$G_{\beta\gamma}$结合松散。G蛋白有两种结构状态:无活性状态和活性状态。当G_α结合GDP时,与$G_{\beta\gamma}$形成无活性$G_{\alpha\beta\gamma}$-GDP,这是无活性状态;当膜受体激素与G蛋白偶联受体结合时,G蛋白偶联受体发生变构,会促使$G_{\alpha\beta\gamma}$-GDP释放GDP,结合GTP,G_α-GTP与$G_{\beta\gamma}$分离,彻底激活,这是G蛋白的活性状态。活性状态的G蛋白可以激活腺苷酸环化酶(adenylate cyclase, AC),AC能催化ATP生成cAMP,使细胞内cAMP浓度升高。

G蛋白有多种类型。在cAMP-蛋白激酶途径中有2种:激活型G蛋白(stimulatory G protein, G_s)和抑制型G蛋白(inhibitory G protein, G_i)。有些激素与受体结合后激活G_s,再以$G_{s\alpha}$-GTP形式激活腺苷酸环化酶(AC);另有些激素与受体结合后激活G_i,以$G_{i\alpha}$-GTP形式抑制AC(图11-4)。

(2) 腺苷酸环化酶及其作用:腺苷酸环化酶(AC)属于嵌膜蛋白,其胞内域含活性中心,其被G_s激活之后可以催化ATP生成环腺苷酸(cAMP),并释放出焦磷酸(PPi)。cAMP在磷酸二酯酶催化下可进一步水解成无活性的5′-AMP。

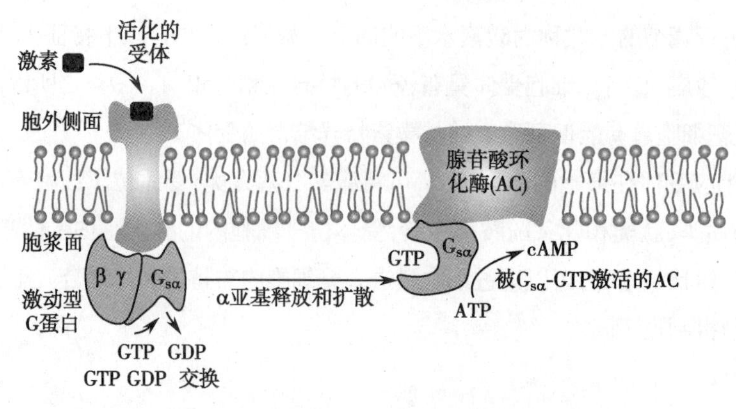

● 图 11-4 激素通过 G 蛋白激活腺苷酸环化酶

$$ATP \xrightarrow{AC} cAMP \xrightarrow{磷酸二酯酶} 5'\text{-}AMP$$

AC 为变构酶，G_s 激活 AC，使 cAMP 的浓度增加；而 G_i 抑制 AC，使 cAMP 的浓度下降，以此来调节细胞内 cAMP 水平。

(3) cAMP 及其作用：环腺苷酸（cAMP）是第一种被发现的第二信使。当激素与靶细胞膜受体结合后，通过激活相应的酶而产生能替代第一信使发挥作用的小分子就是第二信使。膜受体激素发挥作用时本身不进入细胞，而是通过与膜受体结合改变细胞内第二信使的浓度，进而产生效应。蛋白激酶是许多第二信使直接作用的靶分子。如 cAMP 可以活化蛋白激酶 A（protein kinase A，PKA）。PKA 可以使多种靶蛋白的丝/苏氨酸残基磷酸化，改变其活性状态，发挥作用。如糖原合酶、磷酸化酶 b 激酶等。

目前已知可作为第二信使的物质有很多，包括 cAMP、cGMP、三磷酸肌醇（IP_3）、二酰甘油（DAG）、Ca^{2+} 等。它们在不同的信号转导途径中发挥作用，具有共同特点：①均为小分子化合物；②在细胞内有特定的靶蛋白分子；③通过该分子的浓度或分布的变化在细胞内传递信号；④阻断该分子的变化可阻断细胞对外源信号的反应。第二信使在信号转导过程中的主要变化是浓度的变化。受多种因素控制，如抑制腺苷酸环化酶或激活磷酸二酯酶均会降低 cAMP 浓度；反之，激活腺苷酸环化酶或抑制磷酸二酯酶会使 cAMP 浓度升高。

(4) 蛋白激酶 A 及其作用：蛋白激酶 A（PKA）是一种变构酶，cAMP 是蛋白激酶 A 的变构激活剂。cAMP 的作用是通过激活蛋白激酶 A 来实现的。蛋白激酶在 ATP 存在下，能催化蛋白质或酶磷酸化，改变这些蛋白质或酶的功能，从而影响代谢。已经鉴定的蛋白激酶有 500 多种，其中受 cAMP 变构激活的蛋白激酶称为 cAMP 依赖的蛋白激酶（cAMP-dependent protein kinase），又称为蛋白激酶 A。PKA 由 2 个催化亚基（catalytic subunit，C）和 2 个调节亚基（regulatory subunit，R）构成。PKA 以四聚体形式（C_2R_2）存在时无催化活性，当 2 个调节亚基分别与 2 分子 cAMP 结合后，引起酶蛋白变构而使催化亚基与调节亚基解离，PKA 激活（图 11-5）。激活的蛋白激酶 A 催化代谢途径的关键酶或功能蛋白磷酸化（表 11-5），调节代谢，使信号转导最终产生效应。

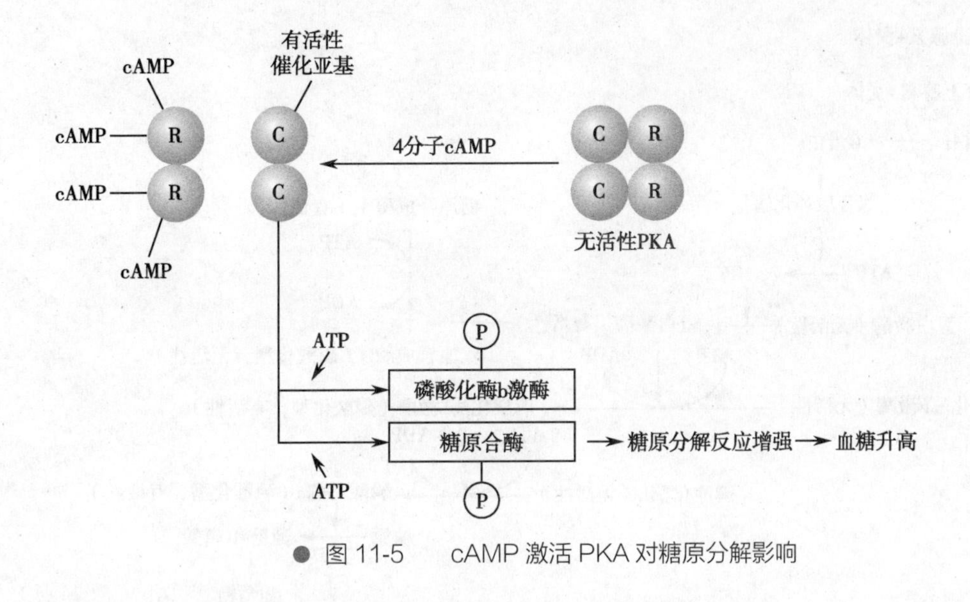

● 图 11-5　cAMP 激活 PKA 对糖原分解影响

表 11-5　蛋白激酶 A 对某些功能蛋白质及酶的磷酸化作用

酶或功能蛋白	磷酸化后的功能变化	生理意义
糖原磷酸化酶 b 激酶	激活	激活磷酸化酶、促进糖原分解
糖原合成酶 I	活性受抑制	抑制糖原合成
乙酰 GoA 羧化酶	活性受抑制	抑制脂肪酸合成
肝丙酮酸激酶	活性受抑制	抑制糖分解代谢
HMG-CoA 还原酶	活性受抑制	抑制胆固醇合成
甘油三酯脂肪酶	激活	促进脂肪动员
组蛋白	失去对转录的阻遏作用	加速转录、促进蛋白质合成
细胞膜蛋白	膜蛋白构象及功能改变	改变膜对水及 Na^+ 的通透性

以肾上腺素调节骨骼肌细胞糖原代谢为例。当机体受到紧张刺激时，肾上腺髓质分泌肾上腺素，通过血液循环作用于骨骼肌细胞肾上腺素受体 β（β-AR），使之变构活化，经 G_s 蛋白介导，激活膜上 AC，AC 催化胞内产生 cAMP，后者进一步激活 PKA。PKA 能使有活性的糖原合酶 a 磷酸化，转变成无活性的糖原合酶 b，抑制糖原合成；还可激活糖原磷酸化酶 b 激酶，进而激活磷酸化酶，促进糖原降解为葡糖 -1- 磷酸。通过 PKA 的双重调节作用，确保了肌糖原分解（图 11-6）。

此外，蛋白激酶 A 引发的生物学效应还可以对基因表达、细胞分泌、细胞膜通透性等进行调节。如可使转录因子磷酸化，开启或关闭某一个基因的表达等。

2. cGMP- 蛋白激酶途径　cGMP 是由鸟苷酸环化酶催化 GTP 生成，广泛分布于体内各组织中。通过这个途径调节代谢的过程与 cAMP- 蛋白激酶途径有相似之处，其信号转导过程可表示为：

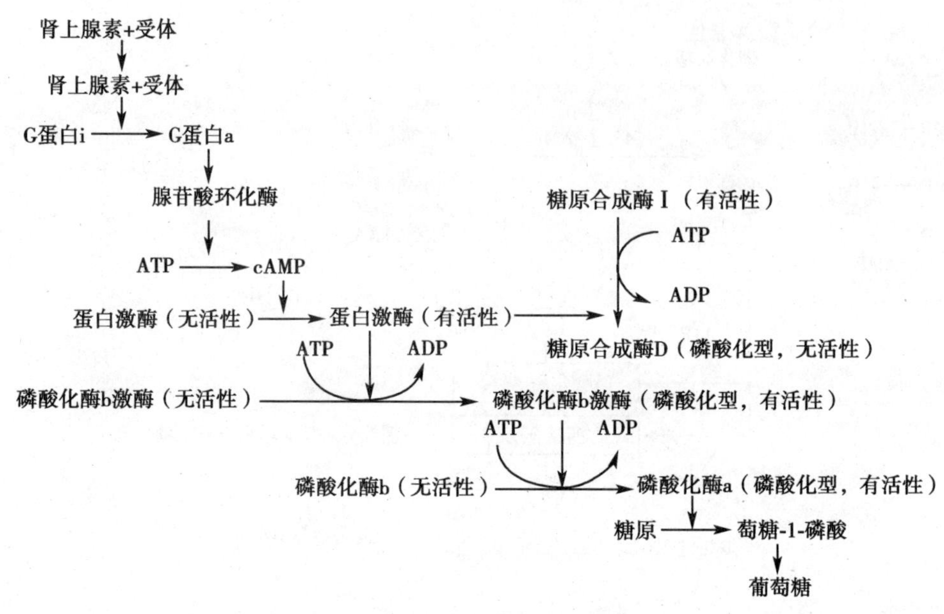

● 图 11-6 肾上腺素调节肌糖原代谢

激素→受体→鸟苷酸环化酶→ cGMP →蛋白激酶 G(PKG)→关键酶或功能蛋白磷酸化→生物效应

目前发现两类鸟氨酸环化酶，一类可被心钠素(ANF)或鸟苷素激活，一类可被 NO 或 CO 激活。前者的激素受体位于膜上，后者的激素受体位于细胞内。可以分别激活两类鸟苷酸环化酶，触发相应的信号转导过程。

心钠素是一种调节水盐代谢的激素，当血压升高时，心房肌细胞可以分泌 ANF，刺激肾排泄 Na^+ 和水，并使血管平滑肌细胞松弛，血压降低。心钠素受体分布于血管平滑肌细胞和肾细胞的胞膜上，其胞外侧有 ANF 结合位点，胞内侧含有潜在鸟苷酸环化酶活性区。ANF 与受体结合后激活胞内侧鸟苷酸环化酶，后者催化 GTP 生成 cGMP，cGMP 作为第二信使激活 PKG，PKG 催化关键酶或功能蛋白磷酸化，将信号下传，产生生物学效应。

3. Ca^{2+} 依赖性蛋白激酶途径　Ca^{2+} 也是细胞内重要的第二信使，通过其在细胞质中的浓度变化而传递信息。内质网、线粒体、肌浆网可视为细胞内的 Ca^{2+} 储存库，当受到信号刺激后，钙库释放 Ca^{2+} 进入细胞质中，使细胞质内 Ca^{2+} 浓度快速升高，继而触发蛋白激酶 C 途径和钙调蛋白途径等。通过此途径发挥作用的激素有去甲肾上腺素、促甲状腺素释放激素、抗利尿激素、血管紧张素Ⅱ及 5- 羟色胺等。

信息传递过程可简要表示为：

激素→受体→ PLC 型 G 蛋白→ PLC → PIP_2 → DAG → PKC →多种功能蛋白或酶磷酸化→生物效应

↓

IP_3 →钙库释放 Ca^{2+} → Ca^{2+}-CaM →多种功能蛋白或酶磷酸化→生物效应

在蛋白激酶 C 途径中，激素与受体结合后所激活的 G 蛋白可激活磷脂酰肌醇特异性磷脂酶 C (PLC)，PLC 水解膜组分磷脂酰肌醇 -4，5- 二磷酸(PIP_2)，催化生成两种重要的第二信使：三磷酸肌醇(IP_3)和二酰甘油(DAG)，促使细胞质 Ca^{2+} 浓度升高，激活蛋白激酶 C(PKC)，活化的蛋白激酶 C

(PKC)催化靶蛋白的丝氨酸残基或苏氨酸残基磷酸化，产生下游效应。

在钙调蛋白途径中，钙调蛋白(calmodulin，CaM)几乎存在于所有真核细胞中，既是 Ca^{2+} 的受体又是重要的调节蛋白。其有 4 个与 Ca^{2+} 结合的位点，当 Ca^{2+} 浓度 ≥ 10μmol/L 时，Ca^{2+} 与 CaM 结合形成 Ca^{2+}-CaM 复合物，CaM 构象发生变化而活化。Ca^{2+}-CaM 复合物可以调节多种靶蛋白或酶的活性，如糖原磷酸化酶激酶、腺苷酸环化酶、钙调蛋白激酶、NOS 活性、钙泵等，进而产生广泛的生物学效应。

4. 酪氨酸蛋白激酶途径　大多数细胞生长因子受体属于横跨细胞膜的酪氨酸蛋白激酶型受体(receptor tyrosine kinase，RTK)，其内侧均有酪氨酸蛋白激酶(tyrosine-protein kinase，TPK)。当 RTK 受体于胞外区接受胞外生长因子信息后，引起受体构象改变、发生自磷酸化而激活。活化的受体可结合细胞内相应的效应蛋白或酶，使其酪氨酸羟基发生磷酸化修饰，再经一系列信号传递将信息传至细胞核内，使相关转录因子发生磷酸化修饰，进而调控基因表达。通过此途径传递信息的物质主要有生长因子、细胞因子、胰岛素等，在细胞生长、增殖、分化等过程中起重要作用，一旦该信号转导途径出现异常，容易导致肿瘤的发生。

(二) 胞内受体激素

胞内受体激素包括糖皮质激素、盐皮质激素、雌激素、甲状腺素、1,25-$(OH)_2$-D_3、视黄酸等。这类激素通常具有脂溶性，分子量较小，容易通过细胞膜进入细胞与受体结合。多数胞内受体位于细胞核内，如盐皮质激素、甲状腺素等的受体属于核内受体；少数位于细胞质，如糖皮质激素受体属于胞质内受体。

胞内受体激素发挥作用时，首先穿过细胞膜，与受体结合形成激素 - 胞内受体复合物。核受体激素需要进入细胞核后才能与核受体结合，在细胞核内，激素 - 受体复合物作用于 DNA 上特异基因的激素反应元件(hormone response element，HRE)，改变相应基因表达，促进或阻遏蛋白质或酶的合成，从而调节细胞代谢。在细胞质内，如糖皮质激素与胞质内受体结合后使其构象改变，形成的激素 - 受体复合物穿过核孔进入细胞核内，暴露的 DNA 结合域与靶基因启动子序列内的激素应答元件结合，促进糖异生关键酶基因表达，使糖异生速度加快(图 11-7)。

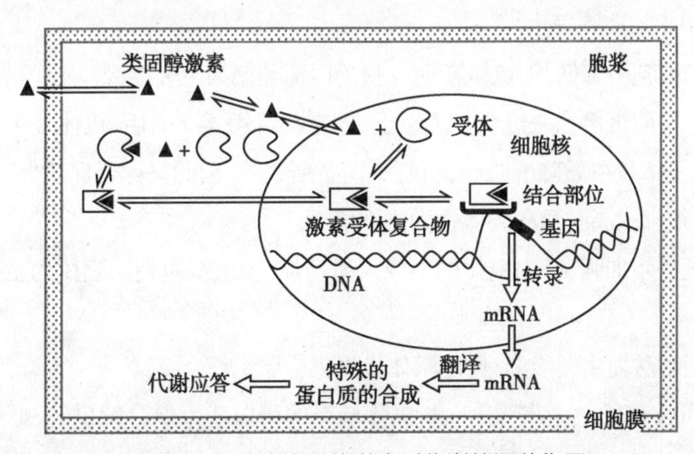

图 11-7　胞内受体激素对代谢的调节作用

三、整体水平的调节

高等动物各组织器官高度分化，具有各自的功能和代谢特点。为适应各种内外环境的改变、维持机体正常生理功能，机体还可通过神经-体液途径直接调控所有细胞水平和激素水平的调节，以适应饱食、饥饿、应激等状态，维持整体代谢平衡。现以饥饿和应激状态下物质代谢整体调节为例，说明整体水平的代谢调节。

（一）饥饿

食物缺乏、因疾病不能进食或医疗上禁食都会引起饥饿。从短期饥饿到长期饥饿，机体表现出各组织细胞从依赖食物提供葡萄糖逐步适应靠自身储脂作为主要能量来源；蛋白质分解明显增加，氮总平衡转向负氮平衡。

1. 短期饥饿　1~3天不进食为短期饥饿，由于进食24小时后肝糖原基本耗尽，血糖趋于降低，主要靠肝脏异生葡萄糖和脑外组织节省葡萄糖的利用而维持血糖水平，以满足脑组织的需要。此时机体的代谢呈现如下特点：

(1)肝糖原分解作用加强：肝细胞膜上有胰高血糖素受体，饥饿早期胰高血糖素水平升高，可激活腺苷酸环化酶导致cAMP水平升高，cAMP通过级联放大效应使糖原磷酸化酶活性增强，致肝糖原大量分解，同时糖原合酶活性减弱，在数秒内就可以终止糖原的合成。

(2)脂肪动员加强，酮体生成增多：糖原耗尽后，脂肪是最早被动员的能源物质。饥饿早期，肝脏、骨骼肌、心肌、脂肪组织等都直接利用脂肪酸供能。随着肝脏酮体生成量显著升高，脂肪酸和酮体成为心肌、骨骼肌等的重要燃料，一部分酮体可被大脑利用。

(3)肝糖异生作用增强：饥饿时糖异生作用增强，肝外组织以脂肪和酮体作为主要燃料，以减少糖的利用，用于满足脑和红细胞对糖的需要。此时肝糖异生生成的葡萄糖约为150g/d，其中主要来自氨基酸，部分来自乳酸和丙酮酸，少部分来自甘油。

(4)骨骼肌蛋白质分解加强：蛋白质分解增强略迟于脂肪动员加强。蛋白质分解加强，释放入血的氨基酸增加，用于加速糖异生。

(5)组织对葡萄糖利用降低：但饥饿初期大脑仍以葡萄糖为主要能源。

2. 长期饥饿　长期饥饿指未进食3天以上，通常在饥饿4~7天后，机体发生与短期饥饿不同的代谢调节。此时机体蛋白质降解减少，负氮平衡有所改善，因此又称蛋白质保存期，此时体内各组织细胞包括脑组织都以脂肪酸和酮体作为主要能源。

(1)脂肪动员进一步加强：肝内酮体的生成大量增加，脑组织以利用酮体为主，超过葡萄糖，占总耗氧量的60%。

(2)肌组织以脂肪酸为主要能源：保证酮体优先供应脑组织。

(3)肌肉蛋白质分解减少：短期饥饿时，机体储存的蛋白质大量分解供能，继续分解就只能分解结构蛋白质，这将危及生命。所以长期饥饿时蛋白质分解减少，负氮平衡有所改善。

(4)肾糖异生作用明显加强：与短期饥饿相比，肝糖异生作用减少，肾糖异生作用增强，每天约生成葡萄糖 40g，几乎与肝相等。甘油、乳酸和丙酮酸取代氨基酸，成为糖异生的主要来源。

(二) 应激

应激(stress)是人体受异常刺激所引起的紧张状态，如创伤、剧痛、中毒、感染、寒冷及强烈的情绪刺激等。应激状态下，交感神经兴奋、肾上腺髓质和皮质激素分泌增多、胰高血糖素分泌增加、生长激素分泌增加、胰岛素分泌减少。虽然不同原因引起的应激状态在代谢上改变不尽相同，但一般都有血糖水平升高、脂肪动员增强和蛋白质分解加强的特点。

1. 血糖水平升高　应激状态下，肾上腺素和胰高血糖素分泌增加，引起细胞内 cAMP 含量增加，激活蛋白激酶，进而激活糖原磷酸化酶，促进肝糖原分解，升高血糖。同时，肾上腺皮质激素和胰高血糖素使糖异生作用加强，肾上腺皮质激素和生长激素使外周组织对糖的利用降低，亦使血糖升高。由于上述几种激素的协同作用使血糖升高，对保证大脑、红细胞的供能具有重要意义。

2. 脂肪动员增强　应激时交感神经兴奋，肾上腺素、胰高血糖素分泌增多，通过 cAMP 蛋白激酶系统激活甘油三酯脂肪酶，引起脂肪动员增强。血中游离脂肪酸升高，成为心肌、骨骼肌及肾脏等器官的主要能量来源。

3. 蛋白质分解加强　应激时肾上腺素及皮质醇分泌增加，胰岛素分泌减少，使肌肉蛋白质分解加强，释出大量氨基酸入血，为肝糖异生提供丰富的原料；同时尿素合成及尿素氮排泄增加，机体呈负氮平衡。

综上所述，应激时糖、脂肪、蛋白质分解代谢增强，合成代谢减少，血中分解代谢的中间产物如葡萄糖、氨基酸、游离脂肪酸、甘油、乳酸、酮体和尿素等含量增加，使代谢适应环境的变化，维持机体的代谢平衡(表 11-6)。

表 11-6　应激时机体的代谢改变

内分泌腺 / 组织	激素及代谢变化	血中含量变化
腺垂体	促肾上腺皮质激素分泌增加 生长素分泌增加	促肾上腺皮质激素↑ 生长素↑
肝	糖原分解增加 糖原合成减少 糖异生增强 脂肪酸 β- 氧化增加	葡萄糖↑
骨骼肌	糖原分解增加 葡萄糖摄取利用减少 蛋白质分解增加 脂肪酸 β- 氧化增强	乳酸↑ 葡萄糖↑ 氨基酸↑
胰岛 A 细胞	胰高血糖素分泌增加	胰高血糖素↑
胰岛 B 细胞	胰岛素分泌抑制	胰岛素↓

续表

内分泌腺 / 组织	激素及代谢变化	血中含量变化
肾上腺髓质	去甲肾上腺素 / 肾上腺素分泌增加	肾上腺素↑
肾上腺皮质	皮质醇分泌增加	皮质醇↑
脂肪组织	脂肪分解增强 葡萄糖摄取及利用减少 脂肪合成减少	游离脂肪酸↑ 甘油↑

小结

机体细胞内的各种物质代谢是相互联系、相互协调并相互制约的。体内物质代谢特点:①整体性;②可调节性;③组织特异性;④ ATP 是机体能量储存及利用的共同形式;⑤ NADH/NADPH 是体内重要的还原当量。机体内各种物质代谢虽然各不相同,但是它们通过以上物质代谢的共同特点及共同枢纽性中间产物,相互联系和转变。

生物体的能量来自糖、脂肪、蛋白质三大营养物质的分解氧化。从能量供应角度看,三大营养物质可以互相替代并相互制约,但不能完全相互转变。体内糖、脂肪和蛋白质通过共同的中间代谢物,经三羧酸循环彻底氧化分解。体内糖、脂肪的氧化分解释放能量,保障了蛋白质、核酸、多糖等合成时的能量需要,而合成的各种酶蛋白作为生物催化剂,又可促进体内各种物质的代谢得以迅速进行。

为保证代谢正常进行,机体在细胞水平、激素水平和整体水平 3 个层次进行调节。细胞水平的调节是最原始、最基本的调节方式,主要通过调节关键酶活性和含量实现,是一切代谢调节的基础。酶活性的调节包括变构调节和化学修饰调节,发生较快,又称快速调节;酶含量的调节通过改变其合成或降解速率实现,作用缓慢而持久。

激素水平的调节是激素与靶细胞受体结合,通过一系列信号转导反应对代谢进行调节。激素对代谢的调节是高等生物体内代谢调节的重要方式。根据激素相应受体在细胞的定位不同,激素分为膜受体激素和胞内受体激素。前者大多是亲水的,需与相应靶细胞膜受体结合再将信号传递到细胞内,主要信号途径有 cAMP- 蛋白激酶途径、cGMP- 蛋白激酶途径、Ca^{2+} 依赖性蛋白激酶途径、酪氨酸蛋白激酶途径。后者为疏水性激素,进入细胞内与胞内受体结合,形成激素 - 胞内受体复合物,通过改变基因表达、促进或阻遏蛋白质或酶的合成而对代谢进行调节。

整体水平的调节是指机体为适应各种内外环境的改变、维持机体正常生理功能,通过神经 - 体液途径直接调控所有细胞水平和激素水平的调节,以适应饱食、饥饿、应激等状态,维持整体代谢平衡。

思考题

1. 简述糖、脂肪、蛋白质和核苷酸代谢的相互联系。
2. 代谢调节可在哪些水平上进行？其相互关系如何？
3. 比较酶的变构调节和化学修饰调节的异同点。
4. 为什么说细胞水平的调节是最基本、最原始的调节？

第十一章　同步练习

（姜　颖）

第十二章　DNA 的生物合成

第十二章　课件

学习目标

掌握：遗传信息传递的中心法则；半保留复制的概念；复制的原料、模板、参与 DNA 复制的酶类及蛋白因子的作用；逆转录的概念、逆转录酶的功能；DNA 损伤类型和损伤修复方式。

熟悉：DNA 复制的一般规律和基本过程，DNA 复制忠实性的机制；原核生物和真核生物 DNA 复制的区别；端粒及端粒酶的作用。

了解：滚环复制、D 环复制等特殊复制方式；DNA 损伤的因素及损伤意义。

自然界中，人、动物、植物和微生物都含有核酸与蛋白质。核酸与蛋白质是生物体生命活动过程中极其重要的组成物质。无细胞结构的病毒只有由核酸和蛋白质组成的核蛋白，仍能进行生长、繁殖、表现出生命力，这充分说明了核酸与蛋白质在表现生命基本特征中的决定性作用。

近几十年来，随着生命科学的飞速发展，人们对核酸和蛋白质及其结构与功能的认识逐步深入。核酸是遗传信息的载体，它不仅将遗传信息从上一代传至下一代，还将遗传信息通过蛋白质生物合成表达出来。蛋白质是功能性分子，其作用就是以酶、抗体、激素、结合蛋白、转运蛋白、膜蛋白等分子来参与生命过程的全部活动。

生物体内进行的 DNA 合成主要包括 DNA 复制、DNA 修复和逆转录合成 DNA。

大多数生物体的遗传信息储存于 DNA 分子的核苷酸序列中。以亲代 DNA 为模板、4 种 dNTP 为原料，按碱基配对原则合成子代 DNA 分子的过程称为 DNA 复制（DNA replication）。这是生物体内 DNA 合成的主要方式，其化学本质是酶促脱氧核苷酸聚合反应。通过 DNA 复制将亲代的遗传信息准确地传递给子代。在 DNA 复制过程中可能出现的错误以及各种因素导致的 DNA 损伤，生物体可利用其特殊的修复机制进行 DNA 的修补合成来保持 DNA 结构与功能的稳定。此外，某些 RNA 病毒可利用亲代 RNA 作为模板，通过逆转录的特殊方式合成 DNA。原核生物与真核生物 DNA 复制的规律和过程相似，但具体细节上仍有许多差别，真核生物 DNA 复制参与的分子更多、过程更为复杂和精细。

第一节　遗传学的中心法则

不同的生物有不同的遗传性状，DNA是主要的遗传物质。DNA分子中核苷酸（或碱基）排列顺序贮存着遗传信息。1944年，Avery等通过肺炎球菌转化实验证明，基因的化学本质是DNA，人为地改变基因（DNA）可以改变生物遗传性状。从基因到性状，遗传信息是如何传递并最终表现出一定表型的呢？

生物体内遗传信息的传递遵循中心法则。中心法则描述了从1个基因到相应蛋白质的信息流向途径，包括由亲代DNA到子代DNA的复制，子代DNA到RNA的转录，RNA到蛋白质的翻译等过程，即遗传信息的流向是DNA→RNA→蛋白质。生物体的遗传信息储存于DNA分子上，细胞中DNA分子通过自我复制（replication），使子代细胞各具有一套与亲代细胞完全相同的DNA分子，将遗传信息准确地传递到子代DNA。然后以自身DNA分子为模板，合成与其碱基序列互补的RNA分子，从而将DNA的遗传信息抄录到RNA分子中，这个过程称为转录（transcription）。遗传信息由DNA传递给RNA，再以mRNA为模板，按照其碱基（A、G、C、U）排列顺序所组成的遗传密码，决定蛋白质中氨基酸的序列，这一过程称为翻译（translation）。通过复制将遗传信息从上一代传递到下一代，通过转录和翻译，使遗传信息转变成各种功能蛋白质，即基因表达（gene expression）。遗传信息传递方向的这种规律称为中心法则（central dogma）。

1970年，Temin和Baltimore研究致癌RNA病毒时发现，某些病毒中RNA也可以作为模板，指导合成DNA。这种信息传递方向与转录过程相反，因此称为逆（反）转录（reverse transcription）。后来发现，某些病毒中的RNA亦可自身复制。遗传信息流动方向的“中心法则”得到了补充和完善（图12-1）。

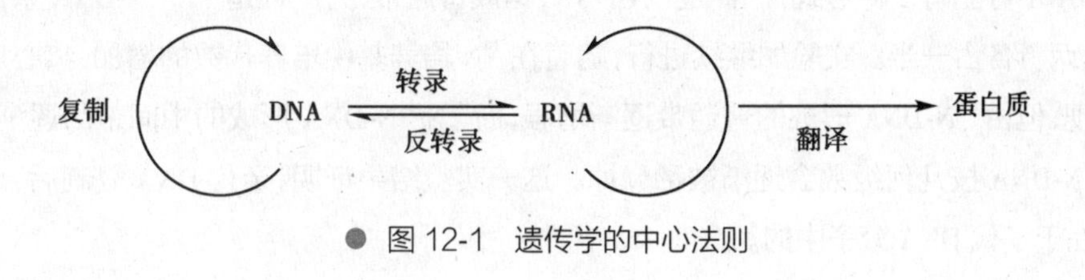

● 图12-1　遗传学的中心法则

第二节　DNA复制的基本特征

DNA复制是以亲代DNA为模板，按照碱基互补配对的原则，合成两个完全相同的子代DNA的过程。DNA复制的本质是在亲代DNA模板的指导下，以4种脱氧核苷酸为原料，在众多酶和蛋白因子的参与下，单核苷酸之间进行的聚合反应过程。Watson和Crick于1953年提出双螺旋模型时就推测了DNA复制的基本特点，现已阐明，在绝大多数生物体内，DNA复制的基本特征是相同的。

DNA 复制的主要特征包括:半保留复制、双向复制和半不连续复制。

一、半保留复制

DNA 复制时,亲代 DNA 双链解开为两股单链,各自作为模板,依据碱基配对规律,合成序列互补的子代 DNA 双链。亲代 DNA 模板在子代 DNA 中的存留有 3 种可能性:全保留式、半保留式和混合式。

半保留复制(semi-conservative replication)是指 DNA 复制时,亲代 DNA 的双链解开为两条单链,各自作为模板(template),按碱基配对规律(A-T、G-C),合成一条与模板互补的新链,形成两个与 DNA 亲代碱基序列完全相同的子代 DNA 分子。复制后的每个子代 DNA 分子各有一条链来自母链,另一条链是新合成的链,这种复制方式称为半保留复制。半保留复制是 DNA 复制的重要特征。

1958 年,Meselson 与 Stahl 通过密度梯度离心技术在大肠埃希菌中证实了 DNA 的复制方式是半保留复制。他们先将大肠埃希菌(能利用 NH_4Cl 作为氮源合成 DNA)放在含有 ^{15}N 标记的 NH_4Cl 培养基中连续培养 15 代后提取 DNA,目的是让细菌几乎所有的 DNA 都被 ^{15}N 标记成 ^{15}N-DNA。因 ^{15}N-DNA 的密度大于普通 ^{14}N-DNA,两者经密度梯度离心后在离心管中形成区带的位置不同,^{14}N-DNA 在上,^{15}N-DNA 在下。分离的 ^{15}N-DNA 经氯化铯(CsCl)密度梯度离心,在试管的下层显示了一条致密带(重带),见图 12-2。接下来把含 ^{15}N-DNA 的细菌转移到只含有 $^{14}NH_4Cl$ 的普通培养基中培养,提取子一代 DNA 离心,在试管中也只有一条致密带的出现,这条带的位置介于 ^{15}N-DNA(重带)和 ^{14}N-DNA(普通带)之间,称为中间致密带。这一结果说明这条中间带是由 $^{15}N/^{14}N$-DNA 杂合分子形成的,该杂合 DNA 的一条链是 ^{15}N-DNA 单链,来自亲代;另一条链是 ^{14}N-DNA 单链,是利用培养基中的 $^{14}NH_4Cl$ 新合成的。继续培养提取子二代 DNA 经密度梯度离心后,试管中又出现了两条等宽的致密带,一条为靠近试管上方的普通带,一条为中间致密带。这说明子二代 DNA 可能有 2 种形式:一种是 ^{14}N-DNA,构成普通带;另一种是 $^{15}N/^{14}N$-DNA 杂合分子形成中间带,两者各占一半。实验如继续进行,随着在 ^{14}N 培养基中培养代数的增加,离心后仍有两条带的出现,但由 ^{14}N-DNA 形成的普通带逐渐增强,而 $^{15}N/^{14}N$-DNA 形成的中间带却逐渐减弱(保持不变),^{15}N-DNA 按几何级数会逐渐被稀释掉。这一实验结果证明,亲代 DNA 复制后,是以半保留形式存在于子代 DNA 分子中的。

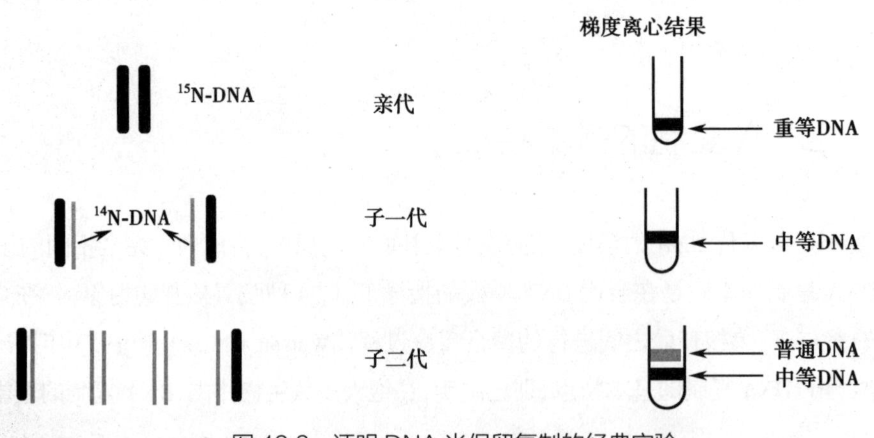

● 图 12-2　证明 DNA 半保留复制的经典实验

半保留复制规律的阐明,对了解 DNA 的功能和物种的延续性有重大意义。半保留复制使两个子代细胞 DNA 的碱基序列和亲代 DNA 一致,保留了亲代 DNA 的全部遗传信息,体现了遗传的保守性(图 12-3)。

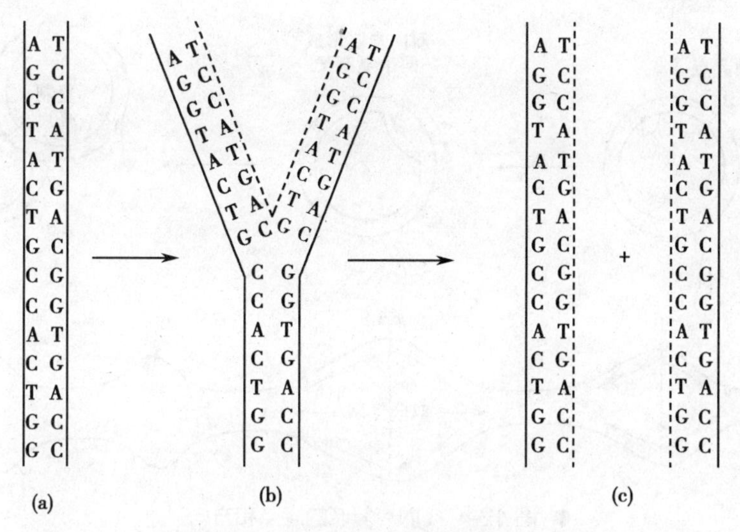

实线链来自母链,虚线链是新合成的子链。

● 图 12-3 半保留复制保证子代 DNA 的碱基序列和亲代 DNA 一致

(a)母链 DNA (b)复制过程中形成的复制叉 (c)两个子代 DNA

遗传的保守性是相对的而不是绝对的,自然界还普遍存在着变异现象。它促进了物种的进化与分化,产生了生物的多样性。例如,病毒是简单的生物,流感病毒就有很多不同的病毒株,由于病毒基因发生很大的变异,使之不断涌现新毒株,不同毒株在感染方式及致病力等方面都存在较大差异,且人群对新毒株一般不具免疫力,所以当新毒株出现时,人类常表现得措手不及。又如,地球上曾有过的人口和现在的几十亿人,除了单卵双胞胎外,两个人之间不可能有完全一样的 DNA 分子组成(基因型)。在强调遗传稳定性的同时,不应忽视遗传的变异性。

二、双向复制

原核和真核生物染色体 DNA 复制时普遍采用双向复制。DNA 复制时是从 DNA 分子的特定序列开始的,此特定序列称为复制起始点(origin,ori)。原核生物 DNA 只有一个复制起始点,真核细胞却有多个复制起始点。DNA 复制时,在起始点处先打开双链,然后边解链边复制,子链沿模板延长时呈现了一种 Y 字形结构即为复制叉(replication fork)。DNA 从固定的起始点向两个方向解链,即双向解链,形成两个延伸方向相反的复制叉,称为双向复制(bidirectional replication)。原核生物 DNA 从一个起始点开始,向两个方向解链,形成两个前进方向相反的复制叉,进行的是单点起始双向复制(图 12-4a)。真核生物在多个起始点同时进行双向解链,即多点起始双向复制(图 12-4b)。复制起始点和两侧的复制叉共同构成了一个独立的复制单位,称为复制子(replicon),或者也可以理解为两个相邻复制起始点之间所包含的全部序列,就组成了一个复制子。每个复制子都含有一个复制起始点及复制所需的控制序列。原核生物 DNA 是单复制子,因为每个 DNA 分子只有一个复制起始点，因而只有一个复制子。而真核生物DNA是多复制子，DNA的复制是从许多起始点同时开始的，所以每个DNA分子上有许多个复制子在进行复制，且复制子之间长度差别很大，为13~900kb。

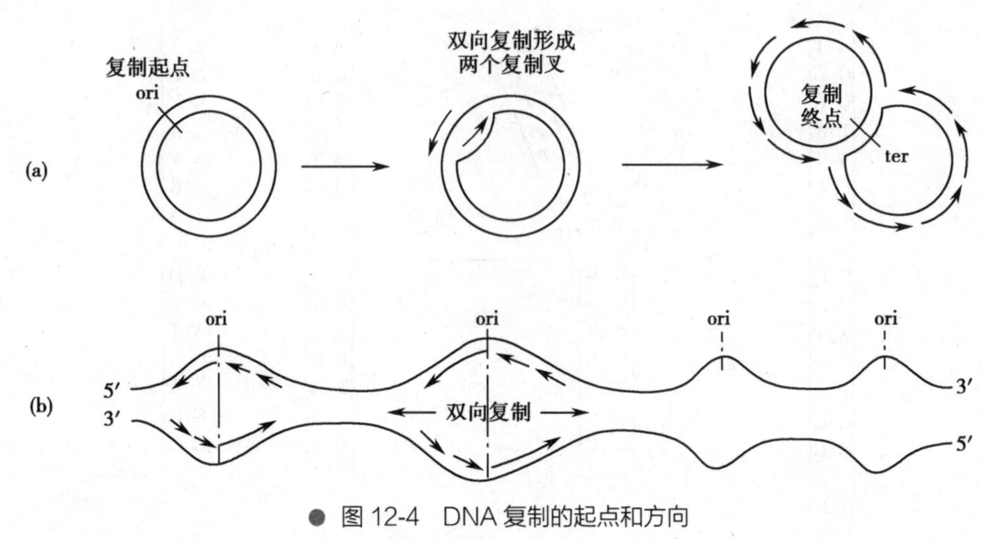

● 图12-4 DNA复制的起点和方向

(a)原核生物环状DNA的单点起始双向复制 (b)真核生物DNA的多点起始双向复制

三、半不连续复制

DNA双螺旋是由两条反向平行的单链组成，其中一条链的走向是5′→3′方向，另一条链的走向是3′→5′方向，两条链都能作为模板合成新的互补链。但生物体内所有DNA聚合酶只能催化DNA链从5′→3′方向合成，所以子链沿模板进行复制时，只能从5′→3′方向进行复制延伸。在同一个复制叉上，解链方向只有一个，此时一条子链的合成方向与解链方向相同，可一边解链，一边合成新链。然而另一条子链的合成方向则与解链方向相反，只能等待DNA全部解链后，方可开始合成，这样的等待在细胞内显然是不现实的。

1968年，由日本科学家冈崎(Okazaki)通过电子显微镜结合放射自显影技术，观察到复制过程中会出现一些较短的新DNA片段，存在不连续复制现象，因此提出了不连续复制模式，后人证实这些片段只出现于同一复制叉的一股链上。由此证实，子代DNA的合成是以半不连续的方式完成的，从而克服DNA空间结构对DNA新链合成的制约。

目前认为，在DNA复制过程中，沿着解链方向生成的子链DNA的合成是连续进行的，这股链称为前导链(leading strand)或称领头链；另一条子链的合成方向因与解链方向相反，不能连续延伸，只能分段合成。随着模板链的解开，逐段地从5′→3′方向生成引物并复制子链。模板被打开一段，起始合成一段子链；再打开一段，再起始合成另一段子链，最后连接成完整的长链，该股不连续复制的链称为后随链(lagging strand)或称随从链。这种前导链连续复制，后随链不连续复制的方式称为半不连续复制(semi-discontinuous replication)(图12-5)。在引物生成和子链延长上，后随链都比前导链滞后，因此两条互补链的合成是不对称的。

复制中后随链合成过程中出现的这些不连续的DNA片段被命名为冈崎片段(Okazaki fragments)。真核生物冈崎片段长度只有100~200个核苷酸残基,相当于一个核小体DNA的大小;原核生物冈崎片段长度在1 000~2 000个核苷酸残基。冈崎片段经过去除引物,填补空隙,再由DNA连接酶连接成完整的DNA链。

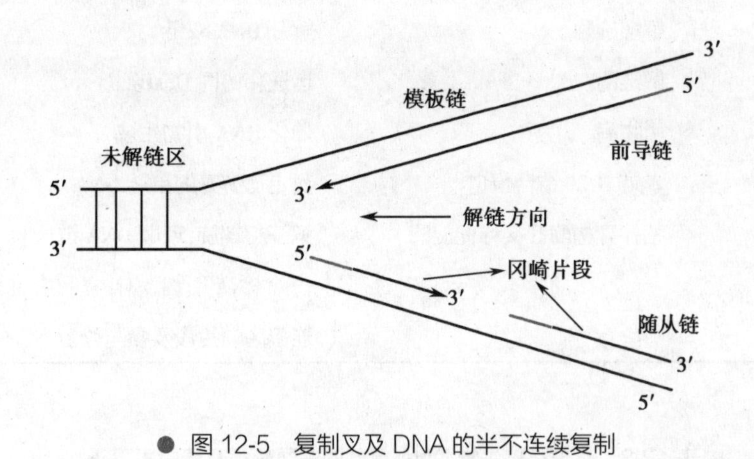

● 图12-5 复制叉及DNA的半不连续复制

第三节 DNA复制体系

一、DNA复制需要的条件

DNA复制是一个复杂的酶促核苷酸聚合过程,需要多种物质共同参与。参与复制的物质主要有①模板:指解开成单链的DNA母链;②底物:4种脱氧核苷三磷酸,总称dNTP(包括dATP、dGTP、dCTP和dTTP);③RNA引物(primer):提供3′-OH末端,使dNTP可以依次聚合;④酶和蛋白质因子:现已发现原核生物DNA复制过程中有30多种酶和蛋白质因子参与(表12-1),而参与真核生物DNA复制的酶和蛋白质因子更多(表12-2)。核苷酸和核苷酸之间生成3′,5′-磷酸二酯键而逐一聚合,是复制的基本化学反应(图12-6)。图12-6的反应可简示为:$(dNMP)_n + dNTP \rightarrow (dNMP)_{n+1} + PPi$。

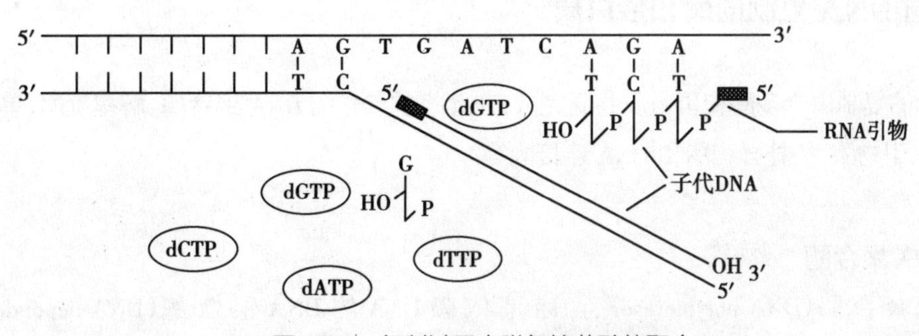

● 图12-6 复制过程中脱氧核苷酸的聚合

表 12-1 参与原核生物 DNA 复制的主要酶类及蛋白质因子

蛋白质(基因)	通用名	主要功能
DNA-pol Ⅲ		合成的主要酶
DnaA(*dnaA*)		辨认复制起始点
DnaB(*dnaB*)	解螺旋酶	解开 DNA 双链
DnaC(*dnaC*)	解链酶	运送和协同 DnaB
DnaG(*dnaG*)	引物酶	催化 RNA 引物生成
SSB	单链 DNA 结合蛋白	稳定已解开的单链 DNA
拓扑异构酶	拓扑异构酶Ⅱ又称促旋酶	解开超螺旋,理顺 DNA 链
DNA-pol Ⅰ		去除 RNA 引物,填补复制中的 DNA 空隙
DNA 连接酶		连接冈崎片段及参与修复

表 12-2 参与真核生物 DNA 复制的主要酶类及蛋白质因子

蛋白质(英文代号)	主要功能
DNA 聚合酶 α/引物酶(DNA-pol α/primase)	催化合成 RNA-DNA 引物
DNA 聚合酶 δ(DNA-pol δ)	DNA 复制主要酶(兼有解旋酶活性和校正功能)
增殖细胞核抗原(PCNA)	滑动夹,激活 DNA 聚合酶和复制因子 C 的 ATPase 活性
拓扑异构酶Ⅰ、Ⅱ(Topo Ⅰ,Topo Ⅱ)	去除超螺旋,理顺 DNA 链
DNA 解螺旋酶(DNA Helicase)	解开 DNA 双螺旋
复制蛋白 A(RPA)	单链 DNA 结合蛋白,稳定已解开的单链
复制因子 C(RFC)	参与滑动夹子的装配,促使 PCNA 结合于引物 - 模板链
DNA 连接酶	连接冈崎片段及参与修复
核酸酶 HⅠ(RNase HⅠ)	去除 RNA 引物
侧翼核酸内切酶Ⅰ(FENⅠ)	去除 RNA 引物

二、参与 DNA 复制的酶和蛋白质

DNA 的复制由众多酶和蛋白质共同完成,在此将重点介绍 DNA 聚合酶、解螺旋酶、单链 DNA 结合蛋白、引物酶、拓扑异构酶和 DNA 连接酶等。

(一) DNA 聚合酶

DNA 聚合酶(DNA polymerase)全称是依赖 DNA 的 DNA 聚合酶(DNA-dependent DNA polymerase,DDDP)或 DNA 指导的 DNA 聚合酶,简称 DNA-pol。该酶是 1958 年由 Arthur Kornberg 在研究 *E.coli* DNA 复制时首先发现的。10 年后又发现了其他种类的 DNA-pol,就将最早发现的复

制酶称为 DNA-pol Ⅰ。

DNA-pol 的作用是在单链 DNA 模板的指导下，催化 dNTP 合成 DNA。催化合成的方向为 5′→3′，但是 DNA-pol 不能催化两个游离的 dNTP 之间直接聚合，只能催化 1 个 dNTP 与 1 条多核苷酸链的 3′-OH 端形成 3′,5′- 磷酸二酯键，而且这条多核苷酸链必须与模板互补结合，这条多核苷酸链被称为引物（primer），因此，DNA 合成时第 1 个 dNTP 需要添加到已有的引物 3′-OH 末端，在此基础上延伸 DNA 链。原核生物和真核生物都存在不同类型的 DNA 聚合酶。

1. 原核生物 DNA 聚合酶　在大肠埃希菌（*E.coli*）中迄今已发现 5 种 DNA 聚合酶的存在，根据发现时间先后分别命名为 DNA-pol Ⅰ、Ⅱ、Ⅲ、Ⅳ、Ⅴ，其中对 DNA-pol Ⅰ、Ⅱ、Ⅲ的研究比较清楚，这 3 种酶的性质和差异见表 12-3。

表 12-3　原核生物 3 种 DNA 聚合酶的特性及作用

	DNA-pol Ⅰ	DNA-pol Ⅱ	DNA-pol Ⅲ
分子量 /kDa	109	120	250
组成	单肽链	多亚基	多亚基不对称二聚体
分子数 / 细胞	400	17~100	20
聚合速率 /（核苷酸数 / 酶分子·分钟）	600	30	约 60 000
5′→3′ 聚合酶活性	有	有	有
5′→3′ 外切酶活性	有	无	无
3′→5′ 外切酶活性	有	有	有
主要功能	切除引物、填补空缺、校读修复	DNA 损伤的修复；校读作用	主要复制酶，参与前导链及后随链的合成；校读作用

（1）DNA-pol Ⅰ：是 Kornberg 在 1958 年首先发现并分离的 DNA 聚合酶，又称 Kornberg 酶，是由一条多肽链组成的多功能酶，约含 1 000 个氨基酸残基，分子量为 109 kDa，其二级结构主要是 α- 螺旋，共有 A 至 R 共 18 个 α- 螺旋肽段，螺旋肽段之间由非螺旋结构连接（图 12-7）。DNA-pol Ⅰ在大肠埃希菌细胞含量最多，每个细胞约含 400 个。

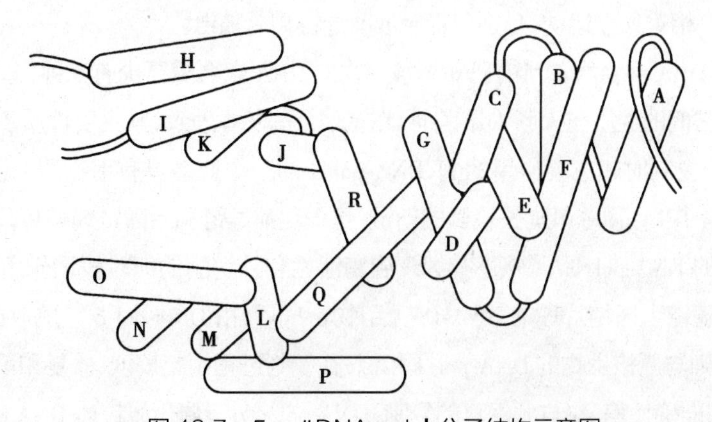

图 12-7　*E.coli* DNA-pol Ⅰ分子结构示意图

DNA-pol Ⅰ具有3种酶活性：① 5′→3′DNA聚合酶活性，即在模板的指导下，在引物RNA或延长中的子链3′-OH末端，自5′端向3′端逐个将与模板配对的dNTP加上去，不断生成磷酸二酯键，使DNA沿5′→3′方向延长。但它不能持续聚合核苷酸，最多只能催化延长约20个核苷酸，所以合成的DNA片段短，此功能主要用于填补冈崎片段间和修复中的空隙。② 3′→5′核酸外切酶活性，从3′端向5′端依次水解DNA链，产生5′-单核苷酸，能识别和切除新生子链中碱基错配的核苷酸。当错误的核苷酸出现在延长中的DNA链的3′端时，复制暂停，同时激活了3′→5′外切酶活性，错误接上的核苷酸被水解下来，换上正确配对的核苷酸，继续进行复制，此功能称即时校读(proofread)，保证了复制的准确性。③ 5′→3′核酸外切酶活性，从5′端向3′端方向依次水解磷酸二酯键，可切除引物RNA及突变的DNA片段，参与DNA的损伤修复。DNA-pol Ⅰ不是细胞中DNA复制的主要聚合酶，是因为DNA-pol Ⅰ催化核苷酸聚合的速率每分钟只有600个，而*E.coli* DNA复制叉的移动速度是它的20倍以上。

用特异的蛋白酶可将DNA-pol Ⅰ在F和G螺旋之间水解断裂为两个片段，N末端小片段共323个氨基酸残基，具有5′→3′外切酶活性；C末端大片段共604个氨基酸残基，被称Klenow片段，具有3′→5′外切酶活性和5′→3′DNA聚合酶活性。Klenow片段是实验室合成DNA和进行分子生物学研究常用的工具酶。

(2) DNA-pol Ⅱ：具有5′→3′聚合活性和3′→5′外切酶活性，无5′→3′外切酶活性，每个细胞内所含的酶分子数较少，催化活性低。DNA-pol Ⅱ也不是原核生物DNA复制的主要聚合酶，因为DNA-pol Ⅱ基因发生突变，细菌依然能存活，推测它是在DNA-pol Ⅰ和DNA-pol Ⅲ缺失情况下暂时起作用的酶。DNA-pol Ⅱ对模板的特异性不高，即使在已发生损伤的DNA模板上，它也能催化核苷酸聚合。因此认为该酶参与DNA损伤的应急状态修复。

(3) DNA-pol Ⅲ：DNA-pol Ⅲ的聚合反应比活性远高于DNA-pol Ⅰ，每分钟可催化多至10^5次核苷酸聚合反应，因此DNA-pol Ⅲ是原核生物复制延长中真正起催化作用的酶。DNA-pol Ⅲ是由10种亚基组成的不对称异源二聚体(图12-8)，全酶由2个核心酶、1个γ-复合物和1对β亚基构成。核心酶由α、ε、θ亚基组成，主要作用是合成DNA。α亚基具有5′→3′聚合活性，ε亚基具有3′→5′外切酶活性，θ是装配所必需的；β亚基可夹稳DNA模板链并使酶沿模板滑动，起到“滑动钳”的作用；其余6种亚基(γ、δ、δ′、ψ、χ、τ)组成γ-复合物，具有促进全酶组装至模板上及增强核心酶活性的作用；其中，τ亚基具有促使核心酶二聚化的作用，此柔性连接区可使复制叉处1个全酶分子的2个核心酶能够相对独立运动，分别负责合成前导链和后随链。

2. 真核生物DNA聚合酶　目前已知真核生物的DNA聚合酶至少有5种，分别称为DNA-pol α、β、γ、δ及ε，它们的性质与大肠埃希菌的DNA聚合酶基本一致，其主要性质及功能见表12-4。DNA-pol α和δ是复制时起主要作用的酶，DNA-pol α的一个亚基具有引物酶的活性，负责RNA-DNA引物的合成。DNA-pol δ可延长较长的新链，是催化前导链和后随链冈崎片段合成的主要酶，相当于原核生物的DNA-pol Ⅲ，此外还有解螺旋酶活性和外切酶的即时校读作用。当DNA-pol α完成前导链和后随链上冈崎片段的RNA-DNA引物合成后，由DNA-pol δ完成对这两条链的延长反应。DNA-pol ε则与原核生物的DNA-pol Ⅰ相似，在复制过程中起校读、修复和填补缺口的作用。DNA-pol β复制的准确性差，参与低保真的复制，DNA-pol γ负责催化线粒体DNA的合成。

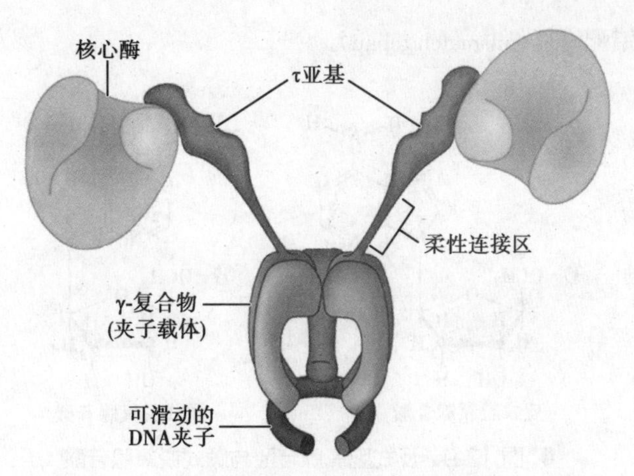

● 图 12-8 *E.coli* DNA-pol Ⅲ全酶分子结构示意图

表 12-4 真核生物主要 DNA 聚合酶的性质及功能

	DNA-pol α	DNA-pol β	DNA-pol γ	DNA-pol δ	DNA-pol ε
分子质量 /kDa	>250	36~38	160~300	170	256
细胞定位	核	核	线粒体	核	核
5′→3′ 聚合活性	有	有	有	有	有
3′→5′ 外切酶活性	无	无	有	有	有
引物酶	有	无	无	无	无
功能	起始引发，合成引物及部分新链	参与低保真度复制，碱基切除修复	催化线粒体 DNA 复制	主要复制酶，延长子链，有解螺旋酶活性	填补空隙；校读，切除修复，重组

3. 复制的高保真性　DNA 复制的保真性是遗传信息稳定传代的保证。生物体至少有以下 3 种机制来实现保真性：①遵守严格的碱基互补配对规律；② DNA 聚合酶对核苷酸掺入有选择功能；③复制出错时有即时校对功能。

(1) 遵守严格的碱基互补配对规律：DNA 复制保真的关键是正确的碱基配对，而碱基配对的关键又在于氢键的形成。C 和 G 以 3 个氢键配对，A 和 T 以 2 个氢键配对，错配碱基之间难以形成氢键。除化学结构限制外，DNA 聚合酶对碱基配对具有选择作用。

(2) DNA 聚合酶对核苷酸掺入有选择功能：原核生物的 DNA-pol Ⅲ是复制延长中起主要催化作用的酶，对其深入研究后还发现该酶的 ε 亚基对核苷酸的掺入有选择功能，并且是在核苷酸聚合之前或在聚合当时就控制了碱基的正确选择。如母链是 T，聚合酶选择 A，而不是 T、C、G 进入子链的相应位置。另外，DNA-pol Ⅲ对反式嘌呤核苷酸的亲和力较顺式大，该酶即利用此特性选择反式构型的嘌呤与相应的嘧啶配对（图 12-9）。DNA-pol Ⅲ对嘌呤的不同构型表现不同亲和力，因此实现其选择功能。

(3) 复制出错时有即时校对功能：原核生物的 DNA-pol Ⅰ、真核生物的 DNA-pol δ 和 DNA-pol ε 的 3′→5′ 核酸外切酶活性都很强，可以在复制过程中辨认并切除错配的碱基，对复制错误进行即时校正，此过程又称错配修复（mismatch repair）。

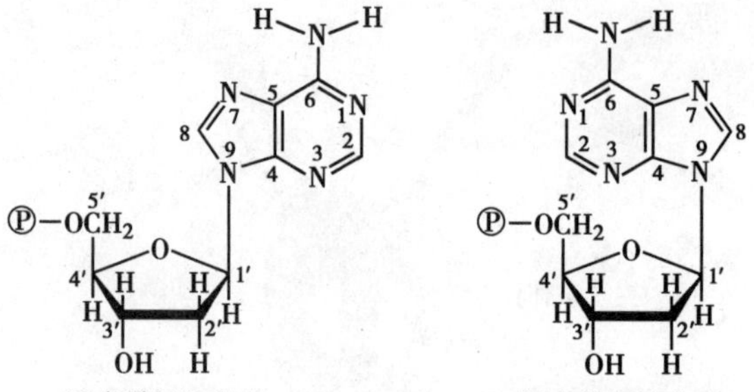

反式脱氧腺苷酸　　顺式脱氧腺苷酸

● 图 12-9　反式脱氧腺苷酸与顺式脱氧腺苷酸

以 DNA-pol Ⅰ为例来说明（图 12-10）。图中的模板链是 G，新链错配成 A 而不是 C。首先 DNA-pol Ⅰ利用其 3′→5′ 的核酸外切酶活性将错配的 A 水解下来，紧接着利用其 5′→3′ 聚合酶活性补回正确配对的 C，复制将继续进行下去，这种纠错功能称为校对（proofreading）。实验也证明：如果碱基配对正确，3′→5′ 核酸外切酶不表现活性。DNA-pol Ⅰ还有 5′→3′ 核酸外切酶活性，实施切除引物、切除突变片段的功能。

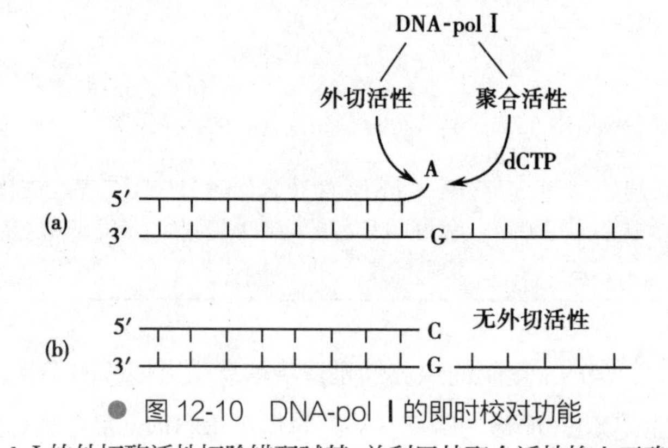

● 图 12-10　DNA-pol Ⅰ的即时校对功能

（a）DNA-pol Ⅰ的外切酶活性切除错配碱基，并利用其聚合活性掺入正确配对的底物

（b）碱基配对正确，DNA-pol Ⅰ并不表现外切酶活性

（二）解链、解旋酶类

当 Watson 和 Crick 提出 DNA 双螺旋结构时，就预言生物细胞要解开 DNA 双链是个关键难题。DNA 分子的碱基埋藏在双螺旋的内部，只有把 DNA 解成单链，它才能起模板作用。因此，DNA 要进行复制，先要解开 DNA 链的超螺旋和双螺旋结构，并将其维持在解链状态，这需要解螺旋酶、拓扑异构酶和单链 DNA 结合蛋白多种酶和蛋白质分子参与。

1. 解螺旋酶（helicase）　也称解链酶，作用是解开 DNA 双链。解链过程需要 ATP 提供能量，它断开碱基间的氢键，使双链 DNA 分开为两条单链，暴露出内部的碱基而使之成为指导新链合成的模板。

大肠埃希菌中的解螺旋酶是 DnaB 蛋白，由 *dnaB* 基因编码，具有解螺旋酶和 ATP 酶活性。

大肠埃希菌在复制起始点的解链是由 DnaA、DnaB 和 DnaC 共同完成的，DnaA 辨认复制起始点，DnaC 则辅助 DnaB 结合于 DNA 局部解链区，DnaB 利用其 ATP 酶活性水解 ATP 获能，并沿模板链的 5′ 端向 3′ 端滑动，不断解开 DNA 的双链（表 12-5）。在真核生物中尚未发现单独存在的解螺旋酶。

表 12-5　原核生物 DNA 复制中参与 DNA 解链的相关蛋白质

蛋白质（基因）	通用名	功能
DnaA（*dnaA*）	解螺旋酶	辨认复制起始点
DnaB（*dnaB*）	解螺旋酶	解开 DNA 双链
DnaC（*dnaC*）	解螺旋酶	运送和协同 DnaB
DnaG（*dnaG*）	引物酶	催化 RNA 引物生成
SSB	单链 DNA 结合蛋白	稳定已解开的单链 DNA
拓扑异构酶	拓扑异构酶Ⅱ又称促旋酶	解开超螺旋

2. 单链 DNA 结合蛋白（single-strand DNA binding protein，SSB）　作为模板的 DNA 处于单链状态，而单链 DNA 分子只要符合碱基配对，又总会有形成双链的倾向，以使分子达到稳定状态和免受细胞内广泛存在的核酸酶降解。SSB 是一类能选择性结合在单链 DNA 上，使 DNA 以单链形式稳定存在的蛋白质，也叫 DNA 结合蛋白或螺旋反稳定蛋白（helix destabilizing protein，HDP）。在大肠埃希菌（*E.coli*）中，它是由 177 个氨基酸残基组成的同源四聚体，结合单链 DNA 的跨度约 32 个核苷酸。SSB 作用时表现为协同效应，保证 SSB 在下游区段的结合。可见，它不像聚合酶那样沿着复制方向向前移动，而是不断地与 DNA 单链结合、脱离。它不具备酶的活性，其作用是在复制中维持模板处于单链状态并保护单链的完整性。

3. DNA 拓扑异构酶（DNA topoisomerase，Topo）　DNA 拓扑异构酶是一类能改变 DNA 拓扑构象的酶，简称拓扑酶。广泛存在于原核及真核生物，分为Ⅰ型和Ⅱ型两种，近年还发现了拓扑酶Ⅲ和Ⅳ。拓扑酶Ⅰ又称为切口 - 关闭酶（nicking-closing enzyme），原核生物拓扑酶Ⅱ又称促旋酶（gyrase），真核生物的拓扑酶Ⅱ还有几种不同的亚型。

拓扑在物理学上是指物体或图像作弹性移位而保持物体原有的性质。DNA 双螺旋沿中心轴旋绕，复制解链也沿同一轴反向旋转（旋转达 100 次 /s）。因复制速度很快，将会导致复制叉前进方向的 DNA 分子双链旋紧、打结、缠绕或连环，闭合环状 DNA 分子也会按一定方向扭转形成超螺旋（图 12-11）。复制过程中 DNA 分子形成的超螺旋需拓扑酶作用改变 DNA 分子的拓扑构象，理顺 DNA 链结构来配合复制进程。

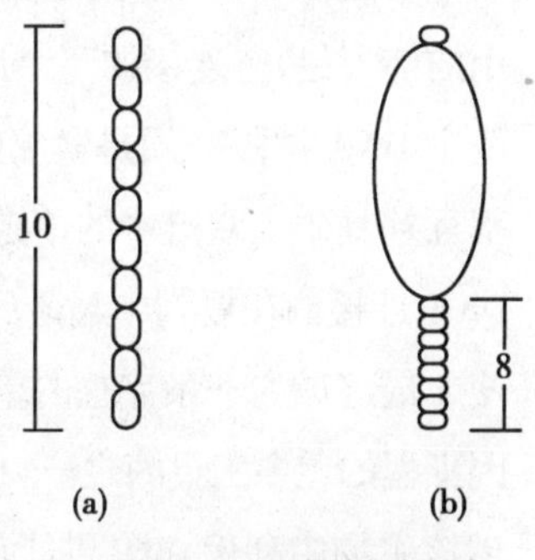

● 图 12-11　复制过程中正超螺旋的形成
（a）DNA 双螺旋解开前
（b）双螺旋打开后

拓扑酶既能水解 3′，5′- 磷酸二酯键，又能连接 DNA 分子中的 3′，5′- 磷酸二酯键的形成，拓扑酶在将要打结或已打结处切开 DNA 链，下游的 DNA 链穿越切口并作一定程度的旋转，使结打开、解松，然后旋转复位连接。原核生物及真核生物都存在拓扑酶，可分为Ⅰ型和Ⅱ型，用于松解 DNA 超螺旋结构。在原核生物，拓扑酶Ⅰ（Topo Ⅰ）

称为ω-蛋白，拓扑酶Ⅱ(Topo Ⅱ)又叫旋转酶。真核生物的拓扑异构酶有过多种名称：转轴酶(swivelase)、解缠酶(untwisting enzyme)、切口-封闭酶和松弛酶(relaxing enzyme)等。

两种Topo的作用机制：Topo Ⅰ在不需ATP存在的情况下，切断DNA双链中的一条链形成两断端，使超螺旋DNA沿松解的方向旋转不致打结，适当时候再使两断端以磷酸二酯键连接，切口封闭，DNA变为松弛状态，便于复制的进行。而Topo Ⅱ在无ATP存在时，同时切断DNA分子的两条链，通过切口旋转，DNA超螺旋得到松弛。在利用ATP供能时，连接断端，把DNA分子引入负超螺旋状态，一般情况下，处于负超螺旋状态的DNA更容易被解链酶解链。此外，它还具有连环、解连环及解结作用，使DNA达到适度螺旋。可见拓扑酶是通过先水解磷酸二酯键，适时再连接磷酸二酯键来发挥作用的。DNA分子一边解链，一边复制，所以复制全过程都需要拓扑酶。

解螺旋酶、DNA拓扑异构酶和单链DNA结合蛋白等在DNA复制时，共同起到解开、理顺DNA链，维持DNA在一定范围内处于单链状态的作用。

(三) 引物酶

引物酶(primase)又称引发酶，是一种依赖DNA的RNA聚合酶，其作用是催化引物合成。DNA复制时，首先要合成一小段RNA引物(primer)，此RNA引物的碱基与DNA复制起始点处模板序列互补，可提供游离的3′-OH供dNTP聚合反应。不同生物的引物RNA长度从几个到几十个核苷酸不等。引物合成后，引物酶便与模板分开，DNA聚合酶再催化新链的延长。复制结束前引物将被水解去除，换为DNA序列。体外试验的引物可以是DNA短片段。

大肠埃希菌中的引物酶是DnaG蛋白，它对利福平不敏感。DnaG需要DnaB的协助，以复合体形式结合到DNA模板上形成引发体(primosome)，在引发体的下游双链解开，再由引物酶催化引物的合成。在真核生物，引物酶与DNA-pol α形成一个复合体，这个复合体首先合成约10个核苷酸长度的RNA引物，然后由引物酶活性转换为DNA聚合酶活性，以dNTP为底物，合成15~30个脱氧核苷酸以延长引物。

(四) DNA连接酶

DNA连接酶(DNA ligase)能催化一个DNA片段的3′-OH端与相邻的另一DNA片段的5′-P端缩合生成3′,5′-磷酸二酯键，从而把两段相邻的DNA片段连接成一条完整的链。该酶发挥作用的前提是，待连接的两个片段必须是与同一条互补链配对结合的(T_4 DNA连接酶除外)，而且这两个DNA片段必须是紧邻的，才能被连接酶催化生成磷酸二酯键以连接。换言之，它只连接碱基互补基础上双链中的单链缺口，对于裂口及单独存在的DNA或RNA单链是不能进行连接的。DNA连接酶在复制中起最后连接缺口的作用，即负责随从链上分段合成的冈崎片段之间的连接，使之最终成为一条完整的单链。此外，在DNA修复、重组及剪接中也起缝合缺口的作用，也是基因工程的重要工具酶之一。DNA连接酶催化的连接反应需要消耗能量，在原核生物由NAD^+提供，真核生物中利用ATP供能(图12-12)。连接酶在作用时先活化，与NAD^+或ATP形成E-AMP中间体。中间体再与一个DNA片段的5′-P相连接形成E-AMP-5′P-DNA。接着与另一个DNA片段的3′-OH端作用，两个片段以3′,5′-磷酸二酯键相连接，同时E和AMP被释放。

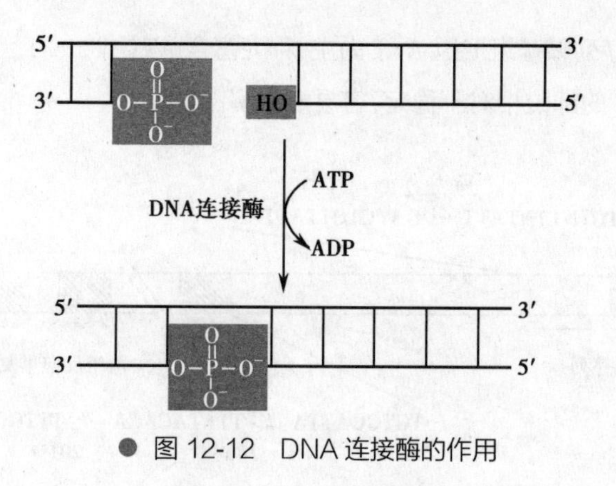

● 图 12-12　DNA 连接酶的作用

DNA 聚合酶、拓扑异构酶和 DNA 连接酶三者均可催化 3′,5′- 磷酸二酯键的生成,但它们又有区别(表 12-6)。

表 12-6　DNA 聚合酶、拓扑异构酶和 DNA 连接酶催化生成磷酸二酯键

	提供核糖 3′-OH	提供 5′-P	结果
DNA 聚合酶	引物或延长中的新链	游离 dNTP 去 PPi	$(dNMP)_{n+1}$
DNA 连接酶	复制中不连续的两条单链		不连续→连续链
拓扑异构酶	切断、整理后的两链		理顺拓扑状态

第四节　原核生物 DNA 的复制过程

原核生物染色体 DNA 和质粒 DNA 等都是共价环状闭合的 DNA 分子,复制过程具有共同的特点,但又有一些区别。下面以大肠埃希菌 DNA 复制为例,学习原核生物 DNA 复制的过程和特点。DNA 复制可分成起始、延长和终止 3 个阶段。

一、原核生物 DNA 复制的起始

起始是复制中较为复杂的环节,在此过程中,各种酶和蛋白质因子在复制起始点处装配引发体,形成复制叉并合成 RNA 引物。主要包括 DNA 复制起始点的辨认、DNA 的解链、RNA 引物的合成和引发体的形成。

(一)复制起始点的辨认与解链

1. 复制有固定起始点　复制不是在基因组上任何部位都可以开始的。*E.coli* 染色体有一个固定的复制起始点,称为 oriC(origin of chromosome replication),由 245bp 组成,碱基序列分析发现这段 DNA 上有三组串联重复序列和两组反向重复序列(图 12-13)。上游的串联重复序列称为识

别区；下游的反向重复序列碱基组成以A、T为主，称为富含AT（AT rich）区。由于AT间配对的氢键只有两个，故富含AT的部位相对不稳定，容易发生解链。

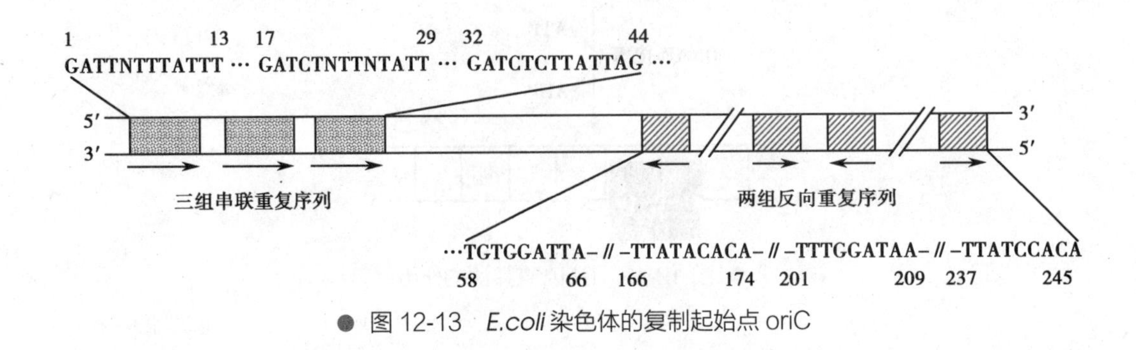

● 图12-13 *E.coli*染色体的复制起始点oriC

复制起始时，需要辨认oriC并解开DNA双链，主要由DnaA、DnaB、DnaC三种蛋白质共同参与完成。DnaA蛋白是由相同亚基组成的四聚体，它首先辨认oriC下游反向重复序列并通过正协同效应结合20~40个DnaA蛋白，形成DNA蛋白质复合体结构。

2. DNA解链形成复制叉　DnaA蛋白使DnaB（解螺旋酶）在DnaC的帮助下结合于已解开的局部单链上，这些蛋白因子与起始点结合形成的复合体称为引发体前体（preprimosome）。接着，DnaA蛋白作用于oriC的三组串联重复序列，在此三个位点解开DNA双链，形成开放复合物。DnaB在DnaC的协同下结合于解链区，沿解链方向移动并逐步置换DnaA蛋白，再进一步利用其解螺旋酶的活性，使解链部分延长，此时复制叉已初步形成。

随后，SSB结合于DNA单链区，使模板DNA维持单链状态并保护单链的完整。每个复制叉约有60个SSB四聚体正协同性结合在DNA单链上，但SSB不覆盖碱基，不影响单链DNA的模板功能（图12-14）。

3. 拓扑酶理顺DNA链　解链是一种高速的反向旋转，其解链下游势必发生打结现象。拓扑酶通过切断、旋转和再连接作用，实现DNA超螺旋的转型，即把正超螺旋变为负超螺旋。实验证明复制起始时要求DNA呈负超螺旋，这是因为DnaA只能与负超螺旋的DNA相结合，且负超螺旋比正超螺旋有更好的模板作用。

（二）引发体的形成和引物的合成

母链DNA解成单链后，不会立即按照模板序列将dNTP聚合为DNA子链。这是因为DNA聚合酶不具备催化两个游离dNTP之间形成3′,5′-磷酸二酯键的能力，只能催化核酸片段的3′-OH末端与dNTP间的聚合。所以，复制过程需要先合成引物（primer），由引物提供3′-OH末端。引物是由引物酶（DnaG）催化合成的短链RNA分子。引物酶不同于催化转录的RNA聚合酶。利福平（rifampicin）是转录用RNA聚合酶的特异性抑制剂，而引物酶对利福平不敏感。

在DNA解链形成的DnaB、DnaC蛋白与oriC结合的复合体基础上，引物酶（DnaG）进入，此时形成含有DnaB、DnaC、DnaG和DNA的起始复制区域的复合结构称为引发体（primosome）（图12-14）。引发体的蛋白质组分在DNA链上的移动需由ATP供给能量。DnaB激活引物酶（DnaG），在适当的位置上，根据模板的碱基序列，从5′→3′方向催化NTP的聚合，生成短链RNA引物，为下一阶段 DNA 链的延长提供 3′-OH 端。引物的长度为十几个至几十个核苷酸。引物的合成方向也是自 5′端至 3′端。在引物提供 3′-OH 端的基础上，DNA 复制进入延长阶段。

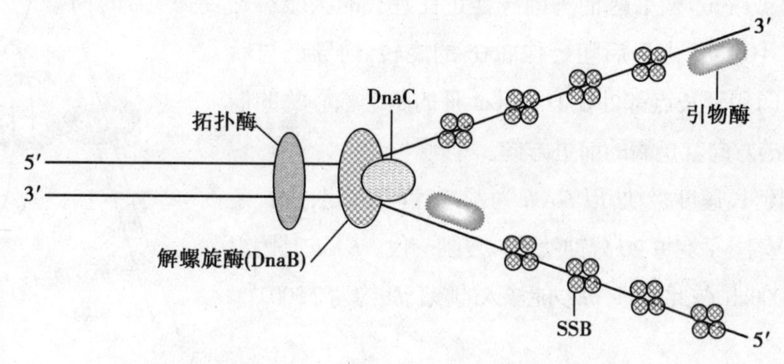

● 图 12-14　复制叉和引发体形成示意图

原核生物 DNA 复制的起始过程简要归纳为：DnaA 蛋白辨认结合于 oriC 下游反向重复序列，继而 DnaA 作用于 oriC 上游 3 组串联重复序列的 AT 区，在 ATP 的存在下，DNA 双链在此解开并形成开放复合物。DnaB 在 DnaC 的协同下结合于解链区，置换 DnaA 蛋白，延长解链部分，形成复制叉。拓扑酶改变 DNA 超螺旋状态，SSB 结合并稳定解旋后的单链 DNA。随后形成由 DnaB、DnaC、DnaG 和 DNA 起始复制区域组成的引发体，再由 DnaB 激活的 DnaG 合成 RNA 引物。

二、原核生物 DNA 链的延长

在 DNA-pol Ⅲ的催化下，自引物的 3′-OH 端开始，dNTP 以 dNMP 逐个添加，合成前导链及后随链。DNA-pol Ⅲ辨认引物并与之结合后，核心酶（由 α、ε 和 θ 三种亚基组成）将每一个与模板正确配对的 dNTP 中的 α- 磷酸基团（5′-P）与引物或延长中的子链 3′-OH 脱水缩合生成 3′，5′- 磷酸二酯键。前导链在引物提供的 3′-OH 端的基础上沿着 5′→3′的方向可以连续延长。由于后随链的延长方向与解链方向相反，在引物 3′-OH 端合成一段冈崎片段后，需要等待复制叉继续解开至相当长度，再生成新的引物，然后在新生成引物的 3′-OH 端又合成一段冈崎片段（图 12-15）。由此可见，复制延长中，后随链上要不断生成引物，并在引物的基础上合成一段段“冈崎片段”。DNA 链延长的实质就是磷酸二酯键不断生成的过程，聚合反应需要的能量来自底物 dNTP 本身，无须其他能量物质。

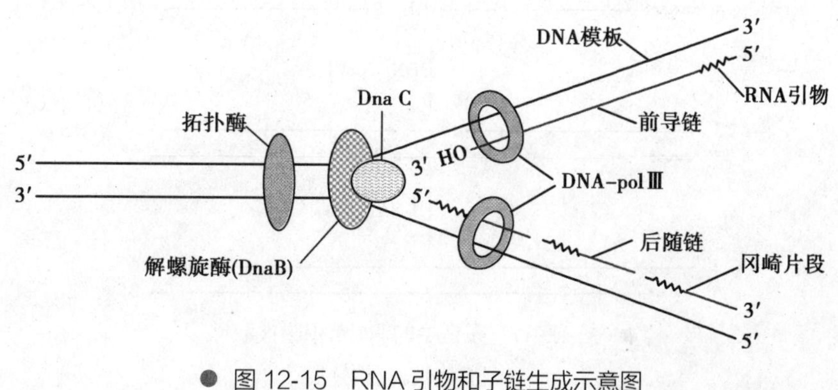

● 图 12-15　RNA 引物和子链生成示意图

在同一复制叉上，前导链的复制先于后随链，但两条链是在同一 DNA-pol Ⅲ催化下进行延长的。因为后随链的模板 DNA 可以折叠或绕成环状，因而与前导链正在延长的区域对齐（图 12-16）。图中可见，由于后随链作 360° 的旋转，前导链与后随链的延长方向和延长点都处在 DNA-pol Ⅲ的两个核心酶的催化位点上。解链方向就是酶的前进方向。

DNA 复制延长速度极快，以 *E.coli* 为例，在营养充足、生长条件适宜的培养基中，平均每 20 分钟就可以复制一代。*E.coli* 基因组 DNA 全长约 3 000kb，依此计算，每秒能掺入的核苷酸约为 2 500 个。

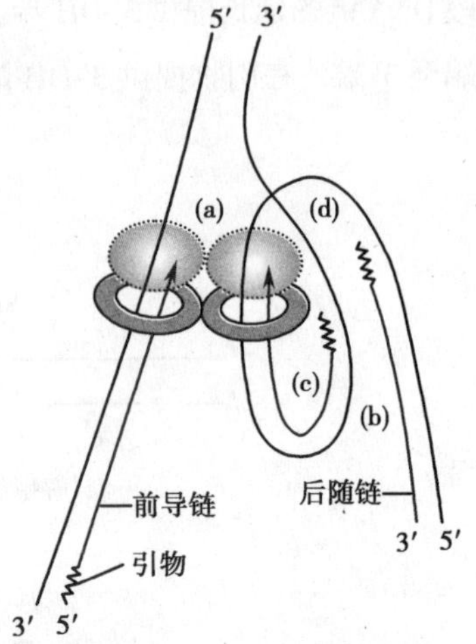

● 图 12-16　同一复制叉上的前导链和后随链

三、原核生物 DNA 复制的终止

复制的终止过程包括引物的切除、空隙的填补和缺口的连接，主要由 DNA-pol Ⅰ和 DNA 连接酶来完成。原核生物 DNA 为环状，进行双向复制。从起点开始，两个复制叉朝相反方向各行进 180°，同时在终止点（termination region，ter）处汇合。

由于复制的半不连续性，在后随链上出现许多冈崎片段。每个冈崎片段上都有 RNA 引物。要完成 DNA 复制，必须除去 RNA 引物并用 DNA 取代，复制完成后 DNA-pol Ⅰ利用其 5′→3′ 外切酶活性水解掉 5′ 端的 RNA 引物（也有观点认为引物的去除是由 RNA 酶完成的），最后将 DNA 片段连接成完整的子链。

冈崎片段的连接过程（图 12-17）：先由 RNase H 识别冈崎片段中的 RNA 引物并水解除去其大部分。由于 RNase H 只能水解两个核苷酸之间的 3′,5′- 磷酸二酯键，不能水解脱氧核苷酸与核苷酸之间的 3′,5′- 磷酸二酯键，最后一个引物核苷酸由 DNA-pol Ⅰ的 5′→3′ 外切酶活性除去，并由 DNA-pol Ⅰ催化前一个复制片段的 3′-OH 延长以填补留下的空隙。最后片段间的缺口由 DNA 连接酶连接。这样所有冈崎片段的 RNA 引物都被替代并连接成完整的 DNA 子链。实际上此过程在子链延长中已陆续开始进行，不必等到最后的终止才连接。

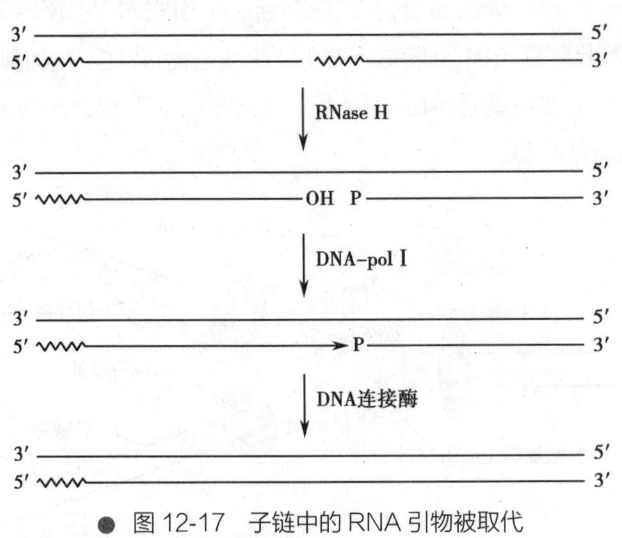

● 图 12-17　子链中的 RNA 引物被取代（锯齿状代表引物）

前导链 5′- 末端也有引物水解后的空隙，环状 DNA 最后复制的 3′-OH 端继续延长，即可填补该空隙及连接，完成基因组 DNA 的复制过程。

第五节　真核生物 DNA 的复制过程

真核生物的 DNA 复制过程与原核生物基本相似，但参与复制的酶种类和数量更多、更复杂，其与原核生物相比具有的主要特点有：①真核生物 DNA 分子较原核生物大，DNA 聚合酶的催化速率远比原核生物慢。②真核生物的 DNA 不是裸露的，而是与组蛋白紧密结合，以染色质核小体的形式存在，复制过程中涉及核小体的分离与重新组装，因而减慢了复制叉行进的速度。③真核生物是多复制子复制，利用多个复制起始点可提高整体复制速度。④真核生物的冈崎片段比原核生物的短得多，因此引物合成的频率比较高。⑤端粒酶参与真核生物线性染色体末端的复制。

真核生物 DNA 复制与细胞周期密切相关。细胞分裂的时相变化称为细胞周期（cell cycle），典型的细胞周期分为 4 期，即 G_1、S、G_2、M 期。真核生物 DNA 复制仅发生在 S 期，而且一个细胞周期中仅复制一次。细胞能否分裂，决定于进入 S 期及 M 期这两个关键点。$G_1 \rightarrow S$ 及 $G_2 \rightarrow M$ 的调节，与蛋白激酶活性有关。蛋白激酶通过磷酸化激活或抑制各种肽质因子而实施调控作用。相关的激酶都有调节亚基即细胞周期蛋白（cyclin）和催化亚基即细胞周期蛋白依赖激酶（cyclin dependent kinase，CDK）。两者都有多种，而且可以交叉配伍，实现对 DNA 复制多样化和精确的调节。

一、真核生物 DNA 复制的起始

真核生物 DNA 分布在许多染色体上，各自进行复制。每个染色体有上千个复制子，复制的起始点很多。复制子以分组方式激活而不是同步起动，说明复制有时序性。转录活性高的 DNA 在 S 期早期即开始复制，而高度重复序列如卫星 DNA、染色体中心体（centrosome）和线性染色体两端即端粒（telomere）等都是在 S 期的最后才复制。

真核生物复制起始点比 *E.coli* 的 oriC 短，如酵母 DNA 的复制起始点为含 11bp 富含 AT 的核心序列 A（T）TTTATA（G）TTTA（T），称为自主复制序列（autonomous replication sequence，ARS）。与 *E.coli* 一样，复制起始也是打开 DNA 双链形成复制叉，形成引发体和合成 RNA 引物。但详细机制尚未完全明了，下面介绍真核生物复制起始有关的几种酶和蛋白。

真核生物复制的起始需要 DNA-pol α 和 DNA-pol δ 参与，前者有引物酶活性而后者有解螺旋酶活性。此外，还需拓扑酶和复制因子（replication factor，RF）如 RFA、RFC、增殖细胞核抗原（proliferation cell nuclear antigen，PCNA）。

增殖细胞核抗原（PCNA）在复制起始和延长中起关键作用。PCNA 是在复制的真核细胞中发现的第一个核抗原，因此而命名。PCNA 为同源三聚体，3 个亚基绕着模板 DNA 形成一个环状的滑动夹子（sliding clamp），类似于 *E.coli* DNA 聚合酶Ⅲ的 β 亚基，DNA-pol δ 附着于滑动夹子上。这样 PCNA 沿着 DNA 模板链不断前进，DNA-pol δ 就可以不断催化新链的合成（图 12-18）。因此，催化 DNA 合成反应的连续性主要是由 PCNA 来承担的。

复制因子 C(replication factor C,RFC)是滑动夹子装载因子(clamp-loading factor)。RFC 首先与 DNA 结合,然后 PCNA 结合在 RFC 上完成滑动夹子的装配(图 12-18)。RFC 作为 DNA-pol α 和 DNA-pol δ 之间的连系物或纽带,有助于前导链和后随链的同时合成。

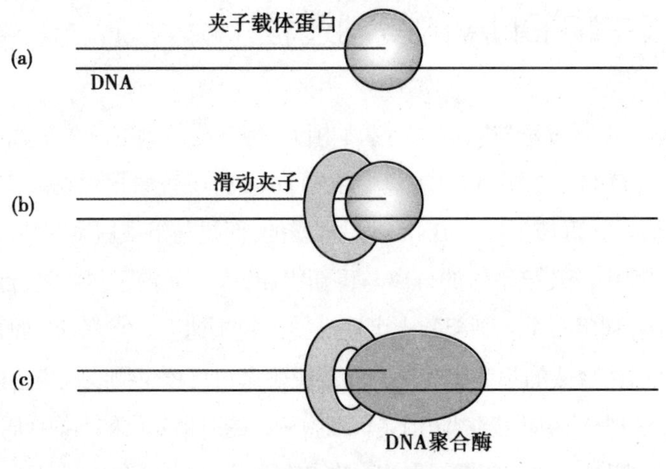

● 图 12-18 滑动夹子

(a)夹子载体蛋白如 RFC 与 DNA 结合 (b)夹子载体蛋白与 PCNA 装配成滑动夹子,DNA 从 PCNA 孔中间自由通过 (c)DNA 聚合酶与滑动夹子相结合,开始沿模板前进

真核生物复制的起始分两步进行,即复制基因的选择和复制起始点的激活。复制基因是指 DNA 复制起始所必需的全部 DNA 序列。真核生物复制基因的选择出现在 G_1 期,复制起始点的激活出现在S期。由于这两个阶段相分离,所以真核生物染色体DNA在每个细胞周期中只能复制一次。

二、真核生物 DNA 链的延长

DNA-pol α 和 DNA-pol δ 均参与 DNA 链的延长,但 DNA-pol α 与模板链的亲和力较低,不具备连续合成 DNA 的能力。在起始点处,DNA-pol α 催化合成一段 RNA-DNA 后就从模板上解离,然后 RFC 结合到这部分的冈崎片段的末端。在 RFC 的作用下,PCNA 结合于引物 - 模板链处,形成闭合环形的可滑动的 DNA 夹子。紧接着 DNA-pol δ 结合到滑动夹子上获得持续合成 DNA 的能力,催化延长冈崎片段。DNA-pol δ 对模板的亲和力高,其连续催化合成新链(前导链和后随链)的延伸能力主要来自 PCNA,因此 PCNA 的蛋白质水平检测可作为细胞增殖能力的重要指标。

在后随链的合成中,当复制复合物到达前一个冈崎片段的 RNA 引物时,大部分 RNA 引物被核酸酶 H(RNase H)切除,留下最后一个核苷酸由侧翼内切核酸酶(flap endonuclease 1,FEN1)水解去除。去除 RNA 引物后的空隙由 DNA-pol δ 催化的连续延长的冈崎片段进行填补,缺口由 DNA 连接酶连接。

真核生物以复制子为单位进行复制,故引物和后随链的冈崎片段都比原核生物的短,其冈崎片段长度大致与 1 个核小体所含 DNA 的量(135bp)或其若干倍相等(原核冈崎片段长 1 000~2 000bp)。在后随链合成至核小体单位之末时,DNA-pol δ 会脱落,DNA-pol α 再引发新的引物合成,

DNA-pol α 和 DNA-pol δ 不断转换，PCNA 在全过程中也多次发挥作用，说明真核生物复制子内后随链的起始和延长交错进行。前导链的连续复制，亦只限于半个复制子的长度。

真核生物复制时需解开核小体，复制后又需重新组装核小体。真核生物 DNA 复制与核小体装配同步进行，即合成一段 DNA 伴随立即组装成核小体。真核生物 DNA 合成，就酶的催化速率而言，远比原核生物慢，估算为 50dNTP/s。但真核生物是多复制子复制，总体速度并不慢。原核生物复制速度与其培养条件有关，而真核生物在不同器官组织、不同发育时期和不同生理状态下，其复制速度也大不一样。

三、真核生物核小体的组装

复制后的染色质结构需要重新装配，原有组蛋白及新合成的组蛋白结合到复制叉后的 DNA 链上，真核生物 DNA 合成后立即组装成核小体。生化分析和复制叉的图像都表明核小体的破坏仅局限在紧邻复制叉的一段短的区域内，复制叉的移动使核小体破坏，但是复制叉向前移动时，核小体在子链上迅速形成。

核小体组蛋白八聚体的数量是同期合成一个核小体 DNA 长度的 2 倍，核素标记实验证明，原有组蛋白大部分可重新组装至 DNA 链上，但在 S 期细胞也大量、迅速地合成组蛋白。

四、端粒酶参与真核生物染色体的末端复制

真核生物的复制终止与原核生物有很大差异。真核生物复制完成后随即组装成染色体并从 G_2 期过渡到 M 期。染色体 DNA 是线性结构，复制中冈崎片段的连接及复制子之间的连接是容易的，因为都可在线性 DNA 的内部完成。

但问题是染色体两端新链的 RNA 引物被去除后留下的空隙如何填补？去除引物后剩下的 DNA 单链母链如果不填补成双链，就会被核内 DNase 水解变短。染色体经多次复制会使子代 DNA 变得越来越短（图 12-19），这就是所谓的“线性染色体末端问题”。

除少数低等生物外，大多数真核生物染色体在正常生理状况下复制可保持其应有的长度，这是因为染色体的末端有一特殊结构可维持染色体的稳定性，将这种真核生物染色体线性 DNA 分子末端的特殊结构称为端粒（telomere）。形态学上，染色体末端膨大成粒状，这是因为 DNA 和它的结合蛋白紧密结合，像两顶帽子盖在染色体两端，故有时又称之为“端粒帽”（图 12-19）。端粒可防止染色体间末端连接，并可补偿 DNA 5′- 末端去除 RNA 引物后造成的空缺，可见端粒对维持染色体的稳定性及 DNA 复制的完整性起重要作用。DNA 测序发现端粒的共同结构是富含 T、G 的重复短序列，即 $(T_nG_n)_x$（注意：T 和 G 的 n 值可不一致）。例如，人的端粒 DNA 所含的重复序列是 TTAGGG。端粒重复序列的重复次数由几十到数千不等，并能反折成二级结构。

端粒是如何进行复制的？直到 20 世纪 80 年代中期发现了端粒酶（telomerase），这个问题才得到了解答。原来，水解引物后每个染色体的 3′-OH 末端比 5′- 磷酸基末端长，伸出 12~16 个单核苷酸链，这一特殊结构可募集端粒酶，端粒酶可催化端粒的复制，从而解决了线性染色体末端复制的问题。

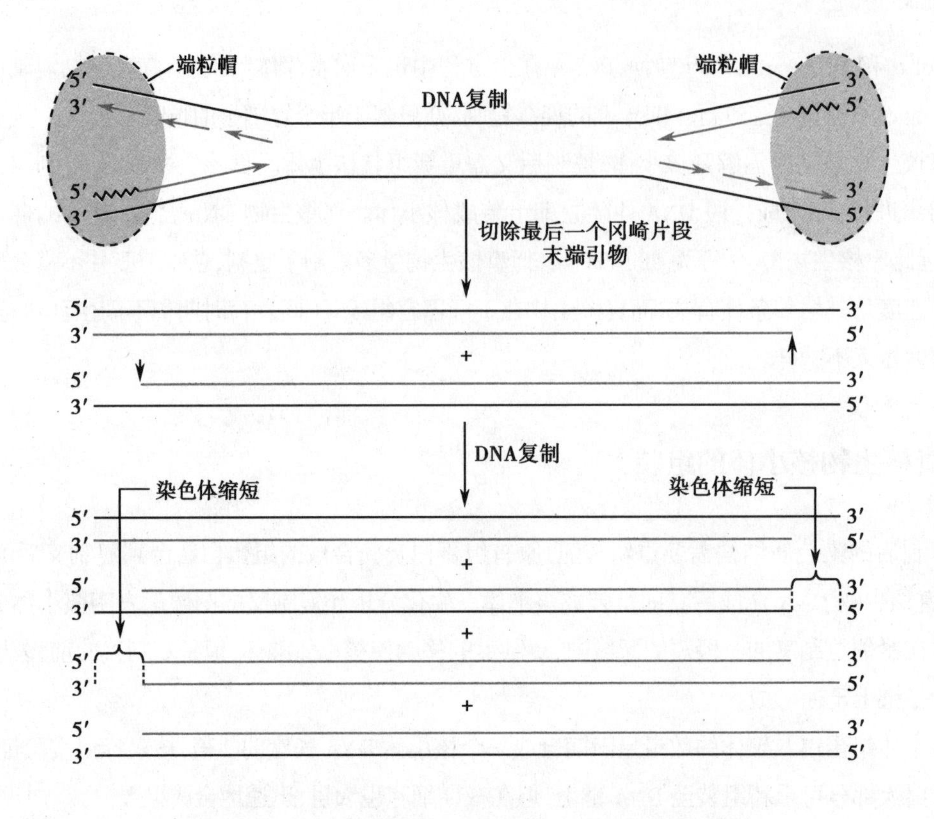

● 图 12-19 线性 DNA 复制的末端与端粒帽示意图

1997 年，人类端粒酶基因被克隆成功并鉴定了酶由三部分组成：①人端粒酶 RNA（human telomerase RNA，hTR）约 150 个核苷酸，富含 C、A；②人端粒酶协同蛋白 1（human telomerase associated protein 1，hTP1）；③人端粒酶逆转录酶（human telomerase reverse transcriptase，hTRT）。可见，端粒酶兼有提供内在 RNA 模板和催化逆转录的功能。

端粒酶通过一种称为爬行模型（inchworm model）的机制合成端粒以维持染色体的完整，其合成过程大致为（图 12-20）：① hTR $(A_nC_n)_x$ 辨认并结合于母链 3′- 端单链 DNA（ssDNA）的重复序列 $(T_nG_n)_x$ 上。②端粒酶以母链 3′- 端 ssDNA 作引物，自身内在 RNA 为模板，使母链 3′- 端 ssDNA 以逆转录的方式复制延伸。③复制一段后，hTR $(A_nC_n)_x$ 爬行移位至新合成的母链 3′- 端，再以逆转录方式继续复制延伸母链。经过多次移位、复制的重复循环，直到母链 3′- 端延伸至足够长度。④母链 3′- 端延伸至足够长度后，端粒酶脱离母链，代之以 DNA 聚合酶，此时母链形成非标准的 G-G 发夹结构并允许其 3′-OH 端反折起引物作用，同时以该母链为模板，在 DNA 聚合酶催化下完成末端双链的复制。

研究发现，培养的人成纤维细胞随着培养传代次数增加，端粒长度逐渐缩短。生殖细胞端粒长于体细胞，成年人端粒比胚胎细胞端粒短。根据上述实验结果，至少可以认为在细胞水平，老化与端粒酶的活性下降是有关的。当然，个体的老化受多种环境因素和体内生理条件的影响，不能简单地归结为某单一因素的作用。

此外，在增殖活跃的肿瘤细胞中发现端粒酶活性增高，但在临床研究中也发现某些肿瘤细胞的端粒比正常同类细胞显著缩短。可见，端粒酶活性不一定与端粒的长度成正比。端粒和端粒酶的研究，在肿瘤学发病机制、寻找治疗靶点上，已经成为一个重要领域。

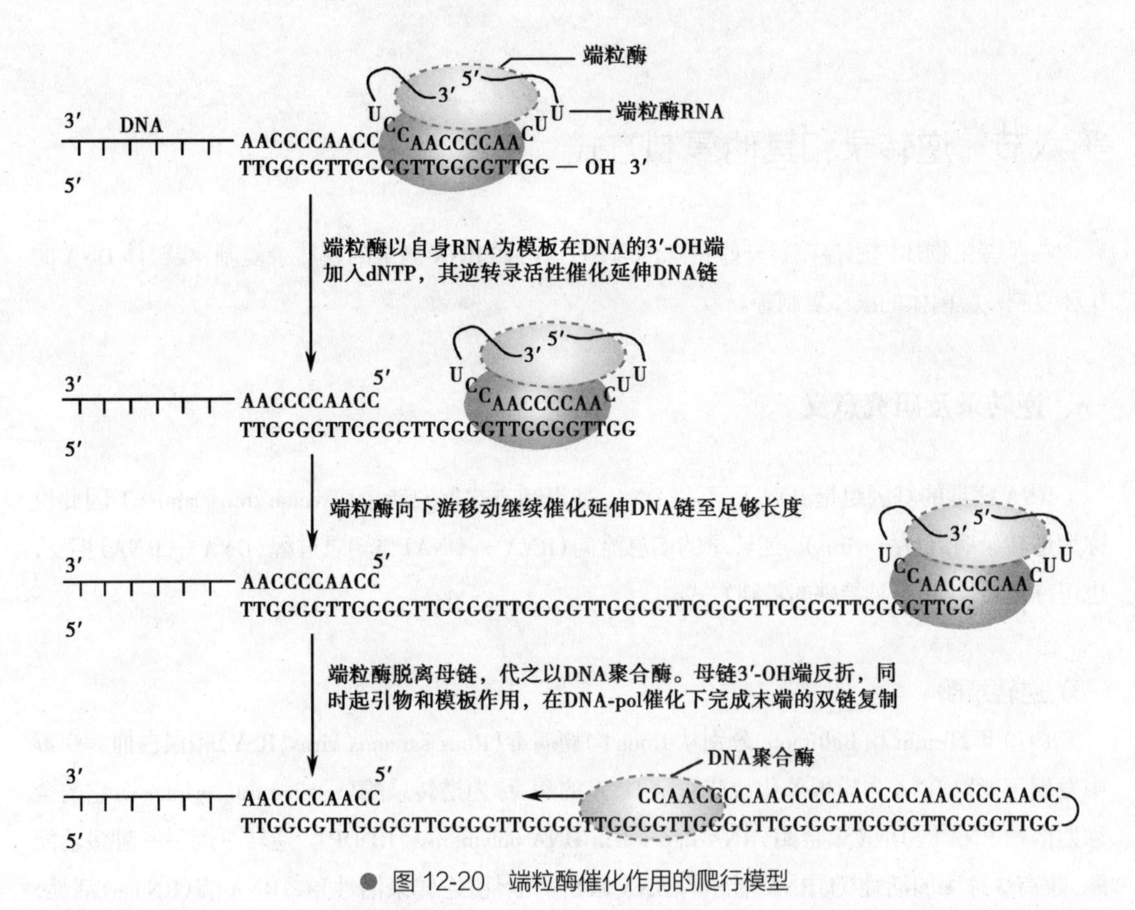

● 图 12-20　端粒酶催化作用的爬行模型

真核生物与原核生物的 DNA 复制过程基本相似，但也有不同，它们的主要区别总结于表 12-7。

表 12-7　原核生物和真核生物复制的主要区别

	原核生物	真核生物
复制子	单复制子复制	多复制子复制
冈崎片段	长	短
复制叉前进速度	快	慢
复制时期	一个复制过程没结束，第二个复制过程就可开始	仅发生在 S 期，一个细胞周期中仅复制一次
核小体的分离与重新组装	无	有
引物	RNA 小片段	除 RNA 外还有 DNA 片段
引物酶	特殊的 RNA 聚合酶	DNA-pol α
链延长的主要 DNA 聚合酶	DNA-pol Ⅲ	DNA-pol δ
末端空隙的填补方式	环状 DNA 最后复制的 3′-OH 端继续延长	端粒酶合成端粒

第六节 逆转录和其他复制方式

在某些生物体内还存在着一些特殊的复制方式，如RNA病毒的逆转录复制，线粒体DNA的D环复制及噬菌体的滚环复制等。

一、逆转录及研究意义

RNA病毒的基因组是RNA而不是DNA，其复制方式是逆转录（reverse transcription），因此也称为逆转录病毒（retrovirus）。逆转录的信息流向（RNA → DNA）与转录过程（DNA → RNA）相反，也可称反转录，是一种特殊的复制方式。

（一）逆转录酶

1970年，Temin和Baltimore分别从Rous肉瘤病毒（Rous sarcoma virus，RSV）和鼠白血病病毒中发现了能以RNA为模板催化合成双链DNA的酶，称为逆转录酶（reverse transcriptase），它的全称为依赖RNA的DNA聚合酶（RNA-dependent DNA polymerase，RDDP）。逆转录酶是一种多功能酶，兼有3种酶的活性：①RNA指导的DNA聚合酶活性（逆转录活性）；②RNA酶（RNase）活性；③DNA指导的DNA聚合酶活性。逆转录酶的发现证实了遗传信息流动方向可由RNA反向传递给DNA的逆转录方式，为此获得了1975年诺贝尔生理学或医学奖。

（二）逆转录过程

逆转录酶催化反应的过程如下：以RNA为模板，dNTP为底物，利用RNA指导的DNA聚合酶活性合成互补DNA链，形成RNA-DNA杂化分子；新合成的这条单链DNA称为互补DNA（complementary DNA，cDNA），合成反应需要引物提供3′-OH，对于逆转录病毒而言，自身的一种tRNA可作为引物。然后进行水解，利用RNA酶（RNase）活性，特异地水解RNA-DNA杂化双链中的RNA链，获得游离的单链DNA（DNA第一链）；利用DNA指导的DNA聚合酶活性，以DNA第一链为模板合成另一条互补DNA链（DNA第二链），形成双链cDNA分子（图12-21a），这种双链cDNA分子就是前病毒。逆转录酶无3′ → 5′外切酶活性，因此缺乏校正功能，所以由逆转录酶催化合成的DNA出错率比较高，这也可能是致病毒株不断会出现新毒株的原因之一。

前病毒保留了RNA病毒的全部遗传信息，并可在细胞内独立繁殖。在某些情况下，前病毒基因组通过基因重组可插入细胞基因组内，并随宿主基因一起复制和表达，这种重组方式称为整合（integration）。前病毒的独立繁殖或整合，都可成为致病的原因。

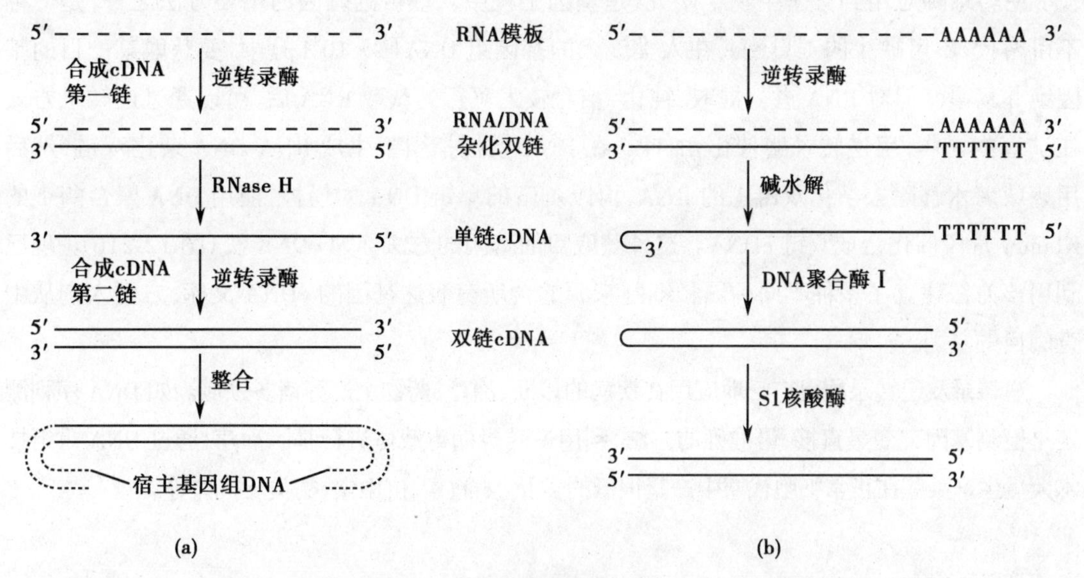

● 图 12-21 逆转录酶催化的双链 cDNA 合成

(a)逆转录病毒的细胞内复制，病毒的 tRNA 可作为 cDNA 合成的引物 (b)试管内合成 cDNA，单链 cDNA 的 3′ 端能够形成发夹结构作为引物，在大肠埃希菌 DNA 聚合酶Ⅰ(Klenow 片段)作用下，合成 cDNA 的第二链

知识拓展

逆转录现象和逆转录酶的发现

1963 年，美国科学家 Temin 在研究致癌 RNA 病毒复制时，发现它不是以 RNA 为模板复制 RNA，而是通过一种 DNA 作为中间物再合成 RNA。于是他便提出设想：致癌 RNA 病毒的复制需要经过一个 DNA 中间体(前病毒)，此 DNA 中间体可将部分或全部 DNA 分子整合到细胞 DNA 中去，并随细胞增殖而传递给子代细胞。1973 年，Temin 和另一位科学家 Baltimore 在致癌 RNA 病毒和鼠白血病病毒中发现并分离了逆转录酶，Temin 提出的前病毒学说终于得到了证实。因此，两位科学家荣获 1994 年诺贝尔生理学或医学奖。

(三) 逆转录的意义

逆转录酶和逆转录现象是分子生物学研究中的重大发现。中心法则认为 DNA 的功能兼有遗传信息的传代和表达，因此 DNA 处于生命活动的中心位置。逆转录现象说明至少在某些生物，RNA 同样兼有遗传信息传代与表达的功能。逆转录现象扩展了中心法则，使人们对遗传信息的流向有了新的认识。

对逆转录病毒的研究，拓展了 20 世纪初的病毒致癌理论。20 世纪 70 年代初，从逆转录病毒中发现了癌基因，至今，癌基因研究仍是病毒学、肿瘤学和分子生物学的重大课题。艾滋病病原体人类免疫缺陷病毒(human immunodeficiency virus，HIV)就是一种 RNA 逆转录病毒。

逆转录酶应用到分子生物学研究，是基因工程中获取目的基因的重要方法之一，是一种不可替代、不可缺少的工具酶。在人类庞大的基因组 DNA(3×10^9 bp)中，要获取某一目的基因绝非易事。但对 RNA 进行提取、纯化，相对较为可行。获取 RNA 后，可以通过逆转录方式在试管内操作，用逆转录酶催化 dNTPs，在 RNA 模板指引下生成 RNA-DNA 杂化双链，然后用酶或碱水解除去杂化双链上的 RNA，再以剩下的单链 DNA 为模板，使用 DNA 聚合酶 I 的 Klenow 片段催化合成双链 cDNA。这种获取目的基因的方法称为 cDNA 法(图 12-21b)。现已利用该方法建立了多种不同种属和细胞来源的含所有表达基因的 cDNA 文库，方便人们从中查阅目的基因。

逆转录及逆转录酶已广泛地应用在疾病的诊断、治疗、药物生产等诸多领域。如 DNA 序列测定是检测基因突变最直接、最准确的方法；利用逆转录病毒载体进行基因治疗；通过 DNA 重组技术大量生产某些在正常细胞代谢中产量很低的多肽，如激素、抗生素、酶类及抗体等。

二、滚环复制

滚环复制(rolling circle replication)是某些低等生物的复制形式。如 *E.coli* 噬菌体 *Φ*X174 的 DNA 复制，首先由其自身所编码的 A 蛋白在非模板链上造成缺口，形成有 3′-OH 和 5′-P 的开环单链结构。以产生的 3′-OH 端为引物，以未切断的内环为模板，一边滚动一边合成新链；随着 3′ 端不断的延长，母链的 5′-P 端逐渐甩出环外，内环不打开犹如边滚动边复制，故称为滚环复制。内环子链复制结束，A 蛋白切断外环母链和内环子链，外环母链再重新滚动一次，3′ 端沿外环母链延长，最后形成两个子双环(图 12-22)。此外，质粒、某些病毒、F 因子 DNA 的复制及许多基因扩增时都采用这种方式进行复制。

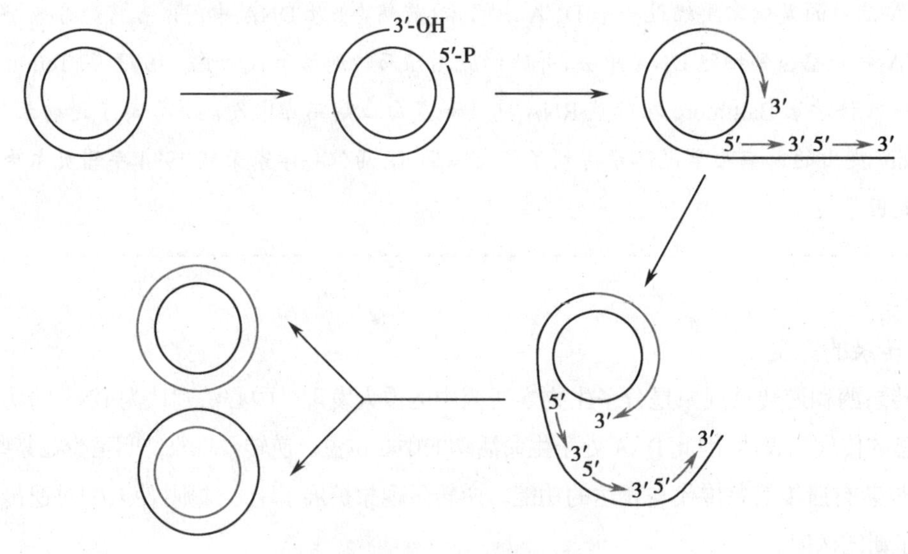

● 图 12-22 滚环复制示意图

三、D 环复制

D 环复制(D-loop replication)是一些简单的低等生物及染色体外 DNA 的复制形式,如线粒体 DNA(mtDNA)。mtDNA 为闭合环状双链结构,两条链的复制不是同时进行的。

真核生物线粒体 DNA 按 D 环方式复制,由 DNA-pol γ 催化合成。复制时先合成引物。在线粒体 DNA 分子的环状双链上,有两个相距很近的复制起始点。这两条链的复制不是同步进行的,外环链先复制,内环链晚些再开始复制。复制开始时,在一个复制起始点打开双链,合成第一个引物后,以内环为模板,dNTP 为底物,指导合成外环,至第二个复制起始点时,再合成第二个反向引物,以外环为模板进行反向的延伸复制内环,从而完成环状双链 DNA 的复制。从第一个起始点开始的新链合成进行到一定阶段,亲代外环模板不断被膨出形如字母"D"字结构,故把这种复制模式称为 D 环复制(图 12-23)。

mtDNA 容易发生突变,损伤后的修复较为困难。mtDNA 的突变与衰老等生命现象有关,也和一些疾病的发生有关。因此,mtDNA 的突变与修复成为医学研究的热点问题。mtDNA 翻译时,使用的遗传密码与通用的密码有一些差别。

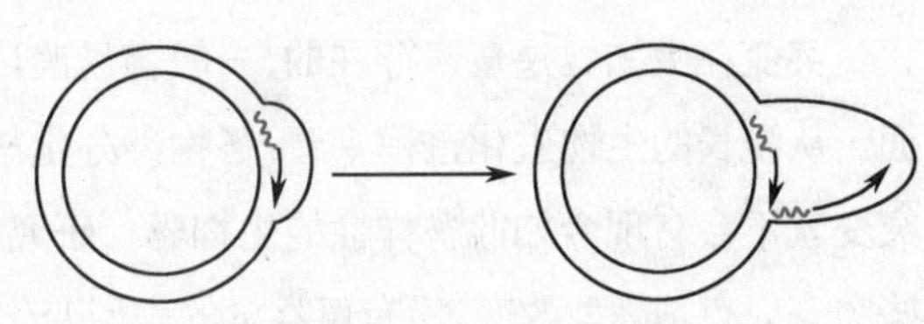

● 图 12-23 D 环复制示意图

左:第一个引物在第一个复制起始点上合成 右:延长至第二个复制起始点,合成反向的第二个引物

滚环复制和 D 环复制的存在说明,双螺旋 DNA 在复制起始点解链不一定导致两条链同时复制,也可能利用一条链作为模板进行 DNA 合成。另外,双螺旋 DNA 两条链的复制起始点也可能处于不同的位置。

知识拓展

DNA 指纹图谱 RAPD 技术分析中药遗传多样性和鉴别近缘关系

对荒漠肉苁蓉和管花肉苁蓉的野生居群进行 RAPD 分析,研究群体的遗传多样性。发现荒漠肉苁蓉和管花肉苁蓉在群居间均有一定的分化,荒漠肉苁蓉的遗传多样性明显高于管花肉苁蓉,并已明显分化成 2 个生态型。可根据 DNA 指纹图谱技术检测肉苁蓉的道地性。同时发现肉苁蓉遗传多样性相对低下,这可能是由于独特的生存环境和相对狭小的生活范围所导致。遗传多样性是物种避免灭绝而长期生存的前提,遗传多样性的减少会降低群居短期和长期两方面的适应环境变化的能力。因此,保护肉苁蓉遗传多样性对于保护这一珍稀名贵中药具有十分重要的意义。肉苁蓉具有特殊生态类型,因此应以就地保护为主,建立肉苁蓉自然保护基地。

DNA 指纹图谱也用于亲子鉴定、中药材成分研究、疾病检测等方面。

第七节 DNA 的损伤(突变)与修复

DNA 复制的保真性是维持物种相对稳定的主要因素,突变(mutation)与遗传保守性是对立而又统一的客观现象。DNA 分子中碱基序列的改变称为 DNA 损伤(DNA damage)或 DNA 突变(mutation)。一些理化因素和外源 DNA 整合导致的 DNA 突变称为诱发突变(induced mutation)。DNA 复制过程中发生错误或一些不明原因导致的 DNA 突变称为自发突变(spontaneous mutation)。纠正突变所致 DNA 分子中碱基及其结构改变的过程,称为 DNA 损伤的修复。

一、突变的意义

突变在生物界是普遍存在的,一般容易误认为突变都是有害的,实际上突变也存在积极的一面。从漫长的生物进化过程来看,各物种分化与进化的实质是突变的不断发生及长期积累,没有突变就不会有现今如此多样性的生物界。研究基因突变的诱因对于改造生物具有现实意义。有些突变只有基因型改变,没有可察觉的表型变化,这种突变导致 DNA 的多态性。如简并密码子上第 3 位碱基的改变,或蛋白质非功能区段编码序列的改变等。据此可设计多种 DNA 多态性分析技术,用于识别个体差异和种、株间差异,也可用于预防及诊断疾病。如法医学的个体识别、亲子鉴定、器官移植配型、个体对某些疾病的易患性分析等。

二、引发突变的因素

内部和/或外部因素都可以造成 DNA 突变。内部因素如复制错误、自发性损伤会导致自发突变,特点是突变率相对稳定。外部因素如物理因素、化学因素、生物因素会导致诱发突变。

(一) 自发因素

在自然条件下,碱基有可能发生自发水解脱落、脱氨基及碱基修饰等现象,DNA 复制中存在的校对修复机制减少了错误的发生,使其发生频率仅为 10^{-9} 左右,即每合成 10^{9} 个核苷酸才约有 1 个错误碱基掺入,但由于 DNA 分子较大,传代快,由此带来的变异也是极大的,而且在诱发因素的作用下,自发突变频率会提高,后果不容忽视。

(二) 诱发因素

由外界因素导致的 DNA 突变,称为诱变。导致诱变的常见因素有物理因素、化学因素和生物因素三大类。这些因素导致 DNA 损伤的机制各有特点。

1. 物理因素　主要包括紫外线(ultra violet,UV)、各种辐射等。紫外线可使 DNA 分子同一条链上相邻的 2 个嘧啶碱基以共价键连接,形成嘧啶二聚体(环丁基二聚体),阻碍正常的碱基配对,影响复制和转录。常见的是胸腺嘧啶(T-T)二聚体的形成，这也是UV对DNA分子损伤的主要方式；此外也可产生C-C及C-T二聚体。电离辐射(如α、β、γ、X射线)能引起碱基脱落、DNA链断裂、丢失等。

2. 化学因素　常见的是化学诱变剂和致癌剂，已发现6万余种，如烷化剂、脱氨剂、芳香烃类、碱基类似物、吖啶类分子及其他一些人工合成或环境中存在的化学物质，包括废气、废水、食品添加剂等，它们的作用见表12-8。

表12-8　常见的化学诱变剂及其作用

类别	代表物	作用
烷化剂	氮芥、环磷酰胺	使碱基、磷酸基和核糖烷基化，修饰碱基
脱氨剂	亚硝酸盐、亚硝酸胺	通过脱氨基作用使G→黄嘌呤、C→U、A→I，改变了碱基配对关系
芳香烃类	苯并芘、二甲苯并蒽	使嘌呤碱基共价交联
碱基类似物	5-氟尿嘧啶、6-巯基嘌呤	取代正常的碱基，影响复制和转录
吖啶类	溴化乙锭(EB)	插入DNA双链中，引起移码突变

3. 生物因素　一些变质食物中存在的黄曲霉毒素与维生素B_1和DNA结合成复合物，影响复制和转录；抗生素及其类似物(放线菌酮、丝裂霉素等)可嵌入DNA碱基对，干扰复制；逆转录病毒与可以整合到染色体DNA上的DNA病毒等(如乙肝病毒)可插入宿主基因组，引起宿主基因突变。

三、DNA损伤的类型

根据DNA序列改变方式的不同，可将DNA损伤分为错配(mismatch)、缺失(deletion)、插入(insertion)、重排(rearrangement)及共价交联。缺失或插入均可导致框移突变(frame-shift mutation)。

(一) 错配

错配又称点突变，指DNA分子上的单个碱基错配，包括转换和颠换两种形式。转换是发生在同型碱基之间，即嘌呤变成另一嘌呤，或嘧啶变成另一嘧啶。颠换是发生在异型碱基之间，即嘌呤换嘧啶或嘧啶换嘌呤。镰状细胞贫血是点突变致病的典型例子，患者HbA β基因上编码第6位谷氨酸的密码子GAG变成缬氨酸的密码子GTG，即发生了点突变A→T(图12-24)。

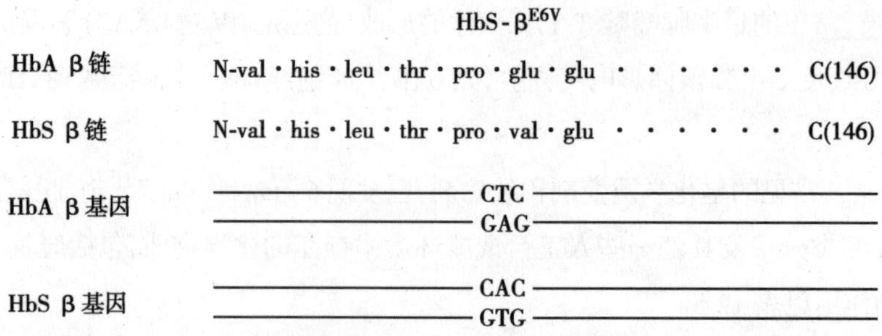

HbS-β^E6V
HbA β链
N-val · his · leu · thr · pro · glu · glu · · · · · · · C(146)
HbS β链
N-val · his · leu · thr · pro · val · glu · · · · · · · C(146)
HbA β基因
CTC
GAG
HbS β基因
CAC
GTG

HbA 的 β 链上第 6 位氨基酸为谷氨酸，HbS 的 β 链上第 6 位氨基酸为缬氨酸；

基因上的改变仅是编码第 6 位氨基酸密码子上的 1 个点突变。

● 图 12-24 镰状细胞贫血病人 Hb(HbS)与正常成人 Hb(HbA)的比较

(二) 缺失和插入

缺失是指 DNA 分子上一个碱基或一段核苷酸链的消失；插入是指原来没有的一个碱基或一段核苷酸链插入到 DNA 分子中。两者均引起 DNA 上碱基数目的改变，如果在 DNA 编码序列中缺失和 / 或插入的核苷酸个数为非 3 整数倍，则会使其后的三联体密码的阅读框架全部改变，造成所翻译蛋白质中氨基酸的组成和排列顺序全部混乱，致生成的蛋白质可能完全不同，称为框移突变或移码突变（图 12-25）。不过如果缺失和 / 或插入数量为 3 整数倍的核苷酸不会引起框移突变。如果在蛋白质编码序列中插入和 / 或缺失某些碱基对的片段，称为片段突变，其结果使蛋白质变得更加复杂。例如，假肥大型肌营养不良症的基因上就发生了几个 kb 的缺失。

正常
5′······G C A G U A C A U G U C ······3′
丙 缬 组 缬
缺失C
5′······G A G U A C A U G U C·········3′
谷 酪 蛋 丝

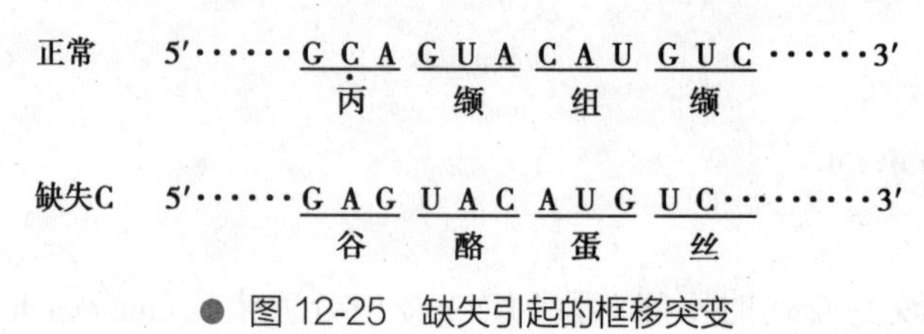

● 图 12-25 缺失引起的框移突变

实线：原来的密码读法 虚线：缺失 C 后的密码读法

(三) 重排

DNA 分子内较大片段的交换，称为重组或重排，但不会导致遗传物质的丢失和增加。重组可以发生在 DNA 分子内部或 DNA 分子之间，一段核苷酸链可从一处迁移到另一处，即发生移位；移位的 DNA 片段可以在新位点上颠倒方向反置，称倒位，也可以在染色体之间发生交换重组。图 12-26 表示由于血红蛋白 β 链和 δ 链两种类型的基因重排而引起的珠蛋白生成障碍性贫血（地中海贫血）。

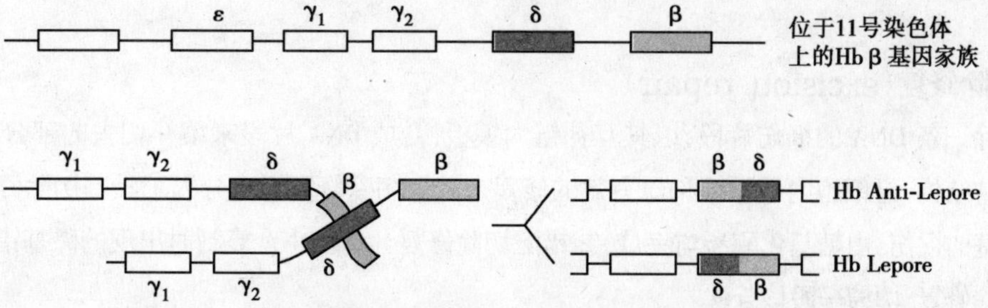

● 图 12-26 由基因重排而引起的两种地中海贫血的基因型

四、DNA 损伤的修复

为保证遗传信息的完整性和稳定性,DNA 一旦受到损伤必须及时修复。DNA 修复(DNA repair)是对已发生分子改变的 DNA,通过酶学机制使其恢复原有结构的一种补偿措施,也是生物体在长期进化中形成的一种保护功能。细胞对 DNA 损伤进行修复的方式有多种,研究较为清楚的有直接修复、切除修复、重组修复及 SOS 修复等。直接修复和切除修复发生在 DNA 复制过程之外,是准确的修复;而重组修复及 SOS 修复发生在 DNA 复制过程之中,不能将 DNA 损伤完全修复。

(一) 直接修复(direct repair)

修复酶直接作用于受损的 DNA,使其恢复原来的结构。修复时不切除损伤的碱基或核苷酸,直接将其修复的,如光修复、烷基化碱基修复和无嘌呤位点的修复都属于直接修复。生物体内普遍存在一种光修复酶(photolyase),经波长为 300~600nm 可见光照射后激活,可使 UV 照射后形成的嘧啶二聚体分解为两个正常的嘧啶单体,DNA 恢复正常(图 12-27)。因此,光修复酶主要负责修复嘧啶二聚体,使其恢复为原来的非聚合状态。这种修复方式对植物特别重要,高等生物虽然也存在光修复酶,但作用并不强。

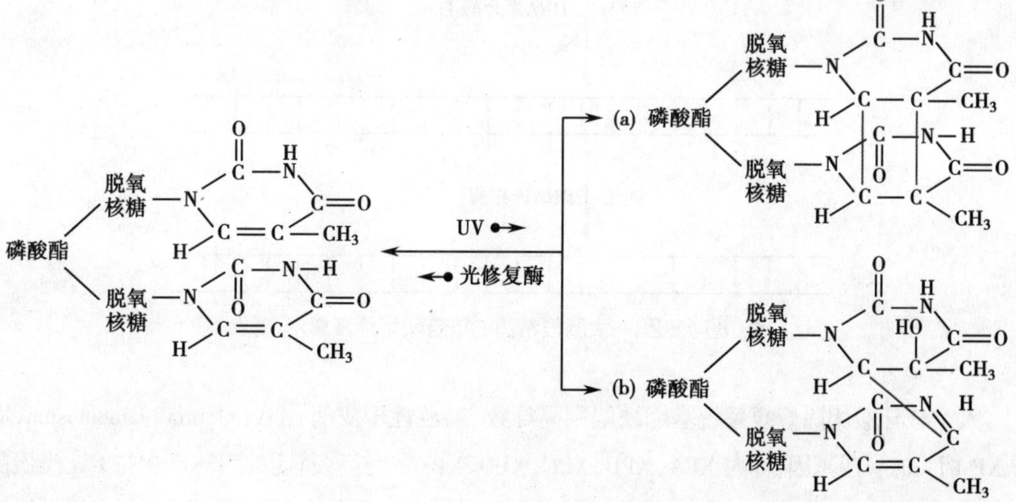

● 图 12-27 胸腺嘧啶二聚体的形成与解聚

(二) 切除修复(excision repair)

切除一条 DNA 的损伤片段,以其互补链为模板,合成 DNA 片段来填补切去的部分,使 DNA 恢复正常结构,是细胞内最重要和最有效的修复方式。切除修复又可分为①碱基切除修复:修复单个碱基的损伤,由糖基化酶参与完成;②错配切除修复:修复 DNA 复制时出现的碱基错配;③核苷酸切除修复:切掉一段核苷酸。

参与切除修复的酶主要有特异的核酸内切酶、外切酶、DNA 聚合酶及连接酶。整个过程包括:①由特异性核酸酶寻找损伤部位,切除损伤片段;② DNA 聚合酶合成 DNA 片段填补缺口,连接酶连接缺口。大肠埃希菌中与核苷酸切除修复相关的酶为 UvrABC 系统,包括 UvrA、UvrB、UvrC、UvrD。其中 UvrA 和 UvrB 的作用是辨认、结合 DNA 受损伤的部位,UvrC 负责切除,UvrD 有解螺旋酶活性(图 12-28)。

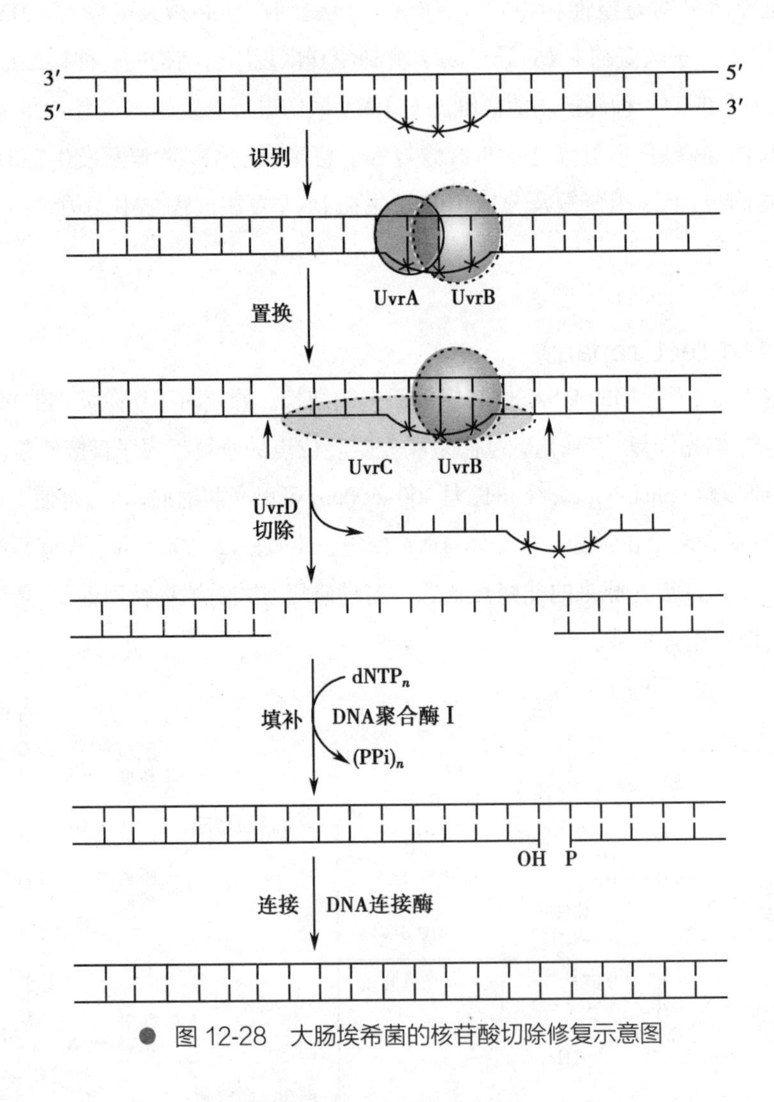

● 图 12-28 大肠埃希菌的核苷酸切除修复示意图

人类核苷酸切除修复系统基因缺陷则易导致"着色性干皮病"(xeroderma pigmentosum, XP),与 XP 相关的一些基因,称为 XPA、XPB、XPC、XPD、XPF 等;这些基因的表达产物与 Uvr 类蛋白有同源序列,具有辨认和切除损伤 DNA 片段的作用。XP 病人是由于 XP 基因有缺陷,对紫外线照射引起的 DNA 损伤不能进行修复，表现为皮肤干燥，角质化着色，易发生皮肤癌。

（三）重组修复（recombination repair）

DNA 复制过程中有时会遇到尚未修复的 DNA 损伤，可以先复制再修复。在修复过程中发生了 DNA 重组，因此称为重组修复。有些 DNA 损伤面较大，未能及时修复就已开始复制时，由于亲代链损伤的局部不能起模板作用指导子链的合成，于是在复制的子链 DNA 上出现了空缺，这时可通过图 12-29 所示的重组修复加以弥补。在重组修复过程中，完好的亲代链与有缺口的子链发生重组，但模板链原有的损伤并未修复，可通过切除修复进行修复。通过多次复制和重组修复，实际上细胞中的 DNA 多数是完好的。参与重组修复的酶系统主要是参与同源重组的酶：RecA、RecB、RecC 等。

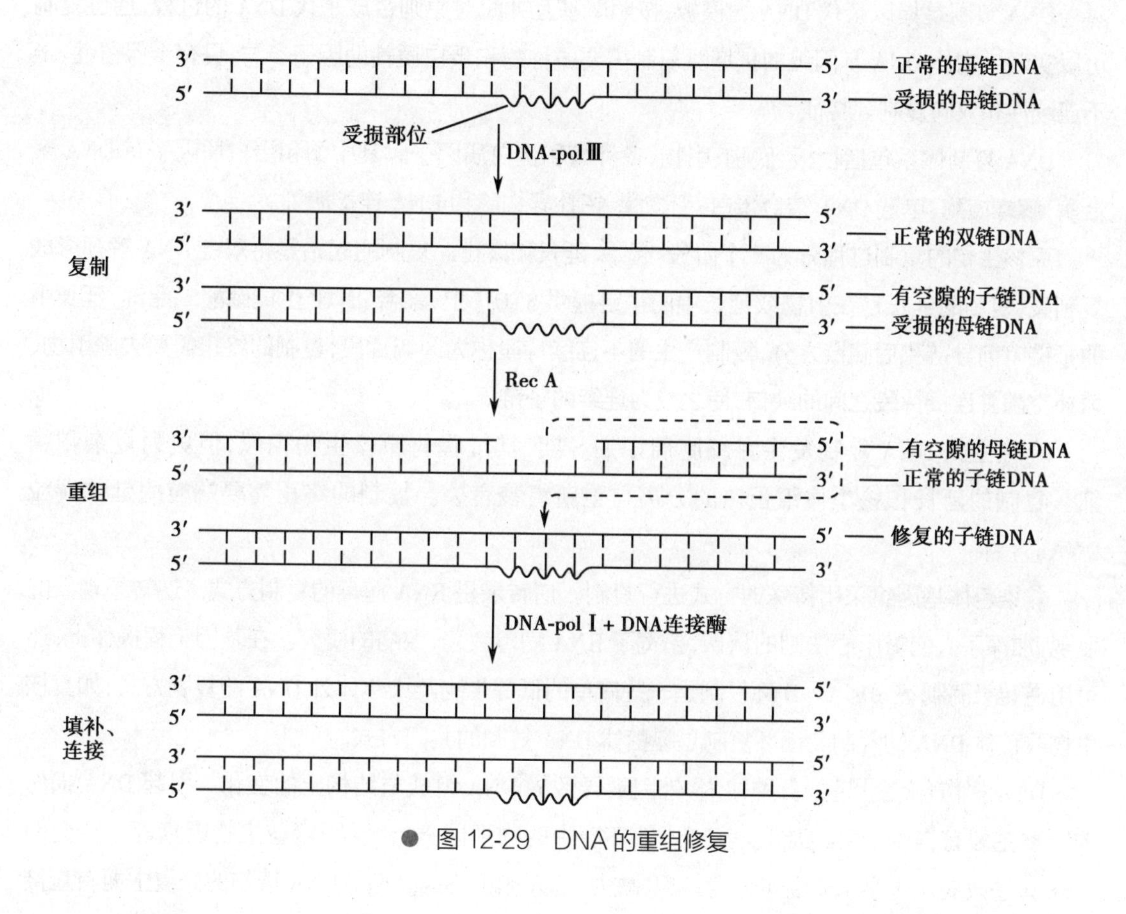

● 图 12-29　DNA 的重组修复

（四）SOS 修复（SOS repair）

SOS 修复是一种危急状态下的抢救修复。当 DNA 受到广泛损伤以至于难以进行复制、危及细胞生存时，由此诱发了一系列复杂反应，此种情况下对损伤 DNA 进行的修复，也称为 SOS 应答。

短时间内其他修复系统很难将这些损伤修复，复制难以进行，细胞为了存活，就会紧急启动 SOS 修复。SOS 修复诱导切除修复和重组修复中某些关键酶和蛋白质表达，即 *uvr*，*rec* 类基因及产物，还有重组蛋白 A 和调控蛋白如 LexA 等，从而加强切除修复和重组修复的能力；SOS 修复还能诱导产生缺乏校正功能的DNA聚合酶进行修复。SOS修复的特点:反应的特异性低,快而粗糙,对碱基的识别、选择能力较差,因此它不是一种精确的修复方式,只是降低了损伤的程度,所以也称为差错倾向性修复。SOS修复后的DNA会保留较多的错误,细胞虽避免死亡,但增加了细胞突变。一般情况下,SOS修复是不表达的,只有紧急状态才表达,一些致癌剂能诱发SOS修复系统启动。

小结

DNA的生物合成包括两种方式:DNA指导的DNA合成(复制和修复合成)、RNA指导的DNA合成(逆转录)。

DNA复制是指以亲代DNA为模板,按照碱基互补配对原则合成子代DNA的过程,通过复制可以实现生物体DNA基因组的扩增。复制需要多种酶和蛋白质辅助因子参与,具有半保留性、半不连续性和双向复制等特征。

DNA复制体系包括模板、底物、引物、多种酶和蛋白质因子。其中酶和蛋白质因子有DNA聚合酶、解螺旋酶、单链DNA结合蛋白、引物酶、拓扑异构酶和DNA连接酶等。

原核生物的复制过程分为3个阶段:起始、延长和终止。复制的起始是将双链DNA解开形成复制叉;复制的延长是在引物或延长中的子链提供3′-OH上,聚合dNTP生成磷酸二酯键,延长中的子链有前导链和后随链之分,复制产生的不连续片段称为冈崎片段;复制的终止需要去除引物、填补空隙并连接片段之间的缺口,使之成为连续的子链。

真核生物DNA复制发生在细胞周期的S期,其过程与原核生物相似,但更为复杂和精细。复制的延长和核小体组蛋白的分离与重新组装有关。复制的终止需要端粒酶延伸端粒DNA。

非染色体基因组采用特殊的方式进行复制。逆转录是RNA病毒的复制方式。逆转录现象的发现,加深了人们对中心法则的认识,拓宽了RNA病毒致癌、致病的研究。在基因工程操作上,还可用逆转录酶制备cDNA。D环复制是一些简单的低等生物及染色体外DNA的复制方式,如真核生物线粒体DNA的复制。滚环复制是噬菌体DNA复制的共同方式。

DNA损伤(突变)是指各种体内、外因素导致的DNA组成与结构上的变化。引起DNA损伤的因素主要有自身DNA复制误差和体外环境中的物理因素、化学因素与生物因素等。突变的DNA分子改变从化学本质上可分为错配、缺失、插入和重排等类型。DNA损伤的修复主要有直接修复、切除修复、重组修复和SOS修复等方式,其中切除修复较普遍。DNA的损伤修复与一些遗传病的发生有关,也与衰老、免疫和肿瘤等密切相关。

思考题

1. 参与原核生物复制的物质有哪些?它们的作用是什么?
2. 哪些机制可以保证复制的准确性?

3. 比较原核生物与真核生物的复制过程各有什么特点？

4. 简述 DNA 损伤的类型及体内对 DNA 损伤的修复。

第十二章　同步练习

（扈瑞平）

第十三章 RNA的生物合成

第十三章 课件

学习目标

掌握:参与转录的RNA聚合酶的组成和功能;原核生物与真核生物的RNA转录合成的基本过程及特征。

熟悉:真核生物转录后加工修饰过程。

了解:真核生物转录启动子结构和转录因子的作用。

RNA的生物合成是指以DNA为模板,以4种NTP为原料,在RNA聚合酶催化下合成RNA的过程,也称为转录。细胞内的各种RNA,包括mRNA、rRNA、tRNA,都是由RNA聚合酶以DNA为模板催化合成,将遗传信息由细胞核传送至细胞质用于指导蛋白质的合成。

第一节 RNA合成概述

RNA的合成包括两种方式:①DNA指导的RNA合成,即转录(transcription)。转录是将遗传信息从DNA向RNA传递,转录的产物包括mRNA、tRNA、rRNA、snRNA和miRNA等,mRNA是蛋白质合成的模板,tRNA和rRNA也参与了蛋白质的合成,因此,转录产物在功能上衔接DNA和蛋白质这两种生物大分子。②RNA依赖的RNA合成,即RNA复制,是除逆转录病毒以外的RNA病毒在宿主中合成RNA的常见方式。RNA的转录合成是本章的主要内容。

转录和复制有许多相似处:①以DNA为模板;②以4种三磷酸核苷酸(NTP)为原料;③遵守碱基互补配对原则;④聚合过程以磷酸二酯键连接核苷酸;⑤$5' \rightarrow 3'$方向延伸。但两者也有显著区别:①转录不需引物;②转录只以DNA一条链为模板;③转录时以U与模板上A配对;④转录根据需要选择性转录部分DNA区段;⑤转录后生成的RNA需要进行加工修饰。

一、转录的基本概念

中心法则的核心内容是遗传信息从DNA传递给RNA,再从RNA传递给蛋白质,即完成转录和翻译的过程。转录是基因表达的第一步,即将遗传信息从DNA向RNA传递。转录是以DNA

为模板，以 4 种 NTP 为原料，在 DNA 依赖的 RNA 聚合酶催化下，按照碱基互补原则合成与模板序列互补的 RNA 的过程。

二、转录的特征

1. 选择性转录　转录具有高度的选择性，表现为细胞在不同生长发育阶段，根据生存条件代谢需要，选择性转录不同的基因。实际上，在任意时间点上都是部分基因发生转录，一部分 DNA 甚至从不被转录，相比之下，DNA 复制是整个基因组 DNA 的合成。DNA 序列可以通过一些信号控制转录的起止，一次转录涉及的 DNA 区段称为一个转录单位。真核生物的一个转录单位通常是单个基因，而原核生物的一个转录单位可含有多个连续的结构基因。

2. 不对称转录　转录是以双链 DNA 分子中的一股单链作为模板进行的。DNA 的每个转录区都只有一股链可以被转录，称为模板链，又称反义链、负链。另一股链通常不被转录，称为编码链，又称有义链、正链，编码链的碱基序列与转录生成的 RNA 碱基序列相似，只是转录后以尿嘧啶取代胸腺嘧啶。但是，不同基因的模板链并不是固定于 DNA 分子的某一股上，因此，双链 DNA 分子的每一股都可能含有指导 RNA 合成的模板（图 13-1）。

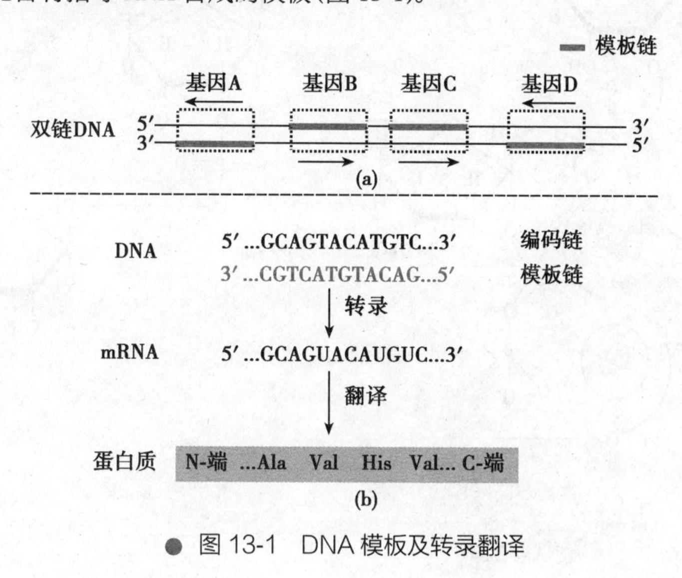

图 13-1　DNA 模板及转录翻译

3. 转录后加工　转录产物通常为 RNA 前体，必须在细胞核内经过进一步加工，成为成熟的 RNA 分子并转运至细胞质基质内才能参与蛋白质合成。但原核生物转录产生的 mRNA 不需加工，即可直接指导合成蛋白质。

第二节　参与转录的模板、原料和酶

一、模板和原料

转录过程是以 DNA 为模板指导合成 RNA，即根据 DNA 模板链的碱基序列和碱基配对原则决定 RNA 序列。

合成 RNA 需要 NTP(ATP、GTP、UTP、CTP)作为底物,以及二价金属离子 Mg^{2+}、Mn^{2+} 作为 RNA 聚合酶的必要辅助因子。

二、RNA 聚合酶

1. RNA 聚合酶特点 ①按照碱基互补配对原则忠实转录或复制模板链;②依赖 DNA 的 RNA 聚合酶通过催化核苷酸形成 3′,5′- 磷酸二酯键,催化核苷酸发生聚合反应合成核酸;③按照 5′→3′ 方向催化合成 RNA;④ RNA 聚合酶能够直接催化转录起点处的两个核苷酸形成磷酸二酯键,因而可不需要引物,从头启动 RNA 合成(图 13-2);⑤无水解酶活性,无校对功能,错配率高;⑥可与基因表达调控蛋白相互作用,调控基因表达。

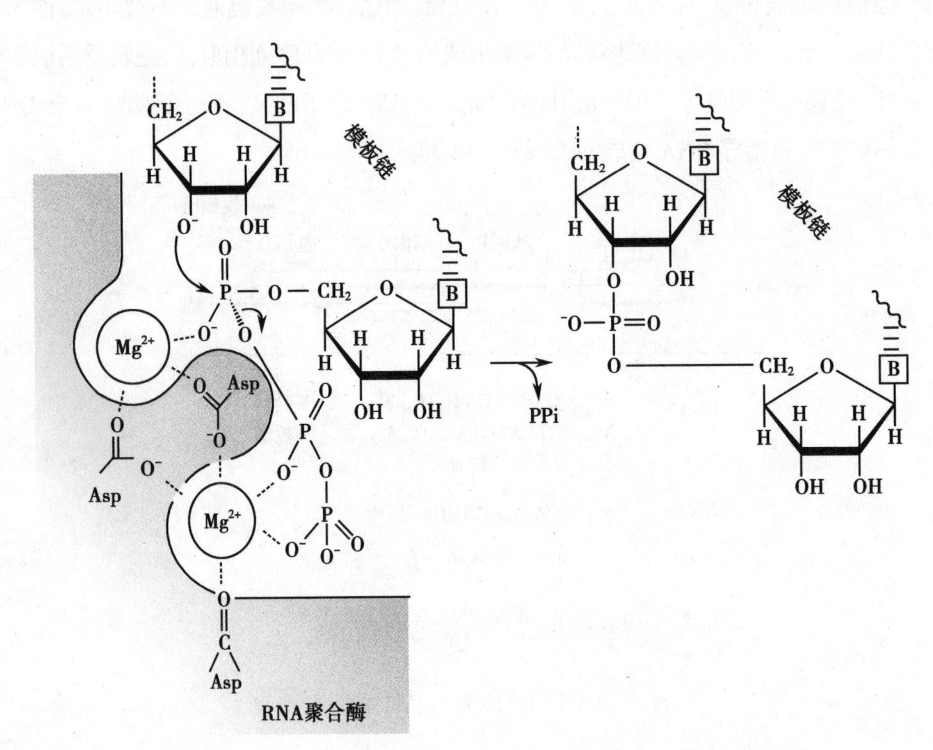

图 13-2 DNA 依赖的 RNA 聚合酶催化 RNA 合成的机制

2. 原核生物 RNA 聚合酶 原核生物只有一种 RNA 聚合酶。目前对大肠埃希菌(*E.coli*)RNA 聚合酶的结构研究较为透彻。大肠埃希菌的 RNA 聚合全酶(holoenzyme)分子量为 480kDa,由 α、β、β′、ω 四种亚基组成的五亚基($\alpha_2\beta\beta'\omega$)核心酶(core enzyme)和 σ 因子组成,还含有两个锌原子,它们与 β′ 亚基相连接。在不同种细菌中,α、β、β′ 亚基大小比较恒定,σ 因子有较大变动,分子量由 32kDa 到 92kDa。1999 年,Darst 及其同事成功结晶嗜热水生菌(*Thermus aquaticus*)的核心酶,对嗜热水生菌 RNA 核心酶 X 晶体衍射图像进行分析,发现 RNA 核心酶形似张开的蟹爪,能够抓牢 DNA。蟹钳由 β 亚基和 β′ 亚基组成,蟹钳的节点处由两个 α 亚基占据,一个 α 亚基连接 β 亚基,另一个 α 亚基连接 β′ 亚基,较小的 ω 亚基位于底部,覆盖于 β′ 亚基的 C 端。在核心酶两个钳之间形成通道，DNA 可以进入通道内，贯穿核心酶的通道还有催化中心和药物结合位点(图 13-3)。核心酶能独立催化模板指导的 RNA 合成，即催化链的延伸，但没有固定的起始位点。σ 因子的作用是结合核心启动子，即识别转录的起始位置，并引导 RNA 聚合酶结合在启动子部位，因此，加入了 σ 因子的 RNA 聚合酶才能在 DNA 的特定起始位点上起始转录。β 亚基与 β′ 亚基能与 DNA 结合，并参与磷酸二酯键形成，且 β′ 亚基的 1 个缬氨酸残基通过插入到 DNA 小沟内阻止 DNA 滑动。对于有上游元件(UP 元件)的启动子，α 亚基的作用是与 UP 元件结合，使聚合酶与启动子紧密结合，实现高水平转录。ω 亚基为 RNA 聚合酶活性及细胞生存非必需，可能在 RNA 聚合酶的组装过程中起作用(表 13-1)。

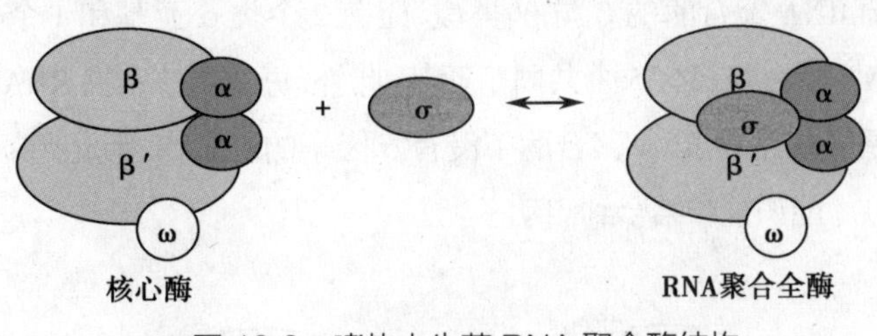

● 图 13-3　嗜热水生菌 RNA 聚合酶结构

表 13-1　大肠埃希菌 RNA 聚合酶组分

亚基	分子量 /kDa	亚基数目	功能
α	40	2	与基因调控序列结合，决定被转录基因的类型和种类
β	150	1	催化磷酸二酯键形成
β′	160	1	结合 DNA 模板，促进解链
ω	10	1	促进 RNA 聚合酶组装
σ	32~92(正常为 70)	1	识别和结合启动子，转录开始后脱离

大肠埃希菌中有许多不同的 RNA 聚合全酶，它们之间的差异是 σ 因子不同。目前已发现多种 σ 因子，一般用分子量命名。不同的 σ 因子识别不同基因的启动子，从而启动不同的基因表达。如最常见的 σ70(分子量 70kDa)可识别大肠埃希菌中大多数基因的启动子，σ32(分子量 32kDa)可识别热激基因(一类随环境温度变化而表达的基因，其表达产物有利于细胞适应环境)的启动子。抗生素利福平可特异性结合 β 亚基，抑制原核细胞 RNA 聚合酶，发挥抗结核菌作用。

3. 真核生物 RNA 聚合酶　真核生物 RNA 聚合酶比原核生物 RNA 聚合酶分子量更大，且更复杂，迄今为止已发现 3 种真核生物 RNA 聚合酶(表 13-2)：① RNA 聚合酶 Ⅰ(RNA-pol Ⅰ)位于核仁区，催化合成 rRNA 前体 45S RNA，经过加工最终形成 28S rRNA、5.8S rRNA 及 18S rRNA。② RNA 聚合酶 Ⅱ(RNA-pol Ⅱ)位于核质，其主要作用是催化合成核不均一 RNA(hnRNA)，经过加工最终形成 mRNA；它还催化合成一些具有基因表达调节作用的非编码 RNA，如长链非编码 RNA(lncRNA)、微 RNA(miRNA)以及与 Piwi 蛋白相互作用 RNA(piRNA)等。③ RNA 聚合酶 Ⅲ(RNA-pol Ⅲ)位于核质，催化合成 tRNA、5S rRNA、核小 RNA(snRNA)。

表 13-2 真核生物的 RNA 聚合酶

类别	胞内定位	转录产物	对 α- 鹅膏蕈碱敏感性
RNA 聚合酶Ⅰ	核仁	45S rRNA	耐受
RNA 聚合酶Ⅱ	核质	hnRNA，lncRNA，miRNA，piRNA	敏感
RNA 聚合酶Ⅲ	核质	tRNA，5S rRNA，snRNA	高浓度下敏感

3 种 RNA 聚合酶由 12~16 个亚基组成，都具有核心亚基，且与大肠埃希菌 RNA 聚合酶的核心酶各亚基间有一定的同源性（图 13-4），其中 2 个大亚基（如 RNA 聚合酶Ⅱ大亚基 RPB_1 和 RPB_2）与大肠埃希菌 RNA 聚合酶的 β 与 β′ 类似，还有 2 个类 α 亚基和 1 个类 ω 亚基。除上述核心亚基外，3 种 RNA 聚合酶都有 5 个共同小亚基，此外，每种真核生物 RNA 聚合酶还各自有数个特有小亚基。但是真核生物 RNA 聚合酶中没有 σ 因子的对应物，因此必须借助各种转录因子（见表 13-3，图 13-11）才能识别和结合到启动子上。

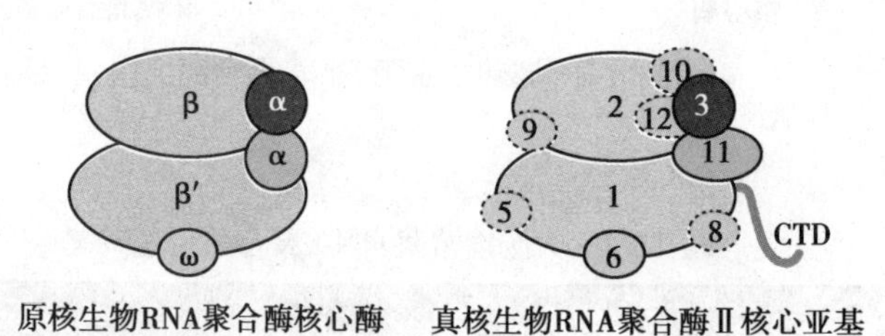

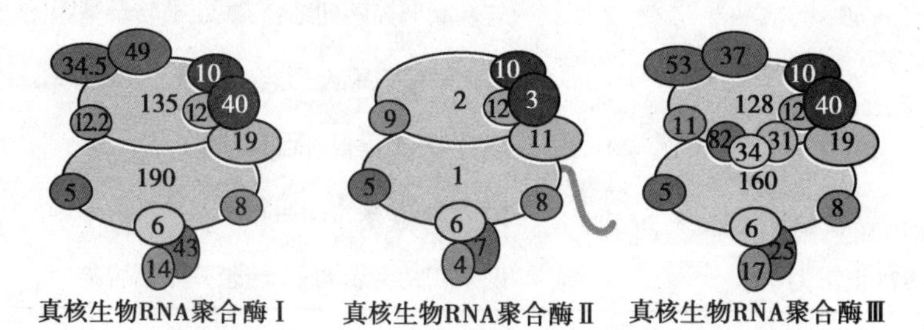

图 13-4 原核生物和真核生物 RNA 聚合酶亚基组成

真核生物 RNA 聚合酶Ⅱ的大亚基 RPB_1 的羧基端含有一段 Try-Ser-Pro-Thr-Ser-Pro-Ser 共有重复序列，称为羧基端结构域（CTD），它是维持细胞活性所必需的。所有真核生物 RNA 聚合酶Ⅱ都含有 CTD 结构，只是共有序列的重复程度不同（如酵母 RNA 聚合酶Ⅱ的 CTD 有 27 个重复共有序列，人类 RNA 聚合酶Ⅱ的 CTD 有 52 个重复共有序列），而 RNA 聚合酶Ⅰ和 RNA 聚合酶Ⅲ没有 CTD 结构。转录启动时 CTD 必须保持去磷酸化状态，当 RNA 聚合酶Ⅱ完成转录，离开启动子时，CTD 必须被磷酸化，为在转录延长阶段发挥作用的蛋白提供识别信号，使转录进入延长阶段。因此，CTD 的可逆磷酸化在真核生物转录起始和延长阶段发挥重要作用。

线粒体有自己的 RNA 聚合酶，催化线粒体中 RNA 的合成，且线粒体 RNA 聚合酶活性能被利福平抑制。因此，线粒体 RNA 聚合酶更类似于原核生物 RNA 聚合酶。

第三节　原核生物 RNA 的生物合成

转录是不连续、分区段进行的。原核生物的每一转录区段视为一个转录单位，称为操纵子(operon)。操纵子包含了 1 个转录起点，若干个结构基因及其调控序列。转录起点(transcription start site，TSS)是转录区的第一个核苷酸，在指导合成 RNA 时最先被转录。通常将转录起点在 DNA 编码链上编为 +1，转录进行的方向为下游，用正数表示，相反方向为上游，用负数表示(图 13-5)。

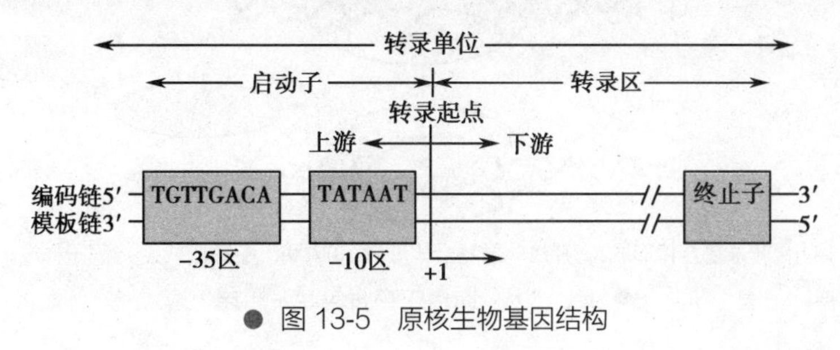

● 图 13-5　原核生物基因结构

一、原核生物的转录起始

转录起始的核心内容为 RNA 聚合全酶识别并结合启动子，并形成转录起始复合物，从而启动 RNA 合成。

1. 原核生物的启动子　原核生物的启动子是位于转录区上游的一段长度为 40~60bp 的 DNA 序列，它能被 RNA 聚合酶识别、结合并启动转录，且具有方向性。启动子序列中有两段高度保守的序列，分别位于 -35 区(Sextama box)和 -10 区(Pribnow box)，且发现这两段区域内 A-T 配对较为集中，DNA 容易解链，表明该区域有利于 RNA 聚合酶结合并启动转录。-35 区的共有序列为 TTGACA，-10 区的共有序列为 TATAAT。-35 与 -10 区相隔 16~18 个核苷酸，-10 区距转录起点 6~7 个核苷酸。比较 RNA 聚合酶结合不同区段的平衡常数发现，RNA 聚合酶在 -10 区结合强度大于 -35 区，推测 RNA 聚合酶在 -35 区识别并结合该序列后向下游滑动，达到 -10 区并形成稳定的 RNA 聚合酶 -DNA 复合物，然后开始转录。因此，-35 区是 RNA 聚合酶转录起始时的识别序列，-10 区是 RNA 聚合酶的结合位点。在某些基因的 -40 区与 -60 区还存在上游启动子元件，是 RNA 聚合酶 α 亚基的识别和结合位点(图 13-4)。

2. 原核生物转录起始过程　起始阶段分为 4 个步骤(图 13-6)。①闭合转录复合体形成：RNA 聚合酶的 σ 因子识别启动子 -35 区，RNA 聚合全酶结合到 -35 区形成松弛的结合物，全酶沿着模板滑动至 -10 区并跨过转录起点，形成相对稳定的结合物。②开放转录复合体形成：解链仅发生在与 RNA 聚合酶结合的部位，DNA 双螺旋解开约 17bp 并形成转录泡，暴露出 DNA 模板链。③磷酸二酯键形成：不需引物，根据模板链的碱基序列，加入第一和第二个核苷酸，通常转录起点生成的 RNA 第一位核苷酸总是 GTP 或 ATP，其中 GTP 更常见。与模板配对的相邻两个核苷酸在 RNA 聚合酶催化下生成磷酸二酯键。④ σ 因子释放：第一个磷酸二酯键生成后，σ 因子脱落，核心酶沿着 DNA 链前移，转录进入延长阶段。

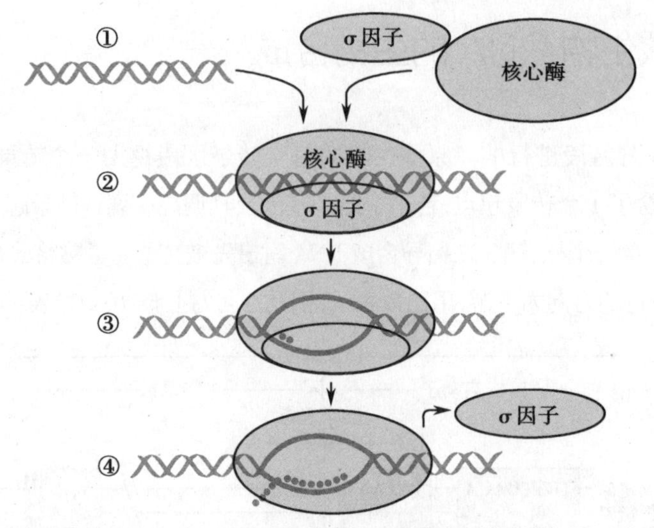

①闭合转录复合体形成；②开放转录复合体形成；③磷酸二酯键形成；④σ因子释放。

● 图 13-6 原核生物转录起始阶段

二、原核生物的转录延长

当第一个磷酸二酯键生成后，转录复合体的构象发生改变，σ 因子脱离 DNA 模板和 RNA 聚合酶，剩下核心酶沿着 DNA 模板链向下游移动，解链区也跟随着移动，新生链不断生长，此时转录进入延长阶段，由核心酶独立催化 RNA 链以 5′→3′ 方向延伸(50~90nt/s)。有证据表明，若 σ 因子不脱落，RNA 聚合酶则停留在起始位置，不继续进行转录。脱落后的 σ 因子可被不同的核心酶再利用。

延伸时，核心酶大约覆盖超过 40bp DNA 区段，在聚合反应局部，前方 DNA 双链不断解链，核心酶移过区段重新结合，延伸过程中解链范围始终保持在 17bp 左右，此时的转录复合物称为转录泡(transcription bubble)(图 13-7)。在解链区局部，NTP 按照碱基互补配对原则与模板链结合，RNA 聚合酶的核心酶催化相邻核苷酸之间磷酸二酯键的形成，从而催化 RNA 链延长。转录产物 3′ 端一小段暂时与模板结合，形成 8bp DNA-RNA 杂合双链，随着 RNA 不断延伸，5′ 端脱离模板链甩出，方便已完成转录的 DNA 模板链与编码链重新恢复双螺旋结构。原因是核酸碱基配对稳定性为 G≡C>A=T>A=U，因此 DNA-DNA 双链稳定性大于 DNA-RNA 双链。原核生物的转录和翻译常常同时进行，保证高效率运行，以满足快速增殖的需要。

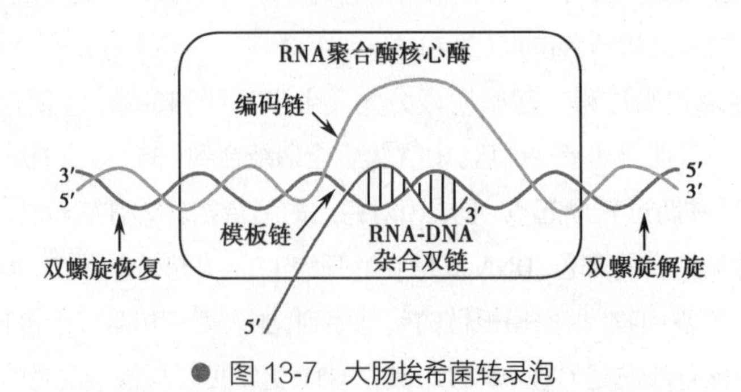

● 图 13-7 大肠埃希菌转录泡

三、原核生物的转录终止

转录终止是指RNA聚合酶核心酶识别转录终止信号后停止转录，RNA释放，转录泡解体。原核生物转录的终止信号称为终止子，是转录区下游的一段DNA序列，当终止子转录后，可使RNA分子形成特殊结构，导致RNA聚合酶停止移动。根据是否需要蛋白质因子参与，原核生物转录终止分为两类。

1. 非依赖ρ因子的转录终止　DNA模板靠近终止区域存在一些特殊序列，使转录出的RNA的3′端形成特殊结构并导致终止（图13-8）。这类基因转录终止子的DNA序列（编码链）特点是：①有一段富含G-C的回文序列，使转录出的RNA产物形成茎环结构。茎环结构削弱RNA与核心酶的结合，促使转录复合物解体。②G-C回文序列后面跟一连串T，使转录出的RNA产物与模板链以弱的A-U对结合，促使RNA从模板上脱落，转录终止。

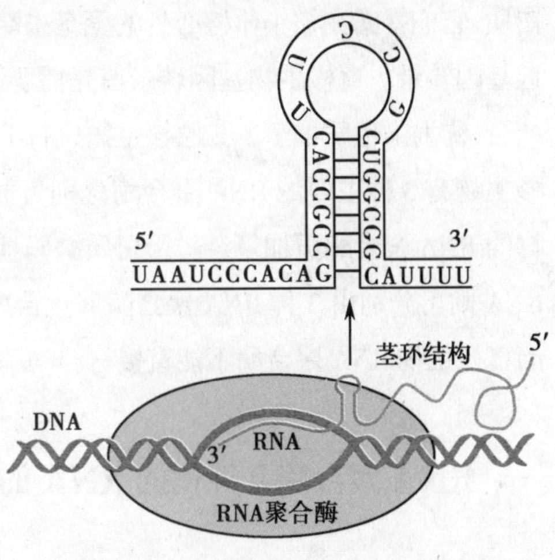

图13-8　大肠埃希菌非依赖ρ因子的转录终止

2. 依赖ρ因子的转录终止　ρ因子是一种同六聚体蛋白，能结合RNA，对poly C的结合力最强，对poly dC/dG组成的DNA结合力弱。它具有依赖RNA的ATP酶活性和依赖ATP的RNA解旋酶活性。由于转录产物RNA的3′端含有较为丰富且有规律的C碱基，可被ρ因子识别并结合，导致转录产物与ρ因子形成RNA环。ρ因子可以使RNA穿过自身的中心孔，聚合酶在终止子处暂停时，转录产物继续穿过ρ因子，ρ因子收紧RNA环，不可逆地捕捉住延伸复合体，导致ρ因子和RNA聚合酶都发生构象变化，从而使RNA聚合酶停止移动，ρ因子使DNA-RNA杂合双链分离，RNA产物释放，转录终止（图13-9）。

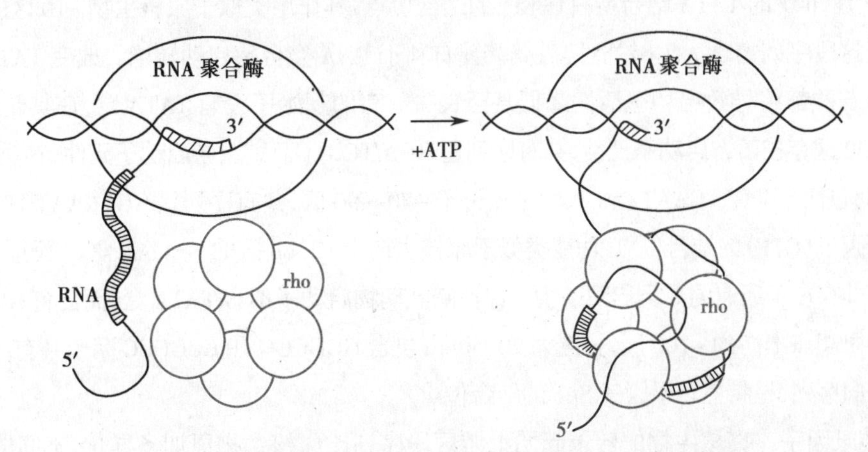

RNA链上条纹线处代表富含C的ρ因子结合区段；ρ因子结合RNA（图右侧部分）发挥其ATP酶及RNA解旋酶活性。

图13-9　依赖ρ因子的转录终止

第四节　真核生物 RNA 的生物合成

真核生物转录的基本过程与原核生物转录相似，也分为起始、延长、终止 3 个阶段，但具体过程和机制更为复杂，两者转录过程主要不同如下：①存在于直径 >30nm 的染色质纤维压缩状态下的 DNA 区段处于非活性状态，不能转录，而结构较松散的常染色质转录活性较高。真核生物的染色质由 DNA、组蛋白、非组蛋白和少量 RNA 及其他物质结合形成核小体结构。组蛋白为碱性蛋白质，它们暴露在核小体核心外的氨基末端，能与包绕其外的 DNA 结合，使基因启动区不暴露，阻遏基因转录。真核生物基因转录首先需要调整染色质结构，以利于染色质 DNA 暴露，与转录因子结合，称为染色质重塑。②原核生物只有 1 种 RNA 聚合酶，催化合成 mRNA、tRNA 和 rRNA，而真核生物有 3 种主要的 RNA 聚合酶分别负责转录不同的 RNA（见表 13-2），它们的结构也比原核生物的 RNA 聚合酶更加复杂。蛋白质编码基因由 RNA 聚合酶Ⅱ转录，不编码蛋白质的其他非编码 RNA 则可分别由 3 种 RNA 聚合酶催化合成。③原核生物 RNA 聚合酶可以直接结合 DNA 模板，而真核生物 RNA 聚合酶不能直接与启动子序列结合，需要辅助因子协助识别和结合启动子。

一、RNA 聚合酶Ⅱ催化的 RNA 的生物合成

1. 真核生物的启动子　真核生物也需要 RNA 聚合酶识别启动子序列并形成转录起始复合物，但真核生物的转录起始上游区段序列比原核生物更加多样化。真核生物基因的启动子可分为 3 种类型，3 种 RNA 聚合酶各识别一类。其中，RNA 聚合酶Ⅱ识别Ⅱ类启动子，催化合成 mRNA 前体 hnRNA。Ⅱ类启动子主要包含两类元件（图 13-10）：①核心启动子元件，其功能是确定转录起点，包括起始子、TATA 盒、下游启动子元件。起始子一般位于 -3~+5 区，包含转录起点，共有序列为 YY$\underline{A}$NT/AYY（$\underline{A}$ 为转录起点）。TATA 盒一般位于 -25~-30 区，共有序列为 TATAAAA，是转录因子 TFⅡD 的 TATA 结合蛋白（TBP）的结合位点，其作用类似于原核生物 -10 区的 Pribnow 盒。由于这段序列富含 A-T 碱基对容易解链，有利于 RNA 聚合酶启动转录。改变 TATA 盒的任何一个核苷酸都将导致启动子活性降低甚至丧失。有的起始子没有 TATA 盒，在其转录起点下游 +28~+32 区存在下游启动子元件，共有序列是 RGA/TCGTG。②上游启动子元件，其功能是控制转录效率，包括 GC 盒、CAAT 盒。CAAT 盒位于 -70~-90 区，共有序列是 GGYCAATCT，是 CAAT 结合转录因子（CTF）的结合位点，功能类似于原核生物中 -35bp 区的 Sextama 盒。不过，这些启动子元件并非存在于所有的Ⅱ类启动子中。许多哺乳动物启动子不含 TATA 盒，而含有 GC 盒，它一般位于转录起点上游约 -100 区，长度为 20~50bp，包含 GGGCGG 和 CCGCCC 两个共有序列，它们也互为反向序列，是特性转录因子 Sp1 的结合位点。

2. 转录因子　真核生物的转录起始上游区段序列比原核生物更加多样化，不同的物种、细胞或基因的转录起始点上游具有不同的特异 DNA 序列，包括启动子、增强子等，称为顺式作用元件。能直接或间接识别和结合顺式作用元件的蛋白质属于转录因子，其中为转录起始复合体装配所必需，能直接或间接结合 RNA 聚合酶的蛋白称为通用转录因子。真核生物的 3 种 RNA 聚合酶

都不能单独转录基因，都需要转录因子协助，且各自有不同的转录因子，与 RNA 聚合酶Ⅰ/Ⅱ/Ⅲ对应的转录因子分别是 TF Ⅰ/Ⅱ/Ⅲ。转录因子和 RNA 聚合酶之间的关系类似于原核生物 RNA 聚合酶的 σ 因子与核心酶之间的关系。RNA 聚合酶需要多种转录因子，其中一些是转录任何基因都必需的，称为通用转录因子。除个别的通用转录因子，如协助 RNA 聚合酶Ⅱ转录 mRNA 的 TF ⅡA、TF ⅡB、TF ⅡD、TF ⅡE、TF ⅡF、TF ⅡH，其他大多数 TF 都是不同 RNA 聚合酶所特有。

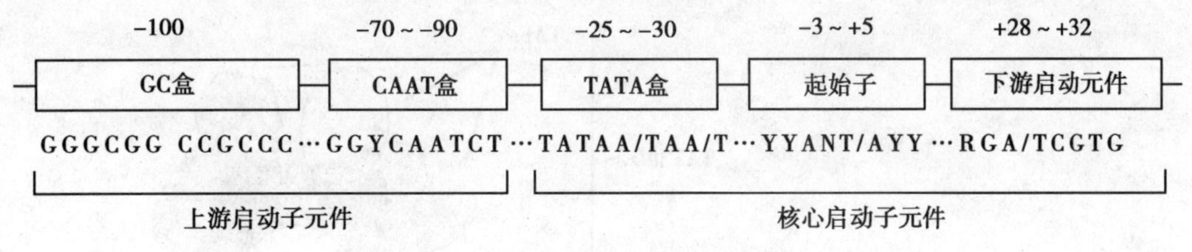

● 图 13-10 真核生物Ⅱ类启动子

RNA 聚合酶Ⅱ的转录因子有多种，各有不同作用（表 13-3）。TF ⅡD 是唯一能识别并结合 TATA 盒的转录因子，TF ⅡD 还可以与 RNA 聚合酶Ⅱ的 CTD 结构相互作用，从而引导 RNA 聚合酶Ⅱ定位于转录起点（图 13-11）。它不是一种单一蛋白，其结构中包括 TATA 结合蛋白（TBP）和 TBP 相关因子（TAFs）两部分：TBP 负责识别 TATA 盒，并结合于 DNA 的小沟，使 DNA 弯曲约 80°，有助于解链；TAFs 具有特异性，作用于Ⅱ类启动子的称为 TAF Ⅱ，含有不同 TAF Ⅱ的 TF ⅡD 可以识别不同的启动子。TAFs 可以作为激活蛋白的作用靶点，通过与激活蛋白相互作用，造成转录起始复合物上蛋白因子活化或者抑制，从而调节转录水平，TAFs 还有与核心启动子元件及其他转录因子结合等作用。TF ⅡF 可以与 RNA 聚合酶Ⅱ形成复合物，在延伸阶段，大部分转录起始因子离去，只保留 TF ⅡF 和一些延伸因子。

表 13-3 人 RNA 聚合酶Ⅱ的通用转录因子

转录因子	功能
TF ⅡA	结合并激活 TBP，稳定 TF ⅡD 与 TATA 盒的结合
TF ⅡB	与 TF ⅡD-TF ⅡA 形成复合物，协助 RNA 聚合酶结合启动子
TF ⅡD	是 TBP 亚基和 TAF 形成的复合物，TBP 可识别并结合 TATA 盒
TF ⅡE	结合并激活 TF ⅡH；结合在 RNA 聚合酶Ⅱ前部，使复合体保护区延伸到下游
TF ⅡF	协助 TF ⅡB，促进 RNA 聚合酶结合启动子，促进转录延长
TF ⅡH	解旋酶；作为蛋白激酶催化 CTD 磷酸化

3. 真核生物 mRNA 转录起始　以启动子含 TATA 盒的基因为例，起始过程包括 4 个步骤（图 13-12）。①转录因子协助 RNA 聚合酶组装闭合转录复合体：TF ⅡD 中的 TBP 识别 TATA 盒，在 TAFs 协助下结合到启动子，然后以 TF ⅡA、TF ⅡB、TF ⅡF-RNA 聚合酶Ⅱ、TF ⅡE、TF ⅡH 的顺序依次结合，闭合转录复合体装配完成。TBP 与 TATA 盒的结合有 3 个作用：引起该处 DNA 构象改变并初步解旋；使 DNA 构象更适合于其他转录因子和 RNA 聚合酶Ⅱ结合；两者结合引起双链一定程度弯曲，使分别位于 TATA 盒上、下游的调控区与转录起点相互靠近，便于激活转

录。②TF ⅡH 使 DNA 解旋形成开放转录复合体:TF ⅡH 具有解旋酶活性,使 DNA 双螺旋解开 11~15bp 并形成转录泡,暴露出 DNA 模板链。③启动 RNA 合成:TF ⅡH 具有激酶活性,它能催化 RNA 聚合酶Ⅱ的大亚基 RPB1 的羧基末端结构域 CTD 磷酸化,磷酸化 CTD 尾巴帮助聚合酶摆脱转录时所用的大部分通用转录因子,并使 RNA 聚合酶Ⅱ构象改变,顺着模板链向下游移动,启动 RNA 合成。④转录因子释放:当合成 60~70nt RNA 片段后,TF ⅡE、TF ⅡH 释放,转录进入延长阶段,此后大多数 TF 会脱离转录起始复合体。

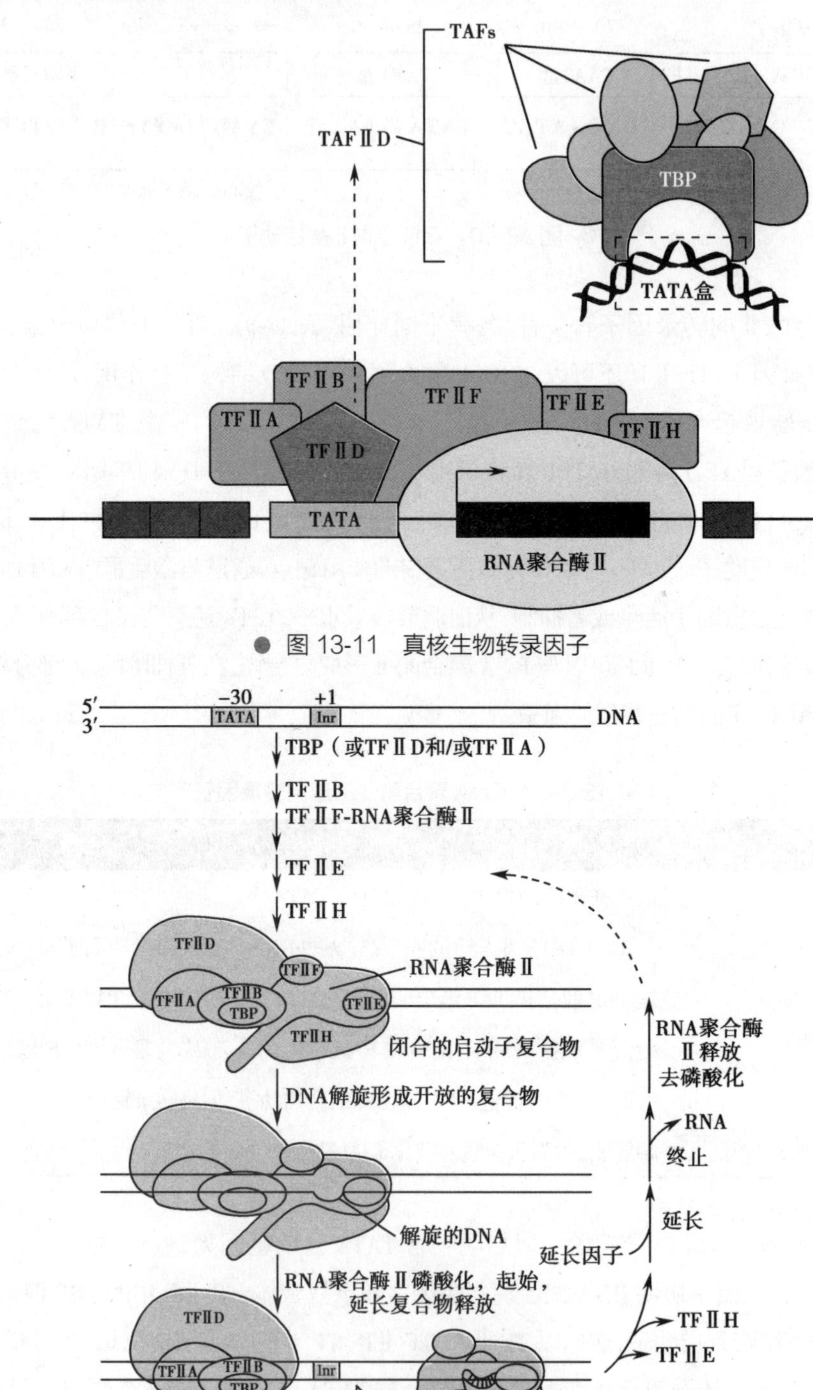

● 图 13-11　真核生物转录因子

● 图 13-12　真核生物 RNA 聚合酶Ⅱ催化转录过程

4. 真核生物 mRNA 的转录延长　真核生物 mRNA 转录延长机制与原核生物转录延长机制基本相同，但不同的是，真核生物基因组 DNA 与组蛋白组成核小体高级结构，在转录过程中可能发生核小体的解聚和重新装配；TF ⅡF 始终与转录复合物结合，同时有延长因子参与；真核生物转录延长速度比原核生物慢（10nt/s）；因为有核膜相隔，转录延长过程中没有转录与翻译同时进行的现象。

5. 真核生物 mRNA 的转录终止　真核生物 mRNA 转录终止与原核生物的不同之处在于，RNA 聚合酶Ⅱ催化的转录没有特别明确的终止信号，转录完最后一个外显子后，RNA 聚合酶Ⅱ继续向下游转录 0.5~2kb，转录终止和修饰同步进行且密切相关。真核生物 mRNA 转录终止包括以下过程（图 13-13）：①在编码序列下游有一个共同序列 AAUAAA（加尾信号），其下游还有很多 GU 序列，这些序列与转录终止和修饰相关，被称为修饰点。RNA 聚合酶Ⅱ催化转录到修饰点后不会停止，而是继续转录。②由核酸酶、poly A 聚合酶、加尾信号识别蛋白等组成的加尾多酶复合体与加尾信号结合。③转录产物中修饰点对应的序列会被核酸酶切断，mRNA 前体释放。④ RNA 聚合酶Ⅱ从 DNA 模板上脱离，其大亚基 RPB1 的羧基末端结构域 CTD 去磷酸化，之后回到启动子位点，进入新循环。⑤由 poly A 聚合酶在转录产物断口的 3′-OH 端加尾。断口下游 RNA 继续转录，但很快被 RNA 酶降解，而经过加尾修饰的 mRNA 不被降解。

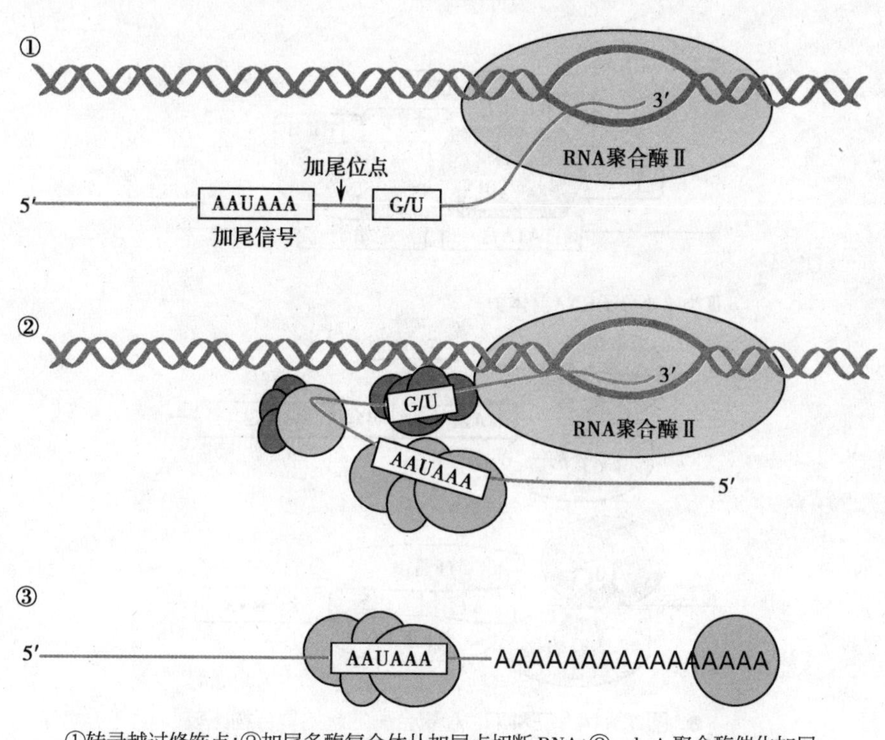

①转录越过修饰点；②加尾多酶复合体从加尾点切断 RNA；③ poly A 聚合酶催化加尾。

图 13-13　真核生物 mRNA 的转录终止与加尾

二、RNA 聚合酶Ⅰ催化的 RNA 的生物合成

RNA 聚合酶Ⅰ识别Ⅰ类启动子，催化合成核糖体的 18S、28S 和 5.8S rRNA 前体 45S rRNA。

而核糖体的另一组分 5S rRNA 则来源于 RNA 聚合酶Ⅲ催化合成的单独转录产物。生物体内含有Ⅰ类启动子的基因有许多拷贝且成簇出现，每个拷贝都有相同序列和相同启动子(物种间有差异)。人类 rRNA 基因的启动子主要包括两类元件：①核心元件位于 -45~+20，富含 GC 碱基对，转录起始效率低。②上游调控元件位于 -156~-107，富含 GC 碱基对，能增强转录起始。两者空间距离对于起始效率很重要。

RNA 聚合酶Ⅰ的转录因子有两类：①核心结合因子，在人类中称为选择性因子 1(SL1)，它包括 TATA 结合蛋白(TBP)和 TBP 相关因子(TAFs)两部分，作用是募集 RNA 聚合酶Ⅰ到启动子上；②上游启动子元件结合因子，在哺乳动物中称上游结合因子(UBF)，作用是通过使 DNA 剧烈弯曲，将 SL1 结合到核心启动子上。

转录起始时，先由 UBF 与核心元件及上游调控元件中富含 GC 的序列结合，使两者靠拢，然后 SL1 加入并与 UBF 结合，随后 SL1 中的 TBP 招募 RNA 聚合酶Ⅰ，起始转录(图 13-14)。

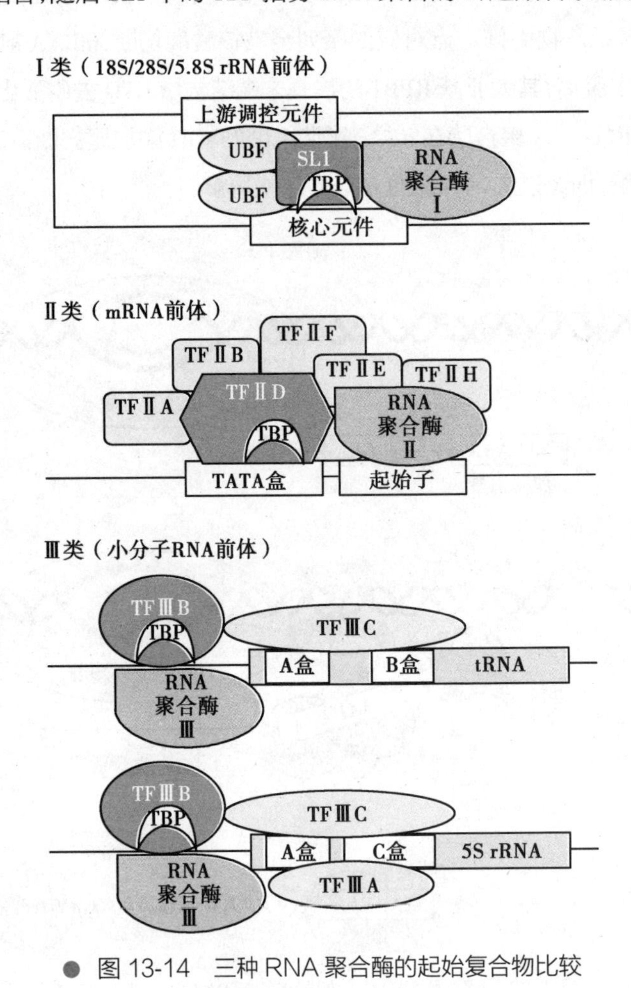

● 图 13-14　三种 RNA 聚合酶的起始复合物比较

三、RNA 聚合酶Ⅲ催化的 RNA 的生物合成

RNA 聚合酶Ⅲ识别Ⅲ类启动子，催化合成多种小分子 RNA 的基因，如 5S rRNA 和 tRNA 等。5S rRNA 和 tRNA 基因的启动子比较特殊，位于起始位点的下游转录区内，因此也称为下游启动子

(down stream promoter)或基因内启动子(intragenenic promoter),或称为内部控制区(internal control region)。目前发现两种类型的内部启动子:Ⅰ型内部启动子含有A盒、短的中间元件和C盒。而Ⅱ型内部启动子含有A盒和B盒,且两者之间的距离较宽。

目前为止发现的RNA聚合酶Ⅲ的转录因子有3种。TF ⅢA是一种锌指蛋白,结合于Ⅰ型内部启动子的C盒,参与启动5s rRNA基因转录。TF ⅢB、TF ⅢC参与RNA聚合酶Ⅲ的所有转录。TF Ⅲ含有TBP,能识别和结合特异DNA序列,协助RNA聚合酶Ⅲ和Ⅲ类启动子结合,功能类似于原核的σ因子。TF ⅢC是一种大分子蛋白复合物,分为两个功能域τA和τB,τA结合A盒,起启动子的作用,τB结合Ⅱ型内部启动子的B盒,起增强子的作用。TF ⅢB是pol Ⅲ所必需的起始因子,TF ⅢA和TF ⅢC是装配因子,它们的作用是辅助TF ⅢB结合到正确的位置上。

tRNA基因转录起始时,先由TF ⅢC识别并结合B盒,同时延伸到A盒,使TF ⅢB结合在转录起点的近上游并招募RNA聚合酶Ⅲ。这样就解释了下游启动子如何使聚合酶结合到上游位点。5S rRNA基因转录起始时,TF ⅢA识别并结合A盒,然后促使TF ⅢC结合,使TF ⅢB结合在转录起点的周围并招募RNA聚合酶Ⅲ(图13-14)。

第五节　真核生物转录后加工

原核生物的mRNA一经转录立刻进行翻译(除少数例外),一般不进行转录后加工,除此之外,其他转录生成的RNA均是初级转录产物,分子量大且不具有生物学活性。因此,无论原核生物(除原核生物mRNA外)还是真核生物的初级转录产物,都需要经过后加工才能成为有活性的RNA。真核生物有完整的细胞核,转录和翻译存在时区隔离;真核生物的基因是断裂基因,外显子和内含子都被转录,转录后需要进行剪接并连接编码序列;甚至同一种真核生物mRNA前体通过不同的加工方式可以得到不同mRNA,表达出不同的蛋白质。因此,对于真核生物,转录后加工尤为重要。

一、真核生物mRNA的转录后加工

RNA聚合酶Ⅱ催化转录产生的前体mRNA分子量极大,在核内加工过程中形成分子大小不等的中间体,又称为核不均一RNA(hnRNA),其平均长度是成熟mRNA的4~5倍(人类则高达10倍),且半衰期很短,为几分钟至1小时左右,需要在细胞核中进行5′端和3′端修饰以及剪接才能成为成熟的mRNA,被转运到核糖体指导翻译蛋白质。目前认为,mRNA的转录后加工其实是与转录同步进行的。

1. 5′端加帽　真核生物mRNA的5′端有一个7-甲基鸟苷帽(7-metylguanosine cap,m^7G)(图13-15),5′端加帽是最早进行的加工行为,它发生于转录起始阶段,催化加帽的酶结合在RNA聚合酶Ⅱ的大亚基PRB_1的羧基端结构域上。当RNA聚合酶Ⅱ催化合成新生前体mRNA长度达25~30nt时,新生前体mRNA 5′端的5′-核苷二磷酸(5′-NDP)与1分子5′-7-甲基鸟苷一磷酸(5′-m^7GMP)通过不常见的5′,5′-焦磷酸键相连,形成mRNA的5′帽结构。

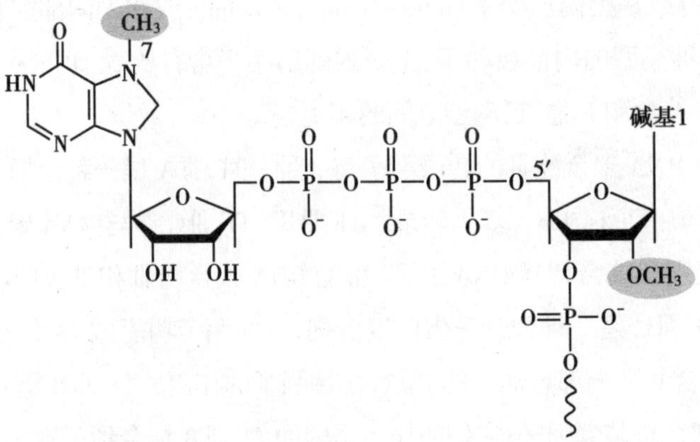

● 图 13-15 真核生物 mRNA 的 5′ 帽结构

目前已发现 3 种 5′ 帽结构，3 种 5′ 帽结构的甲基化程度不同（表 13-4）。当鸟嘌呤第 7 位碳原子被甲基化形成 m^7G-ppp-N-p-N 时，此时的帽子称为帽子 0，多存在于单细胞。当转录本的第一个核苷酸的 2′-*O* 位也甲基化形成 m^7G-ppp-$m^{2'}$N-p-N，称为帽子 1，这种形式最普遍。如果转录本的第一、二个核苷酸的 2′-*O* 位均甲基化，成为 m^7G-ppp-$m^{2'}$N-p-$m^{2'}$N，称为帽子 2，此结构占 10%~15%。真核生物帽子结构的复杂程度与生物进化程度关系密切。

表 13-4 真核生物 mRNA 的 5′ 帽结构

种类	结构	加帽场所	存在部位
0	m^7G-ppp-N-p-N	细胞核	酵母，某些病毒
1	m^7G-ppp-$m^{2'}$N-p-N	细胞核	各种生物，某些病毒
2	m^7G-ppp-$m^{2'}$N-p-$m^{2'}$N	细胞质	脊椎动物

真核生物 mRNA 加帽过程（图 13-16）：① RNA 三磷酸酶催化新生 RNA 的 5′ 端最后一个核苷酸的 γ- 磷酸水解，形成焦磷酸。②在鸟苷酸转移酶催化下，1 分子 GTP 的 GMP 连接到 RNA 的焦磷酸上，形成 5′，5′- 三磷酸结构。③ mRNA（鸟嘌呤 -7）甲基转移酶将 *S*- 腺苷甲硫氨酸（SAM）的甲基转移到末端鸟嘌呤 7-N。mRNA（核苷 -2′）甲基转移酶再从 *S*- 腺苷甲硫氨酸分子上将甲基转移到转录本的第一个或第一、二个核苷酸的核糖 2′-OH 位。

5′ 帽结构的功能：①可保护 mRNA 免遭 5′→3′ 核酸外切酶的攻击，增加 mRNA 的稳定性；②可结合帽结合复合体（CBC）促进转录的延伸、剪接、3′ 端加工等过程；③参与 mRNA 向细胞核外转运；④是帽结合蛋白的识别位点，有利于核糖体识别并结合 mRNA，提高 mRNA 的翻译效率。

2. 3′ 端加尾　真核生物 mRNA 3′ 端都有多聚腺苷酸序列，一般长 80~250nt（长度随 mRNA 寿命而缩短，翻译活性随之下降），称为 poly（A）尾。但也有例外，如组蛋白、呼肠孤病毒、一些植物病毒的 mRNA 没有 poly（A）尾。一般认为 3′ 加尾修饰是和转录终止同时进行的，早于剪接修饰。poly（A）尾并非由 DNA 模板编码，而是转录后的前 mRNA 以 ATP 为前体，由 ploy（A）聚合酶（PAP）催化聚合到 3′ 末端。转录生成的前体 mRNA 的 3′ 端比成熟 mRNA 的 3′ 端长，实际上，RNA 聚合酶Ⅱ转录到加尾位点后，继续向下游转录 0.5~2kb，需要切除前体 mRNA 3′ 端的一些核苷酸，然后再由 PAP 催化生成 poly(A)尾。

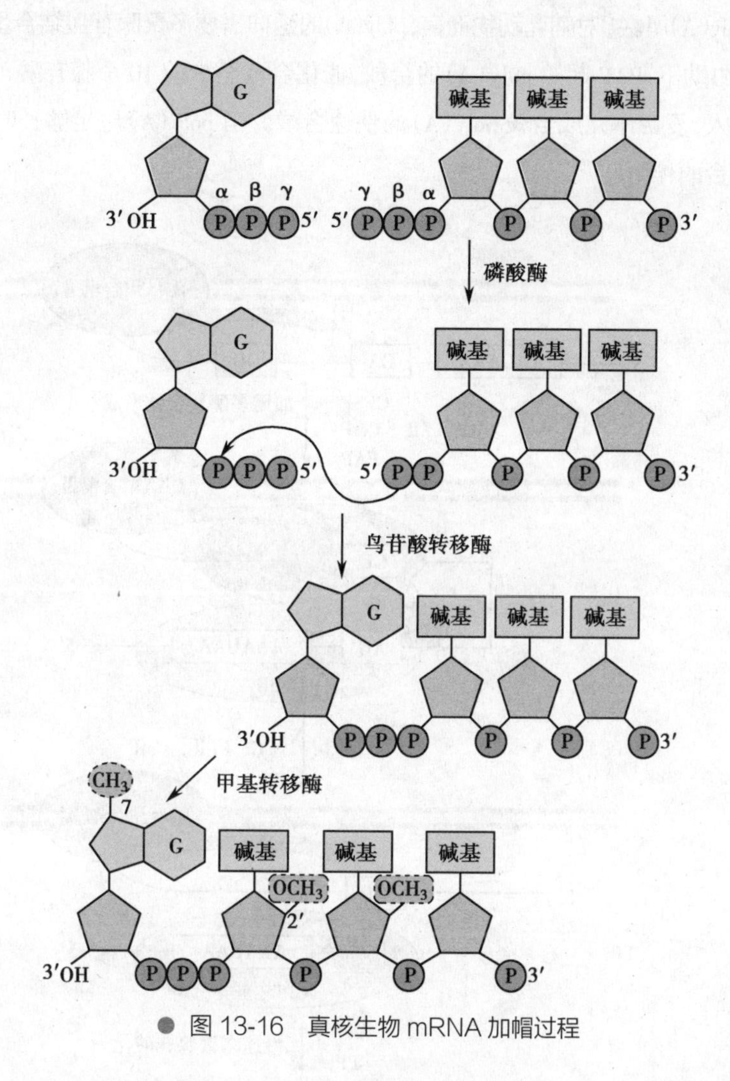

● 图 13-16　真核生物 mRNA 加帽过程

哺乳动物加尾信号组成：前体 mRNA 上的断裂点也是加尾的起点。碱基断裂顺序为 A>U>C>G，大多数前体 mRNA 断裂位点通常是 A，断裂点前一个碱基通常为 C，因此，CA 断裂位点称为 poly(A)位点。断裂点上游 10~30nt 有高度保守的 poly(A)信号 AAUAAA 序列，下游 20~40nt 有富含 G 和 U 的序列，是保守性差的 poly(A)信号。

在多聚腺苷酸化前，哺乳动物前体 mRNA 剪切涉及多种蛋白因子参与。剪切和多聚腺苷酸化特异性因子(CPSF)能识别并结合 AAUAAA 信号。剪切激活因子(CstF)可与 G/U 区结合。CPSF 和 CstF 结合到断裂位点的两侧。剪切反应必须有剪切因子Ⅰ(CF Ⅰ)和剪切因子Ⅱ(CF Ⅱ)参与。由于剪切和多聚腺苷酸化偶联非常紧密，poly(A)很有可能也是剪切所必需。此外，RNA 聚合酶Ⅱ的 CTD 结构可能也以某种方式参与了剪切。

前体 mRNA 的分子断裂和 poly(A)尾形成过程十分复杂，主要步骤有(图 13-17)：① CPSF 与 AAUAAA 序列形成不稳定复合物。CstF、CF Ⅰ和 CF Ⅱ结合到 CPSF-RNA 复合体的 GU 和 U 富集区，形成稳定的加尾多酶复合体。多聚腺苷酸聚合酶(PAP)加入到加尾多酶复合体。②在 RNA 聚合酶Ⅱ的 CTD 激发下，在断裂点下发生剪切，CstF、CF Ⅰ和 CF Ⅱ离开复合体。③ PAP 和与

AAUAAA 结合的 CPSF 一起参与了多聚腺苷酸化的起始。PAP 以 ATP 为原料，在新生 mRNA 3′端合成 80~250nt poly(A)尾。④对哺乳动物而言，poly(A)的延伸需要多聚腺苷酸结合蛋白Ⅱ(PABP Ⅱ)参与。在 CPSF 协助下，PAP 起始 poly(A)的合成，催化合成至少前 10 个腺苷酸，合成速度较慢，随后 PABP Ⅱ加入，复合体完成全长 poly(A)的快速合成。当 poly(A)尾足够长时，PABP Ⅱ可终止多聚腺苷酸聚合酶作用。

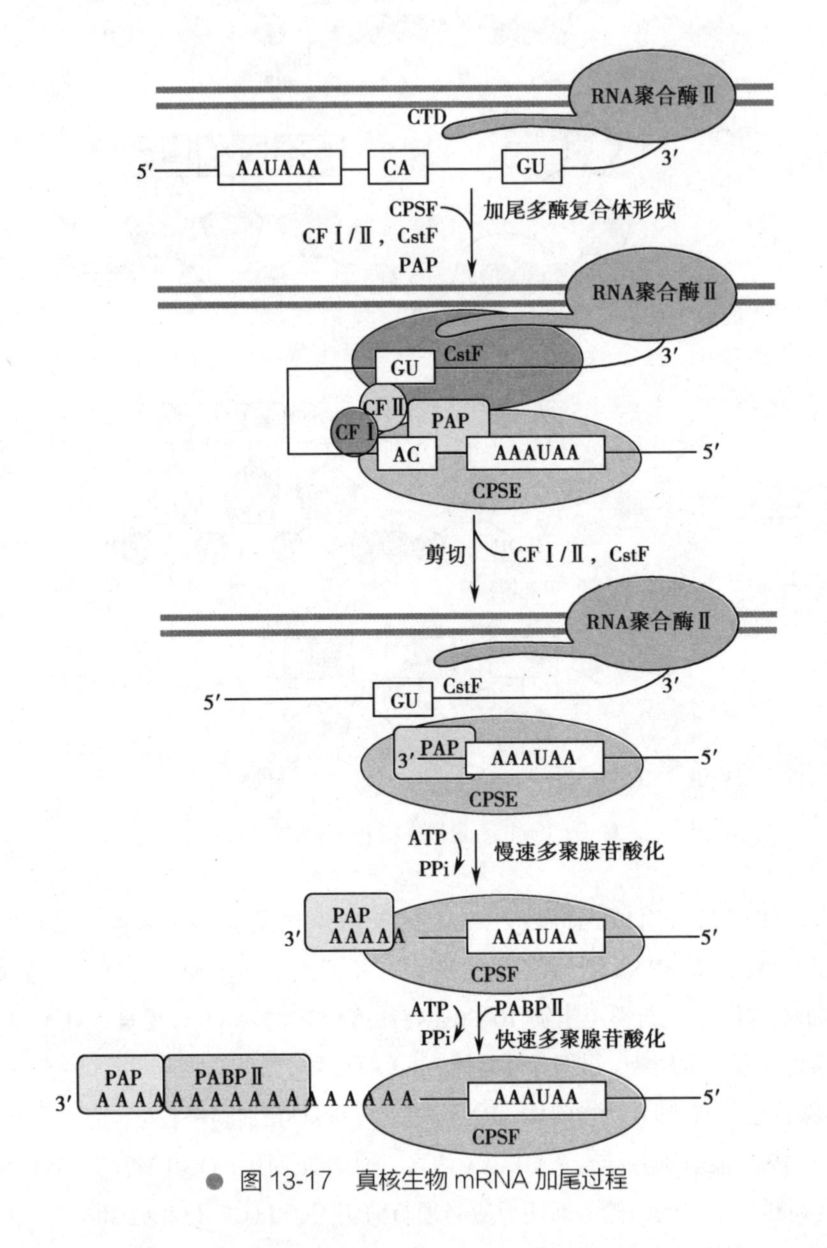

图 13-17　真核生物 mRNA 加尾过程

3′端 poly(A)尾的功能：①受到酸结合蛋白(PABP)的保护，抗 3′→5′核酸外切酶的攻击，增加 mRNA 的稳定性；②poly(A)与出核受体复合物(TREX)结合，引导 mRNA 从细胞核到细胞质的转运；③poly(A)辅助募集 mRNA 到核糖体上，增强翻译。

3. Ⅲ类内含子剪接　真核生物的基因是编码区和非编码区相互隔开而形成的断裂基因，细胞核内出现的初级转录产物 hnRNA 的分子量往往比细胞质中出现的成熟 mRNA 大几倍至数十倍，需要去除内含子序列，将外显子序列连接为成熟的、有功能的 mRNA，这个过程称为剪接。

RNA 的剪接必须十分精确，一个核苷酸的错位可能剪接位点后整个阅读框移位，编码出完全不同的核苷酸序列。根据内含子的剪接方式，可将内含子分为 4 类(表 13-5)。

表 13-5　内含子分类

类型	剪接方式	分布
Ⅰ类内含子	自我剪接，需要 GMP、CDP 或 GTP	某些原生动物(如四膜虫)rRNA 基因 / 某些细菌 tRNA 基因等
Ⅱ类内含子	自我剪接	某些真核生物线粒体 / 叶绿体基因
Ⅲ类内含子	剪接体剪接	mRNA 基因
Ⅳ类内含子	内切核酸酶、tRNA 剪接酶复合体剪接	某些真核生物 tRNA 基因

真核生物 mRNA 前体 hnRNA 含有数目巨大的Ⅲ类内含子。Ⅲ类内含子含 3 段保守序列(图 13-18)：①大多数内含子都以 GU 为 5′ 端的起始，称为 5′ 剪接位点或剪接供体位点，能与剪接体中的核内小核糖核蛋白 U_1 结合。②3′ 端以 AG 为结尾，称为 3′ 剪接位点或剪接受体位点。5′-GU…AG-OH-3′ 称为剪接接口或剪接部位。③ 3′ 剪接位点上游 20~50nt 处能与剪接体中的核内小核糖核蛋白 U_2 结合，该序列中有特定的 A，并未形成碱基对，称为分支点。

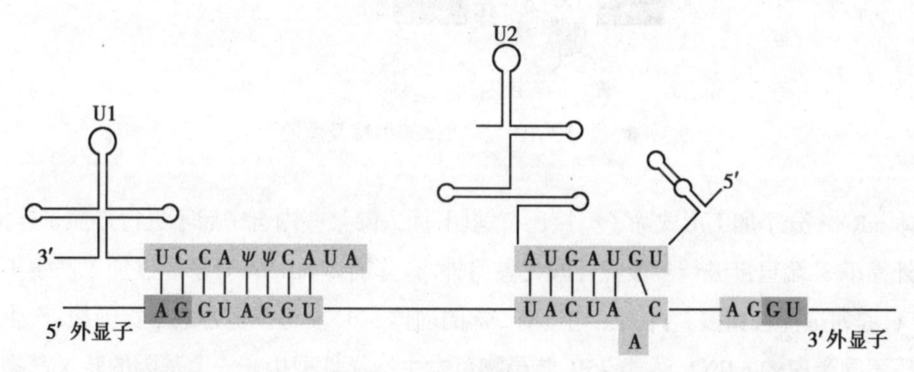

● 图 13-18　U_1、U_2 分别与 5′ 剪接位点、分支点附近序列特异性结合

Ⅲ类内含子需通过剪接体进行剪接。剪接体(spliceosome)是由核内小核糖核蛋白(snRNP)与数百种其他剪接因子组装于Ⅲ类内含子上形成的复合体。snRNP 是含核内小 RNA(snRNA)的蛋白，参与组装的 snRNA 一共 5 种，富含尿嘧啶，命名为 U_1、U_2、U_4、U_5、U_6。U_1 与 hnRNA 内含子 5′ 剪接位点处的序列互补。U_2 含有与分支点互补的序列。U_5 可识别和结合两外显子的剪接点。U_4 与 U_6 往往结合在同一核糖蛋白颗粒中，U_6 活性受到 U_4 封闭，U_4 离开后，U_6 可以与 U_2 碱基配对并催化两次转酯反应，使外显子连接。真核生物 snRNP 中 RNA 和蛋白质都高度保守。在内含子剪接过程中，snRNP 结合到 hnRNA 上，拉近上、下游外显子并使内含子形成套索形式切除。

剪接体的组装及剪接过程为(图 13-19)：① U_1snRNP 5′ 端序列结合于内含子 5′ 剪接位点，U_2snRNP 结合于分支点。② U_4/U_6snRNP、U_5snRNP 依次结合，组装成无活性剪接体，此时内含子上、下游外显子互相靠近，整体弯曲成套索状。③剪接体释放 U_1snRNP、U_4snRNP，U_2snRNP、U_5snRNP、

U_6snRNP 组成活性剪接体。④内含子分支点的 A 的 2′-OH 攻击 5′ 剪接位点 G 的 5′ 磷酸基并形成磷酸二酯键，导致 AGU 环化，内含子上游的外显子 3′-OH 游离，形成断口。⑤ U_5snRNP 介导上游外显子 3′-OH 接近、攻击下游外显子 5′ 磷酸基并形成磷酸二酯键，将环化内含子切除。

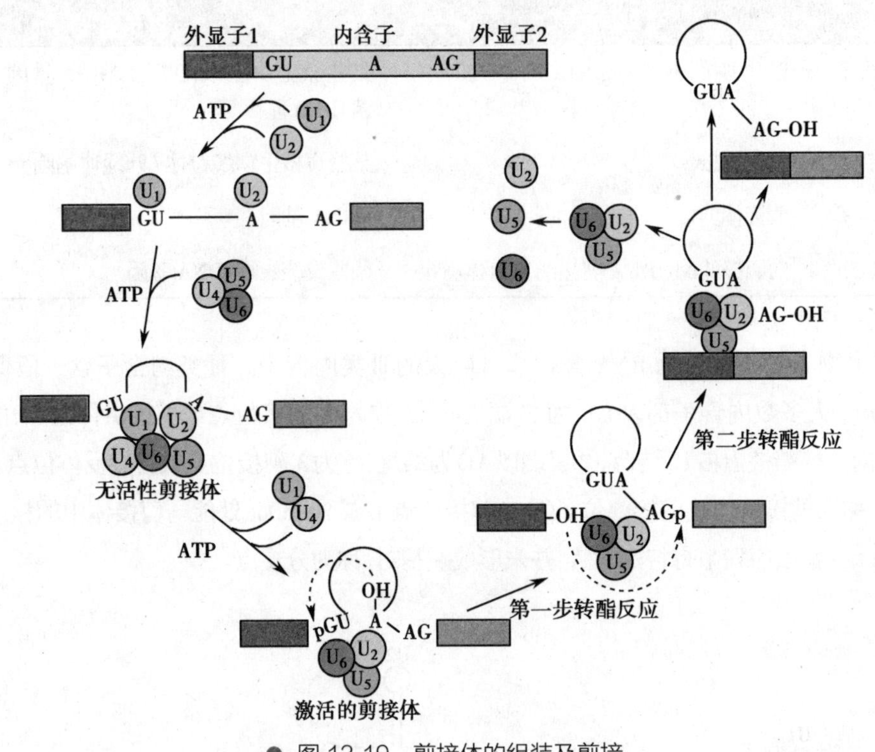

● 图 13-19　剪接体的组装及剪接

前体 mRNA 分子加工形式除了剪接还有剪切，即去除某些内含子后不进行外显子连接，而是在上游外显子 3′ 端直接进行多聚腺苷酸化。另外，有些前体 mRNA 分子经过加工产生不同的成熟 mRNA，称为选择性剪接。真核生物约有 5% 的前体 mRNA 可按多方式进行剪接，产生两条或多条编码不同蛋白的 mRNA，人类 75% 转录物可发生选择性剪接。一个基因的转录产物在不同发育阶段和不同生理状态下，通过选择性剪接可以得到不同的 mRNA 和翻译产物。这种方式提高了有限基因的利用度，使生物能更好地适应环境（图 13-20）。例如，同一种 mRNA 前体，在甲状腺选择性剪接后编码为降钙素，而在脑中选择性剪接后编码为降钙素基因相关肽。肌钙蛋白可以有 64 个蛋白质同源体。

4. mRNA 编辑　转录后加工时，通过非剪接方式改变 RNA 编码区序列，使 1 个基因可以编码不同蛋白质。如人载脂蛋白 ApoB100（4 536AA）和 ApoB48（2 152AA）都由 *APOB* 基因编码，但在肝细胞中加工并合成 ApoB100，在小肠细胞中加工并合成 ApoB48，是因为只存在小肠的一种胞嘧啶脱氨酶与初级转录产物的 2 153 号密码子 CAA 结合，催化胞嘧啶脱去氨基称为尿嘧啶，使编码谷氨酰胺的密码子 CAA 变为终止密码子 UAA，改变合成产物。

5. 修饰　除了 mRNA 5′ 帽结构中 1~3 个核苷酸甲基化外，5′ 非翻译区 1~2 个 N^6- 甲基腺嘌呤也很常见，作用有待阐明。

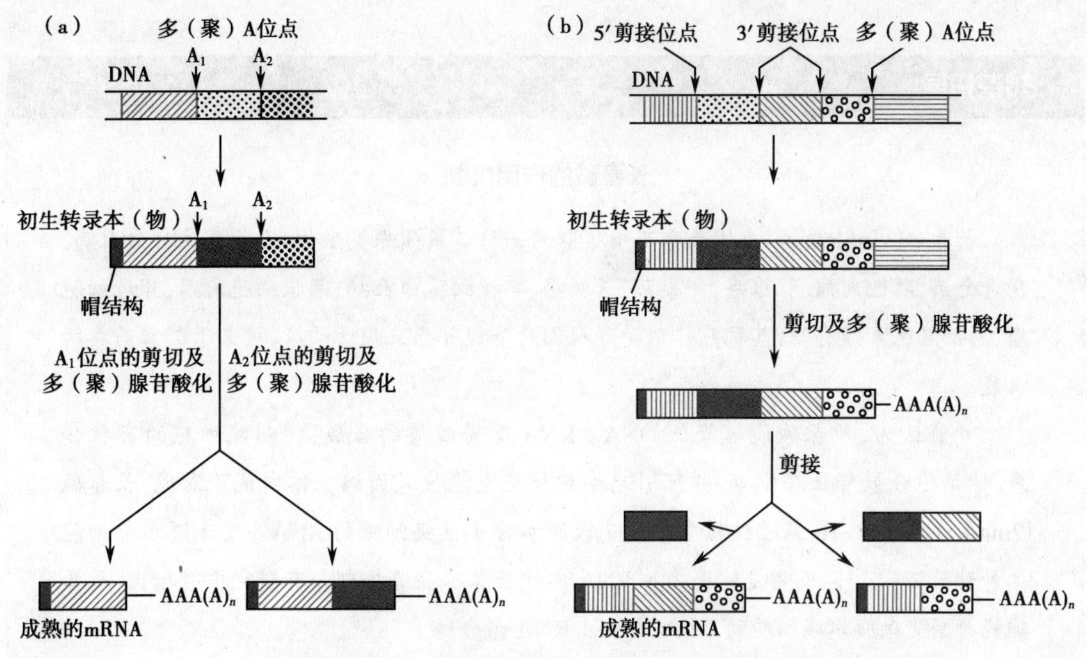

● 图 13-20　真核生物前体 mRNA 的选择性剪接

(a)剪切　(b)选择性剪切

二、真核生物 tRNA 和 rRNA 的转录后加工

真核生物大多数细胞有 40~50 种 tRNA 分子，转录后加工包括 4 个步骤：①在核糖核酸酶 P（RNase P）的作用下，切除 5′端 16 个核苷酸前导序列；②由核糖核酸酶 D（RNase D）从 3′端切除 2 个 U，再由转移酶加上 CCA 末端；③茎环结构中的一些核苷酸经过化学修饰变为稀有碱基；④剪接除去内含子，使反密码子环的顶端刚好是反密码。见图 13-21。

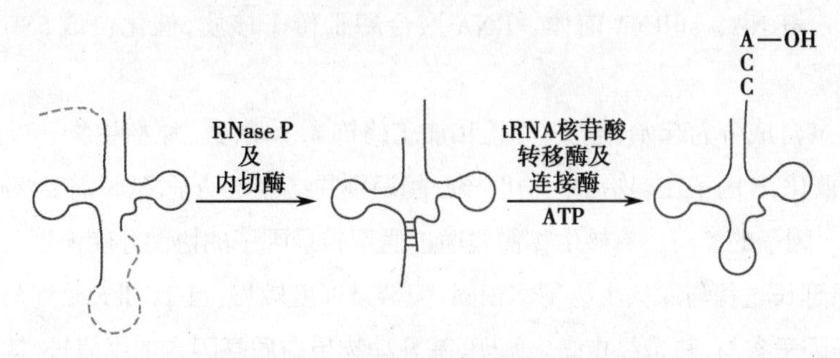

● 图 13-21　真核生物前体 tRNA 的剪接

45S rRNA 通过自剪切机制，在核仁小 RNA（snoRNAs）及多种蛋白组成的核仁小核糖体蛋白（snoRNPs）参与下，剪切为成熟的 18S、28S、5.8S rRNA。有些还涉及核糖 2′-OH 的甲基化修饰。rRNA 成熟后就在核仁装配为核糖体，输送到细胞质。

知识拓展

长春碱的作用机制

长春碱(vinblastine)是从长春花中提取的一种二聚吲哚类生物碱。长春碱对白血病、霍奇金病、淋巴肉瘤、乳腺癌、卵巢癌、睾丸癌、单核细胞白血病、网状细胞肉瘤、肾母细胞瘤、恶性黑色素瘤有效,其抗癌作用受到人们的重视并已应用于临床,被若干国家药典所收载。

目前认为,长春碱能够降低DNA、RNA及蛋白质的合成,抑制癌细胞的有丝分裂,使细胞分裂停止在中期,并可引起细胞核呈空泡状式固缩。体内试验发现,长春碱(2mg/kg)能减少 ^{3}H- 尿嘧啶核苷掺入艾氏腹水癌小鼠癌细胞的RNA。艾氏腹水癌细胞体外试验证明,^{3}H- 尿嘧啶核苷掺入RNA亦被长春碱显著抑制。有研究报道指出,长春碱能抑制艾氏腹水癌细胞的DNA依赖性RNA聚合酶。

小结

RNA的生物合成是指以DNA为模板,以4种NTP为原料,在RNA聚合酶催化下合成RNA的过程,也称为转录,是基因表达的首要环节。其基本特征是选择性转录、不对称转录和转录后加工。

RNA聚合酶催化RNA的转录合成。原核生物只有1种RNA聚合酶核心酶,催化合成mRNA、tRNA、rRNA前体。σ因子是原核生物的转录起始因子。真核生物有3种细胞核RNA聚合酶,RNA聚合酶Ⅰ位于核仁,催化合成28S、5.8S、18S rRNA前体。RNA聚合酶Ⅱ位于核质,催化合成mRNA、snRNA前体。RNA聚合酶Ⅲ位于核质,催化合成5S rRNA、tRNA、snRNA前体。

RNA的转录合成分为起始、延长、终止和加工修饰4个阶段。原核生物转录起始阶段需要RNA聚合全酶催化,σ因子在起始阶段协助核心酶识别并结合启动子,延长需要核心酶催化,终止阶段有的需要ρ因子的参与。真核生物需要通过通用转录因子的协助才能识别与结合启动子并启动转录,转录延长过程与原核生物基本相同,但转录速度较慢,且TF ⅡF始终与转录复合物结合,有转录延长因子参与,转录终止尚未阐明,哺乳动物蛋白质基因含加尾信号,其mRNA转录终止与加尾同步进行。

原核生物mRNA前体不需要加工,rRNA和tRNA前体需要经过加工才能得到成熟的RNA分子。真核生物RNA加工尤为重要,真核生物mRNA需要经过5′端加帽、3′端加尾、剪接、编辑、修饰等,得到成熟mRNA。

思考题

1. 简述原核生物 RNA 聚合酶的组成及各部分的功能。
2. 真核生物 RNA 聚合酶Ⅱ有什么结构特征?
3. 试述真核生物与原核生物启动子的结构和功能。
4. 比较原核生物与真核生物转录的差异。
5. 试述 RNA 剪接的原理和生物学意义。

第十三章　同步练习

（张　莉）

第十四章　蛋白质的生物合成

第十四章　课件

学习目标

掌握：蛋白质的生物合成所需物质的结构特点及功能；蛋白质的生物合成过程中各阶段的主要特征。

熟悉：蛋白质生物合成的干扰和抑制因素的作用机制。

了解：蛋白质生物合成后的加工和靶向输运。

蛋白质是生物体的重要组成成分和生命活动的基本物质基础，更是生命活动的载体和生物学功能的执行者。体内的蛋白质处于动态的代谢和更新之中，蛋白质的生物合成是其履行生物学功能的前提。蛋白质的生物合成是以mRNA作为直接模板，20种氨基酸作为原料，tRNA、核糖体、酶、蛋白质因子、ATP和GTP等参与的过程。因为是把mRNA的核苷酸序列转译为蛋白质肽链中的氨基酸排列顺序的过程，因此蛋白质的生物合成也称为翻译（translation）。蛋白质的生物合成过程包括起始、肽链延长和终止3个阶段。最初合成的蛋白质肽链是无生物学活性的，需要经过加工并形成特定的空间结构，再被靶向输送至合适的亚细胞部位才能行使各自的生物学功能。蛋白质的生物合成是生命活动中最复杂的过程之一，受多种因素的影响和干扰，因此其合成过程也成为许多药物和毒素的作用靶点。

本章主要阐述蛋白质生物合成所需的mRNA、tRNA、核糖体的结构特点及蛋白质的合成过程，简要介绍蛋白质生物合成后的加工和靶向输送过程，以及蛋白质生物合成的因素及作用机制。

第一节　蛋白质生物合成所需的主要物质

参与细胞内蛋白质生物合成的物质包括合成原料氨基酸、直接模板mRNA、氨基酸的载体tRNA、蛋白质合成的装配场所核糖体、多种酶、蛋白质因子，以及ATP和GTP等。

一、mRNA是蛋白质生物合成的模板

从DNA分子转录而来的mRNA在细胞质内作为蛋白质合成的模板，指导蛋白质的合成。以

mRNA 为模板合成蛋白质就是要将 mRNA 的核苷酸序列作为遗传密码(genetic code)转译为蛋白质肽链中的氨基酸序列的过程。

(一) 遗传密码

遗传密码(codon)或密码子就是 mRNA 编码区从 5′端向 3′端,每 3 个相邻核苷酸为一组,编码一种氨基酸或作为蛋白质合成的起始或终止信号。

为了探明 mRNA 中的核苷酸序列如何决定蛋白质中的氨基酸序列,人们从理论上提出了各种假设。蛋白质是由 20 种氨基酸构成,而构成 mRNA 的核苷酸仅 4 种,如果 1 种核苷酸代表 1 种氨基酸,显然是不可能的;而如果 2 种核苷酸代表 1 种氨基酸,mRNA 中 4 种核苷酸只能决定 4^2=16 种氨基酸;假如 3 种核苷酸代表 1 种氨基酸,就有 4^3=64 种排列,可以满足编码 20 种氨基酸的需要,因此人们提出了 3 种核苷酸决定 1 种氨基酸的三联体(triplet)遗传密码理论。

与此同时,人们通过大量实验研究 mRNA 的碱基序列如何转变为蛋白质肽链中的氨基酸序列。用化学合成的 mRNA,无细胞体系中的体外翻译实验表明:用人工合成的 poly(U)$_n$ 代替 mRNA,翻译产物是多聚苯丙氨酸;poly(A)$_n$ 和 poly(C)$_n$ 的翻译产物是多聚赖氨酸和多聚脯氨酸,也就是说 UUU、AAA 和 CCC 就分别决定苯丙氨酸、赖氨酸和脯氨酸。后来 Nirenberg 等通过实验巧妙地破译了 64 种密码子(表 14-1)。其中 AUG 编码甲硫氨酸,也是肽链合成的起始信号,称为起始密码子(initiation codon);而 UAA、UAG、UGA 不编码氨基酸,为肽链合成的终止信号,称为终止密码子(termination codon)。

表 14-1 氨基酸密码表

第一位(5′端)	第二位				第三位(3′端)
	U	C	A	G	
U	UUU 苯丙氨酸	UCU 丝氨酸	UAU 酪氨酸	UGU 半胱氨酸	U
	UUC 苯丙氨酸	UCC 丝氨酸	UAC 酪氨酸	UGC 半胱氨酸	C
	UUA 亮氨酸	UCA 丝氨酸	UAA 终止密码	UGA 终止密码	A
	UUG 亮氨酸	UCG 丝氨酸	UAG 终止密码	UGG 色氨酸	G
C	CUU 亮氨酸	CCU 脯氨酸	CAU 组氨酸	CGU 精氨酸	U
	CUC 亮氨酸	CCC 脯氨酸	CAC 组氨酸	CGC 精氨酸	C
	CUA 亮氨酸	CCA 脯氨酸	CAA 谷氨酰胺	CGA 精氨酸	A
	CUG 亮氨酸	CCG 脯氨酸	CAG 谷氨酰胺	CGG 精氨酸	G
A	AUU 异亮氨酸	ACU 苏氨酸	AAU 天冬酰胺	AGU 丝氨酸	U
	AUC 异亮氨酸	ACC 苏氨酸	AAC 天冬酰胺	AGC 丝氨酸	C
	AUA 异亮氨酸	ACA 苏氨酸	AAA 赖氨酸	AGA 精氨酸	A
	*AUG 甲硫氨酸	ACG 苏氨酸	AAG 赖氨酸	AGG 精氨酸	G
G	GUU 缬氨酸	GCU 丙氨酸	GAU 天冬氨酸	GGU 甘氨酸	U
	GUC 缬氨酸	GCC 丙氨酸	GAC 天冬氨酸	GGC 甘氨酸	C
	GUA 缬氨酸	GCA 丙氨酸	GAA 谷氨酸	GGA 甘氨酸	A
	GUG 缬氨酸	GCG 丙氨酸	GAG 谷氨酸	GGG 甘氨酸	G

注:*AUG 为起始密码。

通过密码子的破译，可以解释 mRNA 的核苷酸序列如何被翻译成蛋白质肽链的氨基酸序列，即 mRNA 中的密码子决定肽链中的一个个氨基酸，使得基因的遗传信息通过 mRNA 与蛋白质中的氨基酸序列形成线性对应（colinear）关系。

（二）遗传密码的特点

从原核生物到真核生物，目前所发现的遗传密码有以下特点：

1. 方向性（sideness） 翻译过程中核糖体是沿着 5′ 端向 3′ 端阅读 mRNA 序列，即从起始密码 AUG 开始，沿着 5′→3′ 方向逐一阅读密码子，直到终止密码子，这种方向性决定了新生肽链的合成方向是从 N 端向 C 端延伸（图 14-1）。

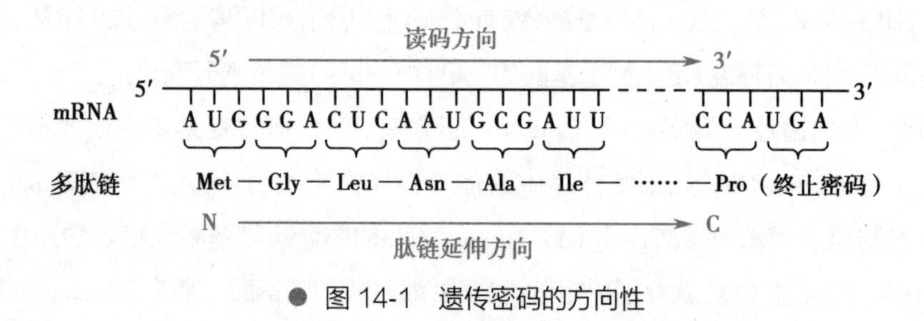

● 图 14-1 遗传密码的方向性

2. 连续性（commaless） mRNA 序列的阅读是从 AUG 开始按 5′→3′ 方向以三联体密码子方式连续阅读，直到终止密码子，这就是遗传密码的连续性。密码子的连续性决定了密码子阅读不重叠、不交叉和无标点。由于密码子阅读具有连续性，如果在 mRNA 的编码区中插入 1~2 个或缺失 1~2 个碱基，就会改变原有的密码子组成，称为移码（frame shift），其编码的蛋白质结构和功能发生改变，称之为移码突变（frame-shift mutation）（图 14-2）。但若连续插入或缺失 3 个或 3 的整数倍个碱基，不会改变原密码子的组成，只是 mRNA 中增加了 1 个或几个密码子，但对蛋白质结构和功能的影响取决于插入的密码子所编码的氨基酸性质以及对该蛋白质结构的影响。

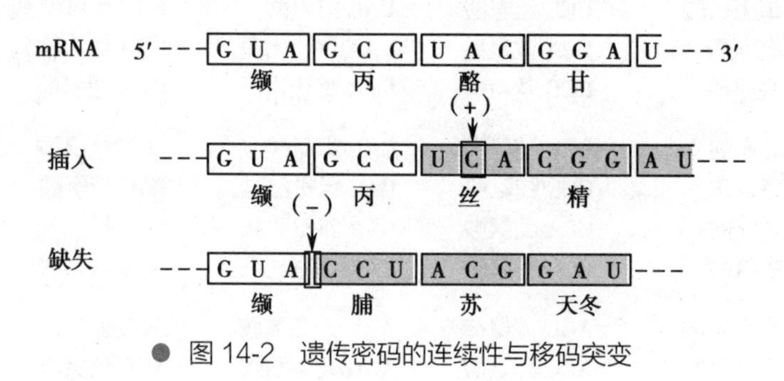

● 图 14-2 遗传密码的连续性与移码突变

3. 简并性（degeneracy） 在 64 个密码子中，除了 3 个终止密码子外，余下 61 个密码子可以编码 20 种氨基酸，因此，有些氨基酸可以有多个密码子，即：1 种氨基酸有 2 个或 2 个以上密码子的现象称密码子的简并性。Met 和 Trp 仅有 1 个密码子；Asn、Asp、Cys、Gln、Glu、His、Lys、Phe 和 Tyr 有 2 个密码子；Ile 有 3 个密码子；Gly、Ala、Pro、Thr 和 Val 有 4 个密码子；Arg、Leu 和 Ser 有 6 个密码子。为同一种氨基酸编码的不同密码子称同义密码子（synonymous codon），如 CCU、CCC、CCA、CCG 就是脯氨酸的同义密码子。多数同义密码子前 2 位碱基相同，差别仅在于第 3 位碱基不同，即密码子的特异性一般是由前 2 位碱基决定，第 3 位碱基改变并不影响其所编码的氨基酸，因此，密码子的简并性是遗传信息保真机制之一，可降低基因突变的生物学效应。

4. 摆动性(wobble) 在蛋白质生物合成中，密码子的翻译是通过与 tRNA 反密码子相互识别配对来实现的。密码子的第 3 位碱基与反密码子(anticodon)的第 1 位碱基配对时，有时会出现不遵从碱基配对规则的现象，称为遗传密码的摆动性。如 tRNA 的反密码子第 1 位出现次黄嘌呤(I)就可以与 mRNA 密码子第 3 位的 U、A 或 C 配对，反密码子第 1 位的 G 可与密码子第 3 位的 C 或 U 配对(图 14-3)。摆动性能使一种 tRNA 识别 mRNA 序列中的多种简并性密码子。密码子与反密码子摆动配对规则如表 14-2 所示。

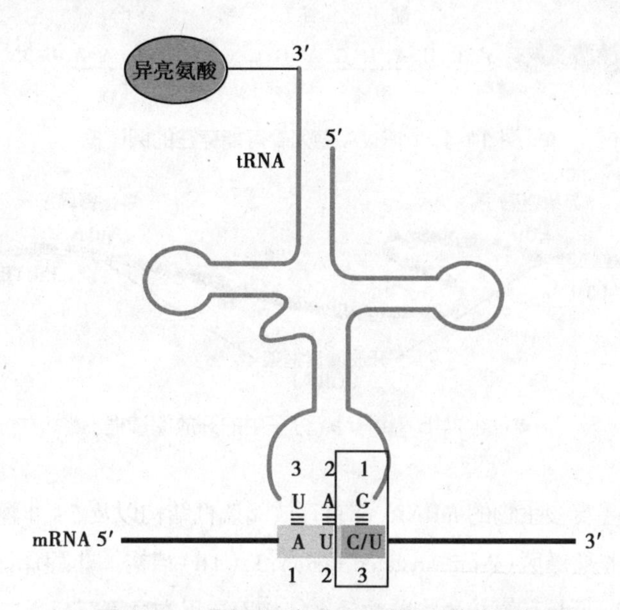

图 14-3 反密码子与密码子的识别与摆动配对

表 14-2 反密码子与密码子碱基摆动配对规则

反密码子第 1 位碱基	A	C	G	U	I
密码子第 3 位碱基	U	G	C、U	A、G	A、C、U

5. 通用性(universal) 无论高等或低等生物，从细菌到人类，都拥有一套共同的遗传密码，这种现象称密码的通用性。密码子的通用性为地球上的生物来自同一起源的进化论提供了有力依据，也使得利用细菌等生物来制造人类蛋白质成为可能。但近年来发现，线粒体的编码方式与通用遗传密码有所不同。如在线粒体的遗传密码中，AUA、AUG、AUC、AUU 为起始密码子，其中 AUA、AUG 也是编码甲硫氨酸的密码子，UGA 为色氨酸密码子而非终止密码子，AGA、AGG、UAA、UAG 为终止密码子，通用密码中终止密码子为 UAA、UAG 和 UGA。线粒体等细胞器中的密码子与通用密码相比出现个别例外现象，这并不妨碍密码子的通用性。

(三) 阅读框

阅读框(reading frame)是 mRNA 上一段有翻译密码的碱基序列。从理论上讲，一个 mRNA 由于从 5′ 端开始阅读时起始点的不同，就会形成不同的阅读框，通常只有一种阅读框能够正确地编码有功能活性的蛋白质，其他阅读框由于存在太多的终止密码子而无法编码有活性的蛋白质（图 14-4）。但在体内蛋白质生物合成过程中，核糖体通过正确识别编码序列中的起始密码子 AUG，开始翻译直至终止密码子，从而将 mRNA 编码区的核苷酸序列转译为蛋白质肽链中的氨基酸序列，这种从起始密码子 AUG 到终止密码子之间的编码序列称为开放阅读框（open reading frame，ORF）（图 14-5）。

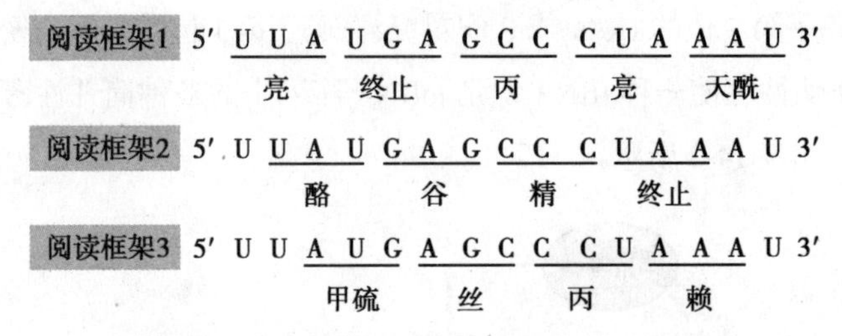

图 14-4 mRNA 序列中可能存在的阅读框

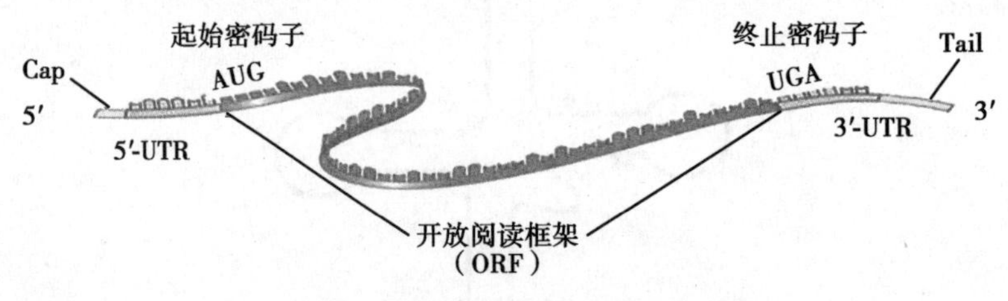

图 14-5 mRNA 分子中的开放阅读框

无论原核生物还是真核生物的 mRNA，都有开放阅读框结构以及 5′- 非翻译区（5′-untranslated region，5′-UTR）和 3′- 非翻译区（3′-untranslated region，3′-UTR）结构。非翻译区为蛋白质合成的调控序列，为非编码序列。原核和真核生物非翻译区结构差异见本章第三节蛋白质的生物合成过程。

原核生物功能相关结构基因是以操纵子的形式构成一个转录单位，转录生成的 mRNA 可编码多种蛋白质，为多顺反子（polycistron）mRNA，因此其 mRNA 中往往有多个开放阅读框。而真核生物的结构基因是独立作为 1 个转录单位，转录的 mRNA 只编码一种蛋白质，为单顺反子（monocistron）mRNA，因而其 mRNA 分子中一般只有 1 个开放阅读框（图 14-6）。

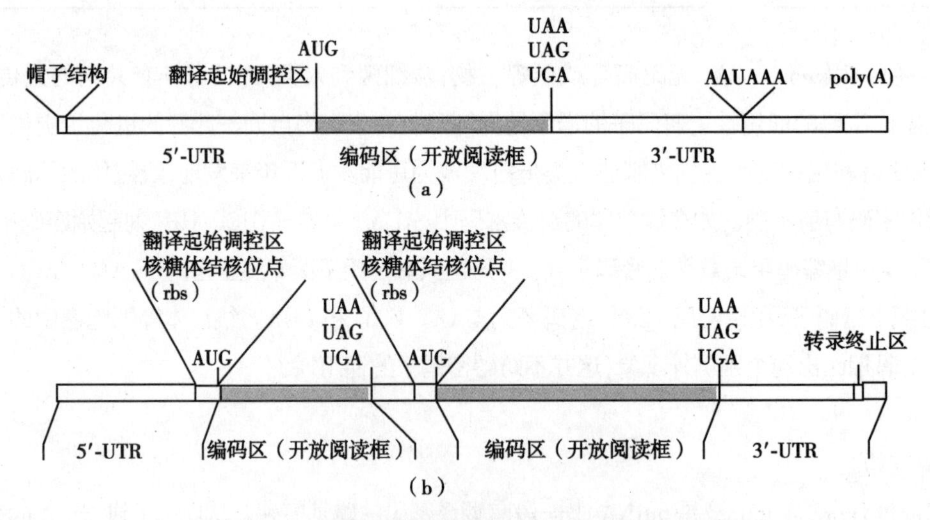

图 14-6 真核生物和原核生物 mRNA 分子的结构

（a）真核细胞 mRNA （b）原核细胞 mRNA

二、tRNA 是氨基酸的转运工具

蛋白质生物合成所需的 20 种氨基酸是由其特定的 tRNA 转运至核糖体。1 种氨基酸通常可与 2~6 种对应的 tRNA 特异性结合，但 1 种 tRNA 只能转运 1 种特定的氨基酸。能转运特定氨基酸的 tRNA，一般采用右上标标注氨基酸三字母代号的形式加以区别，如 $tRNA^{Ala}$ 就表示专门转运丙氨酸的 tRNA。

tRNA 有两个关键部位：一个位于 3′ 端的氨基酸结合部位；另一个是 mRNA 的结合部位（见图 14-3）。tRNA 的氨基酸结合部位通过 3′ 端的 -CCA-OH 结合氨基酸，两者的结合是通过氨基酸的 α- 羧基与 tRNA 的 3′-CCA-OH 之间失水形成酯键而连接，两者的结合物称之为氨基酰 -tRNA，是氨基酸的活化形式。mRNA 的结合部位是 tRNA 反密码环中的反密码子，可以与 mRNA 上的密码子相互识别并结合。以上两个部位使得 tRNA 具有既能携带氨基酸，又能识别并结合 mRNA 密码子的双重功能，是蛋白质生物合成中的衔接体（adaptor）分子。

在蛋白质合成过程中，tRNA 结合并转运氨基酸，首先形成氨基酰 -tRNA，并借助其反密码子识别并结合 mRNA 序列中相应的密码子，使得 tRNA 所携带的氨基酸可以准确地与 mRNA 序列上的密码子"对号入座"，从而保证遗传信息从核酸到蛋白质传递的准确性。

三、核糖体是蛋白质生物合成的场所

核糖体又称核蛋白体，是由 rRNA 和蛋白质组成的复合物。参与蛋白质生物合成的各种成分最终都要在核糖体上将氨基酸合成多肽链。所以，核糖体是蛋白质生物合成的场所。

核糖体在蛋白质生物合成中的重要作用和它的成分及结构密切相关。各种细胞核糖体都有大、小两个亚基，每个亚基都由多种核糖体蛋白质（ribosomal protein，rp）和 rRNA 组成。大、小亚基所含的蛋白质分别用 rpL 和 rpS 表示，它们多是参与蛋白质生物合成过程的酶和蛋白质因子。rRNA 分子含较多局部螺旋结构区，可折叠形成复杂的三维构象作为亚基的结构骨架，使各种核糖体蛋白质附着结合，装配成完整亚基。原核生物的大亚基（50S）由 23S rRNA、5S rRNA 和 36 种蛋白质组成；小亚基（30S）由 16S rRNA 和 21 种蛋白质组成，大、小亚基结合形成 70S 的核糖体。真核细胞的大亚基（60S）由 28S rRNA、5.8S rRNA、5S rRNA 和 49 种蛋白质组成；小亚基（40S）由 18S rRNA 和 33 种蛋白质组成，大、小亚基结合形成 80S 的核糖体（图 14-7）。

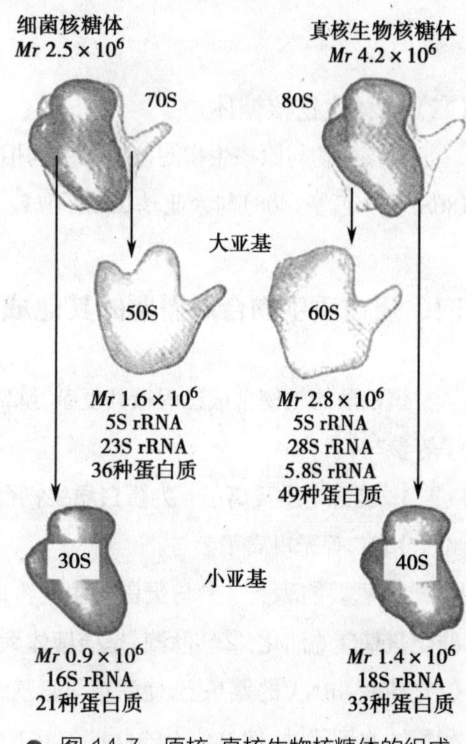

● 图 14-7　原核、真核生物核糖体的组成

(一) 原核生物核糖体

原核生物核糖体是由 50S 大亚基和 30S 小亚基结合形成的 70S 核糖体，它至少有 4 个活性部位：mRNA 结合部位、氨基酰 -tRNA 结合部位（A 位）、肽酰 tRNA 结合部位（P 位）和肽键形成部位（转肽酶中心位）。核糖体大、小亚基间存在裂隙，该裂隙便是 mRNA 结合部位。A 位称为氨基酰位（aminoacyl site），是核糖体结合氨基酰 -tRNA 的部位；P 位结合肽酰 -tRNA，称为肽酰位（peptidyl site）。肽键形成位就在 A、P 位之间，在转肽酶（peptidyltransferase）的作用下，肽酰基被转移到位于 A 位的氨基酰 -tRNA 的氨基上，两者形成肽键。这样，A 位上氨基酰 -tRNA 上的氨基酸就被添加到肽链中，使肽链延长。E 位（exit site）是空载 tNRA 的排出位（图 14-8）。

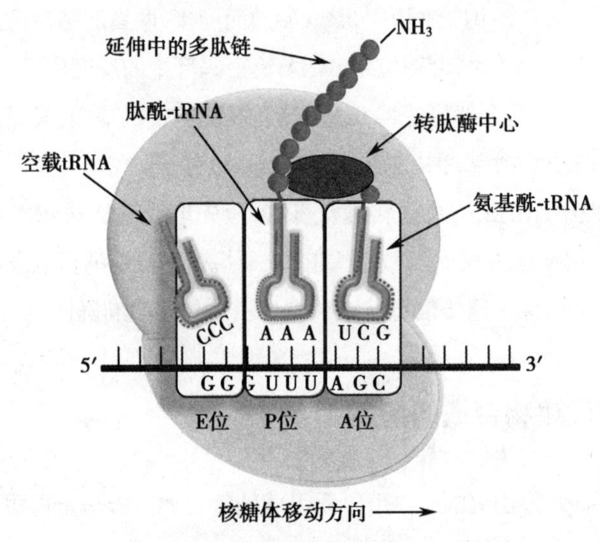

● 图 14-8　原核生物核糖体的功能部位

(二) 真核生物核糖体

真核生物与原核生物的核糖体结构相似，但真核生物核糖体组分更为复杂。真核生物核糖体（80S）由小亚基（40S）与大亚基（60S）组成。功能部位与原核生物核糖体基本相似。

四、蛋白质生物合成需要的其他成分

蛋白质的生物合成过程极其复杂，除需要 ATP 和 GTP 提供能量外，还需要多种酶和蛋白质因子等参与。

1. 能源物质及离子　为蛋白质生物合成提供能量的是 ATP 和 GTP。蛋白质生物合成还需要 Mg^{2+} 和 K^+ 等无机离子参与。

2. 重要的酶类　参与蛋白质生物合成的重要酶有：①氨基酰 -tRNA 合成酶，存在于胞液中，催化氨基酸的活化；②转肽酶，是核糖体大亚基的组成成分，催化核糖体 P 位上的肽酰基转移至 A 位氨基酰 -tRNA 的氨基上，使酰基与氨基结合形成肽键，它受释放因子的作用后发生变构，表现出酯酶的水解活性，使 P 位上的肽链与 tRNA 分离；③转位酶，其活性存在于延长因子 G 中，催化核糖体向 mRNA 的 3′端移动一个密码子的距离，使下一个密码子定位于 A 位。

3. 蛋白质因子　在蛋白质生物合成的各阶段，需要多种非核糖体蛋白质因子参与反应(表 14-3、表 14-4)。这些因子只在蛋白质合成过程中与核糖体暂时发生作用，之后会从核糖体复合物中解离出来，主要有：①起始因子(initiation factor，IF)，原核生物(prokaryote)和真核生物(eukaryote)的起始因子分别用 IF 和 eIF 表示；②延长因子(elongation factor，EF)，原核生物与真核生物的延长因子分别用 EF 和 eEF 表示；③释放因子(release factor，RF)，又称终止因子(termination factor)，原核生物与真核生物的释放因子分别用 RF 和 eRF 表示。

表 14-3　参与原核生物蛋白质生物合成所需的蛋白质因子

种类		生物学功能
起始因子	IF-1	占据 A 位，防止结合其他氨基酰 -tRNA
	IF-2	促进 fMet-$tRNA_i^{fMet}$ 与 30S 小亚基结合
	IF-3	促进大、小亚基分离，提高 P 位结合 fMet-$tRNA_i^{fMet}$ 的敏感性
延长因子	EF-Tu	结合 GTP，促进氨基酰 -tRNA 进入 A 位
	EF-Ts	EF-T 的调节亚基，具有 GTP 交换功能
	EF-G	具有转位酶活性，促进核糖体移位，促进 tRNA 卸载与释放
释放因子	RF-1 RF-2	特异识别终止密码子 UAA、UAG，诱导转肽酶转变成酯酶
	RF-3	具有 GTP 酶活性，协助 RF-1、RF-2 与核糖体结合

表 14-4　参与真核生物蛋白质生物合成所需的蛋白质因子

种类		生物学功能
起始因子	eIF-1	多功能因子，参与翻译的多个步骤
	eIF-2	促进 Met-$tRNA_i^{Met}$ 与 40S 小亚基结合
	eIF-2B	结合小亚基，促进大、小亚基分离
	eIF-3	结合小亚基，促进大、小亚基分离；介导 eIF-4F 复合物与小亚基结合
	eIF-4A	eIF-4F 复合物成分，有 RNA 解螺旋酶活性，解除 mRNA 的 5′端发夹结构，使其与小亚基结合
	eIF-4B	结合 mRNA，促进 mRNA 扫描定位起始 AUG
	eIF-4E	eIF-4F 复合物成分，结合 mRNA 的 mRNA5′端帽子结构
	eIF-4G	eIF-4F 复合物成分，结合 eIF-4E、eIF-3 和 PAB
	eIF-5	促进各种起始因子从核糖体释放，进而结合大亚基
	eIF-6	促进无活性的 80S 核糖体的大、小亚基分离
延长因子	eEF-1α	结合 GTP，促进氨基酰 -tRNA 进入 A 位
	eEF-1βγ	调节亚基
	eEF-2	具有转位酶活性，促进核糖体移位，促进 tRNA 卸载与释放
释放因子	eRF	识别所有终止密码子，具有原核生物各类 RF 的功能

第二节　氨基酸与 tRNA 的连接

游离的氨基酸不能直接参与蛋白质的合成。参与肽链合成的各种氨基酸必须与相应的 tRNA 结合，形成各种氨基酰 -tRNA，这一过程称为氨基酸的活化。氨基酸活化是蛋白质生物合成启动的先决条件。

一、氨基酸的活化过程

氨基酸的活化反应是通过氨基酸的 α- 羧基与特异 tRNA 的 3′ 端的 CCA-OH 之间失水并以酯键相连，形成氨基酰 -tRNA（图 14-9）。这一反应是由氨基酰 -tRNA 合成酶（aminoacyl-tRNA synthetase）催化的耗能反应。氨基酸活化反应过程分两步。

第一步：在 Mg^{2+} 或 Mn^{2+} 参与下，由 ATP 供能，氨基酰 -tRNA 合成酶（E）接纳活化的氨基酸并形成中间复合物：

$$R-\underset{|}{\overset{NH_2}{CH}}-\overset{O}{\overset{\|}{C}}-OH+ATP+E\xrightarrow{Mg^{2+}\text{或}Mn^{2+}}R-\overset{NH_2}{CH}-\overset{O}{\overset{\|}{C}}-O-AMP\cdot E+PPi$$

第二步：中间复合物与特异的 tRNA 作用，将氨基酰基从 AMP 转移到 tRNA 的氨基酸臂（即 3′-CCA-OH）上，以酯键相连，形成氨基酰 -tRNA（图 14-9）。

$$R-\overset{NH_2}{CH}-\overset{O}{\overset{\|}{C}}-O-AMP\cdot E+tRNA-CCA-OH\longrightarrow tRNA-CCA-O-\overset{O}{\overset{\|}{C}}-\overset{NH_2}{CH}-R+AMP+E$$

总反应：

$$\text{氨基酸}+tRNA+ATP\xrightarrow[Mg^{2+}\text{或}Mn^{2+}]{\text{氨基酰 -tRNA 合成酶}}\text{氨基酰 -}tRNA+AMP+PPi$$

二、氨基酰 -tRNA 合成酶

氨基酰 -tRNA 合成酶是氨基酸与 tRNA 准确连接的保证。氨基酸与 tRNA 的正确结合，是决定翻译准确性的关键步骤之一，两者连接的准确性是依靠氨基酰 -tRNA 合成酶实现的。氨基酰 -tRNA 合成酶具有高度专一性，既能识别特异的氨基酸，又能辨认可运载该氨基酸的 tRNA。因此，氨基酰 -tRNA 合成酶对底物氨基酸和相应的 tRNA 都有高度的特异性，保证氨基酸和相应 tRNA 的准确连接。另外，氨基酰 -tRNA 合成酶具有校对功能（proofreading activity），能将“搭错车”的氨基酸从氨基酰 -AMP-E 复合物或氨基酰 -tRNA 中水解释放，再选择与密码子对应的氨基酸，使之重新与 tRNA 连接。在氨基酰 -tRNA 合成酶上述双重功能的监控下，可使翻译过程的错误频率得以有效降低。

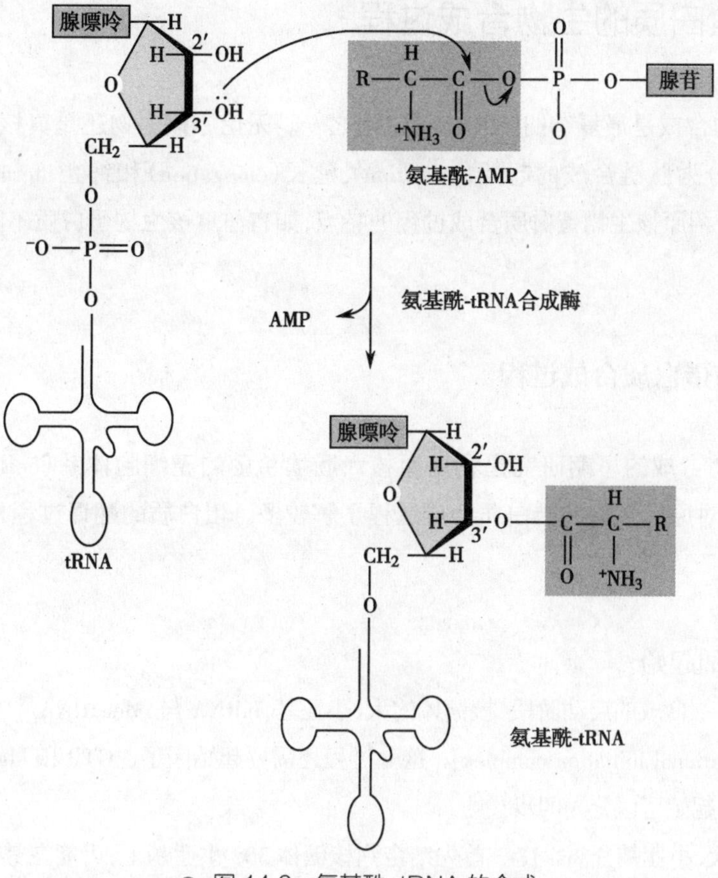

● 图 14-9 氨基酰 -tRNA 的合成

已结合某种氨基酸的氨基酰 -tRNA 的表示方法是在其 tRNA 前加氨基酸三字母代号，如 Ala-$tRNA^{Ala}$ 代表可运载丙氨酸的 tRNA 的氨基酸臂上已经结合了丙氨酸。

三、起始氨基酰 -tRNA

密码子 AUG 可编码甲硫氨酸，同时也是起始密码子，但与起始密码子结合的 Met-$tRNA^{Met}$ 与结合开放阅读框内的 AUG 的 Met-$tRNA^{Met}$ 在结构上是不同的。前者称为起始氨基酰 -tRNA，可以在 mRNA 的起始密码子 AUG 处就位，参与形成翻译的起始复合物；后者是参与肽链延长的 Met-$tRNA^{Met}$，为肽链延长提供甲硫氨酸。

真核生物起始氨基酰 -tRNA 是 Met-$tRNA_i^{Met}$（initiator-tRNA），而原核生物起始氨基酰 -tRNA 是 fMet-$tRNA_i^{fMet}$，其中的甲硫氨酸被甲酰化，成为 *N*- 甲酰甲硫氨酸（*N*-formyl methionine，fMet）。甲酰化反应由转甲酰基酶催化，将甲酰基从 N^{10}- 甲酰四氢叶酸（THFA）转移到甲硫氨酸的 α- 氨基上，反应如下：

$$\text{Met-tRNA}_i^{fMet}+N^{10}\text{- 甲酰 }FH_4 \xrightarrow{\text{转甲酰基酶}} \text{fMet-tRNA}_i^{fMet}+FH_4$$

第三节　蛋白质的生物合成过程

蛋白质生物合成是最复杂的生物化学过程之一。无论原核生物还是真核生物，蛋白质合成过程大致可分为肽链合成的起始（initiation）、延长（elongation）和终止（termination）三个阶段。下面重点介绍原核生物蛋白质合成过程的特点，如有与真核生物蛋白质不同的合成过程将分述。

一、原核生物蛋白质合成过程

蛋白质生物合成的早期研究是利用原核大肠埃希菌的无细胞体系（cell-free system）进行的，所以人们对原核生物的蛋白质合成过程了解较多。蛋白质的翻译过程是在核糖体上完成的。

（一）肽链合成的起始

在蛋白质生物合成的启动阶段，核糖体的大、小亚基，mRNA 与 fMet-$tRNA_i^{fMet}$ 共同构成翻译起始复合物（translational initiation complex）。这一过程还需要起始因子、GTP 和 Mg^{2+} 参与。原核生物多肽链合成的起始可以分为四步：

1. 核糖体大、小亚基分离　IF-3 首先结合到核糖体 30S 小亚基上，可能在其与 50S 大亚基的界面上，故能促进核糖体大、小亚基的解离，使核糖体 30S 小亚基从不具有活性的核糖体（70S）释放。IF-1 与小亚基的 A 位结合则能加速此种解离，避免起始氨基酰 -tRNA 与 A 位的提前结合，同时也有利于 IF-2 结合到小亚基上。

2. mRNA 与核糖体小亚基定位结合　小亚基与 mRNA 结合时，可准确识别开放阅读框的起始密码 AUG，而不会结合阅读框内部的 AUG，使翻译正常启动和正确地翻译出编码蛋白。保证这一结合准确性的机制有两种：① mRNA 5′- 非翻译区（5′-UTR）内，有一段由 4~9 个核苷酸组成的富含嘌呤碱基的共有序列 -AGGAGG-，它可被小亚基的 16S rRNA 3′ 端一段富含嘧啶的序列（3′-UCCUCC-）识别并配对结合，故该序列被称为核糖体结合位点（ribosomal binding site，RBS），由于此序列是由 Shine 和 Dalgarno 发现的，故称为 Shine-Dalgarno 序列，简称 S-D 序列。② mRNA 上 S-D 序列下游还有一段短核苷酸序列，可被小亚基蛋白 rpS-1 识别并结合。通过以上机制，原核生物 mRNA 上的起始密码子 AUG 就可以与核糖体小亚基准确定位并结合（图 14-10）。

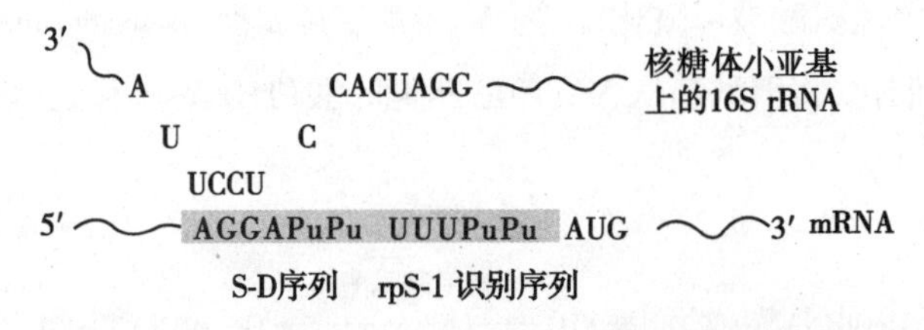

● 图 14-10　原核生物 mRNA 与核糖体小亚基定位结合

3. fMet-tRNA$_i^{fMet}$ 结合在 P 位　fMet-tRNA$_i^{fMet}$ 与核糖体的结合受 IF-2 的控制。IF-2 首先结合 GTP，再与 fMet-tRNA$_i^{fMet}$ 结合。在 IF-2 的帮助下，fMet-tRNA$_i^{fMet}$ 识别对应核糖体小亚基 P 位的 mRNA 的起始密码子 AUG，并与之结合。此时，A 位被 IF-1 占据，不能结合氨基酰 -tRNA。

4. 核糖体大、小亚基结合形成起始复合物　IF-2 具有完整核糖体依赖的 GTP 酶活性。当结合了 mRNA、fMet-tRNA$_i^{fMet}$ 的小亚基与 50S 大亚基结合形成完整核糖体后，IF-2 的 GTP 酶活性被激活，水解 GTP 释出能量，促使 3 种 IF 释放，形成由完整核糖体、mRNA、fMet-tRNA$_i^{fMet}$ 组成的翻译起始复合物。至此，fMet-tRNA$_i^{fMet}$ 占据 P 位，空着的 A 位准备接受一个能与第二个密码子配对的氨基酰 -tRNA，为多肽链的延伸做好了准备。释出的起始因子可参与下一个核糖体的起始作用（图 14-11）。

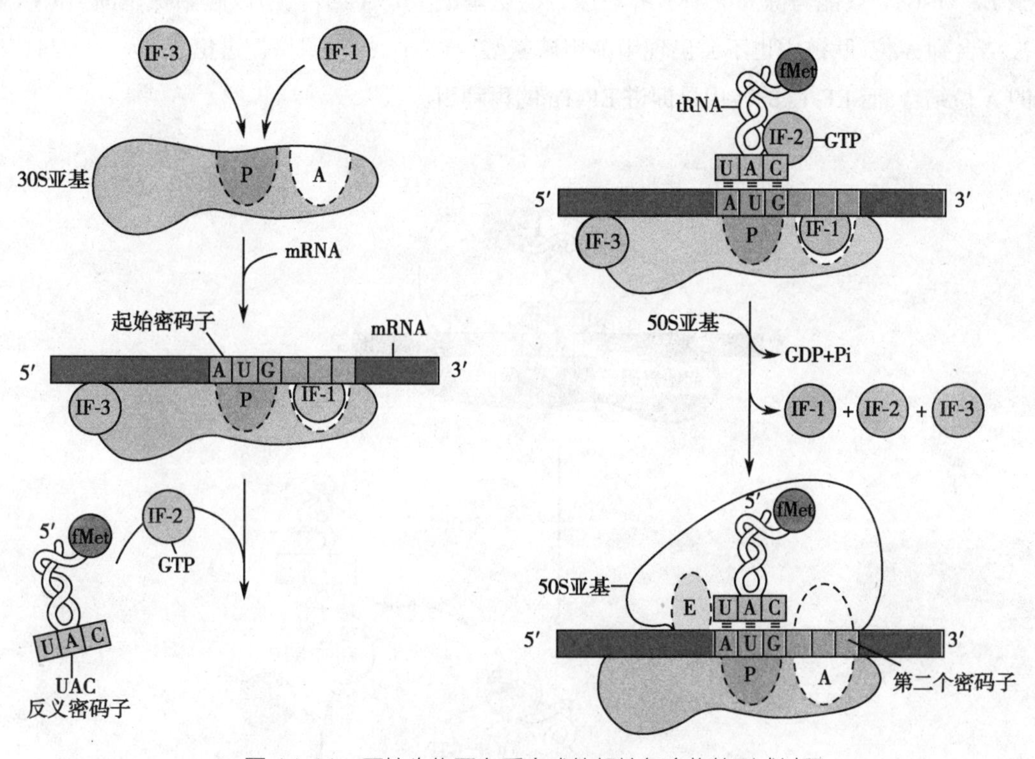

● 图 14-11　原核生物蛋白质合成的起始复合物的形成过程

（二）肽链的延长

肽链的延长是指在 mRNA 编码序列指导下，氨基酰 -tRNA 转运氨基酸依次进入核糖体，按照密码子的顺序使各种对应氨基酸以肽键相连，聚合成为肽链的过程。这是一个在核糖体上连续重复进行的进位、成肽和转位的循环过程，也被称为核糖体循环（ribosomal cycle）。每完成一次循环，肽链中就会增加 1 个氨基酸残基。肽链的延长除需要 mRNA、tRNA 和核糖体外，还需要 GTP 和数种延长因子（elongation factor，EF）等参与。

1. 进位（entrance）或称注册（registration）　是与 A 位上 mRNA 密码子相对应的氨基酰 -tRNA 进入 A 位的过程。起始复合物形成后，核糖体上的 P 位被 fMet-tRNA$_i^{fMet}$ 占据，A 位是空留的，并对应着起始密码 AUG 后的第二个密码子，能进入 A 位的氨基酰 -tRNA 即是由该密码子决定的。

氨基酰 -tRNA 进位时需要延长因子 EF-T 参与。原核生物的延长因子（EF-T）属于 G 蛋白家族，有两个亚基，分别为 Tu 及 Ts。当 EF-Tu 与 GTP 结合时释出 Ts 而形成有活性的 EF-Tu-GTP 复合物，结合并协助氨基酰 -tRNA 进位，当 GTP 水解时，EF-Tu-GDP 复合物失去活性。氨基酰 -tRNA 进位前，EF-Tu-GTP 通过识别 tRNA 的 TψC 环与氨基酰 -tRNA 结合，形成氨基酰 -tRNA·EF-Tu-GTP 复合物进入核糖体的 A 位，如果复合物中的氨基酰 -tRNA 的反密码子不能与 A 位 mRNA 密码子配对，该复合物很快从核糖体脱落；如果复合物中的氨基酰 -tRNA 的反密码子能与 A 位 mRNA 密码子配对，复合物中的 GTP 水解，释出 EF-Tu-GDP。脱离核糖体的 EF-Tu-GDP，在 EF-Ts 催化下，GTP 置换 GDP，再生成 EF-Tu-GTP，参与下一轮反应（图 14-12）。由于 EF-Tu-GTP 只能与除 fMet-$tRNA_i^{fMet}$ 以外的氨基酰 -tRNA 结合，所以起始氨基酰 -tRNA 不会被结合到 A 位，肽链中也不会出现甲酰甲硫氨酸。EF-Tu 的作用是促进氨基酰 tRNA 与核糖体的 A 位结合，而 EF-Ts 的作用是促进 EF-Tu 的再利用。

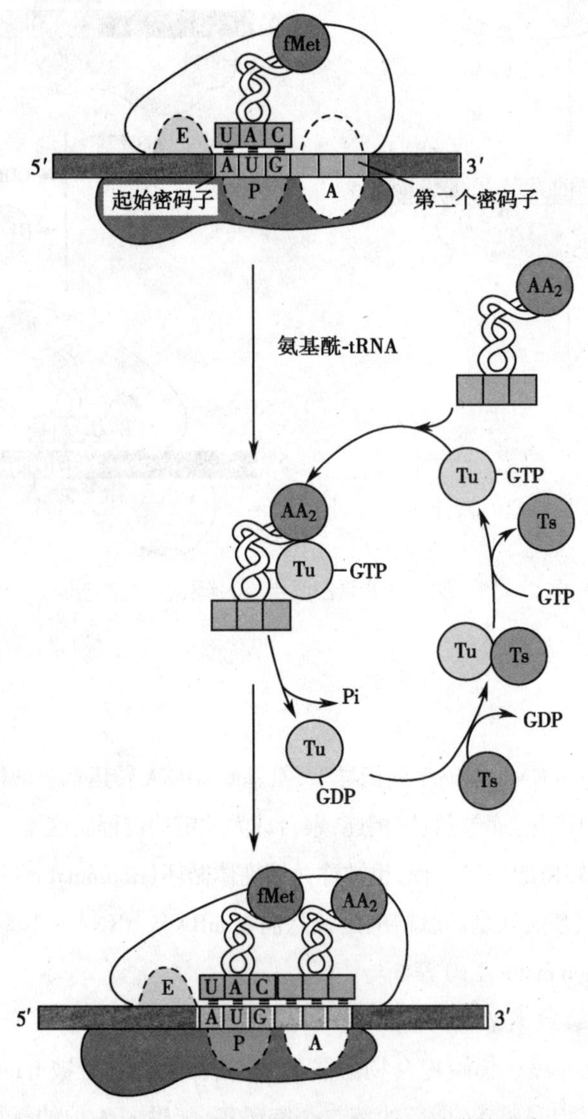

● 图 14-12　原核生物肽链延长阶段的进位反应

2. 成肽（peptide bond formation） 是指在转肽酶（transpeptidase）催化下肽键形成的过程。转肽酶催化P位的甲酰甲硫氨酰-tRNA的甲酰甲硫氨酰基（或肽酰-tRNA的肽酰基）转移到A位的氨基酰-tRNA的α-氨基上形成肽键（图14-13），此步需要Mg^{2+}与K^{+}的存在。肽键形成后，肽酰-tRNA处在A位，空载的tRNA仍在P位。转肽酶位于P位和A位的连接处并靠近tRNA的氨基酸臂，现已证实转肽酶的化学本质不是蛋白质，而是RNA，属于一种核酶。原核生物的转肽酶是由核糖体大亚基中23S rRNA的一个腺嘌呤直接催化肽键形成的。

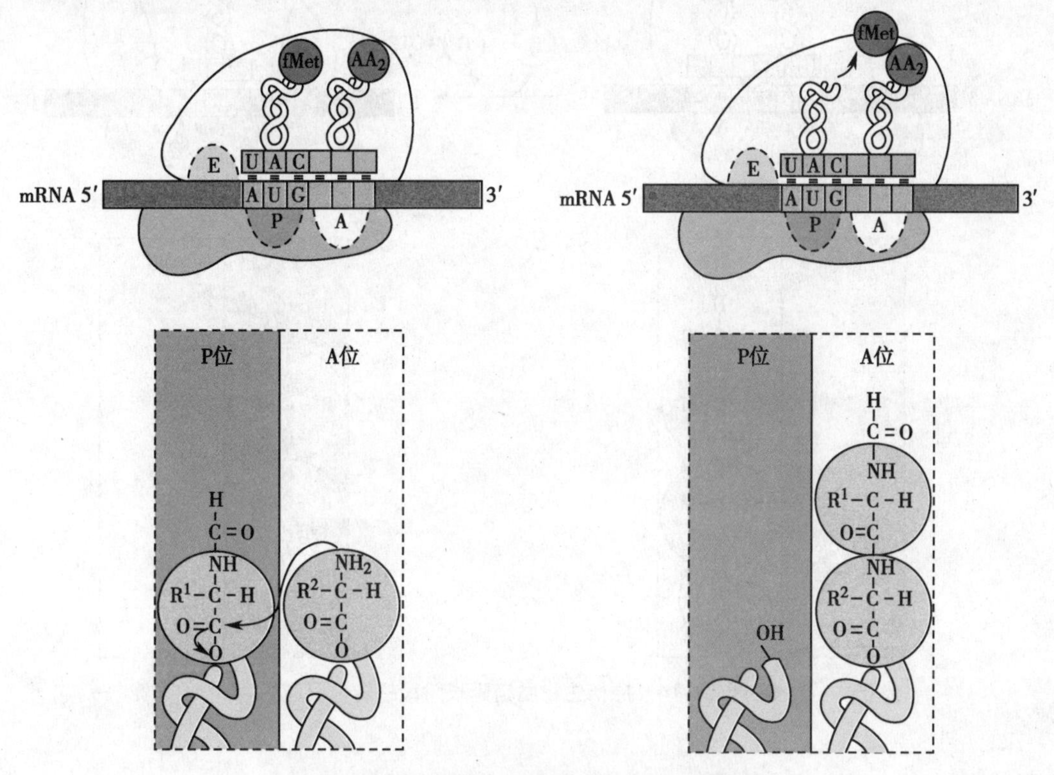

● 图14-13 原核生物肽链延长阶段的成肽反应

3. 转位（translocation） 是在转位酶催化下，核糖体向mRNA的3′端移动一个密码子的距离，使下一个密码子进入A位，而原位于A位的肽酰-tRNA移入P位的过程，原处于P位的空载tRNA移入E位并由此排出（图14-14）。原核生物的转位酶（translocase）是延长因子G（elongation factor G，EF-G）。EF-G结合并水解1分子GTP供能，促使核糖体向mRNA的3′端移动一个密码子的距离。此时A位空留，等待下一个氨基酰-tRNA·EF-Tu-GTP复合物进位。至此，通过进位、成肽、转位三步反应，肽链中增加了1个氨基酸残基。

重复以上反应过程，随着核糖体沿mRNA 5′→3′方向不断逐个阅读密码子，连续进行进位-成肽-转位的循环过程，每次循环肽链中增加一个氨基酸残基，使肽链从N端向C端方向逐渐延长（图14-15）。

（三）肽链合成的终止

肽链合成的终止是指在肽链合成过程中，核糖体A位出现终止密码子，多肽链合成停止，肽链释放，mRNA及核糖体大、小亚基等分离的过程。这一过程需要释放因子（release factor，RF）和核糖体释放因子(ribosome release factor,RRF)的参与。原核生物有 3 种 RF,分别为 RF-1、RF-2 和 RF-3。RF-1 能够特异识别 UAA 和 UAG,RF-2 能够识别 UAA 和 UGA,RF-3 不识别终止密码子,但具 GTP 酶活性,可结合并水解 GTP,从而促进 RF-1、RF-2 与核糖体结合(图 14-16)。

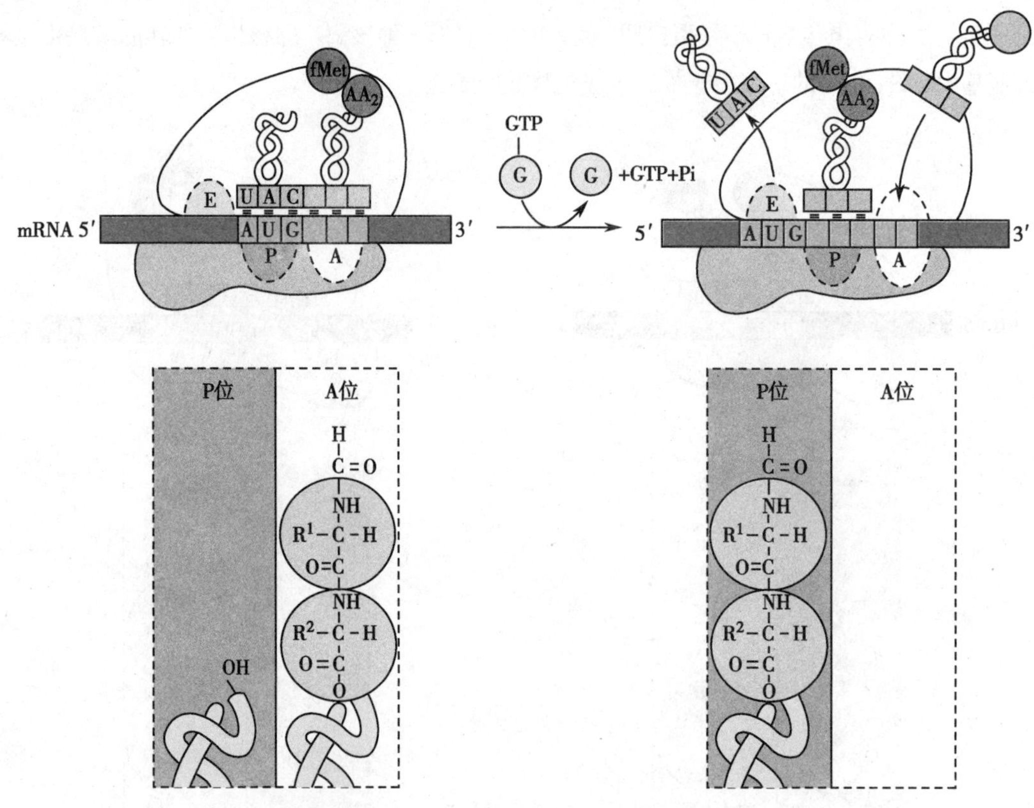

● 图 14-14　原核生物肽链延长阶段的转位反应

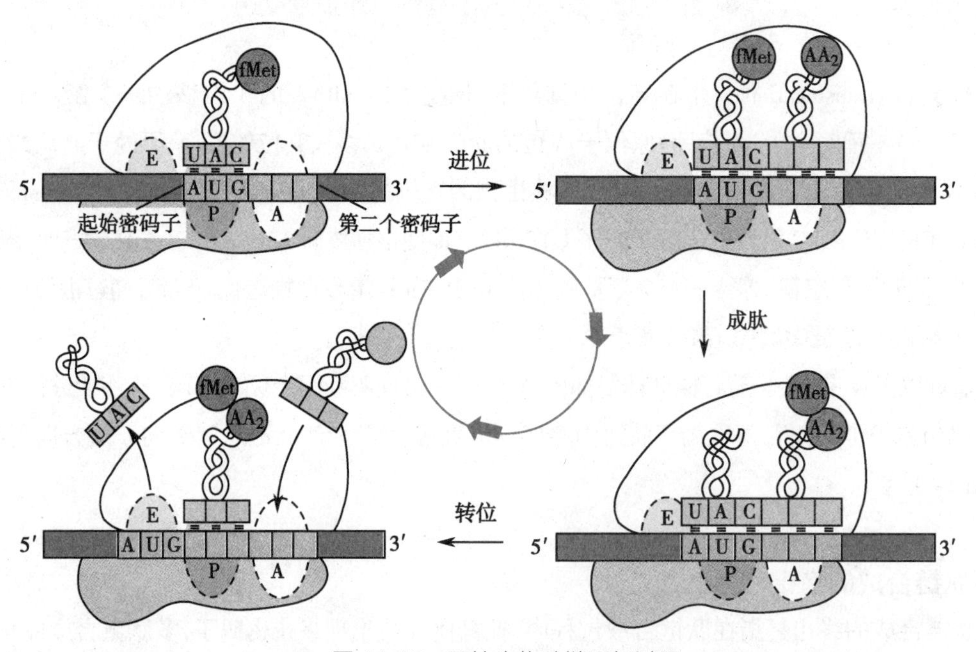

● 图 14-15　原核生物肽链延长过程

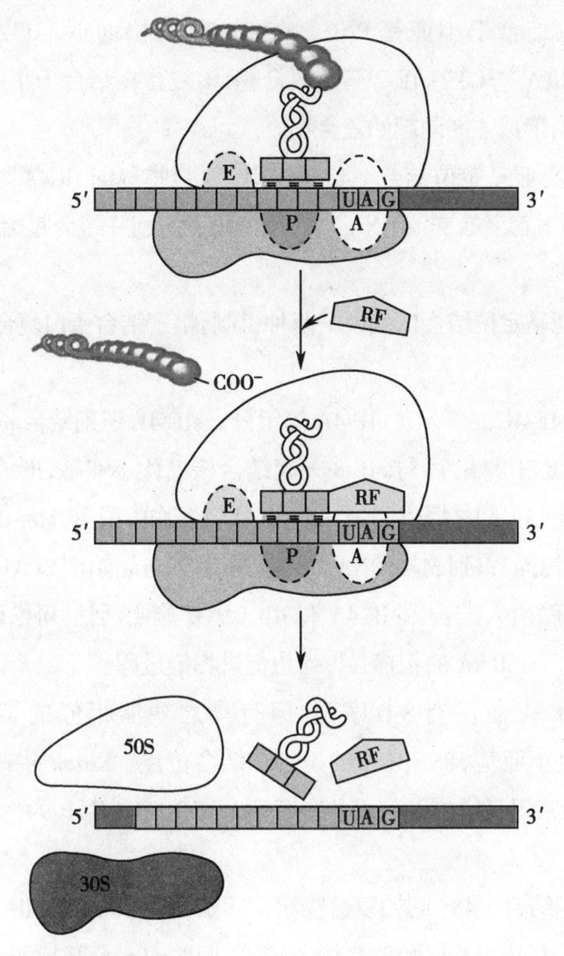

● 图 14-16 原核生物肽链合成的终止

当终止密码子进入核糖体的 A 位时，由于终止密码子不能被任何肽酰 -tRNA 识别和进位，只有释放因子 RF-1、RF-2 在 RF-3 的协助下可识别结合终止密码子。释放因子识别并结合在 A 位上的终止密码子，会引发核糖体构象改变，使其肽酰转移酶活性转变为酯酶活性，从而使处于 P 位的肽酰 -tRNA 的肽链 C 端酯键水解，释放出多肽链。在 RF 的作用下，mRNA 和 tRNA 从核糖体上脱落下来。核糖体在 IF-3 的作用下解离，30S 小亚基又可以进入另一轮肽链合成的起始过程。

二、真核生物肽链合成过程

真核生物与原核生物的蛋白质合成过程基本相似，差别在于其合成反应更复杂，涉及的蛋白质因子更多（表 14-5）。

（一）肽链合成的起始

真核生物的翻译起始复合物的形成大致经过以下几个步骤：

1. 核糖体大、小亚基分离　起始因子 eIF-2B、eIF-3 与核糖体小亚基结合，在 eIF-6 参与下，促进核糖体大、小亚基分离。

2. Met-tRNA$_i^{Met}$定位结合于小亚基P位　在eIF-2B的协助下，eIF-2结合GTP，再与Met-tRNA$_i^{Met}$结合形成Met-tRNA$_i^{Met}$·GTP-eIF-2三元复合物，该复合物结合于小亚基P位，从而使Met-tRNA$_i^{Met}$结合小亚基P位，形成43S前起始复合物。

3. mRNA与核糖体小亚基定位结合　43S前起始复合物（Met-tRNA$_i^{Met}$-小亚基）沿着mRNA 5′→3′方向对起始密码扫描定位，Met-tRNA$_i^{Met}$的反密码子识别并结合起始密码子AUG，形成48S起始复合物。

mRNA与核糖体小亚基定位结合依赖以下两种机制：帽子结合蛋白复合物（eIF-4F复合物）和Kozak共有序列。

eIF-4F复合物包括eIF-4E、eIF-4G、eIF-4A等组分。eIF-4E识别结合mRNA 5′帽子结构，eIF-4G结合poly（A）尾结合蛋白PAB，再与eIF-3一起结合核糖体小亚基，形成复合物（Met-tRNA$_i^{Met}$-小亚基·eIF-3·eIF-4F·mRNA），ATP提供能量，eIF-4F从复合物中脱落，Met-tRNA$_i^{Met}$-小亚基复合物从mRNA 5′端开始滑动扫描，直到Met-tRNA$_i^{Met}$的反密码子与起始密码AUG识别并结合，mRNA最终在核糖体小亚基准确定位、结合。eIF-4A有RNA解螺旋酶活性，可松解mRNA的AUG上游5′-UTR的二级结构，以利于mRNA的扫描，eIF-4也促进扫描过程。

真核生物起始AUG上游没有S-D序列，但有与之功能相似的Kozak共有序列（Kozak consensus sequence），它是小亚基18S rRNA的识别和结合位点。Kozak共有序列也称为Kozak序列，是指真核生物的起始密码子常位于一段共有序列CCRCCAUGG（R为A或G）中，是由Marilyn Kozak阐明其功能。

4. 核糖体大、小亚基结合　48S起始复合物定位起始密码子后，在eIF-5的作用下，GTP-eIF-2中GTP水解供能，各种eIF从48S起始复合物中脱落，同时60S大亚基即可与小亚基结合，形成80S翻译起始复合物（图14-17）。

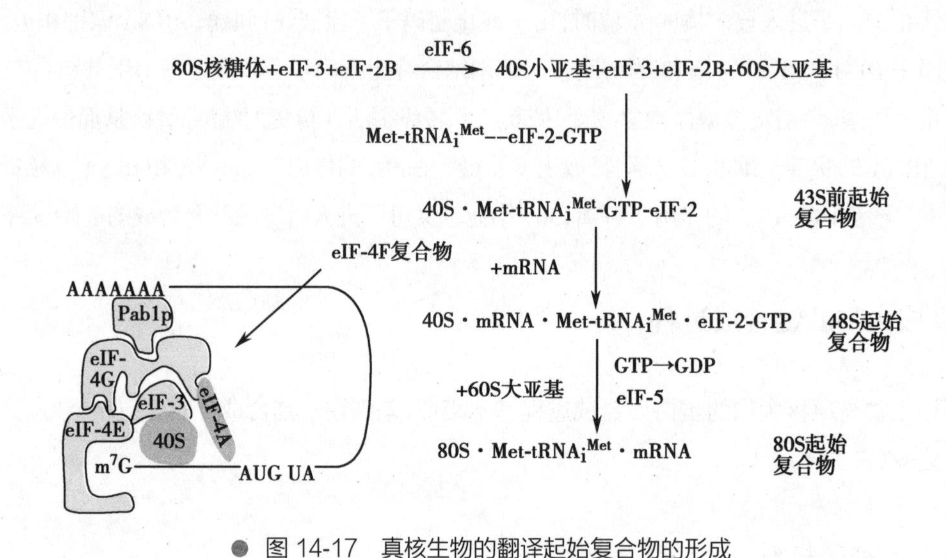

● 图14-17　真核生物的翻译起始复合物的形成

（二）肽链的延长

真核生物肽链延长过程和原核生物基本相似，只是反应体系和延长因子不同。转肽酶活性是真核生物大亚基的 28S rRNA 中一个腺嘌呤直接催化肽键形成。另外，真核细胞核糖体没有 E 位，转位时脱酰 tRNA 直接从 P 位脱落。

(三) 肽链合成的终止

真核生物肽链合成的终止过程尚不清楚，目前仅发现 1 种释放因子 eRF，可以识别全部 3 种终止密码子。

真核生物与原核生物蛋白质生物合成有很多共同点，但也有差别(表 14-5)。

表 14-5 真核生物与原核生物蛋白质生物合成过程的比较

	真核生物	原核生物
遗传密码	相同	相同
翻译体系	相似	相似
转录与翻译	不偶联	偶联
起始因子	多，起始复杂	少，相对简单
mRNA	帽子、尾巴、单顺反子	S-D 序列、多顺反子
核糖体及亚基	80S(40S、60S)	70S(30S、50S)
起始氨基酰 -tRNA	$Met\text{-}tRNA_i^{Met}$	$fMet\text{-}tRNA_i^{fMet}$
起始阶段	9~10 种 eIF、ATP	3 种 IF、ATP、GTP
延长阶段	eEF-1、eEF-2	EF-Tu、EF-Ts
终止阶段	1 种 eRF	3 种(RF-1、RF-2、RF-3)

蛋白质的生物合成是耗能过程，在肽链延长时，每生成 1 个肽键，需要 2 分子 GTP(进位与移位时各 1 分子)提供能量，即消耗 2 个高能磷酸键。再加上氨基酸活化所消耗的 2 个高能磷酸键，所以蛋白质合成过程中，每生成 1 个肽键，至少需要消耗 4 个高能磷酸键。这些能量供给是保证遗传信息从 mRNA 到蛋白质的传递具有高保真性的重要机制之一。

无论原核生物还是真核生物，其蛋白质生物合成中，一条 mRNA 上可附着 10~100 个核糖体，这些核糖体依次结合于起始密码子并沿 mRNA 5′→3′ 方向读码，同时合成蛋白质肽链，这种一条 mRNA 上结合多个核糖体，同时进行肽链合成的现象，称为多聚核糖体(polyribosome 或 polysome)(图 14-18)。多聚核糖体可使蛋白质肽链的合成以高速度、高效率进行。

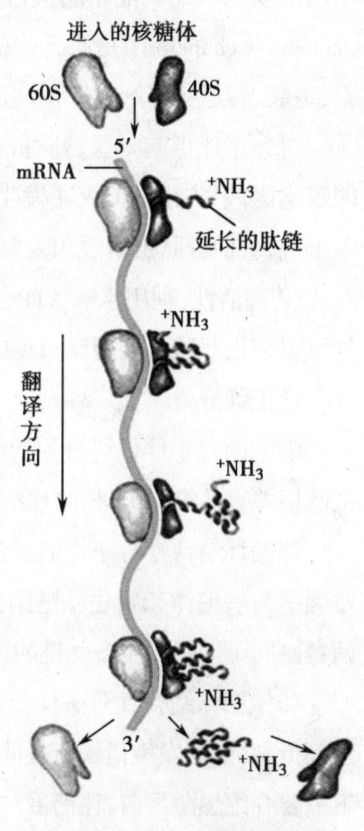

图 14-18 多聚核糖体

第四节 肽链合成后的加工与靶向转运

从核糖体中释放的新生多肽链是不具有生物活性的，必须经过复杂的加工过程才能转变为具有天然构象的活性蛋白质，这一过程称为翻译后加工(post-translational processing)。

新合成的蛋白质还需要被运送到适当的亚细胞部位才能行使各自的生物学功能。有些蛋白质需滞留于细胞质，有些需被运输到细胞器或镶嵌于细胞膜，有些还需分泌到细胞外。这种蛋白质合成后被定向输送到其发挥作用部位的过程，称为蛋白质的靶向输送(protein targeting)或蛋白质分选(protein sorting)。

一、翻译后加工

翻译后加工主要包括多肽链折叠、一级结构修饰和空间结构修饰等。

(一) 多肽链折叠

新合成的多肽链经过折叠形成一定空间结构才能有生物学活性。一般认为，多肽链折叠的信息全部储存于其氨基酸序列中，即一级结构是空间结构的基础。况且线性多肽链折叠成天然空间构象是一种释放自由能的自发过程，但在细胞内，这种折叠不是自发完成的，而是需要一些酶和蛋白质的辅助。能帮助蛋白质的多肽链按特定方式正确折叠的辅助性蛋白质，称为分子伴侣(molecular chaperon)，是广泛存在于原核生物和真核生物中的一类保守蛋白质，它们参与蛋白质折叠、组装、转运和降解等过程，之后与蛋白质分离。

对分子伴侣参与蛋白质折叠的机制已有所认识，主要包括以下几种：①封闭待折叠肽链暴露的疏水区段，防止错误聚集发生，有利于正确折叠；②创建一个隔离的环境，可以使肽链的折叠互不干扰；③促进肽链折叠和去聚集；④遇到应激刺激，使已折叠的蛋白质去折叠。许多分子伴侣具有 ATP 酶活性，利用水解 ATP 提供能量，可逆地与未折叠肽段的疏水区段结合或松开，如此反复，就可以防止肽链出现错误折叠或聚集；如果已出现错误聚集，分子伴侣识别并与之结合，使其解聚并诱导正确折叠。

细胞内分子伴侣可分为两大类：①核糖体结合性分子伴侣，包括触发因子(trigger factor)和新生链相关复合物；②非核糖体结合性分子伴侣，包括热激蛋白、伴侣蛋白等。

核糖体结合性分子伴侣结合在核糖体和新生肽链上，阻止肽链的错误折叠或过早折叠。如触发因子与核糖体和新生肽链结合后，可以强化核糖体本身所具有的阻止多肽链折叠缠绕的作用，两者协同可抑制新生多肽链的过早折叠。

非核糖体结合性分子伴侣不需要与核糖体结合，多与新生肽链或蛋白质分子结合，帮助肽链正确折叠；如已发生错误折叠的蛋白质分子，则使其恢复正常构象。这类分子伴侣的种类最多，以下主要介绍热激蛋白、伴侣蛋白的结构和功能。

1. 热激蛋白　热激蛋白(heat shock protein，HSP)也称为热休克蛋白，属于应激反应性蛋白质，高温应激可诱导该蛋白质合成。热激蛋白可促进需要折叠的多肽折叠形成天然空间构象。大肠埃希菌的热激蛋白包括 Hsp70、Hsp40 和 GrpE 三族。各种生物都有类似的同源蛋白，有多种细胞功能。

Hsp70 由 *dnaK* 基因编码，也称为 DnaK 蛋白，分子量约为 70kDa，是热激蛋白家族中最重要的成员。Hsp70 有两个主要功能域：存在于 N 端的高度保守的 ATP 酶结构域，能结合和水解 ATP；存在于 C 端的肽链结合结构域（图 14-19），帮助肽链折叠需要这两个结构域的相互作用及 Hsp40（亦称 DnaJ）和 GrpE 协助。在 ATP 存在的条件下，Hsp70 和 Hsp40 的相互作用可阻止肽链的聚集，GrpE 分子量为 22kDa，作为核苷酸交换因子，是控制 Hsp70 的 ATP 酶活性及肽链释放的开关。

● 图 14-19 大肠埃希菌 Hsp70（DnaK）的结构

热激蛋白促进肽链折叠的过程称为 Hsp70 循环（图 14-20）。Hsp40 先与未折叠或部分折叠的肽链结合，将肽链导向 Hsp70-ATP 复合物，激活 Hsp70 的 ATP 酶活性，使 ATP 水解，从而形成 Hsp40·Hsp70-ADP·肽链三元复合物，随后在 GrpE 催化下 ATP 与 ADP 交换，复合物解体，释放出完成折叠或部分折叠的肽链，尚未完成折叠的肽链可进入下一轮 Hsp70 循环或 GroEL，继续折叠直至完成肽链折叠。

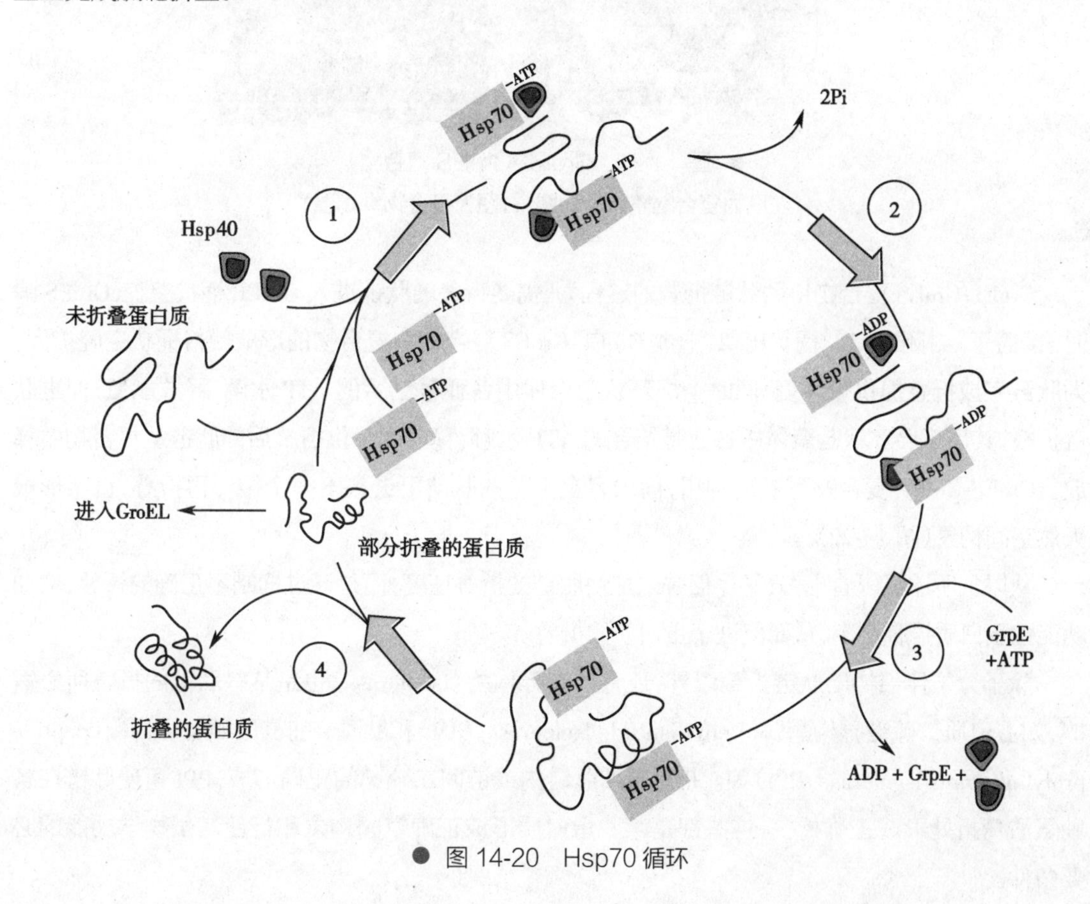

● 图 14-20 Hsp70 循环

人类细胞中 Hsp 蛋白质家族可存在于胞质、内质网腔、线粒体、胞核等部位，涉及多种细胞保护功能：如使线粒体和内质网蛋白质保持未折叠状态而转运、跨膜，再折叠成功能构象；通过类似上述机制，避免或消除蛋白质变性后因疏水基团暴露而发生的不可逆聚集，以利于清除变性或错误折叠的多肽中间物等。

2. 伴侣蛋白 GroEL 和 GroES　伴侣蛋白(chaperonin)是分子伴侣的另一家族，如大肠埃希菌的 GroEL 和 GroES(真核细胞中同源物为 Hsp60 和 Hsp10)等家族。其主要作用是为未完成折叠或已发生错误折叠的肽链提供便于折叠形成天然空间构象的微环境。

GroEL 是由 14 个相同亚基组成的多聚体，每个亚基的分子量为 60kDa，也称为 Hsp60。14 个可形成 2 组环状七聚体，上、下环堆集为桶状空腔，顶部为空腔出口。GroEL 的每个亚基结合 1 分子 ATP，为肽链折叠或释放提供能量。GroES 是由 7 个相同亚基(每个亚基分子量为 10kDa，亦称 Hsp10)组成的圆顶状复合物，可作为 GroEL 桶的盖子(图 14-21)。

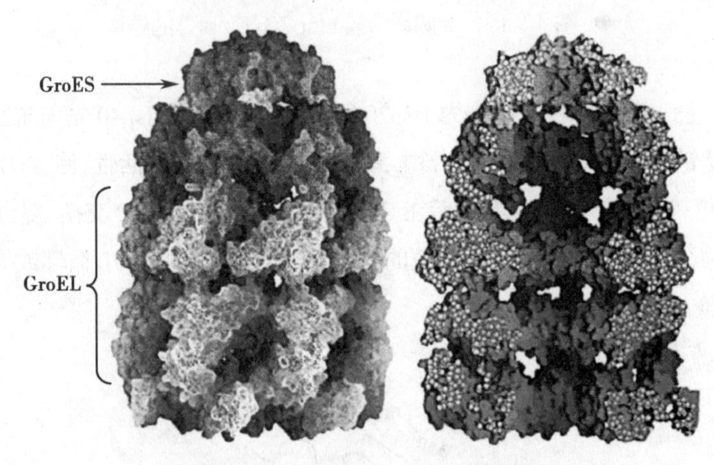

● 图 14-21　GroEL-GroES 复合物
(左图为复合物整体结构图，右图为复合物纵切图)

GroEL-GroES 复合物协助肽链折叠的过程为：需要折叠的肽链进入 GroEL 桶状空腔，GroES 瞬时盖“盖子”封闭 GroEL 桶状出口，形成 GroEL-GroES 复合物。复合物的形成使得桶状空腔扩大，为肽链完成折叠提供微环境；同时上层环状七聚体中各亚基结合的 ATP 水解，释放能量，促进肽链折叠，其后下层环状七聚体中各亚基结合的 ATP 水解，释放能量供折叠后的肽链从复合物中释放。GroES-GroEL 复合物可被再利用，尚未完全折叠的肽链可进入下一个循环再折叠，直至形成天然空间构象(图 14-22)。

从以上所述可以看出，分子伴侣并未加快肽链的折叠速度，而是通过抑制不正确的折叠，增加功能性蛋白质折叠产率，从而促进了蛋白质的折叠。

除了分子伴侣协助肽链折叠以外，还有一些异构酶(isomerase)也是某些肽链的折叠所必需的，如蛋白质二硫键异构酶(protein disulfide isomerase，PDI)和肽酰 - 脯氨酸顺反异构酶(peptide prolyl *cis-trans* isomerase，PPI)等。PDI 帮助肽链内或链间二硫键的正确形成，PPI 可使肽链在各脯氨酸弯折处形成正确折叠，这些都是某些蛋白质形成正确空间构象和行使其生物学功能的必要条件。

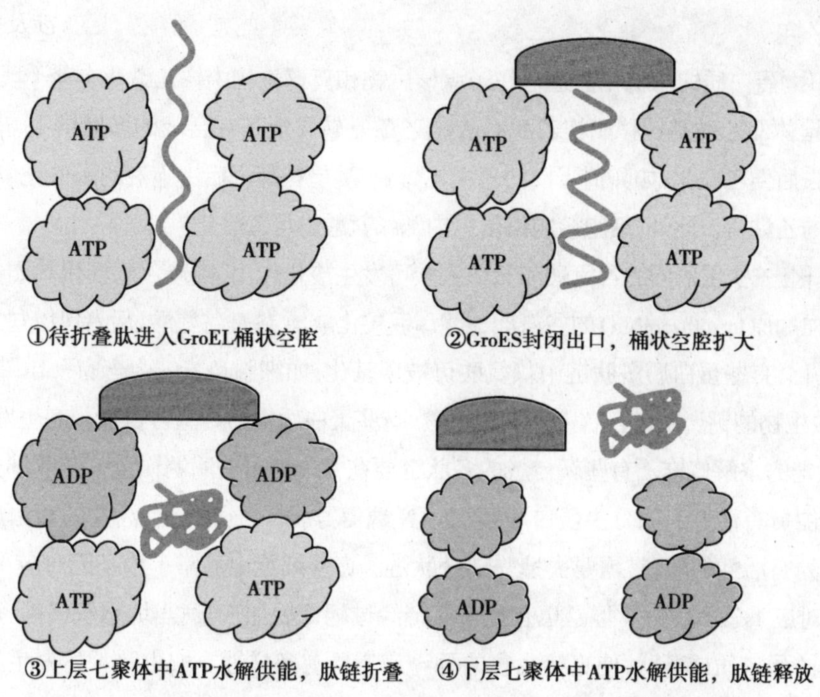

● 图 14-22 GroEL-GroES 复合物中肽链折叠过程

(二) 一级结构修饰

由于不同蛋白质的一级结构与功能不同，修饰作用也有差异，新生多肽链通过肽链 N 端的修饰、个别氨基酸的共价修饰、多肽链的水解修饰等作用后成熟。

1. 肽链 N 端的修饰 在蛋白质合成过程中，N 端氨基酸总是甲酰甲硫氨酸（原核生物）或甲硫氨酸（真核生物），但大多数天然蛋白质 N 端第 1 位氨基酸不是甲酰甲硫氨酸或甲硫氨酸。细胞内有氨基肽酶或氨肽酶可去除 N 端甲硫氨酸、甲酰甲硫氨酸或 N 端的部分肽段。这一过程可在肽链合成中进行，不一定要等肽链合成终止才发生。

2. 个别氨基酸的共价修饰 某些蛋白质肽链中存在可被共价修饰的氨基酸，共价修饰对这些蛋白质发挥正常生物学功能是必需的。共价修饰包括羟基化（胶原蛋白）、糖基化（各种糖蛋白）、磷酸化（糖原磷酸化酶等）、乙酰化（组蛋白）、羧基化和甲基化（细胞色素 c、肌肉蛋白等）等。这些共价修饰作用通常在细胞的内质网中进行。

（1）羟基化：在结缔组织的蛋白质内常出现羟脯氨酸、羟赖氨酸，这两种氨基酸并无遗传密码，是在肽链合成后脯氨酸、赖氨酸经过羟基化产生的，羟基化作用有助于胶原蛋白螺旋的稳定。

（2）糖基化：许多膜蛋白和分泌蛋白均是糖蛋白，在多肽链合成中或在合成之后常以共价键与单糖或寡糖链连接而生成，这是在内质网或高尔基体中加入的。糖可连接在天冬酰胺的酰胺基上（*N*- 连接寡糖）或连接在丝氨酸、苏氨酸或羟赖氨酸的羟基上（*O*- 连接寡糖）。糖基化是多种多样的，可以在同一条肽链上的同一位点连接不同的寡糖，也可在不同位点上连接寡糖。糖基化过程是在酶催化反应下进行。

（3）磷酸化：蛋白质的可逆磷酸化在细胞生长和代谢调节中有重要作用。磷酸化发生在翻译后，由多种蛋白激酶催化，将磷酸基团连接于丝氨酸、苏氨酸和酪氨酸的羟基上，而磷酸酯酶则催化脱磷酸作用。

(4) 乙酰化：蛋白质的乙酰化普遍存在于原核生物和真核生物中。乙酰化有两个类型：一类是由结合于核糖体的乙酰基转移酶将乙酰 CoA 的乙酰基转移至正在合成的多肽链上，当将 N 端的甲硫氨酸除去后便乙酰化，如卵清蛋白的乙酰化；另一类是在翻译后由胞液的酶催化发生乙酰化，如肌动蛋白的乙酰化。此外，细胞核内组蛋白内部赖氨酸也可乙酰化。

(5) 羧基化：一些蛋白质的谷氨酸和天冬氨酸可发生羧化作用，由羧化酶催化。如参与血液凝固过程的凝血酶原（prothrombin）的谷氨酸在翻译后羧化成 γ- 羧基谷氨酸，后者可以与 Ca^{2+} 螯合。

(6) 甲基化：有些蛋白质多肽链中赖氨酸可被甲基化，如细胞色素 c 中含有一甲基、二甲基赖氨酸。大多数生物的钙调蛋白含有三甲基赖氨酸。有些蛋白质中的一些谷氨酸羧基也发生甲基化。

3. 多肽链的水解修饰　有些新合成的多肽链要在专一性蛋白酶的作用下切除部分肽段或氨基酸残基才能具有活性。如分泌蛋白质要切除 N 端信号肽，才能形成有活性的蛋白质。无活性的酶原转变为有活性的酶，常需要去掉一部分肽链。真核细胞中通常 1 个基因对应 1 个 mRNA，1 个 mRNA 对应 1 条多肽链。但是也有些多肽链经过翻译后加工，适当地水解修剪，可以产生几种不同性质的蛋白质或多肽，使真核生物的翻译产物具有多样性。如由脑垂体产生的阿片促黑皮质激素原（pro-opio-melano-cortin，POMC），由 265 个氨基酸残基构成，经水解后可产生多个活性肽：β- 内啡肽（β-endorphin，十一肽）、β- 促黑激素（melanocyte-stimulating hormone，β-MSH，十八肽）、促肾上腺皮质激素（corticotropin，ACTH，三十九肽）和 β- 脂肪酸释放激素（lipotropin，β-LT，九十一肽）等至少 10 种活性物质。

又如胰岛素在合成时并非是具有正常生理活性的胰岛素，而是其前体——胰岛素原，N 端为 23 个氨基酸残基的信号肽；A 链含 21 个氨基酸残基，B 链含 30 个氨基酸残基；C 肽又称连接肽，含 33 个氨基酸残基。切除信号肽后则变为胰岛素原，再切除连接肽后则变为胰岛素（图 14-23）。血浆蛋白的主要成分清蛋白，在肝细胞中合成时也只是其前体清蛋白原。清蛋白原 N 端需去掉由 5~6 个氨基酸残基组成的肽段，才能成为清蛋白。因此这类合成后的加工，是分泌蛋白生成过程的一种普遍现象。原核生物细胞内脱甲酰基酶切除新生肽链的 *N*- 甲酰基，以及真核生物细胞内通过氨基肽酶的作用切除某些新生蛋白质的 N 端残基或末端的一段肽链，也属于水解修饰。

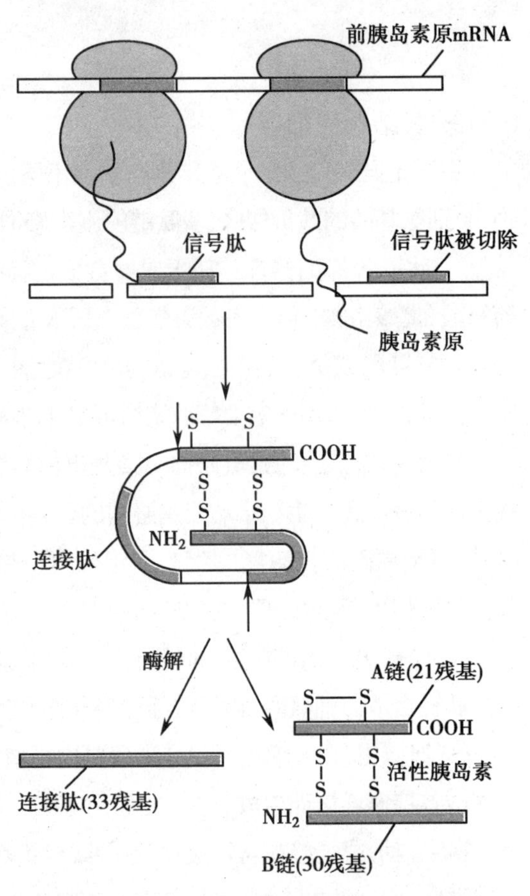

● 图 14-23　胰岛素合成过程的水解修饰

（三）空间结构修饰

多肽链合成后，除了正确折叠为天然空间构象外，有些蛋白质还需某些空间结构修饰，才能成为具有完整天然构象和全部生物学功能的蛋白质。

1. 亚基聚合　具有四级结构的蛋白质由两条以上的多肽链通过非共价键聚合，形成寡聚体后才能形成特定构象并具生物活性。各亚基虽自有独立功能，但又必须相互依存才得以发挥作用。这种聚合过程往往有一定顺序，前一步骤常可促进后一步骤的进行。例如，正常成人血红蛋白（HbA）由两条 α 链、两条 β 链及四个血红素构成。α 链在多聚核糖体合成后自行释放，并与尚未从多聚核糖体上释下的 β 链相连，然后一并从核糖体上脱下，形成游离的 α、β 二聚体。此二聚体与线粒体合成的两个血红素结合，形成半分子血红蛋白，两个半分子血红蛋白相互结合才成为有功能的 HbA（$\alpha_2\beta_2$ 血红素）。

2. 辅基连接　蛋白质分为单纯蛋白及结合蛋白两大类，糖蛋白、脂蛋白及各种带有辅酶的酶，都是常见的重要结合蛋白。对于结合蛋白来说，含有辅基成分，所以也要与辅基部分结合后才能具有生物功能。辅基与肽链的结合是复杂的生化过程。细胞膜含很多糖蛋白，当肽链合成后，在内质网及高尔基体中通过糖基转移酶的作用，其天冬酰胺或丝氨酸、苏氨酸残基糖基化而形成糖蛋白，然后向细胞外分泌。某些蛋白质分子中含有共价相连的脂质，这些脂质是在肽链由内质网向高尔基体移行过程中，酰基转移酶可催化脂酸与肽链上的 Ser 或 Thr 的羟基以酯键结合，而使新生蛋白质棕榈酰化。棕榈酰化的蛋白质大多定位于膜上的整合蛋白，其中许多是受体蛋白。有的蛋白质也可以进行豆蔻酰化或异戊二酰化修饰。脂质共价修饰可影响蛋白质的生物功能。其他结合蛋白如血红蛋白、脂蛋白等也是在肽链合成后，再与相应的辅基结合而形成结合蛋白的。

3. 疏水脂链的共价连接　某些蛋白质，如 Ras 蛋白、G 蛋白等，翻译后需要在肽链特定位点共价连接一个或多个疏水性强的脂链、多异戊二烯链等。这些蛋白质通过脂链嵌入膜脂双层，定位成为特殊质膜内在蛋白，才能成为具有生物学功能的蛋白质。

二、蛋白质的靶向输送

在生物体内，蛋白质的合成位点与功能位点常常被一层或多层生物膜所隔开，这样就产生了蛋白质转运的问题。蛋白质合成后经过复杂机制，定向输送到最终发挥生物功能的部位，即蛋白质的靶向输送（protein targeting）。真核生物蛋白在胞质核糖体上合成后，不外乎有 3 种去向：保留在胞液；进入细胞核、线粒体或其他细胞器；分泌到体液。那么在核糖体中合成的各种蛋白质如何被靶向输送？

研究表明，细胞内蛋白质的合成有两个不同的位点：游离核糖体与膜结合核糖体，因此也就决定了蛋白质的去向和转运机制不同。①翻译运转同步机制：指在内质网膜结合核糖体上合成的蛋白，其合成与运转同时发生，包括细胞分泌蛋白、膜整合蛋白、滞留在内膜系统（内质网、高尔基体、内体、溶酶体和小泡等）的可溶性蛋白；②翻译后运转机制：指在细胞质游离核糖体上合成的蛋白，其蛋白从核糖体释放后才发生运转，包括预定滞留在细胞质基质中的蛋白、质膜内表面的外周蛋白、核蛋白以及掺入其他细胞器（线粒体、过氧化物酶体、叶绿体）的蛋白等。上述所有靶向输送的蛋白质结构中均存在分选信号，主要为 N 端特异氨基酸序列，可引导蛋白质转移到细胞的适当靶部位，这类序列称为信号序列（signal sequence），是决定蛋白靶向输送特性的最重要元件。20 世纪

70年代,美国科学家Blobel发现,当很多分泌性蛋白跨过有关细胞膜性结构时,需切除N端的短肽,由此提出著名的"信号假说"——蛋白质分子被运送到细胞不同部位的"信号"存在于它的一级结构中,因此Blobel荣获了1999年度诺贝尔生理学或医学奖。靶向不同的蛋白质各有特异的信号序列或成分(表14-6)。下面重点讨论分泌蛋白、线粒体蛋白及核蛋白的靶向输送过程。

表14-6 靶向输送蛋白的信号序列或成分

靶向输送蛋白	信号序列或成分
分泌蛋白	N端信号肽,13~36个氨基酸残基
内质网腔驻留蛋白	N端信号肽,C端-Lys-Asp-Glu-Leu-COO-(KDEL序列)
内质网膜蛋白	N端信号肽,C端KKXX序列(X为任意氨基酸)
线粒体蛋白	N端信号序列,两性螺旋,12~30个残基,富含Arg、Lys
核蛋白	核定位序列(-Pro-Pro-Lys-Lys-Arg-Lys-Val-,SV40T抗原)
过氧化物酶体蛋白	C端-Ser-Lys-Leu-(SKL序列)
溶酶体蛋白	Man-6-P(甘露糖-6-磷酸)

(一)分泌蛋白的靶向输送

如前所述,细胞分泌蛋白,膜整合蛋白,滞留在内质网、高尔基体、溶酶体的可溶性蛋白均在内质网膜结合核糖体上合成,并且边翻译边进入内质网(ER),使翻译与运转同步进行。这些蛋白质首先被其N端的特异信号序列引导进入内质网,然后再由内质网包装转移到高尔基体,并在此分选投送,或分泌出细胞,或被送到其他细胞器。

1. 信号肽(signal peptide) 各种新生分泌蛋白的N端都有保守的氨基酸序列,称为信号肽,一般有13~36个氨基酸残基。有如下3个特点:①N端常常有1个或几个带正电荷的碱性氨基酸残基,如赖氨酸、精氨酸;②中间为10~15个氨基酸残基构成的疏水核心区,主要含疏水中性氨基酸,如亮氨酸、异亮氨酸等;③C端多以侧链较短的甘氨酸、丙氨酸结尾,紧接着是被信号肽酶(signal peptidase)裂解的位点。

2. 分泌蛋白的输送机制 为翻译运转同步进行。分泌蛋白靶向进入内质网,需要多种蛋白成分的协同作用。

(1)信号肽识别颗粒(signal recognition particles,SRP):是由6个多肽亚基和1个7S RNA组成的11S复合体。SRP至少有3个结构域:信号肽结合域、SRP受体结合域和翻译停止域。当核糖体上刚露出肽链N端信号肽段时,SRP便与之结合并暂时终止翻译,从而保证翻译起始复合物有足够的时间找到内质网膜。SRP还可结合GTP,有GTP酶活性。

(2)SRP受体:内质网膜上存在着一种能识别SRP的受体蛋白,称SRP受体,又称SRP锚定蛋白(docking protein,DP)。DP由α(69kDa)和β(30kDa)两个亚基构成,其中α亚基可结合GTP,有GTP酶的活性。当SRP受体与SRP结合后,即可解除SRP对翻译的抑制作用,使翻译同步分泌得以继续进行。

(3)核糖体受体:也为内质网膜蛋白,可结合核糖体大亚基,使其与内质网膜稳定结合。

(4) 肽转位复合物(peptide translocation complex):为多亚基跨 ER 膜蛋白,可形成新生肽链跨 ER 膜的蛋白通道。

分泌蛋白翻译同步运转的主要过程:①胞液游离核糖体组装,翻译起始,合成出 N 端包括信号肽在内的约 70 个氨基酸残基。②SRP 与信号肽、GTP 及核糖体结合,暂时终止肽的延伸。③SRP 引导核糖体 - 多肽 -SRP 复合物,识别结合 ER 膜上的 SRP 受体,并通过水解 GTP 使 SRP 解离再循环利用,多肽链开始继续延长。④与此同时,核糖体大亚基与核糖体受体结合,锚定在 ER 膜上,水解 GTP 供能,诱导肽转位复合物开放形成跨 ER 膜通道,新生肽链 N 端信号肽即插入此孔道,肽链边合成边进入内质网腔。⑤SRP 脱离信号肽和核糖体,进入下一轮循环(SRP 循环)。⑥核糖体中的肽链继续延长直至完成,多肽链全部进入内质网腔中。⑦内质网膜的内侧面存在信号肽酶,通常在多肽链合成 80% 以上时,将信号肽段切下。内质网腔中的 Hsp70 消耗 ATP,促进肽链折叠成功能构象,然后输送到高尔基体,并在此继续加工后储于分泌小泡,最后将分泌蛋白排出胞外。⑧蛋白质合成结束,核糖体等各种成分解聚并恢复到翻译起始前的状态,再循环利用(图 14-24)。

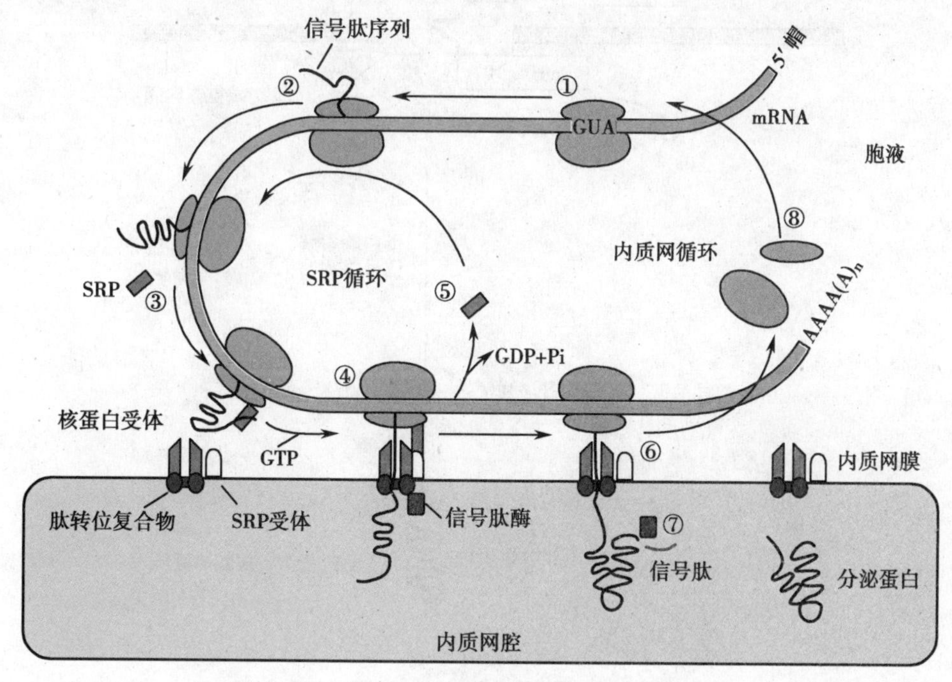

● 图 14-24 信号肽引导分泌性蛋白质进入内质网过程

(二) 线粒体蛋白的跨膜转运

线粒体蛋白的输送属于翻译后运转。90% 以上的线粒体蛋白前体在胞液游离核糖体合成后输入线粒体,其中大部分定位基质,其他定位内、外膜或膜间隙。线粒体蛋白 N 端都有相应信号序列,如线粒体基质蛋白前体的 N 端含有保守的 12~30 个氨基酸残基构成的信号序列,称为前导肽。前导肽一般具有如下特性:富含带正电荷的碱性氨基酸(主要是 Arg 和 Lys);经常含有丝氨酸和苏氨酸;不含酸性氨基酸;有形成两性(亲水和疏水)α 螺旋的能力。

线粒体蛋白翻译后运转过程:①前体蛋白在胞液游离核糖体上合成,并释放到细胞液中;②细胞液中的分子伴侣 Hsp70 或线粒体输入刺激因子(mitochondrial import stimulating factor,MSF)与前体蛋白结合，以维持这种非天然构象，并阻止它们之间的聚集；③前体蛋白通过信号序列识别、结合线粒体外膜的受体复合物；④再转运、穿过由线粒体外膜转运体（Tom）和内膜转运体（Tim）共同组成的跨内、外膜蛋白通道，以未折叠形式进入线粒体基质；⑤前体蛋白的信号序列被线粒体基质中的特异蛋白水解酶切除，然后蛋白质分子自发地或在上述分子伴侣的帮助下，折叠形成有天然构象的功能蛋白（图 14-25）。

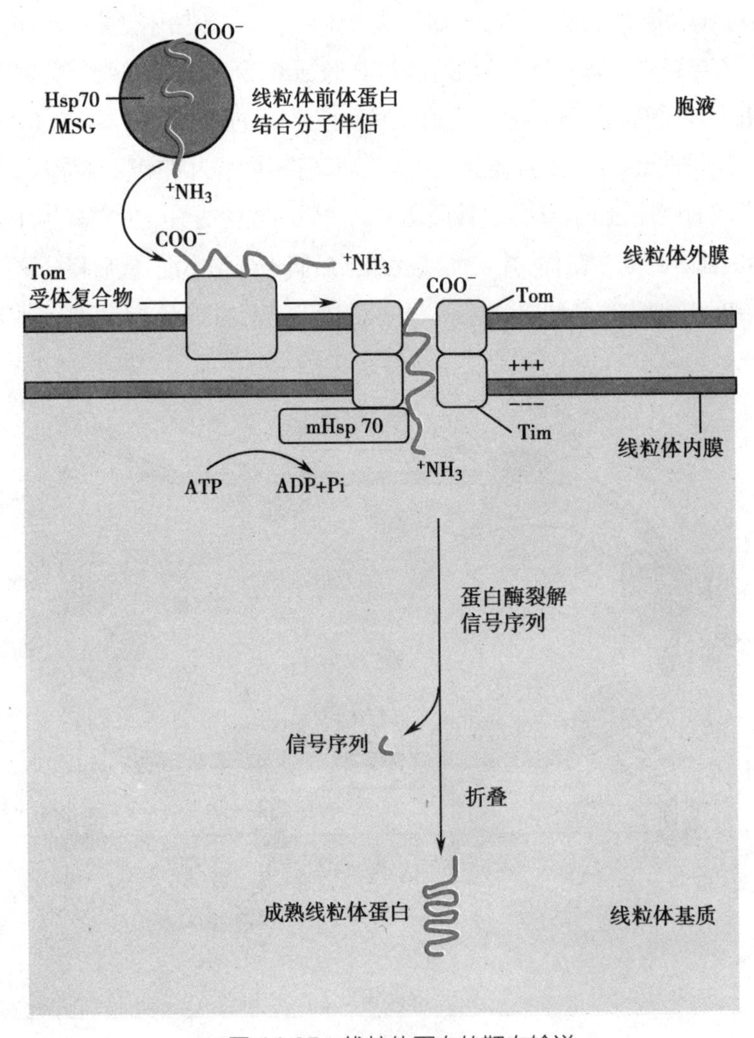

● 图 14-25　线粒体蛋白的靶向输送

（三）核蛋白的运转机制

核蛋白的输送也属于翻译后运转。所有细胞核中的蛋白，包括组蛋白及复制、转录、基因表达调控相关的酶和蛋白质因子等，都是在胞液游离核糖体上合成之后再转运到细胞核的，而且都是通过体积巨大的核孔复合体进入细胞核的。

研究表明，所有被输送到细胞核的蛋白质多肽链都含有一个核定位序列（nuclear localization sequence，NLS）。与其他信号序列不同，NLS 可位于核蛋白的任何部位，不一定在 N 端，而且 NLS 在蛋白质进核后不被切除。因此，在真核细胞有丝分裂结束核膜重建时，胞液中具有 NLS 的细胞核蛋白可被重新导入核内。最初的 NLS 是在猿病毒 40（SV40）的 T 抗原上发现的，为 4~8

个氨基酸残基的短序列,富含带正电荷的赖氨酸、精氨酸及脯氨酸。不同 NLS 间未发现共有序列。

核蛋白向核内输送过程需要几种循环于核质和胞质的蛋白质因子,包括 α、β 核输入因子(nuclear importin)和一种相对分子质量较小的 GTP 酶(Ran 蛋白)。3 种蛋白质组成的复合物停靠在核孔处,α、β 核输入因子组成的二聚体可作为胞核蛋白受体,与 NLS 结合的是 α 亚基。核蛋白转运过程如下:①核蛋白在胞液游离核糖体上合成,并释放到胞液中;②蛋白质通过 NLS 识别结合 α、β 核输入因子二聚体形成复合物,并被导向核孔复合体;③依靠 Ran GTP 酶水解 GTP 释能,将核蛋白-输入因子复合物跨核孔转运入核基质;④转运中,β和α核输入因子先后从复合物中解离;⑤胞核蛋白定位于细胞核内;⑥ α、β 核输入因子移出核孔再循环利用(图 14-26)。

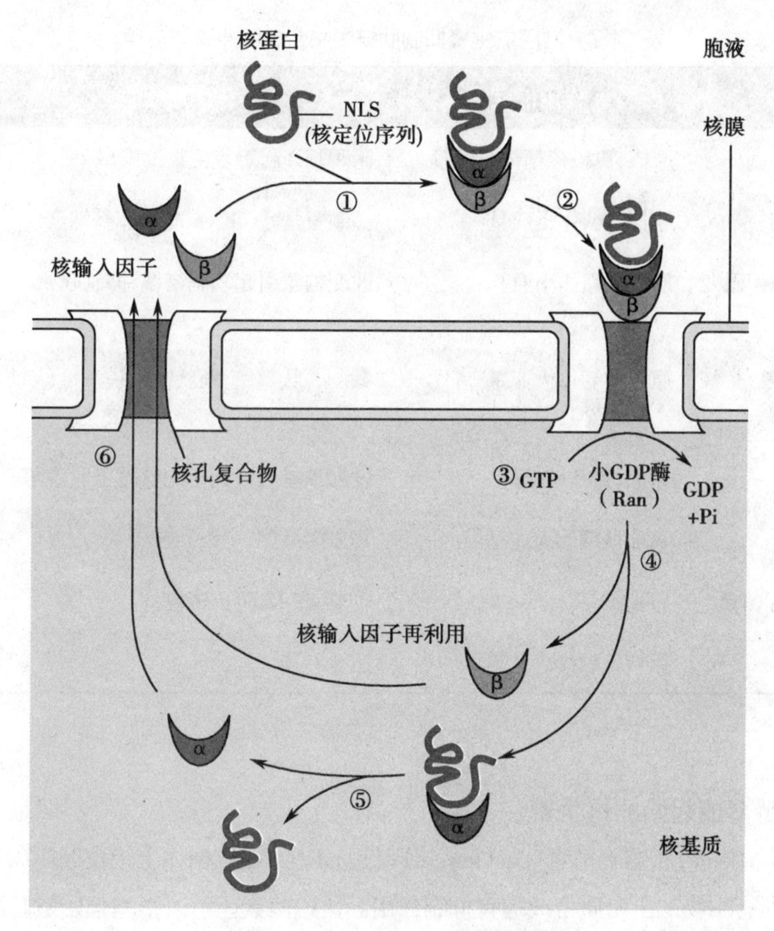

图 14-26　核蛋白的靶向输送

第五节　蛋白质生物合成的干扰与抑制

蛋白质生物合成是许多药物和毒素的作用靶点。这些药物或毒素可以通过阻断真核或原核生物蛋白质生物合成体系中某组分的功能,从而干扰与抑制蛋白质生物合成过程。真核生物与原核生物的翻译过程既相似又有差别,这些差别在临床医学中有重要的应用价值。如抗生素能杀灭细菌，但对真核细胞无明显影响，可以把蛋白质生物合成所必需的关键组分作为研究新的抗菌药物的靶点。某些毒素也作用于基因信息传递过程，通过对毒素作用原理的了解，不仅能研究其致病机制，还可从中发现寻找新药的途径。

一、抗生素抑制肽链生物合成的作用机制

某些抗生素（antibiotics）可抑制细胞的蛋白质合成，仅作用于原核细胞蛋白质合成的抗生素可作为抗菌药，抑制细菌生长和繁殖，预防和治疗感染性疾病。作用于真核细胞的蛋白质合成的抗生素可以作为抗肿瘤药（表 14-7）。

表 14-7 常用抗生素抑制肽链生物合成的原理与应用

抗生素	作用位点	作用原理	应用
伊短菌素	原核、真核核糖体小亚基	阻碍翻译起始复合物的形成	抗病毒药
四环素、土霉素	原核核糖体小亚基	抑制氨基酰 -tRNA 与小亚基结合	抗菌药
链霉素、新霉素、巴龙霉素	原核核糖体小亚基	改变构象引起读码错误、抑制起始	抗菌药
氯霉素、林可霉素、红霉素	原核核糖体大亚基	抑制转肽酶、阻断肽链延长	抗菌药
嘌呤霉素	原核、真核核糖体	使肽酰基转移到它的氨基上后脱落	抗肿瘤药
放线菌酮	真核核糖体大亚基	抑制转肽酶、阻断肽链延长	医学研究
夫西地酸、细球菌素	EF-G	抑制 EF-G、阻止转位	抗菌药
大观霉素	原核核糖体小亚基	阻止转位	抗菌药

（一）抑制肽链合成起始的抗生素

伊短菌素（edeine）和螺旋霉素（pactamycin）引起 mRNA 在核糖体上错位而阻碍翻译起始复合物的形成，对所有生物的蛋白质合成均有抑制作用。伊短菌素还可以影响起始氨基酰 -tRNA 的就位和 IF-3 的功能。

（二）抑制肽链延长的抗生素

1. 干扰进位的抗生素　四环素（tetracycline）和土霉素（terramycin）特异性结合 30S 亚基的 A 位，抑制氨基酰 -tRNA 的进位。粉霉素（pulvomycin）可降低 EF-Tu 的 GTP 酶活性，从而抑制 EF-Tu 与氨基酰 -tRNA 结合；黄色霉素（kirromycin）阻止 EF-Tu 从核糖体释出。

2. 引起读码错误的抗生素　氨基糖苷（aminoglycoside）类抗生素能与 30S 亚基结合，影响翻译的准确性。例如，链霉素（streptomycin）与 30S 亚基结合，改变 A 位上氨基酰 -tRNA 与其对应的

密码子配对的精确性和效率,使氨基酰-tRNA与mRNA错配;潮霉素B(hygromycin B)和新霉素(neomycin)能与16S rRNA及rpS12结合,干扰30S亚基的解码部位,引起读码错误。这些抗生素均能使延长中的肽链引入错误的氨基酸残基,改变细菌蛋白质合成的忠实性。

3. 影响成肽的抗生素　氯霉素(chloramphenicol)可结合核糖体50S亚基,阻止由转肽酶催化的肽键形成;林可霉素(lincomycin)作用于A位和P位,阻止tRNA在这两个位置就位而抑制肽键形成;大环内酯类(macrolide)抗生素如红霉素(erythromycin)能与核糖体50S亚基中的肽链排出通道结合,阻止新生肽链从核糖体大亚基中排出,从而阻止肽键的进一步形成;嘌呤霉素(puromycin)的结构与酪氨酰-tRNA相似,在翻译中可取代酪氨酰-tRNA而进入核糖体A位,中断肽链的合成;放线菌酮(cycloheximide)特异性抑制真核生物核糖体转肽酶的活性。

二、细菌毒素与植物毒素对蛋白质生物合成的抑制

(一) 白喉毒素

白喉毒素(diphtheria toxin)是白喉杆菌产生的毒素蛋白,对人体和其他哺乳动物的毒性极强,其主要作用就是抑制蛋白质的生物合成。白喉毒素由A、B两个亚基组成,A亚基能催化辅酶Ⅰ(NAD^+)与真核eEF-2共价结合,从而使eEF-2失活(图14-27)。它的催化活性很高,只需微量就能有效抑制细胞整合蛋白质的合成,给予烟酰胺可拮抗其作用。B亚基可与细胞表面特异受体结合,帮助A亚基进入细胞。

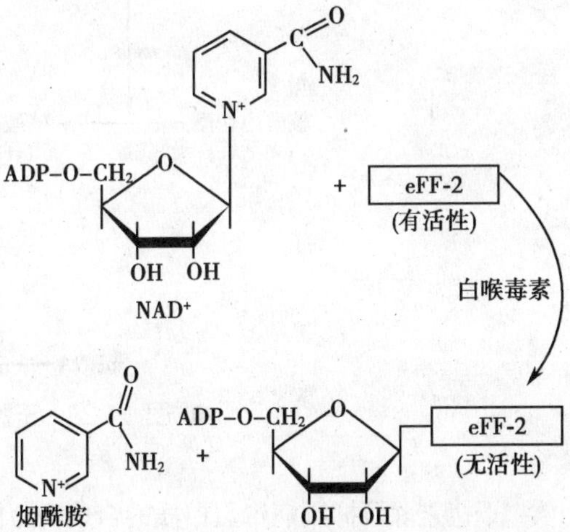

● 图14-27　白喉毒素的作用机制

(二) 蓖麻蛋白

蓖麻蛋白(ricin)可与真核生物核糖体60S大亚基结合,抑制肽链延长。该蛋白质由A、B两条链通过1对二硫键连接而组成。B链是凝集素,通过与细胞膜上含有半乳糖的糖蛋白(或糖脂)结合附着于动物细胞的表面。附着后,二硫键被还原,A链释放进入细胞内,与60S大亚基结合。A链具有蛋白酶活性,催化60S大亚基中28S rRNA第4 324位脱嘌呤反应,使28S rRNA降解,使核糖体大亚基失活,抑制蛋白质的生物合成。蓖麻蛋白毒力很强,为同等重量氰化钾毒力的6 000倍,可用于生化武器。

三、其他蛋白质合成阻断剂

(一) 干扰素

干扰素(interferon, IFN)是真核细胞感染病毒后分泌的一类具有抗病毒作用的蛋白质,它可抑制病毒繁殖,保护宿主细胞。干扰素分为α-(白细胞)型、β-(成纤维细胞)型和γ-(淋巴细胞)型三

大族类，每族类各有亚型，分别有各自的特异作用。干扰素抗病毒的作用机制有如下两点：

1. 激活一种蛋白激酶　干扰素在某些病毒等双链 RNA 存在时，能诱导 eIF-2 蛋白激酶活化。该活化的激酶使真核生物 eIF-2 磷酸化失活，从而抑制病毒蛋白质合成。

2. 间接活化核酸内切酶使 mRNA 降解　干扰素先与双链 RNA 共同作用，活化 2′-5′ 寡聚腺苷酸合成酶，使 ATP 以 2′-5′ 磷酸二酯键连接，聚合为 2′-5′ 寡聚腺苷酸（2′-5′A）。2′-5′A 再活化一种核酸内切酶 RNase L，后者使病毒 mRNA 发生降解，阻断病毒蛋白质合成。干扰素的作用机制见图 14-28。

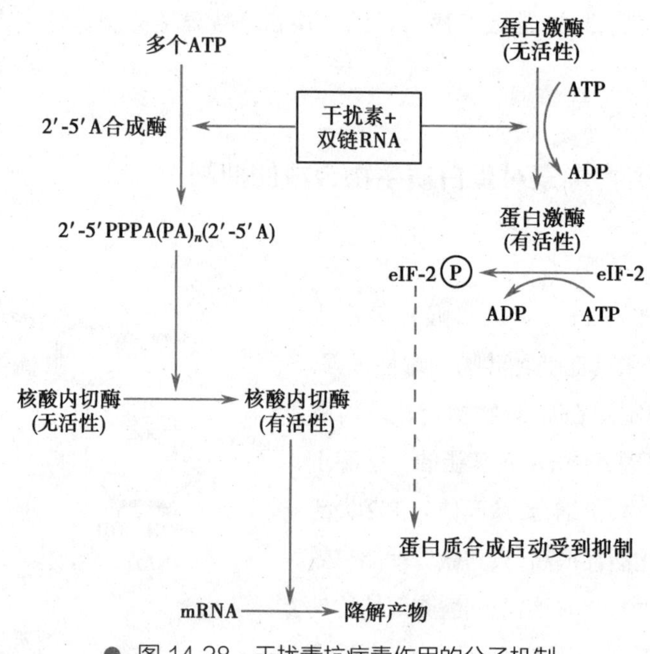

● 图 14-28　干扰素抗病毒作用的分子机制

干扰素除了抑制病毒蛋白质的合成外，几乎对病毒感染的所有过程均有抑制作用，如吸附、穿入、脱壳、复制、表达、颗粒包装和释放等。此外，干扰素还有调节细胞生长分化、激活免疫系统等作用，因此有十分广泛的临床应用。现在我国已能用基因工程技术生产人类干扰素，是继基因工程生产胰岛素之后，较早获准在临床使用的基因工程药物。

案例分析

案例

患者，女，12 岁，因双侧耳周肿痛 4 天入院。患儿于入院前 4 天无明显诱因出现双侧耳周肿胀，局部疼痛，腮腺肿大，咀嚼食物时疼痛加重，无头痛、发热、恶心、呕吐、腹痛、腹泻等症，今来院门诊就诊，门诊医生初诊为疑“流行性腮腺炎”。查体：T 36.0℃，P 90 次 /min，R 24 次 /min，BP 110/80mmHg，Wt 45kg。

治疗：α-1b 干扰素，肌内注射，剂量每次 100 万 U，每天 1 次，疗程 3~5 天。双黄连口服液、板蓝根颗粒等药口服。

问题：

1. 如何从生物化学的角度分析干扰素治疗流行性腮腺炎的作用机制？

2. 干扰素临床治疗的其他应用与不良反应有哪些？

3. 试分析双黄连口服液、板蓝根颗粒治疗流行性腮腺炎的药理作用。

分析

干扰素不能直接灭活病毒，而是通过诱导细胞合成抗病毒蛋白发挥效应。干扰素首先作用于细胞的干扰素受体，经信号转导等一系列生化过程，激活细胞基因表达多种抗病毒蛋白，实现对病毒的抑制作用。抗病毒蛋白主要包括2′-5′A合成酶和蛋白激酶等。前者降解病毒mRNA、后者抑制病毒多肽链的合成，使病毒复制终止。

干扰素具有广谱抗病毒活性，临床主要用于急性病毒感染性疾病，如流感及其他上呼吸道感染性疾病、病毒性心肌炎、流行性腮腺炎、乙型脑炎、慢性病毒活动性肝炎等。干扰素肌内注射，每次100万U，每天1~3次；静脉滴注，100万~800万U，每天1次。全身用药可出现发热、恶心、呕吐、倦怠、肢体麻木感，偶有骨髓抑制、肝功能障碍，但反应为一过性，停药后即消退。

双黄连口服液是由金银花、黄芩、连翘组成的复方制剂；板蓝根颗粒是以板蓝根为主的制剂。以上制剂都具有解表、清热、解毒之功效。金银花、黄芩、连翘及板蓝根的主要活性成分分别为绿原酸和异绿原酸；黄芩苷和黄芩苷元；连翘苷和连翘酯苷以及靛蓝和靛玉红等，这些活性成分使得这几味中药都具有抗病原体的功效，特别是金银花和板蓝根。这些成分有些可以抑制病原体核酸的合成，有些可抑制病原体蛋白质的生物合成。因此以上药物可作为治疗流行性腮腺炎的辅助药物。

（二）eIF-2蛋白激酶

eIF-2是真核细胞翻译起始的重要因子，其活性形式为eIF-2-GTP。翻译起始复合物形成后，eIF-2以无活性的eIF-2-GDP形式解离，然后再与鸟苷酸交换因子（guanyl nucleotide exchange factor，GEF，又称eIF-2B）作用，将GTP取代GDP，重新生成eIF-2-GTP，循环利用。

哺乳类动物细胞有两种eIF-2蛋白激酶，一种依赖于双链RNA的激活(如上述干扰素的作用)；另一种受血红素的控制。后者平时无活性，缺铁时血红素合成减少，使eIF-2蛋白激酶活化，进而磷酸化eIF-2-GDP。磷酸化的eIF-2-GDP与GEF的亲和力大为增强，两者黏着，互不分离，妨碍GEF作用，使eIF-2-GDP难以转变成eIF-2-GTP，eIF-2处于eIF-2-GDP-P-GEF无活性状态，GEF也不能再生，肽链翻译停止（图14-29）。网织红细胞所含GEF很少，eIF-2-GDP只要30%被磷酸化，GEF就全部失活，使包括血红蛋白在内的所有蛋白质合成完全停止。

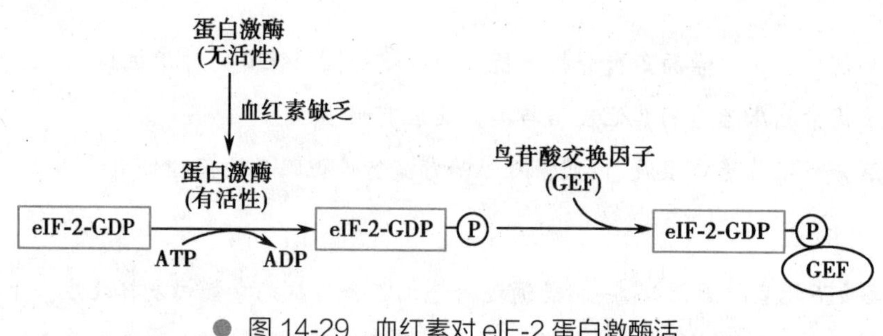

● 图 14-29 血红素对 eIF-2 蛋白激酶活

小结

蛋白质是生物体的重要组成成分和生命活动的基本物质基础，更是生命活动的载体和生物学功能的执行者。体内的蛋白质处于动态的代谢和更新之中。蛋白质的生物合成，也称为翻译，是由 tRNA 携带和转运氨基酸，在核糖体上以 mRNA 为模板合成特定多肽链的过程。

mRNA 开放阅读框内从 5′ 端到 3′ 端的核苷酸序列决定了肽链从 N 端到 C 端的氨基酸排列顺序。mRNA 开放阅读框内每 3 个相邻核苷酸为 1 组，构成 1 个密码子，密码子具有方向性、连续性、简并性、摆动性及通用性等 5 个特点。

氨基酸与 tRNA 的连接是在氨基酰 -tRNA 合成酶催化下，氨基酸的 α- 羧基与 tRNA 3′ 端 CCA-OH 之间失水产生酯键，形成氨基酰 -tRNA，这一过程称为氨基酸的活化。氨基酰 -tRNA 合成酶对底物氨基酸和 tRNA 有高度的特异性，保证氨基酸和 tRNA 连接的准确性。氨基酰 -tRNA 通过反密码子与 mRNA 密码子相互识别，为肽链合成提供氨基酸原料。

原核生物和真核生物的肽链生物合成过程基本相似。合成的起始是在各种起始因子的协助下，核糖体、起始氨基酰 -tRNA 和 mRNA 在起始密码子处形成起始复合物。肽链合成的延长就是通过进位、成肽和转位三步反应的核糖体循环而使肽链中的氨基酸残基不断增加，当终止密码子出现在核糖体 A 位时，释放因子进入 A 位，使肽链释放，合成终止。

多肽链合成后并无生物活性，需要经过加工，形成特定的空间构象或输送到特定的部位才能发挥生物学功能。翻译后加工包括在分子伴侣协助下肽链的折叠、肽链末端及内部水解、肽链中氨基酸残基的化学修饰、亚基聚合等过程。在细胞质中合成的蛋白质，借助自身氨基酸序列中的分选信号，可被输送到特定的亚细胞区域。

蛋白质生物合成是许多药物和毒素的作用靶点。多数抗生素通过抑制肽链生物合成而发挥作用，某些毒素可抑制真核生物蛋白质的合成，干扰素通过抑制蛋白质的生物合成而呈现抗病毒作用。研究干扰蛋白质生物合成的物质及作用机制，有助于临床抗病毒、抗肿瘤等新药的研发。

思考题

1. 参与原核蛋白质生物合成体系的组分有哪些？它们各有什么功能？
2. 什么是遗传密码？它有什么特点？
3. 原核、真核细胞内蛋白质生物合成的差别有哪些？
4. 举例说明常用抗生素抑制细菌生长繁殖的作用机制。

第十四章　同步练习

（李 荷）

第十五章　常用生物化学与分子生物学技术

第十五章　课件

学习目标

掌握：各种分子杂交技术、PCR 技术、重组 DNA 技术和 CRISPR/Cas9 系统介导的基因组编辑技术的概念、基本原理。

熟悉：各种分子杂交技术、PCR 技术、重组 DNA 技术的主要操作步骤及其应用；CRISPR/Cas9 系统的结构组成和各结构的功能、作用机制。

了解：CRISPR/Cas9 系统介导的基因组编辑技术的应用。

核酸和蛋白质是生命体的两大重要物质，核酸是遗传信息的物质基础，蛋白质是生命现象的物质基础。随着遗传信息传递理论中心法则的确立，以及核酸和蛋白质研究技术的不断发展，逐渐形成了一门新的学科——分子生物学。

生物化学与分子生物学都是理论性和实验性很强的学科，在它们日新月异的发展过程中，各种理论研究的突破和创新都与实验技术的产生和发展密切相关。学习和了解常用生物化学与分子生物学技术的原理及其应用，对于加深理解现代生物化学与分子生物学的基本理论和研究现状、深入将其应用于医药学的相关研究非常有帮助。

生物化学与分子生物学涉及的技术众多，而分子杂交技术、聚合酶链反应（PCR）技术、重组 DNA 技术、CRISPR/Cas9 系统介导的基因组编辑技术是常用的也是迅速发展的生物化学与分子生物学技术。

第一节　分子杂交技术

分子杂交技术是指利用单链核酸碱基互补配对、抗原和抗体、受体和配体、蛋白质和其他分子的相互作用，结合印迹技术和探针技术，进行目的 DNA、RNA 和蛋白质检测的技术。因其具有高通量、高特异性、高灵敏度等特点，被广泛应用于目的基因重组、核酸分析、蛋白质分析、基因诊断和基因治疗等领域。

核酸分子杂交（nucleic acid hybridization）是指不同来源的核酸链若存在互补碱基序列，根据碱基配对原则形成互补杂交双链分子的过程。它是 DNA 热变性和复性原理在分子生物学中的应用。核酸分子杂交可以发生在两条不同来源的单链 DNA,或 DNA 与 RNA、RNA 与 RNA 之间,可以利用该特性从不同来源的 DNA 中寻找互补序列。用核酸分子杂交进行定性或定量分析的最有效的方法是:将待测的 DNA 或 RNA 单链样本,与用同位素或非同位素标记的已知序列的核酸片段,称为探针(probe),进行杂交,然后利用探针的标记物性质来跟踪检测探针的位置,从而可以确定待测核酸分子所在位置。用于探针标记的标记物主要有:放射性同位素(如 ^{32}P)和非放射性同位素(荧光素、生物素、地高辛等)。

分子杂交技术主要包括:Southern 印迹、Northern 印迹、Western 印迹和生物芯片等。

一、Southern 印迹

Southern 印迹(Southern blotting)又称为 DNA 印迹,该方法由 Southern 于 1975 年创建,用于检测基因组 DNA 中的特异序列,故命名为 Southern blotting。该方法主要步骤可归纳为电泳 - 印迹 - 杂交 - 显色或显影,具体包括以下步骤:①将 DNA 样品先经核酸限制性内切酶降解后,再经琼脂糖凝胶电泳或聚丙烯酰胺凝胶电泳分离,电泳后的凝胶浸泡在 NaOH 溶液中使 DNA 变性;②将变性后的 DNA 转移到硝酸纤维素膜或尼龙膜上,使 DNA 牢固地吸附在固相膜上;③预杂交固相膜,封闭固相膜对 DNA 探针的非特异性吸附;④与放射性同位素或生物素标记的 DNA 探针进行杂交,杂交需要在较高的盐浓度和适当的温度下进行;⑤通过洗涤,除去未杂交的 DNA 探针,将固相膜烘干后进行放射自显影或酶反应显色,从而定位或检测特定的 DNA 分子(图 15-1)。

Southern 印迹主要用于基因组 DNA 的定性和定量分析,如用于研究基因大小、基因定位、基因拷贝数、DNA 多态性、限制性酶切图谱、基因突变和基因扩增等。

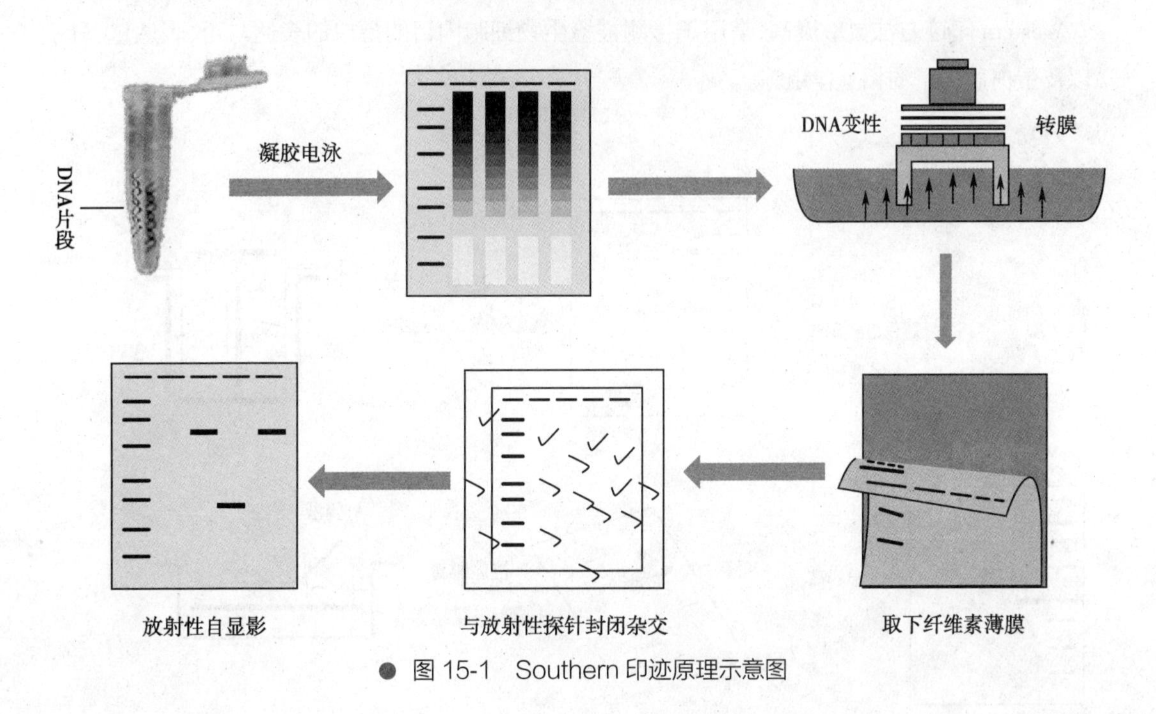

● 图 15-1 Southern 印迹原理示意图

二、Northern 印迹

Northern 印迹(Northern blotting)又称为 RNA 印迹,该方法由 Alwine 于 1977 年创建,是应用 RNA 或 DNA 探针检测特异 RNA 或 mRNA 的一种杂交技术。其基本原理和步骤与 Southern 印迹类似,只是检测的样品是 RNA,为了和 Southern 印迹相对应,故称为 Northern 印迹。因 RNA 分子较小,因此不需要限制性内切酶酶切就可直接进行电泳。

Northern 印迹主要用于组织细胞中总 RNA 或某一特定 RNA 的定性或定量分析,特别是用于分析 mRNA 的大小和含量。

三、Western 印迹

Western 印迹(Western blotting)又称为蛋白质印迹,常用于目的蛋白质定位检测。Western 印迹的分离方法是聚丙烯酰胺凝胶电泳,电泳分离后将凝胶中的蛋白质转移并固定于硝酸纤维素膜或尼龙膜上,再与溶液中特异的蛋白质分子相互结合进行检测分析,因此本方法主要利用抗体进行免疫学分析检测,故也被称为免疫印迹(immunoblotting)。

Western 印迹的具体操作方法是:①从生物细胞中提取总蛋白或目的蛋白,经聚丙烯酰胺凝胶电泳将蛋白质按分子量大小进行分离;②把分离的各蛋白质条带原位转移到固相膜(硝酸纤维素膜或尼龙膜)上,然后将膜浸泡在高浓度的蛋白质溶液中温育,以封闭其非特异性位点;③加入特异抗体(一抗),固相膜上的目的蛋白分子(抗原)与一抗结合;④加入能与一抗专一结合的带放射性同位素或其他标记的二抗;⑤用显色反应、化学发光或放射显影来显示目的蛋白的存在与位置(图 15-2)。

Western 印迹方法灵敏度高,常用于检测被检生物细胞内目的蛋白的表达与否、表达量、分子量以及蛋白质分子的相互作用等。

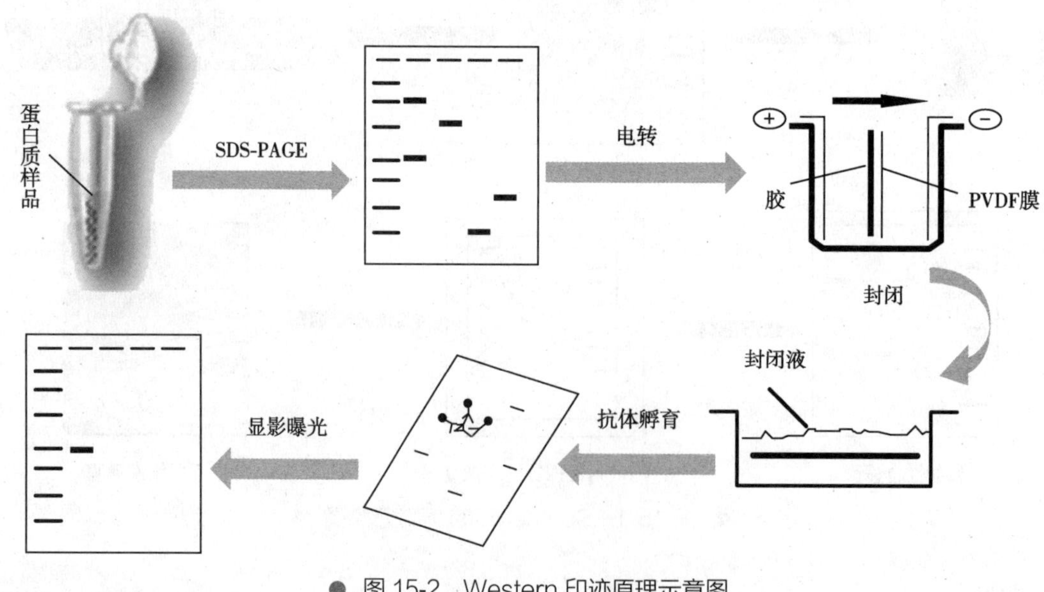

● 图 15-2 Western 印迹原理示意图

四、生物芯片

生物芯片(biochip)又称生物微阵列,是将核酸、多肽、蛋白质、组织或细胞等大量的生物大分子有序地固定在载体表面制成探针,组成高密度排列的二维阵列的微型生化反应和分析系统(芯片),然后将待测生物样品靶分子与芯片上的相应探针杂交,最后通过荧光扫描等方式检测并结合计算机分析处理杂交信号,实现快速、高效、高通量样品检测以获得样品中的生物信息。由于生物芯片常用玻片或硅片等材料作为固相载体支持物,并在制备过程中模拟计算机芯片的制备技术,因此称之为生物芯片。

从本质上讲,生物芯片与 Southern 印迹、Northern 印迹和 Western 印迹等分子杂交技术的原理相同,只是将大量探针同时固定在同一芯片上,在平行实验条件下能同时完成多种不同生物分子的检测,一次性检测样品中的数十种到数百万种生物大分子,具有高通量、集成化、标准化和微型化的特点。生物芯片可设计不同的探针阵列并与特定的分析方法结合,广泛应用于生物学和医药学等研究领域,如应用于特异性相关基因的克隆、基因功能的研究、基因序列分析、遗传性疾病的分析、病原微生物的大规模检测、毒理学研究、药物靶标的研究、新药的高通量筛选、临床检验等。

生物芯片主要包括基因芯片、蛋白质芯片、细胞芯片和组织芯片等,目前研究与应用比较多的是基因芯片。以下以基因芯片为例,简要介绍其操作和应用。

基因芯片(gene chip),又称为 DNA 芯片、cDNA 芯片、DNA 微阵列,是指将大量特定的 DNA 探针有规律地紧密排列固定在硅片或玻片等载体表面上,然后与荧光标记的待测 DNA 样品进行杂交,杂交后利用荧光检测系统对芯片进行扫描,再通过计算机对每一位点的荧光信号进行自动化检测、比较和分析,从而快速获得定量和定性的结果。基因芯片可在同一时间内分析大量的基因样品,如高密度基因芯片可在 $1cm^2$ 面积内排列数万个待测基因进行分析,实现了基因信息的大规模检测。

基因芯片技术特别适用于检测不同组织细胞或同一细胞不同状态下的基因差异表达情况,其原理是基于双色荧光探针杂交。将两种不同来源样品的 mRNA 经逆转录合成 cDNA,并用不同颜色的荧光进行标记,标记的 cDNA 等量混合后与基因芯片进行杂交,从而获得两个不同来源样品在芯片上的全部杂交信号,于是可根据特定探针的杂交信号来比较其对应基因在不同样品中的表达情况。例如正常细胞的 cDNA 用红色荧光标记,肿瘤细胞的 cDNA 用绿色荧光标记,因此杂交结果中呈红色荧光的探针则说明此基因只在正常细胞中表达,呈绿色荧光的探针就说明此基因只在肿瘤细胞中表达,而呈现为两种荧光互补色——黄色的探针则表明此基因在两种细胞中都有表达(图 15-3)。

基因芯片是最新的高通量生物信息分析检测技术,可以方便地在整个基因组上扫描检测,能在同一时间内分析大量的基因,因此特别适合肿瘤、代谢相关疾病等多基因变异疾病的基因诊断、基因表达谱分析、药物筛选和法医鉴定等分析研究。同时,基因芯片技术在中药研究领域也得到了广泛应用,如应用于中药鉴定、中药复方、中药药理和新药开发等。

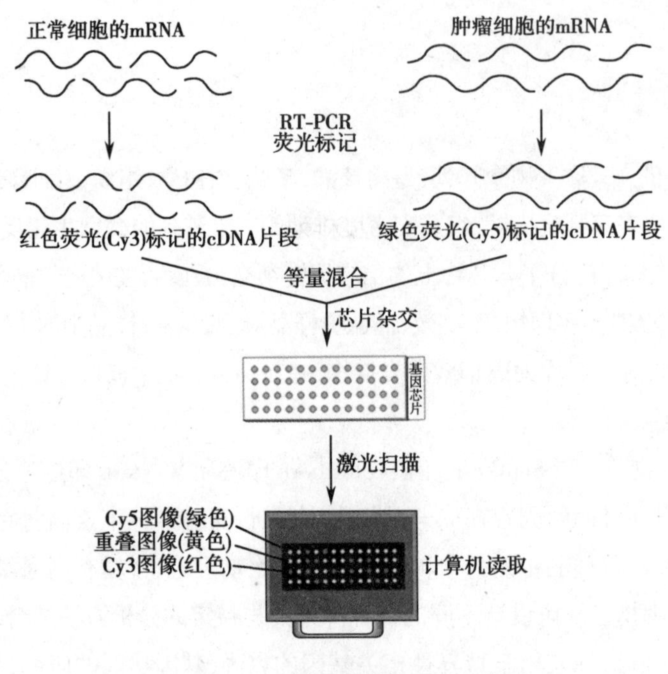

● 图 15-3　基因芯片的原理示意图

第二节　聚合酶链反应技术

聚合酶链反应（polymerase chain reaction，PCR）又称基因扩增技术，是一种体外酶促扩增特异DNA片段的技术，由科学家Mullis于20世纪80年代创建。PCR可看作是生物体外的特殊DNA复制，它具有快速简便、灵敏度高、特异性强、重复性好等突出优点，故被推崇为20世纪分子生物学研究领域最重大的发明，与分子克隆和DNA序列分析方法几乎构成了整个分子生物学技术的基础，在生物学研究和医学临床实践中得到广泛应用。创建者Mullis因此项卓越贡献而获得了1993年度诺贝尔化学奖。

一、PCR 技术的原理

PCR技术的工作原理是以拟扩增的目的DNA片段为模板，以dNTP为原料，再以1对与模板互补的寡核苷酸片段为引物，在TaqDNA聚合酶的作用下，依据半保留复制的原则，通过变性、退火和延伸3个步骤完成新DNA链的合成，重复这一过程多次，即可使得目的DNA片段得到指数扩增。

PCR的基本原理是生物体内DNA半保留复制过程的模拟和改进，不同之处在于用热稳定的TaqDNA聚合酶代替了体内的DNA聚合酶，用合成的DNA引物代替体内的RNA引物，用变性和退火（或复性）代替解链酶、解旋酶和引物酶。

二、PCR 反应体系的基本成分

PCR 反应体系主要包括以下基本成分:DNA 模板、特异性 DNA 引物、热稳定的 TaqDNA 聚合酶、原料 dNTP、含有 Mg^{2+} 或 Zn^{2+} 的缓冲液和一价阳离子等。

1. DNA 模板　待扩增的目的 DNA 片段,几乎所有形式的 DNA 和 RNA 都能作为 PCR 的模板,包括生物体基因组 DNA、质粒 DNA、噬菌体 DNA、cDNA 和 mRNA 等。此外,PCR 还可直接以细胞为模板。

2. 特异性 DNA 引物　是一对人工设计合成的单链 DNA 片段,用于代替体内的 RNA 引物,其序列分别与目的 DNA 两条链的 3′ 端序列互补。引物是决定 PCR 反应特异性和效率的关键因素,它的设计和合成遵循以下原则:①长度为 20~30bp;② G/C 含量为 40%~60%;③ 4 种脱氧核苷酸随机分布,不能出现多个连续相同的脱氧核苷酸;④引物内部不能形成发夹结构;⑤引物之间不含互补序列,以防止退火时形成引物二聚体。

3. 热稳定的 TaqDNA 聚合酶　此酶的应用是 PCR 技术实现生物体外扩增 DNA 的关键,它在 PCR 延伸过程中发挥至关重要的作用。热稳定的 TaqDNA 聚合酶具有体内 DNA 聚合酶的特点:①有 5′→3′ 聚合酶的活性;②有 5′→3′ 外切酶的活性,但是无 3′→5′ 外切酶的活性;③有类似末端转移酶的活性。

4. 原料 dNTP(脱氧核苷三磷酸)　是 DNA 合成的原料,包括 4 种:dATP、dTTP、dGTP 和 dCTP。

5. 含有 Mg^{2+} 或 Zn^{2+} 的缓冲液　常用 Mg^{2+} 或 Zn^{2+} 作为构成热稳定 TaqDNA 聚合酶的成分,一般使用 10mmol/L、pH 8.3~8.8 的 Tris-HCl 缓冲液。

6. 一价阳离子　通常使用 50mmol/L 的 KCl 溶液,有利于改善扩增产物的质量。

三、PCR 的基本反应步骤

各种 PCR 反应的过程基本相同,在反应管中加入反应体系的基本成分包括 DNA 模板、特异性 DNA 引物、TaqDNA 聚合酶、4 种 dNTP、含有 Mg^{2+} 或 Zn^{2+} 的缓冲液等,然后将反应管置于 PCR 仪中进行自动循环操作,每一循环周期包括变性、退火、延伸 3 个连续步骤,如此反复循环反应合成新的 DNA。其反应步骤如下:

1. 变性(denaturation)　将 PCR 反应体系加热至 94~98℃,使 DNA 模板双链完全变性解开成单链 DNA,并消除引物自身或引物之间的局部双链,便于模板和引物结合。

2. 退火(annealing)　即 DNA 模板和引物的结合。将反应体系的温度下降至 50~65℃,使一对引物分别与变性的模板 DNA 两条链的 3′ 端互补配对结合,退火温度主要取决于引物的长度和 GC 含量,是决定 PCR 产物特异性的关键。

3. 延伸(extension)　即新的 DNA 链的合成。将反应体系的温度升高至 70~75℃(TaqDNA 聚合酶作用的最适温度),DNA 聚合酶在合适的缓冲液中,以 4 种 dNTP 为底物,在引物 3′ 端以 5′→3′ 方向合成模板链的互补 DNA 链,延伸的时间取决于产物的长度。

以上 3 个连续步骤为 PCR 的 1 次循环，每次循环新合成的 DNA 分子均作为下一次循环合成的模板，因此 PCR 的扩增产物呈指数增长。理论上说，PCR 的扩增倍数（T）=2^n（n 为循环次数），一般经 25~30 次循环后方可达到大量扩增 DNA 片段的目的（图 15-4）。

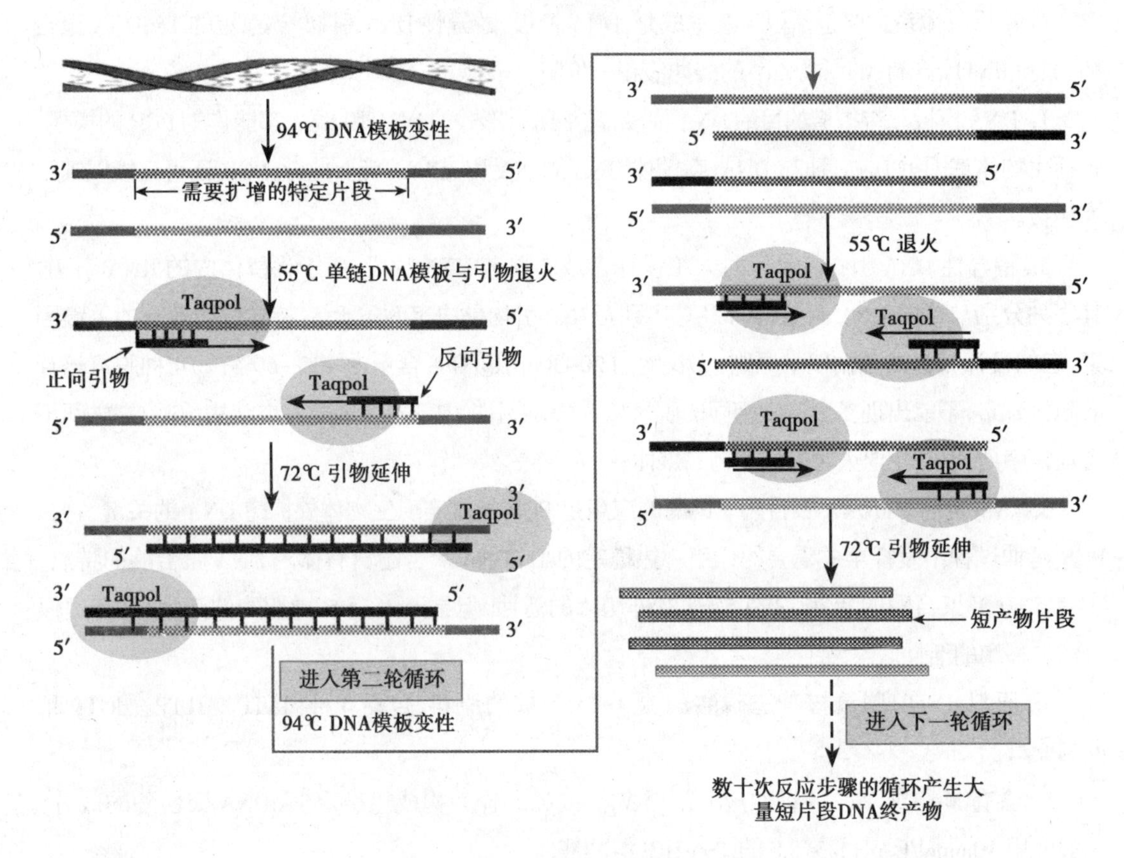

图 15-4 PCR 技术原理示意图

四、常用的 PCR 衍生技术

1. 逆转录 PCR　逆转录 PCR（reverse transcription PCR，RT-PCR），又称为反转录 PCR，是将 mRNA 作为模板，经逆转录后再与常规 PCR 联合应用的一种技术。具体分为两个阶段：第一阶段是逆转录，通过提取组织或细胞中的 RNA，以 mRNA 作为原始模板，在逆转录酶的催化作用下合成 cDNA；第二阶段是常规 PCR 扩增，以合成的 cDNA 为模板，应用常规 PCR 来扩增目的基因。RT-PCR 是目前从组织或细胞中获得目的基因以及对已知序列的 RNA 进行定性和半定量分析的常用方法。

2. 实时定量 PCR　实时定量 PCR（quantitative real time PCR，Q-PCR），又称为实时荧光定量 PCR、实时 PCR，是在 PCR 体系中引入荧光标记分子，使荧光信号强度与 PCR 扩增产物量成正比，并对每一反应时刻的荧光信号进行实时检测分析来跟踪 PCR 进程，最后即可计算出 PCR 扩增产物量。根据动态变化的数据绘制标准曲线，可以精确定量分析出待测样品中模板 DNA 的初始含量。

五、PCR 及其衍生技术的应用

PCR 技术自创建以来不断更新改进，已广泛应用于生命科学、医药学、司法鉴定、考古等众多研究领域。

1. DNA 的微量 / 痕量分析　PCR 对模板 DNA 的量要求非常低，理论上只要求一条双链 DNA 就可作为模板，经 PCR 扩增即可用于鉴定基因缺失、突变和转位等引起的各种疾病。PCR 检测的高灵敏度使得一根毛发、一滴血迹或少量精斑都能成为法医学检查的有力证据。

2. 用于目的基因克隆　为基因工程获得目的基因片段提供了简便、快速、有效的方法。例如从几个细胞就可以构建 cDNA 文库，并从中进行目的基因的筛选。

3. 肿瘤的诊断　PCR 检测具有高灵敏度的特点，利用数个肿瘤细胞即可快速获知阳性结果，可用于肿瘤早期诊断、癌症转移的确定诊断等。

4. 病原体检查　借助 PCR 技术，利用少量样本即可检测其中的各种病毒、细菌和真菌等。

5. DNA 序列分析　PCR 技术使得 DNA 测序方法大大简化，因此，目前几乎都采用此方法进行 DNA 测序。

此外，通过实时荧光定量 PCR 和逆转录 PCR 的联合应用，可实现 mRNA 和 miRNA 水平的快速、准确的定量分析以研究基因表达，广泛应用于生命科学、医药学和农学等基础研究（物种分类与鉴定、等位基因、细胞分化、药物作用等），包括中药的鉴定和研究，以及应用于基因诊断研究（遗传病、肿瘤、病原体等）。

知识拓展

利用 ITS2 序列 DNA 条形码对中药大青叶及其混伪品进行分子鉴定

大青叶为我国传统常用清热解毒中药，但是由于历史原因，大青叶的来源比较混乱，混伪品较为多样，十字花科植物菘蓝、爵床科植物马蓝、豆科植物木蓝、马鞭草科植物大青、蓼科植物蓼蓝等诸蓝之叶，在中医临床中均被用作大青叶。利用 PCR 技术和测序技术，选用药用植物鉴定的通用 DNA 条形码序列 ITS2 对大青叶基原植物及其混伪品进行了比较。研究结果表明大青叶的基原植物菘蓝的 ITS2 条形码序列长度很短，只有 191bp，易于进行 PCR 扩增和测序，其种内平均 K2P 距离为 0.002，远远小于其与混伪品的种间平均 K2P 距离（0.882）；在基于邻接法构建的系统聚类树中，各物种均表现出了单系性，而同时又与其他物种明显区分开；同时，ITS2 序列的二级结构所提供的分子形态学特征进一步显示了菘蓝及其混伪品具有明显的差异。因此，基于 ITS2 序列的 DNA 条形码能够方便、快捷地鉴定区分中药材大青叶正品及其混伪品，该研究对《中国药典》中其他中药材的相关鉴定研究具有重要的参考价值。DNA 条形码技术已发展成为一种重要和有效的中药材鉴定手段，它的应用促进了中药资源与鉴定研究领域的发展。

第三节　重组 DNA 技术

重组 DNA 技术(recombinant DNA technology),又称为 DNA 克隆技术(DNA cloning technology)或基因工程技术(gene engineering technology),1972 年由 Berg 首次创建。该技术是指在生物体外将目的 DNA 片段和能自主复制的遗传原件(载体)连接,形成一个新的重组 DNA 分子,然后将其导入到宿主细胞中复制和扩增,从而获得单一重组 DNA 克隆的大量拷贝,生产人类所需的基因产物或改造新的生物品种。自 1972 年成功构建第一个重组 DNA 分子以来,重组 DNA 技术得到了飞速发展,由于其主要是在基因水平操作,使人们可以有目的地去改造生物体基因组或改变某些生物体的生物学性状或功能,进而创造优良品种,如转基因植物、转基因动物、生产基因工程药物、疫苗以及用于重大疾病的基因诊断与治疗等。

重组 DNA 技术主要包括以下操作步骤:①分——分离获取目的基因并进行必要的改造;②选——选择合适的克隆载体;③接——将目的基因和克隆载体连接,获得重组 DNA 分子;④导——将重组 DNA 分子导入到合适的宿主细胞内;⑤筛——筛选出获得了重组 DNA 的宿主细胞;⑥表——目的基因在宿主细胞内进行复制或表达。

一、目的基因的分离获取

开展重组 DNA 技术首先必须获得感兴趣的目的基因。在基因工程中,目的基因是指编码外源蛋白的基因,是待分离和克隆的具有特定功能的 DNA。常用的获取和制备目的基因的方法主要有:①化学合成,人工合成脱氧核苷酸序列或氨基酸序列已知的目的基因;②利用杂交技术,从含有目的基因的生物材料的基因组文库或 cDNA 文库中筛选获得;③利用 PCR 技术,从含有目的基因的生物材料的 cDNA 或染色体 DNA 样本、cDNA 文库或基因组文库中扩增获得;④利用 RT-PCR 技术,从含有目的基因的生物材料的 mRNA 或总 RNA 样本中逆转录扩增合成等。

二、基因克隆载体的选择

重组 DNA 技术中的重要环节是把目的基因导入到宿主细胞中进行复制,以得到大量拷贝,然而大多数目的基因相对于宿主细胞 DNA 是外源 DNA,很难自己进入宿主细胞并进行自我复制。因此,为了使外源性的目的基因在宿主细胞中进行扩增,必须将目的基因的 DNA 片段连接到一种特定的能自我复制的 DNA 分子上,然后由其将目的 DNA 导入宿主细胞并得以复制或表达,这种具有自我复制能力的 DNA 分子被称为基因工程的载体(vector)。

基因载体的化学本质是 DNA,基因载体不仅能与目的基因重组,使其导入到宿主细胞内,还能利用其本身的调控系统,使目的基因在宿主细胞中复制并表达。目前,用于重组 DNA 技术的载体按照本身性质可分为两类:克隆载体(cloning vector)和表达载体(expression vector)。克隆载体是用于目的DNA克隆和扩增的载体，具有容量大、拷贝数高（克隆数可达几十到几百个）、容易导入宿主细胞以及容易提取和抗剪切力强等特点；表达载体不仅能使目的基因扩增，还能使其表达。常见的基因载体包括质粒DNA载体、噬菌体DNA载体和病毒DNA载体等。

（一）质粒DNA载体

质粒（plasmid）是指细菌内独立于细菌染色体之外的能自主复制和稳定遗传的闭合环状双链DNA，一个质粒就是一个DNA分子。质粒含有复制起点（ori），此复制起点与顺式作用调控元件构成一个复制子，能借助宿主细菌染色体DNA复制所用的同一套酶系独立地进行自我复制和转录，但它不会像某些病毒那样无限制地复制，导致宿主细胞的崩溃。质粒的大小不定，小的不足1kb，大的可达800kb，但是每种质粒在相应的宿主细胞中保持相对稳定的拷贝数，少者几个，多者上百个。

质粒DNA载体是以质粒DNA分子为基础材料构建而成的克隆载体，因此含有质粒的复制起点，并能在宿主细胞内按照质粒复制的形式进行复制。由于质粒DNA具有分子小、遗传信息简单和易操作等特点，至今已在原核生物大肠埃希菌、乳酸杆菌、蓝藻和真核生物酵母菌等中构建了大量相应的质粒载体，并以此为基础，集中若干质粒载体的优点构建了大量新的质粒载体，如pBR322质粒载体、农杆菌Ti质粒载体等。

1. pBR322质粒　pBR322质粒是由大肠埃希菌源质粒Col E1衍生质粒pMB1作为出发质粒构建的质粒载体，是应用最早、最广泛的分子克隆载体之一。该质粒分子大小为4 363bp，含有一个复制起始位点ori（能在大肠埃希菌细胞中高拷贝复制）、一个四环素抗性（tetracycline resistance，tet^R）基因和一个氨苄西林抗性（ampicillin resistance，amp^R）基因（图15-5）。tet^R和amp^R基因作为筛选重组子的标记基因，并且这两个抗性基因内都含有一些限制性内切核酸酶的酶切位点，当外源的目的基因插入抗性基因内的这些位点后，抗生素的基因被破坏失活，宿主细胞就失去了相应的抗菌性，致使其不能在含有该种抗生素的培养基上生长，因此可以方便地筛选出阳性克隆。pBR322质粒载体主要用于基因克隆，另外还常作为构建新克隆载体的骨架。

2. 农杆菌Ti质粒载体　农杆菌Ti质粒是植物根癌农杆菌中含有的一种内源质粒，当植物被根癌农杆菌侵染时，该质粒会引发植物产生冠瘿瘤或根瘤，因此它被称为致癌质粒（tumor inducing plasmid），简称Ti质粒。Ti质粒的分子大小约为200kb，然而能进入植物细胞的仅有25kb，称为T-DNA（transfer DNA）。T-DNA左、右两个边界（LB，RB）各有一个25bp大小的正向重复序列（LTS，RTS），对T-DNA的转移和整合是不可缺少的，并已证实T-DNA只要保留了两侧边界序列，即使中间的序列不同程度地被任何一个外源DNA片段所替换，其进入植物细胞后仍可以整合到植物的基因组中。依据Ti质粒的这一特性，近年来已构建成含有LB和RB的质粒载体，并且已被广泛地应用于植物的转基因研究中。利用基因枪等新型的转基因技术，先将目的基因的外源DNA片段插入到Ti质粒的T-DNA，然后将携带有目的基因的Ti质粒载体导入植物细胞，使得外源DNA整合到植物基因组中。植物的农杆菌Ti质粒载体在植物转基因研究中发挥着重要的作用。

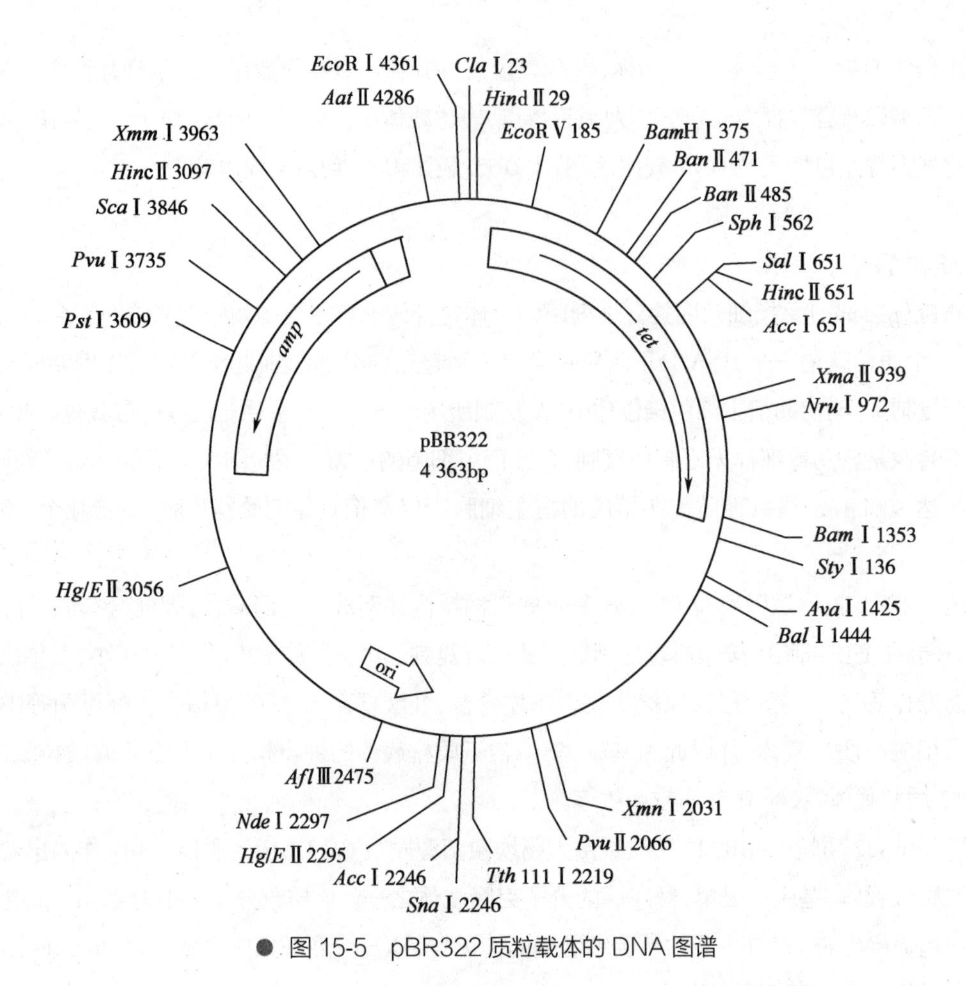

● 图 15-5 pBR322 质粒载体的 DNA 图谱

(二) 噬菌体 DNA 载体

λ 噬菌体是大肠埃希菌中的一种噬菌体，其对大肠埃希菌具有很强的感染能力，由 DNA（λDNA）和外壳蛋白质组成。其中 λDNA 在噬菌体中以线状双链 DNA 分子存在，全长约为 48kp，其分子左、右两端各有 12 个核苷酸组成的单链突出黏性末端，并且两者的核苷酸序列互补，进入宿主细胞后，黏性末端连接成环状 DNA 分子，因此称此末端为 cos 位点（cohesive end site）。λ 噬菌体作为载体的优点是易于使宿主细胞感染，现已从 λ 噬菌体 DNA 着手构建了一系列有用的载体，如 EMBL、Chaorn、λgt 系列等。当外源目的 DNA 片段插入到该类载体上后，会使得噬菌体的某些生物学功能丧失，也就是所谓的插入失活效应，这也为克隆基因的进一步选择提供了表型特征。λ 噬菌体载体适合用于建立 cDNA 基因文库，也可用于克隆外源目的基因。

(三) 病毒 DNA 载体

病毒广泛存在于植物、动物细胞内，将病毒基因组加以改造，构建成病毒载体，是介导真核基因在真核细胞中表达的一项重要策略。植物病毒种类繁多，目前已用于构建植物病毒 DNA 载体的有：双链 DNA 病毒如花椰菜花叶病毒（CaMV）；单链 DNA 病毒如番茄金黄花叶病毒（TGMV）、小麦矮缩病毒（WDV）等；RNA 病毒如番茄丛矮病毒（TBSV）、马铃薯 X 病毒（PVX）和烟草花叶病毒（TMV）等。由于植物病毒克隆载体的应用局限性比较大，并且已有比较好用的由 Ti 质粒改建的克隆载体和人工染色体,所以植物病毒 DNA 载体应用并不普遍。相对而言,由于动物转基因不能利用质粒克隆载体,因此动物病毒 DNA 载体在动物转基因研究中发挥着重要的作用。目前已用于构建动物病毒 DNA 载体的有:腺病毒(adenovirus,Adv)、猿猴空泡病毒(simian vacuolating virus)、痘苗病毒(vaccinia virus,VV)、反转录病毒(retrovirus,RV)和单纯疱疹病毒(herpes simplex virus,HSV)等。

三、目的基因与载体连接——重组 DNA 的构建

将目的基因与载体连接形成重组 DNA 分子是重组 DNA 技术的核心内容之一,由于 DNA 重组涉及对 DNA 进行切割和连接,或者对 DNA 进行修饰和合成,这些都需要利用相应的酶的催化作用来进行。因此,DNA 重组中的各种工具酶都是必需的。其中最重要的工具酶是限制性内切核酸酶和 DNA 连接酶。

(一) 目的基因和载体的切割

1. DNA 限制性内切核酸酶(restriction endonuclease,RE) 简称限制酶或内切酶,是一类能识别双链 DNA 分子中的特定核苷酸序列,并在识别位点水解切割磷酸二酯键的内切核酸酶。绝大多数由细菌产生。这类酶的发现、应用和不断完善,极大地促进了基因工程技术的发展,并已成为必不可少的工具酶。

2. 限制位点(restriction site) 或称切割位点,是双链 DNA 中被限制性内切核酸酶识别并切割的特定碱基序列。限制位点具有以下两个特征:①通常含有 4~8bp;②多为反向重复序列或回文序列。

3. 末端 经过限制酶的水解切割 DNA 分子形成两种末端。①平端:限制位点(切割位点)是识别序列的对称轴,限制酶切割此对称轴,产生平头末端,简称平端;②黏端:限制酶在识别序列的两个对称点错位切割 DNA 双链,产生具有 5′ 突出或 3′ 突出的黏性末端,简称黏端,包括 5′ 黏端和 3′ 黏端。

综上所述,限制酶通过对不同来源的 DNA 分子双链中特异碱基序列的识别和切割,能产生具有相同平端或黏端的特异 DNA 分子片段。在选择限制酶水解切割目的基因和载体 DNA 时,应注意:①利用相同的限制酶切割可以产生互补的末端,有利于目的基因和载体的连接;②限制酶切割的限制位点位于目的基因的两端,目的基因内部不存在其限制位点。

(二) 目的基因和载体的连接

1. DNA 连接酶(DNA ligase) 是将目的 DNA 与相应的基因载体匹配后,催化这两条 DNA 链间形成 3′,5′- 磷酸二酯键构成重组 DNA 分子的酶。常用的 DNA 连接酶有大肠埃希菌 DNA 连接酶、T_4 DNA 连接酶。

2. 连接方式 根据目的 DNA 和载体 DNA 末端的特点,选择适合的连接方式,常用的目的基因和载体的连接方式有以下 4 种:互补黏端连接、平端连接、加人工接头连接和加同聚物尾连接(图 15-6)。

(1) 互补黏端连接:利用适当的相同限制酶分别切割目的基因和载体 DNA,使它们两端产生相

同的黏性末端，称为互补黏端（complementary sticky end）。在适宜温度条件下退火时，两者互补的黏端进行碱基配对，再由 DNA 连接酶催化连接成新的重组 DNA 分子。

（2）平端连接：某些 DNA 片段并不能产生黏性末端，而是产生平头末端。具有 3′- 羟基和 5′- 磷酸基的平端 DNA 可以由 T_4 DNA 连接酶催化连接成新的重组 DNA 分子。因此，如果目的基因和载体 DNA 不能产生互补黏端，可先利用核酸外切酶削平或用 DNA 聚合酶补平成平端，再利用 T_4 DNA 连接酶催化连接。然而平端连接的连接效率比黏端连接要低得多，并同样存在载体自身环化和目的 DNA 双向插入等缺点。

（3）加人工接头连接：为了提高平端连接的连接效率，可以利用加人工接头的方法进行连接。人工接头是一种化学合成的含限制位点的 DNA 片段，此连接方法就是利用 T_4 DNA 连接酶将人工接头加在平端目的基因的两端，然后利用相应的限制酶切割人工接头，使目的基因产生与载体互补的黏端，即可应用互补黏端连接法制备重组 DNA 分子。

（4）加同聚物尾连接：若两个 DNA 片段没有互补黏端，也可以使用加同聚物尾的方法进行连接。利用末端脱氧核苷酸转移酶催化，可在线性载体 DNA 的两端加上单一核苷酸如 dA 组成的同聚物尾 oligo（dA），在目的基因分子两端加上相应互补的 dT 组成的同聚物尾 oligo（dT），两者混合退火，然后利用 DNA 聚合酶填补缺口处缺失的核苷酸，再通过 DNA 聚合酶催化连接形成新的重组 DNA 分子。

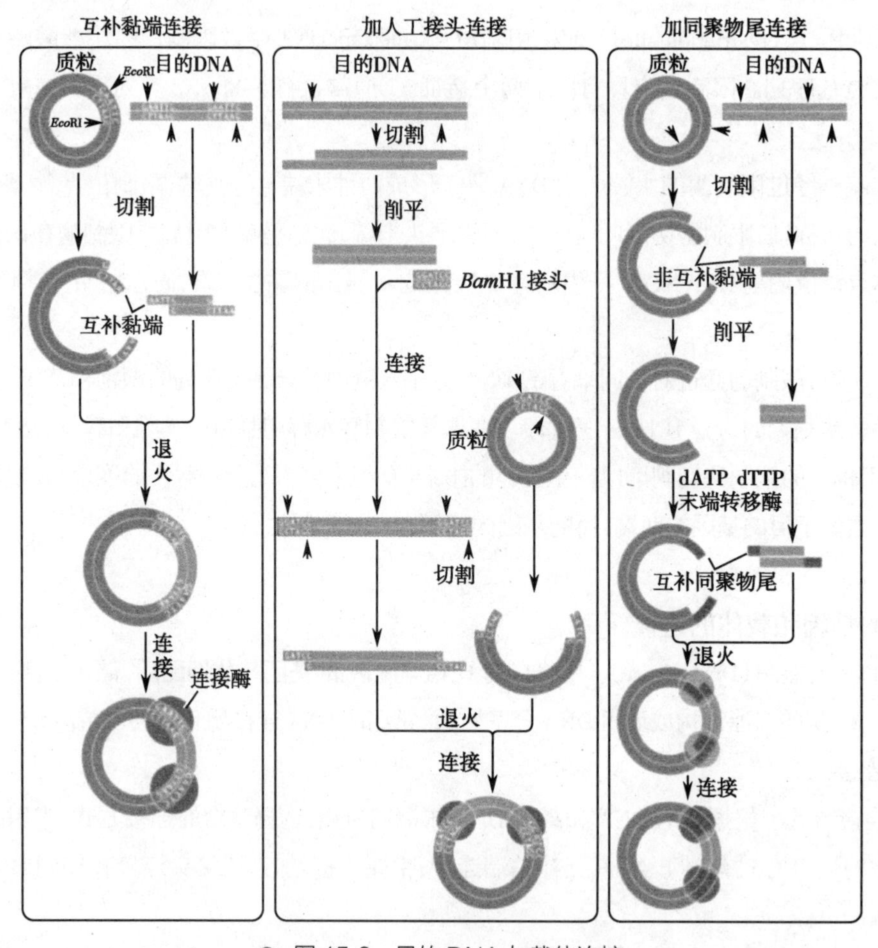

● 图 15-6　目的 DNA 与载体连接

由上可见，目的基因和载体DNA分子在DNA连接酶的作用下，利用合适的连接方式在体外连接，形成新的重组DNA（recombinant，或重组体），称为DNA分子的体外重组。

四、重组DNA导入宿主细胞

目的基因和载体在体外连接后获得预期的重组DNA，此重组DNA分子是外源DNA，只有将其导入到适宜的宿主细胞中，才能利用宿主细胞的各种酶系统，使重组DNA得以复制，目的基因得以表达。因此，将重组DNA导入宿主细胞是重组DNA技术的关键步骤。

宿主细胞（host cell）是指接纳重组DNA并实现重组DNA的外源基因复制、转录扩增或翻译表达的受体细胞，故又称为受体细胞。理想的宿主细胞应具有较强的接纳外源DNA(基因)的能力，并保证其长期、稳定地遗传和表达。宿主细胞有原核细胞和真核细胞两类：①常用的原核细胞包括大肠埃希菌、枯草杆菌、乳酸菌和链球菌等，主要是大肠埃希菌，既可用于基因组文库的制备和目的DNA的扩增，也可用于目的DNA的表达；②常用的真核细胞包括酵母、昆虫细胞、植物细胞和哺乳动物细胞等，通常仅用于真核基因的表达。

目前用于重组DNA导入宿主细胞的方法有很多种，具体采用哪一种方法，应根据选用的载体系统和宿主细胞类型来决定。

（一）外源DNA导入原核细胞

将外源DNA导入到原核宿主细胞，常用的有转化和转导两种方法：

1. 转化（transformation） 指以质粒为载体构建的重组DNA导入处于感受态的宿主细胞，并使其在宿主细胞内进行复制、转录和翻译（表达），从而获得新的表型的过程。用于转化的宿主细胞主要是大肠埃希菌，常用的转化方法是$CaCl_2$法，Ca^{2+}使细胞膜的结构发生改变，通透性增加，从而具备了容易接纳外源DNA的能力，这种敏感状态的细胞称为感受态细胞（competent cell）。经典的转化流程是：将重组DNA与感受态细胞悬液混合，冰浴一定时间后，转移到42℃水浴热刺激(热休克)90秒左右，使重组DNA进入感受态细胞，将转化的宿主细胞放置于培养液中保温培养一段时间，使重组DNA得到复制，并使接纳了重组DNA的宿主细胞获得新表型并得到表达，然后将该菌液接种（涂抹）到选择性培养基上，生长过夜，最终得到转化的菌落，后续可筛选含有重组子的大肠埃希菌。

在适当的培养条件下，十几小时后，培养基上将出现肉眼可见的菌落（转化子），每个菌落都是单一细菌的后代，因此在同一个菌落中所有的细菌都有相同的遗传组成，称为细菌克隆。在同一个细菌克隆中，所有的细菌含有相同的重组DNA的插入片段。

2. 转导（transduction） 是指以λ噬菌体和细胞病毒为载体的重组DNA分子通过特定的途径感染（infection）并导入到宿主细胞，从而使其在宿主细胞内进行复制、转录和翻译而获得新的表型的过程。转导和转化的区别在于载体的不同。

（二）外源DNA导入真核细胞

将外源DNA导入真核宿主细胞的技术称为转染（transfection），具体是指真核细胞主动摄取或被动导入外源DNA片段而获得新表型的过程。转染由“转化”和“感染”两个词构成，转染和转化的本质相似，因此习惯上也称转染为广义的转化。根据转染载体的不同，转染类型可分为病毒载体和非病毒载体。根据转染后外源DNA整合与否，转染类型可分为稳定转染和瞬时转染，稳定转染后外源DNA整合到宿主染色体DNA中，瞬时转染后外源DNA不整合到宿主染色体中。因此，进入宿主细胞的外源DNA可以整合至宿主细胞的基因组中，也可以在染色体外存在和表达。依据这种原理，可以从基因组中筛选出具有某种特殊功能的基因。如将癌细胞DNA转染NIH3T3细胞，得到转化灶，再从其中克隆有关的癌基因。从转化的NIH3T3细胞基因组中已经鉴定出了一系列与转化有关的基因。

重组DNA导入宿主细胞有许多方法，不同的方法有其不同的适用范围，常用的转化、转导和转染方法见表15-1。

表15-1 常用转化、转导和转染方法

转化方法	适用的宿主细胞	转染方法	适用的宿主细胞
氯化钙法	大肠埃希菌	显微注射法	真核细胞
噬菌体感染法	大肠埃希菌	病毒感染法	真核细胞
完整细胞转化法	酵母	磷酸钙共沉淀法	真核细胞
原生质体转化法	酵母、链霉菌	脂质体载体法	真核细胞
电穿孔法	链霉菌、哺乳动物细胞	DEAE-葡聚糖法	真核细胞

五、重组DNA的筛选与鉴定

重组DNA分子通过转化、转染或转导被导入到宿主细胞后，经细胞培养可以形成各种克隆，然而通常仅有少数宿主细胞能成为转化子，因此，需采用合适的方法对克隆进行筛选，从而找出期待的转化子。

通过筛选获得的转化子中，又常混杂着一些假阳性细胞或个体，因此还需进一步鉴定获得的转化子中的重组DNA分子、目的基因转录的mRNA以及翻译的蛋白质，通常将真正含有预期重组DNA的转化子称为重组子。

筛选转化子和鉴定重组子是基因工程技术成功的关键。

（一）转化子的筛选

筛选转化子的方法主要是载体遗传标记筛选，即重组子导入到宿主细胞后，首先根据载体上的选择性遗传标记进行初步筛选。这是筛选阳性重组体的第一步，也是重要的一步。通常在构建重组DNA载体时，在载体DNA分子中组装一种或两种选择性的遗传标记基因，在宿主细胞内表达后，呈现出特殊的表型或遗传学性状，作为筛选转化子的依据。可采用平板筛选方法，通常的做法是将转化处理后的宿主细胞接种到含有适量药物的培养基上，在适宜的条件下培养一定时间，依据宿主细胞的生长情况挑选转化子。

载体遗传标记筛选主要包括以下几种方法：

1. 抗生素抗性　将含有某抗生素抗性基因的载体转化到宿主细胞后，将宿主细胞接种到含有适量该抗生素的培养基中，转化处理的细胞能在培养基上生长而形成克隆（或菌落），而未转化的细胞则不能形成克隆，可依据这个原理进行筛选。常用的筛选大肠埃希菌转化子的抗生素抗性基因有抗氨苄西林（amp^{R}）基因、抗卡那霉素（kan^{R}）基因和抗四环素（tet^{R}）基因等。另外，有些抗生素抗性基因可用于筛选动物、植物转化子的选择标记基因，比如携带新霉素磷酸转移酶（*npt* Ⅱ）基因的转化子抗新霉素、卡那霉素、庆大霉素和G418等抗生素。

2. 插入失活　许多载体的选择性标记（如抗性基因）内含有限制性酶切位点，外源DNA分子在限制性酶切位点插入会使该选择性标记失活。比如pBR322载体有抗氨苄西林（amp^{R}）和抗四环素（tet^{R}）两个抗性基因，如果将重组外源DNA插入抗四环素（tet^{R}）基因序列中，可使抗四环素基因失活。因此，当这个含有pBR322载体的重组体转化入细菌后，转化子能在含氨苄西林的培养基上生长，但是不能在含四环素的培养基上生长，可据此进行重组DNA克隆的筛选（图15-7）。

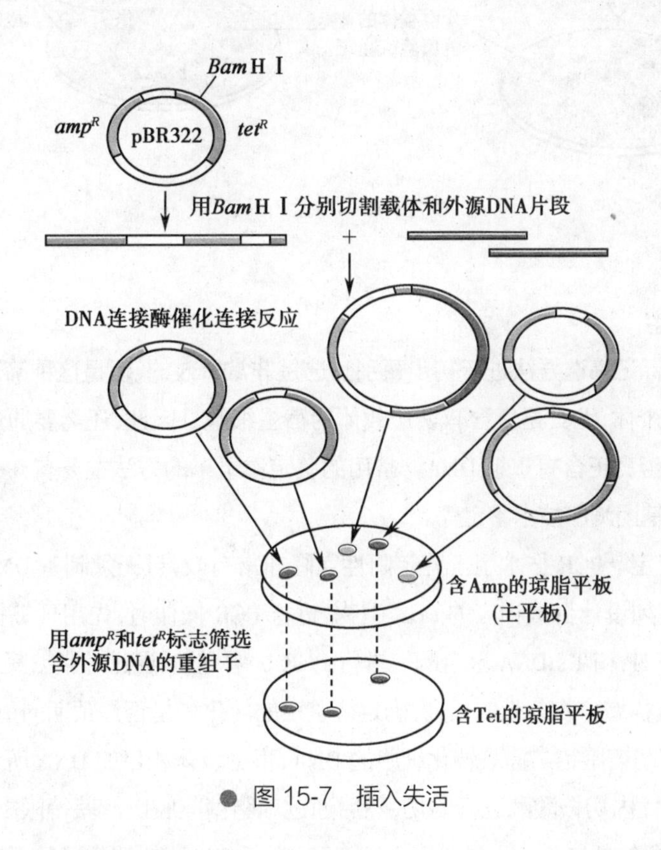

● 图15-7　插入失活

3. 蓝白筛选　*lacZ*是β-半乳糖苷酶的编码基因，可转译β-半乳糖苷酶，利用人工诱导物IPTG（异丙基-β-D-硫代半乳糖苷）诱导*lacZ*基因的表达，催化人工底物X-gal（5-溴-4-氯-3-吲哚-β-D-半乳糖苷）水解，可产生蓝色产物，使细胞形成蓝色的克隆菌落。某些载体的筛选标记*lacZ*内含限制位点，外源DNA的插入会导致*lacZ*基因不能翻译表达β-半乳糖苷酶，因此当载体的*lacZ*区插入外源DNA后，转化子即使在含有IPTG和X-gal的培养基上也只能长成白色的克隆菌落。因此，可根据培养基上克隆（菌落）的蓝白颜色筛选含有外源基因的转化子（图15-8）。

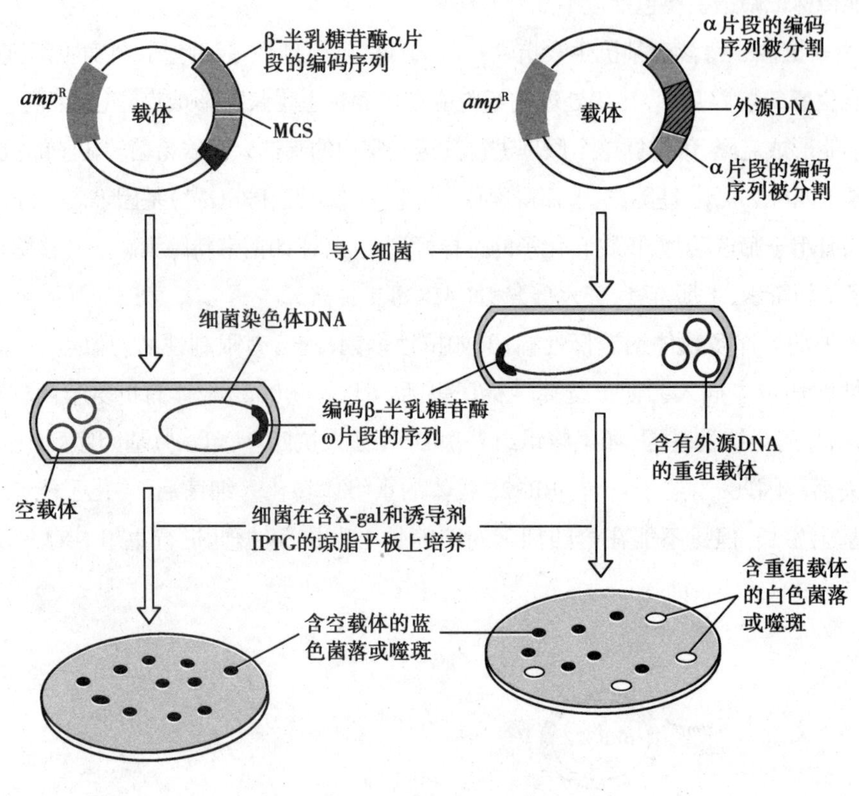

● 图 15-8　蓝白筛选

(二) 重组子的鉴定

通过以上遗传标记筛选方法进行初步甄别筛选是非常有效的，但是这种筛选得到的转化子常含有假阳性细胞或个体，尤其是只含有表达载体的宿主细胞。因此，还需要通过其他检测方法进一步鉴定转化子是否真正含有重组 DNA。常用的鉴定重组子的方法主要有：PCR 技术鉴定、限制性酶切图谱鉴定和基因测序技术鉴定等。

1. PCR 技术鉴定　PCR 技术用于鉴定阳性克隆非常有效，且无须制备 DNA。首先根据目的 DNA 或克隆位点序列设计合成相应的 PCR 引物，进行 PCR 操作时，先用牙签挑出菌落作为扩增模板，再加引物、dNTP 和 TaqDNA 聚合酶等进行 PCR 扩增，然后通过琼脂糖凝胶电泳对扩增产物进行分析，最后根据扩增产物条带的长度，确定待鉴定的转化子是否是预期的重组子。

2. 限制性酶切图谱鉴定　提取转化细胞的 DNA，根据载体和目的 DNA 所含的限制性酶切位点选择合适的限制性内切核酸酶进行酶切，然后通过琼脂糖凝胶电泳获得限制性酶切图谱，最后依据图谱中酶切片段的数量和大小是否同预期一致，判断被检测的转化子是否是预期的重组子。

3. 基因测序技术鉴定　基因测序技术进行序列分析是鉴定目的基因最准确的方法。虽然以上各种筛选和鉴定宿主细胞的重组子或染色体 DNA 重组目的基因的方法都实用与有效，但是仍无法确认外源基因在体外基因重组的过程中是否发生了突变等。另外，也无法确认目的基因在载体上的重组位置是否符合预期的设计和要求。因此，通常都需要通过基因测序技术检测重组表达载体的外源基因序列及其与载体 DNA 连接区域的序列，从而准确确定目的基因是否重组成功，进而确定外源基因是否能得到正确的表达。

此外，也可以利用目的基因表达产物及其性质进行筛选鉴定，包括原位杂交、SDS 聚丙烯酰胺凝胶电泳和蛋白质印迹法等。

六、目的基因的表达

经过上述分、选、接、转和筛这五个步骤，便完成了 DNA 克隆过程，获得了特异序列的基因组 DNA 或 cDNA 克隆。此外，重组 DNA 技术的主要目的之一，是获得目的基因的表达产物，克隆的目的基因正确而大量地表达出有特殊意义的(有用的)蛋白质和多肽已成为基因工程技术的一个重要领域。得到克隆的目的基因或 cDNA 文库后，按照正确的方向插入表达型载体，连在启动子后面，导入相应的宿主细胞，即可进行目的基因的表达。因此，目的基因的表达体系包括构建表达型载体、转化宿主细胞和分离纯化表达产物等。

重组 DNA 技术中的表达系统分为原核生物表达体系和真核生物表达体系，在不同的表达体系中，其表达方式也不尽相同。原核生物表达体系包括大肠埃希菌、芽孢杆菌、链霉素等表达体系等，其中由于大肠埃希菌表达体系具有培养方法简单、快速、经济且适合大规模生产工艺等优点，是当前原核生物表达体系中采用最广泛的。真核生物表达体系包括酵母、昆虫、哺乳动物细胞表达体系等，它们都具有遗传背景清楚和生物安全性高等优点。其中，哺乳动物细胞不仅可以表达克隆的 cDNA，而且可以表达真核基因组 DNA，其表达的蛋白质一般总是被适当修饰，特别是表达的蛋白质会恰当地分布在细胞内一定区域并积累。当然，缺点是操作技术困难、费时和费用高昂等。

重组 DNA 技术的基本原理和步骤简要归纳见图 15-9。

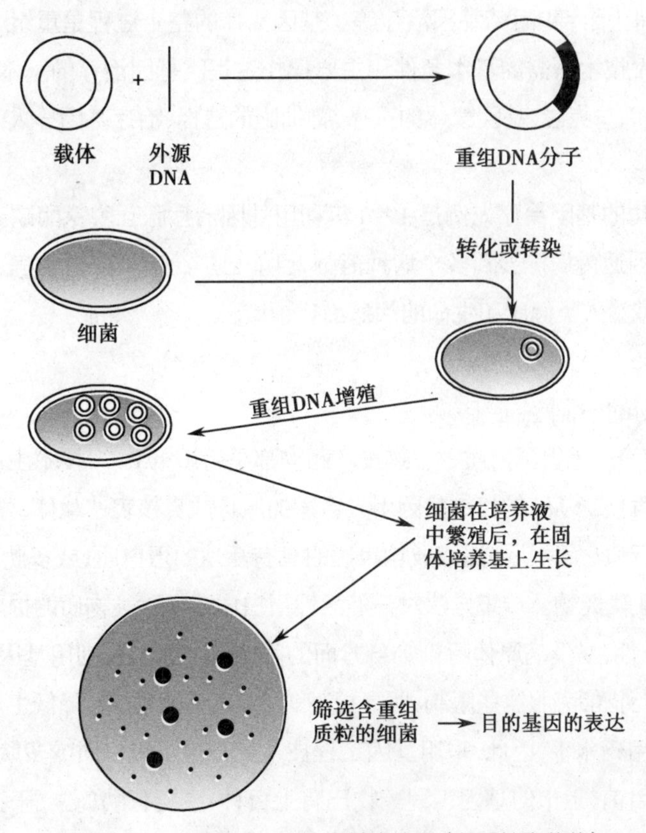

● 图 15-9 重组 DNA 技术基本步骤(以质粒为载体)

七、重组 DNA 技术的应用

随着重组 DNA 技术的不断发展和成熟，至今已成为分子生物学的核心技术。重组 DNA 技术应用范围非常广泛，已应用于医学、药学、农业等多个领域并带来了革命性的变化和发展，主要应用于疾病的诊断和治疗、基因工程药物的研制、转基因植物等。以下对主要应用进行介绍：

（一）疾病的诊断和治疗

现代医学的发展已深入到基因水平，人类许多疾病与基因突变有关，包括内源基因的变异和外源基因的入侵，使基因结构或表达异常而导致疾病发生。传统的疾病诊断和治疗都以疾病的症状表现为依据，而基因诊断以基因水平异常作为确诊的依据。基因诊断（gene diagnosis）指利用分子生物学技术，以患者标本的基因（DNA 或 RNA）为检测材料，检测分析疾病相关基因的变异及是否存在外源致病基因，从而对患者的状态与疾病作出诊断，为治疗提供依据。目前，常用的基因诊断方法有 PCR 技术、限制性片段长度多态性（RFLP）分析方法、DNA 测序技术和基因芯片技术等，主要应用于诊断遗传病、感染性疾病、肿瘤等，另外还可用于法医鉴定、亲子鉴定、组织配型和器官移植等。

基因治疗（gene therapy）是指利用重组 DNA 技术把目的基因导入到靶细胞，成为靶细胞遗传物质的一部分，从而纠正、更换或弥补靶细胞内有缺陷的基因，或抑制疾病基因、导入外源性治疗基因等，从而达到治疗疾病的目的。基因治疗的主要策略包括：基因置换、基因矫正、基因增补、反义基因治疗、自杀基因治疗和耐药基因治疗等。基因治疗的整个过程是重组 DNA 技术的充分应用，包含了重组 DNA 技术所需的基本条件和主要操作过程。基因治疗的基本过程主要包括以下步骤：治疗基因的获取与克隆、基因载体的选择、靶细胞的选择、治疗基因导入人体、治疗基因表达的检测。

世界第一个成功的基因治疗先例是 1990 年利用基因治疗腺苷脱氨酶缺乏症。自此之后，基因治疗研究从单基因遗传病扩展到多个病种范围，目前已广泛应用到遗传病、肿瘤、心血管疾病、艾滋病等一些严重威胁人类健康和生命的疾病治疗领域。

（二）基因工程药物的研制

目前，临床上应用的重组蛋白质等生物技术药物都是用重组 DNA 技术生产的，将编码具有治疗某种疾病的蛋白质（或多肽）的目的基因引入合适的原核或真核表达载体，导入到相应的原核或真核宿主细胞中进行表达，再从中提取成功表达的具有活性的蛋白质（或多肽），以此为材料，制备获得基因工程蛋白质类药物。传统方法对天然活性蛋白质或多肽类物质的提取往往受含量极少、来源困难、种属特异性、易受病原体污染等各方面的限制，相对而言，利用基因工程技术研制和生产蛋白质或多肽类药物能克服这些限制，明显提高药物的产量和质量，降低生产成本，并使患者减轻经济负担和提高用药水平，因此，采用基因工程技术生产重组蛋白质或多肽类药物是一种既安全又经济的策略。目前，上市的基因工程药物已有上百种，主要有胰岛素、干扰素、疫苗、抗体、生长激素、细胞生长因子类药物、酶等，详见表 15-2。

表 15-2 重组 DNA 技术生产的部分蛋白质 / 多肽类药物与疫苗

产品名称	主要功能
乙肝疫苗	预防乙肝
生长激素	治疗侏儒症
多种生长因子	刺激细胞生长与分化
胰岛素	治疗糖尿病
凝血因子Ⅷ、Ⅸ	促进凝血，治疗血友病
多种干扰素	抗病毒、抗肿瘤、免疫调节
单克隆抗体	利用其结合特异性进行诊断、肿瘤靶向治疗
多种白细胞介素	免疫调节、调节造血功能
肿瘤坏死因子	杀伤肿瘤细胞、免疫调节、参与炎症
超氧化物歧化酶	清除自由基、抗组织损伤
口服重组 B 亚单位霍乱疫苗	预防霍乱
重组 HPV 衣壳蛋白（L1）	预防 HPV 感染

（三）转基因植物

转基因（transgene）技术是指应用基因工程技术将期望的目的基因整合到生物基因组中，从而使其获得新的性状并稳定地遗传给子代的基因操作技术。相应地，植物转基因技术（plant transgenic technology）是指一种将具有某种利用价值的目的基因与表达载体重组，导入宿主植物核基因组或叶绿体基因组，并使之在植物中表达，以产生具有特定遗传性状的植物的技术。植物转基因技术是从基因水平上对植物的遗传物质进行定向改造，也是新型的植物育种技术，用此技术获得的具有新性状的植物称为转基因植物。

自 1983 年获得第一例转基因植物以来，植物转基因技术取得了飞速发展。目前已有多种目的基因用于转基因植物的研究，主要是与提高植物抗性相关的基因，如抗病虫害基因、抗旱基因、抗寒基因、抗盐基因和抗除草剂基因等。此外，还有与改善植物经济性状相关的基因，如提高植物中糖、脂肪、淀粉等质量和含量相关的基因。特别的，还有与制备药物相关的基因、与药用植物中中药有效成分相关的基因。在转基因植物研究中，选择的表达载体主要是农杆菌 Ti 质粒载体和植物病毒表达载体。依据目的基因导入植物细胞的转化方法，目前已经建立了农杆菌介导法、花粉管通道法、基因枪法、电激法、聚乙二醇介导法等一系列植物转基因方法。至今获得的转基因植物已有数百种，多数是农作物，大豆、玉米、油菜、棉花等转基因植物已在全球范围内大面积种植。

与传统的植物育种方法相比，采用植物转基因技术育种的突出优点是突破了物种间基因转移的天然屏障，可以选育出传统植物育种方法难以获得的具有特定性状的新植物，并且育种具有周期短、定向性和精确性等优点，为获得新种质资源及具有优良性状的品系提供了合理、有效的途径。鉴于此，植物转基因技术在改良药用植物，丰富中药资源，提高抗病性、抗逆性和中药有效成分含量的新型转基因药材中有着诱人的前景，对中药现代化和可持续发展具有重要意义。目前我国在中药领域的转基因研究已涉及多种药用植物，包括半夏、枸杞、广藿香、夏枯草、巴戟天、枳壳、黄芪、菘蓝等。然而，中药（药用植物）是防治疾病的药材，有别于其他经济作物，不仅存在转基因作物方面的安全问题，还存在药用价值是否改变的问题，由此转基因中药植物与其他转基因作物在安全性评价方面既有共性，也有其特殊性。因此，对转基因中药的评价更显得尤为重要，解决转基因中药安全性评价问题有利于转基因技术在中药资源研究中的应用。

第四节　CRISPR/Cas9 系统介导的基因组编辑技术

基因组编辑（genome editing）技术是指通过人为改变基因特定位点的核苷酸序列，实现针对基因组中特定目的基因片段的插入、删除、替换或修饰的新兴分子生物学技术。传统的基因组编辑技术主要利用机体自发的同源重组修复机制对目的基因进行定点的改造修饰，打靶效率极低，应用受限。近 20 年来兴起的人工核酸内切酶极大地改变了这一现状，目前常用的人工核酸内切酶主要有 4 类：锌指核酸酶（ZFNs）、类转录激活因子效应物核酸酶（TALENs）、巨核酶（或归巢核酸内切酶，LHE），以及成簇规律间隔性短回文重复序列与其相关蛋白（CRISPR/Cas）系统。特别的，其中 CRISPR/Cas 系统是 2013 年诞生并快速发展起来的一种全新的第三代基因组编辑技术，它的工作机制与 DNA 核酸酶类似，以其设计简单、效率高、重复性好、周期短和成本低等特点迅速成为一种应用前景广阔的基因组编辑工具，并成为基因组编辑领域的热点和功能基因组研究的主要手段，被 *Science* 杂志列为“2015 年 10 大年度科学发现”的榜首。作为新兴的基因编辑技术，CRISPR 技术具有广阔的发展空间和应用前景。

一、CRISPR/Cas 系统的发现

1987 年，日本科学家 Ishino 等在大肠埃希菌 K12 碱性磷酸酶基因附近发现了一段特异性很强的串联间隔重复序列，但功能未知，随后更多的微生物基因组被测序，人们发现这种成簇的重复序列广泛存在于古细菌和细菌基因组中。2002 年，这种重复序列被正式命名为成簇规律间隔性短回文重复序列（clustered regularly interspaced short palindromic repeats，CRISPR），同时，在 CRISPR 位点的附近发现存在一组保守的与 CRISPR 相关的蛋白编码基因，被命名为 *cas* 基因。2005 年，有 3 个研究小组相继发现 CRISPR 中的间隔重复序列和噬菌体及质粒等染色体外的遗传序列高度同源，因此推断其功能可能与细菌抵抗噬菌体或质粒等外源物质入侵的适应性免疫系统有关。2008 年，Marraffini 等进一步发现了 Cas 蛋白酶的 DNA 靶点活性，并通过试验证明了 CRISPR 系统的功能，由此揭开了 CRISPR 系统作用机制及应用的研究序幕。2013 年，美国麻省理工学院和哈佛大学的科学家们首次利用产脓链球菌和嗜热链球菌中的Ⅱ型 CRISPR/Cas9 系统在人癌细胞以及小鼠身上进行了基因组编辑，自此开启了基因组编辑技术的黄金新时代。

二、CRISPR/Cas 系统的结构和组成

CRISPR/Cas 系统是由 CRISPR 基因座与其串联的 *cas* 基因共同组成，并通过序列特异的 CRISPR RNA（crRNA）和反式激活 crRNA 的介导，切割降解外源物质 DNA 的原核免疫系统而发挥功能。

根据系统中 Cas 蛋白的种类和同源性差异，将 CRISPR/Cas 系统分为 3 种类型：Ⅰ型、Ⅱ型和Ⅲ型。Ⅰ型存在于细菌和古细菌中，其核心基因是具有磷酸水解酶和解旋酶活性的 *cas3*，同时还需要 *cas5*、*cas7* 等多种蛋白基因辅助发挥作用；Ⅱ型目前发现仅存在于细菌中，其核心基因是具有 RuvC 核酸酶和 HNH 核酸酶活性的多功能的 *cas9*；Ⅲ型多存在于古细菌中，其核心基因是具有 RNA 酶活性的 *cas10*，同时也需要 *cas6* 等多种蛋白基因辅助发挥作用，此外，这 3 种类型的系统发挥功能均还需要有 *cas1* 和 *cas2* 的存在。

由此可见，相对于Ⅰ型和Ⅲ型系统，需要多种 *cas* 基因共同形成复合物后才能行使功能，Ⅱ型系统的基因结构简单稳定，在发挥功能时仅需唯一的核心基因 *cas9* 参与，再与一对 RNA（crRNA 和反式激活 crRNA）相互作用就能发挥靶向剪切目的基因的功能，不需要依赖复杂的蛋白复合物，便于构建载体且极易操作，最适合应用于基因组编辑。因此，自 2012 年 Jink 等证明了 CRISPR/Cas9 系统在体外对目的 DNA 的切割作用之后，仅短短几年，基于Ⅱ型系统改造成的 CRISPR/Cas9 系统迅速成为目前应用最为广泛的基因组编辑工具。

目前，研究最深入的 CRISPR/Cas 也是Ⅱ型系统，除了含有核心基因 *cas9* 之外，还含有另外 3 个基因（*cas1*，*cas2* 和 *cas4* 或 *csn2*），*csn2* 基因出现在类型Ⅱ-A 亚型中，而 *cas4* 基因出现在类型Ⅱ-B 亚型中（图 15-10）。

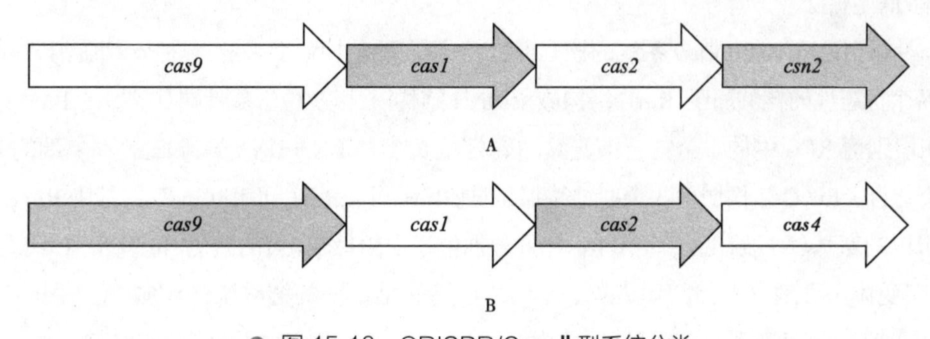

● 图 15-10　CRISPR/Cas Ⅱ型系统分类

CRISPR/Cas9 系统由 3 部分组成，从 5′ 端到 3′ 端依次是：反式激活 crRNA、*cas* 基因和 CRISPR 基因座（图 15-11）。

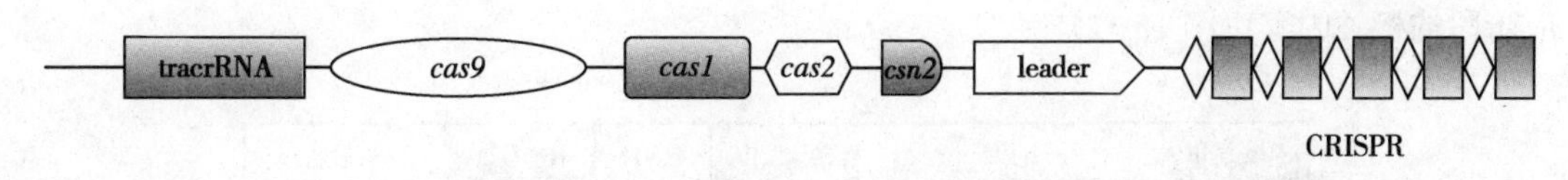

● 图 15-11　CRISPR/Cas9 系统的组成

(一) CRISPR 基因座

典型的 CRISPR 基因座结构由 3 部分构成:5′ 端的前导序列(leader sequence,L)、高度保守的同向重复序列(direct repeat sequence,R)和长度相似的间隔序列(spacer sequence,S)。其中重复序列一般是多个长度为 21~48 个碱基的正向重复序列,还有部分回文结构;间隔序列的长度与重复序列的长度相似,为 21~72bp;基因座结构主体是由多段 R-S 结构组成。前导序列可作为启动子,启动 CRISPR 基因座序列转录,形成稳定且具有保守二级结构的非编码 RNA,被称为前体 crRNA (pre-CRISPR RNA,pre-crRNA)。

(二) 反式激活 crRNA

反式激活 crRNA(*trans*-activating crRNA,tracrRNA)是由其相应的基因序列转录的非编码序列,它的功能是指导 Cas9 蛋白和 RNA 酶Ⅲ对 CRISPR 序列转录产物的选择性酶切,从而促使前体 crRNA 成熟,然后它和成熟的 crRNA 的重复序列互补配对形成 RNA 二聚体,再进一步被 Cas9 蛋白识别并与 Cas9 蛋白结合成三元复合体,从而发挥识别和降解入侵的外源 DNA 的功能。

(三) *cas* 基因

cas 基因位于 CRISPR 基因座的上游区域,该基因编码的一组保守蛋白质就是 Cas 蛋白,它们是天然存在的 DNA 内切酶,包含核酸酶、聚合酶、解旋酶和核糖核酸结合结构域。Cas 蛋白通过对结合位点核酸序列的特异性降解切割,将外来入侵的 DNA 切断。如 CRISPR/Cas9 系统的类型Ⅱ-B 亚型中有 4 个 *cas* 基因(*cas9*、*cas1*、*cas2* 和 *cas4*),它们翻译编码的表达产物 Cas 蛋白主要发挥核酸酶降解切割作用。

Cas9 蛋白是 CRISPR/Cas9 系统的核心部分,从蛋白质结构角度来说,包括 α 螺旋组成的识别区 REC、两个标志性的核酸酶区:RuvC 结构域和 HNH 结构域,以及位于羧基端(C 端)的 PAM 结合区。

在识别区 REC 中的 1 个富含精氨酸的 α 螺旋负责与 RNA-DNA 异源二聚体 3′ 端的 8~12 个核苷酸结合。RuvC 结构域由 3 个亚结构域组成:RuvC Ⅰ、RuvC Ⅱ和 RuvC Ⅲ,其中 RuvC Ⅰ位于 Cas9 蛋白的氨基(N)端,RuvC Ⅱ和 RuvC Ⅲ分别位于 HNH 结构域的两侧,位于 RuvC 结构域中的 D10A 突变体可导致 RuvC 结构域的失活。HNH 是一个单一的核酸酶结构域,位于 HNH 结构域的 H840A 突变体可导致 HNH 结构域的失活,但单点突变体可使 Cas9 成为切口酶(nickase),形成单链 DNA 断裂。在 Cas9 蛋白行使切割功能时,HNH 结构域剪切与 crRNA 互补的 DNA 链序列,而 RuvC 结构域则剪切非互补的 DNA 链序列,产生平末端的 DNA 双链断裂(double strand broken,DSB)。Cas9 的另一个重要特征就是原间隔序列邻近基序(protospacer adjacent motifs,PAM),它是 CRISPR/Cas 系统识别外源 DNA 的必要条件(详见本节"三、CRISPR/Cas9 系统的作用机制"中适应阶段的相关内容)(图 15-12)。

● 图 15-12　Cas9 蛋白结构域

三、CRISPR/Cas9 系统的作用机制

CRISPR/Cas9 系统能够针对噬菌体感染、质粒接合和转化所导致的外源基因导入，形成一种特异性的免疫防御机制，被称为 CRISPR 干扰。CRISPR/Cas9 系统免疫防御的作用机制主要包括 3 个阶段：适应阶段，表达阶段和干扰阶段。

（一）适应阶段：间隔序列的获得

CRISPR 间隔序列的获得是指外来入侵的噬菌体或质粒 DNA 的一小段 DNA 序列被识别，并被整合到宿主细菌 CRISPR 基因座 5′ 端的相邻两个重复序列之间。

来自噬菌体或质粒的 DNA 靶位点上与间隔序列相对应的序列被称为原间隔序列（protospacer sequence），其下游通常存在几个保守的碱基序列，就是原间隔序列邻近基序（PAM）。它的长度为 2~5 个碱基，与原间隔序列相距 1~4 个碱基。由于 CRISPR 本身的重复序列中不存在 PAM 位点，因此，PAM 的主要功能是帮助 Cas9 区别自身 DNA 和需要降解的外源 DNA，从而避免发生自身免疫，并实现对外源 DNA 精确的靶向切割。

当外源 DNA（噬菌体或细菌）入侵时，宿主细菌首先识别入侵核酸并扫描其 DNA 序列中的多个 PAM 结构；然后，Cas9 蛋白通过 PAM 信号识别原间隔序列，并酶切收集原间隔序列；再将其整合插入到宿主细胞 DNA 的 CRISPR 前导序列末端，由重复序列隔开，形成“记忆”；最终 CRISPR/Cas9 系统获得新的间隔序列。这个过程使得 CRISPR 基因座中存在了外源噬菌体或质粒的序列信息，进而为适应性免疫奠定了结构基础，因此，CRISPR 间隔序列的获得也称为适应。

（二）表达阶段：crRNA 的表达、加工和成熟

当细菌再次遭到类似外源 DNA 入侵时，CRISPR 基因座表达，其首先在 RNA 聚合酶的作用下转录形成长链非编码的前体 crRNA，即 pre-crRNA。然后其在反式激活 crRNA、Cas9 蛋白和核酸内切酶（RNAase Ⅲ）的共同作用下，加工形成成熟的 crRNA。

（三）干扰阶段：免疫干扰

成熟的 crRNA 可与反式激活 crRNA 通过碱基互补配对形成 crRNA-tracrRNA 双链 RNA 二聚体，称为向导 RNA（guide RNA，gRNA），其再与 Cas9 蛋白结合形成三元复合体。在向导 RNA 介导下，crRNA/tracrRNA/Cas9 三元复合体联合作用，可对与 crRNA 配对的外源 DNA 实施剪切。具体过程是：首先识别外源入侵 DNA 上的靶序列并进行碱基配对，当遇到外源入侵 DNA 的 PAM 时，三元复合体在外源 DNA 的原间隔序列处进行切割，其中的 Cas9 蛋白将分别利用具有核酸内切酶活性的 HNH 和 RuvC 结构域对 DNA 互补链与非互补链进行剪切，从而使外源入侵 DNA 的双链断裂导致外源微生物失活，最终达到自身免疫的作用。然后再通过同源重组（homologous recombination，HR）或非同源性末端连接（non-homologous end joining，NHEJ）作用对断裂 DNA 进行修复，这两种修复作用可实现 1 个或多个基因的插入或敲除，使基因组发生突变，从而实现对基因组的定向编辑。

干扰阶段是 CRISPR/Cas9 系统免疫反应最关键的一步，也称为靶向干扰。

CRISPR/Cas9 系统对基因组进行定点修饰编辑时，只需要表达 Cas9 蛋白、crRNA 和 tracrRNA 三个组分。为了进一步简化操作过程，目前科研工作者已对天然 CRISPR/Cas9 系统进行成功改造，将 crRNA 和 tracrRNA 二聚体利用基因工程整合成了一条单链向导 RNA（single guide RNA，sgRNA），其同样可以与 Cas9 蛋白共同作用，特异性切割目的基因，从而将 CRISPR/Cas9 系统简化成 Cas9 蛋白和 sgRNA 两部分。因此，经过改造后的 Cas9-sgRNA 基因靶向修饰系统只需将 Cas9 蛋白和 sgRNA 导入细胞，即可实现基因组的靶向修饰作用。相较于传统的基因组编辑技术，CRISPR/Cas9 系统介导的基因组编辑技术具有操作简单、效率高、适用范围广、费用低等诸多优点。

四、CRISPR/Cas9 系统介导的基因组编辑技术的应用

近几年，CRISPR/Cas9 系统介导的基因组编辑技术（简称 CRISPR/Cas9 技术）发展更为迅速，在动植物基因改造、植物遗传育种、基因治疗、药物开发等不同领域中得到广泛的应用，在植物、细菌、酵母、果蝇、鱼类及哺乳动物细胞等中均成功介导了基因组编辑。

（一）CRISPR/Cas9 技术在植物遗传育种研究中的应用

CRISPR/Cas 技术的出现和应用，使得对植物基因组进行高效、精确的编辑成为可能，很快被应用到了高等植物基因功能研究和植物遗传育种研究中。目前，通过 CRISPR/Cas9 技术已经在多种植物中实现了基因组单个甚至多个基因位点的定点修饰编辑，包括拟南芥、水稻、小麦、玉米、烟草、番茄、大豆、黄瓜、莴苣、苜蓿、高粱、马铃薯、葡萄、甜橙等。

在对植物遗传育种改良方面，与传统育种技术相比，基因编辑技术已经在很多农作物中发挥了优势，比如我国科学家通过基因编辑技术获得抗白粉病的小麦，与传统育种技术相比，仅用半年时间就可以实现，大大缩短育种时间；美国生物公司也通过该技术获得了耐冷藏和不易产生致癌物质的新品种马铃薯；美国某公司通过 CRISPR/Cas9 技术敲除了控制直链淀粉合成的基因，从而获得了糯玉米新品种；我国“杂交水稻之父”袁隆平宣布，已利用 CRISPR/Cas9 技术获得了不吸收重金属镉离子的水稻品种；美国华裔科学家杨亦农博士利用 CRISPR/Cas9 技术在白蘑菇种植方面获得不易褐变、更易保存和运输的品种。

CRISPR/Cas9 技术已被用于改良植物多种性状，由于其低成本、精确性和快速性，为实现植物稳定高效的定向育种（产量、品质或抗性等）提供了有力的遗传学工具和前所未有的可能性，并且正在应用于越来越多的植物物种。借鉴其在农作物研究中的应用，CRISPR/Cas9 技术未来可应用于药用植物的遗传育种中，培育优质（中药有效成分含量高）、高产和抗病等的优良药用植物。

（二）CRISPR/Cas9 技术在临床基因治疗中的应用

CRISPR/Cas9 技术的出现，为人类疾病模型的构建和疾病的基因治疗提供了更快捷、高效的方法和强有力的技术支撑，为单基因遗传病、病毒感染类疾病、肿瘤等诸多疾病的治疗提供了新的手段。

对单基因遗传病的治疗是基因治疗研究中最主要的研究领域。CRISPR/Cas9 技术可以使基因组中突变的基因失活或纠正突变的基因，因此理论上可以从根本上治愈这些遗传突变导致的单基因遗传病。目前，CRISPR/Cas9 技术在杜氏肌营养不良综合征、囊性纤维化、地中海贫血、血友病和酪氨酸血症等疾病的治疗研究中取得了显著进展。2014 年，*Nature Biotechnology* 和 *Science* 杂志相继报道了运用 CRISPR/Cas9 技术治疗 FAH 基因突变的杜氏肌营养不良综合征和酪氨酸血症。

利用 CRISPR/Cas9 技术的靶向切割特性，设计病毒 DNA 特异的 sgRNA，以引导该核酸酶直接靶向清除细胞内的病毒是一条极具吸引力的治疗路线。目前已有多项实验研究证明了 CRISPR/Cas9 技术对病毒感染性疾病治疗的可能性，包括乙型肝炎病毒、人乳头瘤病毒、艾滋病病毒等病毒感染性疾病的治疗。如我国科研工作者通过体内、外试验证实，CRISPR/Cas9 技术可通过破坏乙型肝炎病毒（hepatitis B virus，HBV）基因组高效抑制其复制。此研究结果表明，CRISPR/Cas9 技术在根除乙型肝炎病毒持续感染方面具有潜在的价值；国外科研工作者针对宫颈癌的高风险诱发因子人乳头瘤病毒（HPV）中的两个癌基因 E6 和 E7，设计了靶向 sgRNA 和 CRISPR/Cas9 技术，可有效作用于宫颈癌细胞中的 HPV 并杀死癌细胞。

CRISPR/Cas9 技术在肿瘤模型的建立中也得到了成功应用。肿瘤模型的建立是研究肿瘤发生、发展的机制和探索治疗方法的前提。肿瘤通常伴随多基因突变，传统的方法很难构建多基因共同突变的疾病模型，然而利用 CRISPR/Cas9 技术可进行体内的多基因突变肿瘤模型的构建。并且利用 CRISPR/Cas9 技术可更快捷地寻找肿瘤治疗的新靶点，其作为有效的药物靶点选择与分析工具，对于寻找合适的药物作用靶点，开发肿瘤治疗药物和治疗肿瘤疾病具有重要意义。

此外，CRISPR/Cas9 技术的建立也为糖尿病、心血管疾病、耳聋及眼部疾病等多种疾病治疗提供了新的思路和方法，同时，也在很短的时间内走出实验室迈向临床试验。目前国内外研究团队已开展应用 CRISPR/Cas9 技术治疗肺癌、膀胱癌、前列腺癌、骨髓瘤、肉瘤和黑色素瘤等癌症的临床试验。在未来，成熟的 CRISPR/Cas9 技术将为精准医疗和个体化医疗服务，应用前景广阔。但 CRISPR/Cas9 技术若要可靠地应用于临床治疗，还需要不断努力和解决一些重要问题，例如仍需提高 *cas9* 编辑基因的效率、建立 *cas9* 基因安全高效的导入方式、增强待编辑基因的特异性和避免脱靶效应等问题，需要从技术到生物安全等方面进行全方位的研究和评估，最终实现安全地将这项颠覆性的基因组编辑技术真正应用于人类疾病治疗。

小结

分子杂交技术、聚合酶链反应（PCR）技术、重组 DNA 技术、CRISPR/Cas9 系统介导的基因组编辑技术是常用的，也是迅速发展的分子生物学技术。

分子杂交技术是指利用单链核酸碱基互补配对、抗原和抗体、受体和配体、蛋白质和其他分子的相互作用，结合印迹技术和探针技术，进行目的 DNA、RNA 和蛋白质检测的技术。主要包括：Southern 印迹、Northern 印迹、Western 印迹和生物芯片等。其中 Southern 印迹、Northern 印迹和 Western 印迹分别主要应用于 DNA、RNA 和蛋白质的定性与定量分析，基本原理和主要步骤是电泳 - 印迹 - 杂交 - 显色(检测)。生物芯片与 3 种印迹杂交技术的原理相同，只是将大量探针同时固定在同一芯片上，在平行实验条件下，能同时完成多种不同生物分子

(核酸、多肽、蛋白质、组织或细胞等)的检测,一次性检测样品中的数十种到数百万种生物大分子,具有高通量、集成化、标准化和微型化的特点,主要包括基因芯片、蛋白质芯片、细胞芯片和组织芯片等。

聚合酶链反应(PCR)技术是一种体外酶促扩增特异DNA片段的技术。PCR技术的工作原理是以拟扩增的目的DNA片段为模板,以dNTP为原料,再以一对与模板互补的寡核苷酸片段为引物,在TaqDNA聚合酶的作用下,依据半保留复制的原则,通过变性、退火和延伸3个步骤的重复循环完成新DNA链的大量合成。常用的PCR衍生技术包括逆转录PCR(RT-PCR)和实时定量PCR(Q-PCR)。PCR技术自创建以来不断更新改进,伴随着逆转录PCR和实时定量PCR的产生,可广泛应用于生命科学、医药学和农学等基础研究,包括中药的鉴定和研究等,如利用PCR技术进行生物物种鉴定的新技术——DNA条形码技术,已发展成为一种重要和有效的中药材鉴定手段,它的应用大力促进了中药资源与鉴定研究领域的发展。

重组DNA技术,又称为基因工程技术,是指在生物体外将目的DNA片段和能自主复制的遗传原件(载体)连接,形成一个新的重组DNA分子,然后将其导入到宿主细胞中复制和扩增,从而获得单一重组DNA克隆的大量拷贝,生产人类所需的基因产物或改造新的生物品种。重组DNA技术主要包括以下操作步骤:①获取目的基因并进行必要的改造;②选择合适的克隆载体;③将目的基因和克隆载体连接,获得重组DNA分子;④将重组DNA分子导入到合适的宿主细胞内进行复制或表达;⑤筛选出获得了重组DNA的宿主细胞;⑥目的基因在宿主细胞内进行复制或表达。随着重组DNA技术的不断发展和成熟,至今已成为分子生物学的核心技术。重组DNA技术应用范围非常广泛,已应用于医学、药学、农业等多个领域并带来了革命性的变化和发展,主要应用于疾病的诊断和治疗、基因工程药物的研制、转基因植物等。

CRISPR/Cas9系统是2013年诞生并快速发展起来的一种全新的基因组编辑技术。其工作机制与DNA核酸酶类似,在目的DNA特异位点形成双键断裂,再由同源重组或非同源末端连接对DNA进行修复。因此,CRISPR/Cas系统以其设计简单、效率高、重复性好、周期短和成本低等特点,迅速成为一种应用前景广阔的基因组编辑工具。CRISPR/Cas系统是由CRISPR基因座与其串联的*cas*基因共同组成,并通过序列特异的CRISPR RNA(crRNA)和反式激活crRNA的介导,切割降解外源物质DNA的原核免疫系统而发挥功能。CRISPR/Cas9系统由3部分组成,从5′端到3′端依次是:反式激活crRNA、*cas*基因和CRISPR基因座。CRISPR/Cas9系统免疫防御的作用机制主要包括3个阶段:适应阶段,表达阶段和干扰阶段。近几年来,CRISPR/Cas9系统介导的基因组编辑技术发展更为迅速,在动植物基因改造、植物遗传育种、基因治疗、药物开发等不同领域中得到广泛的应用。

思考题

1. 何谓Southern印迹、Northern印迹、Western印迹和生物芯片?简述它们的基本原理与操作步骤。

2. 何谓PCR技术?简述PCR技术的原理、反应体系的基本成分和反应过程。

3. 何谓重组 DNA 技术？试述重组 DNA 技术的基本操作过程。
4. 重组 DNA 筛选和鉴定的方法主要有哪些？
5. 简述 CRISPR/Cas9 系统的结构组成和各结构的功能、作用机制。

第十五章　同步练习

（李玉芝）

参考文献

[1] 郑晓珂.生物化学.3版.北京:人民卫生出版社,2016.
[2] 姚文兵.生物化学.8版.北京:人民卫生出版社,2016.
[3] 吴梧桐.生物化学.6版.北京:人民卫生出版社,2010.
[4] 周克元,罗德生.生物化学(案例版).2版.北京:科学出版社,2010.
[5] 冯作化,药立波.生物化学与分子生物学.3版.北京:人民卫生出版社,2015.
[6] 唐炳华.生物化学.10版.北京:中国中医药出版社,2017.
[7] 郑里翔.生物化学.北京:中国医药科技出版社,2015.
[8] 王镜岩,朱圣庚,徐长法.生物化学.3版.北京:高等教育出版社,2007.
[9] 查锡良,药立波.生物化学与分子生物学.8版.北京:人民卫生出版社,2013.
[10] 陈长勋.中药药理学.上海:上海科学技术出版社,2006.
[11] 龚千锋.中药炮制学.2版.北京:中国中医药出版社,2007.
[12] 周梦圣.生物化学.2版.北京:中国中医药出版社,2000.
[13] 何凤田,李荷.生物化学与分子生物学(案例版).北京:科学出版社,2017.
[14] 姚文兵.生物化学.7版.北京:人民卫生出版社,2011.
[15] 吴显荣.基础生物化学.2版.北京:中国农业出版社,1999.
[16] ROBERTS S C.Production and engineering of terpenoids in plant cell culture.Nat Chem Biol,2007,3(7):387-395.
[17] KIRBY J,KEASLING J D.Biosynthesis of plant isoprenoids:perspectives for microbial engineering.Annu Rev Plant Biol,2009,60(1):335-355.
[18] DAVID L N,MICHAEL M C.Lehninger Principles of Biochemistry.7th ed.W.H.Freeman,2017.
[19] TOY E C,SEIFERT W E,STROBEL H W,et al.Case Files Biochemistry.3rd ed.McGraw-Hill Medical Publishing,2014.
[20] 周春燕,药立波.生物化学与分子生物学.9版.北京:人民卫生出版社,2018.
[21] 黄诒森,侯筱宇.生物化学与分子生物学.3版.北京:科学出版社,2014.
[22] 彭成.中药药理学.10版.北京:中国中医药出版社,2016.
[23] 陆茵,马越鸣.中药药理学.2版.北京:人民卫生出版社,2016.
[24] 李刚,马文丽.生物化学.3版.北京:北京大学医学出版社,2013.
[25] 唐炳华.生物化学.9版.北京:中国中医药出版社,2012.
[26] 张景海.药学分子生物学.5版.北京:人民卫生出版社,2016.
[27] 金国琴.生物化学.2版.上海:上海科学技术出版社,2011.
[28] 宋思扬,楼士林.生物技术概论.4版.北京:科学出版社,2014.
[29] 陈士林.中药DNA条形码——分子鉴定.北京:人民卫生出版社,2012.
[30] 包爱科,白天惠,赵天璇,等.CRISPR/Cas9系统:基因组定点编辑技术及其在植物基因功能研究中的应用.草业学报,2017,26(7):190-200.
[31] 陈怡李,姚书忠.CRISPR/Cas9基因编辑技术的应用研究进展.国际生殖健康/计划生育杂志,2017,36

(6):482-487.

[32] 董燕，张雅明，周联，等．转基因技术在药用植物中的应用．中草药，2009，40(3):489-492.

[33] 胡颂平，吴云花，邹国兴，等．CRISPR/Cas9 介导基因组编辑技术在植物基因中的研究进展．江西农业大学学报，2016，38(3):565-572.

[34] 黄佳杞，黄秦特，章国卫．CRISPR/Cas9 在基因治疗中的应用研究进展．浙江医学，2017，39(17):1494-1498.

[35] 宁静，李明煜，鲁凤民．CRISPR/Cas9 介导的基因组编辑技术．生物学通报，2016，51(4):1-5.

[36] 屈聪玲，贺榆婷，王瑞良，等．植物转基因技术的过去、现在和未来．山西农业科学，2017，45(8):1376-1380.

[37] 束雅春，吴丽，张金柱．基因芯片技术在中药领域中的应用．中华中医药学刊，2012，30(7):1648-1650.

[38] 孙玉章，孙明军，代永联，等．CRISPR/Cas9 介导的基因组编辑技术及应用研究进展．动物检验检疫，2016，33(12):64-68.

[39] 王红霞，张一卉，李景娟，等．CRISPR/Cas9 系统介导的植物基因组编辑及其应用．山东农业科学，2018，50(2):143-150.

[40] 邢国杰，李桐，郑慧瑾，等．CRISPR/Cas9 介导的基因组编辑技术及研究进展与应用．东北农业科学，2017，42(6):28-30，35.

[41] 袁晓立．CRISPR/Cas9 系统介导的印记基因敲除小鼠制备研究．郑州：河南大学硕士学位论文，2016.

[42] 张绪帅．CRISPR/Cas9 系统介导的七鳃鳗和斑马鱼基因组编辑方法的建立与优化．上海：上海海洋大学硕士学位论文，2016.

[43] 周联，董燕．转基因中药的发展及评价．中医药管理杂志，2007，15(3):173-175.